世界自然科学经典名著

学校／家庭 典藏读本

Гомункулус

霍蒙库鲁斯

趣味生物学简史

［俄］尼·尼·普拉维利希科夫（Н. Н.Правильщиков）／著

王梓 张兴艺／译

中国青年出版社

目 录

第一章　霍蒙库鲁斯　/ 1

第二章　伟大的剪裁师　/ 57

第三章　《自然圣经》　/ 85

第四章　"海僧侣"　/ 119

第五章　《自然史》　/ 139

第六章　血亲　/ 163

第七章　自然系统　/ 173

第八章　花的秘密　/ 217

第九章　三位朋友　/ 253

第十章　"为什么？"还是"为了什么？"　/ 329

第十一章　您的祖先是猴子　/ 357

第十二章　不偏不倚　/ 437

第十三章　"我会证明的！"　/ 461

第十四章　复活的骨头　/ 491

第十五章　胚叶　/ 511

第十六章　吞噬细胞　/ 531

第十七章　一块豌豆田　/ 555

译后记　/ 575

第一章 霍蒙库鲁斯

美妙的配方

下面这份配方简单至极，足以叫任何人心生羡意："往瓦罐中放入谷子，用脏衣服塞住罐口，静候其变。"然后呢？21天之后，罐子里会出现一些老鼠，它们是从压实的谷子和脏衣服冒出的蒸汽中长出来的。

第二份配方就要麻烦点儿了："在砖块上凿一深坑，往其中放入捣碎的罗勒①草，再往其上加另一块砖，将该深坑完全盖住；将两块砖一同置于阳光之下；数日之后，在罗勒气味的发酵作用下，罗勒草就会变成货真价实的蝎子。"

这两份配方的作者是那个时代（17世纪上半叶）最伟大的学者之一、著名炼金术士范·海尔蒙特②。他言之凿凿地声称，自己的确观察到了罐子里出现的老鼠，而且这些老鼠刚生出来就已经成年了。

不过，海尔蒙特并不是唯一的，也不是首位主张这一说法的人。早在古希腊那个时

---

① 一年或多年生草本植物，具有强烈而有刺激性的香味。——译注
② 扬·巴普蒂斯塔·范·海尔蒙特（1577~1644），弗莱芒化学家、生理学家、炼金术士。——译注

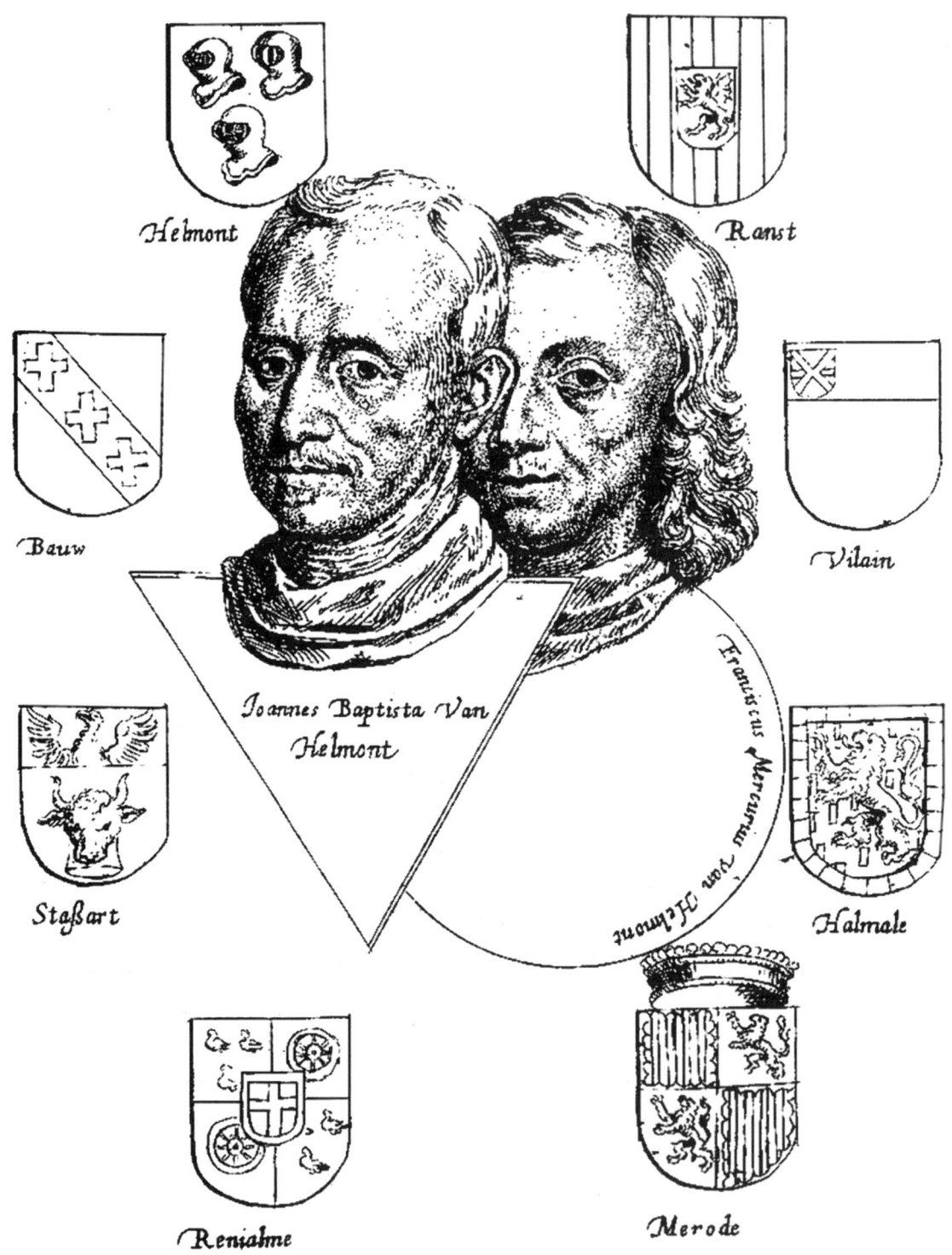

霍蒙库鲁斯——趣味生物学简史

代,亚里士多德[①]等哲学家就坚信青蛙生自淤泥,而昆虫和蛆虫等小动物只要碰上稍微合适的地方,就能自然而然地产生出来。

上述的观点被原封不动地继承下来,构成了那个时代生命科学的基础。中世纪的学者们都拜倒在亚里士多德的权威之下:他可是永不犯错的伟大智者亚里士多德啊,谁还敢对他提出批评呢?

这些学者在桌上摆满了瓶瓶罐罐,搭建好蒸馏器和其他设备,然后一头埋入成堆的烧瓶和曲颈瓶中,一干就是数十年的时间。他们烧呀蒸呀,浸呀滤呀,随手抓到什么东西就丢进烧瓶里,可谓是付出了一切努力。其中有些人祈祷上帝以神力相助,还有些人则向魔鬼寻求支持。他们是多么希望看到烧瓶里冒出一只青蛙或小蝌蚪啊。唉,事与愿违!最后他们只弄得浑身恶臭,双手烧伤,衣服斑斑驳驳,除此之外就一无所获了。

▲ 炼金术实验室(15世纪的绘画)
◀ 这幅图摘自《医药的起源》(1648)一书,左边的便是扬·巴普蒂斯塔·范·海尔蒙特,右边的是他的儿子特弗朗西斯·默库里乌斯·范·海尔蒙特。

[①] 亚里士多德(公元前384~前322),古希腊最伟大的哲学家,其著作涵盖了当时的各个学科领域,也包括自然科学。他的学说和理论对中世纪的科学产生了重大影响,可以说中世纪科学是"在亚里士多德的基础上"产生的。正是这种相信亚里士多德永远正确无误的观念导致中世纪科学思想长年停滞不前。——原注

问题的实质在于配方。要是能找到配方就好了！

就连那伟大的帕拉塞尔苏斯①也搞起了这套把戏。他是个聪明绝顶的人，只可惜生在炼金术盛行的时代。这种本质上相当幼稚的炼金术，不过是封建迷信、粗浅知识和愚昧无知的大杂烩，尽管帕拉塞尔苏斯有着极为出色的头脑，但凡此种种还是他的身上留下了印迹。

帕拉塞尔苏斯生来气魄非凡，他不满足于只同青蛙、老鼠和蝎子之类的小玩意儿打交道。这也太微不足道了。最好能在烧瓶里造出……人类来。

他甚至给这种生物起了个名字——"霍蒙库鲁斯"。在不懂拉丁语的人看来，这个词儿显得既费解又古怪，但你只要知道"人"用拉丁语怎么说，这名称就丝毫不足为奇了。在拉丁语中，"人"被称为"霍默"（homo），其指小词"小人儿"就是"霍蒙库鲁斯"（homunculus）了。

"霍蒙库鲁斯"一词道出了"小人儿"的来源：这不仅仅是个微小的人形，更是产生于实验室中的一种神奇生物。"霍蒙库鲁斯"能够长大，但就算长成了一个庞然大物，它也照样要沿用原来的名字——"霍蒙库鲁斯"。

"霍蒙库鲁斯"可以说是一份备忘录，记录了那些希望在实验室中造出生物的幻想家。尽管有些"不起眼"的梦想家并不指望造出"小人儿"，而只是再简单不过的纤毛虫②，有些炼金术士则相信范·海尔蒙特和帕拉塞尔苏斯的神奇配方，但这两类人其实还是难兄难弟。

艰巨的任务并未把大法师帕拉塞尔苏斯吓倒。他的实验室里堆满了烧瓶、曲颈瓶、蒸馏器和大肚瓶，里面装满了五彩缤纷的液体，旁边挂着一捆捆晒干的蝙蝠和毛羽尽落、蛀孔密布的鸟兽标本，天花板上还吊着一条鳄鱼皮。就在这堆乱七八糟的东西当中，帕拉塞尔苏斯写下了自己发明的配方：

"取某种人类体液，首先将其倒入南瓜中，加以密封，令其自然腐烂；然后倒入马胃封存40日，直至其开始具备生命，能够轻易地观察到其活动和蠕动。到此时为止，其尚为一团透明无形体之物，与人类并无丝毫共同之处。然而，若是随后日日秘密、谨慎而理智地喂以人血，并于恒温马胃之中继续保存40周，则必将造出一个真正的活体婴儿。此婴儿五脏俱全，与妇女所生的一般孩童无异，只是体型异常微小。"

---

① 帕拉塞尔苏斯（原名菲利普斯·冯·霍恩海姆，1493~1541），瑞士医学家、炼金术士。——译注
② 一种较为复杂的原生动物，通常具有负责营养和生殖的两个细胞核和多种细胞器，细胞膜外带有纤毛用于运动。——译注

▲ 特奥弗拉斯特·帕拉塞尔苏斯（1493～1541）

帕拉塞尔苏斯点下配方的最后一个句号时心里有什么想法，如今已经不得而知了。不过，他起码可以露出一丝自满的奸笑。去试试吧！将"某种人类体液"倒入南瓜并不是件难事，而后将它倒入马胃就更简单了。可要"谨慎而理智地喂养"这个在腐烂液体

Numeros 6.

N° 5.

N° 6.
Hie wirt die philosophische Hande gedistilliert.

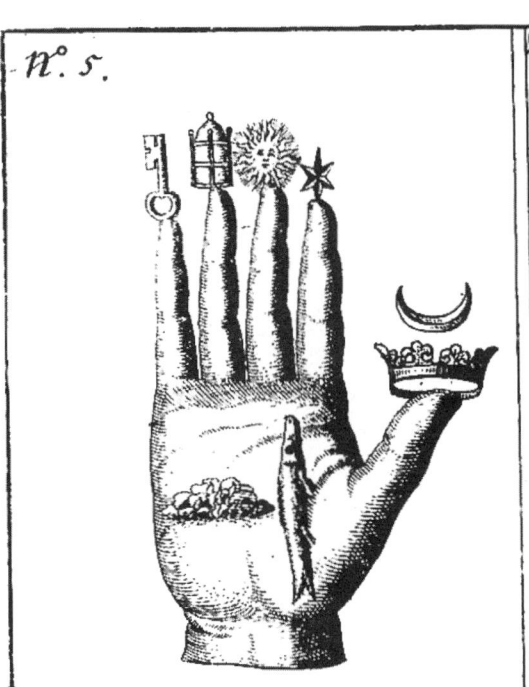

vnd Büchern der Philosophen zu trawen vnd zu glauben / dann die rechte Wissenschafft dieser Hand / werden sie alle betrogen werden / darumb sehe sich ein jeder wol für / ehe er etwas anfangen will / etc.

Numero 7. vnd 8.

N° 7.

Das wasser.
Ein herbe
Das fewer.

Der rote Löw Basilisck
Gehangne krotten
Scorpionen
Der brach
Der grüne Löw

Der schwartze Löw.

N° 8.

Wehr

中蠕动、肉眼却无法看见的透明物体，那恐怕就不是件容易事了。

仔细读完这份配方，你就会发现，帕拉塞尔苏斯在其中留下了众多脱身妙计，因此总能自圆其说。

我眼前仿佛清晰地浮现了这样一个场景：一位试验过配方的炼金术士走进帕拉塞尔苏斯的实验室，恭恭敬敬地朝"老师"行了个礼，然后用颤抖的声音质问道：

"我原原本本地照着你的配方去做了，可结果什么也没造出来！"

"是吗？"帕拉塞尔苏斯轻蔑地笑笑。"你当真原原本本地照做了吗？"

"照……照做了。"这位学生结巴了一下。

"不！"老师粗暴地打断了他。"不！不！不！……你没有照办！你让液体充分腐烂了么？你及时把它从南瓜倒入马胃么？你保守了配方的秘密么？"

学生低下了头。正是保守秘密这点他没有做到：他实在没能忍住，便在同行面前吹嘘了一番，说什么实验室里就快产生出人造人啦。

"嗯？"帕拉塞尔苏斯逼视着他。"你认错吧！"

"你说得没错，老师。"学生羞愧万分。"我……"

于是他重新装满南瓜开始等待，每天都看看里面的液体腐烂了没。等到时机成熟，再把腐烂的液体倒入马胃，一边还得竭力把鼻子转向旁边：实在是臭不可闻啊！

没错，帕拉塞尔苏斯正是如此巧妙地愚弄了自己的门生。

有关此类事件的传说一个比一个离谱。那些蠕虫、苍蝇、青蛙和蜗牛是哪儿冒出来的呢？为什么它们有时会成千上万地出现呢？人们从未目睹过它们出生，既没见过它们的卵，也没看到过它们的生长过程。很明显，这些生物并没有经历出生和成长的过程，而是突然一下就冒出来的，是从污秽、垃圾、淤泥、腐物之类的东西里自然产生的。不过，当时也有过一些不乏批判精神的头脑，这是一些天不信地不信的怀疑论者，有时也试图对流行观念提出反对，但当时古希腊智者的权威实在太强大了，亚里士多德宛如一颗遥不可及的明星，在中世纪科学的天穹中熠熠生辉。有谁敢跟他对着干呢？

怀疑论者们嘟嘟嚷嚷，不太自信地诉说着自己的疑惑，而多数人却在大声叫嚷：

"啊？竟敢反对亚里士多德？你这异端！"

可是，随着时间的流逝，怀疑论者的抱怨声却越来越响亮了，而且他们的异议还得到了事实的支持。

"自然发生说"的支持者渐渐放弃了一个又一个的阵地。他们向怀疑论者做出让

◀ 古代炼金术书籍中记录的制造"霍蒙库鲁斯"的方法

步，不再说老鼠和青蛙是自然产生的，也放弃了对鼹鼠、蜥蜴、蛇、鱼类和鸟类的坚持，当然了，人类也不例外。不过，有些阵地他们却是久久不让出的。像昆虫、蠕虫和蜗牛之类的小动物，无疑是从腐烂物和落叶等污物之中"产生"的。

这样一来，怀疑论者们的战斗激情就开始冷却了，他们只是偶尔才提出一些疑问，有时觉得虫子是自然产生的，有时又觉得不是。毕竟昆虫世界实在太广阔了，那里有形形色色的虫子……怎能知道真相究竟如何，或者苍蝇真的产自腐肉也说不定呢？

百余年的时间就这样在争论和疑惑中流逝了。"自然发生说"的支持者们是放弃了某些阵地，但随即又建起了非常巩固的新要塞。要把他们赶出这些掩体可不是件容易事，那里的堡垒和避弹所异常坚固，敌人们对之完全束手无策。"蠕虫说"是一座尤其牢固的堡垒，巍然屹立，坚不可摧。曾不止一次发生过这样的事情：昨天还在论战不休的敌人，今天却溜进对方的战壕，说：

"喂，往边上挪挪，让我在你们这儿烤个火吧！"

昨天的敌人就这样和气地坐在一起，相互用胳膊肘推推搡搡。

然后他们再次走上战场，在学术辩论和报告中相互攻击，挑起争斗。有的时候，对手放弃了一座座阵地；还有的时候，敌对的双方又一次言归于好……

就这样，17世纪过去了，18世纪过去了，连19世纪的上半叶也过去了。

一块腐肉

17世纪中叶，佛罗伦萨成立了一个学术小组，它有个响亮的名号叫"实验学院"。这个学院由著名物理学家托里切利①领导，其资助者则是对精密科学提供庇护的美第奇家族②的公爵们。小组里还有一名举足轻重的人物，他就是弗朗切斯科·雷迪。

雷迪的职业是医生。他在当时享有盛誉，并且担任托斯卡纳③公爵的宫廷医师。仅此一点就足以表明：雷迪不仅是一名经验丰富的医生，更是一个诚实可靠的人。

在当时的意大利，在酒杯里下毒或者赠送毒水果、毒花束和毒手套之类的"礼物"乃是司空见惯的事情，身为统治者的公爵收到这类"馈赠"的风险就更大了。就下毒而言，家庭医生是个尤其危险的人物，因此聘某人为家庭医生就意味着对他完全信任。而值得

---

① 埃万杰利斯塔·托里切利（1608~1647），意大利物理学家、数学家。——译注
② 13~17世纪意大利佛罗伦萨的一个名门望族，曾进行家族独裁统治，以慷慨资助艺术和科学而著称。——译注
③ 意大利中部地区，首府为佛罗伦萨。此处"托斯卡纳公爵"即指美第奇家族。——译注

信任的只有绝对不受收买的诚实人：在当时，赤胆忠心的价值可是用黄金来计量的。

总之，雷迪是名医生，但他的工作并不限于为自己杰出的庇护者尽医生义务。他一方面为公爵制作药粉药丸，为公爵夫人制作胭脂、软膏和香粉，另一方面也从事科学研究。作为诗人和学者，雷迪热爱大自然。他受过广博的教育，写过一些不错的诗篇，参加过意大利语词典的编纂工作，还是文学学院的成员，写过一首献给托斯卡纳葡萄酒的长诗。不过，说到底雷迪还是个学者，结果写出的长诗里充满了各种科学注释。

▲ 弗朗切斯科·雷迪（1626～1697）

雷迪的朋友们倒不是什么严苛的批评家，这首在杯觥交错之时朗诵的长诗赢得了热烈的赞叹。然而，雷迪所从事的全部活动还远不止如此。

作为一名学者，雷迪也干了不少工作，他做各种各样的实验并进行观察，对自然界进行描述和研究。说实话，其中有些实验如今看来未免有点可笑，比如把苍蝇的翅膀拔掉，然后看看会发生什么事情——这样的"实验"只配让五岁的小毛孩去做。不过，当年的科学还只是个刚开始蹒跚学步的幼童，所以学者们有时也表现得像个孩子，这也没什么好奇怪的。

雷迪尤其关注昆虫，他研究昆虫的成长和变态，其中又对苍蝇情有独钟。当时有一种关于苍蝇的顽固传言，据说它们从不产卵，而是以蛆虫的形态，从大粪和腐肉里自然产生出来的。

雷迪平时对这类奇谈倒不是十分反对，但不知怎的，有关苍蝇的传闻却让他特别困扰。

"这有点儿不对劲，"他心想，"有必要好好研究一番。"

有一天，雷迪坐在自己的办公室里，心事重重地摆弄着一小块肉：揭示奥秘的工作就要从它开始了。这时有人敲了敲门，雷迪吓了一跳，赶紧把肉块塞进桌上的罐子里，盖上盖子，然后站起身来：

"请进!"

来人是他的朋友,两人聊起天来。谈着谈着,雷迪就把罐子和肉块给忘了,第二天也没再想起来。碰巧资助他的公爵生病了,于是雷迪又花了几天时间伴在病人身旁。

又过了一个多星期,房间里开始闻到一股臭味。雷迪环顾一周,发现了那个罐子。往里面一看:罐底放着那块已经发黑的湿滑肉块。

肉已经烂透了,但是——里面连一只苍蝇或一条蛆虫都没有。

"怎么回事?"雷迪喃喃自语,"为什么没长蛆呢?……哦!"他突然大喊一声,用手重重拍了一下桌子。

雷迪找到验证蛆虫是否生于腐肉的方法了。

肉块放在封口的罐子里,结果并没长蛆,而蛆是苍蝇的幼虫。说不定,这里之所以没有长蛆,正是因为苍蝇没法进入罐子,因此不能在肉块上产卵呢?

"对,就是这么回事。可是……"

雷迪不仅是个机智的实验者,他辩论起来也丝毫不比做实验差。

他非常清楚:如果他宣布,苍蝇根本不是从腐肉里长出来的,而是在腐肉上产卵然后再孵化的,并提出这个罐子作为证据,那么就会有人反驳他说:

"罐子被封住了,里面没有空气,所以长不出蛆。"

"我要比你们更机智,"雷迪朝着还不存在的对手说,"我一定会向你们证明……"

他拿了几个高高的容器,在每个容器里放一块肉,并把其中几个用薄纱包住,其他的顺其自然。

"喏,我们来看看结果究竟如何!"

太阳迅速而认真地完成了任务:肉块开始发臭了。

一群群苍蝇开始在容器上方盘旋,它们落到肉块上,或者被薄纱挡在外边。

结果正如雷迪所料。在包着薄纱的容器里,肉块上一条蛆都没长出来,而在其他容器里,肉块上密密麻麻地布满了白花花的蛆虫,这正是苍蝇的幼虫。

这个实验不仅说服力强,而且非常简单,堪称是个绝妙的实验。

"苍蝇并不是从腐肉里长出来的,蛆虫也不能自发地从腐肉中产生,它们是从苍蝇在腐肉上产下的卵里孵化出来的。"在学院的一次聚会上,雷迪向同事们宣布了自己的发现。

没错,雷迪漂亮地证明了苍蝇是不能自然产生的。但是世上有许许多多的昆虫,它们的习性、食物和外表都各不相同。如果说苍蝇、甲虫和蝴蝶之类的虫子雷迪多少还能对付的话,那么对于小小的瘿蜂,他就不知该如何是好了。

每到夏末,在橡树的叶子上常常能见到一些很漂亮的、形如小核桃的虫瘿。它们起初是绿色的,然后渐渐发红,看上去就像许多黏在叶子上的小苹果。有谁小时候没收集过这些玩意儿呢?

与当时其他的观察者和研究者一样,雷迪也很快发现了一个有趣的事实:从这些虫瘿里会长出一些小小的带翅昆虫。如今我们将它们称作"瘿蜂",但在雷迪那个时代,还没有人知道这个名称,也没有人知道这些小虫是哪里冒出来的。

雷迪想观察瘿蜂在橡树叶上产卵的过程,可是却失败了。他也没能观察到这种昆虫的发育过程,更搞不清楚它是怎么跑到虫瘿里去的。他搬来几堆长着虫瘿的树叶,把它

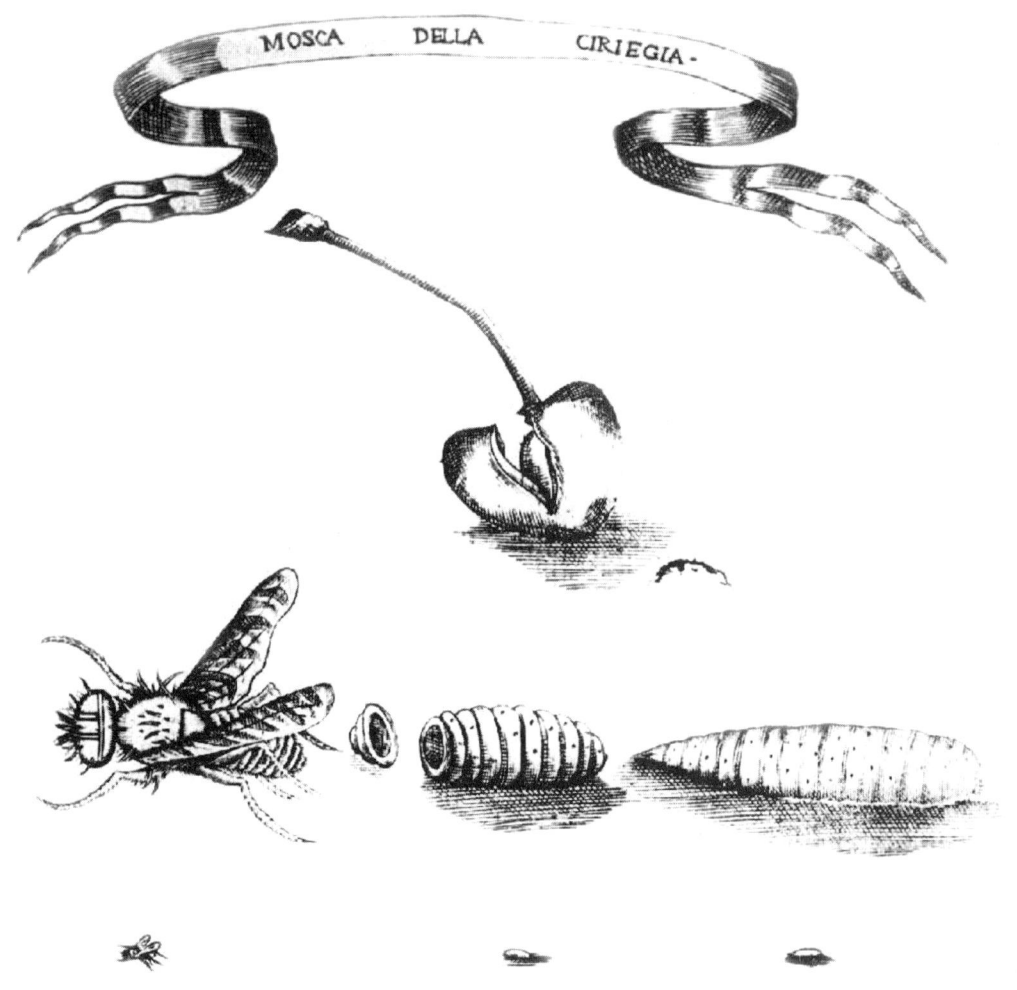

▲ ▶ 弗朗切斯科·雷迪著作《昆虫由来的实验》一书中记录的苍蝇的孵化与柳树叶上的虫瘿。

霍蒙库鲁斯——趣味生物学简史

们分别放到几个罐子里保存，结果虫瘿里总会飞出长着四片透明薄翼的小虫子。

小虫同虫瘿之间的联系是毋庸置疑的，但这究竟是什么联系呢？

答案只有一个：这种昆虫是在虫瘿里长出来的，更确切地说，它是由虫瘿产生的。

这个问题困扰了雷迪一阵子，但后来他找到了解释：原来，橡树叶上的虫瘿是活的，是某种活体的一部分。这里也谈不上什么自然产生，只不过是虫瘿的一部分变成了虫子，也就是一个活体产生了另一个活体。这就好比不同动物的肠道里会长出不同的肠虫，虫瘿的情况也是这么回事：植物是多种多样的，虫瘿也是多种多样的，所以就产生了多种多样的虫子。

从无生之物里并不能产生任何活物，但一种活物能产生另一种活物，尽管二者可能并不相似——这就是雷迪的结论。表面上看，他是对演化的过程做了个异常宽泛的解释，但其实没必要对此感到大惊小怪：这里恰好没有涉及任何演化的情况。不过，这一类观点并不只在雷迪的时代才有，在那之后三百年还能听到类似的说法呢。

雷迪整理了自己的笔记，然后动手写作。他开始发展完善自己的观点，并对"一种生物能产生另一种生物，尽管……"的独特理论进行了阐述。

他连日连月地努力写作，写了很长时间，甚至把自己的朋友都给忘了。在诗人和学者们的晚宴上，越来越难听到他那洪亮的笑声了。

他写着写着……

可惜他没能写完自己的著作，更没能让它付梓问世。

一份署名为"马尔塞洛·马尔比基"[①]的信件让雷迪多日寝食难安。可不是吗：这封信向他指出，瘿蜂其实是一种再平常不过的昆虫，它同样也会产卵。

在研究植物的过程中，博洛尼亚[②]教授马尔比基从橡树叶上的虫瘿里发现了瘿蜂。他不想在这方面浪费时间，于是把阐明瘿蜂发育过程的任务交给了自己的学生瓦里斯内里[③]。

果真是名师出高徒：瓦里斯内里研究清楚了瘿蜂的所有秘密，找到了这种昆虫的卵，还观察了它的发育过程。

如今的书籍中已经很难看到"瓦里斯内里"这个名字了，但它并没有就此湮没无闻。水生动植物的爱好者们都知道一种叫"瓦利斯内里亚"[④]的水生植物，它长着细长

---

① 见本书第二章。——译注
② 意大利北部城市，有欧洲历史上最古老的大学。——译注
③ 安东尼奥·瓦里斯内里（1661～1730），意大利生物学家、医学家。——译注
④ 即苦草，沉水草本植物。——译注

▲ 安东尼奥·瓦里斯内里（1661～1730）

的叶子，如同一条条绿色的缎带。这种植物的名字正是为了纪念瓦里斯内里而起的。当然，植物爱好者们压根不会想到，这个对他们来说如此寻常的名字竟是一位早已谢世的植物学家的大名。

马尔比基非常敬重雷迪和他的苍蝇实验，当得知雷迪认为瘿蜂自然产生之后，他就写信把学生的发现告诉了雷迪。

起初，雷迪并没有马上同意瘿蜂从卵中孵化的观点，因为这不仅破坏了他的理论，还夺去了他论证的主要证据。

"瓦里斯内里可能犯了错。他还很年轻，经验不足。"雷迪翻来覆去地读着马尔比基的来信，一边自言自语着。

可惜，这回雷迪不得不全盘放弃自己的观点了。他的朋友切斯托尼①证实了马尔比基和瓦里斯内里的实验是正确的，而雷迪对切斯托尼的观察之精准、工作之认真是毫不怀疑的。既然切斯托尼说他看见了，那么事实就是如此。

雷迪的著作就这样不了了之，因为它已经失去了一切意义。

瘿蜂事件让雷迪碰了一次壁，但他依然坚信自己的基本理论：一切活物都只能产自活物，毕竟橡树也是活物呀！

1668年，雷迪研究麻蝇的著作问世。这本书既给他带来了声望，又为他树了不少敌人。

雷迪勇敢地批评了有关昆虫"自然产生"的各种胡言乱语。他甚至大胆质疑了《圣经》中蜜蜂产自死狮子体内的故事②（假如是活狮子的话，雷迪或许还能接受这一说，可死狮子就……）。当时对亚里士多德崇拜得五体投地的不仅有世俗学者，还有以奥古斯丁③为首的神学家，但雷迪竟然动摇了亚里士多德的权威。他敢于挑战权威，与教会的学说针锋相对。

"异端！不信神的家伙！"古希腊智者的信徒们开始大肆鼓噪。

对于这些疯狂叫喊，雷迪只是一笑置之。尽管他是个天主教徒，但也是一名学者，更是一名诗人。身为诗人，雷迪多少还是有些自由观念的，所以他并不惧怕与奥古斯丁的权威作对。

---

① 迪亚琴托·切斯托尼（1637~1718），意大利生物学家、医学家。——译注
② 见《圣经·旧约·民长纪》14:8。——译注
③ 圣奥古斯丁（354~430）是一名受过广博教育的主教。他写了一些哲学著作，论证说生物的合理性都应归功于"理性的造物主"。此外他还坚称，真正的知识只有通过信仰才能得到，而将通过科学研究获得真理的努力称作"不成体统的自负"和"魔鬼的高傲"。在一千多年的岁月里，奥古斯丁的权威如日中天，对当时的科学发展产生了重大影响。——原注

天主教徒和异端，学者和诗人——这些身份在雷迪身上和睦共处，相安无事。他在红衣主教面前恭恭敬敬地鞠躬行礼，回家后却在僻静的房间里写作揭露圣经故事的荒谬。这在当时可是件不无风险的事情，不过……雷迪怎么也无法对"蜜蜂产自死狮子体内"的胡说八道保持沉默。

活物只能产自活物！对此他坚信不疑。

"万物皆生于卵！"

1

1600年，当伽利略①和开普勒②刚刚开始著述时，有位英国青年威廉·哈维离开了自己的故乡。

当时哈维只有22岁。他从剑桥大学毕业，然后取道法国和德国前往意大利。在意大利的帕多瓦③，有位著名的教授叫法布里休斯·阿夸彭登泰④，此人的大名在整个欧洲都如雷贯耳，许多年轻的医生和大学生像飞蛾扑火一样慕名前来求学。

年轻的哈维也成为他的学生。

阿夸彭登泰在静脉中发现了一些特殊的瓣膜，可惜他的脑子并不爱好总结，身为学者的想象力也沉睡不醒。于是这位"科学泰斗"只是记录了事实，并在书刊上发表成果，将新发现的瓣膜编入自己的荣誉桂冠（其实就算没有这个发现，他的荣誉也已经相当可观了），然后就心安理得地结束了研究。

可哈维并不是这样的人。

"事实？这还远远不够！需要总结概括、分析研究。瓣膜不过就是瓣膜，可它们有什么用呢？"

提出这个问题之后，哈维不知不觉地踏上了"猎手的小径"。追寻血液循环之谜的

---

① 伽利略·伽利雷（1564~1642），意大利物理学家、数学家、天文学家，通过实验发现了众多重要的物理学定律，被公认为现代自然科学的奠基人之一。——译注

② 约翰尼斯·开普勒（1571~1630），德国天文学家，支持日心说，提出了著名的行星运动三大定律，对现代天文学的发展影响极大。——译注

③ 意大利东北部城市。——译注

④ 即希罗尼姆斯·法布里休斯（1537~1619），生于意大利中部的阿夸彭登泰，意大利解剖学家。——译注

▲ 威廉·哈维（1578～1657）

狩猎就这样开始了。

哈维并不是个经验丰富的猎手，他没有人可以请教，只能一切靠自己解决。他时不时地跌倒在地，绊跤更是习以为常，但这些挫折并没有让他感到难堪。上百次射击都落了空，命中目标的次数寥寥无几，但就是这命中的几枪完成了自己的任务。哈维费了将近25年的时间苦苦追击，终于找到了自己的"猎物"，举枪瞄准，将其捕获。

最初的"射击"哈维是在自己身上进行的：他把自己的一只手系上了。哈维是个低调的人，他并不怎么相信自己的能力，害怕事情闹大了遭人耻笑，所以没有找助手和见证人。他设法用松紧带扎住自己的一只手，靠牙齿和另一只手拉紧结子，然后坐在椅子上等候结果。

他的折磨并未持续多长时间：结果很快就出来了。仅仅过了几分钟，那只手就开始发麻，血管发青凸起，皮肤也开始变黑。

哈维是医生，很清楚这样的实验不无风险，于是连忙拿起小刀，试图把松紧带割开。可事情没那么简单！一只手已经肿了，松紧带深深地勒入皮肤之中，而只用另一只手来工作既不方便又很困难。

"请帮我割开松紧带吧。"哈维只好向邻居求助。

"你干吗要把手扎成这样呢？"邻居大惑不解，但还是帮他割开了松紧带。

哈维避而不答。

"手肿胀发青了，"哈维回家后喃喃自语道。"这是怎么回事呢？"

于是他又扎上了另一只手。

"这只手也肿胀发青……看来是结子阻碍了血液的流动。可这是哪一种血呢？"

想知道受阻的是哪种血液，这是能够做到的，可哈维总不能切开自己手上的血管呀。虽然他很热爱科学，也具有浓厚的求知精神，但总得在合理的界限内行事。

一条从窗外跑过的小狗提醒了哈维：他还可以切开其他动物的血管嘛。他走进院子，将小狗引诱到自己的房间里，然后把门锁上。小狗倒是表现得十分平静：它嗅遍了椅子，嗅遍了桌腿，又开始要嗅柜子了。

与此同时，哈维找来一条结实的细绳，并准备好了做手术用的柳叶刀。

"过来呀。"他把一小块馅饼伸到小狗面前，温和地对它说。

小狗靠了过来，摇摇尾巴向馅饼猛扑过去。说时迟那时快，哈维敏捷地用细绳套住它的一条腿，然后将绳索收紧……

小狗在地板上滚来滚去，用牙齿撕扯着细绳，努力想挣脱绳子。它尖声嚎叫，被捆住的爪子开始肿胀。哈维观察到了结子以下的狗爪子肿胀变大的过程。

"肿起来了，肿起来了……"他低声说道。

哈维再次呼唤小狗，待它走到跟前，就伸手抓住了它的爪子。小狗并没有挣脱，想必是在期待人的帮助吧。然而，可怜的小狗不仅没有得到帮助，还被细绳捆住了另一只爪子。

小狗依然没有丧失对人的信任：过了几分钟，当哈维第三次呼唤它时，它还真过去了。只见柳叶刀寒光一闪，哈维那经验丰富的巧手在狗爪子上开了一道深深的切口。结子以下那鼓鼓的静脉被切开了，里面开始流出浓浓的黑血。

小狗哀号着逃掉了。

哈维连忙追了上去，但小狗对他的信任已经丧失殆尽，它呜呜直叫，露出牙齿，威胁地低吼着。哈维刚把手伸过去……咔嚓！手指头上顿时淌下了鲜血。

小狗躺在角落里舔着伤口，每当哈维走到跟前，就朝着他发出凶猛的吼叫。哈维只好在房间里踱来踱去，一边心事重重地看着被咬伤的手指头。

聪明的医生并没有被难倒。他在柜子里翻了一阵，拿出一条粗绳做了个套索，再走到小狗跟前，用套索套紧了它的脖子……

小狗拼命挣扎了几下，差点没把哈维拽倒在地，就喘着粗气瘫倒在地了。

哈维一秒钟都没浪费（他可不想把小狗给勒死了），赶紧抓起柳叶刀，在另一只狗爪子上开了一道伤口，不过这次是在结子以上的部位切的。

伤口里一滴血都没流出来！

这时哈维才割开狗爪子上的绳子，解下套索，打开房门。

小狗夹着尾巴一瘸一拐地逃出了房间，年轻的医生则坐到椅子上沉思起来。

"绳结以上的部位并没有血液……"他低声说道。"以下的部位却流出了血。这就说明……"

2

在那之后又过了两年，哈维获得了博士学位并回到英国。回国后他关心的第一件事就是获取第二学位。其实，一个学位对哈维来说已经足够了，但他是个热忱的爱国者。要在英国行医，却没有英国的医学博士学位？这可不成！

身为著名的阿夸彭登泰的学生，又拿到了两个学位，哈维很快就开始平步青云。医学博士学位保障了他的前途，不久他和著名医生兰塞洛特·布朗的女儿结了婚。妻子给了他一份很好的嫁妆：伦敦的熟人和关系网。

转眼之间，人们纷纷到哈维的诊所叩门求医：如果门上的铜制小锤敲了两下，那就

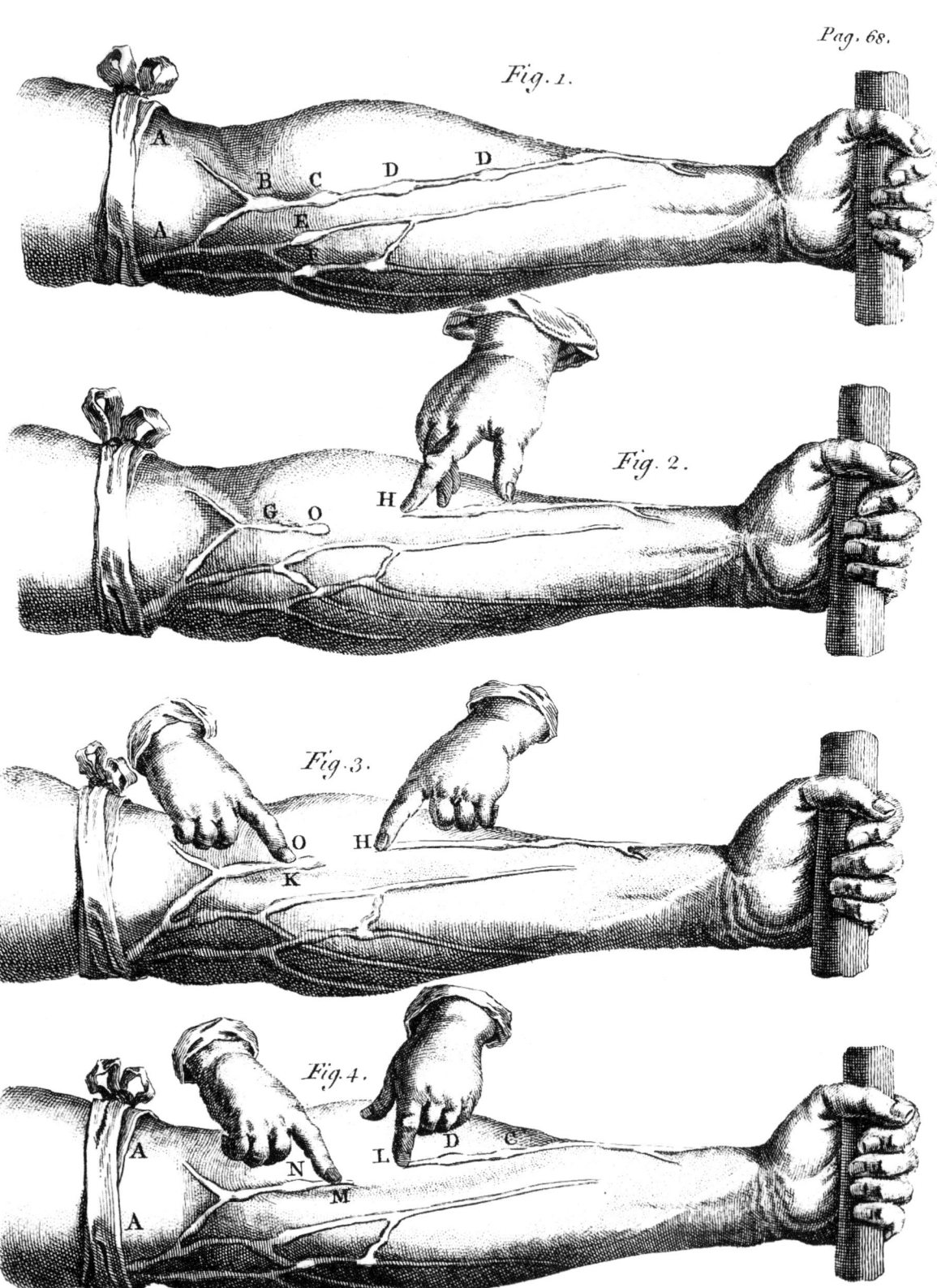

> 将手肘以上①的手臂扎上的实验，藉此证明静脉血的单向流动
> 1.可以看见手臂上凸出的静脉；2.用手指按住一处静脉，该部位以上的静脉变空了，透过皮肤已经看不出来；3.再按住另一处静脉；可以看出，图中右手手指旁边的静脉凸了起来（血液被手指按压部位以上的瓣膜挡住了）；4.将血液从按压点之间的静脉向上端挤压，其原先占据的部分就变空了。

说明有病人上门了。很快，这位青年医生就被请去为詹姆士一世②本人治病了。

伦敦医生协会的教授教研室也对他的工作予以了嘉奖。

哈维是个非常谦虚的人，从不对名利孜孜以求，也不图得到奖赏。他很清楚"贪多嚼不烂"的道理，于是让妻子帮忙打理自己的事业，由她负责观察病人和账单，并提醒相关负责人去处理公事；他本人则治病和讲课，并将空闲时间都用于"狩猎"。

哈维的"狩猎"从未停止过，当时他的"猎物"依然是血液循环的秘密。

在那个遥远的年代，人们对血液循环知之甚少，唯一清楚的一点就是身体里有血液。医生们尽管治病救人，却丝毫不了解血液在体内流动的情况和方向，也不懂得心脏的工作原理和脉搏的本质。

* * *

在哈维之前1500年左右，帕加马③有位名震天下的医生叫盖伦④。盖伦是个手段高超的名医，但就连他对血液循环的了解也不比如今的一年级中学生⑤强多少。不过，盖伦并没有被认识的匮乏所阻，他发明了一套独特的血液循环理论，推翻了比他更无知的学者们杜撰的荒谬学说。例如，古希腊人以为动脉里只有空气，盖伦则证明了动脉里流动着血液。可是接下来就碰壁了：他只在活体动物的动脉里找到了血液，而动物尸体的动脉里却总是空空如也……

对盖伦来说，发明一套新理论简直比厨师做出一道新菜式还简单。

---

① 原文如此。严格来说，本节中所有"以上"指的都是远心端（一段血管中相对更远离心脏的一端），对于手臂而言，指的其实是更靠近手掌的部分，与空间中的上下左右无关。——译注
② 詹姆士一世（1566~1625），英国国王（1603~1625年在位），斯图亚特王朝的创始人。——译注
③ 小亚细亚西部的希腊城邦，文明古国。——译注
④ 盖伦（131~201），古代最著名的医生之一。他成功治好过许多病人，因此在当时的世界享有盛誉（尽管当时的世界并不很大）。他写的解剖学和生理学著作在当时具有重要的意义。许多中世纪医生甚至16~17世纪的医生都将盖伦视为永不犯错的权威，并对敢于批评盖伦的人进行猛烈的攻击（盖伦的著作里有许多错误，因为他对人体的解剖结构几乎一无所知：在那时，解剖人体是要受到严惩的）。——原注
⑤ 俄国没有严格的中小学区别，其初等教育体系称школа，为11年（或10年）一贯制。以下均译为"中学"和"中学生"。——译注

▲ 盖伦（131~201）

他坐下来思考一番，又解剖了数十只死动物和活动物，新理论就大功告成了。

"血液是在肝脏里产生的！"这位古代名医中的佼佼者声称。"它由肝脏经空静脉流入下半身，上半身则经由右心房获得血液。左右心室之间通过心室壁进行连通……"

如今每个中学生都知道，血液是从动脉流出心脏而从静脉流回心脏的；左右心室之间并没有连通；心房也并不是血液流出心脏的部位，恰恰相反，它是血液流入心脏的部位；来自身体其他部分的静脉血从右心房流入心脏，等等。只要考虑一下盖伦的理论就会发现，其中并没有给动脉留出位置，血液仅仅在静脉中流动，对于肺则只字不提。

尽管如此，盖伦的理论依然维持了足有千年之久。

后来出现了一些反对的声音，但这些反对派往往不得善终，其中有个叫塞尔维特①的人同自己的著作一起被处以火刑。事实上，与其说他是由于血液循环学说而遇害，倒不如说是由于触犯了加尔文②才被烧死的。塞尔维特既是医生又是神学家，结

---

① 米格尔·塞尔维特（1511~1553），神学家、医生。他于1533年匿名出版了《基督教的复兴》，并在书中对加尔文提出了尖锐批评。后来他的名字暴露了，结果在秘密取道日内瓦时遭到逮捕。加尔文对塞尔维特进行审判，将其同其"异端"著作一起公开处以火刑。塞尔维特的神学著作里有几页关于血液循环的内容，他还发现了血液小循环（肺循环）。——原注

② 加尔文（1509~1564），新教三大改革家（路德、慈温利、加尔文）中最年轻的一位。他在日内瓦建立了一个独特的"宗教事务所"，负责维持信仰纯洁，"捍卫"居民道德（举个例子，这个机构不仅禁止戏剧表演，甚至连跳舞都不允许），并对一切触犯法条的人加以残酷惩处，首当其冲的就是敢于反对或批评加尔文学说的人。——原注

果冒冒失失地卷入了这场宗教争论。为了更有力地侮辱加尔文，他撰文声称灵魂根本就不存在于血液之中，并提出了自己的血液运动论来证实这一说法。

这些观点中有很多错误，但也不乏真知灼见。

加尔文并非心慈手软之辈，而且记性还挺好。后来，当这位神学家兼医生在日内瓦落入加尔文手中时，加尔文不给任何争辩和讨论的机会，二话不说就把他送上了火刑堆。安给他的罪名简洁明了：异端。

* * *

哈维的研究始于帕多瓦，回到伦敦之后仍在继续。他解剖了各种各样的动物，不过解剖得最多的当然还是猫狗和牛犊了。他甚至解剖过几次人类的尸体。他把动脉和静脉扎住，然后切开结子以上或以下的部位。他将心脏一片片地剥开，寻找左右心室之间的连通方式……

他做梦也开始不安稳了：连梦中都是装满各色液体的试管。有时他梦见自己仿佛正沿着一条巨大的血管疾驰，时而置身于肝脏里的僻静角落，时而落入心室里波涛汹涌的血海之中。

光阴似箭，哈维年纪越来越大，经验也愈发丰富了。他的头上开始出现一丝丝银发。

错综复杂的血液循环系统渐渐被解开了，哈维制作了一幅血液循环的图示。

这个图示不仅与古代医生与解剖学家们坚信的许多观念背道而驰，甚至与同时代人的认识也是格格不入的。

心脏是一个由肌肉组成的袋子，它就像一台水泵，把血液压进血液循环系统之中；瓣膜只允许血液在血管中单向通行。心脏的跳动就是这台"水泵"正在工作的表现，其实质是心脏各部分肌肉的连续收缩。血液在体内循环流动，最终总要流回心脏之中。在大循环中，血液从身体的中心（心脏）流向头部、体表和其他所有器官，而在小循环中，它在心脏和肺之间进行流动。在肺里，血液的成分发生了变化（但哈维并不清楚具体是什么变化）。血液循环系统中并没有空气。哈维还不知道，血液是怎么从动脉跑到静脉的，这是因为当时还没有显微镜，所以没法观察血液在毛细血管中流动的过程。

1615年4月，哈维在医生协会做了一个报告，宣布了自己的新理论。他的同事们并未提出反对，而是抱着赏识的态度听完了这位已经声名远扬的医学家的报告。尽管这些医生都表现得十分礼貌可亲，但他们内心的真实想法已经无从知晓了。

哈维并不急于发表自己的新发现，直到多年反复检验之后，才冒着风险于1628年出版了相关著作。当然了，他立刻遭到来自四面八方的猛烈攻击。哈维对此倒并不怎么吃惊，他早就料到结果只会如此。

"我阐述的观点是如此新颖,"他在书里写道,"以致我担心所有人会一致起来反对我,这是因为偏见和错误一旦被接受,就会深植于所有人的脑海之中。"

不过,哈维并没忘了保持礼貌的规范和良好的风度:他把著作献给了英国国王,并把国王同心脏相比("国王是国家的心脏"),还特别为医生同事们写了一段献词,开头如下:

"向我唯一的朋友、伦敦医生协会主席,以及我其他亲爱的同事,致以问候。"

在这篇序言中,他似乎有些抱歉地谈到促使自己进行研究的原因,大致就是说,他的研究并不是为了卖弄学识,而是希望能阐明真理。

哈维好话说尽,却几乎于事无补。他显然低估了人们的愚钝程度。

与往常一样,有些人带头起来挑动论争。这伙人像一群机灵的小公鸡,看见老练的对手还在远方,就扯着嗓子喔喔直叫,可当敌人逼到眼前时,他们就迅速作鸟兽散了。

带头发难的是个法国血统的约克郡①医生,名叫普利姆罗斯。此人首先声称,前人所做的一切发现都与他毫无关系。塞尔维特、哥伦布②和切萨尔皮诺③对肺部血液循环的研究有什么了不起的?尽管以前从未有人见过心室之间的血液流动,但这又有什么关系呢?

普利姆罗斯并不在这类鸡毛蒜皮的事情上纠缠不休。

"就让那些脑子不太好使的人翻来覆去地研究这些血管好了。重要的是总结概括,只有开阔易懂的思路才是有价值的。"

普利姆罗斯是个既放肆又无知的人,不过他倒是很有几分小聪明,因为并非每个人都能像他一样,想出这样一种狡猾的辩护方法。

"尸体心脏的心室之间并没有连通?嗯,这说明不了什么。活人的心脏里是有连通的!"他声称。

真是个鬼花招!怎么可能知道活人心脏的心室之间有没有连通呢?要想了解这点,就得解剖心脏,等于把人给杀死了。那么研究者面对的就不再是活人,而是尸体了。

要同这样的反对意见做斗争绝非易事,然而普利姆罗斯的年轻好斗把一切都搞砸了。他一旦开始就不知收手,结果冒出了一句蠢话:

"况且哈维的发现又有什么用呢?古希腊医生对此一无所知,可他们医起病人来却不见得比哈维差。"

这句话彻底暴露了普利姆罗斯的本质。原来,他只不过是盖伦和其他古希腊学者的

---

① 英国东北部行政区。——译注
② 雷阿尔多·哥伦布(1515~1559),意大利解剖学家、外科医生,研究过血液循环。——译注
③ 安德烈亚·切萨尔皮诺(1519~1603),意大利医学家,研究过血液循环。——译注

盲从者，同时又是科学进步的敌人，如此而已。

还有其他一些类似的带头者，哈维却不打算回应他们的挑衅，他觉得那样做实在有损自己的尊严。

不久，一些"真正的"学者也开始发话反对哈维了。

他们根本不打算用事实反驳哈维的理论，只是一味大放厥词。号称"解剖之王"的著名巴黎教授里奥兰①（他怎么会不清楚解剖的各种细节呢！）一开始就把哈维的观点称作是虚假的和荒谬的理论。

"伟大的盖伦难道会犯错么？哈维不过是搞错了。他写的那些玩意儿根本就不可能存在，以后也不会有……"

后来，里奥兰的教职由他的学生居伊·布拉滕继承了。此人也效法老师反对哈维；对他而言，盖伦的权威高于世上一切真理。

"你怎敢如此无礼！盖伦本人就是这样说的！"

"心跳的声音？我们在意大利可从未听到过！"帕多瓦医生帕里齐亚尼也做出了回应。"是不是我们意大利人都有点耳背，伦敦人能听见的声音，我们却听不见？"

争论越来越激烈了。捅了这么大的篓子，哈维本人也很不高兴，他本是个沉静谦和的人，比谁都怕喧嚣、争吵和风波，可如今却不得不出来收拾残局了。

到了最后，著名的哲学家、数学家和物理学家笛卡尔②亲自出面为哈维辩护。这多少起了一点作用：哈维的敌人们暂时不吭声了，但他们并未停止暗中活动，并且这种背后捣鬼的结果很快就显现了出来。由于他们散布的谣言，哈维的行医机会越来越少，病人们一个个离开了他。

敌人们甚至企图向国王进谗言诋毁哈维，但查理一世③（当时詹姆士一世已经不在位了）非常敬爱哈维，把这群卑鄙小人统统撵走了。据说，当时国王只对他们说了一句话：

"怎么，你们嫉妒他了？"

---

① 可能是指让·里奥兰（小）（1577或1580～1657），法国解剖学家，保守主义者。——译注
② 勒内·笛卡尔（1596～1650），法国哲学家、数学家、物理学家，为现代数学尤其是解析几何做出了重大贡献；哲学上主张理性主义和二元论，对科学思想和哲学的发展也有深远影响。——译注
③ 查理一世（1600～1649），英国国王（1625～1649年在位），詹姆士一世之子，在英国资产阶级革命中被推翻并斩首。——译注

3

光阴似箭，又过了十余年，争论渐渐平息下来。诚然，上年纪的人还在公开或私底下对哈维表示不满，但年轻人都开始支持他的学说。哈维的声誉与日俱增，但他无心顾及这些荣耀，刚刚完成第一部著作，就着手来写第二部了，而写这部书需要许多特殊的材料。

有一天，哈维去觐见英王查理一世。在会面中国王注意到，他这位最喜爱的医生一直心事重重。

"你怎么了？"他问哈维。"有什么不愉快的事么？"

"我没事，陛下。"哈维深深鞠了个躬。"我身体很好，一切也都顺利。"

"那究竟是怎么回事？你缺钱用吗？"国王很清楚哈维家的情况，也知道他妻子是个贪财的人，于是这样问道。

"钱倒是不缺，可……我想做个新的研究，得有一些新材料。需要许多怀孕的动物。"

"就这点小事吗！"国王哈哈大笑。"说得有多严重似的！你去温莎①猎场吩咐一下，就说朕允许你在那里做一切想做的事情。"

哈维又鞠了一躬，心情立刻好了起来。这事他已经努力争取好几星期了，却一直毫无结果，搞得他在觐见国王时都一副愁眉苦脸的样子。

在王家猎场里开始了一场前所未有的新狩猎，它的"猎物"就是卵的奥秘。

可怜的扁角鹿啊！这位手持柳叶刀的"猎人"给它们造成了如此严重的损害，在温莎猎场上还从未有过这么可怕的王家狩猎呢。

哈维的实验并不局限于扁角鹿，他也对鸡蛋进行了孜孜不倦的研究。蛋白、蛋清、各种卵膜、蛋壳……好多研究材料啊！

"为什么蛋壳上有气孔呢？也许是要让胚胎通过气孔得到空气吧？"

哈维给蛋壳上了油漆。起初他怎么都弄不好，时而漆太稀流掉了，时而漆太浓干不了，结果母鸡一坐上去，鸡蛋就黏在了它的身上。母鸡咕咕直叫，在房间里乱跑乱撞，鸡蛋却还黏在羽毛上晃悠着。

糟蹋了几十个鸡蛋后，哈维终于掌握了这个看似简单实则困难的技巧。他已经能够非常灵巧地给鸡蛋上漆了，其技术之精湛，足以同中国和日本的漆器大师媲美。

哈维把上了漆的鸡蛋放到母鸡身子下，母鸡只是动了动就静了下来：鸡蛋已经不黏

---

① 英国东南部城镇，有著名的王室领地。——译注

羽毛了，大功告成！

在接下来的几天里，哈维一直对母鸡进行细心的照料。

小鸡从鸡蛋里破壳而出，只有一个例外，就是那个上了漆的鸡蛋。尽管它看上去最漂亮，可却孵不出小鸡来。

哈维把那个蛋打碎，发现其中没有丝毫胚胎的迹象，至少他是没有观察到这种迹象。

"原来如此。"他说。"原来如此……胚胎通过气孔呼吸。不过……需要检验一下。"

当时正是夏初，时间还有的是。哈维重新找了一只母鸡，一次性给它放了12个上漆的鸡蛋。瞧，一个个鸡蛋熠熠生辉，这可真是座漂亮的鸡窝呀！

母鸡孵蛋，哈维等待。预定的时间已经过了，之后又过了一天，母鸡开始焦急了。它是只很有经验的老母鸡，想必已经对这个异常状况感到不安了。

又过了两天，母鸡从鸡蛋上跳下来，抖抖羽毛，清理身子，然后就溜到一边去了。由此可见，它已经不想再孵这些古怪的鸡蛋了。

哈维一个个敲开鸡蛋，里面什么胚胎的迹象都没有。

面对这12个被杀害的生命，这位追寻卵的奥秘的"猎人"不但没有致以悼词，反而说出了一番完全不同的话：

"果真如此！胚胎都窒息了，无法发育成小鸡。"

蛋壳气孔的作用搞明白了，可哈维并不以此为满足，他又开始研究胚胎的发育。如今已经不需要给鸡蛋上漆了，取而代之的是让好几只母鸡同时孵数十个鸡蛋。这次工作足足用掉了上百个鸡蛋。

哈维日复一日地观察鸡蛋，精确地计算着孵蛋的日子，据此确定胚胎的年龄。

每天，他都要从鸡窝里拿出几个鸡蛋，放到实验桌上进行研究。

哈维拿了一个孵过四天的蛋，小心翼翼地剥开蛋壳，然后把它放进温水里。他看见一团小小的、有点浑浊的云状物质，其中心部位有个不时颤动的微小红点。这红点的大小与大头针的针头相仿，它就像一小滴血，时而出现，时而消失。

"红色的！还在跳动！"哈维高呼一声。"这是心脏啊！"

"这个时隐时现的小小血滴，仿佛是在现实与深渊之间来回摇摆，它就是生命之源。"他在书中是这样描写这个小血滴的。

哈维一天又一天地研究着鸡蛋，他面前渐渐展开了一幅胚胎发育图，描述了胚胎是如何从一个几乎不可见的小点长成小鸡的。

他又将数十只母鸡开膛破肚，最终揭示了鸡蛋本身的形成过程，明确了蛋白、卵膜、蛋黄和孵化的具体作用。

哈维的厨娘对他的工作做了一番评论："要是能把他用掉的鸡蛋都做成煎蛋，就该够整个伦敦的人吃了！"

鸡蛋并不能满足哈维的好奇心，他又开始关注哺乳动物。他解剖怀孕的扁角鹿和狍子，研究它们的身体结构、生殖器官和胚胎发育。这些动物的发育奥秘也相继被他解开了。

哈维的图纸和笔记越积越多，工作的顺利完成已经指日可待了。可就在这时，英国爆发了内战①，查理一世从伦敦仓皇逃往苏格兰。哈维是国王的忠实朋友，因此也随他一起出逃，自然就顾不上什么图纸、日记和笔记了。

查理一世一度时来运转。议会军首领克伦威尔②撤退了，国王重新回到了伦敦，哈维也被任命为牛津大学默顿学院的新系主任。原来的系主任布伦特是议会的支持者，被迫把自己的位子让给了国王的宠儿哈维。

但是内战并没有就此停止。查理一世再次被打败，丧失了政权（这次连脑袋也一块儿丢了），克伦威尔的军队重新占领了牛津。

同克伦威尔一起回来的还有布伦特，不过他这次已经不是失败者了，而是以胜利者的身份凯旋的。

布伦特绝不是个宽宏大量的人，但他也不敢直接向哈维发起攻击。于是他暗中挑拨一群市民，告诉他们说哈维不仅是国王的宠儿，还是一名异端人物，而克伦威尔的支持者们对异端是毫不客气的。一大群人洗劫了哈维的住宅，并将其付之一炬。在熊熊的烟火和野蛮的叫喊声中，哈维家的东西全被捣毁了。

哈维被迫露宿街头，可厄运还没到头：他的藏书、手稿、图纸、药剂和仪器全都丢失了。

这位学者失去的并不仅仅是"狩猎"的武器，更是在追寻卵的奥秘的过程中"捕获"的所有"猎物"啊！

---

① 指英国资产阶级革命（1640～1688），英国新贵族和资产阶级领导下推翻专制统治、建立资产阶级统治的社会革命。革命过程中曾有多次波折，最终结果是以1689年《权利法案》确定了君主立宪制，也就是当今英国的基本政治制度。——译注
② 奥利弗·克伦威尔（1599～1658）是一名清教徒（基督教新教在英国的分支——译注）。他组织了对斯图亚特王朝国王查理一世（1600～1649）的斗争，领导起义者们处死了国王。后来又镇压了苏格兰人民和爱尔兰人民的起义。作为一名清教徒，他在宗教问题上表现得极不宽容，多次把持不同信仰的人称为异端，并对他们进行迫害。他与查理一世及其支持者（天主教徒）的斗争也有很大一部分是在"打击异端"的旗帜下进行的。——原注

以后该怎么办呢？幸运的是，哈维还有几位做大生意的兄弟，他从兄弟那儿分到了一些股份，靠着分红收入维持生活。

哈维搬到了伦敦郊外的兰贝斯①，但他并没有停止科学研究，而是像之前一样，继续用掉数以百计的鸡蛋来做实验。扁角鹿已经没有了，只能代之以更寻常的动物：兔子和猫狗。哈维通过实验得知，兔子和猫狗的胚胎发育过程同美丽的扁角鹿并无多大区别。

兰贝斯的生活同以前伦敦的生活截然不同。哈维几乎足不出户，要么埋头工作，要么暗自忧伤。只有节日期间他才进行一点小小的娱乐：去里士满②的乡下拜访弟弟伊里亚。在那里，他偶尔也散散步，但大多数时间都同弟弟一起喝咖啡。弟弟到哈维家做客时也是一样：兄弟俩坐下来喝咖啡，不时交谈几句。

咖啡已经成了哈维生活中唯一的装点了，除此之外再无任何乐趣和消遣可言。

哈维就这样在咖啡壶和实验桌前消磨着时光，他的科学材料也渐渐积累起来，笔记和图纸越来越多。可就在这时，哈维再次放慢了研究的进度。

他还清楚地记得《心血运动论》出版后自己遭受的种种不愉快，不过当时他还比较年轻，精力充沛，而如今他垂垂老矣，又接连遭到不幸，其后果已经显露无遗。哈维害怕斗争和喧嚣，更不想遭到世人的攻击，荣誉再也不能吸引他了。他已经别无所求，除了……一杯咖啡。

"我何必抛弃这个宁静的栖身之处，重新置身于喧嚣动荡的世事之中呢？让我安安静静地度过余生吧，我为此已经付出沉重的代价了。"

哈维有位学生和朋友叫恩特，也是个医生，他一直没有抛弃年迈的哈维。恩特花了许多时日去劝说哈维，同他一起喝了不知多少杯咖啡，终于动摇了老人的顽固念头。新书就这样出版了。

新书名为《论动物的生殖》，其大部分内容都是凭记忆写成的，主要的材料已经在火灾里灰飞烟灭了。

书的扉页配了一幅精美的图画：宙斯手持一枚蛋，蛋里孵出了蜘蛛、蝴蝶、蛇、鸟、鱼和小孩儿。题词写道："万物皆生于卵！"

事实上，哈维对世事喧嚣的担忧是毫无必要的。新书的反响非常好，除了一些细微的批评之外，作者并未遭到任何攻击。老人可以继续安静地喝咖啡了。

这部著作为哈维的荣誉花冠添上了最后一片月桂叶。六年之后，这位学者就去世了。他将所有财产遗赠给各个学术机构，而把自己的咖啡壶留给了弟弟伊里亚。遗嘱里

---

① 伦敦南部行政区。——译注
② 伦敦西南部行政区。——译注

◀ 哈维《论动物的生殖》的卷首插图

对此有一条特殊条款:"纪念我们一起喝咖啡度过的美好时光。"

"万物皆生于卵!"这是哈维对整个世界发出的一声呼号。

看上去一切都很完美,哈维的宣言似乎能终结一切分歧和争吵了。

可惜好景不长!

万物皆生于卵——没错,就是这样。不过……卵又是从哪儿来的呢?

不,这个问题注定不会由哈维来解决,何况他也解决不了,因为这位名医根本就不反对"自然发生说"。

哈维只不过把争执从一个方面引到了另一个方面。蛆虫不可能从无生之物中凭空产生,而只能由卵孵化而来,但孵出蛆虫的卵却可能是自然产生的。

哈维并没有解决争端,他只是把对"动物"的讨论换成了对"卵"的讨论。他攻陷了一座最坚固的敌军掩体,却给对方留下一块比原来牢固得多的阵地。

当时有谁看见过蠕虫的卵,又有谁知道蠕虫是哪儿来的呢?没人见过,也没人知道。

究竟先有哪个——先有蛋还是先有鸡呢?

哈维勇敢地做出了回答:"先有蛋!"但这还不能说是解决了问题。

是谁生下了第一个蛋呢?哈维对此并不清楚。

各得其所

羊肉汁与学者

在17世纪的荷兰城市代尔夫特,有个名叫安东尼·列文虎克的人。此人年轻时当过呢绒商人,后来又担任过类似法庭主管的职务。在科学方面,他只是个自学者和业余爱好者,却永远载入了科学史的史册。列文虎克对能放大物体的镜片产生了兴趣,他学着磨制放大镜片,并在这方面取得了很高的成就,其技巧之完美,在当时鲜有人能够企及。他制作的镜片完美无瑕、小巧玲珑,其直径不超过三毫米。他对这份工作越来越着迷,以至把漫长一生(他活了91岁)的大部分时间都献给了显微镜的研制。老实说,他的发明还算不上显微镜,顶多只能说是个放大镜,它同现代显微镜的差异如此之大,简

▲ 安东尼·列文虎克（1632～1723），荷兰博物学家、业余爱好者、自学者。他造了一台显微镜（见右页图），并利用它做出了一些有趣的观察和发现。

直就像茶炊①同轮船相比，说不上有什么相似之处。尽管如此，它至少能起到放大的作用。列文虎克是个伟大的工匠，他成功造出了能将物体放大到270倍的显微镜。显微镜的发明为人类开辟了一个新天地：人们能看到以前肉眼不可见的细微物体了。

又过了一段时间，显微镜开始进入学者的日常研究之中。

---

① 俄罗斯人饮茶时使用的主要器具，有点类似烧水壶。——译注

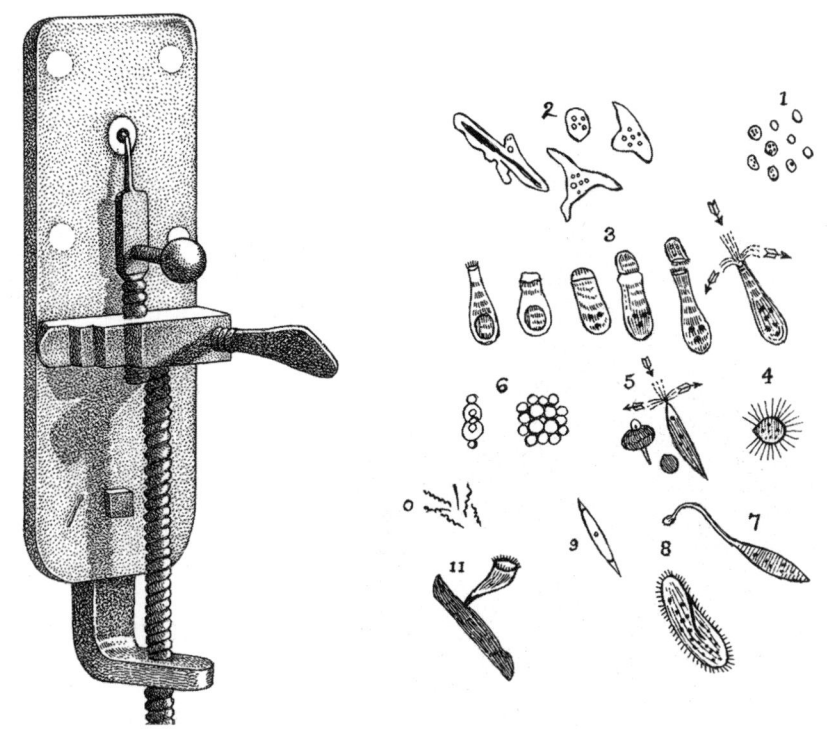

他们惊奇地发现，显微镜下竟然有各种各样的微小生物，如纤毛虫、轮虫①等等。这些小生物数量繁多，形态各异，搞得学者们都目不暇接了。

最重要的是，这些生物几乎无处不在：粪便里、水里、空气里、灰尘里、土壤里、排水沟里、腐烂物里……总而言之，到处都能找到这些"微生物"（当时就是这样称呼显微镜下看到的小生物的）。

它们是从哪儿来的呢？

往水里放一束稻草，几天之后，泡着稻草的液体里就满是纤毛虫了，它们成群结队地在水中游动着，此外还有其他各种不可胜数的微生物。

"这些生物来自腐烂稻草的残渣。"爱尔兰某修道院院长尼达姆②说。"是自然发生的。"

"它们是从无生之物中产生的。"杰出的法国伯爵布丰③也赞成这一说法。

学者们分成了两大阵营，争吵不已，相互攻讦。他们时而攻击对方是无神论者，时

---

① 生活在淡水中的一类小型无脊椎动物，头部有一至二圈轮盘状纤毛。——译注
② 约翰·尼达姆（1713~1781），爱尔兰生物学家、天主教神甫。——译注
③ 见本书第五章。——译注

▲ 拉扎罗·斯帕兰扎尼（1729～1799）

而指责对方盲从权威，时而说……反正想到什么坏话就说什么了。

"这些生物怎么可能是从蛋里孵出来的呢？它们本身都比蛋小多了！"

"蛋不会通过空气传播，可它们却能在空气中传播。"

"胡说！蛋当然是有的！著名学者哈维说过：万物皆生于卵。"

"说是说过，但他讲的并不是微生物，而是鸡和其他鸟类。"

"嚷什么嚷，你倒是证明来看啊？"

一说到证明，又出现了英法同意大利两军对垒的情况。英法方面的代表是法国的布丰和爱尔兰的尼达姆，与之对抗的意大利方则是修道院院长斯帕兰扎尼。

当拉扎罗·斯帕兰扎尼只有15岁的时候，他就到雷焦①的耶稣会②学校上学。耶稣会修士向他传授了哲学和其他一些学科的知识，后来见到少年天资聪颖，就开始许之以锦绣前程，劝诱他到修会的舞台上大展身手。他们在拉扎罗身上下了好一番功夫，谁知这个"忘恩负义"的学生却拒绝了这份荣耀，自己动身前往博洛尼亚了。

少年的这个决定是有一番特殊考虑的。他的表姐劳拉·巴斯③是博洛尼亚大学一位闻名遐迩的数学和物理学教授。劳拉具有卓越的学术才能，哪怕再难的问题在她手中都是小菜一碟，连外国教授们都对此惊讶不已。

---

① 即雷焦-艾米利亚，意大利北部城镇。——译注
② 天主教主要修会之一，主张严明修会纪律，积极干涉世俗事务，在传教、教育、殖民扩张和反宗教改革等方面进行过很多活动。——译注
③ 劳拉·玛利亚·卡特琳娜·巴斯（1711～1778），意大利女学者、医生，欧洲第一位女教授。——译注

拉扎罗充分利用了这个良机，他在劳拉的指导下苦修数学，成就斐然，还在一次学术辩论会上以出色表现赢得了雷鸣般的掌声。老教授们简直欣喜若狂，有几位当即将他收入门下。这可真是一幅动人的景象啊。

拉扎罗的父亲是位律师，按当时的惯例，他应该子承父业。顺从的拉扎罗原本倒是打算学法，可这门学科却叫他提不起兴趣。

"真没意思！"读过几本皮封面的大部头著作后，他如此表示道。

于是拉扎罗开始研究自然科学。另一方面，他还是很珍视父母的祝福的，为了不让他们因这个选择而牢骚满腹，他顺便进修道院当了一名修士。

没过多久，修道院院长斯帕兰扎尼就成了一名教授。他在托斯卡纳、摩德纳和帕维亚①讲课，又漫游了亚平宁山脉②和西西里岛③等地，觐见了奥地利国王和土耳其苏丹④。他对什么问题都要研究一番，起初是观察石头扔到水中时的反弹现象，后来又试着将切碎的蚯蚓身体重组起来。等到做出几个发现之后，他已经深深地迷上了自然科学，终于成了一名狂热的博物学家。

不过，斯帕兰扎尼对动物分类学并不感兴趣，也不打算去寻找和描述更多的动物新种类。动物的分布、习性、益处和危害——凡此种种都没有引起修道院院长兼教授的特别关注。生理学和实验才是他的兴趣点所在。

斯帕兰扎尼研究青蛙、蛇、蜥蜴等动物的血液循环，并从中获得了不少全新的认识。为了揭开消化的奥秘，他又拿许多普通和良种的公鸡做实验，折腾了它们好长一段时间。他甚至对自己都毫不怜惜，因为还得了解人类的胃的工作原理呀。每当需要一点儿胃液时，斯帕兰扎尼就直接从自己的胃里提取。

蝙蝠能在黑暗中自由飞翔，不会撞到任何障碍物。这是为什么？求知若渴的斯帕兰扎尼又开始"检验"蝙蝠了。他糊住这些动物的眼睛，用烧红的铁烫坏它们的角膜，甚至直接摘掉它们的眼球。可这些丧失了视力的小兽依然飞来飞去，灵巧地避开了斯帕兰扎尼在道路上设下的重重障碍。

斯帕兰扎尼怎么也解答不了这个问题：蝙蝠在黑暗中飞行靠的是哪种感官呢？显然不会是视觉。可究竟是什么呢？当然，也不会是听觉或嗅觉，味觉就更不要提了。唯一剩下的就是触觉了。斯帕兰扎尼断定：蝙蝠具有高度发达的触觉，甚至隔着一段距离也

---

① 均为意大利城市。——译注
② 纵贯整个意大利半岛的山脉。——译注
③ 意大利南部大岛。——译注
④ 历史上某些伊斯兰国家的君主称号。——译注

能用触觉感知物体。可惜他搞错了，但能为此怪罪他么？直到150年之后，人们才解开了蝙蝠的奥秘。原来啊，超声波在蝙蝠的飞行中起着举足轻重的作用，它就好比一个"雷达装置"，只要一发射超声波（这是一种非常尖细的声音，我们的耳朵没法听见），蝙蝠就能捕捉到反射回来的声波（超声回声），并按着反射波的情况调整飞行方向。不过视觉在蝙蝠的飞行中也发挥了一定作用。

修道院院长兼博物学家的斯帕兰扎尼是位不知疲倦的研究者，而且还特别喜欢多种多样的工作。刚考察过血液循环和消化的奥秘，他又开始着手进行卵的发育研究了。这类研究预示着许多崭新的发现。诚然，17世纪的学者已经多少解开了一些有关动物发育和繁殖的谜团，但这个领域依然留着大量的不解之谜，各种神奇的虚构就更是数不胜数了。

斯帕兰扎尼在这方面研究得愈多，他就愈发坚信这样一个事实：所有的活物都该有自己的"生产者"。

"没错，就是'生产者'。"斯帕兰扎尼坚称。"任何活物都不是自然产生的，更不能无中生有。一切活物都产生自另一个与自己相似的活物。"

显微镜帮助人们发现了微观世界，也给我们的研究者提供了一个崭新的研究领域。哦，简陋的显微镜啊！你的透镜下闪现了多少神奇的景象，而且还如此多样多姿，如此神秘莫测；最重要的是，这全都是新的，新的，新的景象啊！……

斯帕兰扎尼迷上了这份工作，可他又是个"见异思迁"的人，要不是他读了布丰伯爵的文章，谁知道他的兴趣会不会很快淡下去呢？

布丰伯爵妙笔生花，可惜他并不喜欢实验室研究。

爱尔兰修道院院长尼达姆做了一番研究，对各种"微生物"进行观察，布丰听了他的报告之后，就开始一页页地大写特写。这篇文章是写作天赋与观察天赋相互结合的完美产物。

斯帕兰扎尼却不能苟同尼达姆的观点，布丰伯爵的威名也对他毫无作用，尽管伯爵是个闻名遐迩的博物学者和大文豪。

"什么？微生物没有'生产者'？它们产生于稻草的浸液？产生于羊肉汁？简直胡扯！"

斯帕兰扎尼激烈地摆了摆手。

"胡扯！"他又重复了一遍。

要嚷"胡扯"并不难，用这句话辱骂过学术对手的人难道还少么？可光耍嘴皮子是远远不够的，还需要给出证明。

于是斯帕兰扎尼兴致勃勃地干起了新的工作，也就是寻找微生物的"生产者"。世上大概没有一个机构能像这位修道院院长一样，如此卖力地寻找弃婴的父母呢。可微生物们仿佛要嘲笑他，怎么都不肯让他揭开个中奥妙。

"唉，莫非你们真的是无父无母的孤儿吗？"修道院院长不禁伤心了。"不，这种事绝不会有。"

斯帕兰扎尼改变了策略。他不再试图证明微生物可能产生后代，也放弃了寻找那些难以捉摸的"生产者"，而是把思路逆转了过来：如果没有作"生产者"的微生物，那也就不会有后代啦。

"微生物在各种浸液中都能产生？在羊肉汁中也能产生？就是说是从羊肉汁中诞生的？好吧！我要让它们再也长不出来。我不让它们的'生产者'进去，看它们还怎么长！"

羊肉汁叫修道院院长尤为光火，正是这东西害得他不能自已。

他盯着那个小锅，只见里面正溢出闪着油光的羊肉汁，便怒气冲冲地叫喊道："为什么是羊肉汁？为什么偏偏就是羊肉的汤汁呢？"

他千方百计地煮沸和加热羊肉汁，似乎已经把里面的生命迹象抹杀殆尽，谁知只要把它放上一天，微生物又开始在里面成群结队地晃悠。昨天还是油光闪亮的洁净汤汁，今天却覆上了一团团浑浊的云状物。不幸中的万幸，微生物并没长舌头，否则斯帕兰扎尼恐怕就会在简陋的显微镜镜头下看到这样一副光景了：微生物们恶毒地吐着舌头，一边还朝他挑衅：

"怎么样？我们还是在这儿，在这儿，在这儿……"

斯帕兰扎尼气急败坏，打破了几十个小玻璃瓶和长颈瓶，可还是没有放弃。

"它们是从空气中跑进去的，"他沮丧地嘟囔着，"灰尘带着它们落下去了……"

他试着用木塞堵住小玻璃瓶的瓶口，可是木塞对微生物来说又算得了什么呢？这些爱捣蛋的小不点儿总能在木塞上找到大门，成百上千地涌入那倒霉的羊肉汁中。

斯帕兰扎尼已经深陷这场与微生物的战争无法自拔，他开始将这些小东西当作自己最凶恶的敌人了。他寝食难安，一心只想着微生物和羊肉汁。

终于，在一个不眠之夜里，他的脑海里突然冒出了个绝妙的点子。他等不到次日早上了，赶紧从床上一跃而起，穿好衣服就朝实验室跑去。

斯帕兰扎尼的新点子其实很简单：只需把长颈瓶的瓶颈焊上。这样一来不会留下任何洞口，诡计多端的微生物也就甭想钻进羊肉汁了。

工作开始了。斯帕兰扎尼装了几瓶羊肉汁，把其中一些加热几分钟，另一些加热半小时，然后在火上熔化瓶颈，用熔融的玻璃将瓶口封上。有几次他烫着了手，打破了几个长颈瓶，弄得地板上和身上全是羊肉汁。

天亮了，斯帕兰扎尼依然待在实验室里。桌上并排摆着大约10个长颈瓶，瓶颈都被严严地封死了。

"哈！"修道院院长用手指弹了弹其中一个瓶子。"你们再钻进去试试？"

不过，等几天后重新检查瓶子里面时，他多少还是有点忐忑的。里面的微生物是什么情况呢？……

在煮了很长时间的长颈瓶里，汤汁依然清澈洁净。一个微生物都没有！斯帕兰扎尼欣喜若狂。

可是随着工作的进展，他的脸却越拉越长了。

在煮了15分钟的长颈瓶里，虽说只有很少的微生物，但毕竟还是有的。而在只煮了几分钟的长颈瓶里，微生物照样成群出现。

"是不是我焊上瓶颈的速度还不够快呢？"斯帕兰扎尼不禁起了疑心。"再试一次吧……"

他当即决定把汤汁换掉，那刺鼻的味儿已经叫他恶心透了。他用种子制作了各种各样的浸液和汁液。这回实验室里开始冒出一股药店的味儿了。

他再次把浸液煮沸，灌进长颈瓶，烫着了几回手，最后又在桌上摆了一排封口的玻璃瓶。过了几天，先前的情况又重演了一遍。加热时间较短的瓶子里冒出了微生物。

"啪！"修道院院长猛地拍了拍自己光秃秃的头顶。"原来是这么回事！这可是个新发现。有些微生物能承受数分钟的加热而不会死亡……"

斯帕兰扎尼开怀大笑，他满意地搓搓手，坐到桌旁开始写作，对布丰和尼达姆进行反驳。

这篇驳论的篇幅很长，其中充满了尖酸刻薄的挖苦和嘲笑。它从根本上推翻了布丰和尼达姆的全部"理论"。

"微生物并不能从浸液和汤汁中产生。它们是从空气中掉进去的。只要把浸液煮上一小时并焊住瓶口，那么不管把它放上多长时间，里面都不会出现任何微生物。"这就是斯帕兰扎尼驳论的基本思路。

修道院院长又恢复了胃口，晚上也睡得又香又沉：有关微生物父母的奥秘仿佛已经真相大白了。

* * *

"尊贵的殿下！"尼达姆跑进了布丰伯爵的办公室。"斯帕兰扎尼教授提出了反对。他证明道……"他把驳论的内容说了一遍。

"唔……"布丰沉思起来，一边扯着带花边的袖口。"唔……"他又哼了一声，嗅嗅鼻烟。"好吧……容我仔细想想。至于您就去查明这个问题吧：斯帕兰扎尼的瓶子里到底长不长得出微生物。"

尼达姆是个机智的实验家，他成功捕捉到了话中的言外之意。

"加热，煮沸……"尼达姆边揉鼻子边低声说道。"加热了一个多小时……他……啊！"这位爱尔兰修道院院长突然大叫一声。

布丰惊得一抖，朝修道院院长投去了责备的目光：

"怎么能这样大喊大叫呢？"

"殿下！殿下！"尼达姆激动地说着。"事情成了！您写吧……"

布丰抓起羽毛笔，蘸蘸墨水，竖起耳朵开始听。

"您就这样写：斯帕兰扎尼的浸液里本来就长不出什么东西。"尼达姆一时有点透不过气来。"为什么？原因很简单。他在加热时摧毁了浸液中含有的'创生力'[①]，也就是消灭了生命的力量。他的浸液变成了死水，当然就不能产生任何东西，哪怕不加塞子或没有焊口也一样。"

尼达姆一边说，布丰一边快速记录。等他记下所有需要的内容后，两人就此告别。如今布丰已经有了材料，能够独立进行写作了。

布丰和尼达姆的回应登了出来。其中谈到了加热的问题，还说斯帕兰扎尼瓶子里的空气太稀薄了，微生物在这种条件下是无法自然产生的，诸如此类。斯帕兰扎尼花了很长时间去研读布丰的华丽辞藻，总算是抓住了其中的重点：玻璃瓶里空气太稀薄了。

尼达姆是对的，瓶里的空气确实很稀薄。这是由于长颈瓶的瓶颈很宽，为了把它焊上，就得用猛火加热。玻璃被加热了，瓶里的空气也被加热了。加热的空气膨胀起来，一部分逸出到了瓶子外面。既然瓶口那么大，就得加热很长一段时间，这期间瓶子并没有冷却（焊口工作是趁热进行的）。这样一来，焊上口的玻璃瓶里就变得空气稀薄了。尼达姆果然没有说错，这样的环境确实不利于自然产生。稀薄的空气里哪能有什么生命呢！

斯帕兰扎尼改变了策略。他把玻璃熔化后，并不是一下就封上瓶颈，而是把瓶颈拉成一根管子的形状，在管子的末端开个小口，然后再进行加热和煮沸。等瓶子冷却之后，他再把小口焊上。这时瓶子已经完全变冷了，焊口时也来不及变热了。在冷却期

[①] 原文作производящая сила，直译"生产力"或"创造力"，此处为避免与日常语言中的词汇混淆，改译为"创生力"（可参见下文对该概念的解释）。下文中反复出现的"生命力"也是同理，为避免混淆，译者将原文中所有不加引号的жизненная сила（生命力）都加了引号。——译注

间，外边未经加热的空气就进入了瓶子里面。有这些空气就够了，它们维持了自然产生的主要条件。

微生物依然没有出现。当然，是在浸液充分加热的情况下。

斯帕兰扎尼又写了一篇驳论，而布丰又做出了回应。

伏尔泰①也加入了这场争论。这里的一切麻烦事儿，像什么微生物啦、浸液啦之类的，伏尔泰都不怎么感兴趣，但他怎能放过一个嘲笑挖苦的额外机会呢？

"先生们，"伏尔泰对布丰和尼达姆说，"你们难道不觉得，你们这些关于自然产生的讨论有点奇怪吗？要知道，《圣经》里的说法并不是这么回事。与《圣经》对着干，这可不是修道院院长该做的事啊。"

尼达姆对此竟无言以对。其实他满可以这样回答的：

"莫非您不知道，厨师从来不吃自己做出的精美菜肴么？"②

"创生力"——这是一个相当含混不清、但听起来又十分生动有力的说法。创造生命的力量。毫无疑问，没有这种力量，也就不会有生命啦，前提是……前提是得相信这种无稽之谈。"创生力"会在很短的时间内转变为"生命力"，后者是一种每个活物都具备的神秘力量。正是"生命力"带来了生命，没有"生命力"就没有生命，我们看到的只会是无生的物质。"生命力"（也就是"创生力"）有时却相当不稳定，只要把浸液煮上半小时，里面的"生命力"就消失殆尽了。诚然，它的消失并不是永久性的，这才是最好玩的事情：只要让浸液接触空气，"生命力"就会重新出现，证据就是"自然产生"的微生物。

斯帕兰扎尼正是在这儿碰到了无法克服的困难。"你都把'生命力'给消灭了，"别人对他说，"那还怎么能指望看到自然发生现象呢？没有'生命力'就不可能有自然发生。"对浸液进行消毒，杀灭里面的微生物及其芽胞③，这是必不可少的操作：万一还

---

① 伏尔泰（原名弗朗索瓦-马利·阿鲁埃，1694~1778），法国启蒙思想家、文学家、哲学家、史学家，18世纪欧洲启蒙运动的杰出代表，在当时的欧洲思想界享有盛誉。——译注

② 原文如此。此处的隐喻较为晦涩，译者个人的理解是：厨师对自己做出的菜肴已经不再当作菜肴看待，而是一件完成的艺术品；同理，上帝创造了世界之后，也只把它当作完成的艺术品看待，因此他仅在一旁静观，不再干涉所造物的发展运作。换言之，后来世上发生的事情（包括自然发生），已经无须用上帝的介入来解释了，而应视为自然力本身的作用。类似的隐喻（如钟表匠和时钟）在中世纪的经院哲学中相当常见。——译注

③ 原文作зародыш（胚胎），此处指某些细菌在恶劣环境下产生的一种休眠体，能够抵御各种不利的外界条件。或称"芽孢"，此处按《微生物学名词（第2版）》（2012）的规范进行翻译。——译注

留有哪怕一个微生物或芽胞，那还谈什么自然发生呢？幸存下来的微生物会大肆繁殖，然后就没有然后了。可是又有人要说，消毒不仅杀死了微生物，还把"生命力"也一块儿摧毁了。

"创生力"帮了布丰和尼达姆的大忙。辩论进行得越深入，斯帕兰扎尼的处境就越发艰难。布丰的写作风格非常晦涩难懂，他的辞藻听起来挺响亮，实际上却相当含糊。斯帕兰扎尼却已经习惯了对事实进行准确的陈述和描写，所以怎么都没法理解这位著名的法国博物学家到底在说些什么。他在布丰的著作里找来找去，时而在这儿、时而在那儿抓住一些问题，可这些有问题的地方仿佛都从他手中逃脱了。

怎么反驳呢？面前只有一团模糊的斑点，那又怎么能击中目标呢？

争论依然悬而未决。

过了许多年，"生命力"被"有机物"①的说法取代了。最简单的生物体并不是自然发生的，即不能从无生之物中突然出现：在二者之间还存在第三种形态，那就是"有机物"。在特定的条件下，"有机物"中能够产生最简单的生物体，于是就出现了活物。

要如何对这个理论进行考察，并且表明和证实它的正确性呢？不进行消毒可不成：没有消毒的话，必然会见到不计其数的微生物，而且根本就不是自然发生的。可是……消毒不仅会除灭微生物，还会破坏"有机物"。得找到一种有效的消毒方法，它能把细菌、芽胞（这种东西特别顽固）和病毒统统杀掉，却能让"有机物"保持活性。这种方法暂时还没找到，而只要没找到这种方法，争论就不可能解决。哪怕再怎么机智和华丽的话语，在此也起不到丝毫作用：需要的是实干，是事实。

* * *

证明"微生物"不可能自然产生的人并不只有斯帕兰扎尼。他还有一位志同道合的俄罗斯同行——马丁·马特维耶维奇·捷列霍夫斯基（1740~1796）。

捷列霍夫斯基在圣彼得堡陆军总医院学习医学，后于1765年成为一名医生。经过数年的医生工作，他发现自己在医院学到的知识还有所不足，于是决定到国外学习他人的医术。很显然，这位医生并不希望靠公费派出学习，因此申请了"自费"出国。批准倒是批准了，但却采取了一种特殊的形式：捷列霍夫斯基被迫辞去了医生的职务。1770年，他出发前往斯特拉斯堡②。

---

① 历史上被信奉"生命力论"的人认为只能以生物合成，而不能以无生物合成的化合物。这一错误理论在弗里德里希·维勒以无机物合成尿素之后被推翻，现代的"有机物"指含有碳、氢元素的化合物。有机物至今被认为是人工合成生命的第一步。——译注

② 法国东北部城市。——译注

当时的斯特拉斯堡大学以医学院享有盛誉，捷列霍夫斯基在那儿钻研了四年半医术。也正是在那里，他完成了博士论文并通过答辩，拿到了医学博士的学位。

按当时的惯例，他的论文是用拉丁语写成的，名为《论林奈氏①的浸酒无定形体②》。

在今天看来，"浸酒无定形体"是个非常费解的名称。在林奈的动物分类系统中，这个名字用来称呼一个包括多种生物的门类。它们有一个共同点：都是只有用显微镜才能看到的微小生物。

这类微生物生长在各种"浸液"之中，换个说法也就是"浸酒"，因此得了一个"浸酒无定形体"的怪名字，其实就是我们如今所说的原生生物。所谓"因弗索利乌"（infusorium）是原生生物的一种，翻译过来就是"浸酒的"（在拉丁语中，"因弗索利乌"一词的意思是"浸液，汁液，浸酒"）。

俄罗斯医生捷列霍夫斯基进行了许多实验和观察。他搞清楚了一个事实：这些"浸酒小体"会运动，而且是本身进行的运动，因此它们是生命体，尽管很小。他还查明了另外一点："浸酒小体"是一种动物；"会运动的浸酒生物——它们并非没有生命的小球，亦非处于混沌的中间世界③的有机分子，而是货真价实的微型动物。"

只需再阐明一点：这些小生物是从哪儿跑到各种浸液中的呢？

捷列霍夫斯基干起活来既镇定又有条理。他从不发火，也不会烧到手指或把油渍弄到衣服上，不诅咒"微生物"，也不辱骂尼达姆和布丰。他大概也并没有寝食难安，即便并没吃饱，那也不是因为没有胃口，而只是因为没钱罢了。

他只同原生动物——纤毛虫和鞭毛虫打交道。在观察中，捷列霍夫斯基发现这些微生物出现在种子、果实和草的浸液之中。他无法叫出这些"阿尼马库利亚"（animalculia）或"小兽"的种类④，毕竟当时的科学还没有把它们区分开来。不过他依然注意到了一点：在不同的浸液中有时会出现不同的微生物。

---

① 见本书第七章。——译注
② 原文作наливочный Хаос，其中Хаос系拉丁语Chao的音译，在双名法中是一类变形虫的属名，原意为"混沌"、"没有确定形态的一团物质"，而наливочный<наливка系拉丁语infusorium的仿译，意为"果酒，露酒"；命名者的意思可能是说"果酒"是用果实加水浸泡制成的，也算是"浸液"的一种。此处考虑再三，决定先意译为"浸酒无定形体"，而下文中出现的拉丁语infusorium则音译为"因弗索利乌"，以更好地说明翻译对应关系。——译注
③ 原文如此，应该是指生物界与非生物界之间。——译注
④ 在拉丁语中，"阿尼马利亚"(animalia)一词意为"动物"，而它的指小词"阿尼马库利亚"意思就是非常小的动物，可意译为"小兽"。——译注

这位乌克兰医生①很有钻研精神，他马上着手阐明这个问题。原来问题出在水里。可以用各种各样的东西来制作浸液，像豌豆啊，扁桃②啊，桂竹香③叶啊，石竹④花啊，诸如此类，但只要是用同一种水浸泡，所有浸液中的"小兽"的组成就都是相同的。

如此一来，结论就不证自明了："小兽"是同水一起进入浸液的。这一点毫不奇怪，因为这些微生物在自然环境下正是生活在水里（沼泽水、池塘水、河水、湖水、海水和井水）。

不过还有一个进入浸液的途径：空气。实验表明，"小兽"在无水的情况下会死亡。显而易见，它们要从空气中进入是不大可能的。

只有水是最可怀疑的一个渠道了，而捷列霍夫斯基的实验正是从水开始的。

首先他取了一些清水（有生水也有开水），然后把它们倒进敞口的容器中，把容器并排放在房间里。生水中出现了"小兽"，而开水中却没有。但只要往开水里加点生水，里面就也会冒出"小兽"。

做了几个关于水的试验后，捷列霍夫斯基断定，"小兽"正是同生水一起进入到浸液中的。为了证明这一点，他又做了一些新的实验。

他准备了三类水：生水、开水和冰水（解冻后的）。只有装生水的容器里出现了"小兽"，其他容器中均不见踪影。

于是捷列霍夫斯基又取了一份含有很多"小兽"的浸液，把它分装在两个容器里，然后将其中一个加热到35℃以上，另一个则冷冻到结冰为止。两个容器里的"小兽"都死掉了。后来又把它们放了很长一段时间，热水已经冷却，冰水已经解冻，可里面还是什么都没有。

捷列霍夫斯基精心煮熟了一些青草，然后分别用生水和开水浸泡。装生水的罐子里出现了"小兽"，装开水的罐子里什么都没有，尽管已经放了许多天。

那么，用一般方法沏出来的茶难道就不是浸液么？捷列霍夫斯基对茶也进行了检验。这个实验很简单：沏上一杯热茶，顺其自然就行了。

茶里面什么都没有"产生"。

捷列霍夫斯基做了许多实验，它们的结果都指向一点："小兽"是随着生水进入浸液的。如果水里没有"小兽"，浸液里也不会有。

---

① 捷列霍夫斯基出生于乌克兰的波尔塔瓦省，当时的乌克兰是俄罗斯帝国的一部分。——译注
② 又称巴旦木，蔷薇科李属，作坚果食用。——译注
③ 又名黄紫罗兰，十字花科多年生草本植物。——译注
④ 石竹科石竹属多年生草本植物。——译注

根本就没有什么自然产生!

不过,捷列霍夫斯基的实验中并非一切都尽善尽美。他认为"小兽"不能从空气进入浸液,他的实验仿佛也证实了这一点。可是我们如今已经知道这是不对的。它们之所以没有落入容器,纯粹是因为容器放在房间里,而且当时大概还是冬天。我们知道,空气中原生生物的芽胞是非常稀少的,一立方米的空气中也就1~3个,何况这还是自然界中夏天的情况。要是能把容器放上几个月,说不定还真会有什么东西从空气中掉进去,可当时并没有放上几个月呀。

在叶子、青草甚至稻草上都有纤毛虫的芽胞。如今每个中学生都知道,稻草浸液中会长出草履虫和其他种类的纤毛虫,但在捷列霍夫斯基的年代,人们对原生生物的芽胞还一无所知呢。

就那个时代而言,捷列霍夫斯基已经令人信服地证明了一点:"阿尼马库利亚"并不是在浸液中自然产生的,而是跟水一起进入浸液的。和斯帕兰扎尼一样,他并没有把全部真相都解释出来,但就连在他之后一百年的路易·巴斯德也没有最终完成这个任务。

捷列霍夫斯基是个谦逊的人。他于1775年在斯特拉斯堡出版了自己的杰作,但对这篇文章的名声却并不怎么操心,结果人们就把他给忘了。如今,斯帕兰扎尼与尼达姆和布丰之间的争论可以在许多书上读到,而马·马·捷列霍夫斯基的名字却难觅踪影。要知道,他并不只是用言语让人们信服了"微生物应有'生产者'"的道理,而且通过实验进行了证明;他算得上是最早的通过实验而非推理进行研究的博物学家中的一员。

羊肉汁与厨师

斯帕兰扎尼、布丰和尼达姆之间的争论并未成为过眼云烟,它还给后人留下了几部著作。

在茨魏布吕肯①公爵克里斯蒂安四世②的图书馆中能找到这些书,而公爵的厨房里有位研究厨艺的师傅叫尼古拉·阿佩尔。有一天,他无意中听到了一场有关前述争论的谈话。在他那双厨师的耳朵听来,自然产生和"创生力"的问题实在是索然无味,而微生物也不是可以用来做馅饼的野味。不过"羊肉汁"这个词对厨师来说倒是挺合适的。

阿佩尔当时还顾不上什么羊肉汁。又过了一段时间,他到巴黎当了一名糖果师傅,得不断发明各种各样的新菜式,这时他才回想起了那羊肉汁。

"学者不会无缘无故地在书中谈到肉汁的。也许那里有个新菜谱也说不定呢?"他心想。

---

① 德国西部城市。——译注
② 克里斯蒂安四世(1722~1775),德意志诸侯,普法尔茨-茨魏布吕肯公爵领的统治者。——译注

他走了一些地方四处打听，弄到了斯帕兰扎尼和布丰的著作。布丰的书他基本没看懂多少，也没找到什么有意思的东西。而在斯帕兰扎尼的书中……

阿佩尔读了一遍，又读一遍，再读一遍……他摘掉了白色的厨师帽，擦干汗津津的额头，然后重新读了一遍……

书里有个地方引起了他的强烈兴趣。

"将肉汁煮沸，装入长颈瓶后封口，则微生物不会产生。"他把这句古怪的话反复读了百十遍，试着理解其中的含义。

"这是什么意思呢？"

有个摆脱不掉的念头钻进了他的脑海，但他怎么都没法把它组织成型。

他买了一本斯帕兰扎尼的著作，早上读，晚上读，终于恍然大悟。原来，封口的玻璃瓶里的肉汁即使放上很长时间也不会腐败发酸。

"果真如此的话，那就不仅是肉汁了，连汤、油炸食品和馅饼都能保存好几个月啦！"

这个想法叫阿佩尔激动得脸色煞白——他的发现简直太伟大了！

从那一天起，厨师阿佩尔变成了实验家。他比斯帕兰扎尼更加讲求实际，为了不被玻璃瓶和烧瓶烫着手指，选用了白铁罐头当容器。至于里面是否有足够的空气供微生物生长，阿佩尔对此毫不关心，他并没有检验布丰和尼达姆的说法，没去向谁证明什么事情，也没有反驳谁的哪个理论。他只是想造出……罐头食品罢了。

阿佩尔在白铁罐头里装满煮熟或油炸的肉，封上口放在水里煮几个小时。我们的厨师并不急着赶时间（让它们煮得更充分点吧！），而是时刻注意着温度，认真地对水进行加热，保持水温不低于100℃。沸腾的水中翻腾着白色的水花。

阿佩尔就这样制作了几十个白铁罐头，把它们放了一个月。在那段时间里，他简直控制不住自己了。才刚到第二个星期，他就差点没按捺住焦躁的心情，只想把罐头打开看看。最后，阿佩尔把罐头全锁进了箱子里，把钥匙交给一位朋友，并嘱咐他说：

"直到两个星期之后，你才能把钥匙还给我。在那之前，无论如何都不要给！"

还没过几天，阿佩尔就试着要把钥匙抢回来。可那朋友是个非常健壮的小伙子，直接赏了没耐心的糖果师傅一记老拳。这样一来，阿佩尔再也不敢在期满之前去找他拿钥匙了。

决定性的日子终于到了。阿佩尔跑到朋友家拿回了钥匙，打开箱子取出了白铁罐头。他双手颤抖着打开了一个罐头，把里面的肉倒在碟子上，先是看一眼，闻一闻，然后尝了一小口。肉简直棒极了，尽管散发着一股白铁味儿，但这已经无伤大雅了。

阿佩尔并不急着公开自己的发现。他接连做了一个又一个的实验，在白铁罐头里封装各种各样的食物，用不同的方式对它们进行加热，保存的时间也有长有短，或一个月，或两个月，有时还要更久。

直到情况完全明了之后，他才把自己的发明告知了巴黎的艺术鼓励促进协会。读者们可不要以为这个协会仅从事艺术方面的活动（包括烹饪艺术），其实它也进行科学研究。

协会对厨师阿佩尔的发明产生了兴趣，但并没有全盘相信他的说法。他们选举了一个特别委员会，而且奇怪的是，这个委员会立刻就投入了工作。不过请回想一下当年的时代背景：这个新发明出现的时候，正是战争狂人拿破仑①的风云岁月，而罐头食品在战争中确实不无用处；考虑到这点，我们就不会惊讶于委员会那不同寻常的勤勉态度了。拿破仑并不喜欢开玩笑，他的怒火足以让任何委员会快马加鞭地拼命工作。

总之，可敬的委员会召开了几次会议，对糖果师傅的发明进行了全方位的讨论（顺带也争论了一下有关自然产生的问题），而后着手进行实验。委员会的工作倒没有持续多长时间，仅仅有九个月不到。

人们往白铁罐头里封装了许多食物，有汤汁肉菜、香浓高汤、青豌豆、大豆、樱桃和杏子等等。

8个月过去了。

委员会组织了一次全体聚餐。大大的桌子上排好了勺子、叉子、盘子和面包，还摆放着光彩夺目的白铁罐头。罐头一个个经过检查、打开，里面的食物摆上了桌子。这几乎是一场完整的午宴了：有汤，有肉菜，有蔬菜，还有水果。酒还是装在普通的玻璃瓶里，用普通的木塞塞着。

"请用餐吧，先生们！"委员会主席殷勤地向各位委员发出邀请。"菜都上好啦！"

委员们全都一声不吭，品尝那神秘的菜肴还真是件吓人的事呢！

最后总算有个胆大的站了出来。他从最后一道菜开始尝起：先是用叉子挑起一个樱桃，闻了闻，小心地用嘴唇碰碰。尽管他很勇敢，此刻也不禁吓得脸色惨白，拿樱桃的手也抖了一下。突然，他孤注一掷地把樱桃塞进嘴里，放到舌头上边，然后……他的脸上漾出了笑容。

樱桃完全可以食用！

---

① 拿破仑·波拿巴（1769~1821），法国政治家、军事家，法兰西第一帝国皇帝（1804~1814年在位）。具有极高的军事和政治才能，统治期间屡次击破反法联盟的围攻，又对外发动扩张战争，一度重写欧洲的政治格局。——译注

这位委员变得像个被喂了蓖麻油的小孩子一样，又吞下了整整一勺果酱。

其他人也受到了示范的影响。他们一个个地开始试吃樱桃（已由实验证明是毫无危险的），然后是杏子，再后是蔬菜——豌豆和大豆。直到试吃完所有不太"可怕"的食物之后，委员们才转向了高汤和炸肉。

委员会主席就着一杯美酒把高汤喝了下去。他满意地哼了一声，把小胡子弄平，又擦干净了粘着豌豆的大胡子，然后说：

"尊敬的委员会有何意见？"

"棒极了！太妙啦！"委员们纷纷赞叹道。

有个委员工作繁忙，没来得及在家"好好"吃上一顿饭就来了，这时趁机抱怨了一句：

"不能再来一些么？这点菜供全部人吃还太少。根本就尝不出味道嘛……"

这句话大概算是最好的回应了。

阿佩尔从拿破仑那儿领到了两万法郎的奖金，这在当时可是个相当可观的数目。

过了一年，他写了一部叫《各种植物性食物和动物性食物的罐头保鲜术》的指南。于是，这位本来毫不起眼的厨师的大名就此载入史册，他赢得了不朽的殊荣。

阿佩尔开了一家罐头工厂，生产的货物很快就畅销市场，给他赚到了很多很多钱。

他在旅馆最好的房间里挂上了斯帕兰扎尼的大幅画像，并把他的著作用上等羊皮装订起来（怎么又是羊！斯帕兰扎尼连死后都被它搅得不得安宁啊！）这羊皮封面应该能让厨师想起那著名的羊肉汁。他还给自己的爱犬起了个名叫"拉扎罗"。

由此可见，我们的厨师并不是个忘恩负义的人。

暴躁易怒的斯帕兰扎尼，认真细致的修道院院长尼达姆，威名远扬的布丰伯爵，这些人都已经与世长辞了。他们的争论平息了下来，著作被搁置在书架上，做实验的玻璃瓶也老早就被扔到了后院里。有关自然发生的争论依然悬而未决：双方照样各执己见。斯帕兰扎尼没有彻底击败布丰和尼达姆，而后两人也没能动摇前者的信念——微生物不可能自然发生。

不过，众多争论终究还是有了个现实的成果。任何一个脚踏实地的人，都能从这些脱离实际的学者的争论中获得些有价值的东西，而这正是厨师阿佩尔的收获。这一回，他学会了制作罐头食品。

正如从云霄降到大地一般，原本高高在上的微生物科学理论终于在实践中得到了运用。

百年之后

一连好几天，著名化学家盖-吕萨克都在实验室里没日没夜地埋头工作。他在对阿佩尔白铁罐头里的气体进行分析。

原来罐头里并没有氧气。

"尼达姆说得没错。"化学家低声说道。"没有氧气就没有燃烧，没有呼吸，也没有生命。罐头里的空气发生了变化，这样一来，里面没有自然产生也就毫不奇怪了。"

盖-吕萨克搞研究时是非常认真的。他决定对自己的观察再做一次检验：氧气对微生物来说是不是真的不可或缺呢？

他装了一玻璃管水银，将管子的一端封上，再用手指堵住开放的另一端，把管子倒过来浸入一杯水银里。在水银下放开手指后，管子里的水银就流出了一点儿，从而在管子上端形成了一个无空气的空间。聪明的化学家就这样创造了一个空间，打算让微生物在里面安家。

盖-吕萨克把几粒葡萄放在杯中水银的表面上，由于水银密度很大，葡萄并没有沉下去，而是像水上木塞一般在水银面上漂浮着。他用金属丝制成的环扣把葡萄推过水银，塞进玻璃管中，并在那儿挤出它们的汁液。葡萄汁浮在水银上，占据了试管的上半部分。

管子就这样在杯中立了几天，上面闪着葡萄汁的紫光，下面闪着水银的白光。微生物并没有产生。

盖-吕萨克往管子里通了一个小气泡。它穿过水银，在葡萄汁中闪了一下，随后就破裂消失了。

葡萄汁开始变浊，出现了微生物。

"就这么一个小气泡，里面哪能有什么微生物呢？""自然发生说"的支持者质问道，然后自己给出了回答："假如里面真有那么多微生物的话，我们周围就不会是空气了，而是一滩稀薄的果子羹。"

斯帕兰扎尼和尼达姆的争端又重新开启了。

没必要详细介绍这场争论的所有参与者，因为人数实在太多了。其中既有不少顽固分子，也有一些质朴的人，他们费了不少力气去做实验，结果却只是坦率地宣布说："我不知道。"

就是这个"我不知道"一直持续到了1860年。

在这战斗之年的不久之前，有位新选手登上了争论的舞台，他就是鲁昂[①]学者菲利克

---

① 法国西北部城市。——译注

斯·波却[1]。"菲利克斯"翻译过来的意思是"幸福的",此人倒也真是个幸运儿,他曾凭一篇有关哺乳动物受孕现象的论文获得了法国科学院一万法郎的奖金。

要想啃开自然发生奥秘这颗"硬核桃"绝非易事,可波却并未意识到这点。获奖之后,他的自信心迅速膨胀起来,毕竟是科学院"亲自"嘉奖了他的学术天分嘛。假如波却事先知道自己要面对什么样的对手,他应该就不会趟这片浑水。然而他什么都不清楚,也没预料到即将面对的情况,只顾着对新的荣誉孜孜以求。

▲ 约瑟夫·路易·盖－吕萨克(1778~1850),法国化学家、物理学家。

"自然发生是完全可能的。"波却宣称。"但这并不是说它能够无中生有。新的机体只能从其他死亡机体的残骸的物质组成中,借用必需的物质来构建自己的身体。有机微粒在发酵或腐烂的作用下遭到分解,在一段时间的自由游离之后,它们又会靠一种独有的能力重新组合成形,于是就产生了新的生物。"

这个思想获得了不少人的支持。说实话,波却采取的解决手段的确非常狡猾。他用发酵和腐烂的说法模糊了整个事情的实质,如此一来,凡是没有观察到"自然发生"的实例都可以用同一个理由轻易解释过去——没有发酵或腐烂。

"阿佩尔的罐头腐烂了吗?没有吧!既然没有腐烂,当然也就没有自然发生。"波却的支持者们自信满满地表示。

其实,腐烂和发酵是某种微生物(细菌或真菌)的活动结果。在腐烂或发酵的物质中,总能找到大量的微生物。要搞清楚它们的来头是很困难的。它们是不是自然发

---

[1] 菲利克斯·阿齐美德·波却(1800~1872),法国博物学家。——译注

生的呢？没有它们，就不会发生腐烂。换句话说，这里根本就没有什么自然发生的必要条件。

可怜的雷迪！为了研究蛆虫能否从腐肉中自然产生，他花费了多少精力啊！然而，过了许多年之后，学者们重新把注意力转向了这块腐肉。不错，他们是用微生物取代了体型更大的蛆虫作为研究对象，可事情难道真有多少进展么？根本没有！雷迪只用肉眼观察肉块，而19世纪中期的学者眯着眼用显微镜进行观察。这就是二者间唯一的区别了。

波却说，他在稻草浸液中观察到了相当数量的草履虫"自然发生"的过程。他详细地描述了观察结果，按部就班地研究这个有趣的案例。不过要是放在今天，随便哪个中学生都能观察到草履虫"自然发生"的各种细节。前者与后者的差别并不是很大，唯一不同的就是对现象的解释。

我们的中学生很清楚稻草浸液中的草履虫是从哪儿来的，也知道这里根本就没有什么自然发生。波却的看法则正好相反。可草履虫才刚从腐烂的浸液里"自然发生"出来，怎么一下子就适应了环境呢？这个违常之处丝毫没有让他感到不安。草履虫尽管是单细胞生物，但也算是个相当复杂的机体，可按波却的说法，它就像玩具店卖的惊吓盒子里的小鬼一样，刚一"蹦"出来就已经"完全成形"了。

这件事本身倒没什么好奇怪的。令人惊讶的是，差不多再过一百年之后（又是一百年！），居然还有人相信波却的观察是精准无误的。

"显微镜下观察到的生物是在稻草浸液中自然发生的。"波却和他的支持者力图叫人相信这个观点。

"好极了！"他的对手反唇相讥。"你们浸液里的细菌芽胞和其他微生物难道还少吗？你们先消个毒，我们再拭目以待。"

"消毒？杀死了微生物，同时也就破坏了新机体赖以产生的'有机物'。消过毒的浸液纯粹是一滩死水，没什么可期待的。"

简直是历史重演！当年斯帕兰扎尼听到的也是这套陈腔滥调；在讨论心室间的连通时，普利姆罗斯玩弄的也是类似的诡辩。字母"p"成了挡在真正的研究者面前的一只"拦路虎"：要"检验"是不可能的，能做的唯有"相信"[①]。

争论进入了白热化阶段。它本来会没完没了地持续下去的，但巴黎科学院已经彻底厌烦了这些纠纷，于是做出了个英明的决定：举办一次竞赛，悬赏征求能彻底解决这"可恶的问题"的方案。

[①] 在俄语中，"检验"（проверить）和"相信"（поверить）这两个词只相差一个字母 p。——译注

"设计实验时不允许有任何不清不楚的地方，以免造成模糊的实验结果。"科学院做了这样一条规定，藉此免去了一系列麻烦事，比如检查五花八门的胡闹实验，或者听取浅薄空洞的学术报告，等等。

久违的安宁重新降临到了科学院的会议上。老头子们打着瞌睡，直到报告人的最后一句话才睁眼醒来，而只要一听到"我们的同事……将向我们报告……"这句套话，就又垂下脑袋打起盹儿。报告人含混不清地发言，老头子们自顾自打瞌睡。真是一段美妙、安静又舒适的时光啊……

怒气冲冲的争论者们都安静了下来。他们坐回到自己的实验室里工作，毕竟那笔奖金对所有人来说都是一个很大的诱惑。

要不是路易·巴斯德相当不客气地把他们弄醒，天晓得院士老头的安宁日子会持续到什么时候。他开始一个接一个地给那些家伙做报告。

得知竞赛的消息后，巴斯德立刻就投入了工作。

"蠢货！他们以为，既然空气中看不见微生物，那就表示并没有微生物。难道事实会是这样么！"

于是他开始了"捕捉"微生物的工作。

巴斯德在实验室的窗框上打了个洞，往洞里塞了根管子。管子的一端伸到了外面，另一端留在房间里。往管子里放一块棉花，然后用泵筒通过管子抽取外面的空气。这样一来，空气从管子中通过，里面原有的东西则都陷在了棉花里。

过了24小时，棉花明显变脏了。巴斯德取下一块手表上的玻璃，在上面滴了点水，将管子里的棉花放到水里，然后在另一块玻璃的上面挤出棉花里的水。重复了几次这个操作后，他把棉花上粘着的灰尘全洗掉了。

"我们来看看这儿都有些什么。"巴斯德拿起了带着一小滴水的玻璃片。

他把水滴移到了另一个玻璃薄片上，俯身凑到显微镜前观察。

水滴里有真菌的芽胞、霉菌的芽胞，有微生物和它们的芽胞，有各种各样的灰尘，还有许多别的玩意儿。

"它们就在这儿！"巴斯德说。"问题已经解决一半啦。"

于是他开始解决剩下的一半：将微生物"捕捉"到烧瓶中。

巴斯德非常擅长对各种浸液和肉汤进行煮沸消毒。他往烧瓶中倒入营养丰富的肉汤，把它煮沸，然后将瓶颈拉成一个长管状并封上瓶口。他拿着这个烧瓶走到院子里，打破瓶口，让空气带着微生物和芽胞进入烧瓶，随后重新封上了瓶口。

掉入陷阱的微生物开始迅速繁殖，肉汤的表面浮起了一层层浑浊的云状物，那就是成群的微生物。

▲ 路易·巴斯德（1822～1895）

可是这还不够。巴斯德希望查明，什么样的空气中微生物更多。他带着烧瓶攀登高山（还爬到过勃朗峰①的冰川上），闯入沼泽地，沿着海岸漫步，在森林中磕磕碰碰，甚至认真研究了巴黎的各大垃圾堆。他在各地都用"先破后封"的方法捕捉微生物，随后对猎物的数量做了极为仔细的统计。收获有多有少，但总的来说，到处都能遇到微生物。唯一的例外是山顶的冰川，那儿的微生物少得可怜：巴斯德有时甚至连一个微生物都没能捉到。

总之，空气里是充满了微生物的。

这时巴斯德回想起了盖-吕萨克的水银实验。他重做了一次，试管里出现了微生物。可是，当他往试管里通入充分加热的空气后，还是得到了同样的结果。

"唔……"巴斯德皱起了眉头。"有点不对头！"

不过，机智的研究者连这个难题也解决了。

"它们只不过是黏在水银上，然后和水银一起进入了试管！"

没错，水银的表面对微生物来说好比一张捕蝇纸，微生物们就像苍蝇一样，成百上千地黏在上面。

巴斯德拿了一个装着热空气和煮开的浸液的烧瓶，往里面滴了一滴水银。一、二——微生物冒了出来。于是他先加热了水银，这回试管里就啥都没出现了。

盖-吕萨克水银实验的奥秘被揭开了。

然而问题还远远没有解决。证明了空气中有大量微生物，或者证明了它们黏在水银上面，那都没有多大用处。还需要证明一点：正是这些从空气中落进烧瓶的小东西害得观察者们误入歧途。

"最简单的建议就是：加热空气，杀死其中的微生物。"

不，这个建议并不好。早在尼达姆时就已经提出，加热的空气不适于生命，因此不可能观察到自然发生。需要弄到一些未经加热的空气，与此同时……

"怎么办？如何才能挡住微生物进入烧瓶的道路呢？"

世上有些人总能提出金点子。巴斯德很走运，他恰好碰到了一个这样的人，这次相遇的产物就是著名的"巴斯德鹅颈烧瓶"。

这种烧瓶有一个又细又长的瓶颈，并且弯成了天鹅脖子的形状。空气能从管子中进入烧瓶，微生物却会滞留在弯曲的地方。烧瓶是开放式的，空气随时都可以自由进入，可微生物一个都没出现。不过，只要把长长的瓶颈打破，烧瓶里就会长出微生物。

"看见了吧？"巴斯德欣喜若狂。"看见了吧？根本就没有自然发生！这个烧瓶里

---

① 欧洲第一高峰，位于法国和意大利交界处，最高处海拔约4810米。——译注

▲ 巴斯德正在使用鹅颈烧瓶做实验

什么都有：有营养丰富的肉汤，也有空气。你们所谓的'创生力'在哪儿？自然发生呢？拿来让我开开眼界吧。"

"这就叫你大开眼界！"突然有人应声答道。

发话的是波却和他的朋友乔利、缪塞，后两人都是图卢兹①的博物学教授。

"我们一定要让你见识一下，并且证明……"

---

① 法国西南部城市。——译注

波却、乔利和缪塞在口袋里塞满了烧瓶（为此波却还缝了一件几乎全由口袋组成的特制衣服），然后就出发去爬山了。他们并没有去垃圾堆，因为那儿的空气中满是微生物。不，这也未免太简单了。

"巴斯德说冰川空气中的微生物很少？好，我们这就让他看看。"

他们在烧瓶中装了另一种富于营养的溶液——煮开的稻草浸液，然后封上巴斯德瓶的瓶颈。一切都完成得很准确、很认真，就跟巴斯德本人做的一样。所有条件都毫厘不差，只有一处不同：把肉汤换成了稻草浸液。

结果，烧瓶里总会长出微生物。甚至在比利牛斯山脉的马拉德塔峰[①]上，波却也成功捕捉到了微生物。马拉德塔峰可比巴斯德去过的那座勃朗峰冰川还要高呢。

"您对此有何高见？"波却谦逊地问，内心里却暗自欢欣鼓舞。"到底有没有自然发生呢？"

稻草浸液坏了巴斯德的好事。

"为什么偏偏就是稻草浸液呢？"他简直要把脑袋想破了。

巴斯德坚信自己是正确的：并不存在什么自然产生。

他也相信波却等人的实验是不精密的。不过他是个性情急躁、缺乏耐心的人，已经不想在稻草浸液上重新折腾一番了。

"让委员会自己去研究吧，这是他们的事。"他心想。"波却搞错了，委员会肯定会发现他的错误的……"

巴斯德请求科学院任命一个委员会来检查自己和波却的实验。

委员会成立了。巴斯德和波却必须在其监督下重复各自的实验。

显然，波却拿不准自己的研究是否精确无误，巴斯德顽固地要求成立特设委员会，这件事搞得他特别心烦意乱。此外还有传闻，说是委员会故意想找波却的茬儿，早已决定不让他的研究通过审查。不管怎样，波却最终拒绝了委员会的监督，巴斯德赢得了胜利。

委员会承认巴斯德的实验是完全可信服的。可是，还会出现新的反对声么？

10年之后，有位英国医生巴斯蒂安对稻草浸液产生了兴趣。他做了几个极为精密而谨慎的实验，得到了"阳性"的结果：稻草浸液中出现了微生物。

距离上次的大战仅仅过了10年。莫非这回又要重启争端，再次带着煮开的浸液去爬山和钻垃圾堆么？

直到这一次，巴斯德才发现了自己的问题。

[①] 比利牛斯山脉位于法国和西班牙交界处，马拉德塔峰系其主要山峰之一，最高处海拔约3312米。——译注

"我当时还以为波却纯粹是搞错了,原来不是这么回事啊……不过,反正还是有错,只不过是另一个错误罢了。"

巴斯德必须搞清楚这个谜团,毕竟此事关乎他的名誉呀①。

结果谜团还真给他解开了。

波却和巴斯蒂安都是错误的:稻草中并没有自然产生。微生物也不是从空气中落入浸液的,其实,它们本来就在制作浸液的稻草上。

有一种特殊的微生物叫"稻草杆菌"。这种细菌(确切地说是它们的芽胞)具有惊人的生命力,即使煮沸到100℃也不能把它们杀死,装有煮开的稻草浸液的烧瓶里充满了它们的芽胞。当烧瓶还没打开时,"稻草杆菌"并不能生长,因为它们需要空气。而只要一打破瓶颈,空气一通进溶液,细菌就开始迅速繁殖了。

波却的烧瓶里发生的就是这么回事,巴斯蒂安的烧瓶里也是同样的情况。

巴斯德找到了"稻草杆菌",并想出了一种杀灭这种生命力极强的细菌的办法。需要把浸液加热到120℃。这个温度在开放式容器中是无法达到的,只能把容器封上,增加气压,然后再进行加热。这样一来,在120℃下煮沸20分钟后,浸液中的微生物和芽胞就肯定活不成了。

巴斯德按上述方法做了实验,结果稻草浸液里一个微生物都没长出来。

巴斯蒂安的反驳被推翻了。

如今巴斯德可以平静地说了:

"奖金归我啦!"

于是他拿到了奖金。

其实他早在10年之前就道出了真相:腐烂的浸液中并没有自然发生。不过当时他还只是猜猜而已,如今则对这一点做出了证明。

就这样,持续了数百年的争论终于画上了句号。

---

① 原文作"纸牌上有他的名字",系俄语成语,意为"冒着风险去获取某物、达到某个结果"。此处应指冒着丧失名誉的风险,故有此译。——译注

第二章　伟大的剪裁师

1

不了解人的身体构造，却想把病人医好，那是很困难的。要拿人体来研究解剖吧，这种事却又并不总能办到。早在接下来我们要讲的那个时代之前很久，解剖人的尸体还是件极危险的事情：勇敢的解剖学家可能会遭受牢狱之灾——不过这还算是好的，在更多情况下他是冒着杀头的风险在搞研究的。

"这有什么关系！"医生们心想。"既然不准解剖人体，我们就用动物呗。"

医生们开始对动物进行解剖（用的当然是哺乳动物）。他们清楚地看到，这些动物的身体构造与人的身体构造具有相似之处。对此，解剖学家并未下结论说人与哺乳动物之间有亲缘关系，他们压根儿就没考虑过动物界的演化史，就算有人产生过这样的念头，那也只是在心里默念，口头上绝不会说出来。他们之所以解剖大型哺乳动物，不过是对解剖的实践运用感兴趣罢了。

解剖动物的观察结果自然远非都能应用于人体，但这并没有给研究者造成什么困扰。举个例子，名医盖伦就常把研究动物的发现用于人体，结果屡屡犯下严重的错误。可是……这些可怜人还能怎么办呢？知道一点儿总比一无所知强，相比某些两眼一抹黑

▲ 医学研究的困难之处（16世纪的绘画）

也敢瞎鼓捣的人来说，还是那些不时犯点错的人要好一些。

研究动物解剖还有另一个好处：医生们对动物身体构造的了解越来越清楚了。那个遥远的年代里还没有动物学专家，而扮演这个角色的就是医生。假如医生们并不那么求知若渴的话，假如他们并不出于职业需要而经常同动物打交道的话，那所谓"动物学"在很长一段时间里就只能限于收集各种神话传说了。

17世纪的人们对动物解剖尤其感兴趣。许多学者都搞过解剖，干这行的业余爱好者就更多了。其中有些人并没做出什么重要的发现，有些人则能有条不紊地对尸体进行剪裁和切割。尽管他们并不总能把剖开的尸体重新缝好，但那也只是因为还没掌握良好的缝纫技巧，而不是因为剪得不够漂亮。他们都是不错的"剪裁师"，同时也是拙劣的"缝衣匠"。

在这些人中有一位天才"剪裁师"，他就是意大利人马尔塞洛·马尔比基。

2

假如你认为马尔比基在童年时代就显出天才征兆,那可就大错特错了。他生来是一个平凡无奇的男孩子:跟其他小毛孩一样,他会在爬树时弄破裤子,挨上母亲一顿臭骂。他的好奇心也不过是小孩子通常都有的好奇心罢了,比如说扯下螽斯的脑袋,观察大蟑螂和甲虫的"里面有什么"。不错,许多人可能会说:"他自小就表现出了对研究的爱好。"其实根本就没这回事。

博洛尼亚附近有个小地方叫克雷瓦尔科,马尔塞洛小时候经常在那儿玩耍:他在郊区花园里快乐地游玩,扫荡葡萄架和无花果树,进行秘密探险,弄得回家时脸上手上全是紫色,仿佛刚在复写墨水里洗了脸似的(这表明小男孩刚才爬过桑树,这种树的紫色果实非常甜美,但很容易把人弄脏),与同伴打架斗殴,诸如此类。但是,这样的好日子很快就到了头。

"马尔塞洛已经12岁,该去上学了。"

父亲把他送进了学校。

坐在课堂上听什么拉丁语变格变位①实在是件枯燥的事情。瞧,太阳正从窗口看进来,引诱他走到教室外,去树上、林子里、花园中尽情玩耍。公鸡打鸣,孩子欢笑,蜜蜂嗡嗡叫……不,他不会这样做的!马尔塞洛认真背诵数十个不规则动词,反复温习变格变位。他在回家路上再也不唱歌了,而是念诵要求宾格的拉丁语前置词②。他学得非常用功,为此老师还把他树为榜样,督促许多懒虫好好学习。

快到17岁时,马尔塞洛已经理解了拉丁语以及其他重要学科的一切深奥道理。不错,他完全不了解心脏的工作原理,不晓得肝脏在身体的哪一侧,也不清楚开水与生水的区别,但是已经能用拉丁语写长长的贺信甚至作诗了。

"好好学习!"父亲训导他说。"记住,你们有许多个,而我却只是一人。"

---

① 传统语法术语。"变格"指屈折语(希腊语、拉丁语、英语、俄语等)的名词、形容词、代词和数词在履行一定的句法功能时,按照固定的模式进行词形变化,如 I love you. You love me.(主语/直接宾语)。"变位"指屈折语的动词根据人称和时态等语法范畴的不同,按照固定的模式进行词形变化,如 I read. He reads.(第一人称单数/第三人称单数)。亦指同类变化构成的模式和体系。拉丁语属于强屈折语,变格和变位非常复杂,也是其学习重点。——译注

② "格"的概念参见上一条注。"宾格"是名词、形容词、代词和数词作直接宾语时的变化形式,也有少数其他句法角色会要求这种形式。"前置词"又译"介词",是一种纯粹表示语法关系、没有实际意义的虚词,位于名词短语前并与之共同构成一个词项。在拉丁语中,某些前置词可能要求宾格,如 gloria Dei / ad gloriam Dei("上帝的荣耀/为了上帝的荣耀")。——译注

▲ 马尔塞洛·马尔比基

　　临去博洛尼亚大学之前,马尔塞洛与四个弟弟、三个妹妹、年迈的祖母和母亲告了别,此时他不禁回想起了父亲的训导:临别的九次亲吻实在是一个很好的提醒呢。

　　博洛尼亚盛情接待了这位17岁的学生,哲学教授纳塔里做了他的导师。他开始研究希腊智者的学说,并且进展迅速。然而……

　　还没过上两年,马尔比基就不得不与学术分别了。他的母亲、父亲和祖母相继去世,必须回家一趟。

他随身带了一些书，打算在空闲时间看看……可哪来的什么"空闲时间"啊！他就像轮子里的松鼠一样忙得团团转①，一边处理遗产的事情，一边还要安置弟弟妹妹。希腊智者的著作只好躺在书架上吃灰了。

忙完这些事后，马尔塞洛认为主要问题都已经解决，他不仅可以，而且必须返回博洛尼亚了。至于那些刚开了个头的事情嘛，他叔叔也可以做完的。

"叔叔，主要的事都做完了。"临行时，马尔塞洛对叔叔说。"只剩些鸡毛蒜皮的小事，就算没有我您也能对付过去。我本来很愿意帮您的忙，可是……我得尽早读完大学，才能自力更生啊。您瞧瞧，咱家有多少孩子！"然后他俯下身子，亲吻了七个弟弟妹妹。

后来他又钻研了两年古希腊著作，终于把哲学课程学完了。如今要给自己选个真正的专业了，因为哲学研究只不过是个准备工作而已。

"你学医吧。"纳塔里给他提了个建议。"既有趣又能赚钱。"

马尔塞洛听取了这个明智的建议。他非常需要金钱，而且当时正好围绕血液循环问题掀起了争论，这场风波引起了他的强烈兴趣。

"我要当医生！"他大声说。

"我一定要做出不输给哈维的发现。"他非常希望能做出什么特别的发现。

好天真的梦想家啊！马尔比基何曾料想，要是他真做出了哈维那样的发现，等待他的只会是敌意而非嘉奖。人们不仅不会山呼"万岁！"，反而会朝他大声怒吼："异端！不信上帝的家伙！"

可惜他还是太年轻了。

如今马尔塞洛有了两位老师：马萨里教授和马里安尼教授。

这两位教授都是持自由思想的人。不难理解，这类人总会遭到卫道士的猜疑。

尽管有不少古希腊的盲从者和反对革新的人在大发牢骚，马萨里和马里安尼却对他们的话不屑一顾。他们不仅在课上谈论各种新潮的"异端邪说"，甚至还组织了一个"解剖合唱团"。在我们听来，这个名字实在是有点古怪，但你可别以为它是一个由医学生组成的合唱团。并非如此！这其实是一个科学小组，成员们在那里做报告和发布消息，学生们不仅要听讲，还要养成发言的习惯。

马尔比基学医一直学到1653年，然后通过了论文答辩并获得了医学博士学位。

那些持敌对态度的学者们，一面继续与两位自由思想的教授争斗，一面则把黑手伸

---

① 成语，原意是饲养松鼠时在笼中设立的跑轮，松鼠一旦进入就会踩着轮子不停奔跑。转义为一刻不停地忙碌。——译注

向了马尔比基。他们施展各种阴谋诡计，不遗余力地骗走马尔比基的病人，对他进行污蔑毁谤，还企图挑拨他与上级之间的关系。

当马尔比基获得一份邀请，要到博洛尼亚高等学校讲授医学课程时，敌人们就开始在全城煽风点火了：

"什么？他不承认亚里士多德的学说，还胆敢嘲笑盖伦……竟然还让他上讲台？何况还是在博洛尼亚！？"

马尔比基被这场风波搅得不得安宁。放弃这份教职么，他心不甘情不愿，可真要接受的话又有点可怕。正当他思索对策的时候，托斯卡纳公爵斐迪南①及时向他发出了邀请。比萨②新开了一个理论医学教研室，想请马尔比基去主持这个工作。于是年轻的教授就动身前往比萨了。

3

在比萨，马尔比基很快就同博列里③教授交上了朋友。教授的家里经常举行解剖学家集会，会上不仅有讨论和报告，有时还进行解剖。这些工作也引起了斐迪南公爵本人的极大兴趣。诚然，他并不亲自莅临博列里家，但经常邀请学者们去宫里做客。

集会、展示、公爵驾临——这样的氛围可是非常隆重的。

大厅里有一张大理石桌，桌上放着一条狗。公爵和利奥波德亲王端坐上位，宫里的贵妇们都站在一旁，不太敢挤到桌子旁边，可男士们却都想靠近点看看，以致给解剖工作造成了妨碍。

马尔比基剖开了狗的身体。

"大家看！"他说。"这就是心脏……看这里，这是心室，这是心房……血液从这里流进心脏，又从这里流出去。"

他镇定地在还有余温的内脏中翻翻找找，漂亮的贵妇们都紧张地观看着，一方面带着些好奇，另一方面又有几分嫌恶。其中几个胆子最大的还靠到了桌子近前。

"瞧，这就是心脏！"马尔比基把切下来的狗心放到桌上。

"就不能解剖条活狗么？我想看看心脏是怎么工作的。"利奥波德亲王说。

"可以倒是可以……"

---

① 应该是指斐迪南·美第奇二世（1610~1670），托斯卡纳大公（1621~1670年在位，参见本书第一章注）。——译注
② 意大利中部城市。——译注
③ 乔万尼·阿尔丰索·博列里（1608~1679），意大利生理学家、数学家。——译注

几分钟后，一条意大利小灵缇①被牵进了房间。它快活地跟在仆人后面跑着，丝毫没料到已经死期临头了。

"合适吗？"亲王问。

"当然，只是我舍不得杀害这样一只美丽的生灵。"

"为了科学，我什么都舍得。"利奥波德鞠了个躬。

为了不听到小狗的惨叫，人们把它拉到隔壁房间里五花大绑起来，特别是把狗嘴捆得牢牢的；戴着这嘴套，可怜的小狗恐怕连15分钟都活不过。

小狗被放到了桌子上。马尔比基拿起柳叶刀，俯到了它的胸前。女士们吓得一哆嗦，不禁闭上了眼睛。

过了几分钟，马尔比基直起了身子。

"请看！"他对周围的人说。

小狗的胸腔被打开了，里面的心脏正均匀地收缩着。首先收缩的是心房，然后一阵猛烈的震颤如浪涛般传遍了整个心室，它那圆滑的末端明显地抬了起来。粗粗的动脉里也能观察到一阵阵收缩。

"妙啊！"利奥波德低声说道。"多么均匀的律动！"

"血液从左心房流进左心室，然后进入动脉，从动脉流到身体的其他部位。"马尔比基用柳叶刀依次指示心脏的各个部分，一边为人们做着讲解。

"血液究竟是怎么跑到静脉里去的呢？"一位女士问他。

"怎么进去的？"马尔比基答不上来了。"这个目前还不太清楚。"

"哦，那你就把这一点也弄清楚吧！"这位美人笑着说道。

"遵命！"

马尔比基恭敬地低下了头。他已经掌握了各种世俗礼节，举手投足之间，已同宫中任何一位男伴都不相上下了。

利奥波德亲王对科学实验越来越着迷了：这可真是一件既有趣又好玩的事情呀。他希望尽可能地延长这种消遣，于是建立了一座实验科学院。这样一来，他几乎每天都能看到科学实验，只要去科学院一趟就够了：要么是还在工作的心脏、肝脏和肾脏，要么是猫狗或其他动物的裸露的大脑。

科学院的工作人员利用无所事事的亲王的求知欲搞到了不少好处：他们不时向他申请经费，今天找一个理由，明天找另一个理由。科学院的设备越来越多，实验室里摆满了各种新型仪器和工具，藏书量也大大增加了。科学院接连产出了许多学术成果，不久

---

① 又名格力犬，是奔跑速度最快的犬种，身体光滑呈波状，四腿细长优雅。——译注

它就声名大噪了。

在这座科学院里，马尔比基勤勤恳恳地做了大量工作，然而他的平静生活很快被打破了。

此人的命运可真是奇妙啊！终其一生，他都生活在争吵和纠纷的漩涡之中，有时不得不同对手和解，有时还被迫亲自出面抵挡敌人的进攻。

这一回，他的弟弟巴托洛梅与克雷瓦尔科的邻居斯巴拉里亚一家大吵了一架。一如往常，这场争吵本是从琐事开始的，但后来双方的敌意愈燃愈炽，当斯巴拉里亚成了马尔比基的学术对手后，事情就演变成直接的攻讦了。

当时马尔比基没法从比萨返回家乡，也就不能好歹遏制一下闹事邻居的气焰了。于是他从比萨来到博洛尼亚，在那里充任了一个教职。

这件事做得实在太及时了。马尔比基还没来得及在新地方安顿下来，一场飞来横祸又落到了他头上。弟弟巴托洛梅在街上碰到了托马索·斯巴拉里亚医生，两人开始互相辱骂，结果巴托洛梅拔出一把三棱匕首，把医生刺成了重伤。不久伤者就死了。

巴托洛梅被押上了法庭。"杀人是绝不容许的。"智慧的法官们做出了裁决，并且为了叫人们清楚地看到法律不容违逆，他们将巴托洛梅判处死刑。为了这件事，马尔比基四处奔走求情，几乎踏破了各位公爵、名流和富豪家的门槛。最后，他总算为弟弟求得了减免：巴托洛梅只坐了一年半的牢，事情就不了了之了。

4

"我必须搞清楚，血液是怎么从静脉流入动脉的！"

马尔比基首先从肺入手。

他拿了一根玻璃管，把它插到猫的支气管里，然后开始朝里面吹气。他使出了吃奶的劲，差点就用力过度而涨破了。桌子上的猫肺涨得如此之大，仿佛这只猫患了一辈子的肺气肿（一种非常糟糕的肺部膨胀疾病）似的。

然而，不管马尔比基怎么使劲吹气，哪怕是吹得气喘吁吁，空气也没有从肺里跑到别的什么地方去。

"怎么会这样呢？"他迷惑不解了。"空气究竟是怎么从肺进入血液的呢？"

马尔比基拿了一点水银，打算把它灌进肺里，希望能靠水银的重量将血管打通。他装好漏斗，开始往里面灌水银。水银流到肺里，扩散开来，重量变得越来越大。他往里面倒了很多很多水银，害得这个倒霉的肺终于承受不住了：肺的两侧出现了裂缝，亮闪闪的水银一滴滴地沿着桌面滚动……

"呼吸道与血管之间并没有连通,对此我深信不疑。"马尔比基心想。

然后他开始研究动脉和静脉。他用狗作为实验对象,仔细研究它体内纤细的血管网络,往其中倒入各种各样的液体,观察液体是如何从一条血管渗透到另一条血管的。他要连着艰苦工作许多小时,才能把细细的静脉灌满水银。

显微镜帮了他的大忙。借助这台仪器,马尔比基终于弄明白了血管网络的结构。他了解到了一些连哈维都不清楚的事实:血液并没有从血管中流出到别的什么地方,而是经过毛细血管从动脉流到静脉之中。

马尔比基对这个发现深感满意和自豪,就急匆匆地把它发表了。

反对的喊声顿时响了起来!诚然,马尔比基有许多朋友和同志是站在他一边的,但这根本就没有给敌人们造成什么麻烦。有位年长的理论医学教授叫蒙塔尔巴尼,他甚至给自己的学生专门设计了一套特殊的誓词,誓词的结尾是这样的:"我绝不容许任何人在我面前批驳和诋毁亚里士多德、盖伦、希波克拉底①等圣贤,或反对他们提出的基本原理和结论。"好一个精妙的誓词呀!发过这个誓之后,未来的医生就成了古希腊圣贤的卫道士,而且连他们的追随者和崇拜者也要一并加以捍卫。这样一来,马尔比基顿时就树了一大群敌人。

然而,尽管面临着种种攻击,马尔比基依然坚持工作,继续同那些无知之徒进行斗争。

5

伦敦皇家学会②邀请马尔比基参加协会的工作,特别请求他继续研究植物解剖学以及桑蚕的身体结构。

这份荣誉让马尔比基心驰神往,此外还有一个新的研究题目——桑蚕。

"以前我怎么就没想到这个题目呢?解剖蚕蛾和桑蚕,真是个有意思的工作。"

才刚刚工作了几天,他就观察了许许多多的东西,直感到头晕眼花。

"这儿简直是应有尽有啊!"剖开蚕的身体后,他发出了一声惊呼。"有肠子,有管腔,有腺体,有神经,还有心脏……"

---

① 希波克拉底(前467~前377),古希腊名医。他对病人做了许多细致的观察,并对多种疾病进行了描述。他在古希腊医学和中世纪医学中都有着非常强大的影响力。然而,希波克拉底并不具备渊博的科学知识,他的著作中也存在很多错误。——原注

② 全称"伦敦皇家自然知识促进协会",成立于1660年,是英国资助自然科学发展的社会组织,事实上起着英国科学院的作用。——译注

蚕的腺体特别叫他着迷，的确，它的丝腺有着非凡的魅力。而当马尔比基开始研究蚕蛾的肠子时，他一时间竟不敢相信自己的眼睛了。

大约在肠子的中部位置，附生着一整簇长长的、末端封闭的附生管腔。

"这是盲肠①吗……为什么有这么多呢？"

马尔比基着手研究这些复杂难解的管腔，力图揭开其中的奥秘。他小心翼翼地用针把它们解开、展平，尽可能让所有管腔都保存完好。这个活儿实在不简单：管腔常常会突然断开，或者重新纠缠在一起。

几十只蚕蛾糟蹋在了马尔比基手里，不过他总算达到了目标，把管子全都弄平整了。如今可以计算这些管腔的数目，并且把它们画成示意图了。

这些封闭的附生管道后来被命名为"马尔比基氏小管"②，用来纪念做出这个发现的科学家。马尔比基氏小管是昆虫的排泄管道，有点类似其他动物的肾脏。

两年之后，伦敦皇家学会收到了马尔比基的著作。其中既描绘了桑蚕的解剖结构，又描述了桑蚕吐丝结茧的过程，以及蚕蛹和蚕蛾的内部构造。

马尔比基在工作过程中有了大量的发现。他找到了昆虫的神经系统——腹神经索，并且对它进行了描述：这是两条细细的神经柱，位于昆虫的肠道下方，沿着整个身体延伸开来。桑蚕每个体节中的神经节，以及从神经节中分出来的、向两旁散开的纤细的神经分支，全都被马尔比基发现、描述甚至画成了示意图。

"沿着昆虫的脊背，在肌纤维之间，有一个从身体末端一直延伸到头部的心脏。"在此之前，还从来没有人见过昆虫的"心脏"呢。诚然，今天我们已经不把这个器官叫作"心脏"了，而是称之为"背血管"，不过这条血管也会搏动，把血液从身体的末端推送到头部，换句话说，它的工作方式和心脏差不多。马尔比基注意到了背血管的搏动，并且理解了这个器官的作用。既然如此，他把它简简单单地称作"心脏"又有何不妥，难道这也算是个大错误？问题本来就不在措辞上……

读完马尔比基的手稿后，可敬的皇家学会成员们交头接耳了很长时间，然后一致承认，马尔比基确实是位杰出的学者。

"太惊人了！"

"诸位请看，这些图示画得多么精细！"

"不，说什么图示呢！看看这描述……这种种细节和精微之处……"

---

① 发源于爬行动物的一种机体结构，一端附着于大肠，另一端封闭。盲肠的功能为帮助消化植物中的纤维素。人体内的盲肠已经高度退化。——译注

② 简称马氏管，是昆虫的排泄和渗透调节的主要器官，助其保持水和电解液平衡。——译注

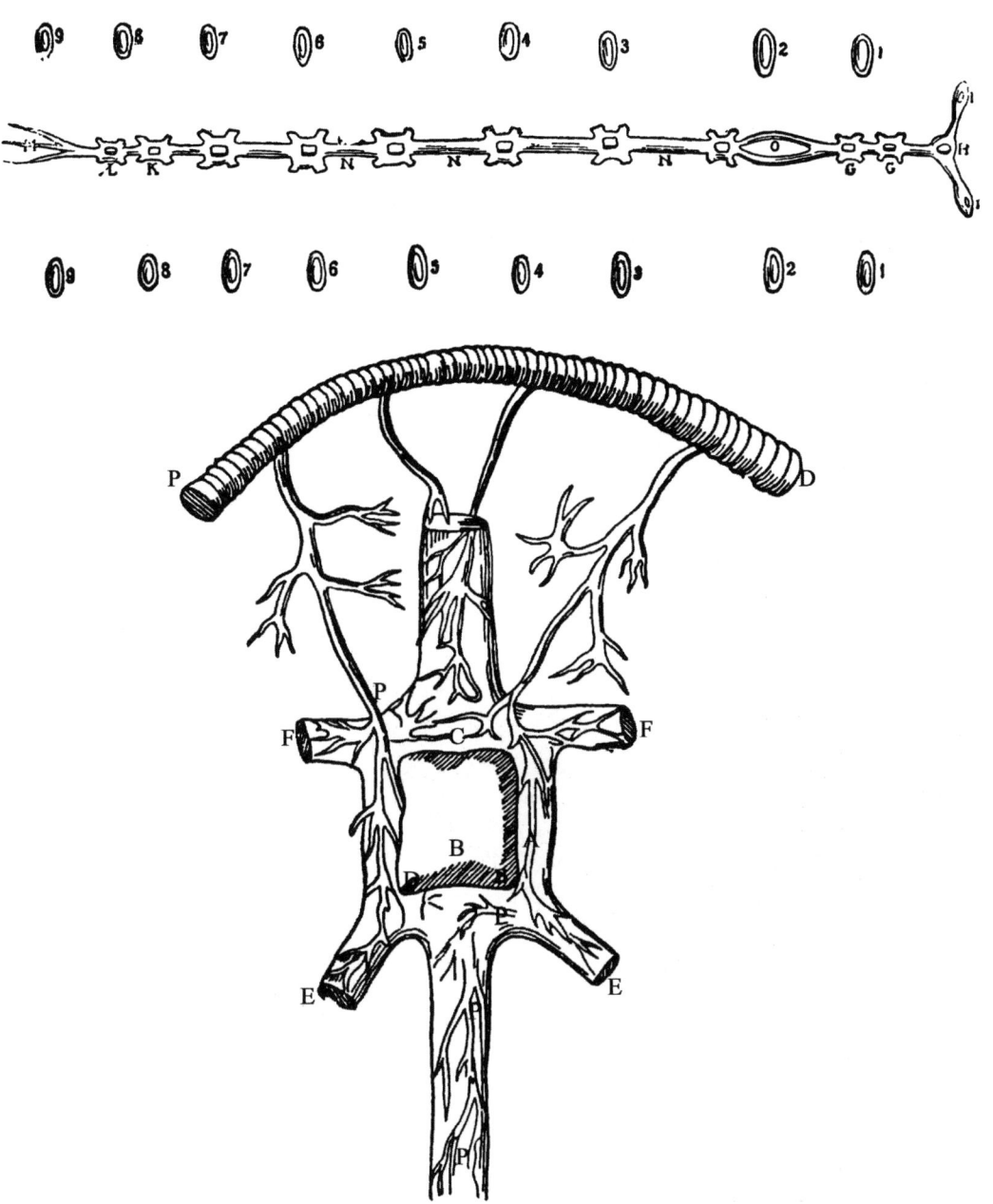

▲ 桑蚕神经系统示意图（两侧是呼吸孔）
▲ 神经节（B、F、E）与气管系统（P、D、C、A）之间的连接示意图，由马尔比基绘制
▶▶ 马尔比基绘制的桑蚕细部图解

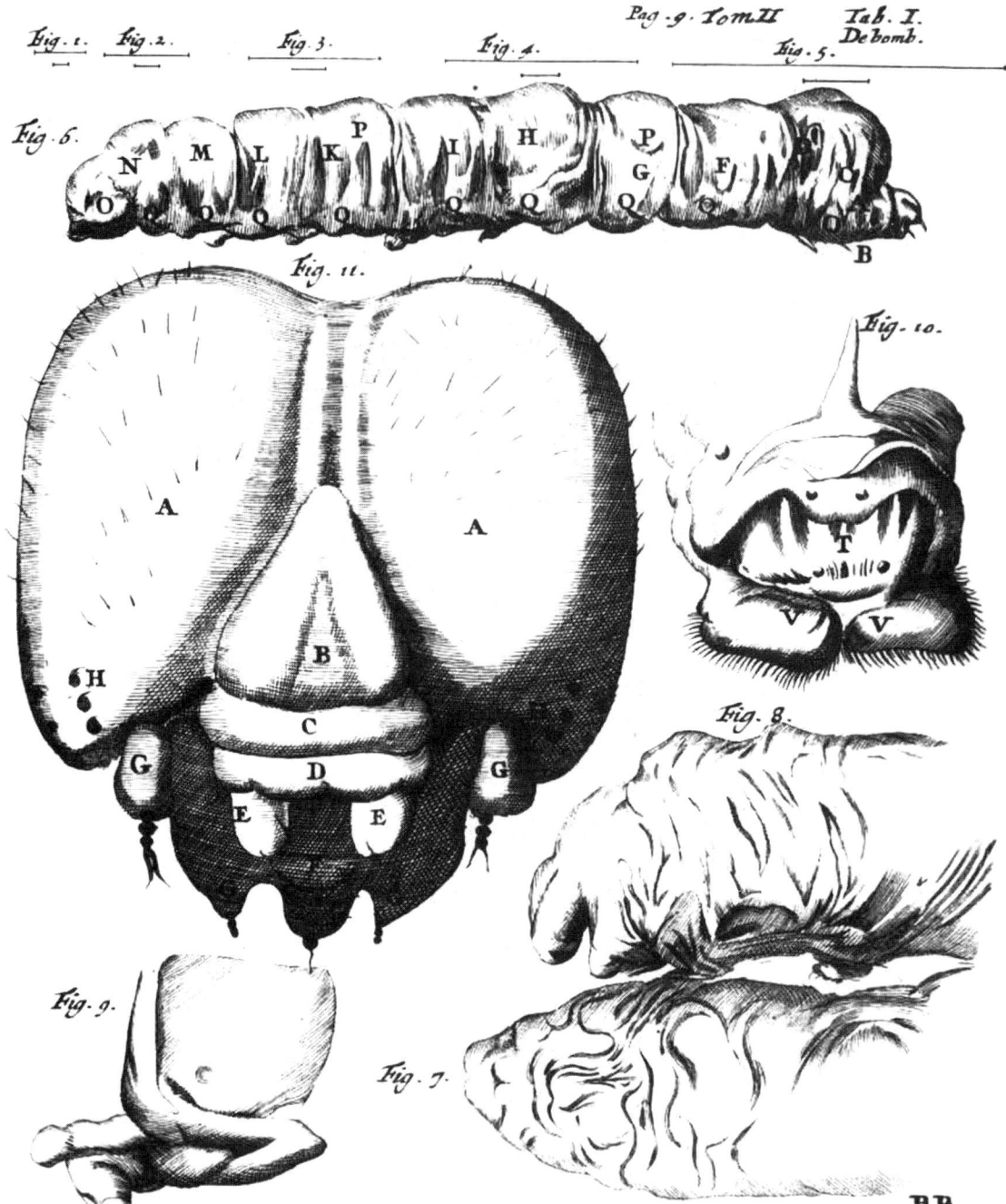

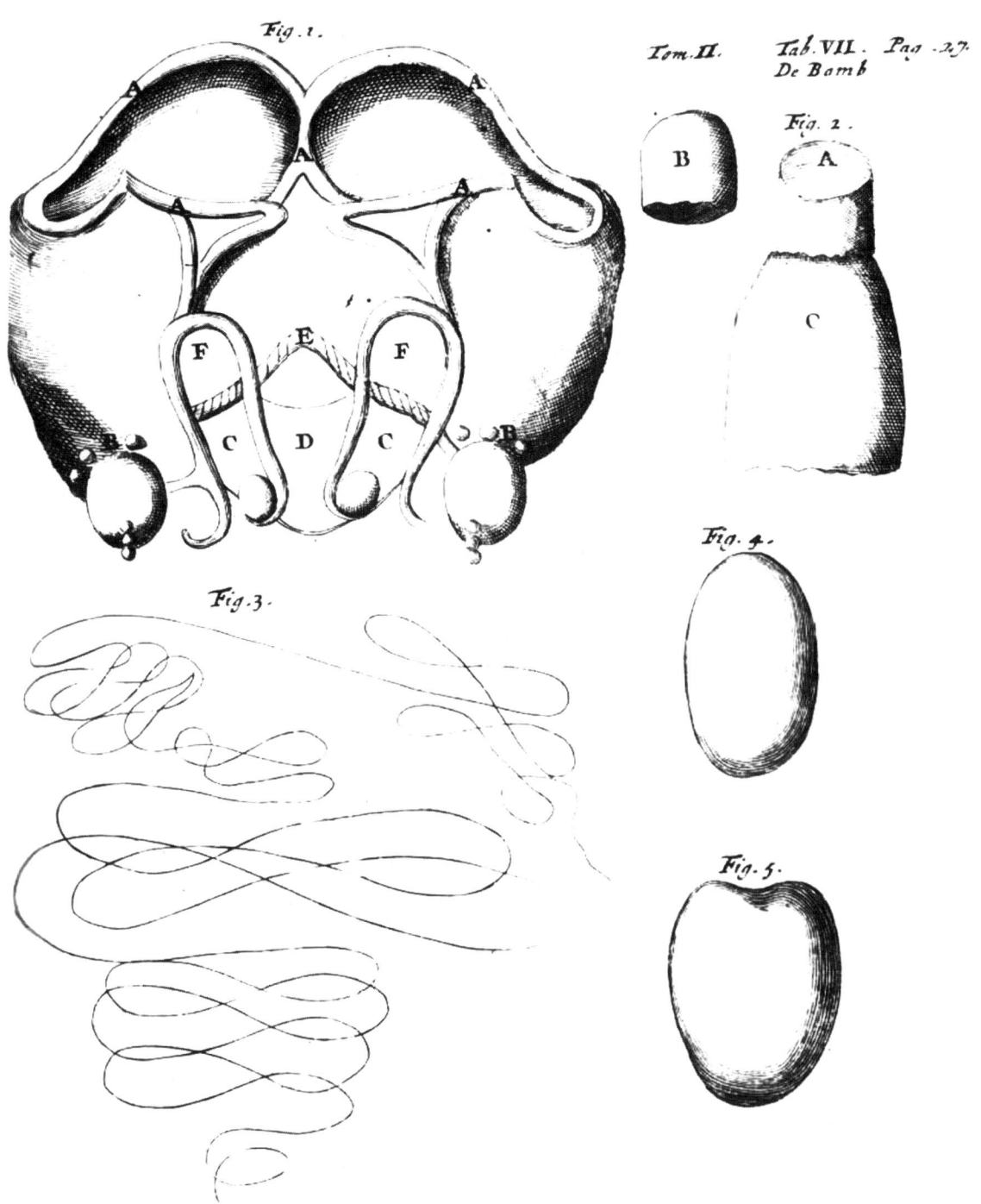

第二章　伟大的剪裁师　68 / 69

"哦，真是个能工巧匠啊！"

"他对桑蚕的描述简直太出色、太详细了，如今我们对桑蚕的了解比对牛马的了解还要多啦。"

于是，伦敦皇家学会将马尔比基选为会员。这个学会相当于英国的科学院，马尔比基也就顺理成章地成了英国科学院院士。为了对他表示更崇高的敬意，人们还把他的肖像挂到了学会的一个大厅里。

6

一天晚上，马尔比基正在自家的花园里散步。天已经黑了，这位沉思的学者看不清眼前的东西，结果在栗子树的枝条上碰了一下。

"见鬼！"马尔比基不高兴地嘟囔道，一下揪住了那根枝条。

他把树枝折了下来，本想扔到一边去的，这时突然看见断口处有一些条纹。

"这是什么？"

四周一片漆黑，根本没法仔细观察。马尔比基回到家里，点起蜡烛，在烛光下才看出来，这原来并不是简简单单的花纹。第二天他用显微镜观察了一下，发现这是一些充满了空气的特殊通道。

"怎么？这也是管道么？"

于是马尔比基开始对它们进行研究。

他的实验室的地板上堆满了树叶、茎秆、树干和树皮。显微镜不知疲倦地工作着：马尔比基寸步不离地守在它旁边。他研究了这些空气运输管道，并且发现其中有的管子里并不是空气，而是植物的汁液，不同的植物有不同的汁液。这与充满血液的血管非常相似，但马尔比基还不敢做出这样的结论。

马尔比基在显微镜下观察到的并不只有"管子"。

"这些小袋子又是什么？"他眯起眼端详着实验标本。"整片叶子都是由它们组成的。"

这些小袋子在植物的根部、韧皮和茎秆中都有发现。就连叫我们的科学家大感兴趣的管子也是由它们组成的。它们的形状又长又窄，不过依然是小口袋。

小口袋困扰了马尔比基好长一段时间。他到处都能找到这些小口袋，但却不能理解它们的作用。

"在动物体内我却没有见过这种小袋子。莫非它们是植物所特有的？"

我们并不打算一一列举马尔比基研究植物时的新发现，不过其中有个实验还是值得一谈的。

马尔比基查明，植物的茎秆里有两股流动：上升流和下降流。下降流由植物的汁液构成，植物的组织和器官就是赖之为生的。为了检验自己的推测，马尔比基做了一个实验。

他从树干上切下一小块树皮。这并不是随随便便切的，而是绕着树干做了一次环切。他日复一日地观察着树干：会发生什么呢？过了很久，瞧！在环切部位的上方，树皮轻微地膨胀了起来，形成了一个树瘤。

马尔比基多次重复了这个实验，每次都是环切部位上方的树皮发生了膨胀。

"嗯，当然啦。"马尔比基非常高兴。"下降流携带的是营养丰富的树汁，这些树汁没法降到那一圈以下，因为那里的管道已经被切掉了。于是树汁就在切口的上方，也就是那一圈的上方积聚起来，形成了一个树瘤。"

这个实验成了一个经典之作。就连到了今天，我们都能在植物学教科书中找到对它的记载。书里没有提到的只有一点：这个精妙的实验最初是由谁做出来的。

完成了植物解剖学的著作后，马尔比基把它寄到了伦敦。他在书的前言中表示："只有认识了简单的东西，才能对更复杂的东西进行研究。"表面上看，马尔比基似乎倾向于进行比较和总结概括。唉，事实并非如此！他确实是个极仔细、极精准的观察家，能够连着几小时用针去展平小昆虫的肠子，能够花上几星期去制作一个非常纤细的实验标本，可是却没有一丝一毫的想象才能。他在《植物解剖学》一书中描述了自己的所有观察结果，除此外就再没有别的内容了。正如我们之前所言，马尔比基只是个"剪裁师"，他能够非常漂亮地剪下一只袖子或坎肩的前襟，但要把坎肩缝好却无能为力。

马尔比基观察到了植物体内的"小袋子"，却没能搞清楚看到的这些东西，也没能对此做出概括总结。他还没有想到"细胞理论"那一步上去。

7

当时的马尔比基年富力强，他只有45岁，能够从一大清早一直工作到夜深时分。1672年，他对鸡雏的发育进行了研究，并于同年将著作寄到了伦敦。看到这堆沉甸甸的手稿，他的伦敦同事们只是耸了耸肩。

▶ ▶ 植物的根部、表皮、茎干中充满了"小袋"，遍布"小管"
▶ 植物的茎干以及叶和芽中均由"小管"链接，以提供养分
▶ 环切树皮上方会形成树瘤（插图均引自马尔比基的《植物解剖学》）

霍蒙库鲁斯——趣味生物学简史

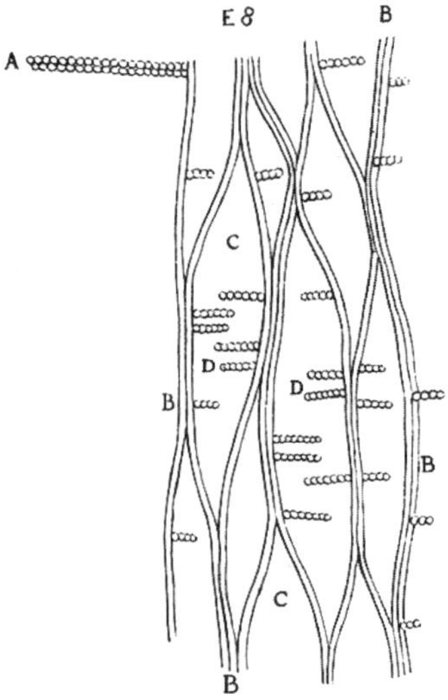

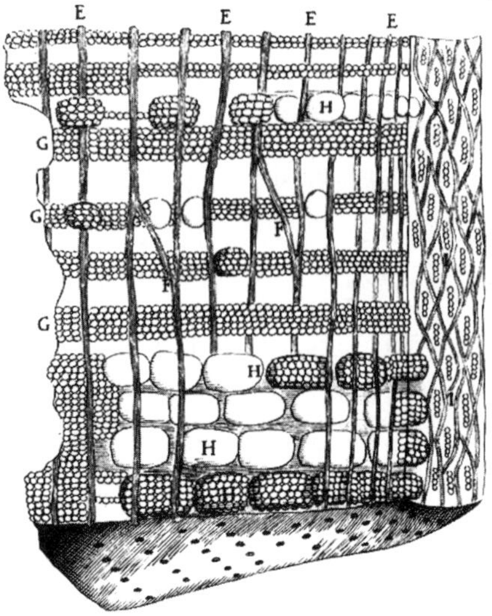

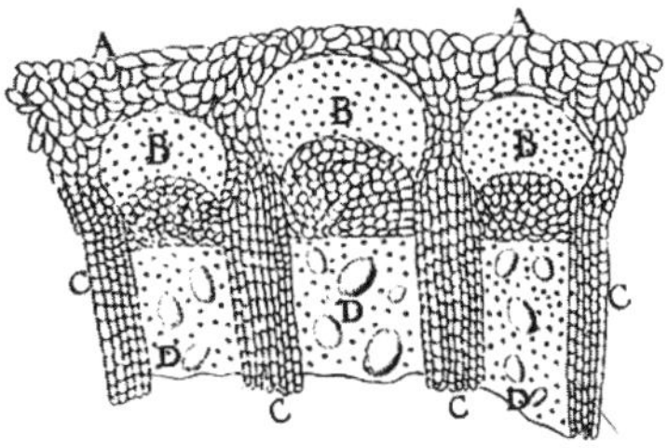

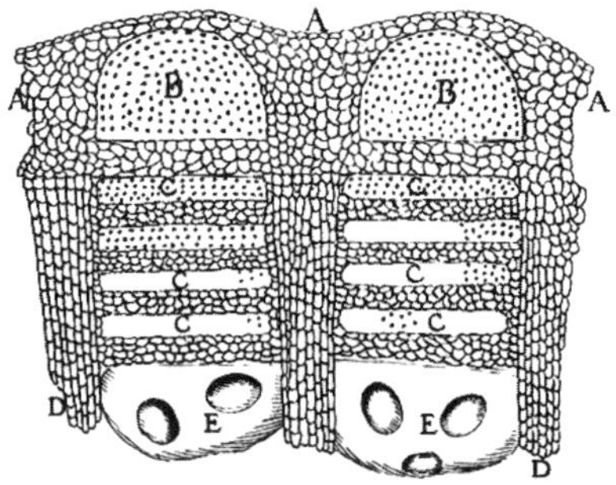

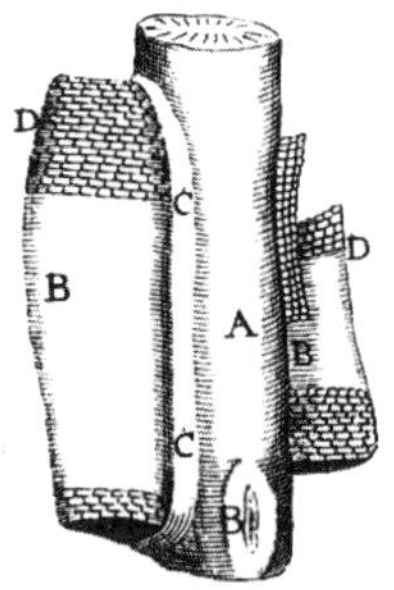

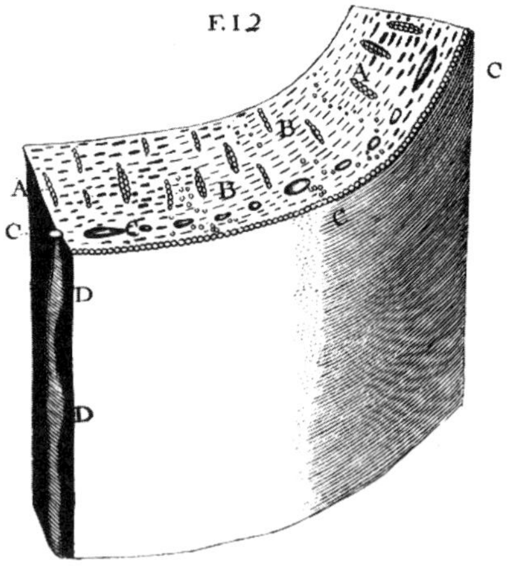

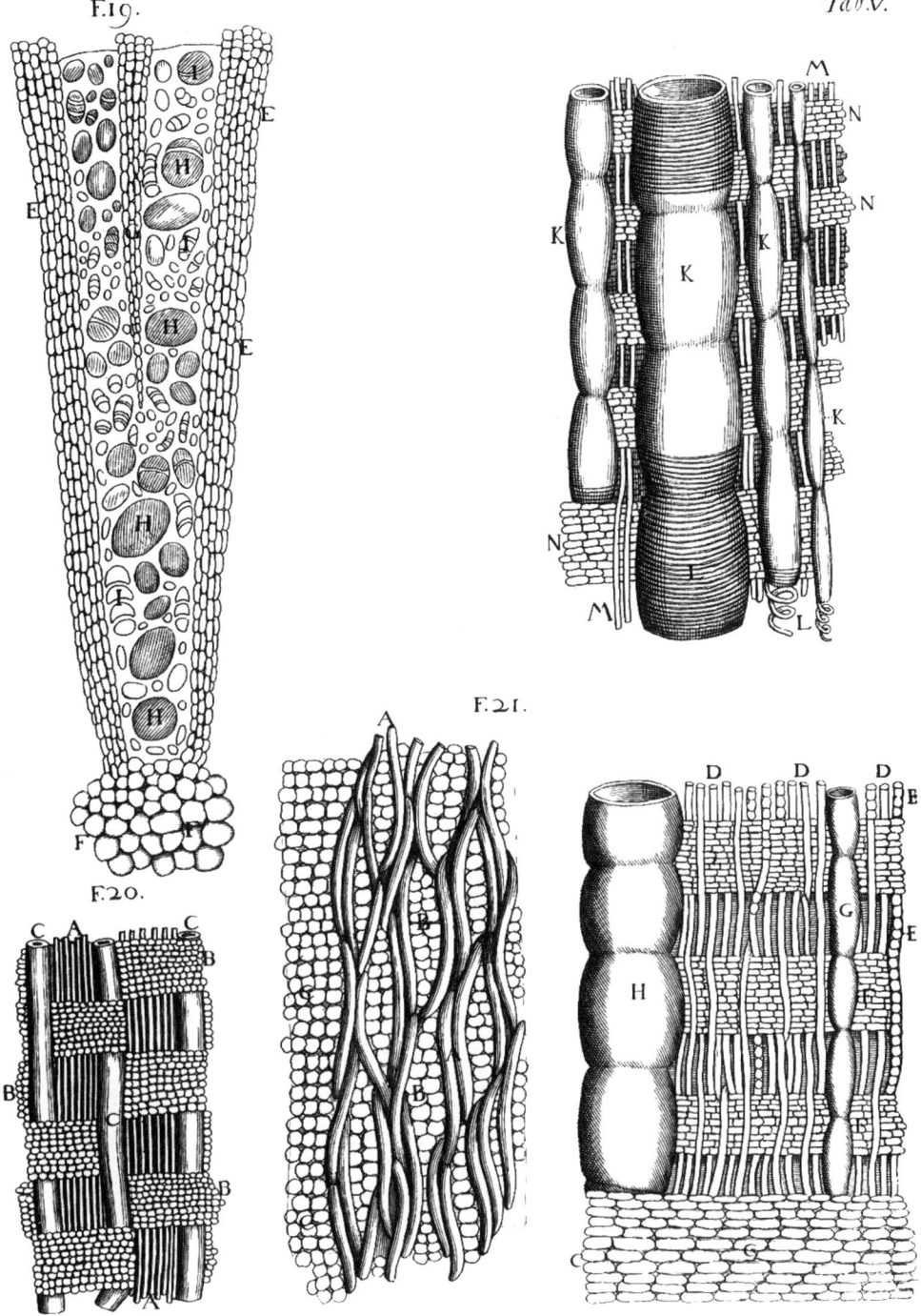

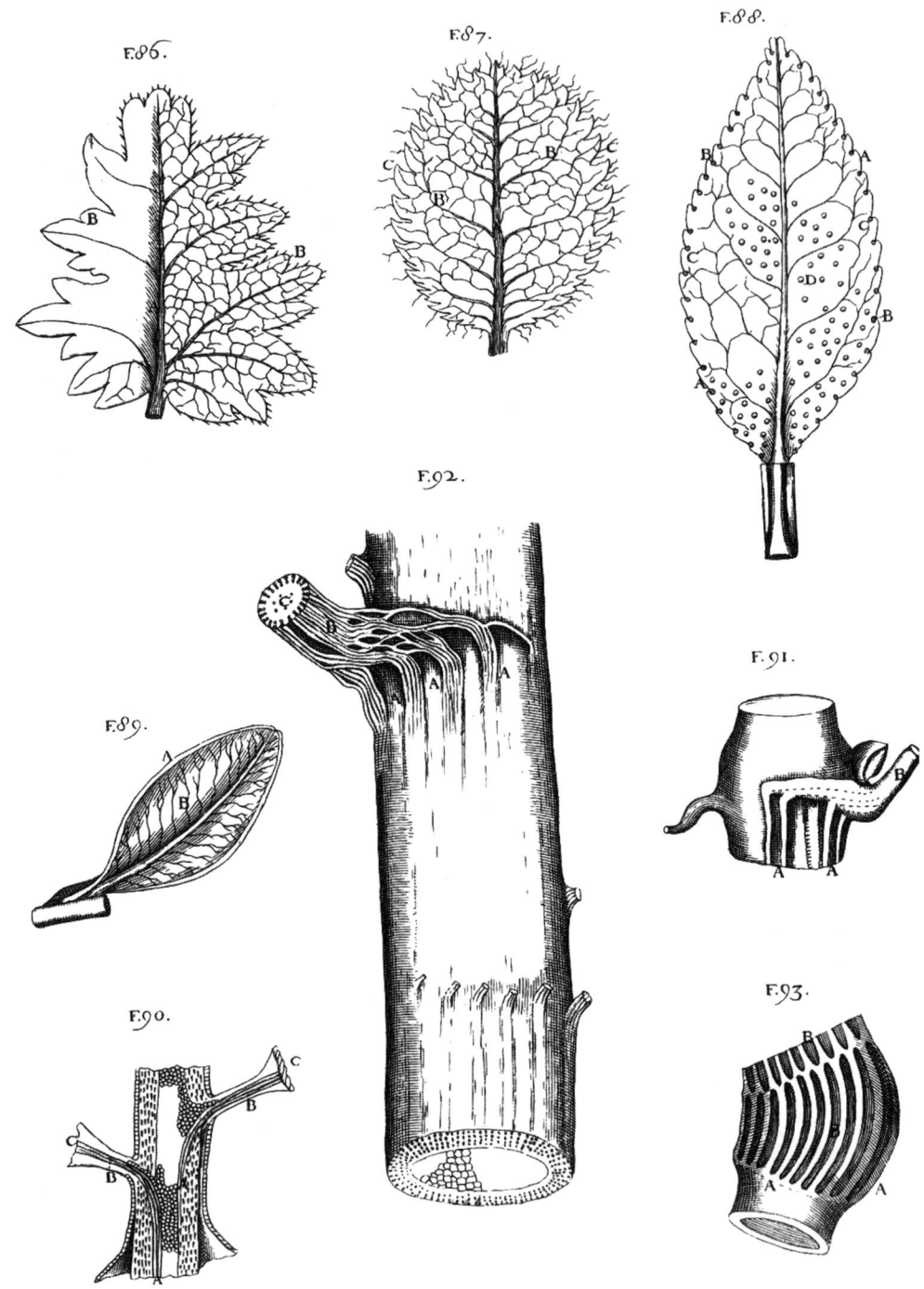

第二章 伟大的剪裁师

"他平时大概不吃不喝,也不睡觉,只知道写作和解剖,解剖和写作。"一位有点懒惰的协会会员如此表示。

马尔比基一连几小时埋头研究鸡蛋,透过显微镜对它进行观察。他对胚胎发育的观察从孵化的第一天起,一直持续到小鸡破壳而出的时刻。他看到了许多哈维连做梦都想不到的东西,尽管后者也在研究中花费了数以百计的鸡蛋。不过,哈维观察仅仅是靠肉眼,因为那个时候还没有显微镜呢。

观察完小鸡之后,马尔比基又开始研究各种各样的东西:复杂的腺体、角、羽毛、毛发、蹄子、趾甲和爪子。他还对骆驼的胃进行了孜孜不倦的研究:相传,骆驼胃里储存着大量的水。而马尔比基的研究却清楚地表明了人们究竟有多么轻信:骆驼胃里根本就没有许多许多桶的水分储存,何况那里压根儿没有给水留出地方。

马尔比基还研究了肝脏、肾脏、脾脏和肺的构造。他成功地查明了一个事实:与当时的流行观念相反,胆汁根本就不是在胆囊里形成的,而是由肝脏分泌的,只不过储存在胆囊里罢了。

马尔比基对肾脏里的一些小体进行了仔细观察,这些小球后来就被命名为"马尔比基氏体"。他发现了脾脏里的"马尔比基氏结"。在肺里,他不仅找到了微小的肺泡,还仔细观察了肺动脉和肺静脉的纤细分支——毛细血管。他在对舌头的研究中发现了味蕾,甚至查明了味蕾共有三种的事实。

要把他的全部发现都列举出来,其实就相当于把整页纸都写满他的名字。

此外,不管马尔比基着手进行什么研究,他在所有部位中都能找到腺体。它们无处不在,甚至连大脑皮层中都有。

"机体的一切活动都可以归结于各种不同腺体的分泌物的作用。"对腺体深感兴趣的马尔比基在讲课中指出。"请看!到处都有腺体。"

这位学者在三百多年前所说的东西,与我们如今听到的内容是何其相似啊。诚然,马尔比基当年只说了"腺体",而我们今天说"内分泌腺",还给腺体加了各种稀奇古怪的名字。此外,马尔比基并不了解腺体工作原理的实质,有时还把完全不相干的器官当作了腺体。然而请不要忘记,马尔比基工作和生活的那个时代可是三百多年前,就当时的水平而言,他的说法已经非常卓越了。

1684年,马尔比基用攒下的一点钱在博洛尼亚近郊买了一座别墅。就在这一年,他在博洛尼亚的房子发生了一场火灾。烧掉了不少书和工具,显微镜和大量手稿也毁于一

▶▶▶▶▶▶▶▶ 马尔比基在《鸡蛋的培育》一书中详细记录了鸡胚胎发育的完整过程。

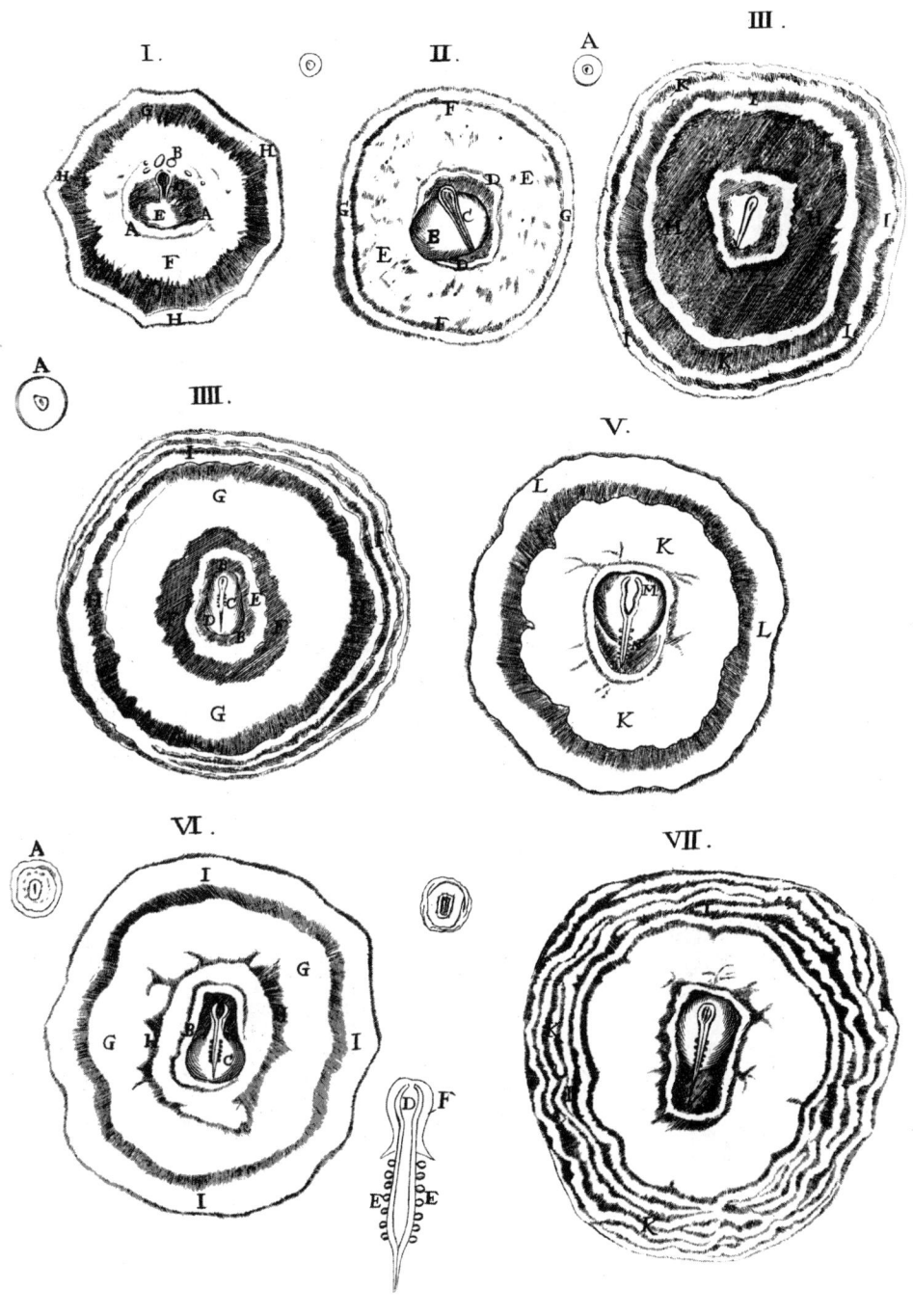

第二章 伟大的剪裁师

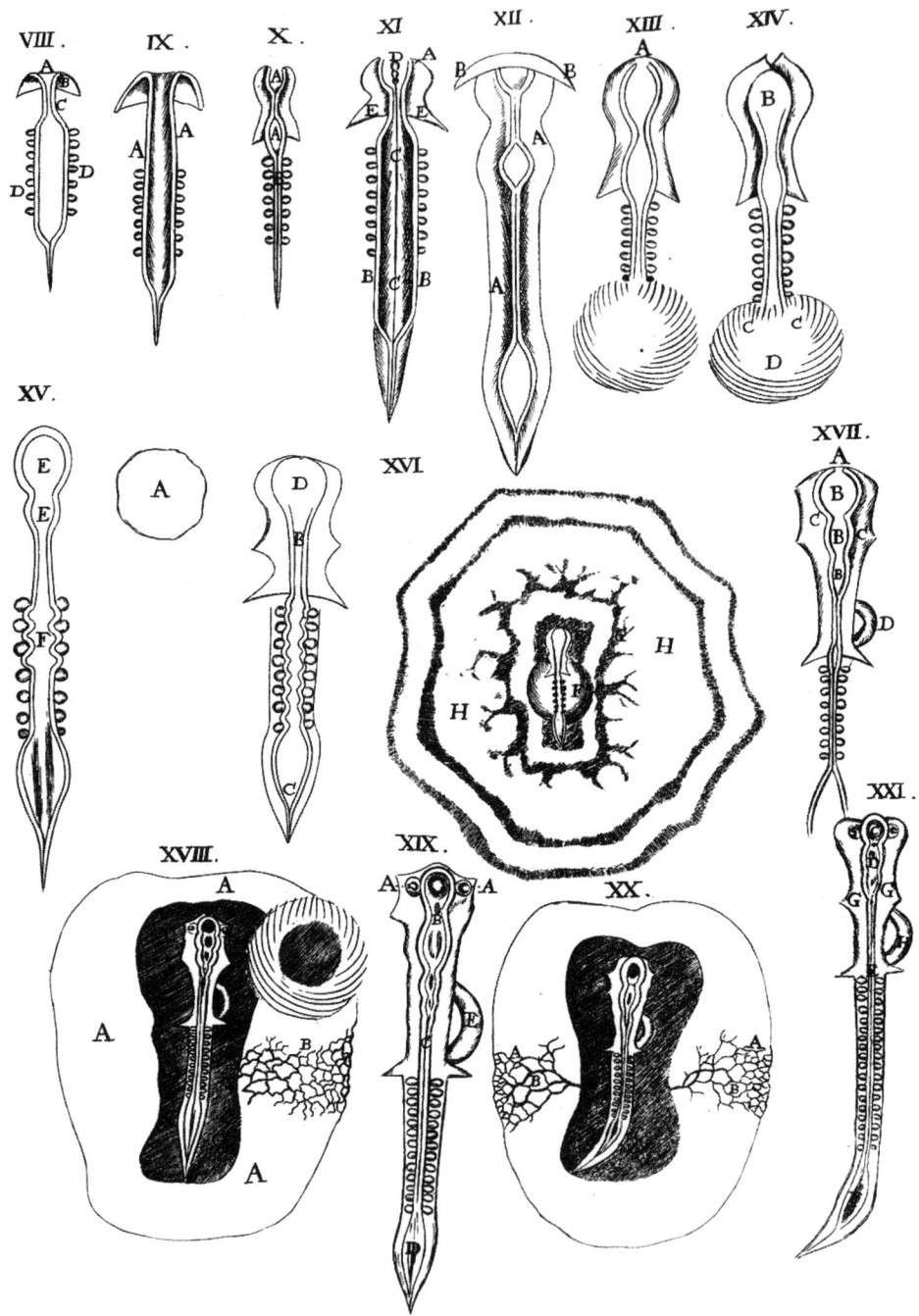

TAB II

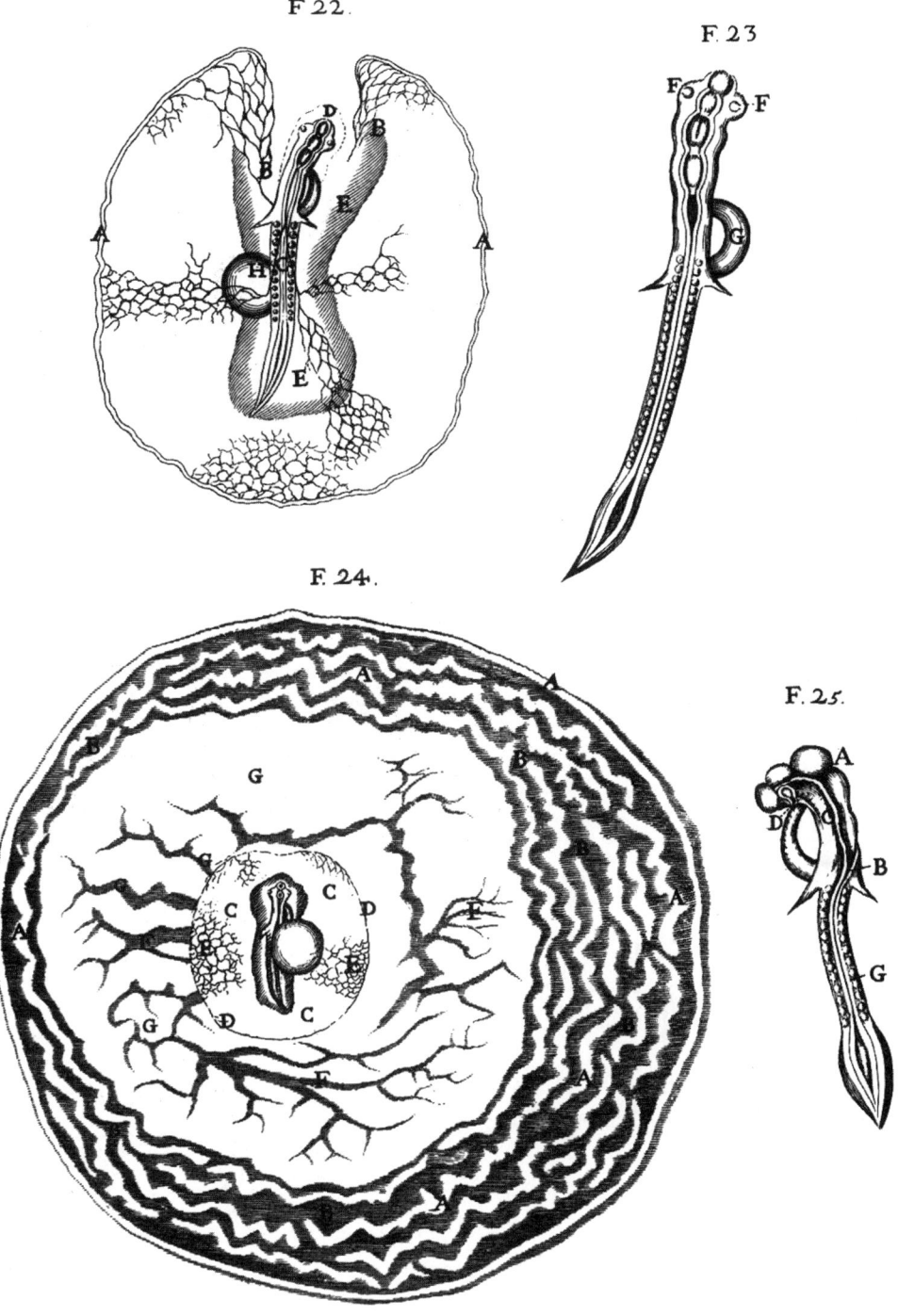

第二章　伟大的剪裁师

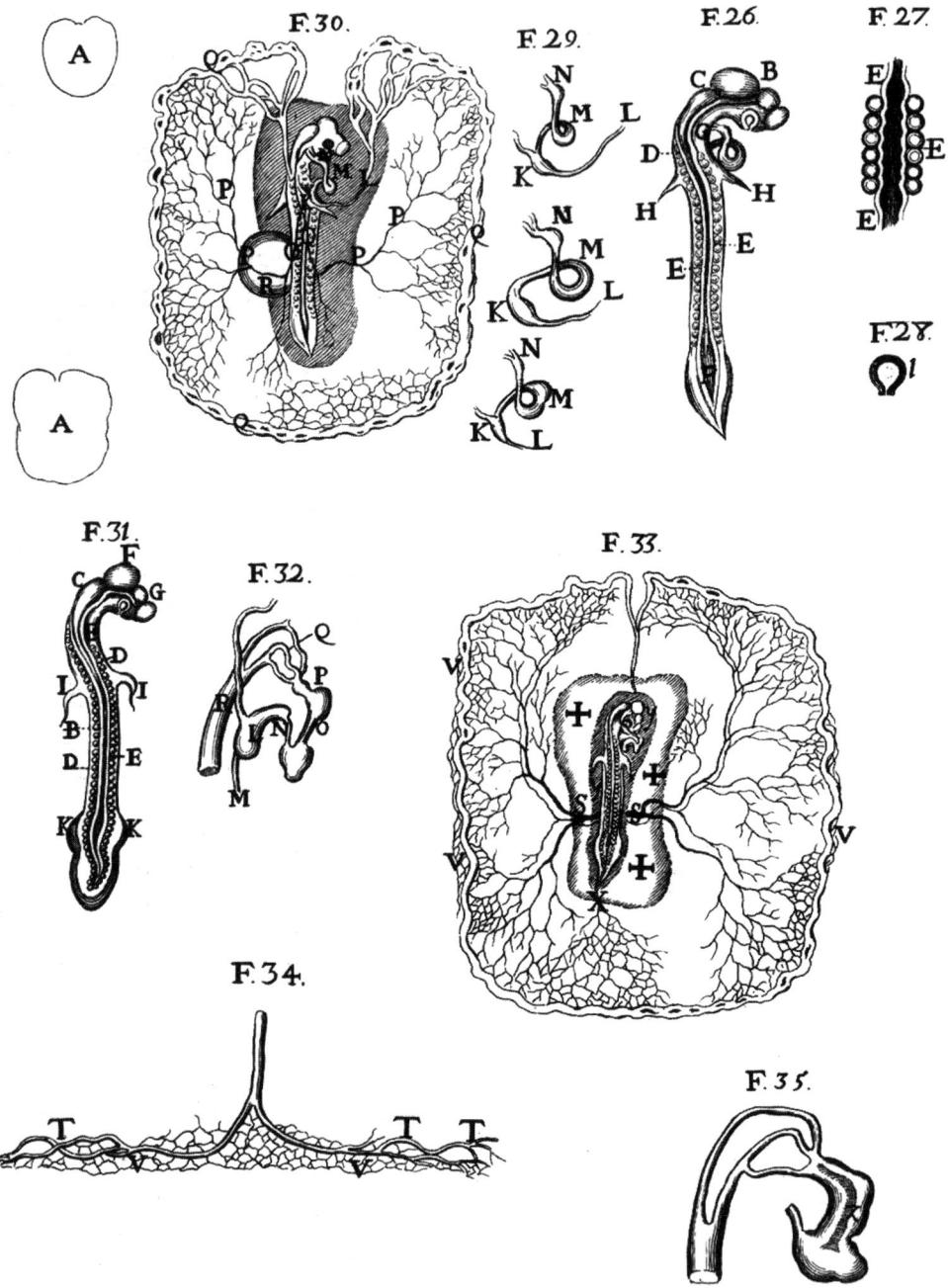

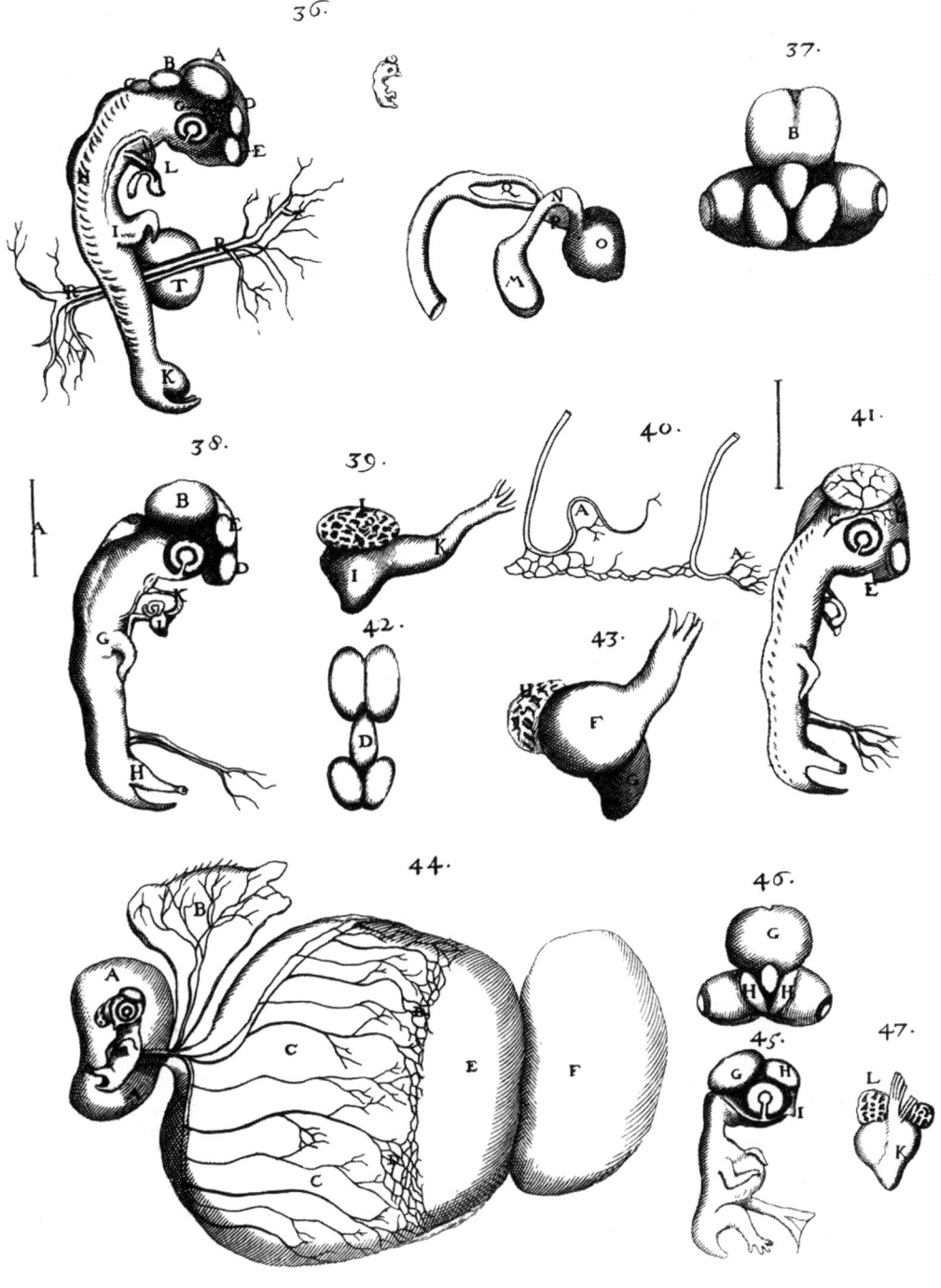

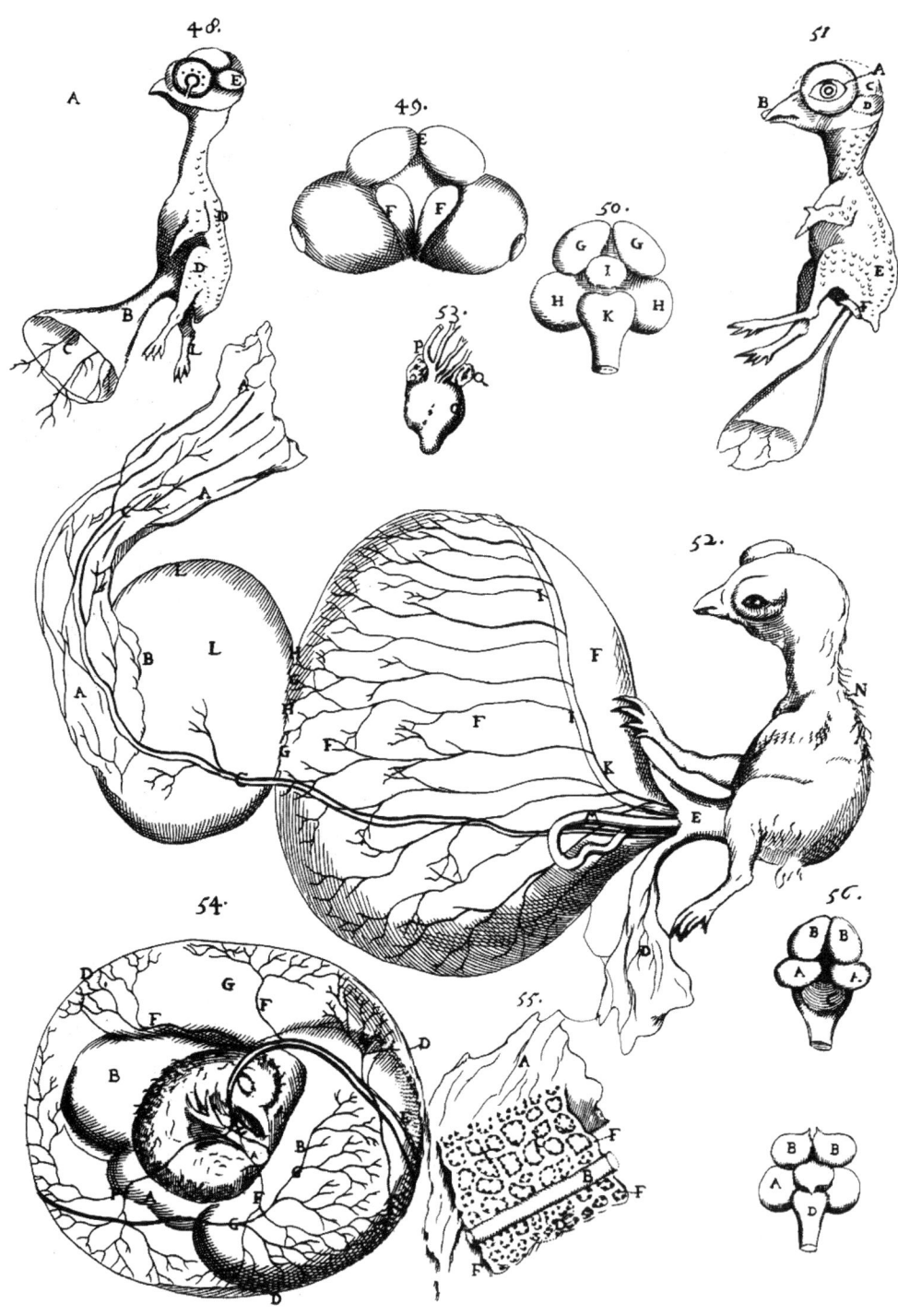

霍蒙库鲁斯——趣味生物学简史

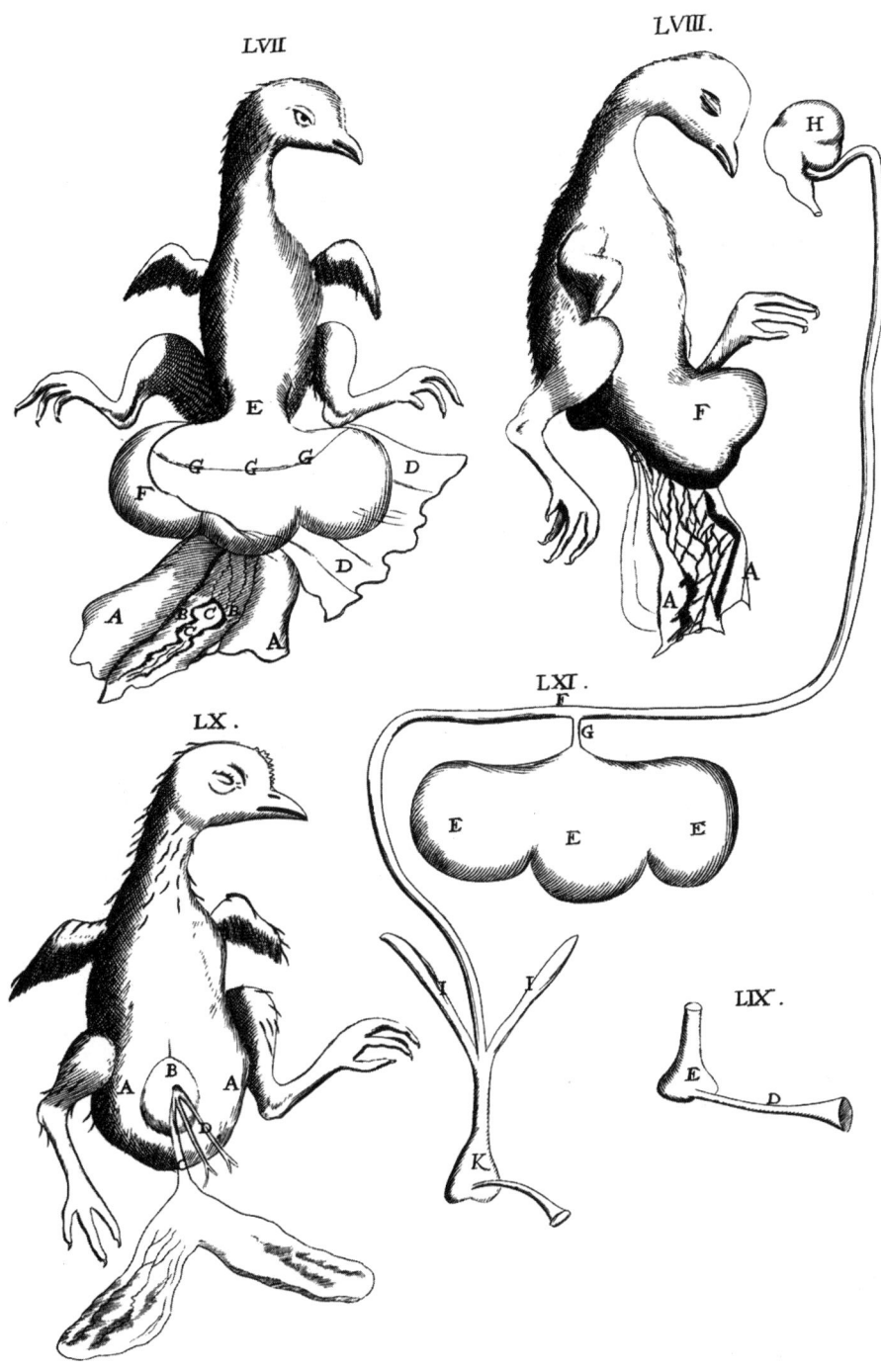

旦。其中最惨重的损失莫过于显微镜了,因为当时还没有光学仪器店呢。每个显微镜都得单独订购,要么就是亲手制作。

马尔比基还没来得及从这件闹心事中缓过劲来,一场新的灾难又降临到了他的头上。他们家的宿敌斯巴拉里亚家找到了有力的盟友,决定与他们一块行动。

"开门!"一天夜里,马尔比基的别墅门口突然响起一声叫喊。

来者都戴着黑色的面罩,手中的武器闪着寒光。看门人被这副光景吓坏了,赶忙把门打开。土匪们就这样闯进了房子里。

"你们是要钱吗?"马尔比基问他们。

"我们自己也能找到想要的东西。"土匪们回答说。

真是咄咄怪事!他们对钱竟然一点兴趣都没有,反而把桌椅窗镜统统砸个稀烂,把显微镜撞毁在墙上,还把实验室里的液体倒得满地都是。

"怎么样,你还不屈服么?"一个人高马大的土匪问道,一边抓起一个装着标本的罐子,瞄准了那个放着一排排罐子和玻璃瓶的柜子。玻璃瓶噼里啪啦地摔落在地,里面的液体全溅在了墙上和土匪身上,那伙人却高声大笑起来。他们砸毁了一切可破坏的东西,打碎了一切能打碎的物品,还企图纵火把房子烧掉。万幸的是,最后这个罪行并没有得逞。

这些夜间来访的不速之客究竟是谁,马尔比基最终也没能搞清楚。不过他还是猜到了几分:这伙人绝不是什么普通的强盗。

马尔比基对这些敌人已经厌烦透顶了,于是他接受了教宗[①]英诺森十二世[②]的邀请,去罗马担任他的宫廷医生。博洛尼亚的教授、市政当局和公民们都非常难过,因为一位大名人就这样离开了他们。不过,他们打制了一枚勋章来纪念马尔比基,聊以慰藉。

在罗马,马尔比基患了一场重病。他曾对痛风进行过孜孜不倦的研究,如今这种疾病却在他身上剧烈发作了。他在罗马只生活了三年左右,终于在66岁时因中风去世。

人们在博洛尼亚大学立起了马尔比基的雕像。奇怪的是,与这座雕像并排摆放的,正是他的死敌斯巴拉里亚医生的雕像。

[①] 新教和非宗教人士通称"教皇",指罗马城主教,同时也是全世界天主教会的最高领袖。在中世纪的西欧享有广泛的权力和影响。——译注
[②] 英诺森十二世(俗名安东尼奥·皮尼亚特里,1616~1700),罗马教宗(1691~1700年在位)。——译注

第三章 《自然圣经》

1

阿姆斯特丹有一条又弯又窄的小小街道，街上开着一家药店，店主名叫雅科布·斯瓦默丹。此人出生在斯瓦默丹村，因此就按着村名得了个绰号。

长话短说，在阿姆斯特丹住着个名叫雅科布·斯瓦默丹的人，他研究的是制药之术。然而，除开制作膏药丸药、称量药粉、熬制药水之外，他的生活中还有其他事情要做。

走进雅科布·斯瓦默丹的房间，你恐怕没法一眼看出屋主究竟是什么人。房间里有一个个巨大的陶瓷花瓶，有一块块黄铁矿的碎片，还有一簇簇五彩缤纷、大小各异、绚丽壮观的水晶矿石……类似的东西多得叫人目不暇接。雅科布酷爱各种新奇之物，他在家里布置了一个货真价实的博物馆（或者按当时的说法，叫珍奇馆）。为了这项浩大的工程，雅科布足足耗费了数十年的时间。要买下填满房间的所有东西，这位药剂师得卖掉多少车皮的药粉、药膏和药水呀！

全城人都听说过药剂师斯瓦默丹的名声，他与许多收藏家不同，并不吝惜自己的珍宝，也不把东西锁在箱底里。不管是谁有意，他都允许对方来参观自己的展品，并且也不时在这方面赚点外快,因为只有常来店里购物和订货的顾客才能优先获得参观博物馆的奖励。

许多富人和名流都愿意买下药剂师的收藏品。

"把你的玩意儿卖给我。"一位顺路来访的公爵毫不客气地要求,一面把手伸进口袋。"多少钱?"

"6万古尔登①。"药剂师无动于衷地回答说。"对我来说,这些东西的价值还要大得多,但姑且就买这个价好了。"

公爵惊讶得瞪大了眼睛。6万古尔登!用这样一大笔钱来卖一堆石头、鱼类标本、鸟类标本、甲虫和蝴蝶!用6万古尔登来卖一只烂了一半的双头牛犊!

"没门!这个价根本无法接受。"

买主打算走了。药剂师一边把灰尘从被蛾子蛀得厉害的鸟类标本上擦去,一边朝正要出门的顾客说:

"我这儿有'鼠王',有六腿牛犊,有白毛乌鸦,有跟拳头一般大的长角甲虫,你倒是试着在别处找这些稀罕玩意啊。6万古尔登!我本可以要两倍的价钱的……两倍又算得上什么,还能要三倍、四倍呢……"

药剂师说着说着,一边更使劲地从他的宝贝藏品上擦掉灰尘。

不久之后,药剂师得到了一名助手,那就是他的儿子、出生于1637年2月12日的约翰(简称扬)。当孩子只有两岁时,他就一步也不离开父亲用来陈列"珍宝"的房间了。他大张着嘴,时而看看这个,时而看看那儿,叫这些有趣的玩意儿深深地迷住了,能在它们前面连着站上好几个小时。

等扬稍稍长大一点,他就为父亲担任起了类似"珍宝管理员"的职务。他把灰尘从收藏品上擦掉,啪啪地拍着手掌,努力要把飞来飞去的蛾子打死。这个小男孩哪儿都不愿去,也不想闲逛和玩耍,反倒乐意整天坐在半明半暗的房间里,闻着灰尘、药草、动物标本和樟脑混在一起的气味。

"我要把他培养成牧师,"扬的父亲在朋友们面前说,"这是个非常光荣的职业。"

可是扬根本不想当牧师,他的兴趣完全在另一方面——对大自然进行研究。他与父亲之间发生了许多吵架和争执,才算达到了自己的目的。最后,他获得了学医的许可,这是因为当时还没有人专门研究自然科学,每位医生都是博物学家,而每位博物学家也都是医生。

---

① 或译"基尔德"、"盾",历史上德意志诸国和荷兰使用的一种金币。——译注

扬就这样踏上了博物学家的道路。他非常希望能建起一个同父亲的一样的珍奇馆。他没有多少余钱能用来向过路的海员购买稀奇的玩意儿,但是他身边有各种各样的动物,既然如此,他又何必要那些稀世珍宝呢?哪怕只是一只小小的甲虫,它又哪儿比来自异国他乡的美丽鸟儿差劲了?

扬开始四处漫游,但他从来不做危险重重的远途旅行,而是着手研究故乡周边的环境。他有时在沼泽地里钻来钻去,陷入土墩之间的烂泥地里,还在坚硬的苔草上划破了双手;有时在林间四处徘徊,钻过丛生的灌木;有时又在田间漫步。这样的郊游每次都是满载而归:收获了甲虫和苍蝇,蝴蝶与蟊斯,蜗牛同贝壳,还有蜘蛛。他的小博物馆的藏品日益增长,尽管其中并没有来自异国他乡的珍禽异兽。

▲ 扬·斯瓦默丹(1637～1685)

"嗯,嗯……我心爱的宝贝啊……"扬露出了微笑。

不过,扬很快就不满足于收集甲虫和贝壳了。研究小虾、蜗牛和昆虫的生活,这可比观察空荡荡的贝壳,以及翅膀被磨破的、干瘪瘪的蝴蝶标本要有意思得多了。扬久久地坐在一只在沙子里乱爬的甲虫跟前,耐心等待它生出小甲虫来。

扬早已不是当初的小毛孩了,他已经长成了个大小伙子,可他竟然还不知道大甲虫是生不出小甲虫的。不过,读者们也不必对此感到惊讶,因为三百年前人们的认识水平着实有限,就连如今每个中学生都明白的事实,他们也还了解得不是很多。

扬就这样在田间和林里晃来晃去,收集各种稀奇的玩意儿,无休止地要妈妈帮他补裤子和衣服,搞得妈妈简直不胜其烦。这样的生活状态一直持续到了24岁。不过,凡事都有个头。在24岁时，扬考上了莱顿①大学，并在那儿结交了一些对他很有帮助的朋友，其中就包括解剖学家斯坦森②和德-格雷夫③。当年的格-德雷夫还没有什么名气，但后来他在哺乳动物的卵巢中发现了所谓的"格雷夫卵泡"，于是就声名鹊起了。尽管他错误地把这些卵泡当成了卵子，但它们还是冠上了"格雷夫"的名字。

这些熟人对斯瓦默丹产生了明显的影响：他开始对各种动物的解剖产生了浓厚的兴趣。

扬忙时则在解剖桌前工作，闲时则与朋友们就着烟酒闲聊，就这样度过了他的大学时光。1663年，他完成了大学课程，随后立刻出发前往巴黎，并在卢瓦尔河④畔的小城索米尔住了一些日子。在这段时间里，斯瓦默丹并未做出多少科学发现，但他掌握了解剖昆虫的技能。过后他又回到了巴黎，搬到了朋友斯坦森那里。就在那里，扬认识了自己未来的庇护者——默基瑟德·泰弗诺⑤。此君是个既有钱财又有影响的人物，曾担任过法国驻热那亚⑥的大使。当年的意大利人对自然科学非常感兴趣，耳濡目染之下，我们的法国大使也对这项高尚的事业习以为常了。

每位意大利公爵都有自己的家庭医生，泰弗诺又怎能拒绝这等乐事呢？

"和我一起走吧！"他对斯瓦默丹发出了邀请。

未来的学者就这样来到了这位达官贵人位于巴黎近郊的庄园里。

他在那里认认真真地工作了一段时间。

2

1667年，斯瓦默丹在莱登通过了医学博士的论文答辩，却又在同一年患上了疟疾。他刚从这场疾病中痊愈过来，就碰上了托斯卡纳公爵。这位科学的庇护者前来阿姆斯特丹寻找优质钻石，因为荷兰人正是以雕琢宝石的技艺闻名天下的。自然而然，他也没有错过老斯瓦默丹的珍奇馆，并在那儿遇见了小斯瓦默丹。

小斯瓦默丹当着公爵的面解剖了一只毛虫。这可是一只非同寻常的毛虫：它近几天

---

① 荷兰南部城市。——译注
② 尼尔斯·斯坦森（又名尼古拉斯·斯坦诺，1638~1686），丹麦解剖学家、地理学家，天主教神父。——译注
③ 雷尼埃尔·德-格雷夫（1641~1673），荷兰解剖学家、生理学家。——译注
④ 法国西部河流。——译注
⑤ 默基瑟德·泰弗诺（1620~1692），法国作家、旅行家、发明家和外交家。——译注
⑥ 意大利西北部城市，中世纪时曾建立起强盛的城邦共和国。——译注

就要化蛹了。

一幅神奇的画面展现在了惊奇不已的公爵眼前。原来啊，毛虫的表皮下面已经有了蝴蝶的器官，也就是触角和翅膀的雏形。

"这根本就不是什么转化。"扬解释说。"哪有什么发生了转化？又转化成了什么？其实蝴蝶早已藏在毛虫体内了，只需把它从里面弄出来。而毛虫又藏在卵的里面；老实说，我们的确看不见卵里的毛虫，但那只是因为当时它还是透明的。"

把蝴蝶从毛虫体内弄出来！这个稀奇的把戏把公爵深深地迷住了。他的御用学者还从未想到过这一点呢。

"你跟我走吧。"他对扬发出了邀请。"我给你两万古尔登，你把收藏品全都带上一起走。"

扬拒绝了这个请求。

这一回，他的药剂师父亲开始大发牢骚了：

"是时候开开窍了，孩子。瞧这些甲虫和蛾子，怎么能一直这样下去呢？我本人也很喜欢这些玩意儿。"他自豪地环顾了一周。"但我可没把正事给忘掉。"他又朝药店那边看了一眼。"而你呢？你打算啃老直到自己也变成老头子吗？医学博士……好歹干点实事吧。你来我这儿配药，到时候搞研究的时间也是够的。"老人拍了拍扬的肩膀。"就这样吧，扬，听你爸的话。"

扬却偏偏不肯听话，结果一个病人都没接到。

父亲等了一个月，又等了一个月，一直等了半年之久。

"我再也不给你钱了。"他威胁桀骜不驯的儿子说。"你自己赚钱糊口罢。"

扬思考了起来。问题在于，他已经开始收购各种来自异国的珍奇宝物，用来充实自己的博物馆，而父亲的威胁完全断绝了这个机会。尽管如此，他还是没有马上向父亲缴械投降。

"我把身体彻底搞坏了。"他对父亲说。"坐在桌前工作嘛，我倒是还能做到，可接待病人或出诊就无能为力了。你给我点钱，我去乡下休息一段时间，治治病。到时候……"他比了个动作，仿佛用双手把阿姆斯特丹的全城居民都圈走了似的。

老人并不怎么相信儿子的话，但还是给了他钱。于是扬就动身下乡了。

也许，小斯瓦默丹本来是能履行自己的诺言的，可他身边有多少森林、田野和沼泽啊！这些地方生长着许许多多的小动物，有4条腿的，有6条腿的，有8条腿的，水里甚至

▶▶ 扬在《自然圣经》绘制的甲虫和水蚤、孑孓

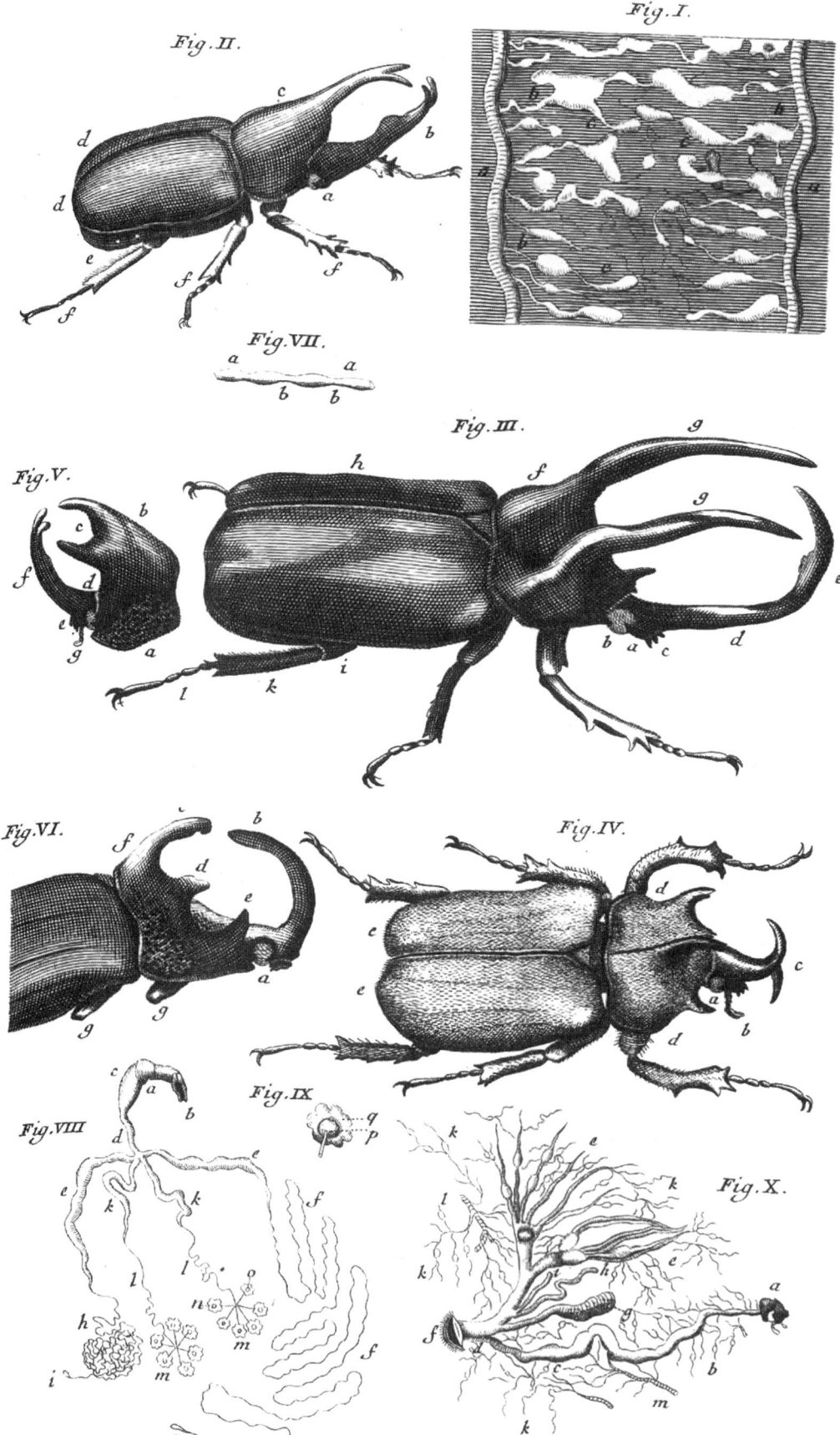

TAB: XXXI.

> > > > > > > > 《自然圣经》中罗马蜗牛、椎实螺、田螺、蜗牛及寄居蟹解剖细节图

还能找到10条腿的呢。这样一来,扬如何还能按捺得住,又怎么可能满足于享用热气腾腾的牛奶呢?他拒绝了牛奶以及其他一切乡间妙事,坐下来专心工作,着手对水蚤[①]进行研究。这种小动物非常有意思,它摆动着一对像长长的手臂一样的东西,在水里跳来跳去,正是这一点吸引了扬的注意力。

扬的老父亲以为儿子正在恢复健康、积蓄力量,谁知儿子却在一只接一只地解剖甲虫(那儿有很多独角大甲虫),把治病的事完全抛到脑后了。

回家的时候到了。

"既然你给自己治病都治成了这副模样,那还想怎样给别人治病呢?"看到扬的样子,父亲不禁刻薄地嘲讽道。"你大概忘了吧,我开的是药店,不是棺材铺!"他对这句俏皮话非常满意,忍不住哈哈大笑起来。

一切又变回了老样子:扬照旧给甲虫和毛虫开膛破肚,父亲照样发牢骚。

"啊,多么奇妙的动物啊!"扬兴高采烈地欢呼道。原来他在观察一只……虱子。

"的确妙不可言。"父亲嘟囔了一句。

"当然啦!"扬丝毫没有平静下来的意思。"虱子虽小,五脏俱全:有肠子、肌肉、呼吸器官、神经系统和性器官。总之,我们具有的一切器官,它都一样不缺。只不过……我还从来没见过一只雄虫呢。我解剖了大约40只虱子,结果它们全都是母的。看来,虱子应该是没有雄虫的。"

扬又俯身到了桌前,上面放着一个盛着水的小杯子,里面是一只被剖开的小虱子。

他花了很多天来研究这只生物,甚至在它的体内找到了"大脑";然而,他不假思索地把虱子的腹神经索命名为"脊脑",尽管这个器官根本就不长在脊背上,而是在腹部一侧。

"这是一只了不起的动物。"扬反复念叨着。"这是一个神奇的造物。"

父亲气呼呼地摔上了门,回自家药店去了。

"神奇的造物……!瞧他想出了什么鬼点子!好歹想想怎么制作防跳蚤的药粉嘛:日子都让跳蚤搞得没法过了。结果倒好,鼓捣什么肠子、管子……唉,我怎么偏偏摊上这么个没出息的儿子……"

后来,扬又对蜗牛产生了兴趣,于是他顺带着把寄居蟹给研究了一番。

[①] 节肢动物门甲壳纲动物,体长约2毫米,呈卵形,有数根刚毛用于划水。——译注

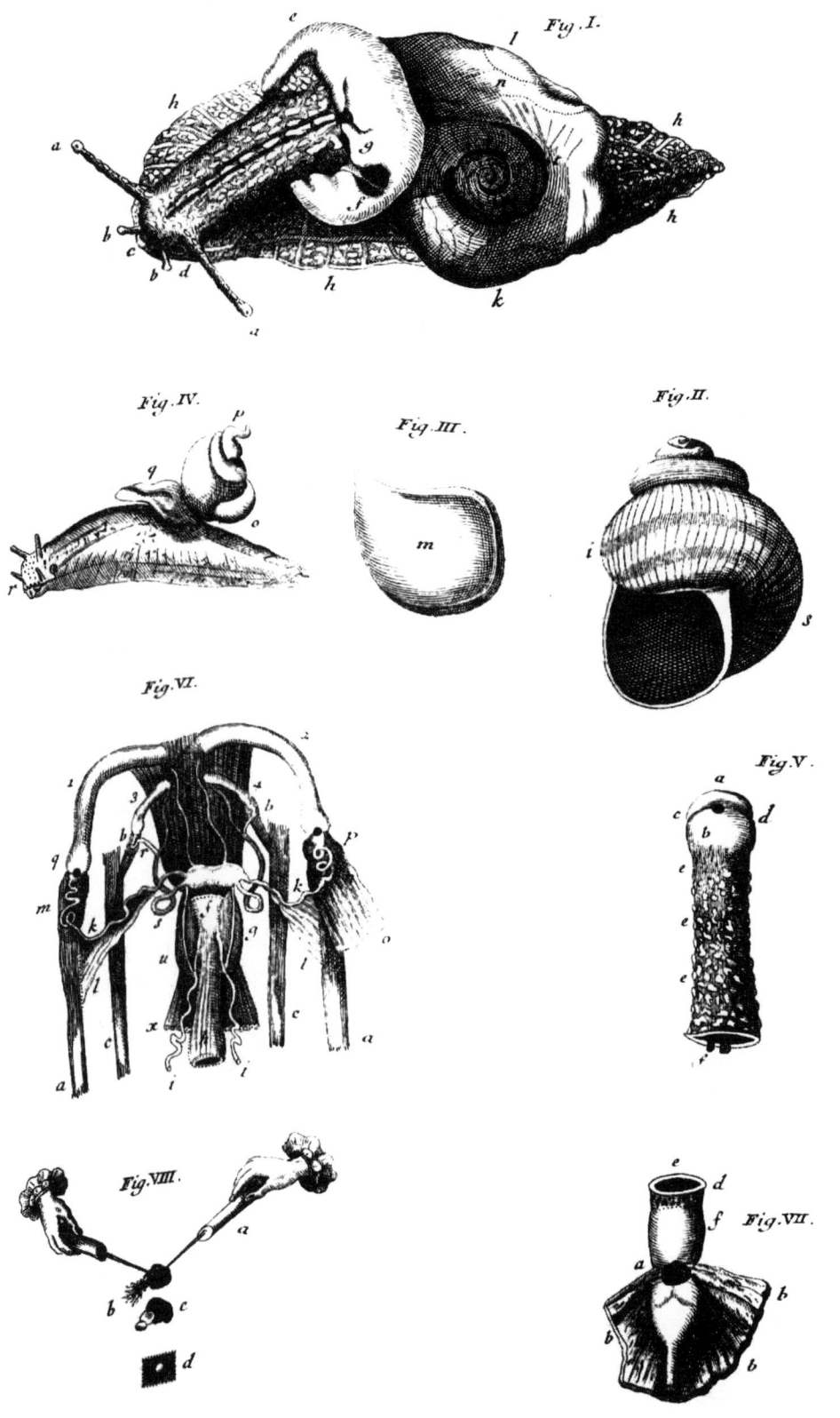

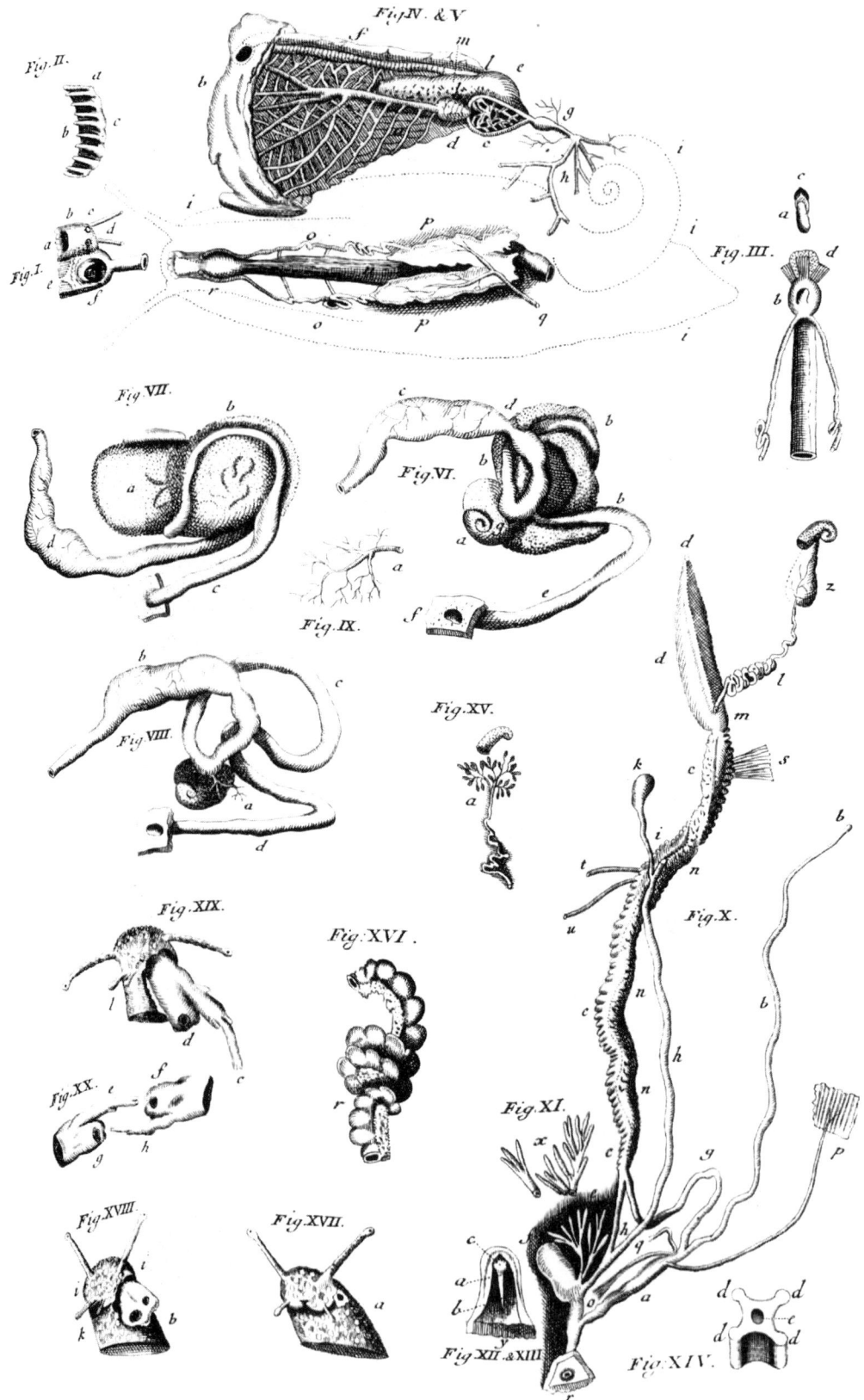

TAB: V.

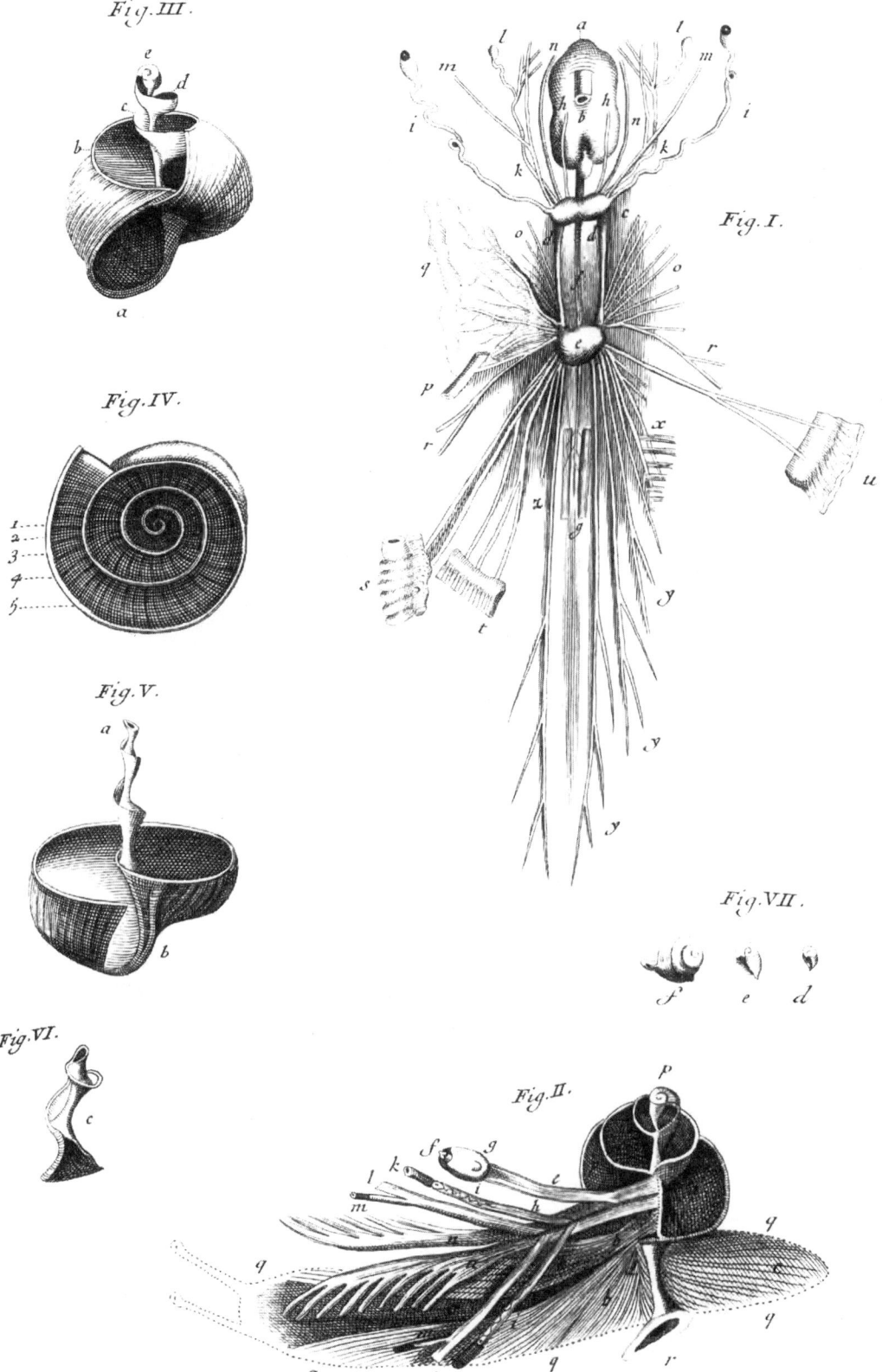

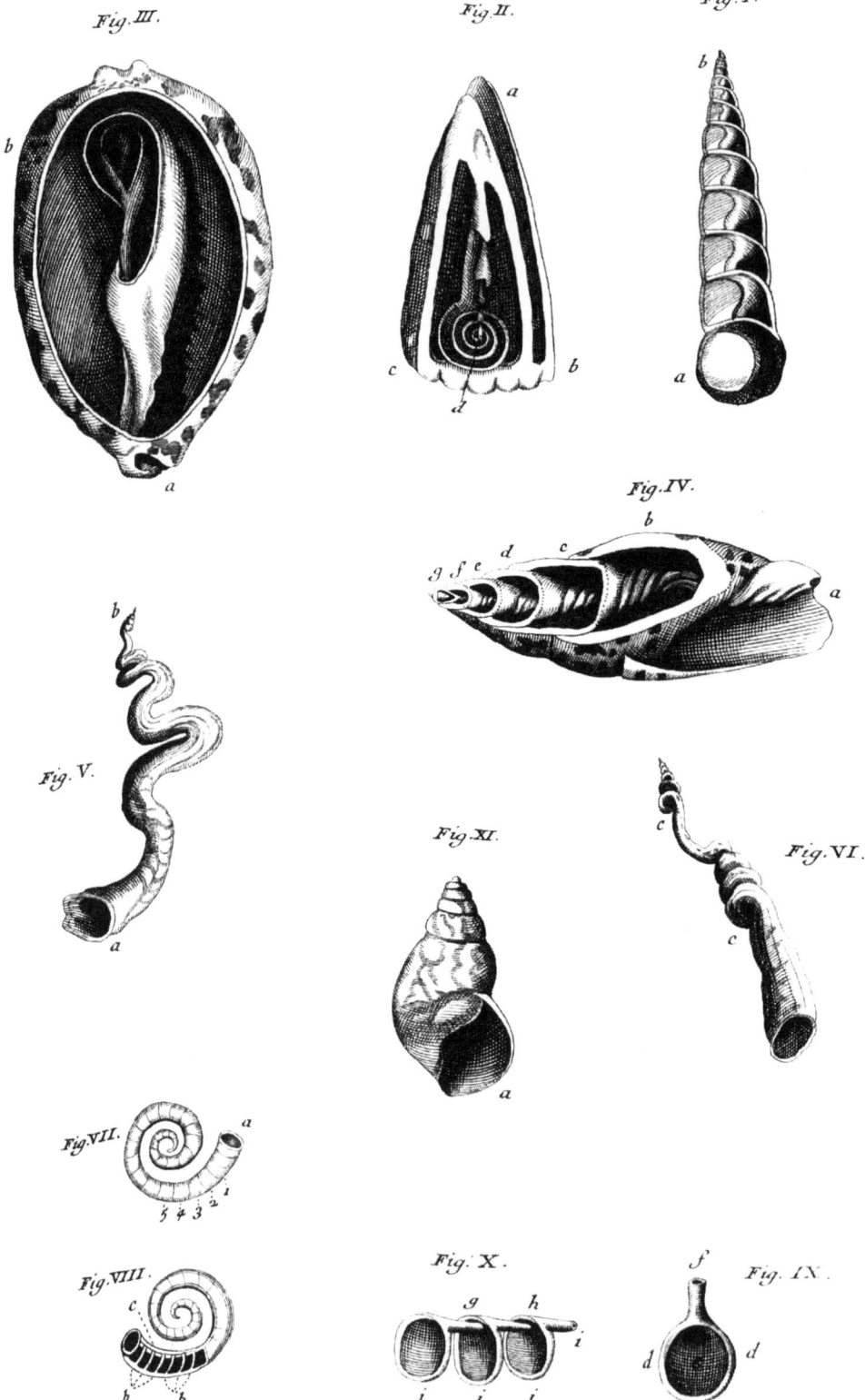

TAB. VII.

TAB:VIII.

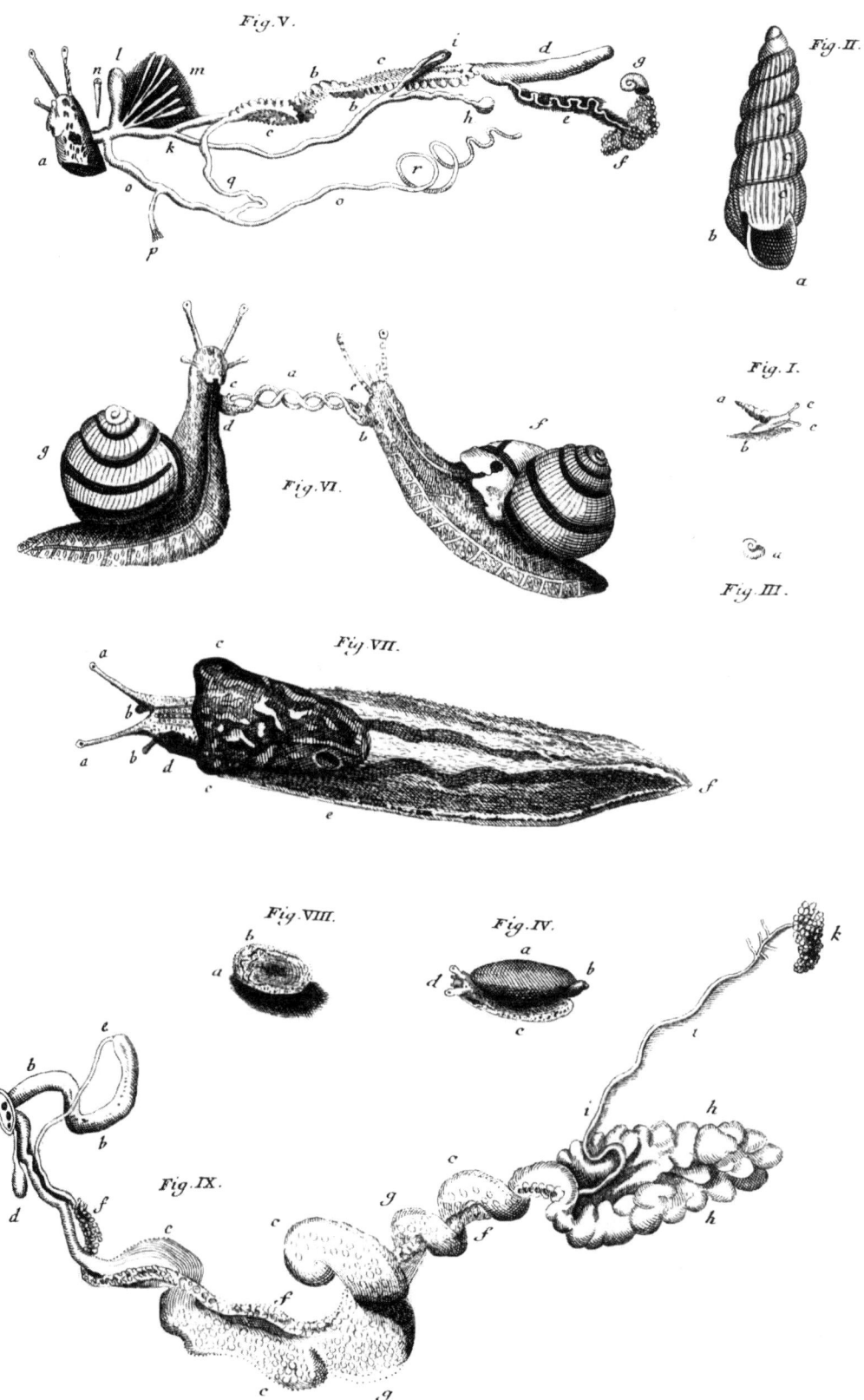

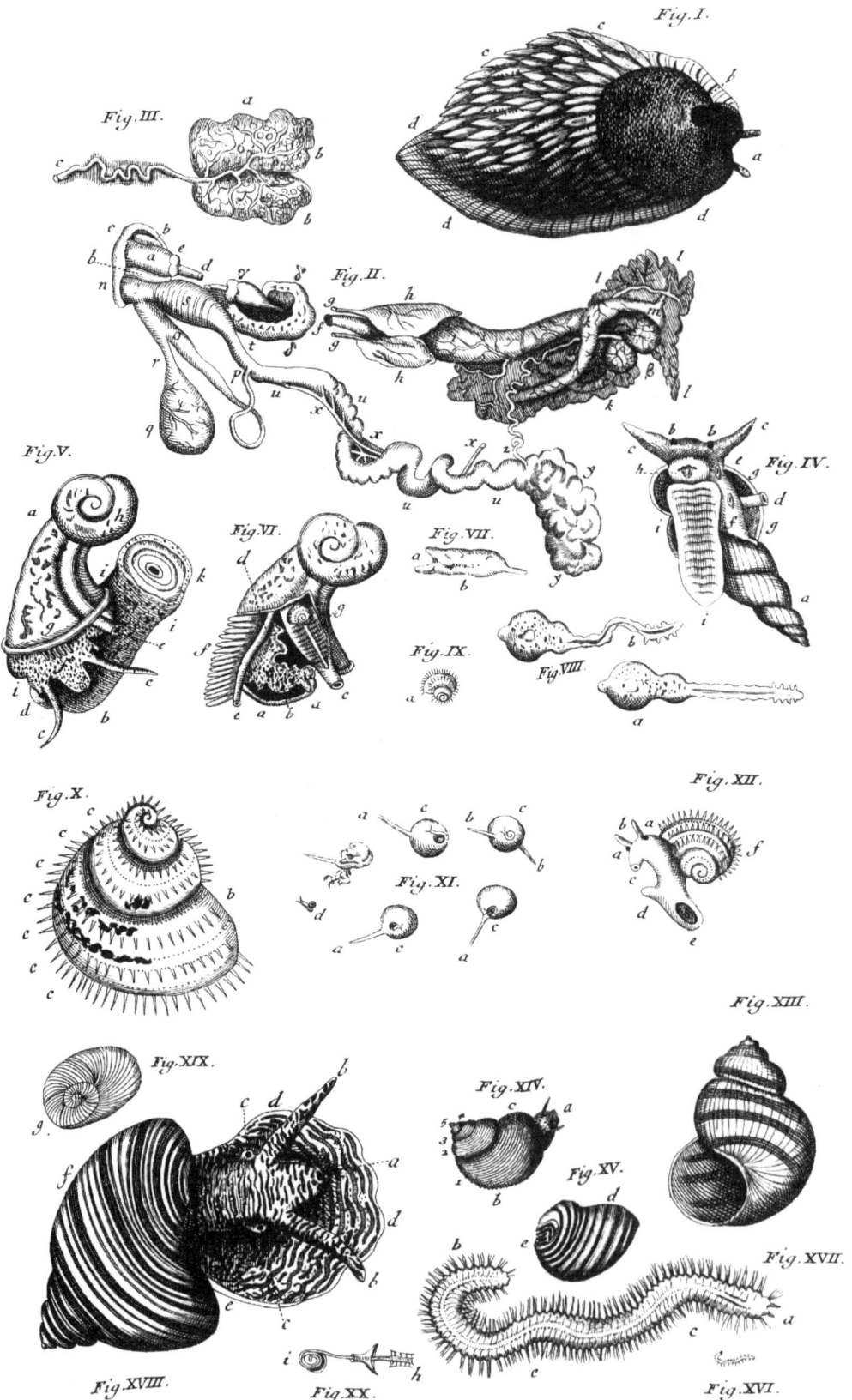
TAB: IX.

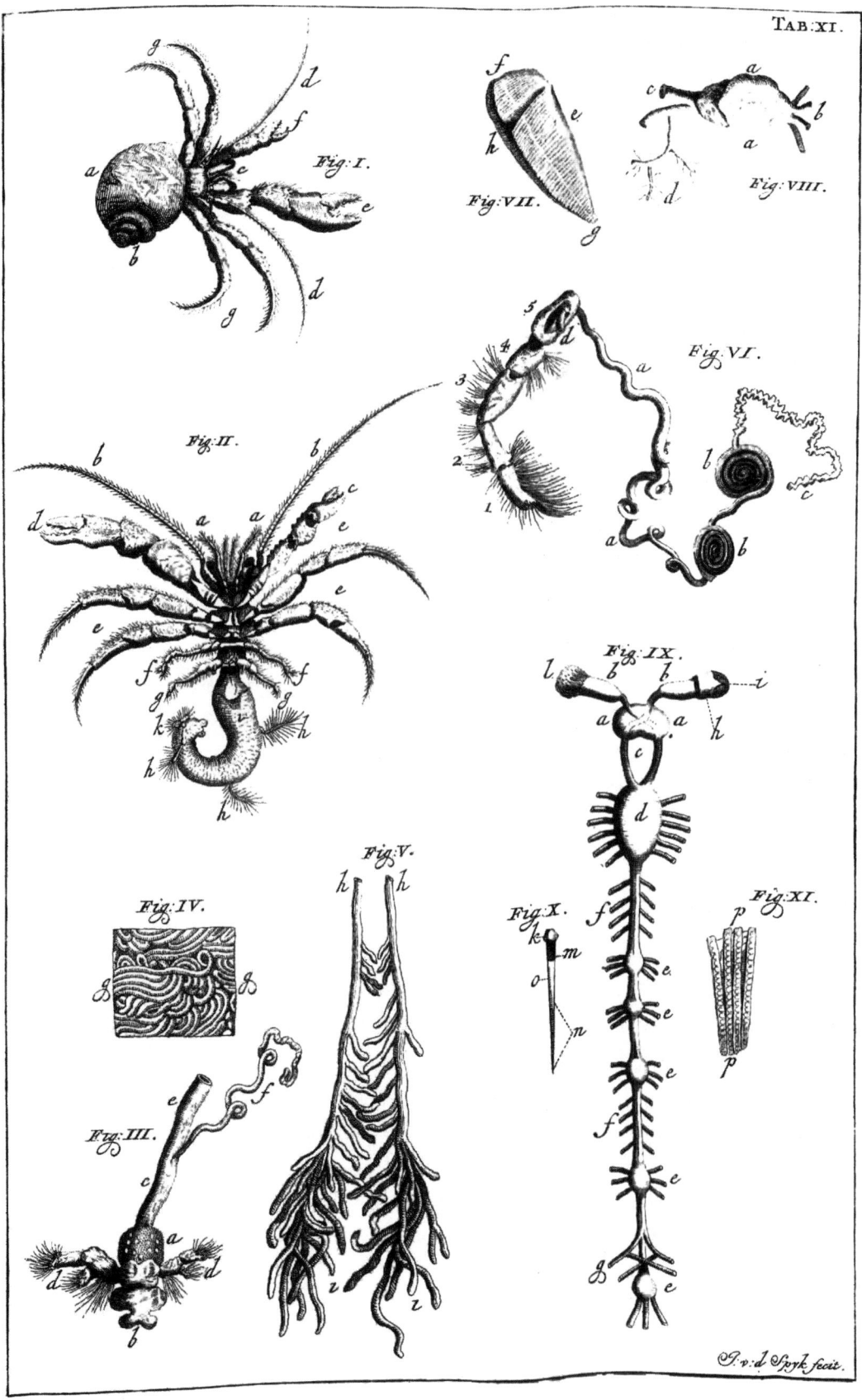

这种螃蟹长着柔软的腹部，还有一个可以躲在里面的甲壳。扬据此确信，寄居蟹是一种特殊的蜗牛。

"有柔软的腹部，也有甲壳，难道还需要什么别的证据么？"

扬把寄居蟹归于蜗牛一类，并且得出了一个结论：甲壳是动物自身行为的产物。为了补充完善这个研究，他又顺便对椎实螺①、田螺以及其他几种真正的蜗牛进行了考察。

3

当斯瓦默丹给他的朋友兼庇护者泰弗诺写了一封长长的信，并在信中描述了自己的工作之后，泰弗诺给他回了这样一封信："来巴黎吧！我帮你安顿下来，你可以在这儿工作。"

"你敢试试！"当扬吭吭哧哧地把巴黎之行告诉父亲之后，老药剂师这样答复。"你有胆量就试试看！"

这一回，扬打定主意要让盛怒的父亲心软下来。

"让我来整理你的珍奇馆吧。"他对父亲说。"得把藏品分门别类地整理好，放到该放的位置上，有些东西还得修一修。你看，这里的活儿可不少吧。"

父亲同意了，于是扬就在满是灰尘的房间里待了下来。

这下子他可摊上件麻烦事啦！有什么活儿他没干过！修理工作多得把科研的时间都完全占掉了。要粘贴，要上色，要缝补，要制作新的标本，还要为腐朽不堪的藏品寻找新的替代物……他只是偶尔才能挤出个把小时来工作一会儿。

尽管如此，他好歹还是从百忙中抽空完成了对鱼类消化的研究，并把写成的论文寄到了英国的皇家学会。学会把这些文章登了出来。谁知，斯瓦默丹的论文刚一面世，他立刻就遭到了老朋友德-格雷夫的攻击。当时德-格雷夫已经成了大名人了，而斯瓦默丹这个无名小卒又有谁听说过呢？

扬在与德-格雷夫以及其他学者的争论中处于下风，再加上与父亲之间无休无止的争吵，使得他的情绪受到了相当恶劣的影响。事有不巧，他又刚好弄到了预言师安托瓦内特·德·布里尼昂②写的一本小书。斯瓦默丹原本不是个笃信宗教的人，可事到如今……他可怜的脑袋里一切都翻了个个。他狂热地崇拜上了这位预言师，并且开始同她通信。可想而知，这样的相识又能给他带来什么好处呢？瞧瞧后果吧……

"一切都是虚空啊！"扬长叹一声，坐到了工作台前。"都是虚空。"他盯着一小

---

① 腹足纲椎实螺科软体动物，雌雄同体，个体较小，形同椎实。——译注
② 安托瓦内特·德·布里尼昂（1616~1680），法国女修士，神秘主义者。——译注

片蕨类的叶子，又重复了一遍。"一切都是虚空。"他接着说，一边小心翼翼地用针展开叶子下表面一些略带褐色的薄膜。"虚空……"郁闷的学者还没开始新的牢骚，就被一件怪事打断了：从薄膜里撒出了一些细小的粉末。

"啊哈！"他惊呼一声，立刻就把"虚空"抛到脑后了。"啊哈！……"

扬在显微镜下仔细观察了这些粉末，认为它们应该是蕨的种子。事情变得相当有意思了，他开始研究起这些"种子"，以及用来盛放它们的小口袋。其实，扬犯了一点小小的错误，这并不是什么种子，而是孢子，然而……

斯瓦默丹的热情又冷却了下来。

"我干吗要研究这些呢？我到底想给谁增光呢？"他叹了口气说。"给自己？还是给创造这一切的造物主呢？"

略一思忖，他就做出了结论：

"我要给自己增光。"

"真虚荣……"他自言自语。"人的虚荣心真是可怜啊！"于是他把针和放大镜搁到了一边。"够了！"

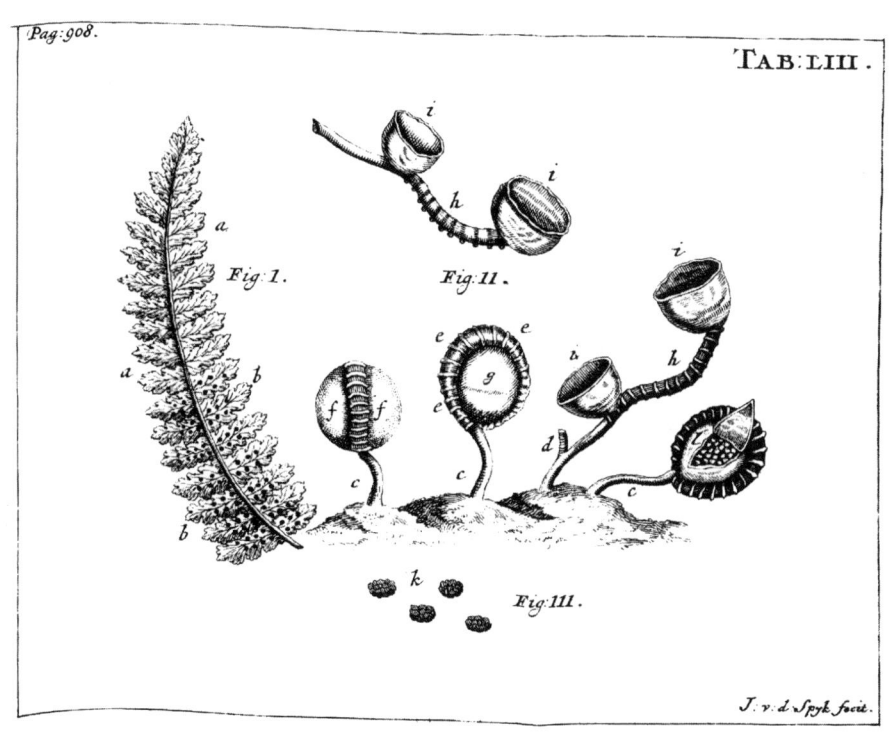

▲ 斯瓦默丹在《自然圣经》中详细记录了蕨类植物的形态以及叶、孢子囊等细节

但是，斯瓦默丹对科研的爱好并没有就此消退。他依然时不时地体会到一股强烈的激情，以致根本无力与之对抗。每当遇到这种时候，他就半带渴望、半带厌恶地投入工作。他把桌子放到院子里阳光最强烈的地方，然后坐下来，翻来覆去地研究甲虫和虱子的内脏。

"你还是坐到阴凉的地方吧，要不会中暑的。"有人说。

"我的视野中不能有任何东西的阴影。"这位顽固的大胡子学者帽子也不戴，就坐在炎炎烈日下搞研究。"看见了么，我研究的东西是多么细小啊！"

他用尽全力仔细观察，弄得眼前开始直冒金星，根本就没法看清标本了，只好蹒跚着回屋休息一下。

"显微镜……"他发着牢骚。"这破玩意到底有什么用？下面既塞不进针，又放不下整只的甲虫或蜜蜂。自己的眼睛才是更可信、更可靠的。"

扬非常顽固，努力想用肉眼看到别人用显微镜才能看到的东西，为此把眼睛弄得疲劳不堪。他成功做到了这一点，只是偶尔才允许自己奢侈地用一下显微镜。

正是在这段交织着消沉无为和紧张工作的时间里，扬开始了对蜜蜂的研究。他解剖了数十只蜂后、工蜂和雄蜂，往房间里搬了一堆堆形状各异、大小不同的蜂巢。

"研究蜜蜂并从中获得收入，这我倒是能理解。"讲求实际的老药剂师说。"但白白地把蜜蜂碾死又有什么好处……"他轻蔑地耸了耸肩。

"爸爸！"扬大声叫道。"你听好了……从前人们一直以为，雄蜂是负责孵卵的蜜蜂，可我发现它们原来是公蜜蜂。这难道不是很有趣、很重要么？"

"那又怎样？你的发现能让人们在蜂巢中采集到更多蜂蜜吗？"

"额……额……不、不知道。"小斯瓦默丹顿时慌了神。

"看吧，你的发现有个屁用！"老人转过了身，背对着儿子。"净是些怪念头。"他嘟嘟囔囔地走出了房间。

扬重新俯身到了桌前。

然而，他不管怎么努力，都没法了解到更多的东西了。没有了显微镜的帮助，要想了解蜜蜂的全部奥秘是非常困难的。

"蜂蜡……蜂蜡……毫无疑问，它们是用花粉做出蜂蜡的。因为我亲眼看见了蜜蜂收集花粉的情景……"

可是，花粉和蜂蜡一点都不像呀。

"它们把花粉同唾液混在一起，于是就制成了蜂蜡。"扬做出了结论。他没有想到，自己一下子就犯了两个极严重的错误。可是，他并不晓得蜜蜂为什么需要花粉，也没法用肉眼仔细观察蜜蜂的蜡腺，甚至没能看清楚蜜蜂肚子上那薄薄的蜡片。诚然，在

▶▶▶▶ 《自然圣经》中记录着蜜蜂、蜂巢、蜂卵、幼虫的各种细节

工蜂腹部的最后四个体节上，可以清楚地看到一些闪亮的小点儿，这就是所谓的"蜡镜"（即蜡腺）。然而，小点儿只不过就是小点儿，斯瓦默丹又如何能够猜到，恰恰应该在这些小点儿上寻找蜂蜡薄片呢？

4

当时扬只有三十六七岁，可他满脑子已经全是"虚空"的念头了。结果，他做出了远离尘世诱惑的决定。

"得把我的藏品全部卖掉。"他幻想着。"与这些诱惑一刀两断。然后到某个僻静的小地方去，在那儿沉思默想……"

他要沉思什么呢？不难理解，就是"虚空"嘛。

斯瓦默丹给泰弗诺写了封信，请求他帮忙找个藏品的买主。可泰弗诺并没找到买主，于是扬想起了自己的老朋友斯坦森。

斯坦森曾是个解剖学家，在后来的年月里却飞黄腾达：他迁居到意大利，又改宗为天主教，如今已经不再是解剖学家斯坦森，而是斯坦诺大主教①了。他尽管已经同科学永远决裂，但还是能为它提供一些庇护的。要知道，在当时的佛罗伦萨（斯坦诺就住在那里），科学是一项深受崇敬的事业。

信寄出去了。在收到回信之前，扬暂且又做了一些新的研究。他心想，这就是最后的研究了。

荷兰是一个水源丰富的国家，生长着许多水生昆虫。在温暖的夏夜里，空中有时会飞舞着成群的蜉蝣，这是一种柔弱的带翼昆虫，只能存活几个小时。斯瓦默丹没有放过这个机会，他开始对蜉蝣进行研究了。

蜉蝣是一种多么奇妙的昆虫啊！它们的幼虫体型臃肿、笨拙不堪，甚至可以说是丑陋难看，但却能在水里生存好几年。它们生存的目的仅仅是为了变成蜉蝣，在空中飞舞个把小时，然后死在满是污泥的水沟里。

"它们能在什么时候吃东西呢？"斯瓦默丹给自己提了个问题，然后从蜉蝣那儿获得了问题的答案。原来，蜉蝣的肠道发育得非常不充分，以致这种柔弱的昆虫完全无法进食。何况它们根本就没时间吃东西：在短短几小时的生命中，它们只能勉强来得及完

---

① "斯坦诺"（Stenonis）是丹麦姓氏"斯坦森"（Stensen）的拉丁化版本。——译注

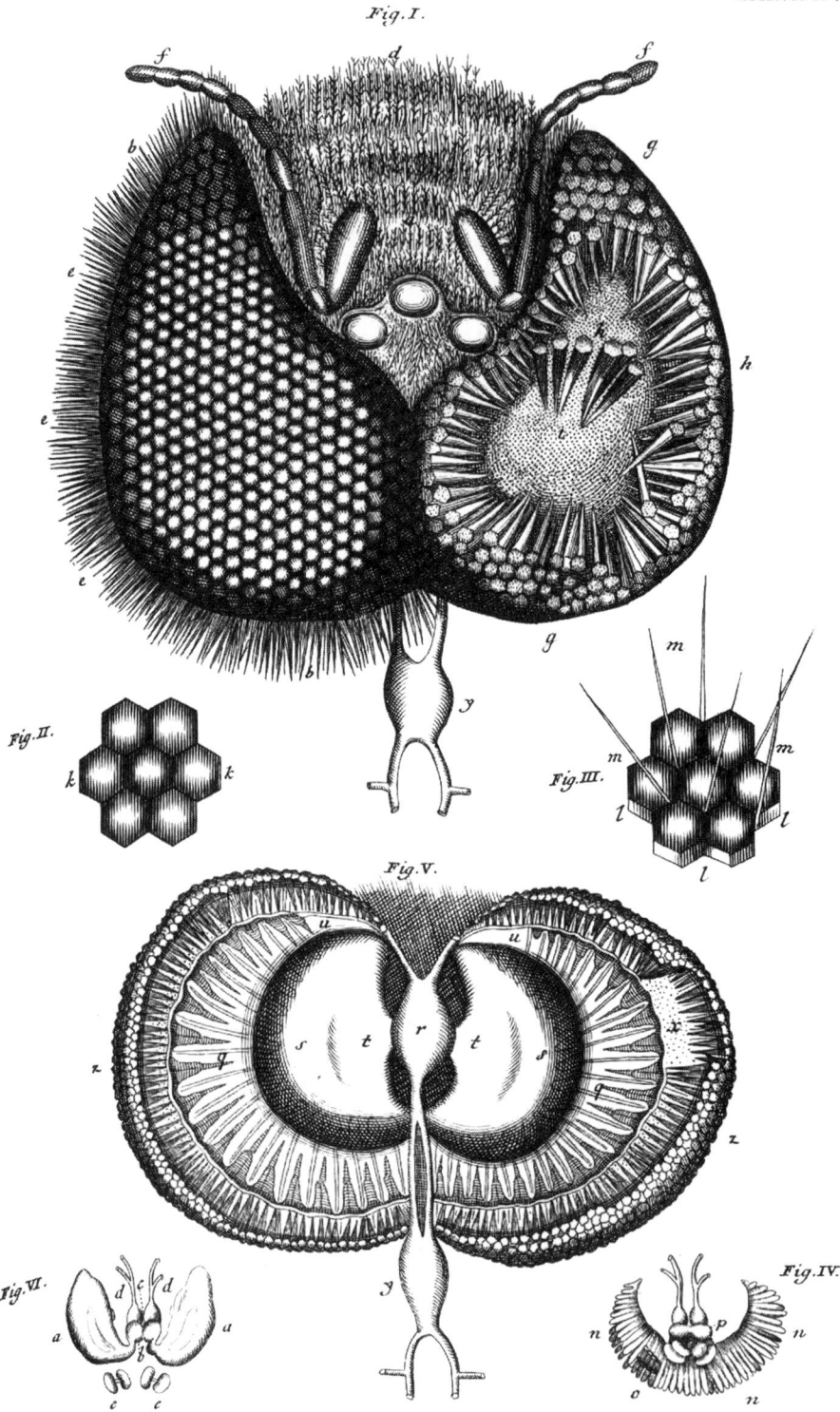

霍蒙库鲁斯——趣味生物学简史

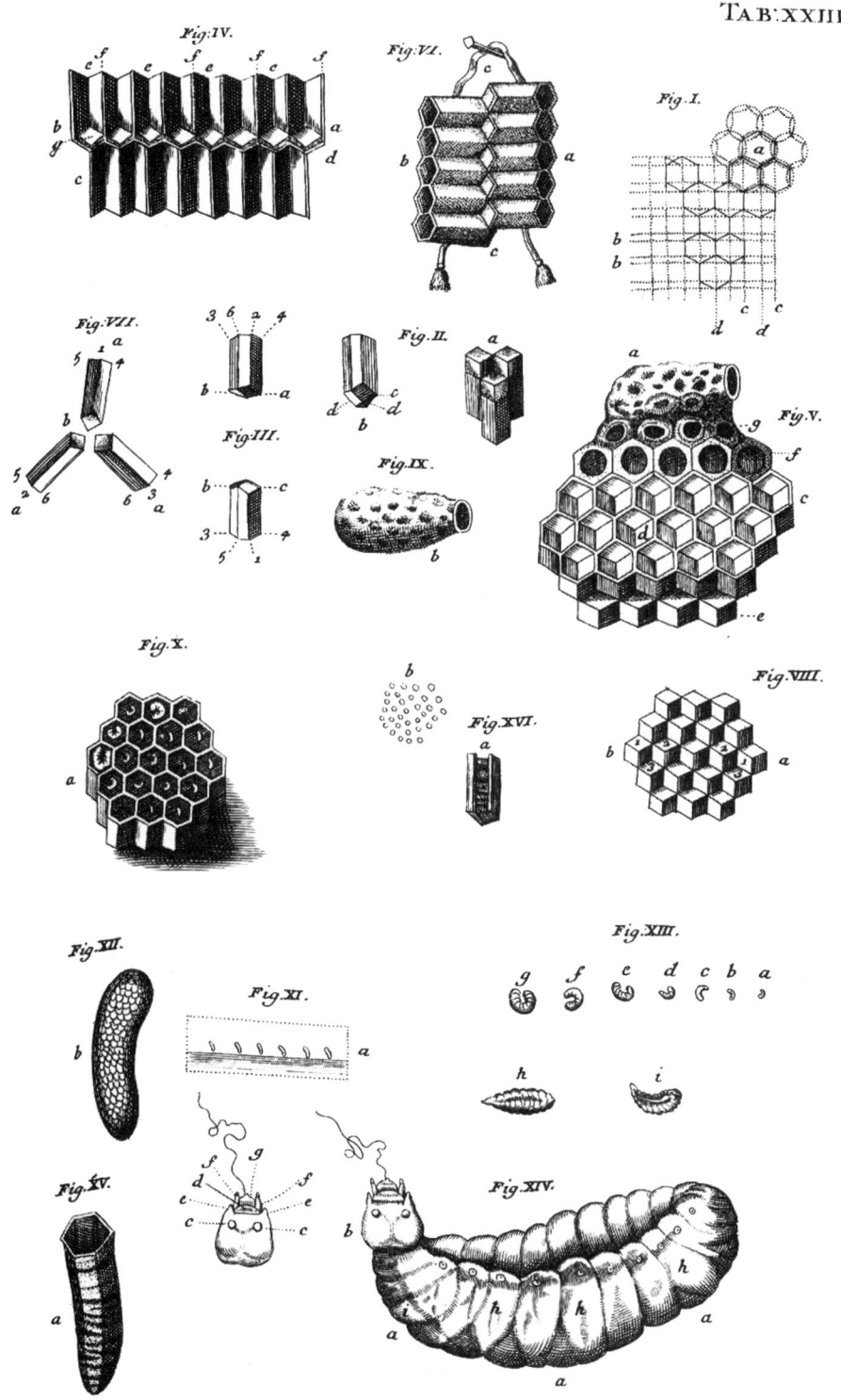

第三章 《自然圣经》

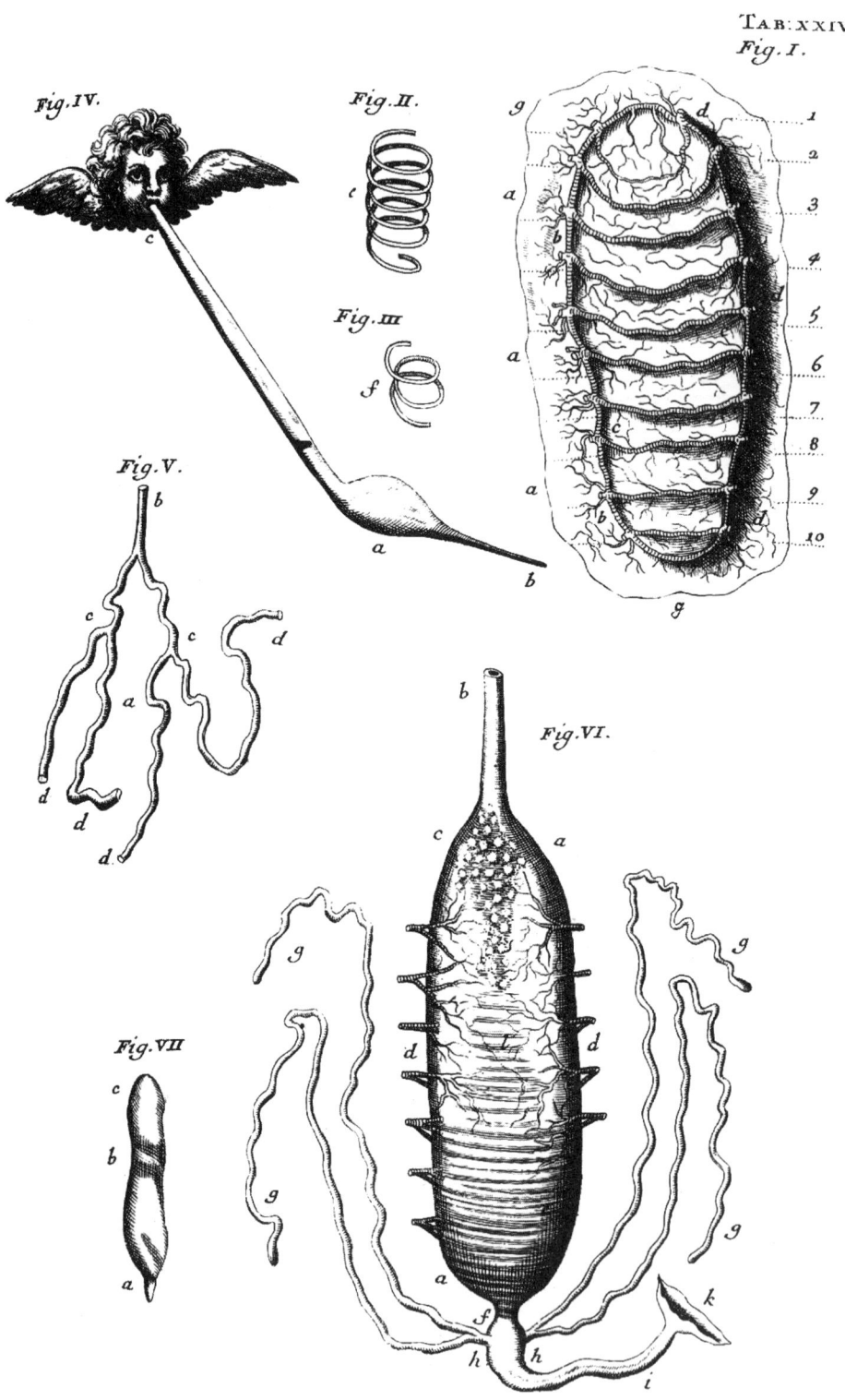

霍蒙库鲁斯——趣味生物学简史

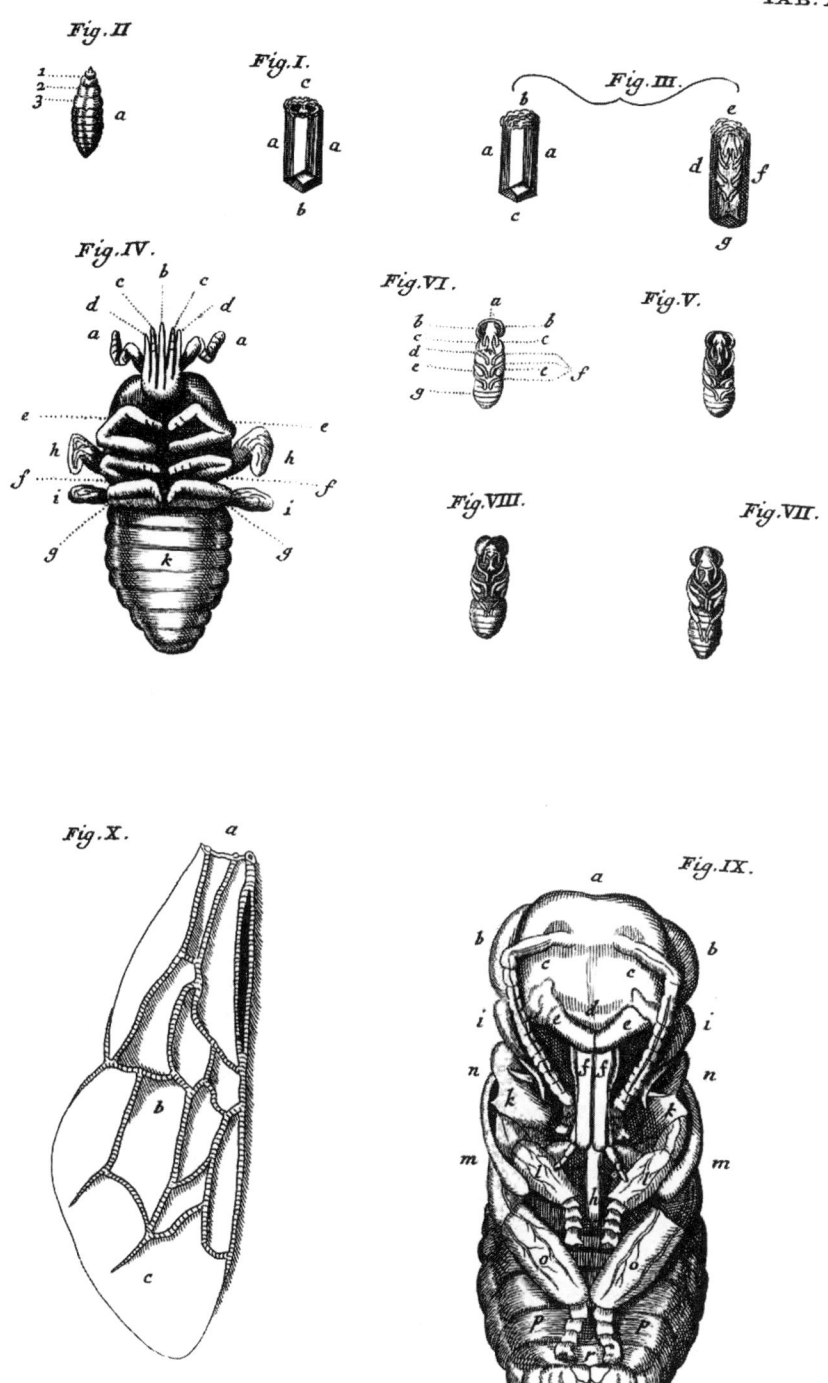

第三章 《自然圣经》

成最重要的事情——生产后代。

斯瓦默丹长时间观察着群群蜉蝣在水面上盘旋的情景,可是却并没有注意到它们的产卵过程。他看见雄虫落到水上死去了,雌虫也落到水上死去了,然后在水中找到了蜉蝣的卵。从这些令人惊奇的现象中,斯瓦默丹得出了一个结论:蜉蝣的产卵方式同青蛙的产卵方式是一样的。

"雌虫将卵子排到水中,然后雄虫将精液洒在卵子上,就像倒牛奶一样,"他说,"这跟我们时常能观察到的鱼类产卵完全是一回事。"

扬观察到了一件特别妙的事情:在变成成虫飞起来之前,蜉蝣还要进行两次"蜕皮"。他看见,飞到水面上的蜉蝣又落到了苔草上,并在那儿褪下了最后一层外壳。他观察着落在他袖子上的蜉蝣,清清楚楚地看到了它"脱下来"的最后一件"衣服"的全部细节。你可别以为这是扬的运气好:只要在蜉蝣起飞的时间里来到河岸上,在水边站上一小会儿,蜉蝣就会落到人的身上;这样一来,我们每个人都能在袖子上看到蜉蝣,回到家后还能在衣服上找到数十个薄薄的蜉蝣外壳呢。

就在蜉蝣研究进行得如火如荼的关头,斯瓦默丹收到了斯坦诺的回信。

信的内容是这样的:"亲爱的老弟,你改信天主教吧。到时公爵会付两万古尔登来买你的藏品,并且帮你在佛罗伦萨安顿下来。"

斯瓦默丹气得满脸通红,把刚才正努力制作的玻璃试管摔到了地板上,随后扔到地上的是揉成了一团的信。

"我是不会改变信仰的!"这就是他对前解剖学家斯坦森、如今的斯坦诺大主教的答复。

总之,同第二位代理人之间的事情也泡汤了。不过,扬依然继续整理和丰富自己的收藏。总有一天能找到买主的!

斯瓦默丹等买主又等了一年左右,在这段时间里,他完成了研究蜉蝣的著作。他尽可能详尽地对这种昆虫进行了描述。在这部作品中,他写下了一段异常精彩的话语。这几句话非常简短,但它们道出了蜉蝣成虫的整个生命历程:

"它从水中出现。外皮裂开。将外皮褪下。飞走。再进行一次蜕皮。在空中飞翔。寻找配偶。产卵。死亡。以上就是它短暂的、仅有两三小时的一生中来得及完成的全部事情。"

这部著作非常出色,但是斯瓦默丹不敢未经预言师的同意就把它出版,毕竟这正是毋

▶ ▶ 扬在《自然圣经》绘出了蜉蝣成长的全部阶段并配以蜉蝣解剖图

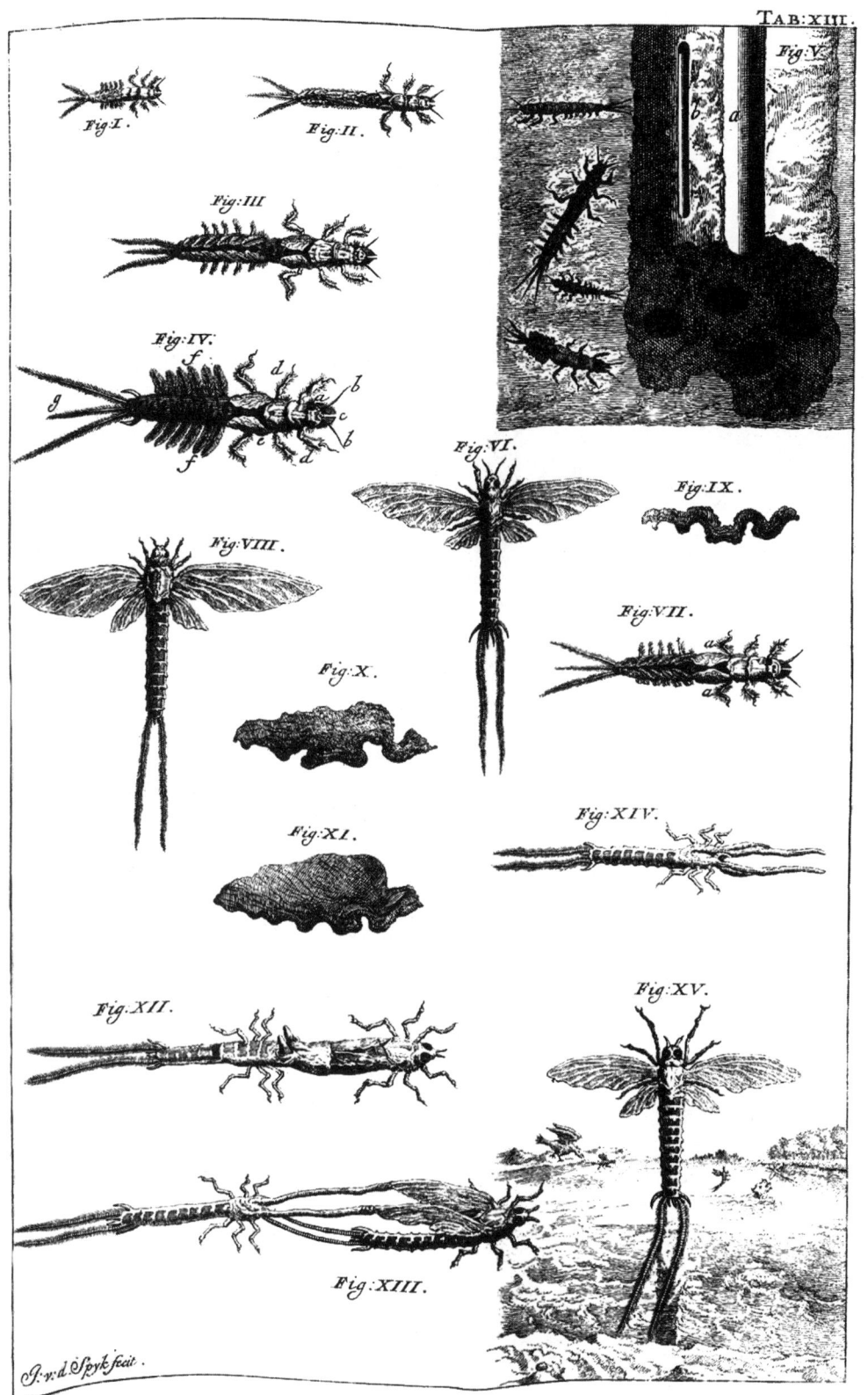

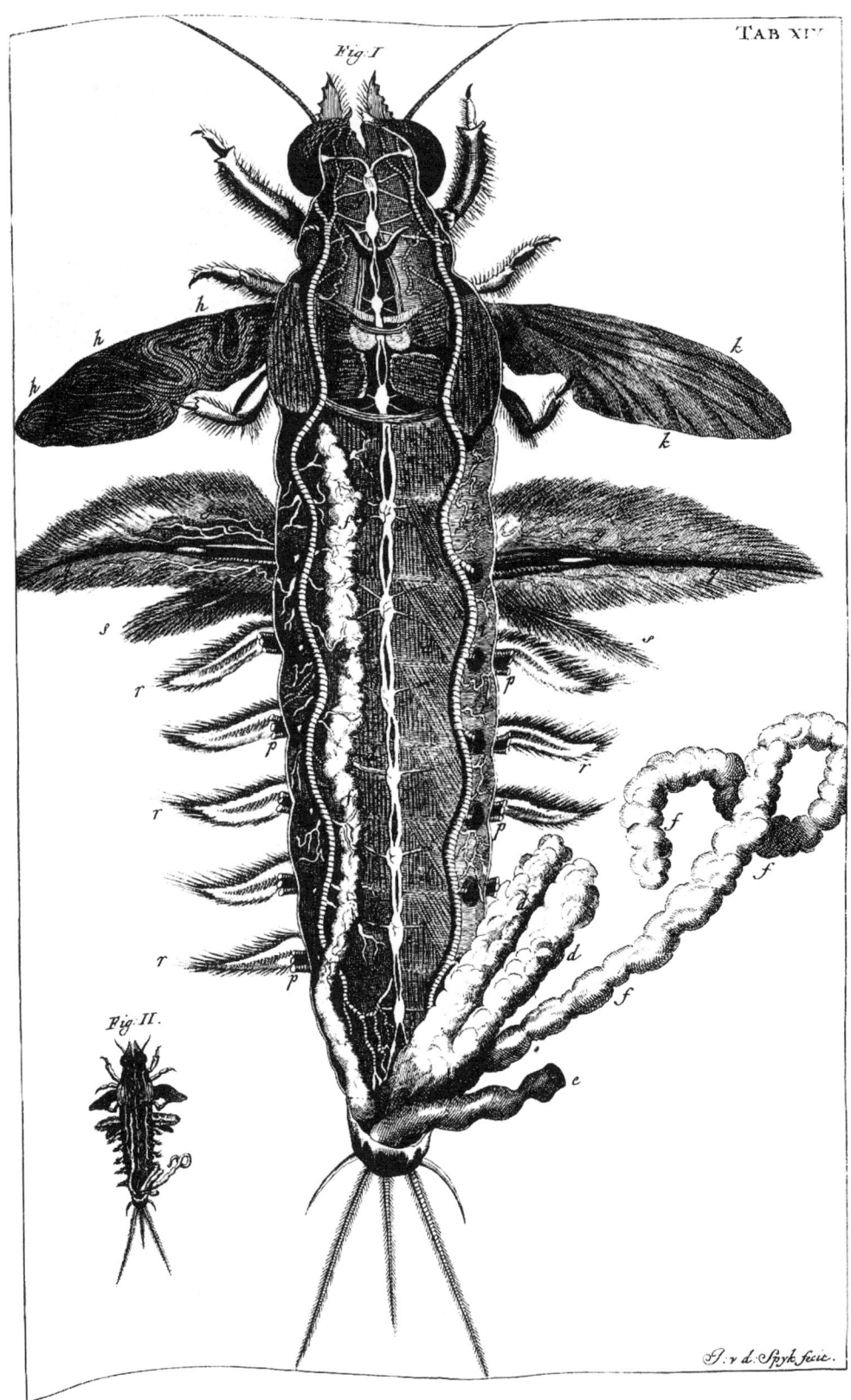

霍蒙库鲁斯——趣味生物学简史

庸置疑、显而易见的"虚空"。他动身前往布里尼昂当时的居住地——石勒苏益格①。此外，他还打算与她交流一些想法，其中很重要的一点，就是对"僻静的小地方"的梦想。

扬好歹设法从父亲那儿弄到了一点点旅费。老人之所以给钱，纯粹是因为还对预言师抱有期望：说不定她能让儿子"恢复理智"呢？

石勒苏益格的情况并没有那么糟糕。一些虔诚的路德教徒②掀起了反对布里尼昂的斗争，而且还进行得很顺利，迫使她不得不考虑离开的事情了。

"反正我们是要把您请走的。"城里的父老彬彬有礼地警告她说，"您不如自己走吧。"

安托瓦内特·德·布里尼昂看上了哥本哈根这个城市，但她还没有下定决心立刻动身：万一又被从那儿"请走"呢？于是斯瓦默丹和一位朋友一起去了哥本哈根，为导师奔波张罗，争取获得入城和传教的允许。然而，他们遭到了断然拒绝。经历了这场不愉快后，斯瓦默丹别无他法，只能回到父亲身边，因为他已经身无分文了。

老药剂师非常不客气地接待了儿子。可不是嘛！儿子照旧对各种稀奇古怪的东西深感兴趣，可就是提不起兴趣去接待病人。

"你每年只能从我这儿拿到两百古尔登，一分不多，一分不少。除此之外，我不会再给你一文钱了！"老人对儿子说。"需要更多钱的话就自己去挣吧。"

这一回，小斯瓦默丹只能成天待在家里不出门了。靠两百古尔登是没法过活的，要是换了别人，他大概已经开始寻找工作、病人和行医机会了。可扬却丝毫没想过要在这可怜的两百古尔登之外再增加一点外快。他只顾着干自己的事情。

他稍微对墨鱼做了一点解剖研究，并给这种动物起了个古怪的名字——"西班牙海猫"。在此之后，他又把注意力转向了鳞沙蚕③。如今这种小动物已经有了一个美丽的名字，叫"阿佛洛狄忒"④。

扬并不知道鳞沙蚕的学名，但这也怪不得他，毕竟当时这种动物还没有名字嘛。结果，他给鳞沙蚕取了个比"西班牙海猫"更奇怪的名字："天鹅绒海蜗牛"。不过，问题本来就不在于名称，而在于对生物的结构做了多少研究。而在这一点上，扬是完成得非常认真的。

随后，扬放下了针和柳叶刀，拿起了羽毛笔和墨水。他已经观察到了不少东西，如

---

① 德意志北部地区，当时属于丹麦王国。——译注
② 信奉基督教新教路德宗的人。在宗教改革运动早期，主要分布于某些德意志邦国。——译注
③ 多毛纲海生环节动物，俗称海鼠。——译注
④ 希腊神话中爱与美的女神，也是鳞沙蚕（*Aphrodita aculeata*）的属名。——译注

今要试着从中总结出点东西来。

藏在毛虫中的蝴蝶，这个"戏法"曾经让过路的公爵大为惊奇；事实上，它对"戏法师"本人也产生了同样强烈的印象。扬开始到处寻找类似的"戏法"，并逐渐建立起了一个了不起的理论：所有生物都是按照相同的规律进行发育的，发育的本质在于已有特征的"展开"。

斯瓦默丹给出了一些相关的例子。

胚胎藏在卵里，虽然它是透明的、看不见的，但它就在那儿。昆虫的胚胎里藏着幼虫，幼虫里藏着虫蛹，虫蛹里则藏着蝴蝶。

还没长出腿的蝌蚪相当于幼虫，长出腿的蝌蚪则相当于虫蛹。人类也不例外：当人类胚胎还没有长出腿时，他就相当于"幼虫"；等他长出腿后，就相当于虫蛹了。甚至在植物那儿扬也找到了相同的发育阶段：种子相当于卵，幼芽相当于幼虫，花蕾相当于虫蛹，开放的花朵则相当于动物，比如说蝴蝶。

所谓的"转变"根本就不存在：所有的发育阶段都是一个套一个的，发育的本质仅仅在于生长。幼虫长到一定的大小就会停止生长，然后褪去外壳，此时就能看见之前一直藏在幼虫体内的虫蛹了。虫蛹里则藏着蝴蝶。

发育过程中并没有产生什么新的东西，一切在最初就已经准备好了。需要的只是生长，把已有的东西"展开"就行了。

有一种叫作"套娃"的玩具，它由若干一个套一个的木头玩偶组成。现在请想象一下，你手里有几个这样的套娃，蓝色的套娃里放进红的，红的里面放进黄的，黄的里面放进绿的。蓝色的套娃相当于卵，红的相当于胚胎，黄的相当于幼虫，绿的相当于虫蛹。玩具套娃不会生长，而斯瓦默丹的"套娃"却是会生长的。"红套娃"生长起来，把蓝套娃挤破、褪去，于是就发育成了胚胎；然后"黄套娃"开始生长，把"红套娃"褪去，于是就出现了幼虫。以此类推，直到最后一个套娃为止。

斯瓦默丹的理论相当幼稚，然而不久之后，许多学富五车的科学家和哲学家就开始重复这些观点了。出现了所谓的"套装学说"。这种理论有着五花八门的名称和不同版本，它总共存在了两百多年。

这个出色的理论即使到了今天也没有丧失意义。诚然，理论的作者通常并不被认为

▶ 斯瓦默丹将青蛙和石竹的连续发育阶段进行比较
▶ 自青蛙抱接、产卵至卵成为蝌蚪的完整过程
▶ 蝌蚪解剖细节图

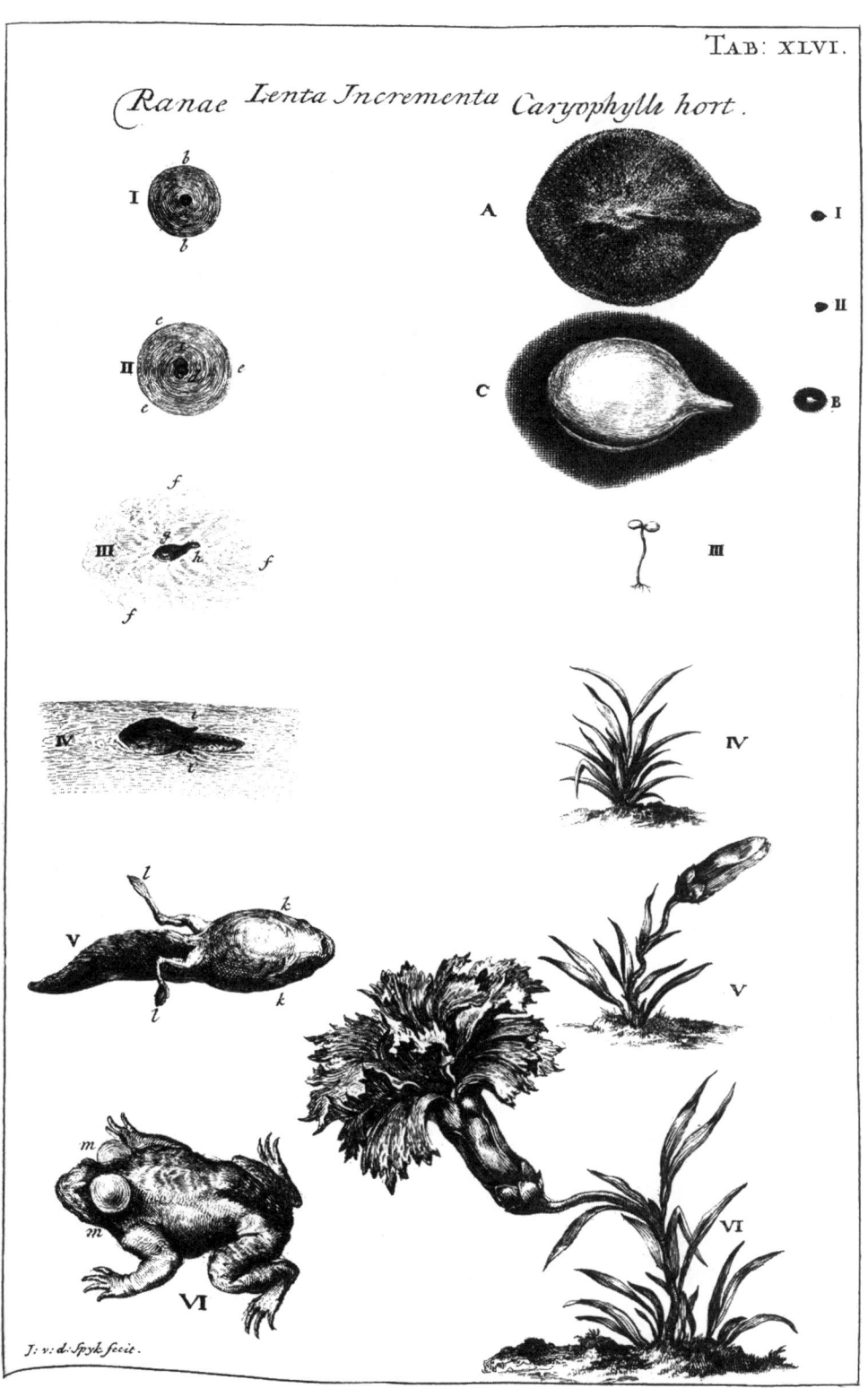

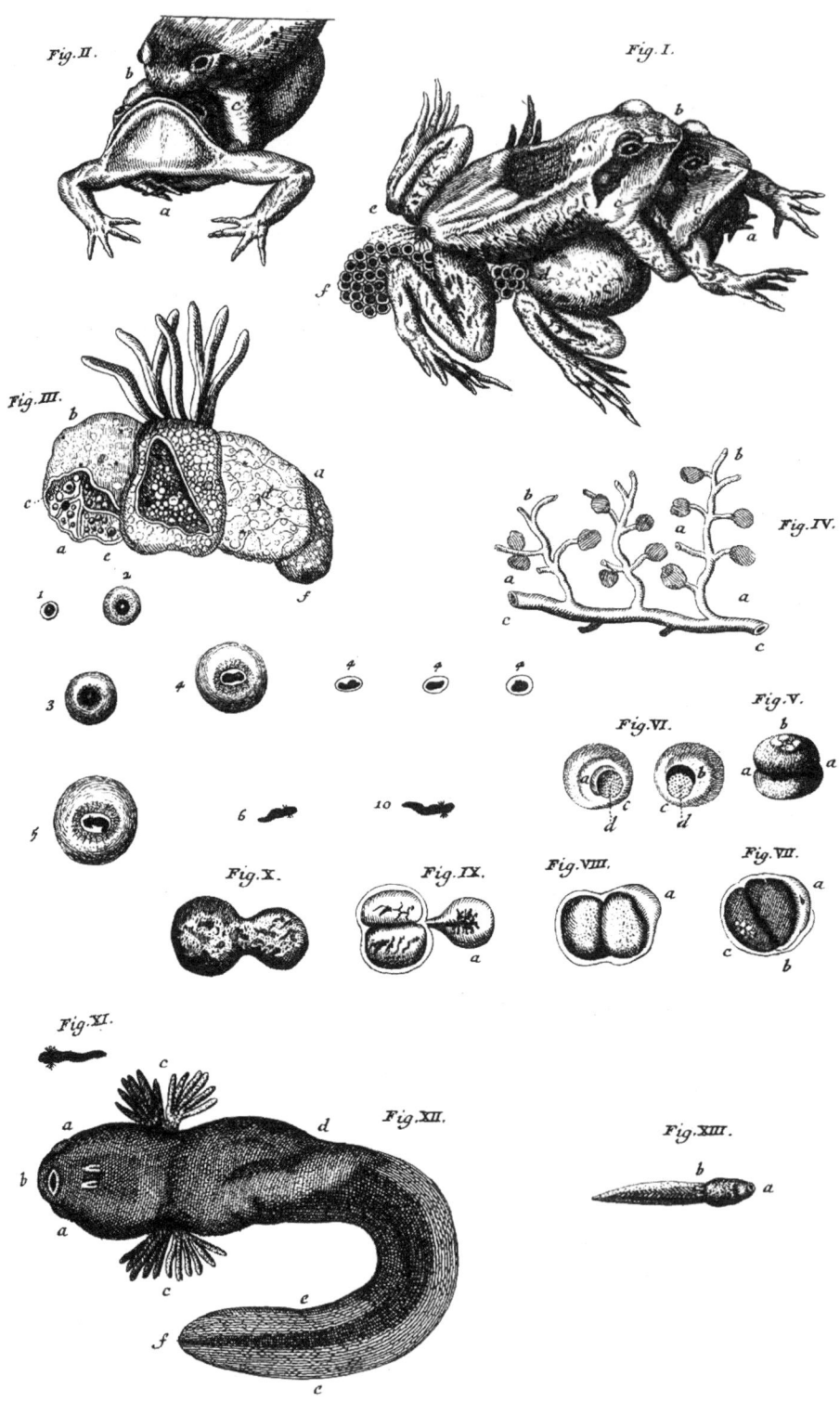

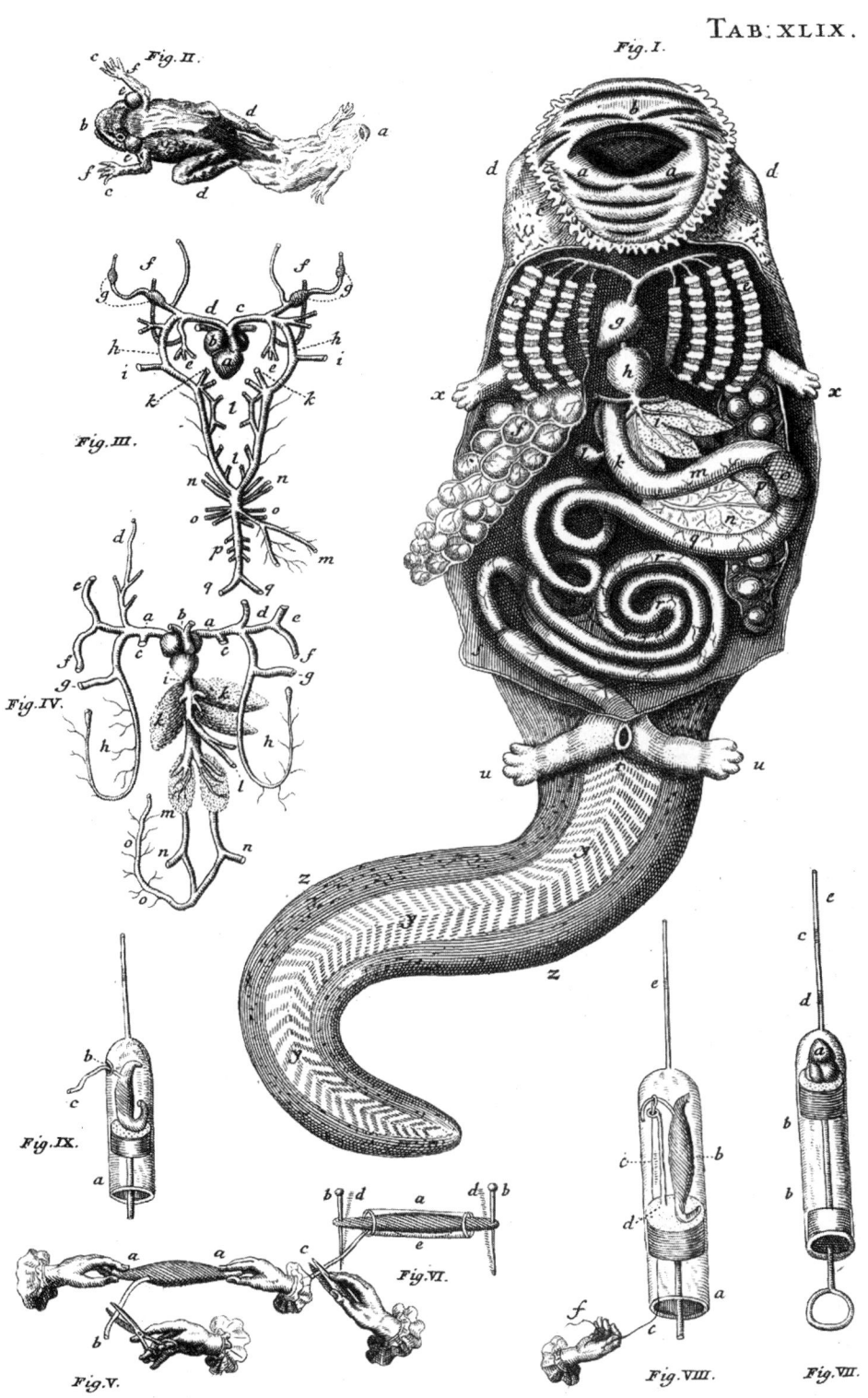

第三章 《自然圣经》

是斯瓦默丹，而是德国人魏斯曼[①]。按照魏斯曼的观点，卵里同样是藏着一个套一个的胚胎，毛虫体内也是藏着未来的虫蛹，虫蛹里也是藏着未来的蝴蝶。不过，两人的理论之间还是有差别的：斯瓦默丹观察到了虫蛹里的蝴蝶，而魏斯曼却并没有观察到他理论赖以建立的神秘的"生源体"，况且他本来就不可能看得到。

斯瓦默丹是有理由自豪的：他不过是个傻头傻脑的家伙，却为18乃至19世纪的著名学者的理论奠定了基础。尽管学者们给自己的"套娃"设想了各种稀奇古怪的名称，但它们并没有因为换了个名字就变得有所不同。

5

就在工作与苦闷的交替之中，斯瓦默丹完成了自己的著作，打算把它命名为《自然圣经》。这个名称中还隐含着更深的意义：对博物学家而言，这部著作要取代真正的《圣经》的地位。

靠一年两百古尔登过日子是很不容易的，不过在父亲的家里，扬好歹还有饭可吃：老药剂师尽管牢骚满腹，但还不至于一小盆面包都不给。老斯瓦默丹的妻子早已去世，家里原本还住着扬的妹妹约翰娜；不幸的是，如今她也打算出嫁了。趁着这个机会，老人宣布要搬到女婿那儿去住。没有人邀请扬一起搬过去，搞得他几乎要露宿街头了。

扬给老熟人泰弗诺写了封信，正是这位有钱人曾把扬叫到过自己的庄园住了一段时间，可如今他却回复说爱莫能助。扬的沮丧可想而知了。

"谁都不能相信。"扬苦笑一声，随即又立刻补了一句。"虚空，真是虚空啊！"

[①] 奥古斯特·魏斯曼（1834~1914），德国弗莱堡的动物学教授，写过许多有关演化学说和遗传性的著作。他提出了自己的遗传理论，也就是所谓的"种质学说"。根据该理论，蕴藏在生殖细胞中的"种质"是机体一切特征的携带者，其中保存着亲代、祖父代、曾祖父代等等的一系列特征。机体终有一死，但代代相传的"种质"具有不死的潜能。魏斯曼的遗传理论非常复杂难懂，其中有不少自相矛盾、甚至是毫无根据的断言。不过，该理论中的许多内容依然经受住了考验，成为所谓魏斯曼-孟德尔-摩尔根理论（形式遗传学）的基础，与米丘林的遗传学说相对立。——原注。
●格雷戈尔·孟德尔（1822~1884），奥地利遗传学家，在豌豆杂交试验的基础上提出孟德尔定律，主张遗传的颗粒说，成为现代遗传学的奠基人之一。
●托马斯·摩尔根（1866~1945），美国遗传学家，在研究果蝇的基础上发现了同一染色体上的基因连锁规律，从而发展了孟德尔的遗传学说。
●伊万·弗拉基米罗维奇·米丘林（1855~1935），俄国生物学家、农业学家，在果树育种方面成就卓著，提出了与拉马克和达尔文观点接近的米丘林学说，主张定向选择和获得性遗传。——译注他的健康状况每况愈下，工作停滞不前，"虚空"的念头也出现得越来越频繁。就在这时，扬的父亲突然去世了，给他留下了一笔遗产。约翰娜也是继承人之一，可想而知，要和和气气地解决问题根本毫无可能。然而扬是个逆来顺受的人，最起码在妹妹尽可能地捞走遗产的时候，他并没有提出一点抗议。

不管妹妹拿走了多少财产，扬多少还是分到了剩下的一点东西。如今他已不必再生活在贫困之中，但也已经生无可恋了。这可怜人又疲惫又虚弱，外加深受热病之苦（他的宿疾又重新发作了）①，害得他既不想工作，也无意好好治疗。他连对自己的收藏都感到讨厌了，决定把它们统统拍卖掉，可是那些美妙的标本和稀奇的宝贝却无人问津。

"苦难是欢乐的先驱，死亡则是来生的前夕。"扬对自己为数不多的几个朋友说。"看看独角大甲虫吧。甲虫是个蜕了皮的虫蛹，虫蛹是个长大后蜕了皮的幼虫。幼虫在地底下和腐烂的植物残渣中过着凄惨的生活，虫蛹仿佛死了似的一动不动。然而正是从其中产生出了美丽的甲虫。它必须经历幼虫的悲惨生活和虫蛹的死亡，否则就无法达到最后的壮丽辉煌。我们也是如此……"

显然，他已经把自己想象成了一个虫蛹，并热切期待着破茧化蝶的一刻。既然如此，朋友们还能回答他什么呢？

后来的情况就更糟糕了。

斯瓦默丹生了病。在他病得神志不清的脑海中，越来越清晰地显现出这样一个念头：

"我都干了些什么啊？竟然把自己的书叫作《自然圣经》，还妄想让它取代真正的《圣经》。罪过啊！难道可以用有关蝴蝶和毛虫的幻想来取代先知们的伟大思想么？难道可以……"

扬的热病发作了，他翻来覆去，全身冷汗涔涔。

"我竟然妄想篡夺他的位置……"至于是想篡夺谁的位置，他连想都不敢想一下了。

没错！当斯瓦默丹还年轻力壮时，他观察到并反复思考了许多东西，但是到了病魔缠身的时候，他的脑子就再也没法理解这一切了。他身患重病，热病让他饱受折磨，人情冷暖让他绝望，半疯癫的预言师安托瓦内特的"训导"又使他的思想深受毒害。结果，他被自己毕生为之努力的事业吓坏了。

他一直都竭力想找到自己的手稿，并把它彻底毁掉。万幸的是，手稿藏在了安全的地方。

1685年，斯瓦默丹死于水肿。他的手稿先是让泰弗诺搞到了手，不过它并没有很快问世：首先得把书稿从荷兰语翻译成拉丁文，而就在翻译的过程中，它却被人盗走并卖

---

① 间歇性地发冷发热是疟疾的典型症状之一。——译注

掉了。这包沉甸甸的书稿在世间漂泊了很久，直到1735年才落到了荷兰著名医生、学者布尔哈夫①的手里。此人花了1500古尔登，从法国解剖学家杜维内那儿买到了手稿。

这部手稿被编成了著名的《自然圣经》，并于斯瓦默丹去世50年之后得以重见天日。书里包含了许多有趣、新颖而有益的内容。

---

① 赫尔曼·布尔哈夫（1668~1738），荷兰植物学家、医学家、化学家。——译注

第四章 "海僧侣"

"简直是一片混乱,毫无章法!"博物学家们翻阅着几乎是在古希腊时代写成的、后来又由中世纪的僧侣重抄或重印的大部头著作,发出了抱怨的感慨。"哪怕给点有关秩序的提示也好啊!"唉,要是他们能把发牢骚浪费掉的时间都用在干正事上,那不管要整顿什么样的秩序,要在哪儿整顿秩序,时间都是绰绰有余的。

这场寻求秩序的工作持续了许多年。动物学家、植物学家、医生、僧侣、哲学家……所有人都参加到了其中。他们有时各自为战,有时合力前进,可那秩序却顽固异常,总是不让人们得手。原因很简单:要是不知道该在什么方面整顿,也不知道该如何整顿,那又怎么可能把秩序整顿好呢?

16世纪是哥白尼、布鲁诺、路德和罗耀拉①的时代。就在世纪之初,一位未来的秩序

---

① 罗耀拉(原名依尼戈·洛佩斯·德·里卡尔多,1491~1556),耶稣会的创始人。该组织宣称:"只要目的正当,可以不择手段。"表面上看,其活动目标似乎是"愈显主荣"(拉丁语 *ad majorem Dei gloriam*,直译"为了上帝更大的荣光",现多译为"愈显主荣"。——译注),实则旨在协助罗马教廷和天主教会重获在封建主当中的领导地位,同时树立其对全世界的统治。常用火刑对"敌人"进行镇压。——原注
● 尼古拉·哥白尼(1473~1543),波兰天文学家,日心说的创始人,对近代科学革命做出了重大贡献。
● 乔尔达诺·布鲁诺(1548~1600),意大利哲学家、数学家、天文学家,因宣传日心说、反对宗教迷信而被罗马教廷处以火刑。
● 马丁·路德(1483~1546),德国神学家,新教三大改革家之一,基督教路德宗的创始人。——译注

寻找者在苏黎世①诞生了。他的父母都是穷人，生下他不久之后就去世了。他由同样贫穷且没受过多少教育的叔父抚养成人。这样看来，小男孩除了成为一个卑微的小手工业者，还能有什么别的前途呢？

不，他不想当手工业者。他毫不羡慕漂亮的军服、叮当作响的马刺和凯旋的荣光，也不把沉甸甸的金币当作自己的目标。他吃得半饥半饱，身着破衣烂衫，却拒绝从事能保障自己生活安定、衣食无忧的工作（尽管所谓的"衣食无忧"也就是漂着油花的清汤而已）。这个穷孩子心中满满的都是对科学的热爱。然而，这种爱好又能给他带来什么呢？要多年忍饥挨饿，艰苦工作，换来的却并不是衣食无忧的安宁生活。尽管如此，少年却没有被吓倒：他非常清楚自己想要什么，尽管他的步伐并不总是十分坚定，尽管他时不时饿得头晕眼花，但他始终执着而顽强地向前进。万一走不动的话，哪怕爬着也要爬到！

他达到了目标，不仅顺利读完了大学，还取得了希腊语教授的职称。

这位教授当时才21岁。他的名字叫康拉德·格斯纳。

格斯纳并没有在希腊语教研室待多长时间。但是，就在忙着研究包括古希腊在内的各种著作和手稿的这五年里，他成功地编出了一张涵盖古希腊、古罗马、犹太以及其他经典手稿的目录。在人生的前些年里，这位学者更喜欢进行描述、编纂目录和清单，因为一份详细的清单正是在整理秩序的道路上迈出的第一步。

研究那些虽然经典、却早已成了死人的学者的著作，格斯纳很快就感到厌烦了。到1541年，这位25岁的学者已经成了医生兼博物学家了。在此之前，他只是整理古代手稿的目录，如今则着手开始一项新的工作：将当时的科学已经了解的动植物进行分类整理。诚然，这项工作注定不会进行多久，因为他最终只活了49岁。

长年的忍饥挨饿严重削弱了格斯纳的身体，弄得他的健康状况非常糟糕。尽管如此，这位博物学家还是走遍了阿尔卑斯山、北意大利和法国，到过亚得里亚海②和莱茵河③，为的只是寻找植物。在旅行的时候，格斯纳随身携带的并不只是装着植物标本的夹子和白铁盒，也不仅仅是用来抓动物的瓶瓶罐罐。他总是带着几本书，并且每次都要换种新的语言。就这样，他在忙正事的闲暇中学会了法语、英语和意大利语，甚至还掌握了几门东方语言。如果再把他的母语德语算进去，并加上他在大学学过的拉丁语、希腊语和古希伯来语④，那么他已经几乎能阅读当时的所有书籍了，这一点是毋庸置疑的。

---

① 瑞士城市。——译注
② 地中海的一部分水域，位于亚平宁半岛和巴尔干半岛之间。——译注
③ 西欧大河，发源于瑞士境内的阿尔卑斯山，最终在荷兰流入北海。——译注
④ 原文作"古犹太语"，实指古希伯来语，属阿非罗-亚细亚语系闪米特语族，古代犹太部族所操的语言。——译注

他收集植物的目的并不是为了丰富自己的收藏夹。对他而言，无论是小小的蚂蚁草（又名萹蓄①，这种植物生长开春泛绿的道路上，任路人随意践踏），还是高傲美丽的火绒草②，都是同样值得宝贵的。他不像许多收藏家那样，仅对稀奇古怪的东西孜孜以求，而是努力争取获得一切材料：他什么都需要。

格斯纳之所以收集材料，是因为他打算开展一项宏大的工作：为植物界整顿秩序。

材料刚刚收集完毕，工作就如火如荼地开始了。

"种子和花朵！"格斯纳提出了这个口号，然后就开始按着它开始工作。种子和花朵才是整理的基础，可不能单凭外表做出判断呀。

然而，你可不要以为他已经将真正的亲缘关系当作研究的基础了。不，当时他还没考虑到演化、起源、先祖历史之类的问题。他所理解的基础并不是亲缘关系，而是表面结构的相似。不过，格斯纳感兴趣的只有一件事情：找到整理秩序的可靠方法以及最佳的分类方案。

在挑选和观察晒干的植物的过程中，他很快就坚定了一个想法：不管植物标本有多完美、多丰富，它都远远不能同活的植物相比。于是格斯纳建立了一个小小的植物园。在这件事上，苏黎世市政府自然没有资助他一分钱，然而却一把把这个植物园当作吹嘘的资本。

"你们见过格斯纳的植物园吗？"市政府的人询问过路的外国名流。"没见过？唉，这怎么行，这怎么行！这可是个了不起的植物园，而格斯纳本人呢……"

格斯纳承担了植物园的一切花费，甚至还得自掏腰包招待那些由市政府送到他那儿的客人。他还有个帮忙给动植物画图的助手，就连此人的薪水也是由他支付的。

植物园欣欣向荣，装着植物标本和图画的夹子也越来越多了。然而，光凭好想法就收集到所有东西是不可能的，毕竟人没法在几年内走遍世界呀。格斯纳向遥远的海外异邦征求花草、树叶、干枯的花朵和图画，而在这些东西送到之前，他必须等上许多个月。工作停了下来，格斯纳却不能无所事事地过日子。于是他开始对动物进行研究。

在这项艰巨的工作中，格斯纳掌握的语言帮了他的大忙。他很快研究透了老普林尼③对自然界的描述，读完了亚里士多德的动物学著作，然后开始学习中世纪的博物学家和

---

① 一年生草本植物，叶椭圆，高10～40厘米，多生长于道旁。——译注
② 多年生菊科草本植物，植株含水量少，易于引火。——译注
③ 老普林尼（盖乌斯·普林尼·塞昆杜斯，公元23～79），古罗马著名的自然爱好者。他死后留下了37卷的《自然史》，其中讲述了那个时代所有的博物学知识。在维苏威火山（欧洲著名活火山，位于意大利那不勒斯附近，公元79年曾发生过一次造成严重破坏的大爆发。——译注）爆发的时候，他出于科学研究的目的，想靠得更近点看看，结果不幸遇难（这场爆发还毁灭了庞贝城和赫库兰内姆城）。——原注

◀ 康拉德·格斯纳
▼ 相传这种鹅在海浪卷来的碎松木上长大
▼ 过了一段时间,鹅长出了羽毛,破壳跳到水中

僧侣学者的作品。他反复研读了大量的书籍和手稿,从学者朋友和熟人那儿收集到了许多信息。其中不少传闻一度让他感到不可思议,但他并不是个疑心很重的人,只要讲述见闻的人不是吹牛吹得过于离谱,格斯纳很快就会赞同他的说法。

"我敢赌咒发誓,杰拉德①的见闻都是千真万确的。"一位苏黎世神父郑重其事地对格斯纳说,同时为了营造更深刻的印象,他举起一只手指着天花板。对于杰拉德的胡说八道,格斯纳原本是要起疑心的,这下子倒也由不得他不信了。

这位杰拉德讲了一些极为有趣的事情。他对一种奇特的"藤壶鹅"进行了描述。相传这种鹅在海浪卷来的碎松木上长大,起初它的样子与一滴松脂无异,为了保障自身安全,它用喙把自己固定在树上,并分泌出一层坚硬的外壳。在这层外壳的包裹之下,它就能平平安安、无忧无虑地过日子了。

过了一段时间,鹅长出了羽毛,从壳里跳到水中,开始游起泳来。在一个美妙的日子里,它展开双翼飞走了。

---

① 约翰·杰拉德(1545~1612),英国植物学家。——译注

"我亲眼看到过成百上千只这样的生物在树皮上栖息,其中既有藏在甲壳里的,也有已经破壳而出的。它们既不产卵也不孵蛋,所以地球上的任何一个角落都找不到它们的窝。"杰拉德就这样结束了对奇妙的"藤壶鹅"的描述。

格斯纳从未见过从树皮上长出来的鹅,可是……他又如何得知此事的真假呢?毕竟人不能走遍全世界,也不能亲眼看到世间万物呀,而神父却在赌咒发誓。他可是手握天堂之门的钥匙的人啊!既然如此,格斯纳怎能不信他的赌咒担保呢?

"藤壶鹅"这一传说的基础原来是一种小小的海生蔓足纲动物——茗荷儿。这种甲壳动物的外形有点像鸟儿的轮廓,确切地说,就像那些刚学会拿笔的孩子画出的鸟儿图案。所谓"鹅"则是一种体型不大的野生黑雁,这种鸟在南北迁徙的时候会大群大群地

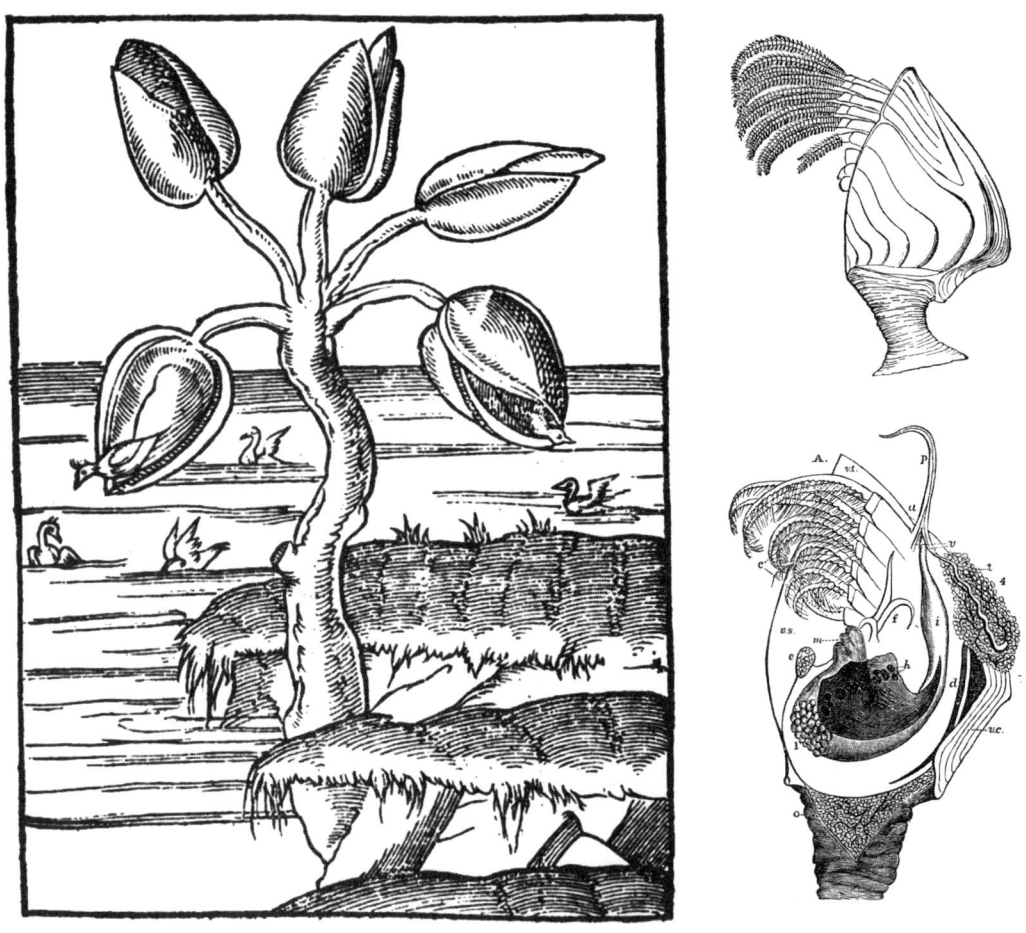

▲ 所谓"果实变成鹅",其实就是"茗荷儿"(右图)——蔓足纲围胸目有柄类动物,长有长形肌肉质柄和由背甲特化的囊套。

出现，但谁也不清楚它们的繁殖地点和繁殖方式，于是就产生了前述的奇谈。尽管这一说与《圣经》的内容相悖，但修士们几乎没怎么对此感到不安，重要的是另外一点：这种鹅的诞生方式如此奇妙，它自然不能被当作寻常的鹅；普通的鹅是"荤鹅"，"藤壶鹅"则是"素鹅"，修士们即使在严禁荤腥的日子里也是可以食用的。

修士吃了"素鹅"，自然违背了教会的禁令。最后还是由罗马教宗出面颁布教谕，宣布黑雁和"藤壶鹅"也是荤腥食物，才给这场滑稽剧画上了句号。这样一来，鹅第二次载入了罗马的史册：第一次是"鹅救罗马"①，第二次则是修士在斋戒期间享用号称"素鹅"的美食，害得他们的灵魂差点陷入万劫不复之中。

这个奇谈存在了很长时间，而在更长的时间里，茗荷儿的真相始终不为人所知。直到19世纪人们才发现茗荷儿原来是一种甲壳动物。

▲ 果实变成鱼和鸟（取自迪雷的著作，1605年）

在类似的传闻上碰钉子的并不只有格斯纳一人。有位稍晚于他的法国人克劳德·迪雷在1605年断言，果实从树上掉到地上后可以长出小鸟，掉入水中则可以孵出鱼儿。他甚至还提供了一幅图示，上面非常认真地描绘了果实逐渐转变成鸟和鱼的过程。

"迪雷起码承认了动物是可以变化的。"有些人会反对说，"就算他很幼稚，就算他所谓的'转变'有点愚蠢，但是……"

唉！这根本就不是学者们所说所写的"可以变化"啊！这种童话般的变化同天鹅公

---

① 根据古罗马历史学家李维的记载，公元前390年，高卢人进攻罗马，几乎攻陷全城，只有七丘之一的卡庇托山冈坚守不落。一天夜里，高卢人趁夜攀上要塞进行偷袭，幸而神庙中的鹅大叫吵醒了卫戍士兵，才将高卢人击退。故有"鹅救罗马"之说。——译注

第四章 "海僧侣"

主[①]的变形几乎没什么区别,唯一的不同就是其中没有多少美感。不过,童话故事还是很有生命力的,它们直到如今还能听到呢。

格斯纳并不总是那么轻信。他知道人们往往巧妙地编造各种海怪的传说,因此并没有把听到的传闻一股脑都写进记录之中。

"诸如药剂师之类的江湖骗子(原话如此!)往往随心所欲地把鳐鱼[②]的身体弄成各种不同的形态……比如我就见过有个流浪汉把鳐鱼伪装成蛇怪[③]的样子。"格斯纳在著作中对一些怪物做出了类似的评论。

他还揭穿了著名的"威尼斯之龙"的谎言。这只怪物被冠以"莱昂内"之名,并在整个欧洲声名大噪。这是一条极为罕见的龙:它有一条卷曲的尾巴,有两个强健有力的爪子,上面分别长着6个趾甲,还有7条长长的脖子和7个脑袋。它被估价6000杜卡特[④],

▲ "威尼斯之龙"

[①] 俄罗斯童话人物,能在天鹅与女子之间变换形体,后经多位艺术家的加工而家喻户晓。相关作品有普希金的童话诗《萨尔坦王的故事》和弗鲁别利的绘画《天鹅公主》等。——译注
[②] 扁体软骨鱼,呈圆形或菱形,身体扁平,栖于海底。——译注
[③] 又译"巴西利斯克",西欧神怪传说中的诸蛇之王,相传以瞪视即可置人于死地。——译注
[④] 金属货币名,最早出现在意大利,后来一度通行于全欧。——译注

据说最后让法国国王亲自买下了。

格斯纳翻阅古希腊和古罗马学者的手稿副本，浏览僧侣撰写的论文，从渔民和海员那儿收集各种各样的传闻，阅读旅行者的手札和日记，还仔细研究了珍奇馆和街边小摊。在这个过程中，他的著作取得了迅速的进展，眼看着就要大功告成了。

这是第一本大部头的动物学著作，分为四个部分，收录了当时有关动物的全部知识。尽管这还算不上是"秩序"，但其中已经给出了提示：书中收集了不少材料，至于分类嘛，这在当时还是想都不敢想的。即便如此，格拉纳还是单独对鱼类和鸟类进行了描写，并按这种方式依次描写了所有动物。

有一些与鱼很相像的动物，比如海牛①、鲸鱼、海豚之类的，它们给格斯纳造成了许多麻烦。它们的样子非常古怪，其中有的甚至与人相仿，作家和画家们也在这方面花了不少功夫，于是就出现了对"海僧侣"、"海教长"、"海妖魔"、"海仙女"②、美人鱼以及其他海怪的描绘。在书籍印刷业出现的早期，讲述自然界的书籍中充斥着这样的内容。格斯纳不仅对许多神奇生物进行了描述，还提供了它们的图片。正是因为这些图片，他与一位画家进行了多次长时间的讨论和争辩。

"这种生物身上覆盖着鳞片，可见它是鱼。"格斯纳坚持说。

"它明明有个人类的脑袋，哪还能是什么鱼呢？"画家一边端详着这幅奇怪的图画，一边不相信地说，"而且它身上也看不见鳃呀。"

"没有手，身上盖着鳞片，这正是鱼类的标志。至于鳃嘛，也许只是图上没有画出来而已。"格斯纳表示了异议。

格斯纳并没有见过活生生的"海僧侣"，也没有看过这种生物的标本。他仅仅按着这幅糟糕的图画来对它进行研究，而画家对分类规则知之甚少，看问题也比较简单，于是两人之间就产生了无休止的争论。

"海僧侣"最后还是被格斯纳归为了鱼类。他这个看法当然是错误的，更正确的做法其实是将"海僧侣"归入哺乳类之中。传说中的"海仙女"其实是雌海牛。毫无疑问，"海僧侣"同样是某种海洋哺乳动物，只不过在海员们的编造之下，就变成了神秘的"海僧侣"。

格斯纳著作的问世是当时学术界的一个重大事件。学者终于得到了"动物学"这门学科，而"海僧侣"之类的玩意儿也没令人感到困扰，因为当时几乎人人都相信这种生物的存在。

---

① 海洋哺乳动物，形状类似于鲸，但具有短颈，前肢像鳍，后肢退化。——译注
② 又译"涅瑞伊得斯"，希腊神话中的海洋仙女。——译注

◀ 《动物史》中记录了各种传说中的怪物，左图为海僧侣、海教长等。
▶ 后页图为格斯纳记录的"海怪"（鲸）。
▶ 格斯纳在《动物史》中不但收录了传说生物，也找到了其真实原型。后页图为鳗鱼与"海蛇怪"。

格斯纳收集了两千年间积累起的有关动物的全部知识。他的著作里不仅有对动物本身及其分布、生活方式和习性的描述，还可以从中了解到可食用的和有毒的动物，以及作为童话、寓言和俗语的主角的动物。当时，科学界还并不了解动物的科学命名规则，不同国家的学者往往按着各自的方式，给同一个动物取了不同的名称。格斯纳把这些名称统统收集了起来，举个例子，从他的书中可以了解到不同国家、不同民族是如何称呼松鼠和喜鹊的。

格斯纳《动物史》的四章就是四个大部头，其中分别描写了哺乳动物、"产卵的四足动物"、鸟类和水生动物。格斯纳身后留下的笔记又为第五卷提供了材料，这一卷直到他去世之后才得以出版，其中描写的主要是昆虫。

每一卷中的动物都是按名称的首字母顺序排列的。诚然，这并不符合动物界的体系，但也有一个好处：读者可以轻易地在格斯纳的书中找到所需的动物，前提是……前提是知道这动物的名称。在大约两百年的时间里，格斯纳的著作一直装点着博物学家和自然爱好者的案头，正如后来德国博物学家布莱姆的名著《动物的生活》[①]那样。二者的区别只有一点：在格斯纳的时代，除了他的《动物史》之外就几乎没有别的动物学著作了，而布莱姆的《动物的生活》只不过是巍巍书山中的小小一卷罢了。

与此同时，格斯纳的植物园也日益扩大，因此他非常需要活的植物。别忘了格斯纳不仅是个博物学家，还是个医生。作为博物学家，他研究植物的特征，从各个方面对其进行仔细观察，计算它的雄蕊数、雌蕊数和花瓣数，寻找外表相似的植物之间的不同之处。作为医生，他要闻植物的气味，有时还亲口嚼一嚼。草和叶子并不总是很美味，有时甚至叫人反胃；可是，尽管难受得下巴都扭曲了，这位医生和博物学家还是强忍着继续咀嚼。说不定这草有药用价值呢？

格斯纳还建了一个相当不错的动物展览室，里面保存着许多动物骨架和标本，以及晒干的身体部位。当时人们还不了解用酒精保存动物的方法，因此对于那些无法制成标本的动物，就只是把它们晒干。可是，并非所有动物都能晒干的，因此有些动物无论如何都没法收藏。难道能把水母也晒干么？

不论是从时间上看还是从藏品上看，格斯纳的动物学展览室都是世界上第一个动物

---

① 指德国学者阿尔弗雷德·埃德蒙·布莱姆（1829~1884）的著名科普读物《动物的生活》。——译注

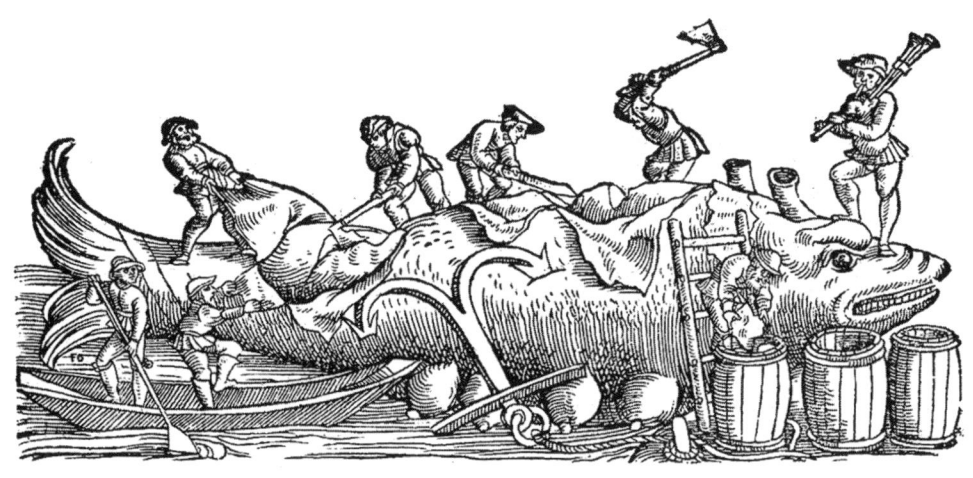

霍蒙库鲁斯——趣味生物学简史

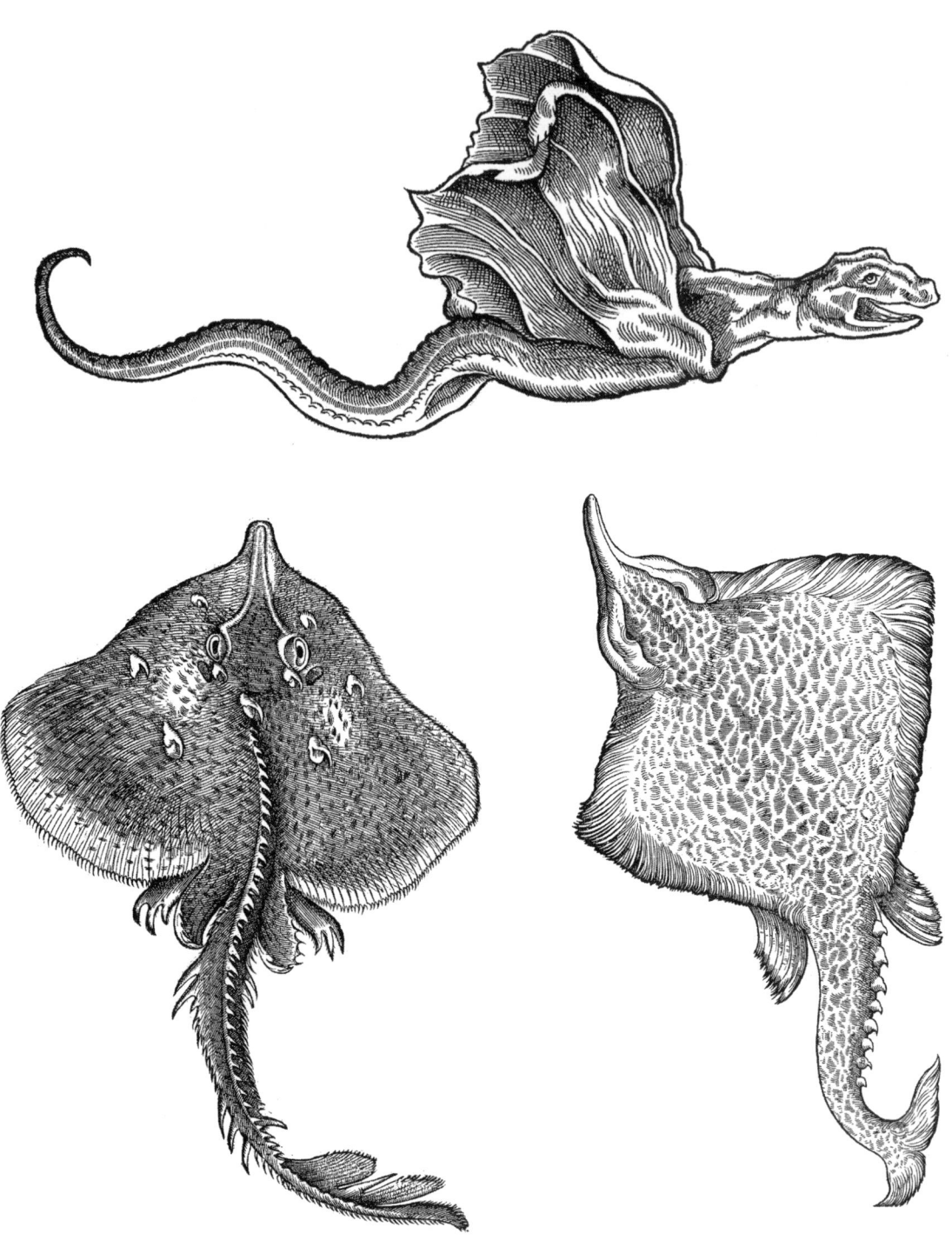

霍蒙库鲁斯——趣味生物学简史

学博物馆。可惜的是，博物馆里既没有"海僧侣"，也没有"海教长"，甚至连最差劲的"海洋仙女"都没有，他自然就不能以之为傲了。格斯纳千方百计想要搞到哪怕一只海怪，可他的努力怎么都没能成功。

"您不想要条龙吗？"一位老奸巨猾的药剂师向他提了个建议。

他还真带来了个类似龙的玩意儿。

"为什么它这么像鳐鱼呢？"格斯纳问道，一边怀疑地打量着这个尾巴长达一米的"龙"。

"瞧您说的，话怎么能这样说呢，尊敬的先生！"药剂师提出抗议，一面装出一副无辜的模样，用手抚摸着"龙"的脊背。"鳐鱼……鳐鱼是鱼类，而这个……您好好看看吧，多么华美的龙啊！"

"那么，请问它的翅膀为什么是扭曲的，并且朝上缝着呢？你骗不了我，这就是鳐鱼！"

药剂师丢了脸，悻悻地走了。过了半年，又有人给格斯纳带来了新的"怪物"，说到底也是多少有些巧妙地用鳐鱼伪造成的，要不就只是把不同动物的身体部位缝在一起拼成的。

这样的情况按理该引起格斯纳的怀疑：龙和"海僧侣"真的存在么？古代旅行家所描绘的怪物会不会都是伪造出来的呢？不，格斯纳几乎没有对此感到烦恼。他的想法显然是这样的：龙是极为稀罕、价值连城的异兽，因此人们才会去造假。

动物学展览室里的标本日益丰富，植物园的苗床里出现了越来越多的新植物，几乎世界各地都在给格斯纳寄包裹：要么是晒干的植物，要么是种子，要么是图画。趁着这当口儿，格斯纳开始研究起矿物学来。

他描写的并不仅限于收集到的各种各样的矿物。事实上，一切"石头般的东西"都成了他的研究和描写对象。这样一来，《矿物学》中还出现了对树干化石的描写。

这些沉甸甸的古怪碎片很像树干，但……但它们是"石头的"。植物学家格斯纳敏锐地注意到了一点：这些"石头"与树干之间有着惊人的相似之处。他甚至将它们同活的松树和山毛榉等树木的树干做了比较。尽管如此，他还是没能看到问题的要点：他不理解自己看到的其实是植物，而只是把它们当作"石头"，尽管是千姿百态的"石头"。

◀　"龙"与海鳐鱼
▶▶　后页图为龙虾、虾鳌以及龙虾怪

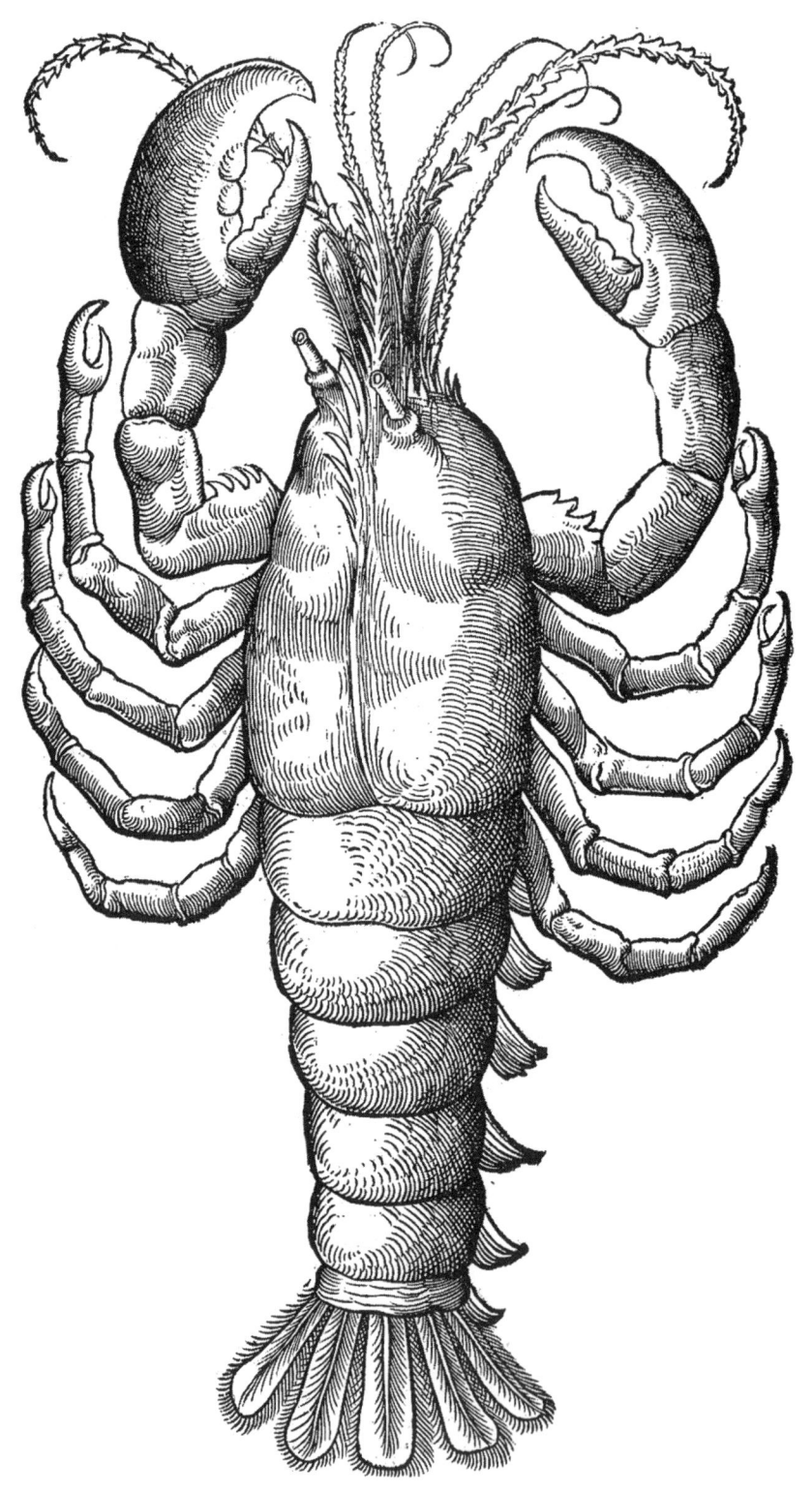

霍蒙库鲁斯——趣味生物学简史

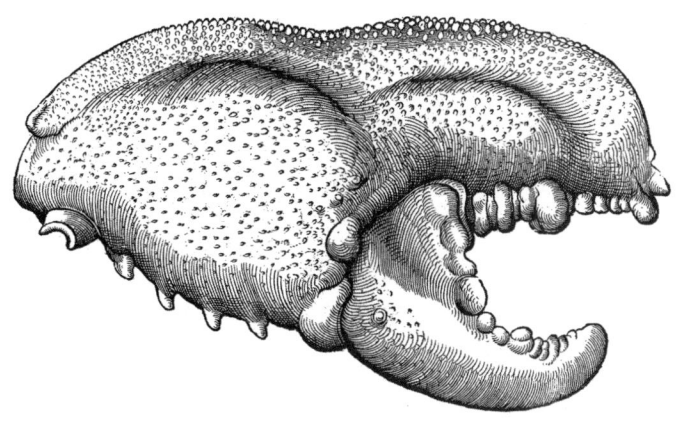

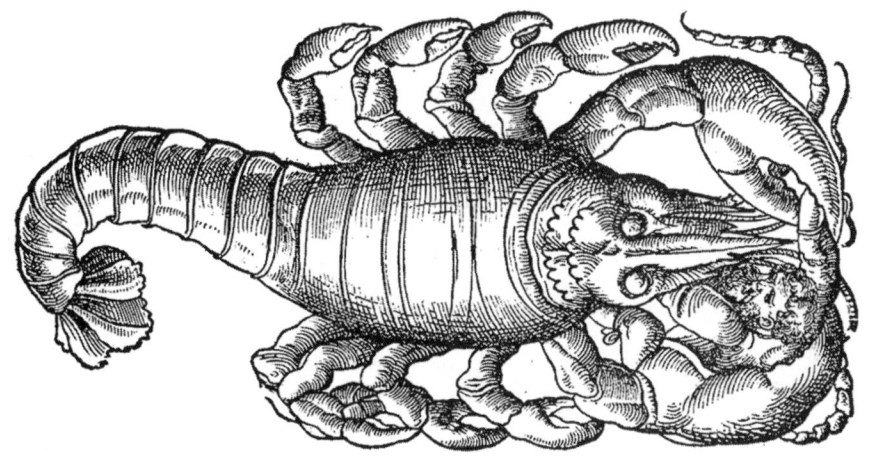

第四章 "海僧侣"

▲ 格斯纳的《动物史》堪称动物学奠基之作，这部作品首次将动物系统归类，上图为丢勒绘制的犀牛。
▶ 后页图为《动物史》中记录的哺乳动物、鸟类、水生动物。

这位博物学家只要再迈出一步，他的面前就会出现一条长长的道路，那就是通往动物界历史的道路。格斯纳并没有迈出这一步，他做不到这一点：在观察树干化石的过程中，他并没能看到本应能看见的东西。其实只要……只要他能大胆地设想一下：动物界也有历史，松树也有与它并不相像的祖先，植物界并不总是我们如今看到的样子，那么他就能看到该看到的东西了。世界是不变的！植物会消失，动物会灭绝，可新生物要出现嘛……该怎么出现，又从哪儿出现呢？世界仅仅被创造过一次，自那之后世上从未出现过新事物，何况也不可能出现，因为造物主"停止了他所行的一切创造工作"[1]，此后就再也没进行过创造了。

格斯纳刚刚完成《矿物学》，苏黎世就遭到了一位可怕的客人——鼠疫[2]的拜访。

---

[1] 见《圣经·旧约·创世纪》2:3。——译注
[2] 鼠疫杆菌借助鼠蚤传播造成的烈性传染病，在世界上曾有多次大流行，死亡率极高。——译注

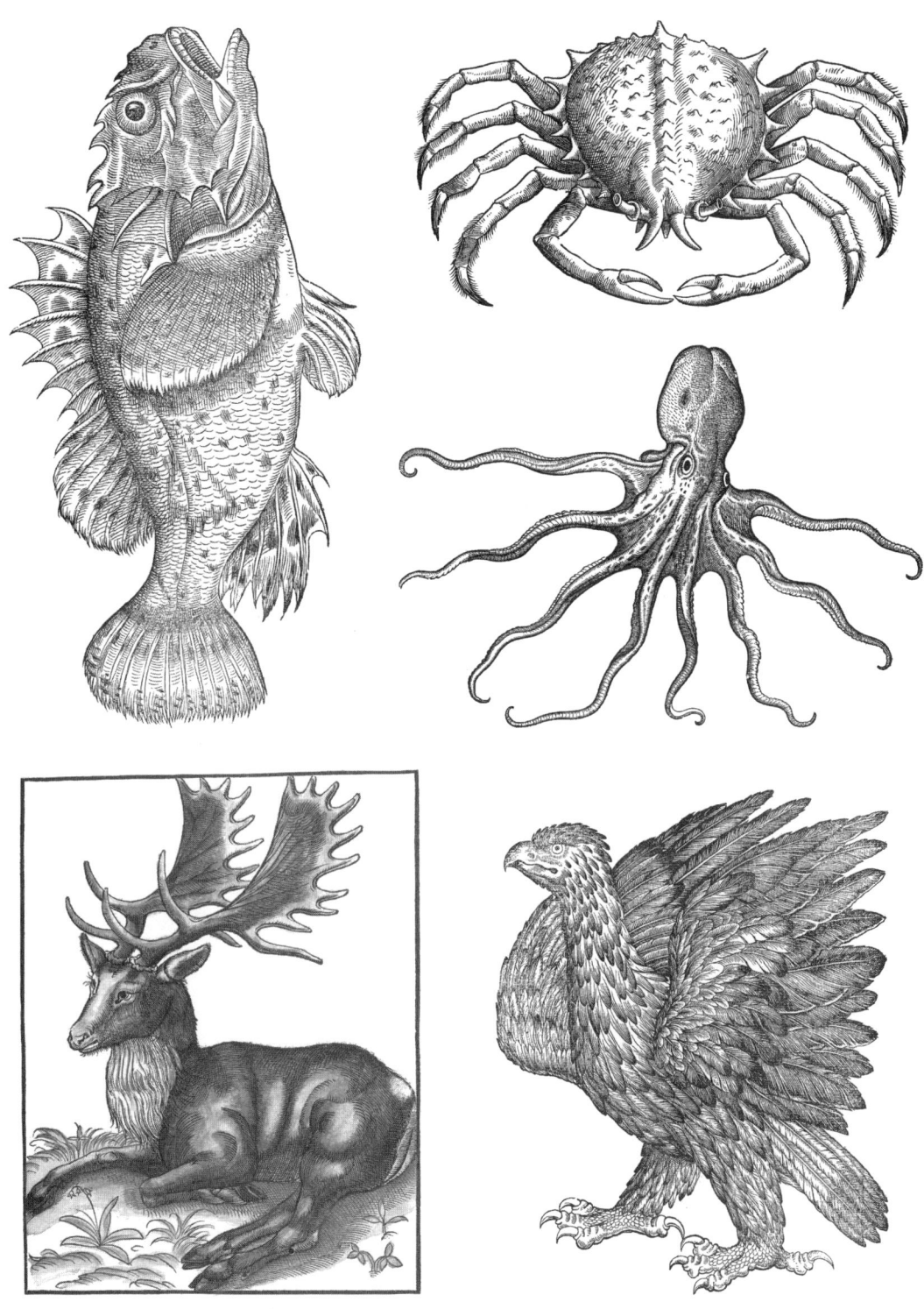

第四章 "海僧侣"

格斯纳忘掉了植物，丢下了动物学展览室，放任植物园的苗床杂草丛生。他穿上粗麻布长袍，戴上涂了树脂的面具，勇敢地投入了与鼠疫的斗争之中。如今这位学者只记得一点：他是一名医生。他顽强不懈、诚心诚意地战斗着，丝毫不躲避病人和感染源，结果自己也被传染了。

"把我送到展览室！"气息奄奄的格斯纳提了最后一个请求。

人们戴着恐怖的树脂面具，用担架把格斯纳抬到了动物学展览室里，把他放在架子旁边，上方的墙上挂着一排排标本。就在那里，他在鸟儿、野兽和鱼儿的环绕下与世长辞了。

……如今，当学生们刚开始接触动物学课程时，老师有时会给他们看一本用猪皮装裱的厚书。书里有许多漂亮的图片，它们很简朴又很古怪，但也因此讨人喜欢。

"这就是人们在四百年前的想法！"教授对学生说。"瞧他们的认识水平何其有限，如今我们的知识又是多么丰富啊！今天的动物学早已将那幼稚的时代远远甩开了！"

这本大部头不是别的，正是康拉德·格斯纳的动物学著作。

第五章 《自然史》

1

他成为布丰伯爵的时候已经将近晚年，几乎可以说是一个老人了。年轻时他名叫乔治·路易·勒克莱尔。

他原本是一个富有的勃艮第①地主议员的儿子。后来，金斯顿公爵看上了这个少年，就把他带回英国去了。孩子的父亲并没有反对。当时的法国贫穷凋敝，地主们纷纷破产，而英国人却享有善于经营的美誉，因此前者向后者学习了很多东西。这也是不得已而为之。

"就让他四处走走，见见世面，学学东西吧。"父亲做出了决定。"不趁着年轻时去闯荡，还等到什么时候！"

布丰（我们就这样叫他吧）的英语水平不怎么样，为了多学一点英语，他做了一些翻译工作。在翻译牛顿②的一部著作的过程中，他丰富了自己的数学和物理知识，并对这

---

① 法国中部地区名。——译注
② 伊萨克·牛顿（1642~1727），英国物理学家、数学家、天文学家，经典物理学和微积分的奠基人之一。——译注

些学科产生了兴趣。尽管布丰最后并没有成为职业数学家，但他的学术活动正是从数学开始的。

"我也算是个学者啦！"看见译著封面上印着自己的名字，乔治·勒克莱尔不禁欣喜地喊道。"这是我的第一部著作……尽管只是译著。"他伤心地补了一句。"不过……难道我就不能自己写本书？"

布丰并没有在英国逗留多久，而是很快就返回了祖国。不过，英国的生活已经令他大开眼界，最重要的是见识了英国学者那勤勉认真的工作态度。

早年丧父的布丰继承了勃艮第的一座大庄园，从此无须再为钱财发愁。他委托了一位可靠的行家对庄园进行管理，因此这方面并没有占用他本人多少时间。

空闲时间很充裕，于是布丰搞起了科学研究。

他写了一篇又一篇的文章，一部又一部的论文集，并把作品都寄到了巴黎科学院。其中有数学论文，有几何"大典"，有物理报告，甚至有关于农业经济的备忘录。广泛的学术活动很快就取得了成果：年仅26岁的乔治·勒克莱尔被选为了科学院的通讯院士。

这个头衔给布丰提出了更高的要求。他希望能做出一些具有实践意义的科学发现来。

这位学者本想研究研究建筑材料的强度，可建筑学和工程学却提不起他的兴趣。在他看来，制造巨大的聚光镜远比寻找坚固的建筑材料有意思多了。何况又有什么好找的呢？难道用来修建古代城堡的石头还不够坚固么？

"我要将几里约①之外的东西点燃！"动手制造聚光镜的年轻学者兴冲冲地想。

真可惜！在几里约的距离之外，聚光镜是根本不可能点燃任何东西的。这位发明家在顽固的聚光镜上很是费了一番功夫，结果几乎一无所获，只造出了一些能用于物理研究室和中学物理实验的仪器。

这次失败并没有让通讯院士太灰心丧气。广阔而多彩的世界还研究得很少，学者总能找到研究的题目嘛！不过得有工作的兴趣才行。

布丰对一切问题都感兴趣，在短短的时间内，他就尝试了几十个不同的题目。毋庸置疑，他本能在每个学科领域都做出一番工作，可后来却让一个老熟人（两人的年龄相差很大，不然的话也可以说是朋友，但年轻人总不能当老年人的朋友呀！）安排到了稳定的工作岗位上。

这位可敬的熟人名叫杜菲，是皇家花园的管理员。这个花园里种着千姿百态的植物，后来成了如今的巴黎植物园。皇家花园的管理员（也就是看守，放到今天大概会称作园长）通常是由宫廷医生担任的。只要御医眼看着年岁渐长，国王就把他任命为皇家

---

① 法国旧长度单位，定义不统一，约为4.44到5.55千米不等。——译注

花园管理员。

"您很清楚我有多么爱戴和器重您，"在最后一次正式接见上，国王对退休的御医如是说道，"以及我是何等重视您的健康……您已经老了，也该休息休息啦。此外，我的花园里有许多珍稀的植物，需要仔细照顾和看护。只有您才能保护我的绿色珍宝。既然您给我治病治得如此出色，那么……"

医生大为感动地鞠了个躬，就出发去花园了。可想而知，新管理员在那儿纯粹是混日子。有时他也会在花园里逛逛，折下一朵花来闻闻，摘一两个苹果或梨子送给孙子孙女。他对花园的照看也就仅限于此了。

杜菲是个令人欣喜的例外。他非常喜欢园艺，勤勤恳恳地在花园里工作，让园丁们也流了不少汗水。可后来他得了一场重病，不得不找人来顶替自己。当时，其他的御医都比较年轻，还轮不到进"养老院"呢，结果一个合适的人选都没有找到。

"用乔治·勒克莱尔吧。" 杜菲提了个建议。"只有在他的管理下花园才不会最终荒废。他一定会把事情都办好的。"

1739年，乔治·勒克莱尔（也就是布丰）终于坐上了皇家花园管理员的专用座席。刚一靠到扶手椅那柔软的面儿上，他就突然产生了一种感觉：

"这正是我的使命啊！"

2

动物学可以研究动物的解剖构造，可以描述动物的外表和习性，也可以阐明动物的地理分布。而要研究不同器官的功能也没问题，也就是从事生理学研究。布丰曾多次听说意大利学者雷迪、英国学者哈维、荷兰学者斯瓦默丹和瑞士学者格斯纳等人的名声。不错，这都是些赫赫有名的人物！

"我要继续格斯纳的事业。"这位皇家花园管理员下定了决心。他对植物并不感兴趣也不可能感兴趣，因为植物学并不适合他的性格。

布丰是个想象力十分丰富的人，写起东西来又丝毫不知疲倦。他能够一天24小时几乎毫不停歇的写作。他唯一缺乏的就是耐心了。

"实验？解剖？唉，可别让我干这种事情。我思维过于开阔，视力又太差，干不了这种琐碎的活儿。我的事业是收集和总结……至于那些乱七八糟的工作，就交给那些不会写作、除了解剖啥也干不成的家伙去做好了。"

他稍微花了点时间来寻找新工作的题目，最终做了一个决定：不多不少，就写整整一部《自然史》。这是一个非常不容易的任务，但他对自己的才能和写作经验是坚信不

▶▶▶▶▶▶ 《自然史》中记录的大象及其解剖结构、骨骼、皮肤机理等各种细节。

疑的。

要完成这工作就得有个助手，布丰很快找到了合适的人选。有个出身于布丰领地的医生兼解剖学家叫杜班通①，正是此人被布丰选去参加《自然史》的编纂工作。布丰成功争取到了上头的任命，把他安排在皇家花园下属的自然史研究室作管理员。杜班通恰好具备布丰所匮乏的才干，而布丰则拥有杜班通所不足的能力。一个擅长写作，另一个则精通解剖和观察。两人在一起工作，天晓得谁干得更好：是作家布丰呢，还是观察专家杜班通？

在共同工作的18年间，两人写成了15卷厚厚的著作。

"劳驾，您只要干自己的活儿就行了。"布丰对助手说。"您负责手术、研究、画图和解剖。我负责写作……当然，"他立刻又补了一句，"解剖方面的文章您就自己写吧，我可不想把您的成果据为己有。"

真狡猾！他不喜欢解剖，对解剖学也几乎一窍不通——既然如此，他还能不把解剖成果让给杜班通么？

"我要让他们阅读我的作品，我要让他们对自然史产生兴趣。"布丰皱着眉头说。"为此只需精于写作……不是枯燥无味的描写，而是生动有趣的讲述。"

每种动物他都是分别描写的，他的书里并没有什么特别的分类系统：既没有格斯纳的字母表排序法，也没有林奈奠基的科学分类法。不过，布丰在列举动物时还是按着某种顺序的。他首先描写家养动物，然后才按分布的国家对野生动物进行描述。

"分类？这有什么用？"他质问道。"只需写得有趣就行了。分类法只不过是些无趣之极的干巴巴的东西。"

在杜班通的帮助下，布丰成功完成了《自然史》的前15卷。

可当工作进行到鸟类时，发生了一件不愉快的事情：杜班通闹起了罢工。

"他不过是在嫉妒我。"布丰断定。"自然如此，莫非还能有别的解释么？人们读的是我的书，而不是他那些关于马的腿或狗的脊椎有几块骨头的论文。谁会对这些玩意儿感兴趣？只有博物学家罢了！而我的文章是人人都读的。"

与此同时，杜班通正对朋友大吐苦水：

"这算哪门子的科学工作？今天解剖狗，明天解剖马，全是这一套，而且干得越来越匆忙。我已经受够这些无谓的操劳。这不，有人请我去教研室工作。我这就不干了。"

---

① 路易·让-马利·杜班通（1716~1800），法国博物学家、解剖学家。——译注

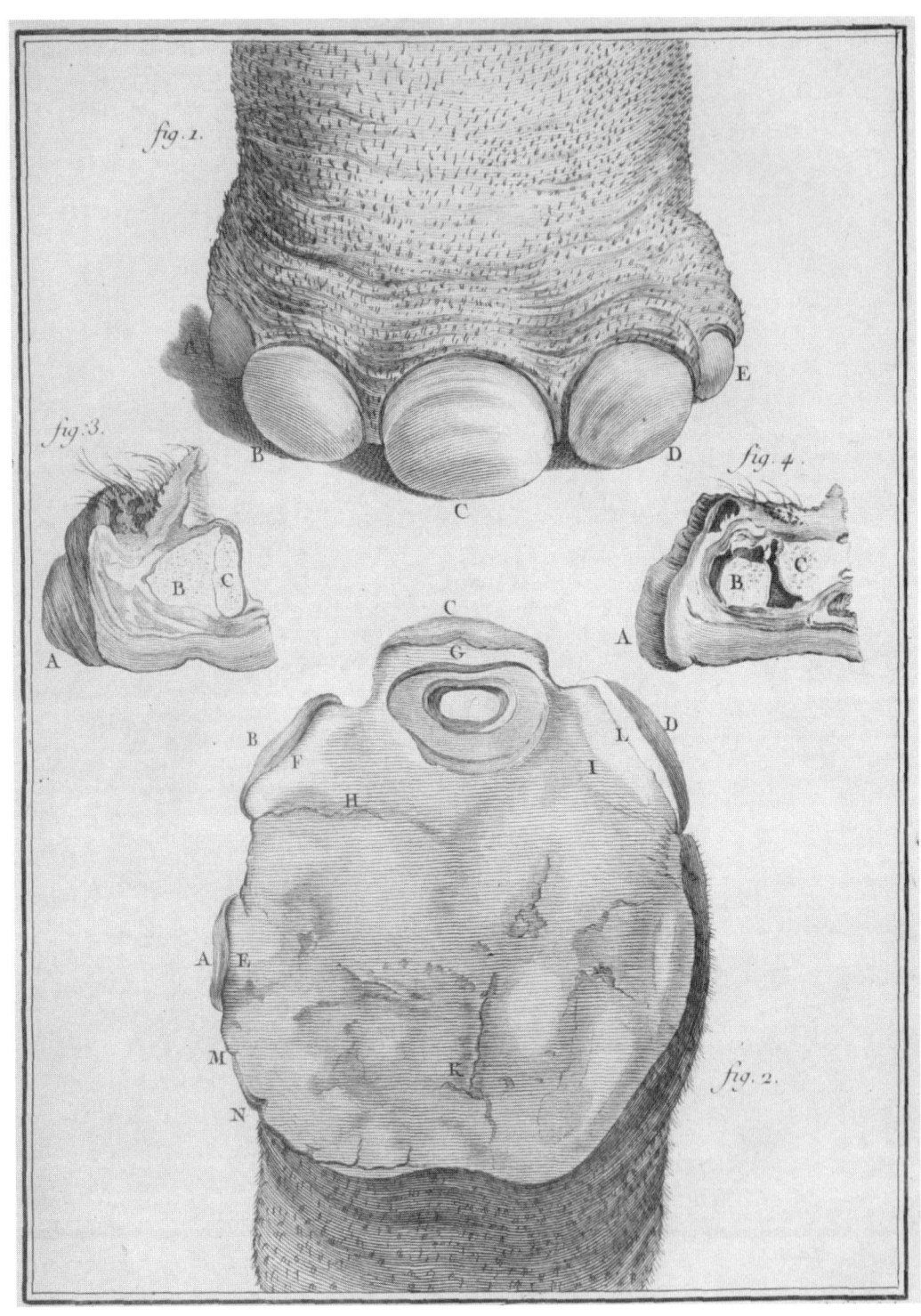

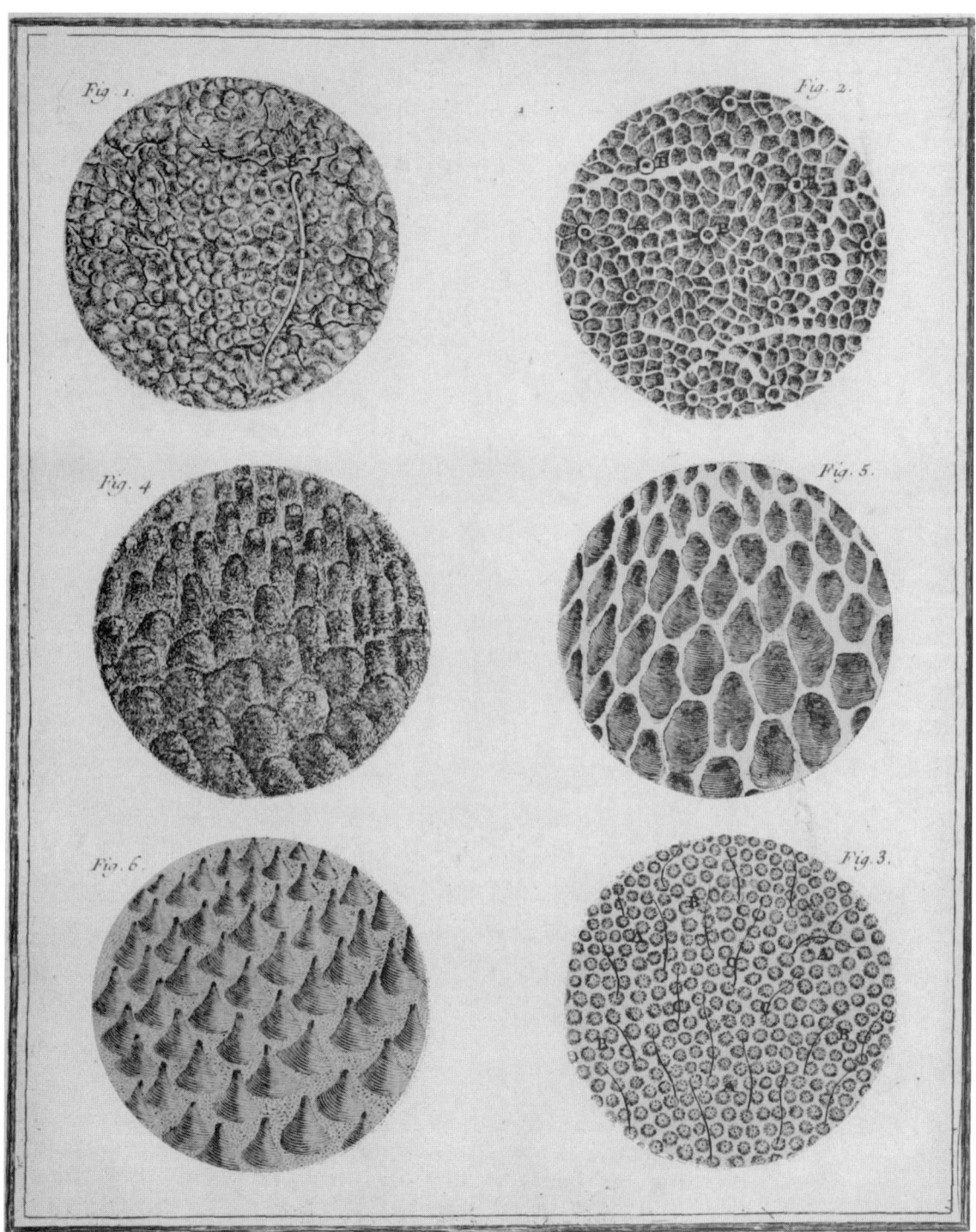

第五章 《自然史》

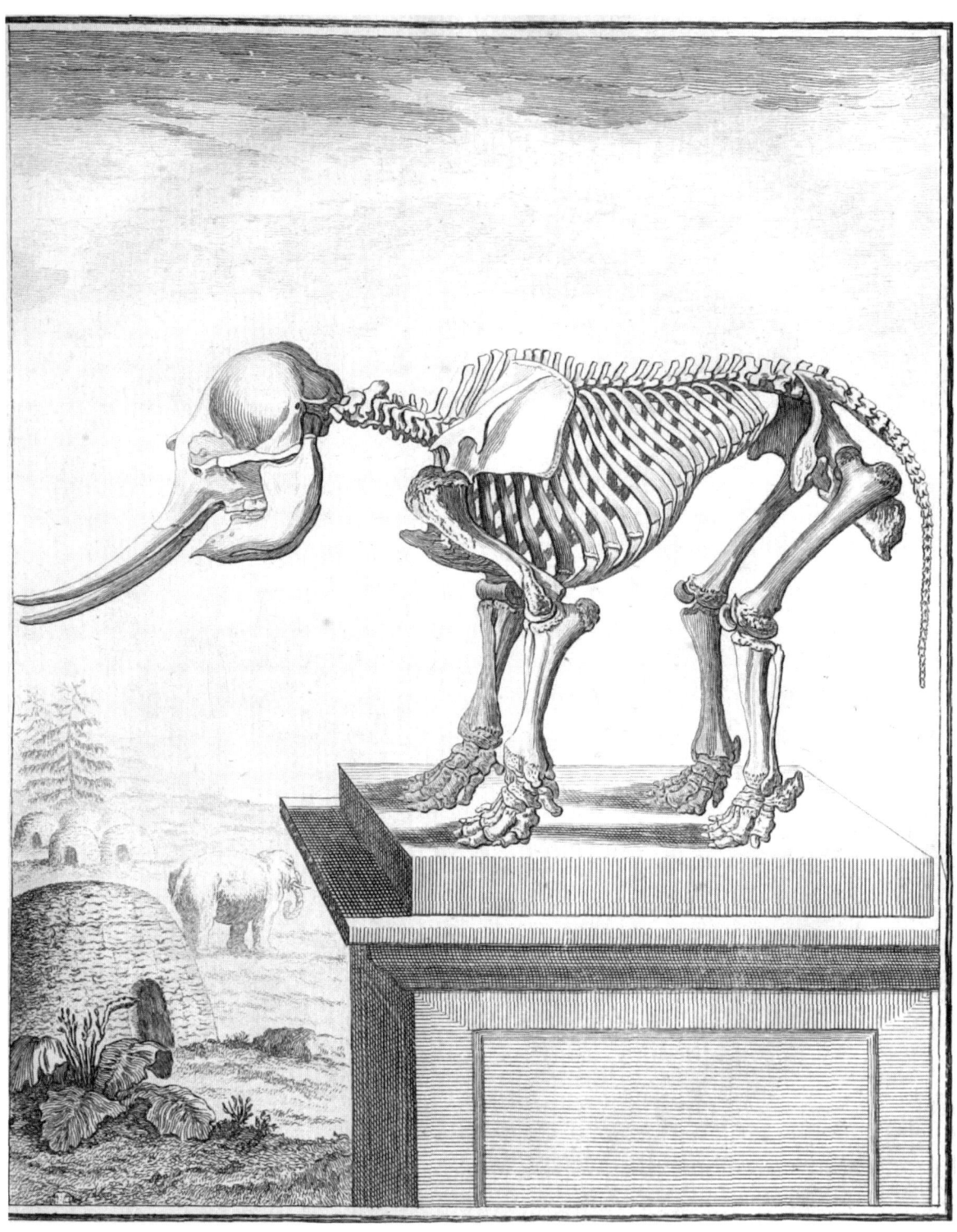

霍蒙库鲁斯——趣味生物学简史

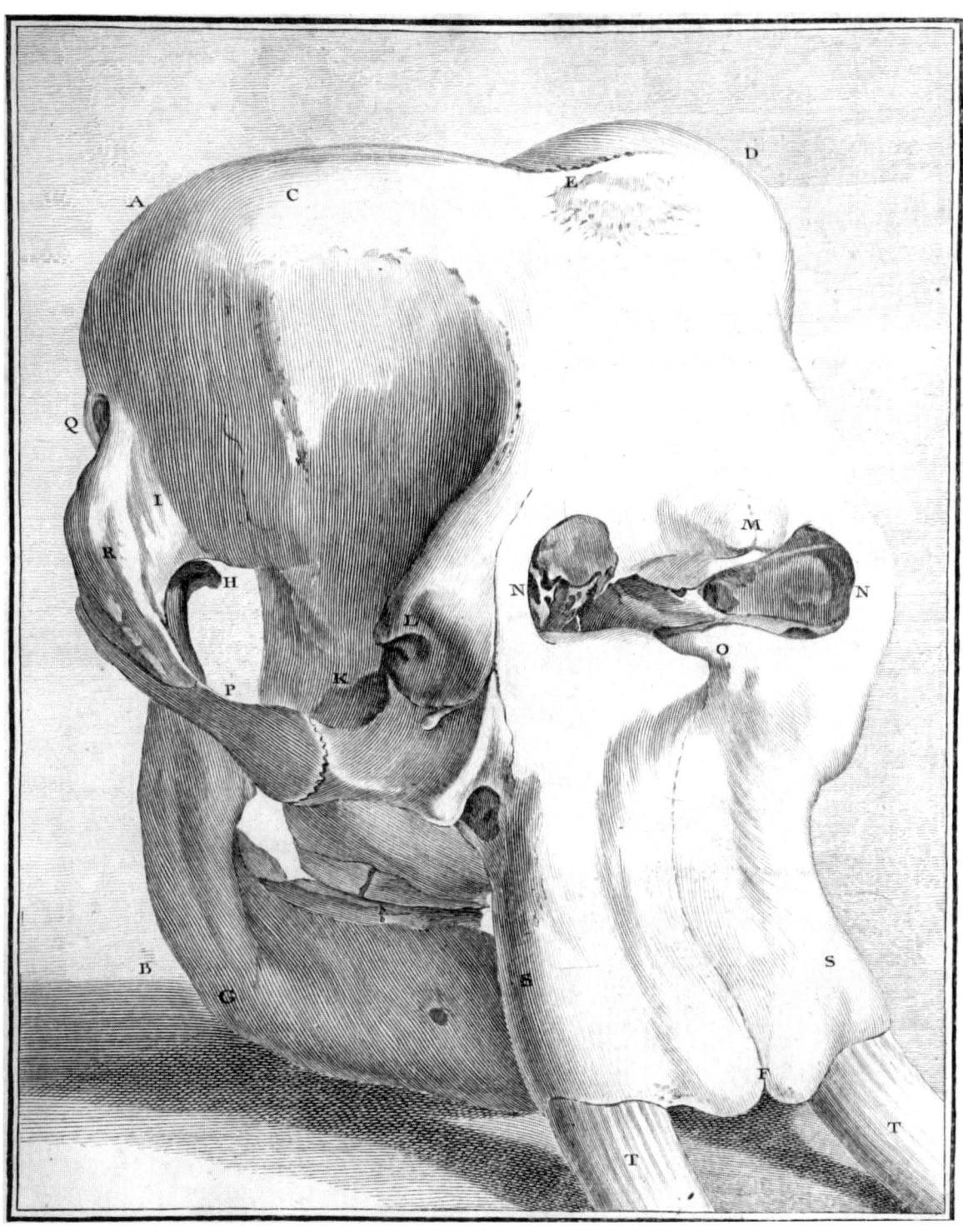

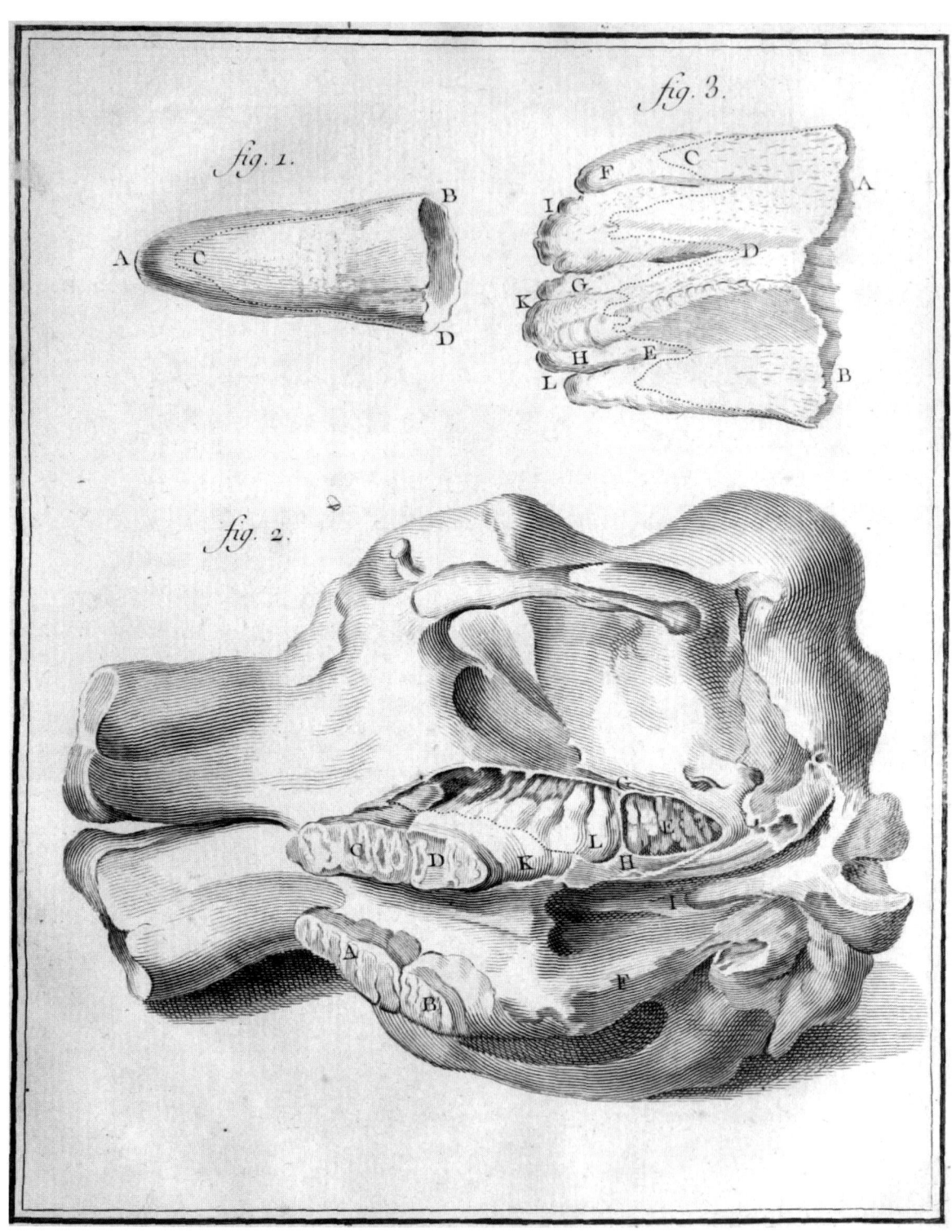

没了助手，布丰简直寸步难行。缺了解剖的《自然史》还叫什么"自然史"呢？只得去找新的助手了。布丰好不容易才找到了两名解剖学家——格诺和贝克松。可这两人想必是比前任懒惰，导致《鸟类》中的解剖比《兽类》中的缩水了不少。

"唉，工作可真难啊！"布丰又费了15年光阴，结果仅写成了九卷《鸟类》，他不禁重重地叹了口气。"我写哺乳动物不是挺快么，可写鸟类怎么就这么慢啊？15年！到底哪年哪月才能把书写完？"说着说着，他又把下一部概要的写作速度加快了一倍。

布丰写矿物全凭一己之力，没有助手的协助。他在此展现出了不可思议的写作能力：还不到一年，一卷书就写成了。五年总共写出了五卷。

要知道，布丰在这段时间里并不仅仅研究矿物，他还顺便写了其他一些作品，并准备好将它们出版刊行。

3

布丰的著作取得了巨大的成功。老人和少年，学者和商人，伯爵夫人和武器匠的老婆，画家、演员和医生——人人都在阅读他的作品。这些书都写得引人入胜，书中讲了很多有趣的事情，尽管这些故事往往同妇孺皆知的"猎人故事"有些雷同，可是……人孰无过！布丰的写作风格非常崇高，他的语言中充满了华丽的辞藻和长长的句子。

"狗是何等忠诚地陪伴着主人，四处跟随和保卫主人！何等努力地去赢得主人的爱抚！何等温顺地服从主人的命令！当主人不在的时候，它是何等激动、不安和悲伤！等主人回来之后，它又是何等喜悦！由此我们难道还无法认识到狗对人的友谊么？难道我们人类之间能有如此热烈的友谊么？"布丰就是这样描写狗对主人的依恋之情的。

读者们对此报以一片喝彩，并且开始回想起一些类似的事例。

"瞧瞧我们这儿的例子吧！一条普普通通的看门小狗，却这样热爱着玛丽。在小狗面前别说打孩子了，就连朝她抡起胳膊都是不可能的。你一旦对小姑娘呵斥一声，只要小狗在那儿，它就会立刻低声怒吼，龇牙咧嘴，眼看着就要向你扑来了……"

"我的熟人有……"

"我记得曾有这样一件事：……"

大家一致认为：布丰写得非常棒，他是个博物学的行家。

布丰的声誉迅速增长。他简直成了巴黎的一处"名胜"。顺道路过的外国名流都会急匆匆地赶到皇家花园，不过并不是为了观赏植物，而是为了能有幸一睹《自然史》作者的真容。法国国王也将布丰伯爵的称号封给了乔治·勒克莱尔。

布丰自以为是世上首屈一指的博物学家，自己的话就是金科玉律。就在这时，他突

◀ 乔治·布丰（1707～1788）
▶▶ 后页图为《自然史》中记录的火烈鸟与犀鸟

然收到了一本毫不起眼的小书，名叫《自然系统》。在这部作品里，瑞典学者林奈[①]不仅为植物、还为动物奠定了分类基础。

布丰对植物几乎不感兴趣，但动物可是他的专业领域啊！

"一派胡言！根据触角和爪子来确定动物的亲缘关系，计算兽类嘴里的牙齿数和鸟类尾巴上的羽毛数？那它们的生活、行为和习性呢？"

盛怒的布丰开始撰文反对林奈的学说。这个不起眼的瑞典人着实让他的存在大为减色。布丰自命为天下第一的权威，可就在这时……在遥远的北国某个不知名的小地方，突然冒出了个搞学问的，还勇敢地宣布说：以前的学者们都对动植物进行个别描述，这样做只会把事情搞成一团乱麻。需要一个系统，而这个系统正是由他林奈所建立的。结果学者们承认了这个瑞典人的学说，他作为植物学家的威名响彻了整个欧洲。

读者们可不要以为布丰只是在嫉妒林奈。并非如此！一个小小的瑞典教授，又怎么能撼动布丰伯爵这个大名人的世界声誉呢？事情其实另有一番缘故：布丰非常不喜欢分类法，他认为这是企图将活生生的自然界硬塞到僵死的框框里去。

林奈的《自然系统》碰上了布丰这个顽强凶狠的敌手：他并不喜欢这部书的学究气。

"把狮子和猫儿相提并论，胡说什么狮子是长着鬃毛和长尾巴的猫，这根本就不是对自然进行描写和命名，而是对自然界的侮辱。"他愤怒地说。

不久之后，布丰又碰上了一件不愉快的事情。在对兽类和鸟类进行大量描写之后，他认为是时候做些总结了。

于是他着手撰写一部新的著作：对生命、地球和生物的出现进行描写。

"在亚平宁山脉的高峰上，有时会找到一些海洋软体动物的甲壳。这是否意味着那里曾经是海洋呢？……"布丰在一部作品中如此写道。

"好一部《自然史》呀！"伏尔泰按捺不住了。"山上的海洋……这不是什么《自然史》，而是《非自然史》。"

布丰大发雷霆：

"是吗？那伏尔泰又怎么看这些贝壳呢？说不定，是垂暮的香客和朝圣者对自己年轻时的罪过感到悔恨，才把贝壳搬到山上去的吧？"

[①] 见本书第七章。——译注

霍蒙库鲁斯——趣味生物学简史

这话说得很有技巧，而伏尔泰本人也是一个极擅挖苦讽刺的老手，对布丰的回应做出了应有的评价。后来，布丰把自己的下一部作品集寄给了伏尔泰，伏尔泰就回了他一封友好的答复：

"您是普林尼再世。"他在信中对布丰说。

布丰不禁有些飘飘然。他思考了很久该怎么回复，好让自己显得比伏尔泰更谦恭有礼。最后他写了这样一句话：

"如果说我是普林尼再世的话，那世上也不会有伏尔泰再世了。"

伏尔泰也被恭维话陶醉了。后来，有个反对布丰的熟人提醒伏尔泰，指出他曾与《非自然史》的作者吵过一架，他只是含含糊糊地推托说：

"我不会再为了这些牡蛎空壳同布丰争吵了。"

布丰的声望与日俱增。还在他生前，人们就为他建了一座纪念碑。按照法王路易十六①的命令，在皇家"自然研究室"的入口前为这位博物学家立了一座引人注目的雕像。

来拜访布丰的客人络绎不绝，崇拜者和好奇的外国人也都群集到他的办公室门前。这样一来，他还顾得上工作吗？当然，他的工作还很多很多。布丰非常清楚，浪费掉的时间是追不回来的。

"我非常荣幸，"布丰向一位顺道来访的意大利伯爵鞠了一躬，"这是何等的荣耀……我不知道要让殿下坐在哪里才好。要不这里吧，"他指了指扶手椅，"您坐这里想必会十分惬意……不不不……我都干了什么好事啊！不要坐这把椅子，它的腿儿不太牢固……坐这把吧！"

来客不太情愿地换了个座位。还没坐上一分钟，布丰又跳了起来：

"窗子！窗子透风啊！"

伯爵只好又换了个地方。

如此这般，这位外国客人在五分钟内换了五六把椅子，终于忍无可忍地起身告辞了。

"简直神经病。"客人一边往外走，一边自言自语。"叫人不停地换椅子！"

布丰高兴地挤了挤眼——终于把客人给弄走啦！然后就急忙坐到了桌前。

无论是政治生活还是社会生活他都无暇顾及。他只是不停地写啊、写啊、写啊……

---

① 路易十六（1754～1793），法国国王（1774～1792年在位），在法国大革命中被推翻并处死。——译注

4

《地球史》和《自然的时期》是两部无论内容还是语言都非常精彩的作品。布丰在《自然的时期》上付出的努力并没有白费：他将此书重写了11次之多，对语言精雕细琢，不仅力求文采华美，还要写得通俗易懂。

"地球并不是永恒不变的。它的历史上曾有过七个时期，每个时期都会带来一些变化。"

布丰认为，这些变化发生在远古时期的地球上，并且对它们进行了描述。他并不是地质学家，何况当时地质学这门学科还只是刚刚萌芽而已。布丰的论述中自然也存在错误，但也有些解释直到今天还是值得重新提起的。事实上，如今确实有些人以不同的形式重新提出了这些内容，但他们丝毫没有想到，两百年前有个法国博物学家早就写下了几乎相同的东西。

一颗彗星落到了太阳上（布丰是从太阳开始讲述地球史的）。结果太阳分裂了几块出来，就这样形成了地球以及其他行星。这是地球史的第一时期。

在地球史的第二时期，地球的物质整体开始分裂：最轻的粒子分裂了出来，从地球那炽热的液态表面远远地抛射出去，形成了最初的大气层——各种气体和水蒸气的混合体。后来，地球冷却了下来，炽热的液态物质渐渐被一层硬壳覆盖。这层外壳并不均匀，上面有许多深谷、高地和洞穴。出现了山脉。

最终，地球完全硬化，其核心变得非常密实而炽热，但也很坚硬。从火山中流出的岩浆（这证明了地球内部的熔融状态）则另有一番来源。岩浆是地球内部在高温的影响下发生的各种过程的结果，而这些过程正是岩浆形成和火山爆发的原因。

地球冷却得越来越剧烈。包裹着它的水蒸气也变冷了，雨水开始降落到地表上。开始了第三个时期。整个地球都沉没在深深的海洋之中。证据确凿：海洋动物的残骸可以在厚厚的地表甚至是高山上找到。海洋不仅淹没了陆地，还令地球的外表造成了显著的变化，尽管地球当时还处于水下。一些海底山峰被海水侵蚀了，被侵蚀掉的残渣填平了低地和深谷。

随后就是第四个时期。由于海平面的降低，陆地从水中浮现出来。全球只有一片泛大陆，被全球唯——个泛大洋包围着。

为什么布丰需要这片"泛大陆"呢？因为如果不这样写，他就无法解释某些动植物

▶▶ 布丰理论中地球的初生阶段

霍蒙库鲁斯——趣味生物学简史

的地理分布了。不同的大陆上生活着亲缘关系相近的动物，这种情况是如何产生的，其原因何在？各个大陆被深深的大洋分隔开来，但是它们上面都出现了同样的动植物，这又作何解释呢？诚然，有些动物可以从一个大陆迁徙到另一个大陆，比如说会飞的鸟类，对它们而言大洋算不得什么阻碍。可是野兽呢？大象或犀牛怎能从非洲跑到印度去？猫是如何出现在美洲、非洲和亚洲这三个不同的大陆上的呢？青蛙又怎么才能分散到各个大陆上呢？它下了咸水就要死亡，何况它难道算得上什么游泳健将么？……泛大陆解释了一切。在这片大陆上，出现了陆生的动植物并繁衍壮大。以上就是第五时期的情况（陆地上出现了动植物）。

在第六个时期，泛大陆分裂成几块大陆，它们朝四面八方缓慢移动，彼此间离得越来越远。大陆上的动植物也"乘着"这些大陆"四散离去"。

第七个时期是人类出现的时期。

地球的表面继续发生着变化。不过，改变地表的既不是火山爆发也不是地震。自然灾害起到的作用并不重要，重要的是那些十分缓慢、难以觉察但又持久发挥着作用的因素。

"地球表面最显著、最广泛的变化是由雨水、河流、小溪和水流的运动造成的……一开始水并没有确定的流动方向，所以都汇集到了地势较低的谷地里。后来它渐渐冲刷出了河床，寻找更加低洼、柔软而易于通过的地方，在这一过程中带走了土壤和沙子，冲出了深深的崖谷，并沿着谷地飞速奔流，开辟出一条通向海洋的道路……水流不仅带走了沙子、土壤、砾石和小石子，还移动了巨大的岩石，从而削低了山地的表面……河水和海水把淤泥、沙子和土壤冲到了不同的地方，由此形成了不计其数的新岛屿……"

这些论述难道有什么问题么？就算到了今天，它们照样可以再次写入自然地理学的教科书里。

如果地球真的经历了一系列变化的话，那么它的"居民"难道会保持恒久不变么？莫非各种动植物自始至终都是我们如今看到的这个模样？

此外还有一个问题：这些动植物都是从哪儿来的呢？

布丰对这个问题做出了回答。当然，是按自己的理解来回答的。

我们周围的世界是由两种分子组成的：无机分子和有机分子。所有动物都是由有机分子（一种肉眼不可见的特殊微粒）组成的，从高大的橡树和大象到小小的水草和变形虫概莫能外。只要是有哪怕一点儿生命迹象的地方，都有有机分子的存在，它们散布在

▶ 年轻的黑猩猩（1748年的图画）

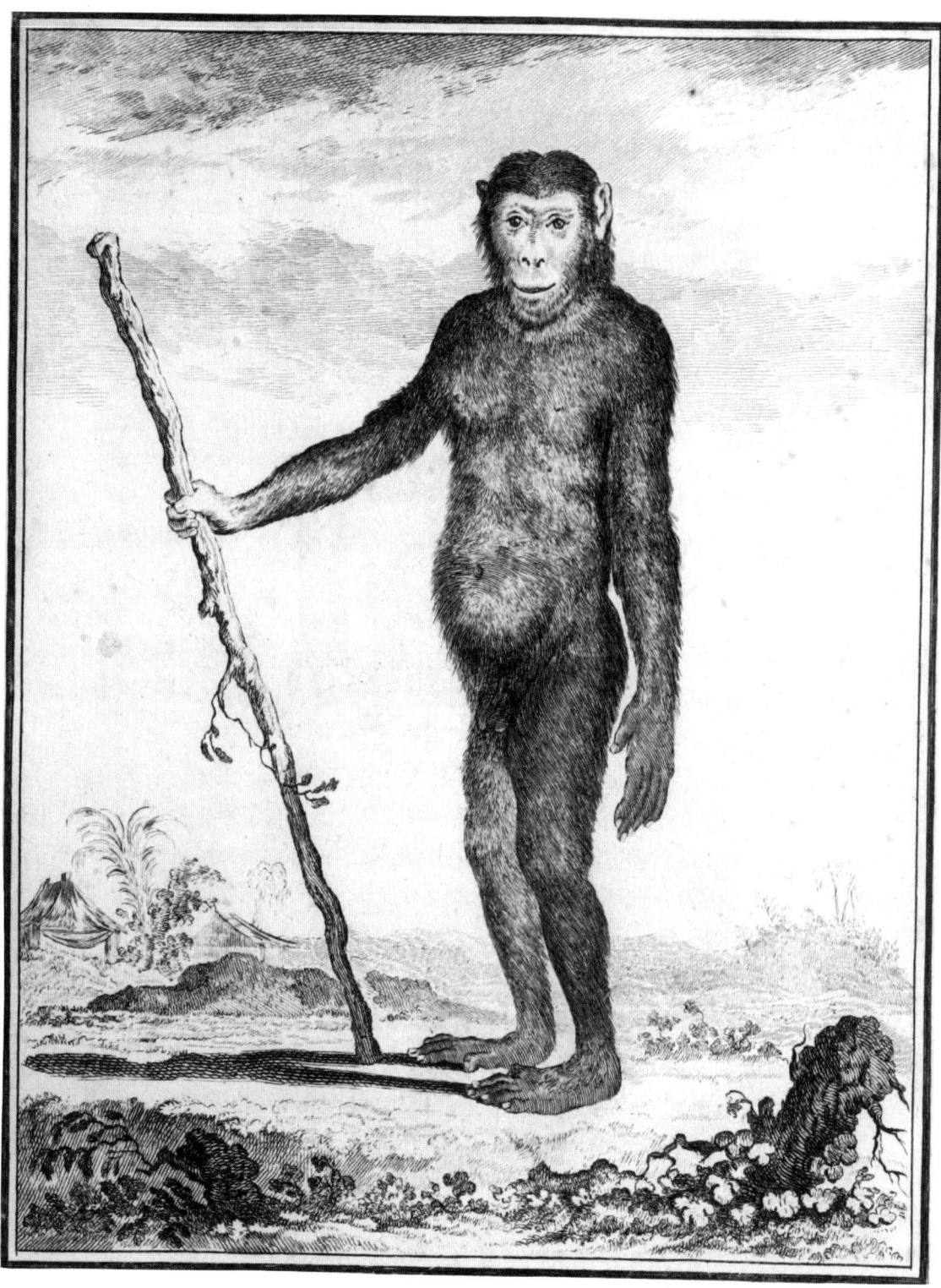

第五章 《自然史》

整个宇宙之中。它们是不灭的：动物和植物都会死亡，但组成它们的分子却永不消逝。死亡只不过是特定组合的分子的解体罢了。

在适宜的条件下，获得自由的分子还能重新结合起来。它们或者长成某种简单的有机体，或者形成更大的规模，产生更大、更复杂的有机体。

分子的数量是固定不变的。混沌初开时有多少个分子，如今就还是多少个分子。不过它们的组合方式不停地发生着变化：在成百上千年的时间里，同一个分子可以留在空气中、水中，也可以成为植物或动物的组成部分。兔子吃了草，组成草的分子就进入了兔子体内，暂时变成了"兔子的"分子……兔子又被狼或狐狸逮住并吃掉了，这个分子就成为捕食者机体的组成部分。过了一段时间，狼也会死去。"狼的组合"解体了，获得自由的分子散布到空气之中，重新开始了它们的"历险记"。

生命现象尽管复杂多样、多姿多彩，但它其实只是有机分子从古至今一直在进行的循环。生长、发育、繁殖、变化和遗传，凡此种种都与有机分子密切相关。我们所见周边的一切都是有机分子的游戏。

"有机分子最初的结合产物"是变形虫和细菌。植物汁液和动物肉体中的活细胞也是由有机分子结合而成的。

在那个时代（甚至是很久之后），许多学者都对"生命力"非常着迷，可布丰却不需要这种神秘莫测的力量。既然已经有了分子，而且分子可以组成任何生物，那还要"生命力"干什么呢？（不过请记住，布丰的"分子"与你从化学课本中了解到的分子完全是两码事，纯粹是名称相同罢了。）

那么，到底是什么力量在控制分子的组合呢？这个问题布丰也尝试着进行说明。

机体是一种由许多更小的同型晶体组成的特殊晶体。食盐分子彼此间相互吸引，形成一个立方形晶体，这个立方晶体就是食盐的典型特征。对不同类型的机体来说，都有特有的有机分子，它们彼此间相互吸引，形成某种原始的"内部形态"。这个"形态"靠着摄食不断吸收新分子，借此逐渐生长发育。而摄食的实质就在于，"原始形态"仅仅选择与自身成分相似的分子。这就好比食盐晶体从溶液中"选择"食盐分子，并靠着这些分子逐渐变大。

上述文字早在两百年前就已经写成了，而类似的思想却没有消失，它们并未就此从科学史中一去不返。直到今天我们还能听到这样的观点，只不过换了一番说法罢了。

布丰一页接一页地写着，他的"分子说"似乎已经解决一切问题了。可是……

"自然界能用自身的力量将动植物创造成我们如今看到的样子么？"

前一天布丰还认为答案是肯定的，可到了后一天他就开始产生怀疑了。

"自然界真的是无所不能的吗？它的创造能力难道就没有界限么？人类……又是

如何……"

于是……于是又冒出了"无所不能的造物主"的想法。

"对他来说，一切都是可能的！"

可是又产生了相同怀疑：无所不能的自然界……大胆的想法突然挣脱束缚，向上冲去，把"造物主"挤到了下边。然而，这种想法并没能"扶摇直上"，而只是时不时"跳动几下"罢了。

"动植物的种类会发生变化，气候和食物会对动物产生影响。但是这些变化究竟有多大呢？会导致新物种的出现吗？还是仅限于造成新的变种呢？"

一切都取决于对这个问题的回答了。

"如果自然是全能的，就会出现新的物种，但是……"

布丰终于还是没能解决这个任务。

家畜和农作物倒没有什么大的疑问。人类通过选种培育出具有新的形态的动植物，这些生物"就连换做是自然界也没法在世上造出来的"。

林奈镇定自若地断言，自从创世之日起就从未出现过新的物种（杂交培育出的生物不算数：这种情况下谈得上什么新物种？）。布丰则表示怀疑："说不定……"他几乎没人可以分享自己的疑惑，更严重的问题是他根本就没有盟友。情况甚至更糟——他只有许多敌人。

"什么？七个时期，而且每个时期都经历了许多世纪？按照《圣经》的记载，仅仅六天就囊括了地球的整个历史。"

巴黎乃至全法的学术中心——索邦神学院①骚动了起来。

神学院的成员一致认为，布丰的书已不仅仅是异端，而是亵渎上帝了。他们盛怒之下甚至通过决议，要求把布丰的著作都付之一炬。

布丰试着为自己辩解。他努力证明：自己对地球历史的推测丝毫没有违逆《圣经》的说法，地球作为太阳的女儿也没什么可羞耻的；此外，他与《圣经》的观点完全一致，都认为人类是在各种动物之后才出现在地球上的。布丰的证明具有很强的说服力，同时他又对神学院的教授们以礼相待；这样一来，《圣经》的辩护士们就暂时不吭声了。

可不久之后布丰又重新遭到了攻击。有一本匿名的小册子声称："其他作家用有趣的昆虫故事来为我们解颐，同时让我们时刻想到造物主；而布丰先生在解释世界构造的时候，却要我们无视主的存在。"这几乎可以说是对无神论的指控了。教会人士又大吵

---

① 古老的法国神学院，后来成为巴黎大学的一部分。——译注

大闹起来。不过，这一次他们并没有喧嚷多久，随后就称布丰的"七个阶段"和整个哲学体系都只是老糊涂的胡言乱语而已。这并不是他们的真实想法，也许只是不得已而为之？布丰伯爵毕竟是法国最受欢迎的人物之一，就连在宫中也深受尊重，总不能把这样一位德高望重的人物投入监狱吧。

教会最终放了布丰一马，可他自己却依旧不能平静。

当时，林奈的权威已经得到了普遍承认，他的植物分类系统也为众人所接受。所有大植物园都开始按着林奈的分类系统进行分类种植。结果布丰本人也不得不接受这套种植法了，因为他毕竟是皇家花园的管理员嘛。承认了瑞典学者的正确，这对他来说可真不是滋味呀。

相反，林奈不仅没有表示感激，反而把一种剧毒植物命名为"布丰尼亚"[①]，用来"纪念"自己的对手。

"他还在嘲笑我！"年迈的布丰气得差点背过气去。"这该死的瑞典佬！"

[①] 石竹科草本或灌木植物，一年或多年生，叶片尖细、对生，花形小，穗状。——译注

第六章 血亲

1

为什么有些动物那么相似呢？为什么猫、狮子、老虎、豹子、美洲豹、美洲狮、猞猁①和猎豹之间有那么多共同之处呢？是不是因为它们彼此都是血亲呢？还是因为它们是造物主按着同一幅蓝图造出来的，只是把具体部分做得各式各样而已？

布丰对这个问题产生了怀疑，他反复思索多年，突然有一天看到一本用德文写成的小册子。这部小书总共只有24页，名叫《论动物的变化》。作者是来自俄罗斯的阿法纳西·卡维尔兹涅夫。

读完这本书后，布丰陷入了沉思：

"这个俄国人认真研究了我的作品，尽管还不是全部。有时他只是在重复我写过的东西。不过，他从这些材料中得出了完全不同的结论。他不承认我的'统一造物蓝图'，而是认为所有动物之间都有血缘关系，它们都发源于同一个祖先。从个人思想上看，他考虑得比我深远多了。可是人类……"布丰从扶手椅中一跃而起，开始在房间里来回踱步。"人类……人类是天之骄子，而动物则是地之苗裔。我就是这样说的！而这

---

① 又名山猫，中型猫科动物，外形似猫。——译注

俄国人……他竟然认为人和猴子有血缘关系。人……和猴子！"

布丰无论如何也无法赞同卡维尔兹涅夫"人和猴子有血缘关系"的推测。除此之外，这俄国人还有另一些观点——动物的可变性、亲缘关系以及动物界的统一起源等，凡此种种都令布丰深感不安。

"他倒是没有下定论，但只要读了他的文章，结论就自然而然地冒出来了。最好能跟他本人谈一谈，可该上哪儿去找他呢？不过……"

卡维尔兹涅夫的小册子是献给莱比锡①大学的自然史教授纳塔乃耳·莱斯卡②的。献词的开头是"亲爱的老师！"，落款则是"毕生对您感激不尽的学生阿法纳西·卡维尔兹涅夫"。

"莱斯卡大概知道在哪儿能找到自己的学生。" 布丰心想，于是给莱斯卡写了封信，请他把卡维尔兹涅夫的住址告诉自己。

布丰焦急地等待莱斯卡的回复，结果却收到一封让他大失所望的回信。莱斯卡对前学生的情况一无所知，只告诉了布丰一件事情：1775年初秋，卡维尔兹涅夫动身回俄罗斯了。

布丰愤愤地把回信揉成一团，可刚过一分钟，他又把信展平，重新读了一遍。

"回俄罗斯了吗……"他嘟囔着。"那就上俄罗斯找他呗。"

然而，就算布丰真的试着在俄罗斯寻找卡维尔兹涅夫，他也未必能找到此人了。

2

1765年，叶卡捷琳娜二世③下令在彼得堡成立了一个"自由经济协会"，这是俄罗斯第一个科学协会。俄罗斯科学院的任务是从事学术研究，而新协会的目标则是"在国内推广有益于农耕和工业的信息"。

这个协会对一切问题都感兴趣。它推出的"著作"中收录了各种各样的文章：有谈怎么耕地、施肥、播种的，有讲如何养护森林的，还有教人熬制肥皂和蒸馏焦油的。

俄罗斯人自古就从事养蜂业。协会认为，有必要让本国蜂农熟悉各种新技术，教会他们不是按照"古老的传统"，而是根据最新的科学道理来养殖蜜蜂。

---

① 德国东部城市。——译注
② 纳塔乃耳·戈特弗雷德·莱斯卡（1751~1786），德国博物学家、地质学家。——译注
③ 叶卡捷琳娜二世（原名索菲亚·奥古斯特，1729~1796），俄罗斯帝国女皇（1762~1796在位），在位期间标榜开明专制，发展经济，重视文化，开疆扩土，令俄国国力达到鼎盛，故人称"大帝"。——译注

"我们送两三个年轻人出国深造吧。让他们去萨克森①找施拉赫②。那可是位养蜂大师,跟着他是能学到些东西的。"

协会给亚当·施拉赫写了封信,请他收两三个年轻人为徒,并把养蜂业的所有奥秘都传授给他们。施拉赫答应了这个请求。

可是,要找到两三个合适的年轻人原来并不那么容易。要当施拉赫的学生就得懂德语,毕竟是去跟着德国人学习嘛;除此之外还得懂拉丁语,因为拉丁语是当时的学术语言。贵族倒是都教自己的孩子学法语,要找个既懂德语又懂拉丁语的贵族子弟也还是有可能的,问题是……哪个贵族子弟会愿意去学养蜂呢?就算他去了并掌握了养蜂技术,以后又会愿意去当蜂农的老师么?怕是未必吧。

"我们在宗教学校的学生中找找吧。"协会成员作了决定。"他们不是贵族出身,跟他们打交道没那么多麻烦事。只要一吩咐,他们自然就会出去学习。"

协会向各个宗教学校发出了求贤令。结果,他们在斯摩棱斯克③的宗教学校找到了两个合适的学生:这两位年轻人品行端正,成绩优良,精通德语和拉丁语。至少学校领导给他们的评语中是这样写的。

两个学生被召到了彼得堡,并接受了施泰林院士④和拉克斯曼院士⑤(此人也是位旅行家)组织的考试。两个小伙子流畅自如地把拉丁语翻译成德语,把德语翻译成俄语,把俄语又翻译成了拉丁语,而且熟知语法和句法。除此之外,两位院士也顺便对他们进行了其他科目的测试。

"这两人完全适合出国学习。"考官们对协会汇报说。"他们日后必将成为可用之才。"

于是协会让他们换上漂漂亮亮的衣服,并发给他们每人一百卢布⑥做旅费。

"出发吧!到了国外可得保持谦虚谨慎,品行端正,好好学习,天天向上,多写信谈谈上过的课程。要记住,我们在国内会一直关注你们的。"

两位年轻人就这样乘船出发去西方了。他们的名字分别是阿法纳西·卡维尔兹涅夫

---

① 德国东部地区,当时是一个独立公国。——译注
② 亚当·戈特洛布·施拉赫(1724~1773),德国启蒙学者、养蜂专家。——译注
③ 俄国西南部城市。——译注
④ 雅科夫·雅科夫列维奇·施泰林(生于德意志的士瓦本公国,原名雅科布·冯·施泰林,1709~1785),俄国雕刻家、制图家、火药专家,俄罗斯科学院早期主要成员之一。——译注
⑤ 基里尔·古斯塔沃维奇·拉克斯曼(生于瑞典,原名埃里克·拉克斯曼,1737~1796),俄国化学家、植物学家、地理学家、旅行家,俄罗斯科学院早期主要成员之一。——译注
⑥ 俄国货币名。——译注

▲ 15世纪学者所描绘的海鱼和海怪　　　　▲ 15世纪的动物学课堂

和伊万·博罗多夫斯基。

这场旅行一开始就很不顺利，他们乘坐的船只在波罗的海①碰上了风暴。不幸中的大幸，沉船地点就在吕根岛②附近，乘客和船员都保全了性命。

施拉赫住在萨克森的包岑③，而这座城市离吕根岛还有350千米左右的路程。

两位日后门生的旅费已经所剩无几了。他们只好一路走过去，走了两个星期才到达目的地。当旅途接近尾声时，他们已经沦落到靠变卖衣服来勉强维持生计的地步了。

"欢迎到来！"施拉赫迎接了远道而来的两位学生。"等你们稍事休整，缓缓旅途的劳顿之后，我们就立刻开始上课。"

---

① 位于中欧和北欧之间的陆间海，是联系俄国和中欧、西欧的主要海上通道。——译注
② 德国东北部大岛。——译注
③ 德国萨克森东部城镇。——译注

昔日的宗教学生就这样变成了普通的大学生。他们认真学习当时还为数不多的蜂房类型：整木蜂房、"篮状"蜂房（用稻草做成，形状像个吊钟），还有木板蜂房。他们还研究了产蜜植物。施拉赫深谙蜜蜂的生活习性，并将这些知识传授给两位学生。正是他做出了一个伟大的发现：他搞清楚了为什么有的蜂室会孵出工蜂，而有的却会孵出蜂后。当时，人们已经设计出了用于观察的玻璃蜂箱，里面可以放进一个蜂房；正是这个设备帮助施拉赫了解了蜜蜂的许多奥秘。

"一切都取决于食物以及蜂室的大小。"施拉赫对俄国学生说。"请看，蜂后的蜂室比工蜂的蜂室大得多吧。不过蜂室并不是唯一的决定因素。还有食物！"施拉赫举起食指，皱起眉头。

▲ 阿·卡维尔兹涅夫著作的扉页（德文版）

"食物是很重要的！蜜蜂喂给幼虫不同的食物。有一种营养特别丰富的食物叫'蜂王浆'，工蜂的幼虫只有最初的几天里才能吃到，等它们长大一点后，就只能吃蜂蜜和花粉了。而蜂后的幼虫一直都能享用这种'蜂王浆'。狭窄的蜂室和恶劣的食物养出了发育不全、没有生殖能力的雌蜂，也就是工蜂；宽敞的蜂室和精选的食物则养出了蜂后。这一点为什么重要，你们晓得么？"

卡维尔兹涅夫和博罗多夫斯基面面相觑，一句话都答不上来。

"别紧张！"施拉赫安慰他们。"就在不久之前，这件事情还没有一个蜂农知道呢，哪怕是经验最丰富的也不例外。请看！"他把两人带到了观察用蜂箱前，指着蜂房说："这些蜂室像蜂后的蜂室吗？不太像。为什么呢？因为这原本是工蜂的蜂室，经改建才成了蜂后的蜂室。我把蜂后从这儿取走，于是这些蜂后蜂室里就没有幼虫了。这样一来，工蜂就会在上面搭建几个普通的蜂室，里面有刚孵化的工蜂幼虫，并喂给它们'蜂王浆'。这些幼虫都会长成蜂后。只需注意一点：工蜂的幼虫不能超过三天大，因为更大的幼虫就不能再变成蜂后了，不管你用什么喂它都是徒劳。"

未来的养蜂专家每天都能学到一些新的东西，他们对自然科学的兴趣也与日俱增。施拉赫对两位勤奋的学生非常满意，常常在写给协会的信里夸奖他们。

美中不足的只有一点：学生们从协会收到的钱太少了，连满足生活需要都不够，可他们还想学些养蜂业以外的知识呢。拿什么来支付老师的报酬呢？

"我们满怀热望，焦急万分，只求学习自然史及其他作为经济之有益组成门类的学科，接受相关训练，了解除养蜂业之外的其他必要知识。"学生们给彼得堡写信，请求增加生活费，并希望能在国外多待一段时间。施拉赫也给协会写了信，说两位俄国学生对自然科学非常感兴趣，如能多学点养蜂业之外的知识则是再好不过的，可他们收到的钱不够支付教师的报酬。

协会对卡维尔兹涅夫和博罗多夫斯基的成绩相当满意，便允许他们在萨克森再多待两年，发给他们的生活费也涨到了每年300卢布。

1772年秋，两位学生来到了莱比锡，开始在那儿学习自然科学。不过他们并不只是学习，卡维尔兹涅夫还把施拉赫编纂的养蜂指南翻译成了俄语。译著在彼得堡出版，译者也因此获得了一百卢布的奖金。这就是《萨克森养蜂人，有关繁殖蜜蜂之清晰合理指南，戈·施拉赫著 由阿法纳西·卡维尔兹涅夫据德文版译出》（1774年，338页）一书的由来。施拉赫却没有看到这本书的问世，也没能为学生取得的成就及著作在俄罗斯的出版而欢欣鼓舞了：他1773年就离开了人世。

彼得堡方面对两位学生非常满意，又批准了他们在莱比锡再多待一年的请求。

1775年到了。正是在这一年，卡维尔兹涅夫出版了自己的小册子，也就是那本后来让布丰惊讶不已的小书。此外，这一年也是他们学业期满的一年，必须返回俄罗斯了。

1775年秋，卡维尔兹涅夫和博罗多夫斯基回到了彼得堡。同四年前一样，他们又接受了一次考试。这一回，对他们进行测验的是整个委员会：著名的全俄旅行家、布丰著作的俄译者伊万·列彼欣[①]，博物学家、西伯利亚旅行家、熟知各种矿物的学者埃里

[①] 伊万·伊万诺维奇·列彼欣（1740~1802），俄国博物学家、旅行家、词典编纂学家，彼得堡科学院院士。——译注

克·拉克斯曼，以及高加索①研究专家约翰·居尔登施泰特②。以上三人都是大名鼎鼎的博物学家、科学院院士。第四位考官是物理学家、天文学家约翰·阿尔布雷希特·欧拉③，也是俄罗斯科学院的骄傲与荣光——大数学家莱昂纳德·欧拉④的儿子。

卡维尔兹涅夫漂亮地通过了考试，院士们对他的成绩写下了赞赏的评语。除此之外，他还因翻译施拉赫著作的工作而获得了协会授予的银质奖章。

如此看来，卡维尔兹涅夫面前似乎已经铺开了未来学者的康庄大道。着实可惜！一切都因国外寄来的几封信而泡了汤。

莱比锡的生活费用并不算高，两位学生也都不是挑三拣四之人，可他们一年300卢布的生活费有一半都用来支付教授上课的费用了。卡维尔兹涅夫和博罗多夫斯基就这样欠下了一屁股债：人总不能不吃饭，也不能成天穿着破衣烂衫吧（每年150卢布又派得上什么用场呢？）。老实说，这笔债的数目倒也不是很大，只有371泰勒⑤。当两人还住在莱比锡时，他们的债主——裁缝、鞋匠和酒店老板都还能耐心等待，可是等他们回国之后，债主们就着急了起来，生怕自己的泰勒就这样打水漂了。他们开始向俄国大使馆写信投诉。

大使馆把投诉寄到了彼得堡，事情就这样一直闹到了叶卡捷琳娜二世御前。协会请求女皇对卡维尔兹涅夫和博罗多夫斯基伸出援手，可她却没有拯救这两个倒霉的债户。女皇对协会的请求做出了最终批示："朕宣布，前述学生既已由官家资助研习各类科学，则可依其知识及适用之才，自行寻职并藉此糊口。"

在彼得堡没有找到合适的职务。最终，卡维尔兹涅夫被外放到了斯摩棱斯克，上头给他提供了一个年薪240卢布的办公厅职位。

未来的学者就这样沦为了一名外省小吏。他懂德语和拉丁语，学过自然科学、物理学和化学，把养蜂学著作译成了俄语，自己也写过一本书（尽管这本书在俄罗斯全然无人知晓），还因自己的工作获得了自由经济协会的银质奖章；俄罗斯最负盛名的学者、

---

① 西亚-东欧地区名，包括现今俄罗斯南端的一部分以及格鲁吉亚、亚美尼亚、阿塞拜疆三国。——译注
② 约翰·安东诺维奇·居尔登施泰特（1745～1781），俄国博物学家、旅行家，彼得堡科学院院士。——译注
③ 约翰·阿尔布雷希特·欧拉（1734～1800），俄国数学家、物理学家、天文学家，彼得堡科学院院士。——译注
④ 莱昂纳德·欧拉（生于瑞士，后长期居住于普鲁士和俄国，1707～1783），数学家、物理学家、天文学家，彼得堡科学院院士。在数学、力学、光学和天文学的许多领域做出过突出贡献，被公认为近代数学的奠基人之一。——译注
⑤ 19世纪流通于德意志诸国的一种银币。——译注

科学院院士给了他最好的评语。这一切到头来都成了一场空，他只能坐在斯摩棱斯克的办公厅里，干着普通书吏的活儿罢了。

卡维尔兹涅夫拿到了40卢布的路费，就出发前去斯摩棱斯克了。他成了一名小文员，学术生涯算是彻底完了。

18世纪80年代末，卡维尔兹涅夫退休离职，搬到了妻子的一座小庄园里，就在斯摩棱斯克附近。他在那里从事农业和养蜂活动。

1812年，拿破仑的军队向斯摩棱斯克和莫斯科挺进①，途经卡维尔兹涅夫的庄园并将其洗劫一空。卡维尔兹涅夫的妻子死了，他本人落得身无分文，却还有嗷嗷待哺的孩子。后来，他试图靠公费让女儿上学读书，却没能成功。这就是关于卡维尔兹涅夫的最后一点消息了。

3

在彼得堡时，卡维尔兹涅夫从未跟人谈到过自己的德文论文，在报告留学情况时，他对这篇文章也只字不提。当时，俄罗斯科学院的院士们都支持林奈的观点，坚定不移地相信物种是不变的。把那篇关于"变化"的论文拿给他们看（也就是跟他们讲物种是可变的）是一件危险的事情：持自由思想的人并不受欢迎。

卡维尔兹涅夫的书中有着相当多的自由思想。

论文的开头倒是完全看不出什么自由思想。"有一种这样的观念：不管我们如今看到多少种动物，它们由造物主创造出来时是什么样，如今就还是那副模样。"这是林奈的原话。不过，卡维尔兹涅夫引用这话的目的只是为了进一步提出质疑：事情果真如此吗？在接下来的几页里他就写道：事实并非如此，动物是可变的。

这种可变性在家养动物身上是最容易观察到的。

"有谁能够想到，体型庞大的野生盘羊②竟然是我们的各种家养绵羊的祖先呢？无论是身体构造还是毛皮，抑或行动的敏捷程度，这两种动物之间都存在何等巨大的差异啊！要是比较一下各地的家羊，又会发现它们之间并无分毫相似。甚至在同一个国家，都能找到身体构造、毛皮和体型各不相同的家羊。只要是对自然史和农业稍有了解的

---

① 指1812年俄法战争，拿破仑帝国对俄罗斯帝国发动的侵略战争。战争初期，拿破仑率领50万法军长驱直入，直至占领俄国首都莫斯科，俄军则采取坚壁清野、避其锋芒的战略，消耗敌军有生力量。后期法军陷入补给困难，和谈遭俄皇拒绝，被迫弃城撤退，途中遭到俄军和游击队持续袭击，最后只有数万人返回法国。这场战争成为拿破仑帝国崩溃的开端。——译注
② 偶蹄目牛科动物，是与家养绵羊亲缘关系最近的物种。——译注

人,都非常清楚上述事实。"

再看看狗和牛,其不同品种间的差异也丝毫不比绵羊的少。假如博物学家是在野外发现这些品种的话,大概会把它们当作不同种类的动物,毕竟它们之间的差异已经大到相当可观的程度了。

以上就是卡维尔兹涅夫的观点。80年后,查尔斯·达尔文[①]对家鸽品种的论述也差不多就是这些内容。

家养动物是可变的。那么野生动物呢?

卡维尔兹涅夫认为,野生动物也是可变的。气候和食物会对动物产生显著影响,前者变化了,后者也会跟着变化。这些变化大到能够为新物种的产生奠定基础。

可是,既然动物是可变的,变化能为新物种的产生奠定基础,那么就会得出一个显而易见的结论:相近的物种就是近亲。是这样吗?

卡维尔兹涅夫回答说:是的。动物之间存在血亲关系,这一思想也能由它们的内部构造得到证实。卡维尔兹涅夫并没有研究过动物解剖学,但布丰的《自然史》里收集了大量的解剖资料:解剖名家杜班通给他当了那么多年助手并不是白干的。卡维尔兹涅夫研究了这些材料,却做出了与布丰大相径庭的结论。

"必须承认,所有动物都发源于同一个祖先……一切动物身上都能观察到惊人的相似之处(内部构造),这些内部的相似往往同外部的差异并存不悖,这不得不使人联想到,它们最初都是按着一幅共同的蓝图创造出来的。根据这个观点,我们不仅可以把猫、狮子和老虎,甚至还可以把人类、猴子以及其他各种动物都视为同一个动物大家庭的成员。假如猫果真是狮子或老虎的变种的话,那么自然界就拥有无限的力量;据此可以确信,随着时间的流逝,从同一种生物身上产生出了各种各样的生命体。"

布丰断言,所有动物都是造物主按同一幅蓝图造出来的:它们之所以存在差异,仅仅是因为造物主把蓝图调整得各式各样罢了。卡维尔兹涅夫则指出动物的血缘关系和共同起源。对布丰来说,人类是天之骄子,而在卡维尔兹涅夫看来,他只不过是猴子的血亲而已。

卡维尔兹涅夫先从林奈对物种不变的论断开始,然后逐页对这个观点进行批驳。

"物种是可变的。所有动物都起源于一个共同的祖先,它们都是同一个主干衍生出来的分支。人类也不例外。"

这个结论在卡维尔兹涅夫的书里并没有明确写出来。不过,读者很容易就能自行归纳出来,连布丰都做到了这一点。

[①] 见本书第十一章。——译注

卡维尔兹涅夫的大胆思想比拉马克①、圣伊莱尔②和达尔文早了许多年。

可是，24页的篇幅中能论述的内容着实有限，何况卡维尔兹涅夫本人了解的东西也不算多：他毕竟只学过几年自然科学。设想一下，假如从事了10~15年的自然科学研究，他将会写出一本怎样的著作呢？这就只有天晓得了。

卡维尔兹涅夫的论文被译成了俄语。不过，想在俄罗斯自然科学著作手册或名录上寻找他的姓氏可是白费功夫。1778年，彼得堡出版了一部小册子《对动物变化的哲学思考 由斯摩棱斯克宗教学校德语教师伊万·莫罗佐夫据德文版译出》。书里并没有作者的姓氏。

1787年，这部著作出了第二版，可之前的错误却如数保留，因为译者对自然科学一窍不通。

卡维尔兹涅夫的德文小册子却依然湮没无闻。俄译本里根本就没有作者的姓氏，而且还翻得非常糟糕。作者本人则在刚刚开始学术生涯的时候就为科学献出了生命。直到170年后的今天，我们才了解到这样一个事实：最早的进化论者中有一位俄罗斯人，他就是阿法纳西·阿瓦库莫维奇·卡维尔兹涅夫。

他勇敢地说：动物是可变的，它们都来自同一个祖先；人类也不例外，他不过是动物界的主干上衍生出来的一个分支罢了。

---

① 见本书第九章。——译注
② 见本书第九章。——译注

第七章　自然系统

1

"我要把你送给鞋匠当学徒！"乡村牧师尼尔斯·因格马森·林奈乌斯①跺着脚嚷道。"说不定，鞋匠的皮带能教会你该怎么干活的。"

卡尔站在那儿，手里摆弄着一根植物枝条。相比起拉丁语以及学校里传授的其他深奥知识，他对这根枝条的兴趣要大得多。

"你在听我说话吗？"父亲一把从他手中夺下枝条。"你的老师说得没错，用尺子来收拾你还远远不够，必须换做皮带。我今天就去跟他们谈你的问题。"

牧师走了，去找一个答应收他的长子卡尔为徒的鞋匠。而卡尔却溜到了父亲的花园里，那里有几个栽培着各种植物的"私家"苗圃。他正是在这个花园里度过了大部分时间（当然，是以逃掉拉丁语和几何学课为代价的），至少春夏秋三季都是如此。

卡尔自小就对植物感兴趣。他不去学校上课，反而跑到林子里收集观察各种花朵和树叶。这种对课业敷衍了事的态度很快就产生了严重后果。当卡尔的父亲到学校了解儿子的成绩时，老师们"安慰"他说：

---

① "林奈乌斯"（Linnaeus）是瑞典姓氏"林奈"（Linné）的拉丁化版本。——译注

"您的孩子简直百无一用。"牧师只听到这样一番话。"还读什么书啊！……把他送到木匠或鞋匠那儿干活吧，好歹能掌握一门手艺。"

在那次拜访学校之后，就发生了牧师尼尔斯跺着脚对儿子大喊大叫的一幕。他本是想把儿子也培养成牧师的，这样看来可不成了。

走到街上后，牧师心想，不妨先跟别人商量下该把懒虫卡尔送到哪个鞋匠手里。于是他去找老朋友洛特曼医生，请医生提提建议。

"你大概是对的。"听完尼尔斯的诉苦后，医生这样回答道。"令郎是成不了牧师的……不过，你看这主意怎么样？为什么他就不能当个医生呢？这孩子对自然科学很感兴趣，也具备这方面的才能。要知道，医生赚的钱可不比传教士少呢……把他交给我来带吧，我会亲自监督他的学业。"洛特曼又补了一句。

牧师回家了。

"我找到了个管教你的人。"他对卡尔说。

孩子立刻吓得全身都僵了：他可不想落到鞋匠手里啊。

"是……洛特曼医生。"

卡尔惊奇得睁大了眼睛。

"有什么好奇怪的？"

这时，卡尔的妈妈也加入了谈话。她非常希望能看到儿子在神坛上布道。

"可我们已经决定了，要让卡尔成为牧师。"她提出了反对。"是牧师，根本就不是医生。"

"当牧师吗……"父亲自言自语。"可要是他成不了呢？就让他当医生好了。或者你更想让他做个鞋匠？……你呢，卡尔，以后想干什么？"

"我要继续学习……别把我从学校带走……我会好好用功的……我想当医生。"

"好吧！就这样定了。"

洛特曼是个优秀的教育家和老师。他非常巧妙地抓卡尔的教育，让孩子在不知不觉中就爱上了拉丁语，而这门课他以前可是听都不想听到的呢。

"喂，读读这本书吧！"医生把普林尼的作品塞给了卡尔。"给我翻译其中的五页内容。"

卡尔皱皱眉头，但也拒绝不了洛特曼的要求，只好坐下来动笔翻译。他勉勉强强地翻完了第一页，可是越往下读，他对这书的兴趣就越发浓厚。原来啊，普林尼跟卡尔在中学翻译过的那些"拉丁人"①截然不同。他的作品里简直有一部关于自然科学的百科全

---

① 指用拉丁文写作的古罗马经典作家，如恺撒、西塞罗、维吉尔、贺拉斯等。——译注

书。卡尔对这书着了迷，甚至连吃饭都顾不上了。

"嘿，翻译得怎么样啦？"洛特曼狡猾地问道。

卡尔哈哈大笑，算是做了回答。

如今，这孩子已经对拉丁语充满了热情。普林尼的书他差不多已经背了个滚瓜烂熟。卡尔·林奈乌斯突然开始认真学习，并且还学到了不少知识，何况还是拉丁语方面的知识——这可真是咄咄怪事！学校里的人都对此惊讶万分。

"这全都是暂时的，毫不牢靠。"留着大胡子的拉丁语老师暗自嘟囔着。"洛特曼毕竟不是教育家，他什么都办不成。林奈乌斯也不可能牢固地掌握知识。这一切都只不过是表面现象罢了。"

与老师的预期相反，卡尔还是完成了中学课程。可就算到了这份上，学校还是不相信他的能力，只给他发了一个看上去像是冒牌货的毕业证书。

学校里的少年就像种在苗圃里的小树。有的时候（尽管很罕见）不管怎么照料，都无法使树木的野性顺从文明的教化，但只要把它移植到另一片土壤上，它的品种就会得到改良，结出不错的果子。

该少年卡尔·林奈之所以得以毕业进入学院，纯粹只是出于这样的希望：或许其人能在学院中遇到适合他发展的气候条件。

以上就是中学校长科隆为卡尔写的评语。这个不太聪明的老头儿根本没有想到，这样的评语首先只会让他本人、他的教师同事以及学校丢脸。因为那个"气候恶劣、土壤贫瘠"，害得"小树"无法在其中茁壮成长的"苗圃"，恰好就是他们学校嘛。既然如此，"小树"的栽种地点和培植方式都不对头，那它本身又有什么过错呢？科隆没有考虑到这一点，还以为写了这个评语就能把责任推个一干二净了①：就让学院去试着将懒汉卡尔培养成才吧，而他科隆已经预先警告过了嘛……

卡尔就拿着这个"毕业证书"出发前往隆德②了。隆德是瑞典境内最近的一座大学城，那儿住着他的亲戚，神父兼教授胡梅路斯，卡尔满怀期望能得到他的保护。

---

① 原文作"洗了手"，典出《新约圣经》：当耶稣被押到罗马总督般雀比拉多（新教译为本丢·彼拉多）面前时，比拉多知道耶稣无罪，有意为其开脱，但受到蛊惑的群众极力鼓噪，要求把耶稣钉死。于是，"比拉多见事毫无进展，反倒更为混乱，就拿水，当着民众洗手说：「对这义人的血，我是无罪的，你们自己负责吧！」"（《新约·玛窦福音》27:24）。引申为推卸责任。——译注

② 瑞典南部城镇。——译注

▲ 卡尔·林奈(1707~1778)

正要进城的时候，他听到了一阵丧钟。

"是谁去世了？"

"胡梅路斯神父。"

从此以后，林奈终其一生都无法对丧钟保持无动于衷。这其实是毫不奇怪的。

尽管如此，卡尔还是成功找到了一个对毕业证书毫不在意的教授，拜入其门下学习。卡尔学习非常刻苦，取得了优秀的成绩，可是他的经济却很成问题了：卡尔的父亲并没有多少钱，难以维持儿子在异乡的生活。幸好，有一位医学教授基里安·斯托拜乌斯[①]对他产生了同情，把卡尔叫到自己家去住。斯托拜乌斯家里有成套的植物标本，有收藏的矿物和贝壳，有晒干的鸟类标本和昆虫标本，还有许多书。

"他连蜡烛都不灭就睡觉，会引起火灾的。"斯托拜乌斯的母亲抱怨说。"你跟他讲讲，叫他别害得咱家被烧了。"

于是斯托拜乌斯一天夜里去了林奈房间，只见他正坐在那儿读书。教授深受感动，在这位用功的学生的额头上亲了一下。卡尔获准在晚上读书，想读到几点就读到几点。

1728年夏，林奈时常在隆德附近闲逛。他在树林、田野、沼泽和山冈上漫步，一边收集着植物和昆虫。在一次散步中，卡尔不知被什么虫子咬了一口。这一下可把他吓得不轻：当时瑞典人对苍蝇和黄蜂还知之甚少，所以他以为是被什么可怕的生物咬了，而且这一咬还带着剧毒，自己可能会就这样死掉。

"我要死了！一只毒苍蝇咬了我一口……救救我！"他还没跨进家门就大声哭喊道。

林奈一幅惊慌失措的样子，把斯托拜乌斯也吓了一大跳。

"快动手术！"教授一分钟都来不及多想，就一把抓起柳叶刀给林奈放了血。他没空坐在病人身边看护，于是把他留给一位叫斯奈里的外科医生照顾，自己先出去了。

"感觉怎么样？"大夫问卡尔。

"很疼。"

"唔……"能干的医生把卡尔的胳膊从肩膀到手肘都切开检查了一遍。"没什么大不了的。"他安慰着病人。

结果卡尔被送到乡下休养去了。他倒不是去养病（咬他的不过是只极普通的牛虻），而是要把治疗时落下的伤给医好。这种事在当时屡见不鲜。

卡尔回到了父母身边。这一回，他的母亲终于死了心，觉得自己注定看不到长子站在神坛上布道的身影了。卡尔把所有空闲时间都花在树林里，就算有时在家里待着，也

[①] 基里安·斯托拜乌斯（1690~1742），瑞典博物学家、医学家、历史学家。——译注

第七章　自然系统

是孜孜不倦地把晒干的植物往纸页上贴。这样的懒虫又成得了什么传教士呢！

洛特曼医生倒是毫不反对学生干的事情，可是……

"你离开隆德去乌普萨拉①吧。"他劝告卡尔。"真的，那儿既有教授又有图书馆，你在那边一定会大有出息……那里连植物园都有呢。"他眨眨眼说。他很清楚，植物园对林奈来说是一个最有力的理由，他不可能抵抗得了这个诱惑。

卡尔果然受不了诱惑，就转学到乌普萨拉大学去了。

"我给你一百枚金币。"临别时父亲对他说。"记住，从今以后别想再从我这儿拿到一分钱。咱俩两清了！"

卡尔就带着父亲的这份"临别赠言"来到了新城市。钱很快就花光了，又想不出能从哪儿赚到钱。就这样耗了一年，卡尔终于在1729年秋最后去了一趟乌普萨拉的植物园：他在这座城市里再也待不下去了。

可怜的卡尔几乎是哭着在一丛丛灌木、一株株植物之间走来走去。他俯身到一朵花上方，想把它剪下来收到自己的植物标本里。

"年轻人，请问你为什么需要这朵花呢？"他突然听到有人询问自己。

卡尔直起身子，回头看了一眼。他面前站着一位仪表不凡的先生。

"我喜欢植物学。"卡尔谦虚地回答说。

"是吗？怎么，你很懂植物？"

卡尔开始列举他所了解的植物。他几乎讲出了自己在杜尔纳弗②（某植物学家）的书中读到过的所有植物。

"嗯……嗯……那这种植物叫什么呢？"陌生的先生指了指早熟禾③的穗儿。

林奈说出了它的名称。

"那这种呢？……这种？……这种？"

很难说两人中谁的动作更迅速：是那个急匆匆地踩平一片片草、指着灌木和树木提问的先生呢，还是对答如流、无所遗漏的卡尔。

"我自己也有一套植物标本。"卡尔说。

"你到我这儿来吧，把植物标本也带上。"陌生人说着，给了卡尔一个地址。

陌生人对这次邂逅感到非常高兴。他原来是个牧师，名叫沃尔夫·塞尔修斯④。他正

---

① 瑞典中部城市，有著名的乌普萨拉大学。——译注
② 约瑟夫·皮顿·德·杜尔纳弗（1656~1708），法国植物学家，代表作《植物学基础》（1694）。——译注
③ 俗称小青草、小鸡草等，一年生或冬性禾本科植物，生长速度快，生命力十分顽强。——译注
④ 沃尔夫·塞尔修斯（老）（1670~1756），瑞典神学家、语文学家、植物学家。——译注

在进行一项万分重要且责任重大的工作：撰写一部有关《圣经》中提到的植物的著作。遇到林奈对他来说简直是如获至宝：他本人是个神学博士，对神学的事情可谓了如指掌，但对植物学却不太在行，尽管也是个植物学爱好者。

过了一段时间，沃尔夫牧师设法帮助手找到了一些上课机会。如今林奈已是吃穿不愁，想怎么研究植物学就怎么研究了。桦树皮重新成了桦树皮，而不再是修补破鞋掌的材料：在穷困潦倒的日子里，林奈用桦树皮来代替磨得破破烂烂的鞋掌，因为他已经没钱去买新皮鞋了。

很快，卡尔就结识了一位朋友。

这位朋友名叫阿尔特迪[①]，是位化学爱好者，不过他更喜欢的还是炼金术。炼金术士制取黄金的过程可真是引人入胜啊！阿尔特迪倒不是对黄金感兴趣，也不对财富孜孜以求。不！让他着迷的是神秘的炼金工作、神奇的公式和配方，以及实验前复杂的准备工作。

化学并没有增进阿尔特迪与林奈的友谊。事实上，让两人亲近起来的是另一件事情：除开炼金术，阿尔特迪还对鱼类很感兴趣——不是指捕鱼，而是指动物学研究。动物学可不就是植物学的亲姊妹嘛。

"喂！"阿尔特迪对卡尔说。"不管怎么说，你最好还是选一种动物吧，研究研究昆虫或者蜗牛。你瞧，这些小生物数量如此庞大，可从未有人对它们做过有条有理的研究呢。"

于是林奈开始进行这项新的工作，他与朋友之间马上就开始了竞争：两人都努力想超过对方。不过，林奈很快就举手投降了，因为他的心思全都叫植物给分走了。

林奈对植物学的爱好与日俱增，他往家里搬了一堆堆树叶和一捆捆巨大的花束，把花朵弄得七零八碎，拔出里面的雄蕊和雌蕊，将二者进行比较，计算它们的数量，并把它们画到纸上。

林奈在一本书中读到了有关雄蕊和雌蕊的知识，便对它们产生了浓厚的兴趣，决定将雄蕊和雌蕊作为新秩序的基础。这是一个极为浩大的工程，但卡尔并没有放弃希望。

"一团糟。"卡尔在房间里走来走去，一边自言自语着。"什么都没搞清楚，一点秩序都没有。描写的倒是不少，可全都杂乱无章。需要的正是秩序，需要一个系统。"

于是他坐下来规划这个"系统"，开始对一切植物进行研究。他选出相似的植物，对它们进行分组，然后把相似的组也归到一起，就这样一直不停地做下去。不管在哪儿，分类的基础都是雄蕊。

[①] 彼得·阿尔特迪（1705~1735），瑞典博物学家，号称"鱼类学之父"。——译注

▶ 林奈植物分类系统中的 24 纲图解

"红茶藨子、黑茶藨子和醋栗①彼此间很相似。就把它们归到同一个属吧，叫茶藨子属。瞧，简洁明了！"林奈又开始挑选更多与茶藨子有相似之处的植物。

他先给属命名，然后加上种的名称，这样显得既简单又方便。从前，人们把野蔷薇叫作"花朵带有玫瑰芳香的普通森林蔷薇"，如今只需称为"森林蔷薇"就行了。不过这还不够，属有很多很多，总不能都按着长长的描述来寻找吧；得设法简化一下，减少寻找属的难度。于是林奈把属归并为目，把目归并为纲。这下子雄蕊就派上大用场了：林奈根据它们的数量、构造特点和分布方式确定了植物的各个纲。

这项工作持续了大约25年。林奈开始动手时还是个学生，等他最终完成了这项艰巨的事业时，他早已成为"植物学家之王"了。诚然，在这20多年的时间里，林奈一直在对自己的系统进行各种完善，但我们在此不打算讨论这些修改，而是直接跳到后面，将这个系统的最终形态介绍给读者，也就是林奈的《植物哲学》（1753）一书中的版本。这个系统里有24个纲，其中23个是有花植物。这24个纲（见右图）是：

1、单雄蕊纲（*Monandria*）②；

2、二雄蕊纲（*Diandria*）；

3、三雄蕊纲（*Triandria*）；

4、四雄蕊纲（*Tetrandria*）；

5、五雄蕊纲（*Pentandria*）；

6、六雄蕊纲（*Hexandria*）；

7、七雄蕊纲（*Heptandria*）；

8、八雄蕊纲（*Octandria*）；

9、九雄蕊纲（*Enneandria*）；

10、十雄蕊纲（*Decandria*）；

11、十二雄蕊纲（*Dodecandria*）；

12、二十雄蕊纲（*Icosandria*，雄蕊数量不少于二十，且均附着于花萼③）；

13、多雄蕊纲（*Polyandra*，雄蕊均附着于花朵）；

---

① 三种植物均为虎耳草科茶藨子属植物，落叶灌木。红茶藨子又名红醋栗，黑茶藨子又名黑加仑。——译注

② 以下译者对原文的编排格式做了一些调整，并补充了拉丁学名，方便读者查阅。——译注

③ 即花冠外的绿色被片，是花的一部分，起保护、支撑作用。——译注

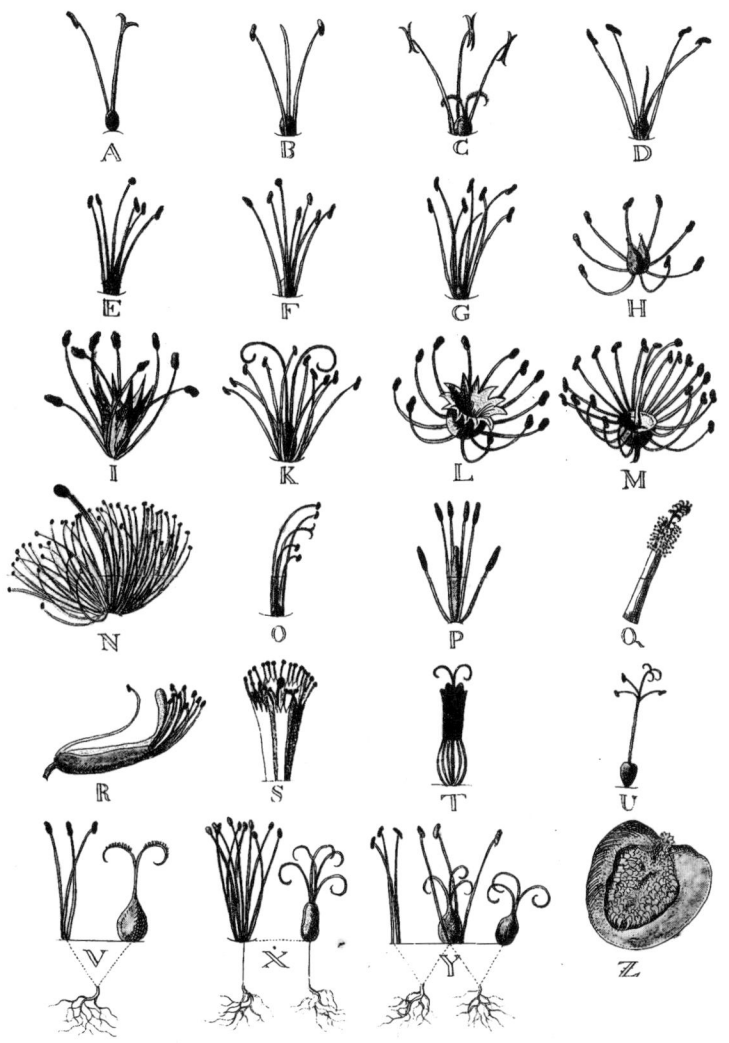

14、二强雄蕊纲（*Didynamia*，雄蕊长度不等，二短二长）；

15、四强雄蕊纲（*Tetradynamia*，六个雄蕊，四长二短）；

16、单体雄蕊纲（*Monadelphia*，所有雄蕊都长成一簇）；

17、二体雄蕊纲（*Diadelphia*，十个雄蕊，九个长在一起呈针状，一个自由生长）；

18、多体雄蕊纲（*Polyadelphia*，雄蕊呈针状生长，集结成若干簇）；

19、聚药雄蕊纲（*Syngenesia*，花蕊自由生长，花药长在一起）；

20、合体雄蕊纲（*Gynandria*，雄蕊同雌蕊的茎部长在一起）；

21、雌雄同株纲（*Monoecia*，只有一种性别的花朵，或雄或雌）；

22、雌雄异株纲（*Dioecia*，每株植物上只有一种性别的花朵，或雄或雌）；

23、雌雄杂株纲（*Polygamia*，部分花朵雌雄同体，部分花朵雌雄异体）；

24、隐花植物纲（*Cryptogamia*，蕨类、木贼、石松、苔藓、菌类、地衣、藻类[①]）。

这样一来就很方便了。如果你找到了一种植物，只需看看它的雄蕊数量和形态，就能确定它所属的纲了。在纲之下还有属的名单，不过其中也有一些不便之处：林奈把一些相差甚远的植物归为了近亲，比如芦苇和小檗[②]，胡萝卜和茶藨子，还有葡萄和长春花。

最有意思的大概要属第21纲了，其中列入了许多截然不同的植物，如榛树、松树、慈姑、橡树、苔草、浮萍、荨麻，甚至还有轮藻[③]。

按雄蕊分类可以很容易地搞清楚植物的名称，但它的优点也仅限于此了。系统算是大功告成，但一看就是人为的产物。

1730年，鲁德贝克[④]教授决定找个人来替自己讲授一部分植物学课程。他本人已经上了年纪，经不起高强度的工作了。

"林奈可以胜任！"

"让一个刚在大学上了三年课的学生来当老师，实在是有点冒险啊。"有位罗尔堡教授表示反对。

尽管如此，系里还是满足了老教授鲁德贝克的请求。

林奈开始给其他学生讲授植物学课程。他还开设了植物学实践课，带着学生们到郊外去，和他们一起收集植物和制作标本。

与此同时，乌普萨拉学会收到了瑞典国王的通知，要他们派一位博物学家去研究拉

[①] 隐花植物即无花植物，不产生种子，通过孢子繁殖。木贼与石松均为蕨类植物门多年生常绿草本植物，地衣则是真菌与光合生物的共生体。——译注

[②] 芦苇为单子叶植物纲禾本目禾本科植物，小檗为木兰纲毛茛目小檗科植物。——译注

[③] 藻类植物的一门，大型沉水植物，已经有近似根、茎、叶的划分。——译注

[④] 沃尔夫·鲁德贝克（小）（1660~1740），瑞典医学家、博物学家。——译注

> ▶ ▶ 1732年5月，25岁的林奈开始了"拉普兰考察之旅"。他对当地萨米人的生活好奇不已，记录了大量风土人情相关信息，包括服饰、住所、农具等等。同时林奈也对当地许多植物、鸟类和岩石等作了细致的观察与详细的记录。后页图即是林奈收录于《拉普兰游记》中的图稿。

普兰地区[①]。

"林奈成天都在鼓捣植物……那儿的活儿够他干的。"学会的科学家们决定将林奈派去参加这场学术活动，并发给他60泰勒出差费。这点钱也够了！林奈早已习惯了忍饥挨饿。

1732年5月13日，林奈动身出发。他的行李只有两件衬衫，外加自己身上穿的衣服。

林奈骑马离开了乌普萨拉，不久后便改作步行。他徒步穿越了耶斯特里克兰、海尔辛兰和梅代尔帕德省，然后又从那儿前往翁厄曼兰[②]。他在森林里和沼泽中艰难寻路，有时还得在齐膝深的水里前进。他饱受蚊子叮咬，冻得瑟瑟发抖，还常常挨饿。尽管如此，林奈还是设法到达了于默奥[③]。当地人告诉他，要在这个季节去拉普兰是绝对不行的。

"我一定要去！"他回答说，随后继续自己的旅程。

林奈不懂拉普兰地区的语言，带的那点钱也不够搭乘交通工具，平时只能用兽皮充当斗篷和铺盖，吃的东西则几乎只有干鱼。他就这样饿着肚子越走越远，来到了皮特奥[④]，又穿过瓦利瓦尔[⑤]附近的山地。他沿着山的北面艰难跋涉，随着旅途的推进，他脚下出现了越来越多以前没见过的新植物。太阳刚一落山就重新升了起来，途经的地区则变得越来越荒凉、越来越阴暗。

穿过芬马根省[⑥]后，林奈来到了极圈附近的北冰洋岸边。他打算从那儿继续乘船向北，可暴风迫使他放弃了这个念头。于是他重新开始在山里跋涉，一边收集植物和矿物。

在这段时间里，他经历了许多危险。这些险境并不只是饥饿和寒冷，也不只是陷入沼泽中的危险。有一回，他差点被自己的向导害死：那人不小心碰到了一块大石头，石头沿着斜坡向林奈站着的地方滚去。万幸的是，当时他刚好发现了一棵新植物，于是走到一旁想看个究竟，石头就从他身边呼啸而过了。

---

① 瑞典旧省名，包括如今挪威、瑞典、芬兰和俄罗斯北部的一部分。——译注
② 均为瑞典旧省名。——译注
③ 瑞典北部最大城市。——译注
④ 瑞典北部城镇。——译注
⑤ 可能是瑞典北部地名。——译注
⑥ 瑞典旧省名，现在是挪威的芬马克郡。——译注

第七章 自然系统　182 / 183

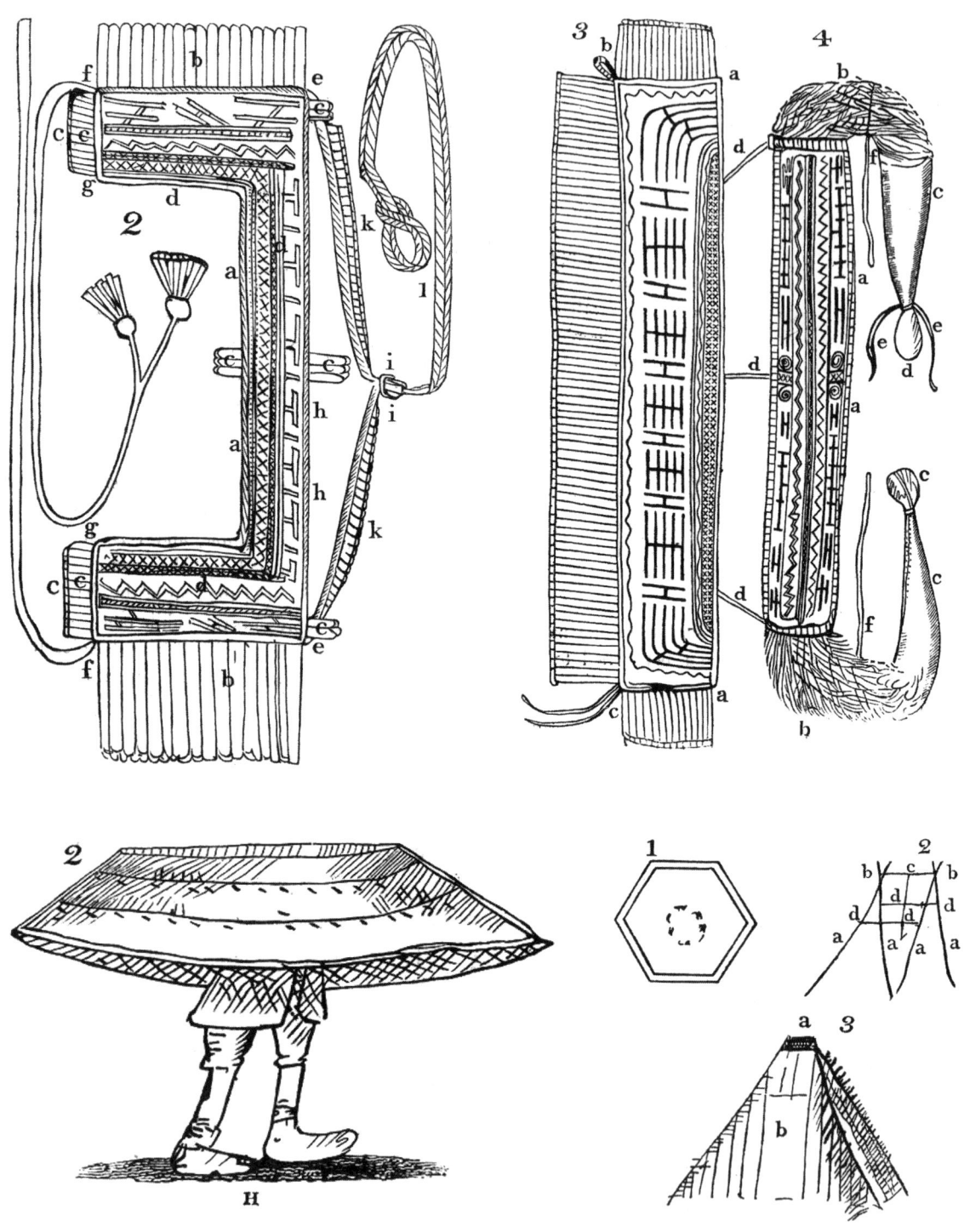

霍蒙库鲁斯——趣味生物学简史

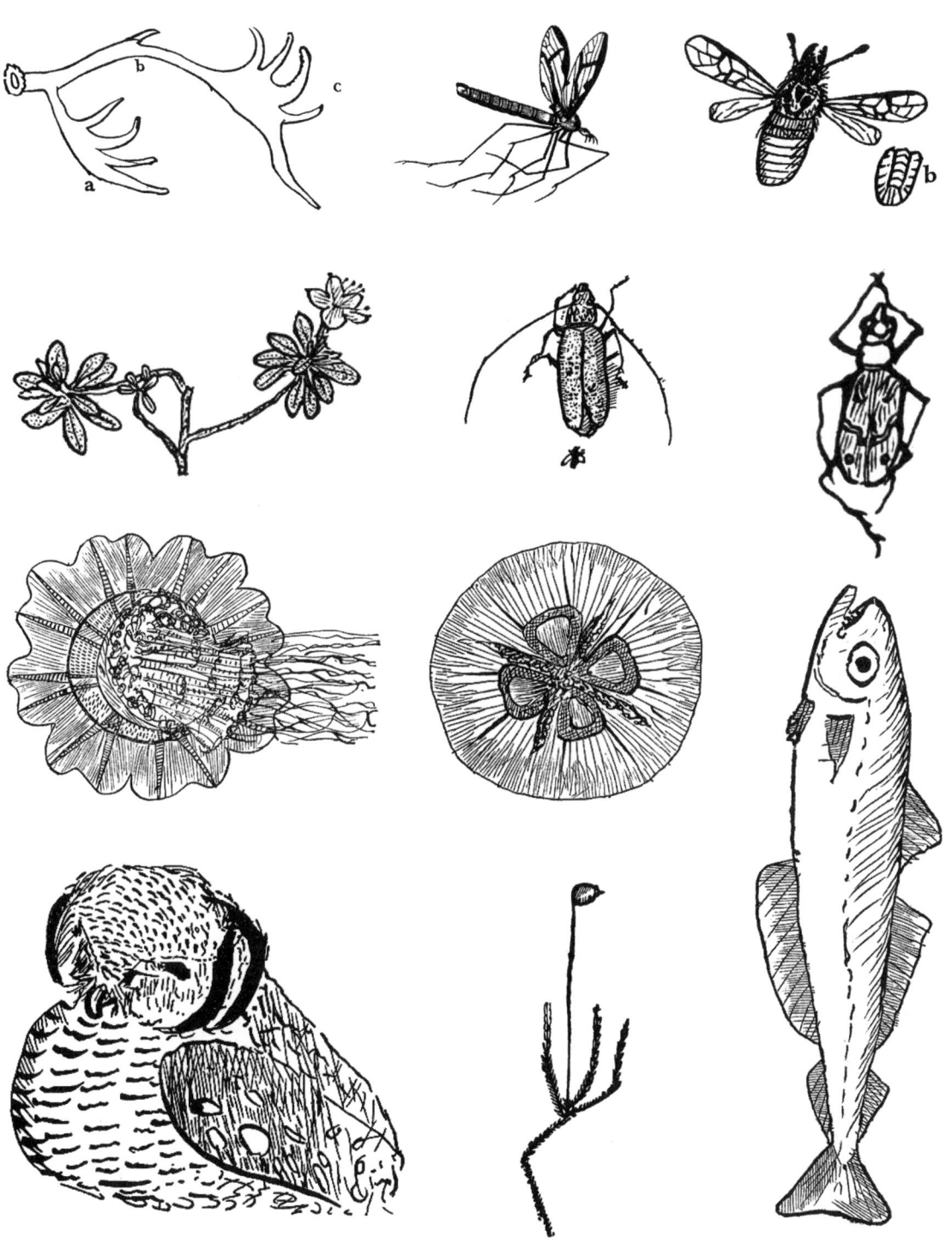

第七章 自然系统

还有一回，有个拉普兰山民朝他开了一枪，不过打了个空。林奈拔刀冲过去追赶强盗，可他哪里跑得过山民啊？他刚跑到第一条积雪覆盖的裂口处，就因没有注意到而摔了下去。

光靠步行是没法带走许多标本的，但是林奈并不图多带标本。他只是观察、研究、描写，亲眼看到和了解了许多东西，这就已经足够了。如果说他的背囊还不是那么沉的话，那他的脑子却已经塞得满满当当了——当然，前提是能够这样形容脑子，毕竟大脑这个"贮藏室"的容量是无穷无尽的嘛。

他途经托尔内奥①等城市来到阿博②，再从阿博取道阿兰德岛③回家，返回了乌普萨拉。在乌普萨拉，林奈写了份考察报告，为此获得了乌普萨拉学会112枚金币的奖励。看起来，这位旅行者可以指望由此一鸣惊人了。可惜的是，学术界对林奈的工作几乎毫不关注，以至于他申请为穷学生设立的助学金都费了好大工夫。即便如此，他也只是第一年收到了10枚金币，第二年就一分钱都没拿到了。

旅行归来之后，林奈更新了植物学和矿物学课程的教学内容。可这样一来，事情就变得非常不顺利了。林奈向学生们传授自己的系统发现，他讲的是一码事，可书里写的却完全是另一码事，搞得学生们并不总能听懂他到底在讲什么，看书也看得糊里糊涂，听课也听得莫名其妙。除此之外，他在工作上也开始遇到不愉快的事情。一些敌视嫉妒林奈的人开始大放厥词，说他没有拿到学位，是个学识浅薄、一知半解的家伙。系里对此睁一只眼闭一只眼：既然他在讲课，就让他继续讲好了。

起初不满的声音还比较微弱，林奈又有鲁德贝克和塞尔修斯罩着，足以把反对声压下去。可到了后来，牢骚就变成尖锐的抗议了。

"林奈无权在此授课。"有个叫罗森④的医学系研究生，不知为何看林奈很不顺眼，便在全系会议上公然声称。"这是正式发言，请将我的发言内容记录下来。"他又补了一句。

如今系里不得不做出决定了，而且只能是这样的决定："停止讲课。"

林奈陷入了绝望之中。他本是个谦虚谨慎，还有点儿优柔寡断的人，至少绝不是个闹事分子，可绝望之下，他竟跟罗森挑起了一场纠纷，差点就没演变成斗殴了。

"这就是您干的好事！"林奈嚷嚷着说。"难不成我挡你的道了吗！"

---

① 瑞典北部城市。——译注
② 芬兰西南部城市。——译注
③ 瑞典南部岛屿。——译注
④ 尼尔斯·罗森·冯·罗森斯坦（1706~1773），瑞典医学家，现代儿科医学的奠基人。——译注

他边说边用力挥舞着拳头，吓得罗森先是退了两步，然后开始四下张望，逮着个机会就迅速溜出了门。

"这事叫你吃不了兜着走！"他从门后探出鼻尖，朝林奈喊了一句。

罗森跑去告状了。

"林奈想打死我。"他向系里哭诉道。

塞尔修斯牧师好歹设法摆平了这件事情。但罗森毕竟是系里的一员，而且有正式学位；可想而知，向这样的要人挥拳头是绝对不能允许的。乌普萨拉大学就此对林奈关上了大门。

林奈再次面临着一个问题：以后要做什么？像上次一样，他迅速而成功地解决了问题。不过也必须承认，我们的植物学家实在是个幸运儿：总有人把他从困境中救出来。

"请您做我们的导师吧！"几个有钱的学生请求林奈。"我们想去达拉纳①旅行。"

"好啊！"林奈装出一副傲慢的样子说，心里却暗自乐开了花。他知道这趟旅行是赚不到钱的，但至少能填饱肚子。"这段时间我原本另有计划，但旅行对你们来说可是个扩展知识的好机会呢。"

旅行归来之后，林奈在小城法伦②安顿了下来。他在那儿进行私人授课，讲授矿物学和分析学③的课程（也就是传授矿业知识）。小城附近有几座著名的铜矿，因此听众还是有一些的。此外，他有时还能搞到些小小的行医机会。林奈重新穿上了暖和的衣服和鞋子，买到了需要的书，甚至还订购了几个用来装植物标本的夹子。然而，这对他而言还是太少了。他对大学讲坛的授课已是了如指掌，可如今却落得靠自由行医为生，业余研究一下植物，外加不时讲讲课；这种生活自然叫他很不满意。

"博士学位吗？好，我一定要把它搞到手！"

不过，要是城里没有莫莱乌斯医生这个人的话，林奈也许还不会那么快就出国攻读学位。医生本人倒是没怎么介入这件事，他并未劝林奈出国留学，也没有给他提什么建议。不！事情的原因并不在于医生，而在他的女儿身上。

林奈深深爱上了医生的长女莎拉-丽莎，很快就向她求了婚，把自己的心也一块儿交给她了④。

"你跟爸爸谈谈吧。"莎拉-丽莎回答说。乖女儿在这种情况下总是这样回答的。

---

① 瑞典旧省名。——译注
② 瑞典中部城市。——译注
③ 指对矿石和合金中的金属成分及含量进行分析的技术。——译注
④ 原文作"把手和心都交给她"，前者指求婚。——译注

第七章　自然系统

"我这就去找他!"

"不,今天别去,卡尔!别的什么时候都行,就是别现在去!"她拉住了他的上衣摆子。

"为什么?"沉浸在幸福中的未婚夫惊讶地问。

"爸爸今天很生气。他有个病人死了,所以……"

"这有什么!"

林奈大着胆子走进了莫莱乌斯的办公室。

"我倒挺喜欢你,可我不能把女儿交给一个乞丐。"当林奈对他说了自己的请求后,"爸爸"这样回答道。

林奈开始滔滔不绝地说起来。他东拉西扯了一堆不算很有条理的话,但医生还是明白了其中的意思,因为他已经习惯于研究病人那乱七八糟的话了。

"好吧!""爸爸"同意了。"你先彻底安顿下来,找一份稳定的工作,然后再回来见我。瞧你现在算个什么?啥都不是……"说着说着,他还晃了晃手指,想更明白地描绘出林奈那朝不保夕的处境。

莫莱乌斯甚至答应借钱帮林奈出国留学。林奈数了数自己的积蓄,再加上未来岳父的资助,发现自己的全部财产约莫有一百枚金币。

"足够了!"他心想,然后就跑去订制新郎背带。这是当时瑞典的一个习俗。

这背带可真是不错!两条粉红色和白色的丝绸带子,上面绣着男女双方的姓名——"卡尔·林奈"和"莎拉-丽莎·莫莱阿①"。这两条背带如今还完整保存着,可以在乌普萨拉林奈博物馆的陈列台里看到它们。

怀揣一百枚金币,辞别了未婚妻和未来的岳父,林奈动身前往异国他乡。他此去不仅是要攻读学位,还要争取到相应的社会地位,并赢得同莎拉-丽莎结为伉俪的权利。

2

汉堡②市长安德尔森有一个引以为荣的小博物馆,其中有个尤为令他骄傲的宝贝,那就是一条长着七个脑袋和七条脖子的蛇怪③。尽管它既没有翅膀也没有鳍,可是却长着两条腿,上面支撑着一个奇形怪状的蛇形身体。

---

① 原文作"莫莱乌斯",其实有误,因为拉丁化姓氏若按第一类形容词变化(即收-us),对女性而言要使用阴性形式(Moraeus > Moraea)。——译注
② 德国北部城市,当时属于丹麦王国。——译注
③ 或译"许德拉",古希腊神话传说中的九头蛇怪。——译注

"嘿嘿……真是稀罕啊！"不管时机合不合适，市长总要大声赞叹一番。"这条蛇怪甚至在格斯纳的书里都没有记载过呢，全世界仅此一只。独一无二！稀世珍宝！"

"可它是真的吗？"观众谨慎地问。

"真的？难不成还能是假的？"市长大为光火。"您知道么，我是从那个杀死蛇怪的海员本人那儿将它买到手的。他能死里逃生简直是个奇迹！他……"

于是市长开始讲故事：勇敢的海员是在哪里，又是用什么办法把这个七头蛇搞到手的。

其实他稍微做了点编造：蛇怪并不是从海员手里，而是从一个药剂师那儿买来的。这帮药剂师正是格斯纳在书中鄙视地称作"江湖骗子"的人。

一切都很顺利。突然，有个过路的瑞典人拜访了市长的博物馆。他看看蛇怪，微微一笑，用手摸摸，然后毫无顾忌地哈哈大笑起来。

"这是蛇怪？……哈哈哈！……蛇怪！……"瑞典人笑得前仰后合，然后擦干眼泪，转身朝市长说道。"喂！想让我给您造一只有十个脑袋的蛇怪吗？这只不过是个赝品，而且做得还很粗劣。"

"我的蛇怪是赝品？胡说八道！"市长气得满脸通红，吓得瑞典人后退了一步。"赝品！我要……"

市长一口气没接上来，被噎得一句话都说不出了，只能大张着嘴站在那儿，仿佛一条被丢到岸上的鱼。

"我是医生，可以帮您放血。"瑞典人殷勤地提了个建议。"您气血旺盛，可脖子却短了点儿。来吧……"

"呃呃呃……"只听得这样一串回答。

这瑞典人原来就是林奈。见到这番情景，他急忙转身开溜，跑到外边就开始思考起来。市长已经气坏了，完全可能对林奈做出许多不利的事情。

"得赶紧走。"林奈打定主意，简单考虑了一下，就搭上了前往阿姆斯特丹的船。

他并未在阿姆斯特丹多作耽搁，随后就出发前往小城赫德维克，那儿有一座规模不大的大学。

可想而知，在小学校拿博士学位要比在大学校拿简单。小学校的教授没怎么见过外国留学生，授予学位的仪式也很少举行。林奈正确地考虑到了所有这些因素，提交了名

▶ 后页图来自荷兰药剂师、动物学家及收藏家阿尔贝图斯·塞巴（1665～1736）的著名作品《动物物种索引典》，图中的"蛇怪"与格斯纳在《动物史》中的记录如出一辙，可见"蛇怪"在当时的社会及学术界之轰动效应。

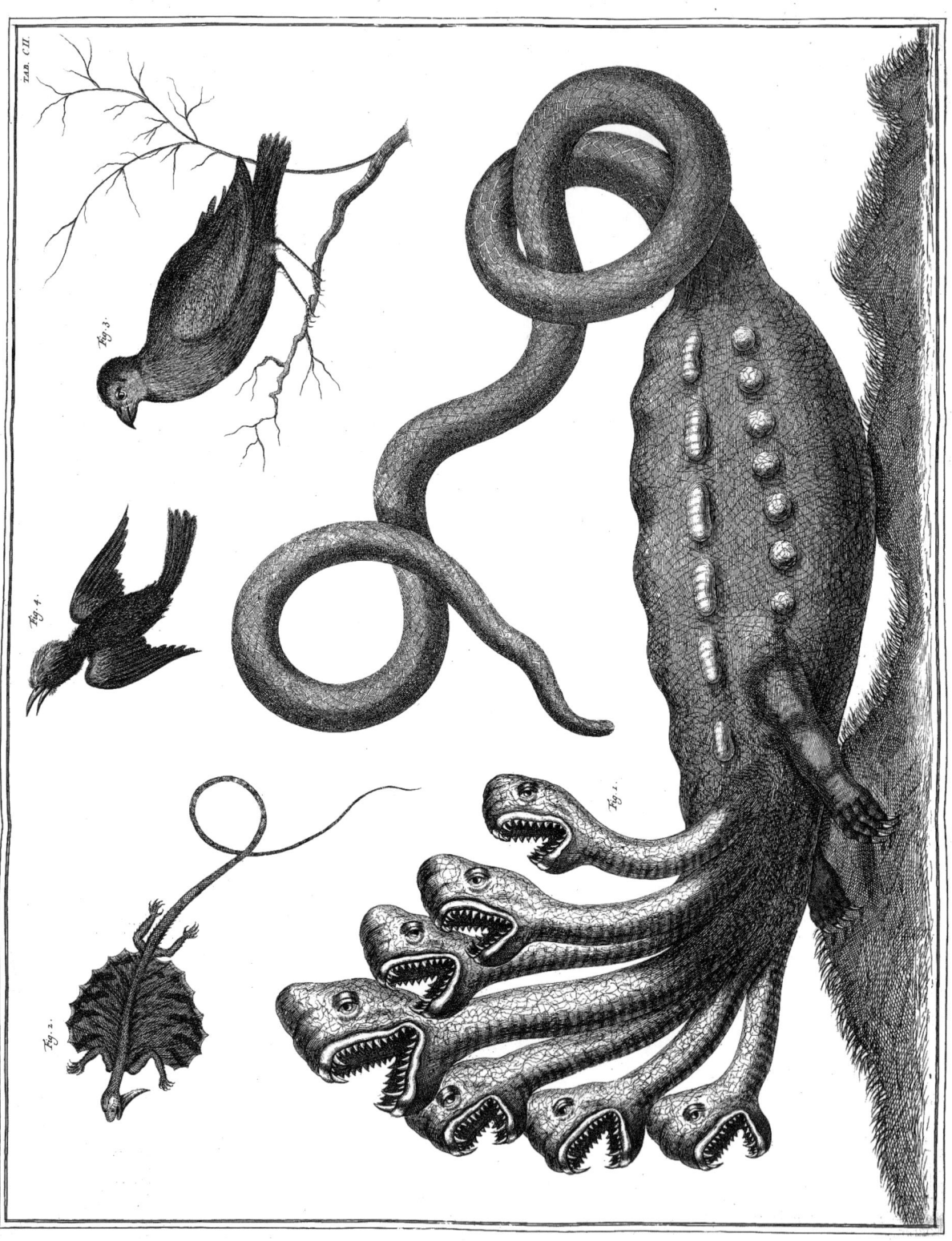

霍蒙库鲁斯——趣味生物学简史

为《论热病》的学位论文之后，他就获得了医学博士学位。

林奈原本就囊中羞涩，论文的费用更是榨干了他的钱包，搞得这位青年医生又要陷入困境了。就在这时，他遇到了一位同学舒尔伯格，并从后者那儿得到了一些资助。于是林奈靠着这点钱来到了莱登①。那里住着一位著名的植物学家格罗诺维乌斯②。

"我给您带来了拙作《自然系统》的手稿。"林奈朝格罗诺维乌斯深鞠一躬。"有劳您把它读完吧。"

"唔……"这位学者深知该如何在年轻人面前摆架子，于是故意含糊不清地说。"现在我很忙，不过只要一腾出空来，就……你过一周再来吧。"

当然，林奈刚刚离开，格罗诺维乌斯就展开了手稿：他是个非常好奇的老头儿。起初他完全看不懂这是在说什么，可读得越深入，他就越发感到震惊不已。

"太惊人了！太伟大了！"他用拉丁语赞叹道。

林奈的手稿中包含了动物、植物和矿物的系统分类法的基础。它只有几十页，却囊括了对各个属的描述；动物和植物被划分为若干组，一切都阐述得很清楚、明晰而易懂。

"我出钱帮你出版这部著作！"一周之后，格罗诺维乌斯对林奈宣布说。"这可是一个重大的科学事件！"

能够参与到这部"杰作"之中，哪怕只是以出版者的身份，对这位年迈的植物学家来说都是件大大满足虚荣心的事情。"由格罗诺维乌斯赞助出版"——这话听起来是多么响亮、多么光荣啊！至于林奈，只要有人肯帮他出书，随便哪个出版者都是极好的。两人就这样一拍即合。

"你一定得去布尔哈夫医生那儿一趟。"格罗诺维乌斯又对林奈说。"他可是个天才！"

"医生现在不能接待您。"林奈差不多等到中午才挤进了著名学者（他既是医生又是化学家）的接待室，结果却得到这样一句答复。

"这算什么，"一个来访者安慰伤心的林奈，"别忘了，就连俄国沙皇彼得③本人都等候过这位医生，还等了好几小时呢。那可是沙皇啊！"

"但他不是植物学家啊。"林奈嘟囔了一句，费劲地朝出口挤去。接待室里的人实

---

① 荷兰南部城市。——译注
② 扬·弗雷德里克·格罗诺维乌斯（1686~1762），荷兰植物学家、医学家。——译注
③ 指彼得一世（1672~1725），俄国沙皇（1682~1721在位），俄罗斯帝国皇帝（1721~1725在位），在位期间厉行改革，力图使俄国全盘欧化，并在与瑞典和土耳其的战争中扩张领土，令俄国国势大盛，故人称"大帝"。在位早期曾随使团出访西欧各国。——译注

在太多了。

"你把作品寄给他吧。"有个朋友给林奈出了个主意。"说不定他会'上钩'的。"

寄出去的作品上写着一个极其恭敬的题词,就连布尔哈夫都不能不为之软下心肠。不过,林奈指望的倒不是题词,而是书的内容。他的预期没有落空:浏览过这部作品后,67岁的布尔哈夫顿时激动不已。林奈得到了他的接见。

"留在这儿吧。"布尔哈夫对林奈说。"我们一起工作。"

然而,关于提供房间和办公桌的事情,老学者却是连一个词儿都没暗示,而林奈的最后几个金币眼看就要用完了。

"我得去阿姆斯特丹一趟。"林奈给了个相当婉转的回复,从布尔哈夫手里要到几封推荐信后,就离开莱登去阿姆斯特丹了。

林奈那部叫布尔哈夫如此震撼的书其实非常薄,总共只有13页,尽管纸的幅面尺寸很大,看上去就像一叠厚厚的报纸。

这本书就是《自然系统》的第一版(1735):在书里,林奈以表格的形式对矿物、植物和动物进行了分类,并对之作了简单的描述。

当时,阿姆斯特丹住着一位教授叫布尔曼[①]。当林奈登门拜访时,他正忙着整理在锡兰岛[②]收集到的大量植物标本。布尔曼已经完全让陌生的植物搞得无所适从了,突然……

"简直是上天派他来帮我啊!"教授大为高兴。"只是得让他亲近才好。"

教授非常殷勤地接待了林奈,请他喝杯咖啡。只见客人狼吞虎咽地就着咖啡吃面包片,他顿时就安心了:

"他的口袋和肚子都一样空空如也。"教授心想。"他是我的人啦!"

"您已经安顿下来了么?"他客气地问林奈。

"唔……唔……唔……"林奈窘得说不下去了。

"我家随时都欢迎您。来做客吧!您要相信,这对我而言是何等荣耀,何等荣耀……"

"非常感谢您。"林奈回答道。他原本正愁着要上哪儿过夜呢。

这下锡兰植物标本就完成了。林奈非常高兴地动手工作。植物可真不少啊,而且全都需要分类!这难道不是件幸福的事情么?

林奈就这样在布尔曼家住了下来。他不仅帮教授整理锡兰植物,还写出了两本书,并在书中充分发挥了自己的系统分类才能。他在书里清楚地表明了一点:与门外汉的一

[①] 约翰内斯·布尔曼(1706~1779),荷兰生物学家,医学家。——译注
[②] 斯里兰卡的旧称。——译注

般偏见相反，系统分类学家根本就不是什么狭隘的人。

第一本书名叫《植物学基础》。书里共有365个条目，其中将植物学作为科学进行了论述。里面既有对植物的整体描述，也有对植物各部分的描述，有对花朵的描述，有关于如何确定植物和收集标本的建议，还有许多其他内容。

第二本书名叫《植物学文库》，是一部植物学著作书目。

在这本书中林奈也进行了分类，但既不是对植物也不是对书籍，而是对写植物的人做了分类。书里既列入了"植物学之父"，也就是那些为收集和研究植物奠定基础的研究者，又列入了"写作者"，也就是那些毫无章法地描述植物的人，还列入了"好奇者"，也就是那些描述稀有植物的人。有个专题叫作"异常者"，其中列入了那些难以分类的植物学家，就连才高八斗的分类专家林奈也不知该把他们分到哪里才好，因为他们的作品写得实在是乱七八糟。还有一些人被称作"画像者"（给植物绘图的植物学家）、"注释者"（为"植物学之父"的作品写注释的植物学家）、"命名者"（为植物命名的植物学家），还有……林奈想出了许许多多、各种各样的类别。作为一名分类爱好者，他又给植物学家们另行设计了一套分类系统——按官阶分类。他把自己归入将军之列，于是就出现了一个官阶表上前所未有的新官阶——"植物学将军"。

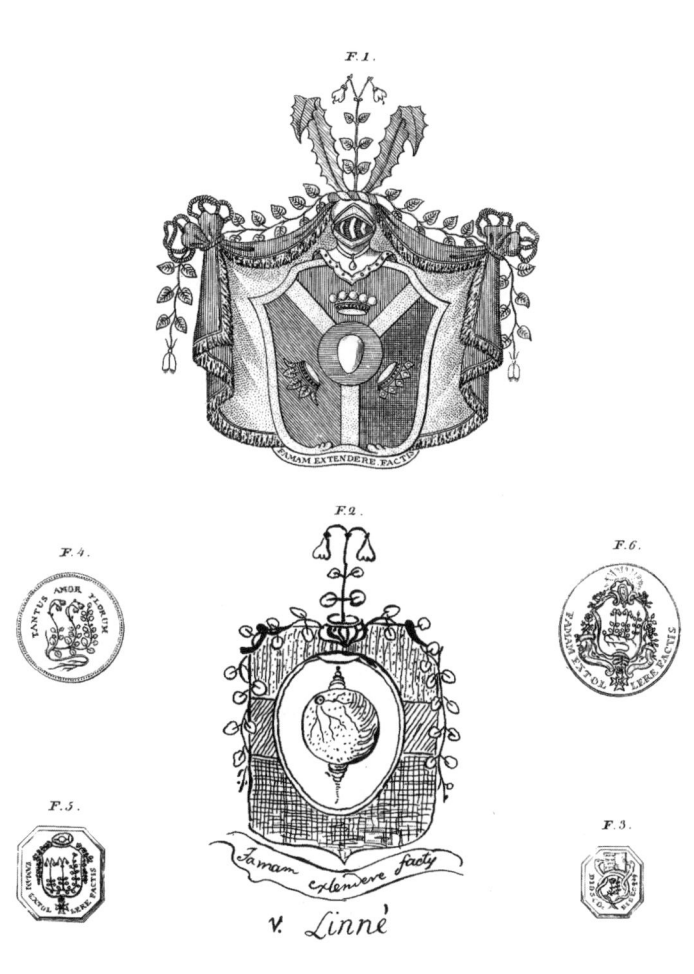

▲ 林奈设计的植物学家"官阶"系统

话说回来,这个系统里也有上校、上尉甚至是军士。

在锡兰植物标本就快整理好的时候,林奈又结识了一位非常有用的熟人。布尔哈夫把他推荐给了阿姆斯特丹市长克利福德。有一回,市长去找布尔哈夫,想跟他讨论一下健康问题;布尔哈夫想给林奈帮个忙,于是建议说:

"您需要一位常设医生,让他仔细关照您的食谱。"

"我很高兴能有这样一个人,可该找谁呢?"克利福德问。他非常喜欢大吃大喝,因此深受腹绞痛之苦。

"我可以推荐给您一位医生。是个出色的医生……而且还是个植物学家。"布尔哈夫微微一笑。

"植物学家?"

"没错。而且是个能干的植物学家。他会成为大名人的!"

克利福德是个狂热的植物爱好者和园艺家,还有一座相当不错的花园。他从各国收集植物种到自己的花园里。大大的柜子里塞满了架子,里面装着大量的植物标本。要知道,当年的荷兰是个强大的贸易国家;荷兰国旗在全世界的海洋迎风飘扬;荷兰船只的身影不仅出现在各地的港口和港湾中,就连热带海洋的那些无名小湾里也能见到。阿姆斯特丹市长充分利用了自己的地位和关系,让人们从世界各地给他运来植物。

"请您带着林奈上我这儿来吧。"克利福德向布尔曼发出了邀请。

林奈没有让他的庇护者丢脸。他刚走进种着非洲植物的温室,各种植物的名称就源源不断地从他口中冒了出来,仿佛是成熟的苹果从树上往下掉似的。

"瞧,这是一种新植物,这种还没有描写过,这种……"

克利福德大为震惊,他还从没见过对植物如此了解的专家呢。

在克利福德的藏书室里,布尔曼看到了一本昂贵的《牙买加自然史》,目光一下子就被它牢牢吸引住了。克利福德注意到了这点,当机立断地做出了反应。

"瞧,多好的书!"他故意挑逗布尔曼说。"多漂亮的图片!"

"唔……"

"想要我跟您交换这本书吗?我有两本一样的。"

"用什么换?"

"用……林奈。"

布尔曼大吃一惊。用一本书来交换……一个人,而且还是一个……外国人!

"我现在需要一位家庭医生和一位植物学家。"克利福德开怀大笑。"布尔哈夫向我推荐了林奈来兼任这个职务。"

一千古尔登外加保障生活开销——这就是林奈从克利福德那儿得到的报酬。他差点没乐得蹦了起来。这儿有多少藏书,多少植物标本,多少活生生的植物啊!

工作开始了。林奈今天研究印度的植物,明天研究东印度①的,大后天研究西印度②的。然后,把所有"印度"的问题都解决之后,他又开始对付南非和马达加斯加③的植物。到处都有当时的科学还不了解的新植物。林奈经常得费尽心思地为它们想出新的名称:每天都要想几十个名字,这可不是件容易事啊!

"最好能弄到些北美植物。"林奈对克利福德说。"您这儿的北美植物太少。不过,据说英国有人有这些植物。"

"小事一桩!"克利福德伸手就去掏钱了。

林奈揣着许多推荐信动身去英国了。他事先得到了警告,说英国是个十分古板的国家,在那儿没有推荐信就寸步难行。

"我是您的学生。"他刚踏上英国的土地,就听得有人对他这样说。说话的是一位环游非洲的旅行家萧博士。

"我的学生?不好意思,可我比您年轻得多啊。"

"我读过您的《自然系统》,从中学到了很多东西。"

林奈高兴了起来:连英国都有人认识他!可惜"孤燕不成春",而萧先生正是那只"孤燕"。

"递交这封信的林奈君是值得见你的唯一之人,也是值得受你接见的唯一之人。谁有幸目睹二位在一起,那就是目睹了两位举世无双的人物;像你和林奈这样的奇人,世上未必会再出现第二次。"布尔哈夫在给著名植物学家、旅行家斯隆④先生的推荐信里这样写道。

这回布尔哈夫可失算了。他想让林奈引起斯隆的兴趣,一番添油加醋,结果吹过头了。

读完信后,斯隆勃然大怒:

"什么?这个瑞典毛孩子竟敢和我相提并论……和我斯隆?"于是他非常冷淡地接待了林奈,搞得后者完全不知所措了。

另一个英国学者、苔藓专家迪兰尼乌斯⑤表现得更加冷漠:

---

① 旧地理概念,主要包括如今的印度尼西亚、马来西亚、新加坡、菲律宾等国,有时也包括东南亚的大陆国家。——译注
② 旧地理概念,指墨西哥湾和加勒比海上的一系列岛屿。——译注
③ 非洲东南部大岛。——译注
④ 汉斯·斯隆(1660~1753),英国医学家、博物学家、收藏家。——译注
⑤ 约翰·雅科布·迪兰尼乌斯(1684~1747),德裔英国植物学家。——译注

"瞧他做出了什么发现!"他抱怨说。"雄蕊和雌蕊……全是小孩子的胡闹。今天有人嚷嚷什么雄蕊,明天又有人搞什么叶子。到底该听谁啊?"

伦敦就这样赏了林奈一个大冷脸。尽管如此,他还是设法为克利福德的花园弄到了一些美洲植物。

两年就像做梦一样地过去了,但这段时光也留下了痕迹,而且还不小:林奈写出了几本书。其中最好的一本是《克利福德的花园》,其中有对市长花园中的植物的描写。可想而知,克利福德不惜血本地为书配上了漂亮的图片:这样精美的图片以前还未有人见过呢。

林奈在荷兰过得相当惬意。人们都尊敬他、爱戴他,崇拜者们成群结队地跟在他身后,有时纯粹就是看热闹。然而,林奈不太适应荷兰的气候,于是决定离开。其实,他原本可能在荷兰多住一年的,但一件极不愉快的事情使他加快了归乡的步伐。

一天晚上,林奈穿过一条条黑暗的街道,终于筋疲力尽地回到了家里。

他刚走进房间,就看见桌子上放着一个邮包和一封信。他先是瞧瞧包裹,里面是植物,大概还是特别有趣的植物。然后他拆开了信封。

信的内容叫林奈完全忘掉了包裹和植物。

有人在追求他的未婚妻!有人想抢走莎拉-丽莎!

"得回家了!"

林奈沉思起来。他深爱着莎拉-丽莎,非常思念她,很害怕会失去她。可是……以后还有没有机会去法国看巴黎植物园里的植物呢?

"我取道法国回家。"他做了决定。"先给她写封信!"

于是开始了送别和辞行。在这段时间里,林奈已经结交了许多朋友,光是同他们告别就花了不少时间。

当时,年迈的布尔哈夫患了水肿,已经病入膏肓了。林奈同他告别的情景非常感人。

林奈到了巴黎,首先就急匆匆地赶往植物园。他气喘吁吁地跑进了植物园的温室。当时刚好有位植物学教授朱西厄①在那儿为学生们展示热带植物,他站在一小丛灌木前,沉思着打量着它。

"这是……这是……"教授踌躇了。他费尽心思,想确定这株植物究竟是什么,却不知道它的名称。

"这是一种美洲植物。"突然有人说道。

---

① 可能是指伯纳德·德·朱西厄(1699~1777),法国植物学家。——译注

朱西厄回头一看，只见身后站着一位个子不高、身着外国服装的人。

"您是林奈吧！"朱西厄高呼一声。

"正是本人。"那人鞠了一躬，回答说。

瞧，这就是他们的见面，这就是林奈的"推荐信"！

朱西厄还有个哥哥，也是植物学家。两人都同林奈非常友好，而林奈也没有忘恩负义：他不仅将一个属的植物命名为"朱西厄"，还把自己的几部著作献给了他们。不过，其他法国博物学家就有点冷淡了。尽管他们不停地说着"著名的"、"大师"等冠冕堂皇的词儿，尽管林奈立刻就被选为巴黎科学院的通讯院士，可是……

"这是个无法无天的家伙。"学者们相互窃窃私语。"他的全部功绩就在于竭力想把植物学搞得一团糟。他臆想出了一套新系统，仿佛原来的东西就那么糟糕似的。"

"这都是他太年轻的错……"

"啊，林奈先生！"才过了一分钟，他们就在林奈面前大肆恭维了。

3

伟大的日子来临了：著名的植物学家、"植物学家之王"（在国外人们就是这样称呼他的）回到了祖国。

人们是如何迎接他的呢？根本无人待见。

就社会地位看，他只不过是个无钱无势的医生。至于科学嘛，又有谁需要它呢？科学能赚钱么？不能吧。

林奈先去了父亲那儿一趟，然后就出发去法伦见未婚妻了。

"这就是我写的书。"他向未婚妻展示了分量沉重的一大摞书。"我在荷兰并没有虚度光阴。"

"原来如此！那么，工作的情况怎么样呢？""爸爸"向幸福的未婚夫问道。

"工作？"林奈慌了神。"我还得实习啊。"

"哦……看来婚礼暂时也不用急着办了。"

瞧瞧这件怪事！写了十几本书，可以说是驰名全欧，却没能把未婚妻追到手。

林奈在门上挂了一块牌子："医学博士卡尔·林奈"。

牌子是挂了，病人却没来。

学生时代的情形又重演了。林奈过着半饥半饱的日子，沮丧地看着穿破的皮鞋和磨

---

① 犀金龟科巨型甲虫，世界上最大的昆虫。——译注

坏的坎肩。

"是不是该回克利福德那儿呢？"他心想。"我倒是可以走……可莎拉-丽莎该怎么办？"

对未婚妻的爱让林奈留在了祖国。

突然时来运转！他有个熟人得了病，请了很多医生，却总是治不好。于是他向林奈求助。病人大概是这样考虑的：横竖都是死，要是林奈真把我医好了，对我自然很好，于他也不是什么坏事。

林奈治好了病人。这究竟是怎么办到的，我们的植物学家本人也搞不清楚。反正，所有的名医都对病人束手无策，林奈却发挥了作用。

有关这个神奇病例的消息在城里不胫而走。一个多月后，林奈已经成了个颇受欢迎的医生了。

很快，海军部给他提供了一个职位，后来连国王都慕名请他到御前治病。这一回已经顾不上什么植物了，落满了灰尘的植物标本安静地躺在书架上，而林奈本人只顾着不停地治病。不久之后，他的收入就超过了首都的任何一位医生。

"如今我不再为女儿担心了。"莎拉-丽莎的父亲对林奈说。"我看得出来，你走上了一条正道，以后你的孩子也不会挨饿了。"

林奈结婚时是32岁。他花了5年时间才把未婚妻追到手，而她也等了他5年。两人都温柔地爱着对方，而他们的第一次吵架则是一件非常可笑的事情：年轻的夫妇因为五斗柜里的内衣发生了争吵。

"是谁把衣服叠成这样的？"林奈看到莎拉-丽莎把两人的内衣分别放在几个抽屉里，不禁嘲讽地一笑。"需要秩序！"

于是他开始在五斗柜里整理秩序。他那近来昏昏欲睡的系统分类思想突然又苏醒了。

"目——衬衫，属——男式，种——白天穿的普通衣服，白天穿的正式衣服，晚上穿的……"他念念叨叨地整理着衬衫。

看到这整一套"分类"，莎拉-丽莎不禁惊讶得拍了一下手。五斗柜的一个抽屉里放着她的和丈夫的衬衫，另一个抽屉里放着手绢，第三个里是床单，第四个……一句话，一切都"井井有条"。

"有谁会这样整理衣服啊？你在每个抽屉里都把咱俩的内衣混在一起了。"

"系统是项伟大的事业！"我们的植物学家回答道。

"那就在标本夹里搞你的系统吧。这儿我才是主妇！"

莎拉-丽莎重新把内衣按自己的方式放好。林奈皱着眉头看着她工作。

"女人向来搞不出什么有条理的系统。"他牢骚满腹。"可真是个了不起的系统！一个抽屉里是她的内衣，另一个抽屉里是我的。结果如下：目——莎拉-丽莎的内衣，属……属……"林奈大叫一声，双手抱住脑袋。"根本就没有属！好一个系统啊！"

"想听听我的意见吗？"莎拉-丽莎大笑起来。"你最好还是去弄你那些夹子吧。"

尽管如此，林奈还是不肯消停，又对碗柜里的餐具做了一次分类。这一回夫妻俩大吵了一架。我们的系统分类学家终于痛下决心：以后再也不对家里的东西进行分类了。

* * *

在乌普萨拉，林奈之前的庇护人、植物学教授鲁德贝克去世了。植物学教研室中留出了一个空缺。

林奈非常想得到这个职位，可有人挡了他的道。这挡道的不是别人，正是他的宿敌——副教授罗森，当年害得林奈被乌普萨拉大学扫地出门的人。平心而论，这次罗森本人并无过错：他是个以教授职称为目标的副教授，按地位高低来看，自然有优先权得到教研室职位。事情理应如此。至于林奈比罗森更懂植物学嘛……有谁会考虑这种事情呢！

一年之后，乌普萨拉大学又空出了一个位子，这回是在解剖学和医学教研室。林奈得到了这个职位。

医学家罗森讲授植物学课程，而植物学家林奈却讲授医学课程！两人都很不自在，于是决定交换一下位置。一年之后，罗森成了医学教授，而林奈则获得了植物学教研室的工作。事情总算是成了！

"诸位要对祖国进行研究，要去旅行，去收集动植物标本。想当年我本人……"林奈开始讲述自己年轻时漫游拉普兰、囊中空空、以干鱼为食的经历。这就是他上导论课的情形。

林奈教授很快就把教研室的事务整顿得井井有条。乌普萨拉植物园经过翻修，在旧房子的废墟上建起了一座新建筑，藏书量也飞速增长。

一整个夏天，林奈都领着学生们在树林间和草地上漫步。他们往城里带了许许多多的植物，让人不禁以为学生们不是收集植物标本，而是储备干草去了。装植物标本的夹子越来越多，动物藏品的数量也是年年都在增长。林奈的学生们去过中国、美洲、非洲和印度，每到一地都要运回珍贵的材料。瑞典的动植物得到了认真研究，很快林奈就得以编出瑞典动植物的清单，并对它们进行描写了。

他让学生们进行各种各样的研究，自己则对这些研究进行检查和监督。后来他将所有的学生"论文"收集出版，竟编成了厚重的七大卷。这七卷书里无所不有：有用作牲口饲料的植物，有对个别植物（白桦、无花果等）的描写，有对动物的描写，有"芳香植物"，还有许多其他内容。共有多达150份的学生作品。瞧瞧两百年前的学生，人家对植物有多了解，又是怎样工作的！

"蛤蟆菌①呢？我们把蛤蟆菌给忘了！"于是一位学生收到了任务，要对蛤蟆菌进行研究，并写一篇相应主题的论文。

如今，"医生林奈"和"植物学家林奈"已经结下了深厚的友谊：他吩咐学生们去研究不少植物的药用特性。当"植物学家林奈"生病的时候，"医生林奈"就能很快地为他找到药物。原来，草莓竟然是治疗风湿的良药，至少林奈本人证实了这一点。他吃了整整几大堆草莓，随后风湿就痊愈了。他又发现了一种更神奇的痛风药——好吧，说实话，这种药只对系统分类学家有效，而且对每个分类学家作用都有所不同。正当林奈躺在床上饱受病痛折磨时，有位学生给他带来了一套加拿大植物标本。病榻上的林奈一跃而起，开始研究这些有趣的植物；他兴高采烈，甚至都没注意到自己已经痊愈了。

他写出了一部部学术著作，誊清后出版问世。他既写动物又写植物，还对瑞典的甲虫和印度的蜗牛进行了分类。加拿大和印度等国的植物仿佛排成一条条色彩斑斓的队列从他面前闪过。他坐在办公室里就能看到印度的森林、美洲的大草原、非洲的稀树草原和俄国的干草原。

这位学者的工作并不只是对标本叶子和干枯的死植物进行重新分类。事实上，活植物与干植物一样令他颇感兴趣。

在乌普萨拉近郊的林子里和草地上散步时，林奈注意到了植物的生活中许多有趣的现象。他想找一些开得好的野生菊苣②用作标本材料，却怎么也找不着。

"这些玩意儿有什么用呢？"伟大的植物学家嘟嘟囔囔地说。"没一朵花开得好。"

还有一次，他要找些石竹花③、苦苣菜④和鸦葱⑤，也找不到一朵好的：不知怎的，它们全都没开出来。

"你们关注一下这些花朵……"林奈对学生们说了几种植物的名字。"我需要知道，它们的花朵什么时候开放，什么时候闭合。"

---

① 担子菌纲伞菌目生物，食用后会让人产生幻觉。——译注
② 菊科菊苣属，多年生草本生物。——译注
③ 石竹科石竹属多年生草本植物。——译注
④ 又名苦菜、小鹅菜，菊科一年或两年生草本植物。——译注
⑤ 菊科鸦葱属，多年生草本植物，根可入药。——译注

▶▶ 19世纪法国人F.E.格林完善了林奈的"花朵钟",不过他的"花朵钟"有阴天和晴天两个版本。

后来发现,许多植物的花朵或花序①似乎会"上床睡觉"。最好玩的是,不同花朵"就寝"的时间各有不同。

蒲公英晚上"睡觉",碰上坏天气也就顺便"睡了"。而麦瓶草②和女娄菜③却在白天"睡觉"。

林奈迷上了这个有趣的现象。他将其称作"植物睡眠",并就此写了一本同名著作《植物的睡眠》。

注意到不同植物的花朵在不同时间开放和闭合的现象之后,林奈在学生的帮助下编出了一份长长的名单。上面写的并不是植物的名称,而是植物"睡眠"的钟点。他把植物按一定顺序分别排好,就得到了一个独特的"花钟"。

"写在纸上有什么了不起!我们还要在自然界里制作'花朵钟'呢。"

把花坛当作一个特别的表盘,里面种上各种各样盛开的植物,但可不是随便乱种,而是分几部分按径向栽种。林奈就是这样设计"花朵钟"的。这写在纸上看着倒简单,实践起来却没有那么轻而易举。尽管如此,活生生的"花朵钟"还是完成了。

"美中不足的是,"林奈把"花朵钟"展示给熟人看,一边抱怨说,"这钟只有天气好时才能工作,阴天就没有一点用处了。"

4

林奈的名望与日俱增,随之而来的还有敌人和批评家与日俱增的攻击。不过,林奈并没有对他们做出回应。

"我的年龄、事业和性格不允许我接受对手的挑战④。我的研究是为了子孙后代!"他就是这样回应敌人的。实际上,他之所以爱好和平的秘密并不在于年龄和事业,而在于性格:林奈并不擅长辩论。

分类工作进展得十分顺利。在《自然系统》的第十版中,林奈给出了分类系统的最

---

① 一些植物的花多朵按照规律排列在总花柄上,成为花序,有穗状花序、头状花序、总状花序等多种分类。——译注
② 石竹科蝇子草属多年生草本植物,花萼为圆锥形,形似花瓶。——译注
③ 石竹科蝇子草属一年或两年生草本植物。——译注
④ 原文作"捡起对手的手套",来自旧时欧洲决斗的风俗,以扔手套作为提出挑战的标志,捡起手套则表示接受决斗。——译注

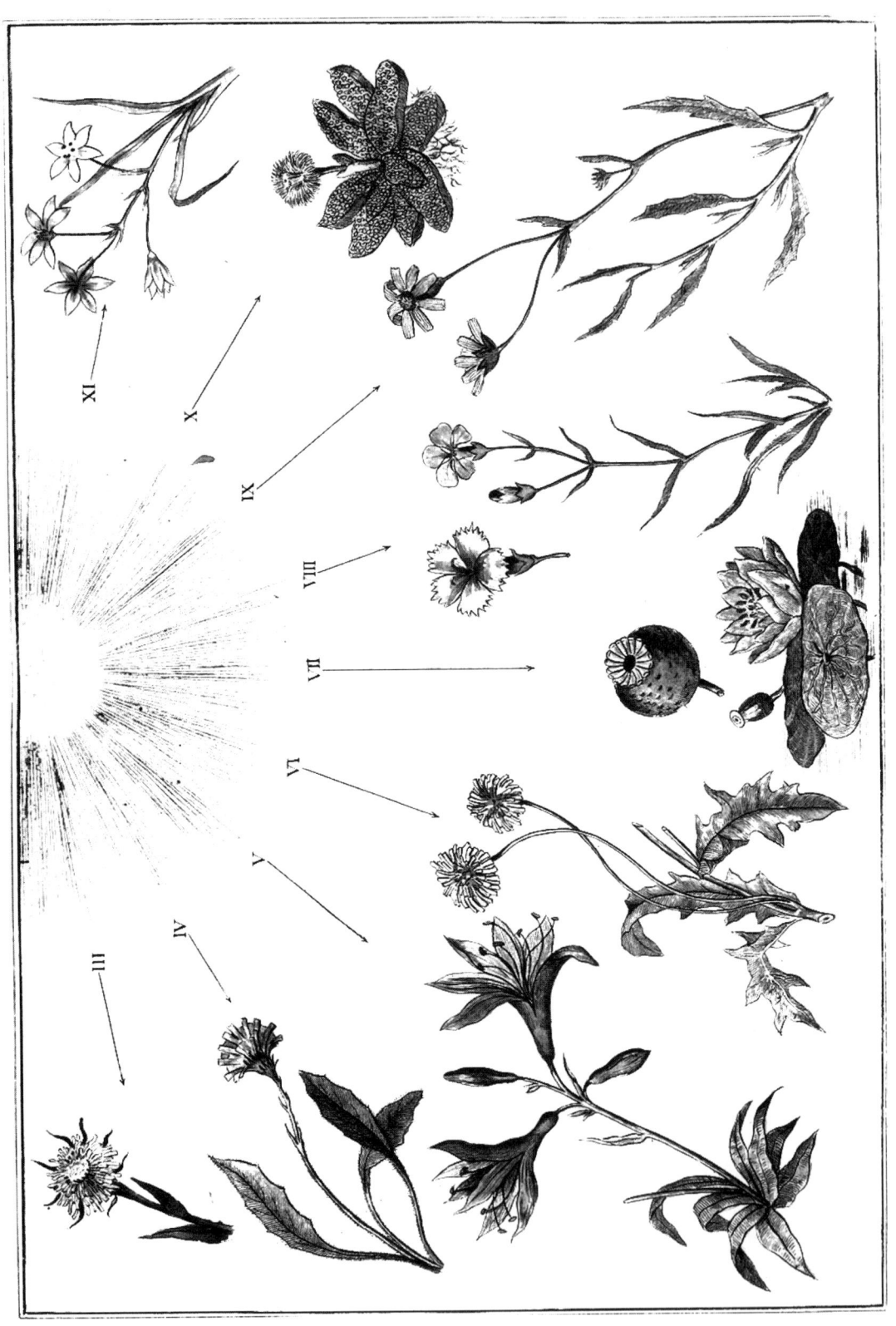

霍蒙库鲁斯——趣味生物学简史

第七章 自然系统

终形态。至少作者本人是这样想的。唯一令他无从下手的是那些在显微镜下才能看见的小动物和小植物。纤毛虫、细菌、轮形动物……该把它们分到哪儿呢？林奈的想法改变了好几次，最终总算定了心：他设了一个"蠕虫纲"，凡是找不到更合适的位置的生物，就将其统统放到那里面。尽管如此，纤毛虫依然叫他十分头疼。

"毫无疑问，造物主创造了如此微小的动物，是想把它们留给自己处理。"最终他下了这样的结论。既然"造物主"本人都把这类小动物留给自己分类，那人类仅凭他那可怜的头脑，又如何能承担起研究纤毛虫的工作呢！林奈也收手不干了，他将纤毛虫让给了"造物主"。

然而，对人类本身他就不太恭敬了。他设了一个特殊的"灵长目"（意为"动物界之王"），然后心安理得地将类人的猿猴与人类一起归入其中。他在人类的学名"智人"（*Homo sapiens*）下加了一行短短的批注："认识你自己！"[①]在这种情形下，这句话的意思大约是："瞧，你不过是只猴子。"许多人对此深感不满，林奈也因这种放肆胡为挨了不少骂。

林奈将动物分为六个纲。此外，在《自然系统》的第十版中，他并不限于根据羽毛、毛发、鳞片之类的简单区别作分类，而是引入解剖特征作为分类标准。

第一纲是哺乳类。其特征为：心脏分为四部分，温血，血液为红色，胎生，用奶哺育幼崽，体表覆有毛发。

第二纲是鸟类。与哺乳类的区别为：产卵，体表覆有羽毛。

第三纲是爬虫类。冷血，用肺呼吸。（林奈在这个纲中囊括了两栖类和爬行类。）

第四纲是鱼类。冷血，用鳃呼吸。

第五纲是昆虫。有像血液一样的体液（"白血"），心脏中没有心房，触角分节。

第六纲是蠕虫。与昆虫的区别为：触角不分节。

可想而知，林奈将虾、蜘蛛和多足类也归入了昆虫纲。他的"昆虫"实际上是现代分类学中的节肢动物。不过，最五花八门的要属"蠕虫纲"，里面包括了除节肢动物外的一切无脊椎动物。

林奈在《自然系统》第十版中共描写了约4200种动物，其中有半数左右是昆虫。

植物的系统也得改变一下了：有的植物被分到了新的地方。这些改变往往显得相当

▶ ▶ ▶ ▶ ▶ ▶ 后页系列图为《自然系统》第十版中动物的六纲：I. *QUADRUPEDIA*. II. *AVES*. III. *AMPHIBIA*. IV. *PISCES*. V. *INSECTA*. VI. *VERMES*.

[①] 希腊文γνῶθι σεαυτόν或拉丁文*Nosce te ipsum*，原是古希腊德尔斐阿波罗神庙墙上刻的一句箴言，意为人要有自知之明。——译注

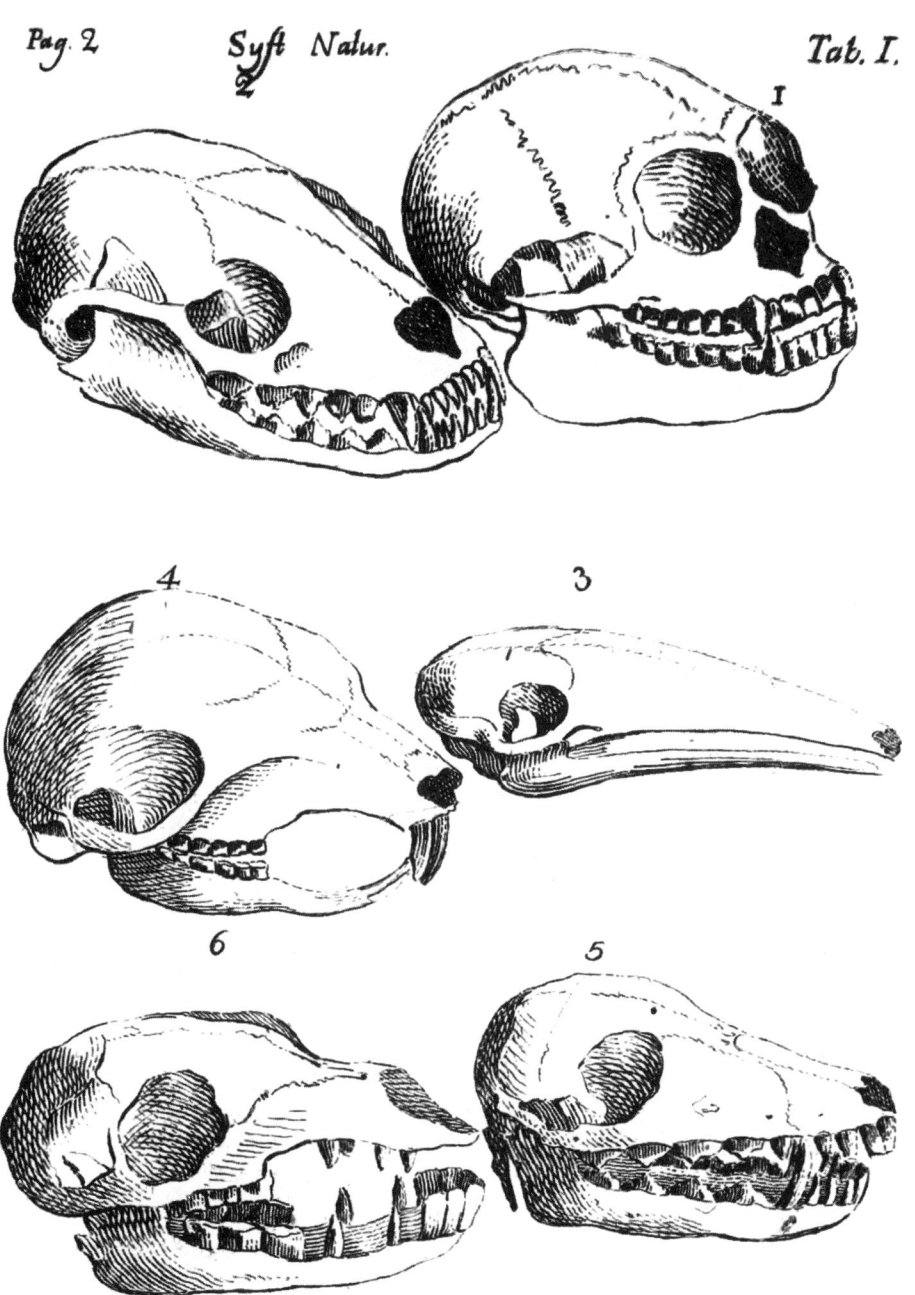

霍蒙库鲁斯——趣味生物学简史

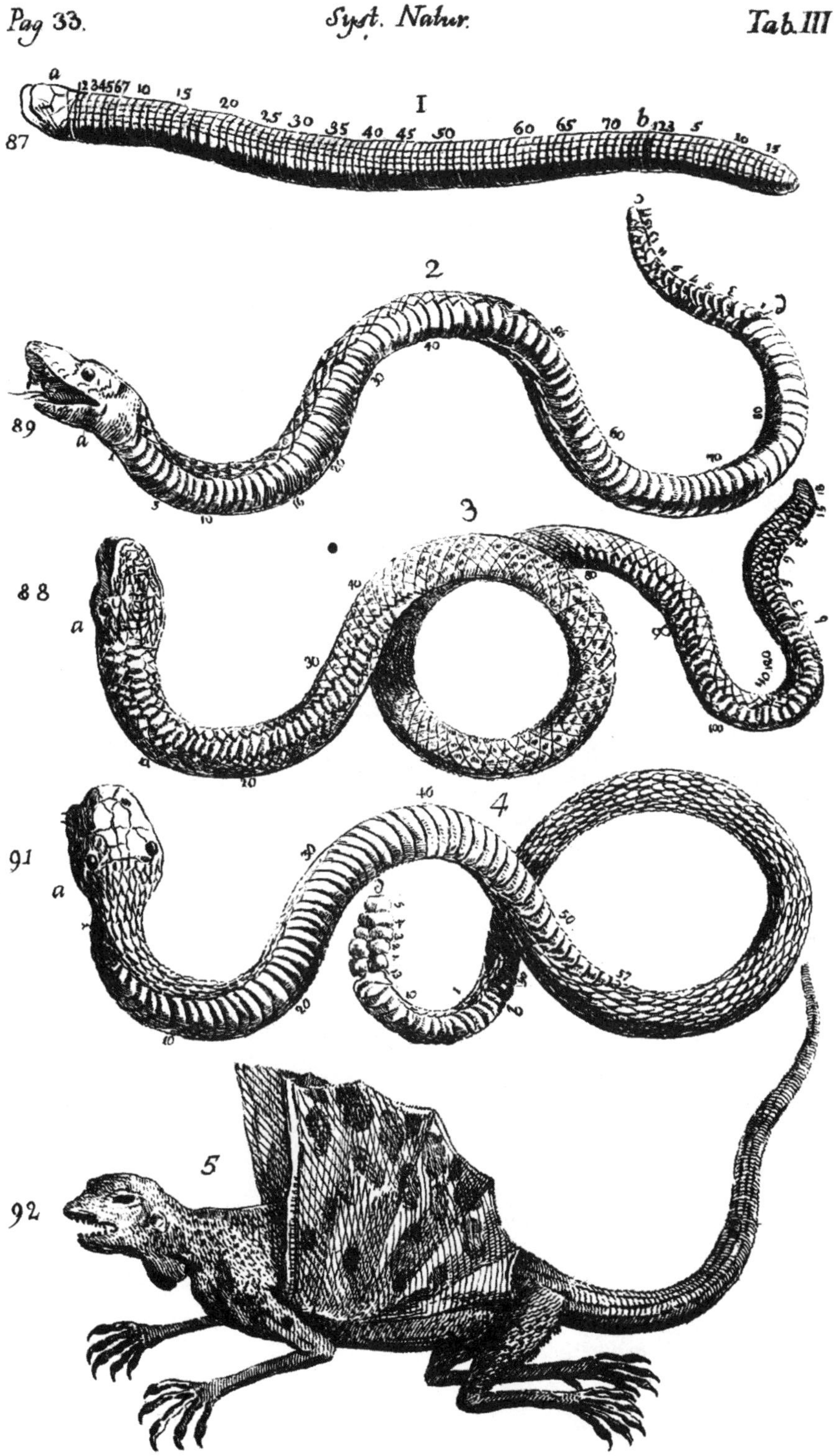
Pag 33.
Syst. Natur.
Tab. III
87
89
88
91
92

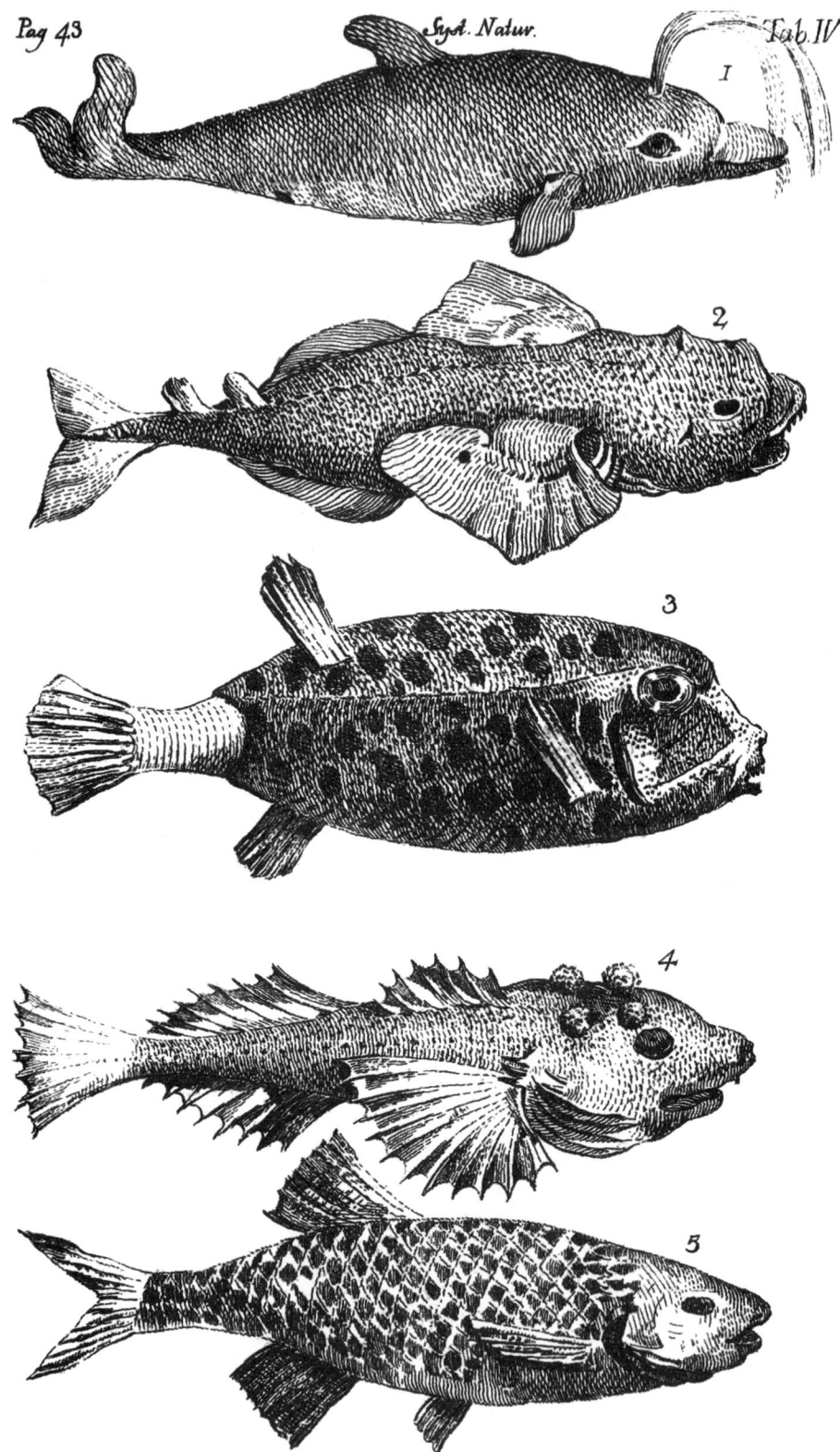

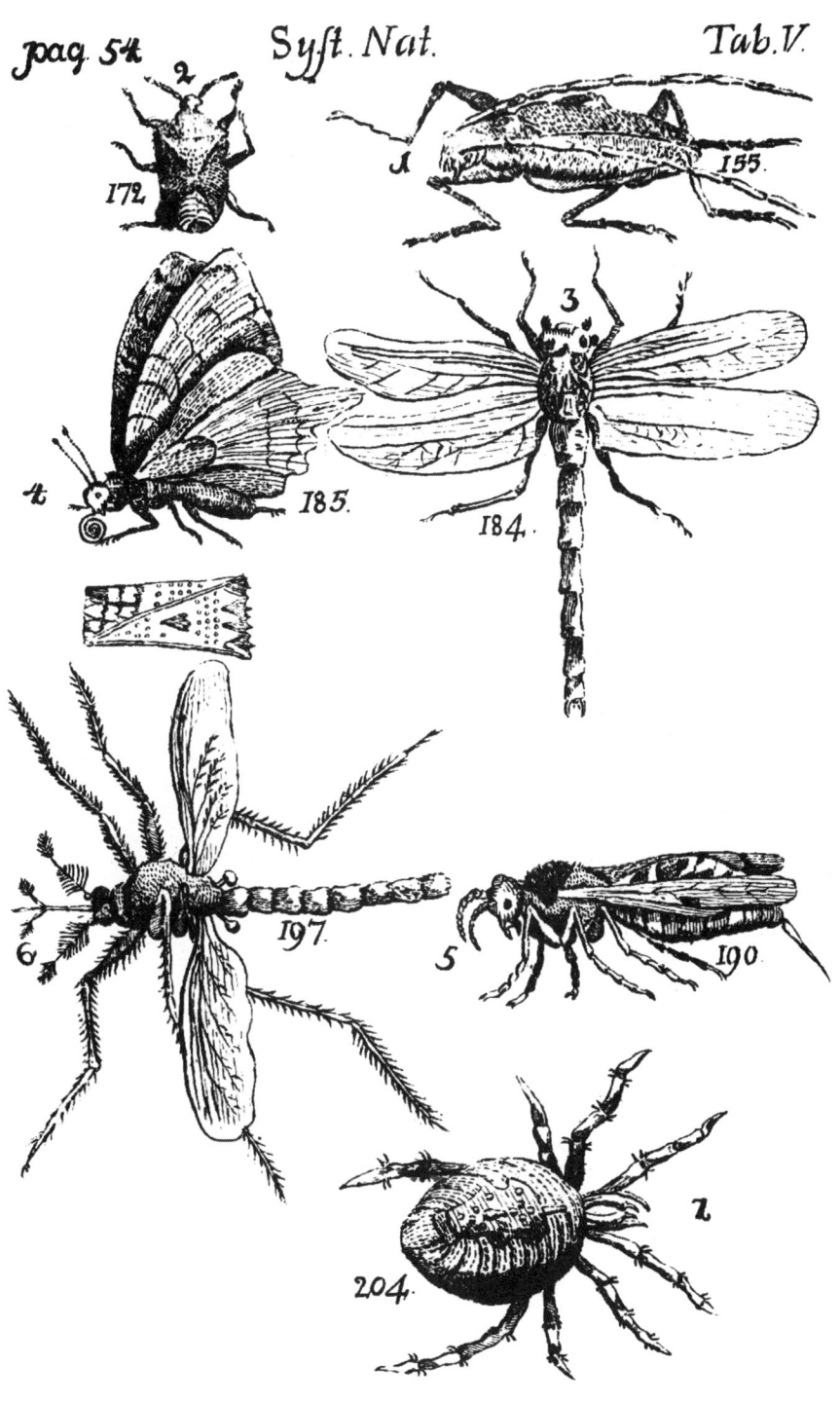

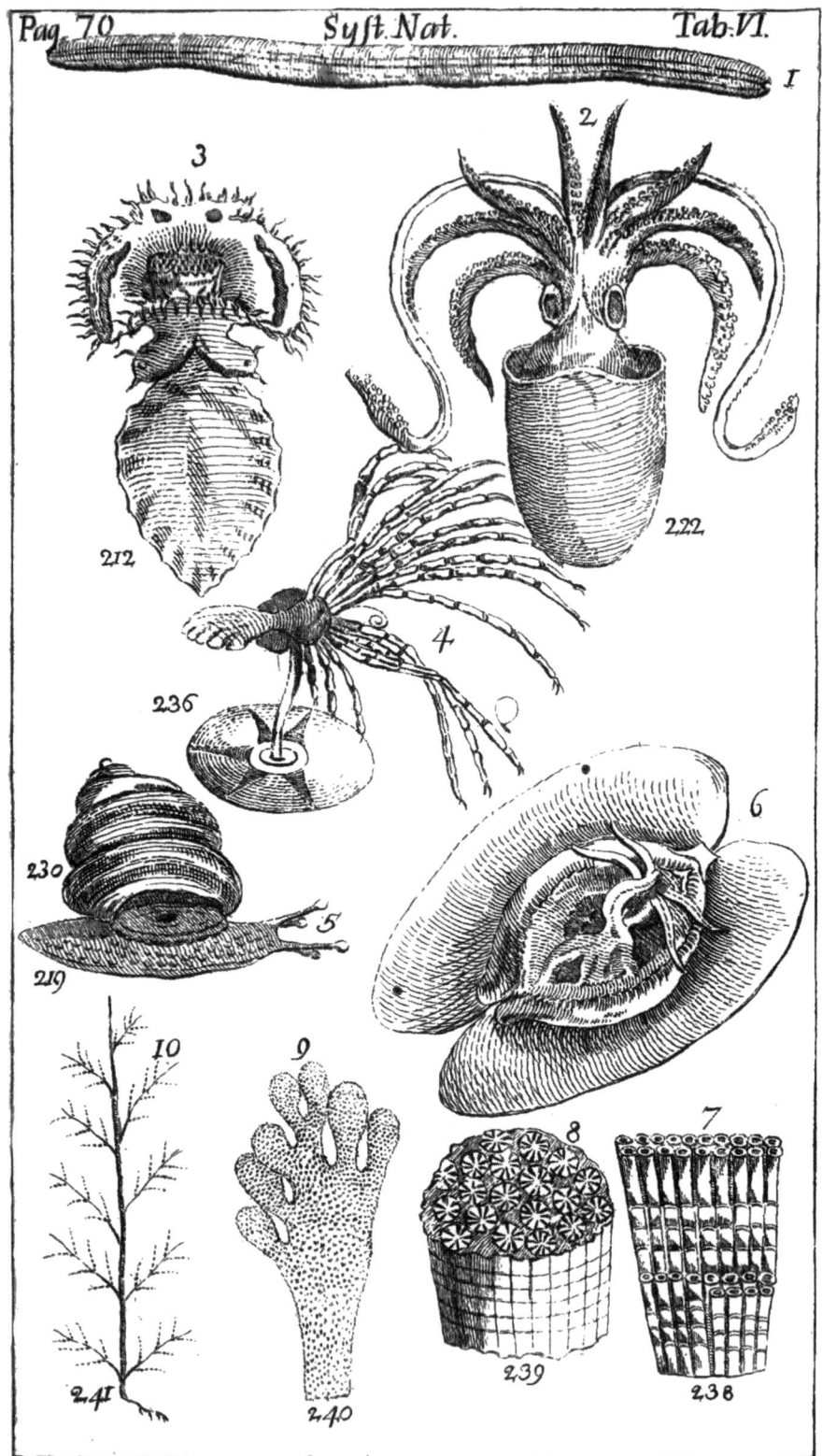

霍蒙库鲁斯——趣味生物学简史

奇怪。林奈显然注意到了，雄蕊的数量并不是一个很好的分类标志，于是开始更多地关注植物外表的相似之处。新的秩序或许要比旧的好，但也增加了不少混乱。就连林奈本人都无法很清楚地说明，他为什么要这样安排而不是按另一种方式安排。

有学生向林奈提了个问题："您的分类系统中各个目的植物之间有什么区别？"他回答道："你问我各个目的区别性特征是什么？说实话，我也讲不出来！"林奈单凭"目测"就能很好地区别各个目的植物，却没法把这些区别记录下来。读者不必为此感到惊讶。就算在今天，还有许多系统分类学家能毫厘不差地"目测"出非常相似的植物之间的区别，可就是没法把这些区别记录下来：经验丰富的眼睛能捕捉到一些细微的区别，但想找到合适的词来描述这些区别却并不总能做到。

对林奈而言，并不存在什么物种起源的问题。在《自然系统》第一版的第一页上他就写道："如今已不再产生新物种。"后来又言之凿凿地说："在一开始，不朽的上帝创造了多少物种，如今就还是那么多物种。"造物活动是一切的基础，甚至不需要林奈做出别的解释。诚然，了解到许许多多的物种之后，他也碰上了一些难题，不过还是找到了解决之道。最初的物种是由造物主创造的；在那之后，可能通过杂交的方式产生其他的一些物种，但那也只是已有物种的混合罢了。林奈容许有变种存在（也就是物种之内的变化），但这与造物活动并行不悖：他非常清楚，要培育出植物变种并不是什么难事。

不过，林奈对分类系统本身更感兴趣，至于自己煞费苦心做出的分类系统究竟是从哪来的，这一点他倒不是很在乎。

植物学和动物学中的秩序日益庞大。林奈引入的双重命名系统（即双名法）成了这项艰苦的工作中最主要的推动力。

动植物的双名法并不是什么复杂难解的东西。粗略来说，它可以归结为以下几点：每种动植物都只有一个特有的学名，这个学名由两部分组成：属名（名词）和种加词（通常是形容词）。

举个例子，"山雀属"中大约有10种鸟类。把我们熟悉的山雀的拉丁学名翻译过来后便是这个样子（括号里是这些鸟儿为鸣禽爱好者所熟知的名称）：

大山雀

蓝山雀（天蓝鸟[①]）

冠山雀（榴弹兵鸟[②]）

[①] 俄语лазоревка < лазоревый < лазурь（天蓝色），源自其羽毛的颜色。——译注

[②] 俄语гренадерка < гренадер（榴弹兵），因其头部羽毛形状类似旧俄榴弹兵的帽盔形状。——译注

▲ 山雀（从左到右）：冠山雀、蓝山雀、大山雀、沼地山雀（高山山雀）、黑山雀（莫斯科鸟）
▶ 渡渡鸟（毛里求斯岛），由林奈命名并描述。17世纪末完全灭绝

沼地山雀（高山山雀①，松土鸟②）

黑山雀（莫斯科鸟③，小山雀）

植物的情况也是如此。"毛茛属"由许多种植物组成：水毛茛、长叶毛茛、草甸毛茛、石龙芮、金发毛茛、匍枝毛茛等。

赋予每个物种的名称是恒久不变的，不能用另一个名称替换，不管谁要对这个物种进行描写，都必须用这个名字称呼它，而不能用其他名称。可想而知，最早命名的人提出的名称将永远使用下去，只不过命名还得遵循几条规则。这些规则并不复杂：一个属里不能有两个相同的种名；不能仅仅命名就完事，好歹还得简单描述或描绘一下被命名的动植物。最后一点：首次命名的物种必须是货真价实的新物种，换句话说，如果以前

---

① 俄语гаичка，来源不明。——译注
② 俄语пухляк，另一个意思是"松土"。——译注
③ 俄语московка < Москва（莫斯科），可能与栖息地有关。——译注

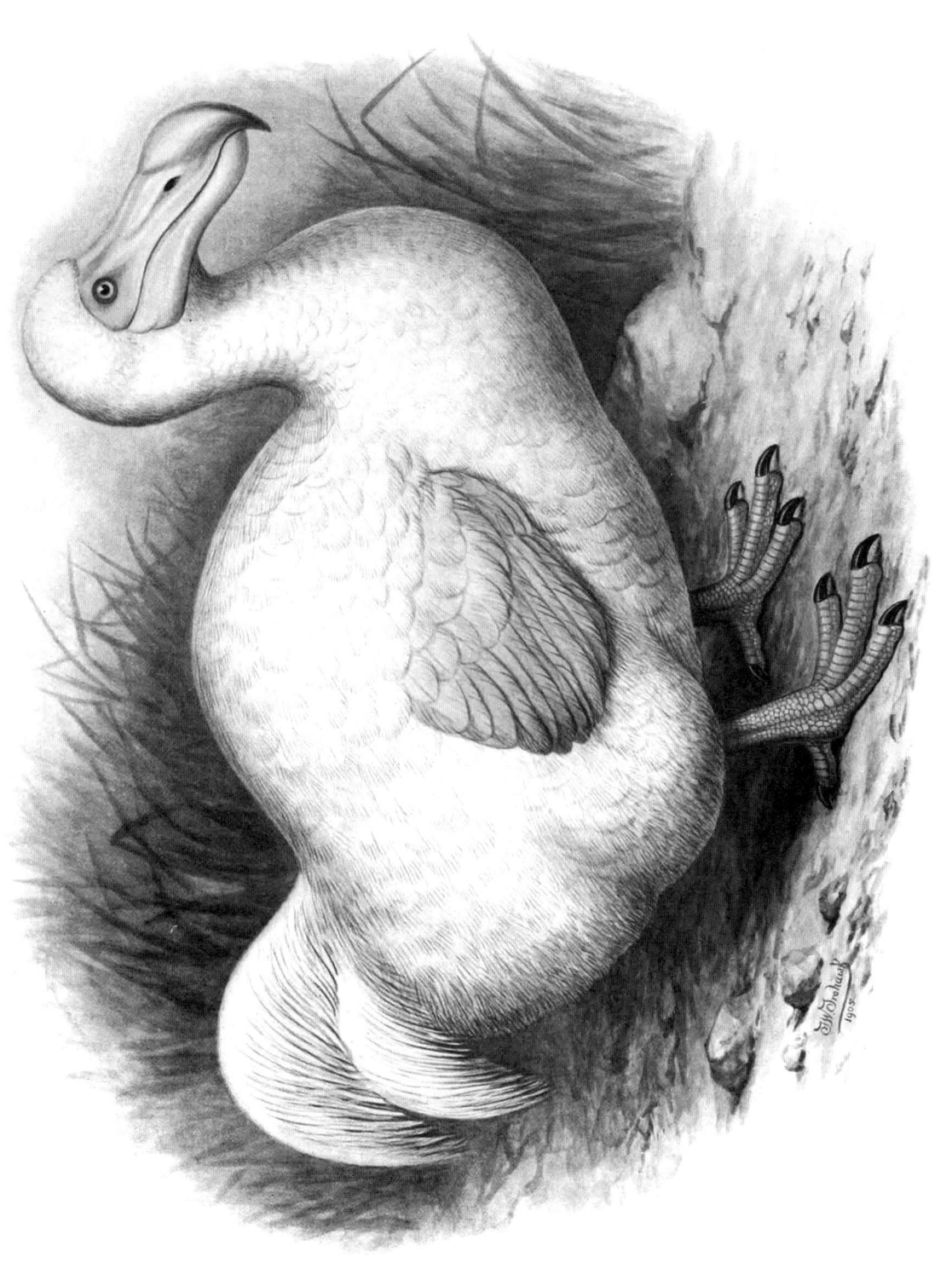

有人给它命过名就不算数了。动植物的名称都用拉丁语表示，非拉丁语名称不予考虑。

动物界（或植物界）中不得有两个相同的属名。这是一条非常重要的规则。如今，只要听到Pica这个拉丁名称，我们就知道这是"喜鹊属"，除此之外再没有什么动物叫这个名称了：它是喜鹊独有的名称。若非如此，就很难搞清楚"同姓者"的名称了。

早在林奈之前，就已经有人试着使用双名法了，但只有林奈才得以将其付诸实践，并且落实得非常牢固，使得它自此之后就永远确定了下来。

动植物命名的新规则要求使用一些新的名称。由于旧名称往往不合适，林奈不得不为动植物构想出上百个新名称。设计新名称实在是件枯燥无味的事情，林奈唯一的安慰就是起一些"有含义"的名称，顺便还能略微嘲笑一下别人。

为了纪念敌手布丰，他将一种剧毒植物命名为"布丰尼亚"。他又把一种刺儿特多的植物叫作"皮松特亚"①，用来纪念批评家皮松。植物学家普拉肯内特②的系统分类主张观点非常古怪，于是一种外形十分难看的植物就得了个"普拉肯内提亚"③的名字。

林奈也没有忘记自己的朋友，他在这方面同样表现出了相当的机智。例如，为了纪念鲍欣两兄弟④，他将一种二裂叶植物命名为"鲍欣尼亚"⑤，而被他称作"卡梅林纳"⑥的花朵中有三个雄蕊，一短二长：这是由于卡梅林家共有兄弟三人⑦，其中两位很有名气，第三位则默默无闻。

林奈攒钱在乌普萨拉近郊买了座不大的庄园，并从中国订购了一套茶具，上面要画上一种叫作"林奈北极花"⑧的植物。这种植物的名称是为了纪念林奈，它是一种矮小的灌木，在长满青苔的枞树林里贴地蔓生。一些开着花朵的枝条向上伸展，看起来仿佛是烛台；每根枝条上有两朵小花，就像两个不匀称的、镶着锯齿边饰的小铃铛。花儿外面

---

① 可能是指腺果藤（学名为 Pisonia aculeata L.），紫茉莉科腺果藤属攀缘灌木，具有粗而外弯、长5～12厘米的锐刺。此处与作者的说法不完全符合，疑为有误。——译注
② 伦纳德·普拉肯内特（1641～1706），英国植物学家，曾提出系统分类理论。——译注
③ 即南美油藤，大戟科多年生木质藤本植物。——译注
④ 指约翰·鲍欣（1541～1613）和加斯帕尔·鲍欣（1560～1624），均为瑞士植物学家。另：鲍欣兄弟与林奈并不是同时代人，而"鲍欣尼亚"这个名称也不是由林奈最早发明的，此处疑为有误。——译注
⑤ 即羊蹄甲，豆科苏木亚科，灌木、乔木或攀缘藤本植物。——译注
⑥ 即鸭跖草，鸭跖草科鸭跖草属，一年生草本植物。——译注
⑦ 其中一人可能是指格奥尔格·约瑟夫·卡梅尔（1661～1706），捷克植物学家，耶稣会修士。另外两人事迹不详。——译注
⑧ 又名北极花、林奈花，为忍冬科北极花属，我国分布于黑龙江、吉林、内蒙古、河北、新疆等地。——译注

▲ 林奈的哈马比故居

是白的，里面是粉红的，散发出一股香子兰①的气味。

可惜！运到瑞典的并不是茶具，而是茶具的碎片。于是林奈又重新订购了一次：他非常想拥有一套"植物学茶具"。这一回茶具平安运抵，"林奈花"的花朵和叶子也画得非常出色，看上去栩栩如生。

"没错，这就是真正的'林奈花'。"植物学家说，并亲手将茶具摆放到柜子的各层上。"这是一套植物学茶具，"他对妻子宣布，"所以要按我的分类来摆。"

林奈的荣誉接踵而至。他在书柜里专门分出一个架子来摆放各种荣誉证书和其他证书。架子很快就摆不下了。为表示对他的敬意，俄罗斯科学院将他选为院士。这对林奈来说是一件尤为愉快的事情：在从事学术研究的早年，正是俄罗斯科学院院士西吉兹堡②对他进行了毫不留情的嘲笑，而如今他本人也成了俄罗斯科学院院士⋯⋯

人们还打制了一枚勋章来纪念林奈。连瑞典国王都亲自拜访过他。

时光流逝，瘫痪症毁掉了林奈的健康。他已经不会写自己的名字了，常常把拉丁字

---

① 即香荚兰，兰科攀缘植物，因其香味多用于制造冰激凌、巧克力等的香料。——译注
② 约翰·格奥尔格·西吉兹堡（1685~1755），俄国植物学家、医学家，彼得堡科学院院士。——译注

母和希腊字母混在一起拼写。后来，患病的林奈完全忘了自己的姓名，几个月之后甚至连莎拉-丽莎都认不出来了。

只有一次，他重新恢复了理智，吩咐把自己送到庄园去。当时他的妻子并不在家，得知丈夫离开的消息后，才急忙赶往庄园。当莎拉-丽莎见到林奈时，他正坐在壁炉前的圈椅上，裹着一件毛皮大衣，面朝炉火抽着烟斗沉思着。

一个月后他就去世了。

国王下令再打制一枚勋章来纪念这位伟大学者。不仅如此，他还在议会开幕式的发言中提到了林奈的名字。

这无疑是一份殊荣。然而，不论是国王还是其他尊贵可敬的公民，都对林奈的收藏毫不关心，丝毫没动过保护它们的念头。于是莎拉-丽莎把这些藏品卖到了英国。英国人就这样把26个大箱子运到伦敦去了。

▲ 林奈纪念章

据说，瑞典国王古斯塔夫①本想派军舰去追赶这几条船，但别人把他劝阻住了，说是这样有和英国开战的风险。不过，国王未必真的打算这样做。他贵为九五之尊，哪儿顾得上什么钉在大头针上的甲虫和苍蝇呢！

几年之后，林奈的崇拜者们在乌普萨拉建了一座林奈博物馆。他们尽己所能地从这位著名学者的后代手中购买他的遗物，然后把这些东西都收藏到博物馆里。那儿有画着植物"林奈花"的茶杯，有林奈的剃须刀，有他的新郎背带，甚至还有他放内衣的柜子。一切应有尽有，唯独缺了他的科学收藏……

---

① 古斯塔夫三世（1746~1792），瑞典国王（1771~1792在位）。——译注

第八章 花的秘密

长角的黄蜂

1

斯潘道①拉丁学校的校长康拉德·施普伦格尔生了一场病。他染上了深沉的忧郁症，就连平素酷爱的罗马诗歌也不能叫他快乐起来。他对工作也失去了兴趣，连听学生回答深奥的拉丁语法问题都没精打采的。这是一个非常严重的症状：要是他对拉丁语都不再喜爱，那就说明大事不妙了。施普伦格尔垂头丧气地去看了医生。

"您需要娱乐。"医生沉思着说。

"怎么个娱乐法，要我去跳舞还是怎的？"施普伦格尔闷闷不乐地表示反对。"我已经上了年纪，干不来这种事了，况且我的地位……"

"干吗要跳舞？您可以多散散步，去田野和森林走走。欣赏美丽的花儿，聆听鸟儿的歌声。这样一来您就会得到娱乐，清新的空气正是头等的良药。"

---

① 德国中部城镇，现为柏林第五区。——译注

于是施普伦格尔开始在郊外散步。他郁闷地在森林和田野中四处徘徊，闻着乡间小路上的尘土味儿，行走在脏兮兮的沼泽草地上。他偶尔也会看看脚边，但也只是为了不陷进淤泥或跌进水沟罢了。不论是花花草草还是长满青苔的毛茸茸的土墩，都无法让他提起兴趣来。鸟儿的歌唱甚至叫他大为光火，可他依然顺从而耐心地执行着医嘱，就这样在野外走啊，走啊，走啊……

他机械地采下一朵朵鲜花，撕下花瓣后就丢掉了。他撕白花瓣撕得如此专心致志，叫人不禁以为他在用法国菊占卜①。不，他并不是在占卜，怕是都没看清楚自己撕的是什么花呢。

有一回，当他在手里摆弄一株草原老鹳草②的时候，施普伦格尔注意到了一件怪事：在每五片花瓣中，就有一片花瓣的基部长着一些粗粗的短毛。

"看上去像是眉毛，"他想，"它们为何长在这儿呢？"

施普伦格尔揪下一片花瓣，看见它的基部有一个小囊——蜜腺，里面盛着甜甜的花蜜。这让他产生了兴趣。雨无法落入被短毛罩着的小囊，也就不会把花蜜打湿。事实的确如此，但是……昆虫可以轻而易举地顺着纤毛爬过去。

"瞧，这构造多么巧妙！"

施普伦格尔的忧郁病开始消散了，田间散步按理也可以停止了，但这位拉丁语教师讶异于老鹳草的纤毛，便决定好好研究一下这件事情。他向来对植物学颇感兴趣。

他躺在河岸上，观察着生长在那里的勿忘草③，注意到花朵深处有些呈环状排列的小黄点。他把花朵撕碎，发现这些小黄点原来是……

"它们指示着通往盛花蜜的小囊的道路！"施普伦格尔大叫一声。

真是咄咄怪事！花朵仿佛在为昆虫指示通往有花蜜的地方的道路。花朵似乎在为昆虫操心！

施普伦格尔根据亲身经验深知，没有人会为了别人白白付出。要是花朵果真如此"关心"昆虫和昆虫的便利，那么昆虫也理应为花朵做些什么，才能报答这些"关心"。

"事情不可能就这么简单，"施普伦格尔走过土墩，一边思考着这个问题，"我得揭开这个谜团。"

---

① 一种占卜方法。若要占卜一件只有两种可能答案的事情（如"喜欢"和"不喜欢"），可取一朵多瓣花，用单数花瓣代表一个答案，用双数花瓣代表另外一个，然后依次撕掉花瓣，每撕一片就重复该花瓣对应的答案，撕掉的最后一片花瓣所对应的就是占卜结果。——译注
② 又名红根草，木兰纲蔷薇亚科多年生草本植物，枝上有开展的蜜腺毛。——译注
③ 紫草科勿忘草属多年生草本植物，有开展的糙毛。——译注

▲ 康拉德·施普伦格尔（1750～1816）

花的秘密叫施普伦格尔入了迷。他一大早就出发去田间，直到深夜才回到家里。整个夏天他都在郊外晃来晃去，直到冬天下雪后才停止了散步。他一朵接一朵地研究花儿，一株接一株地观察植物，试图揭开它们的奥秘。

他在勿忘草上没有搞出任何名堂，母菊①叫他大失所望，老鹳草也仿佛一起跟他作对。后来他终于撞了运，发现了柳叶菜②的花朵。

"真奇怪！它的雄蕊全枯萎了，雌蕊却又鲜又嫩。这样一来要怎么授粉呢？"施普伦格尔大惑不解地端详着花朵。"这也许是一种病吧？"

于是他出发去寻找别的柳叶菜。一朵，两朵，三朵……他采下其他花朵进行观察，结果全都一样：雄蕊枯萎了，雌蕊依然鲜嫩。

"完全不明白啊！"

施普伦格尔在一座小山丘上坐了下来，开始思考这个问题。太阳暖洋洋地照耀着，蜜蜂和熊蜂嗡嗡飞舞，蝴蝶无声无息地扑腾起来。他被晒得浑身发暖，不由得打起了瞌

---

① 菊科母菊属一年生草本植物，光滑无毛。——译注
② 别名水丁香，桃金娘目柳叶菜科多年生草本植物，被曲柔毛。——译注

睡，醒过来时已经日下西山。该回去了，那个地方离城里可不算近。

在回家的路上，他又发现了几丛柳叶菜。

"哦！……"施普伦格尔仔细观察了它们的花朵，不禁发出一声惊呼。

这些柳叶菜的花朵里长着鲜嫩的雄蕊，雌蕊却皱巴巴地垂了下来。

一些柳叶菜的花朵死了雄蕊，另一些则死了雌蕊。它们究竟是怎么授粉的呢？很明显，枯萎的雄蕊不能提供花粉，枯萎的雌蕊也不适合接受花粉。

施普伦格尔沉思着走回城里，来到家中，进了房间，没脱外衣就坐了下来。他思索着……

第二天是个雨天，没法去田里了，于是施普伦格尔一整天都坐在窗旁，看着灰色的乌云等待晴天，哪怕是露出一小块蔚蓝的晴空也好啊。可是直到晚上，雨还是不停地

▲ 柳叶菜

下着……

一周后终于雨过天晴。施普伦格尔急忙赶去看柳叶菜。真可惜！柳叶菜的时节已经过去，它们的花全都谢了。

郁闷的施普伦格尔沿小路走着，一面留神不要碰到湿漉漉的草。他看见了一株欧洲柏大戟①，就停下来观察它的花朵……

"这是什么怪事？"

之前的柳叶菜枯萎了雄蕊，而如今的欧洲柏大戟却枯萎了雌蕊。最老的花只剩下一

---

① 金虎尾目大戟科大戟属植物。——译注

点点可怜的雌蕊残迹，但雄蕊却远远没到要枯萎的地步。

"真搞不懂……"施普伦格尔一朵接一朵地观察这些花儿，嘴里念念有词。

他又找到了几株欧洲柏大戟，情况全都如此：幼花的雌蕊已经准备好受粉了，可雄蕊却还没成熟；老花的雄蕊成熟了，可雌蕊却已经不适宜受粉了。

"这事绝不简单，其中必然又有一番奥秘。"

施普伦格尔决心把这个奥秘也一并解开，于是坐到一株欧洲柏大戟跟前。

"哪怕在这儿坐到晚上也好，我不达目的决不罢休！"

一个小时过去了。施普伦格尔静静地坐着，在他鞋边已经有蜥蜴在爬动。老鼠也毫无顾忌地在他身边钻来钻去，从一个地洞跑进另一个地洞。一只小鸟儿甚至落到了他的帽子上，但很快就发现自己搞错了，于是尖叫一声振翅而去。就在这时，一只蜜蜂落到了欧洲柏大戟上。它在花朵上爬了一阵，把脑袋伸进花中，然后清理一下身子就飞走了。在这朵花里它似乎一无所获。

"放跑了？没事，下一只会抓住的。"

等另一只蜜蜂落到花朵上后，施普伦格尔略一思忖就伸手抓住了它。可他完全忘了一点：蜜蜂跟苍蝇不同，它是不能就这样一把拿下的。还没来得及把蜜蜂攥在手里，施普伦格尔就被它叮了一下。

"啊！"施普伦格尔吹了吹被蜇的手掌，坐到地上，开始往手上涂泥土。

他手里糊着一堆湿泥，坐在欧洲柏大戟旁看着蜜蜂飞来飞去。他已经不敢随便用手去抓蜜蜂了。

第二天，施普伦格尔带了几把小钳子，结果第一只落在花上的蜜蜂就被他抓了个正着。他拿起放大镜观察蜜蜂，发现它全身都沾满了花粉。第二只蜜蜂也是如此；第三只、第四只——所有蜜蜂都是浑身花粉。

"它们把花粉从一朵花带到另一朵花！"施普伦格尔心跳得那个快呀，简直比远在童年的第一场考试时还要激动。

施普伦格尔并非专业研究者，但他很看重观察的精准，因此决定好好检验一番自己看到的东西。他连着几天坐在欧洲柏大戟旁，捕捉蜜蜂并对它们进行仔细观察。

一切都进行得很顺利：很少有蜜蜂不是满身花粉的。但这花粉究竟是哪朵花的呢？施普伦格尔观察的那株欧洲柏大戟的雄蕊还没发育成熟，至于花粉是怎么跑到蜜蜂身上的，他就搞不清楚了。

夏天过去了，欧洲柏大戟的花朵凋谢了，捕捉蜜蜂的工作也结束了。整整一个冬天，施普伦格尔都在思考有关蜜蜂、花粉和花朵的问题，一边还痛苦不堪地想着：

"夏天到底什么时候才到呢？"

到了夏天，一切都要水落石出了。施普伦格尔找到了柳叶菜和欧洲柏大戟，抓了许多昆虫并做了观察，关注蜜蜂在花朵之间来回飞行的过程。这两种植物的秘密被揭开了。

"柳叶菜不想进行自花授粉，"施普伦格尔断定，"因此它的雄蕊和雌蕊在不同时期成熟，不同的柳叶菜丛中的成熟情况也各不相同。欧洲柏大戟也是同样的情况。"

这个发现对他产生了强烈的影响，搞得他完全无心思考别的事情了。他只顾在花朵之间走来走去，一边进行观察。他看见了：蜜蜂落到雄蕊成熟的柳叶菜花上，沾上了一身花粉。他看见了：沾满花粉的蜜蜂落到雌蕊成熟、雄蕊枯萎的柳叶菜花上。他看见了：蜜蜂把花粉留在了幼嫩的雌蕊那黏糊糊的柱头①上。

"这些花可真精明啊！"他大叫道。"它们用香甜的花蜜引诱昆虫，让后者为自己传粉。它们简直就是在利用昆虫！"

2

花朵与昆虫——这两者间的关系在施普伦格尔眼中变得明了起来。如今他每观察一朵花都要同自己的理论挂钩。他在花朵中寻找盛着花蜜的小囊以及其他一些与利用昆虫传粉的需要相适应的特征。

"禾草的花朵既不好看又不芬芳，也没有香甜的蜂蜜。有谁给它们传粉呢？昆虫并不会飞到这样的花上呀，它在禾草花上是无事可干的。"

施普伦格尔连着几天待在凌风草、早熟禾和冰草②旁边，或站或坐，仔细观察。他并没发现有昆虫经常来找这些花朵，也没看到利用昆虫传粉的过程。但是他发现了另一个情况：与那些美丽的香花相比，这些其貌不扬的花儿的花粉要多得多。在一个刮大风的日子里，他看见禾草的穗儿和花序上方腾起一团略带灰色的花粉云，并随风飘散开去，于是恍然大悟：

"风！……是风给它们传粉的。"

这是一个非常重要的发现。其重要性首先在于，施普伦格尔据此搞清了哪些花才值得他花费时间。如今他再也不关注禾草的穗儿和花序了：这里根本就不关昆虫的事，是风扮演了传粉者的角色。

他仿佛一条追寻猎物的猎犬，在草地上和树林里钻来钻去，寻找既美丽又芬芳的鲜花。每当找到这样的花时，他就折下一朵，贪婪地端详良久，然后在植株旁或站或坐、

---

① 雌蕊顶端接受花粉的部位。——译注
② 三种禾本科植物。——译注

一动不动地等待。他在等待昆虫，等待它飞到花朵上享用花蜜，并用传粉来报答花的款待。

潮湿的草坪上盛开着迷人的兰花，它们很久之前就吸引了施普伦格尔的注意。从前他收集兰花只是为了制作植物标本，热衷于寻找稀有的品种，但也就仅限于此了。诚然，他惊讶于兰花花朵的多样多姿，惊讶于花瓣的古怪形状，尤其是那些向外伸展的长长花距①，但他并不曾寻找这些花距的意义。施普伦格尔欣赏着美丽的花朵，享受着淡淡的幽香，却没有观察花朵的内部，对雄蕊和雌蕊也毫无兴趣。以前他对这些想都没有想过，而如今……如今他感兴趣的已经不再是花儿的美，而是它的构造。

只需看上一眼兰花的花朵，将它分解开并看看里面的雄蕊、雌蕊和花粉，他就下了结论：

"昆虫就是这朵花的传粉者。"

没错，只有了解了昆虫在传粉中发挥的作用，才会说出这样的话来。

大多数兰花的花粉都有着非常独特的形态。这并不是那种柔软细小的花粉，能够随风飞舞或粘在昆虫的头上和胸前。不！兰花的花粉组成了一种相当大的密实团儿。这些团儿稳稳当当地放在一些特殊的小口袋里，既不会被风吹出来，也不会自己从里面掉出去。

"它们究竟是怎么落到雌蕊上的呢？"施普伦格尔大惑不解。他机械地拿起一根草茎，把它捅进了兰花的花朵里。

他简直不敢相信自己的眼睛：那个挡住通往花朵深处的入口的瓣儿仿佛装在铰链上一般，略微一动就移到了一旁。他把草茎拉了回来，只见上面附着一小团花粉。它并没有掉下来，而是牢牢地黏在草茎上。

施普伦格尔抖抖草茎：小团儿依然挂在上面。

"啊！……"他只能发出这样的感叹。"啊……"

施普伦格尔忙乱起来，他一下子就摘了几十朵兰花，然后急急忙忙地回家了。他把花儿一朵朵撕碎，寻找着兰花的秘密，想了解花粉是怎么落到雌蕊上的——无论如何都要知道！

分解花儿的工作将真相展示在了他的眼前。

钻进兰花花朵的昆虫粘上了花粉团，等它飞到下一朵兰花并再次钻进花朵时，小团儿就会碰到雌蕊，然后黏在柱头上。

---

① 一些植物（如兰科植物）的花瓣延伸出管状或兜状的结构，用于储存花蜜，从而对采蜜传粉的昆虫进行选择。——译注

"是这样吗？"施普伦格尔不太相信。"这也太神奇了吧……"

他奔走在一朵朵兰花之间，寻找落在上面的昆虫。可惜他不太走运：没有一只昆虫愿意当着他的面落在神秘的兰花上。于是他开始不加选择地乱捉飞过的苍蝇。他捉了几十只苍蝇，终于有一只……

这是只"长角"的苍蝇！它的额头上晃动着两个像角一样的东西，其实是黏在细细的触角梗节上的两个小团儿。

"就是它们！"施普伦格尔大喊道。"我猜到啦！"

可这对他来说还不够。他无论如何都想亲眼目睹苍蝇获得这个"角状饰物"的过程。

草坪上生长着几种不同的兰花。当然了，它们无论是大小还是外貌都无法同那新奇美艳的热带兰花相媲美。这只是些不起眼的北方兰花，与我们的舌唇兰①和红门兰（通常也称作白夜堇菜和紫夜堇菜）毫无相似之处。这些花有大有小，有的每个穗儿上长着二三十朵花，有的每个穗儿只有几朵，不过它们全都是兰花，它们的花粉都聚成黏糊糊的团状，这些小团儿都等待着昆虫客人的造访。

施普伦格尔在草地上待了几天，等待昆虫落到兰花上的时刻。可惜他什么都没等到。他忍受着太阳的炙烤，忍受着小小的黄蚂蚁的叮咬，可恰恰是那本该飞来的苍蝇却不见踪影。

于是他走出草地，来到树林中。在树荫下茂密的草丛里，在五彩缤纷的鲜花当中，他找到了一株森林兰花——森林二叶兰②。这种兰花的花唇上并没有花距，而是长着一条小槽儿，花蜜从那儿分泌出来。可这又有什么关系呢？花朵里照样有花粉团嘛，这才是施普伦格尔所需要的，况且他也只需要它们。

他躺到花朵旁就不作声了。他躺了很久，几乎大气都不敢出，尽量保持纹丝不动。他非常担心把那只能给他带来好运的苍蝇给吓跑。

它果真飞来了——说实话，那并不是苍蝇，而是只黄蜂。

这黄蜂就在施普伦格尔耳旁嗡嗡飞着，他好不容易才忍住，没有挥手把它轰走。黄蜂在花朵上盘旋了一阵，然后落了下去，惊得花枝一颤。它没有浪费时间，立刻就钻进了那芳香浓郁、花蜜香甜的地方。当黄蜂钻进花冠的时候，施普伦格尔仿佛觉得它回头看了自己一眼，甚至还觉得它狡猾地朝自己使了个眼色，好像在说：

---

① 兰科舌唇兰属多年生草本植物。——译注
② 兰科植物，具有两枚基生叶，叶在花凋谢后出现。——译注

"喂,别看漏啦!"

而他则回答说:

"我看着呢!"

施普伦格尔俯身凑近花朵,花儿在他的呼气下开始颤抖起来。黄蜂从花里爬了出来。就在它展翅欲飞的一瞬间,施普伦格尔看见它额头上有两个"小角儿"。那正是两个花粉团啊。

黄蜂飞走了,施普伦格尔站起来,舒展了一下筋骨。此刻对他来说最重要的莫过于能活动一下麻木的双腿了。而下一刻他就回想起了那只黄蜂和它的"小角儿"……

"我终于揭开你了,花的秘密!"他大声感叹道。"我揭开了……"

施普伦格尔欣喜若狂,差点高兴得跳起来大喊大叫了。如今他已经得知了兰花的传粉方式,了解到了花朵和昆虫之间结成的奇特联盟。

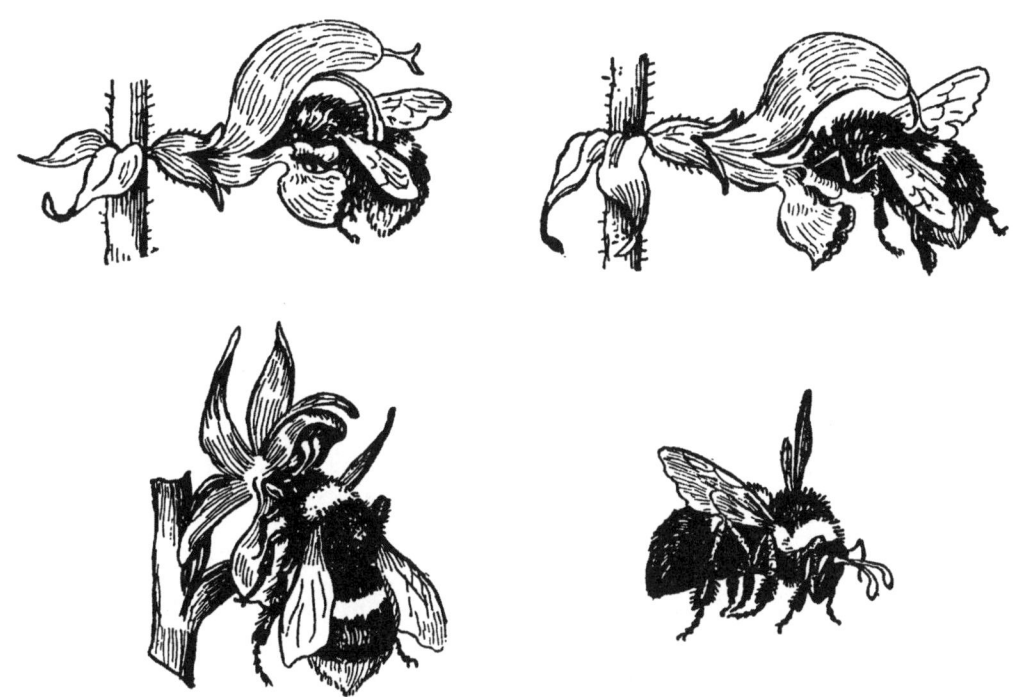

▲ 鼠尾草[①]花上的熊蜂
▲ 红门兰[②]花上的熊蜂

---

① 唇形科鼠尾草属一种芳香性植物。——译注
② 兰科亚兰属多年生草本植物。——译注

整个夏天他都在草坪上和林子里走来走去。花开花落，蜂群飞舞，但那已经不是他春天里努力追逐的蜜蜂、黄蜂和苍蝇了，而是它们的子辈甚至是孙辈。可他依然走啊走啊，四处观察，对一朵朵花进行研究，捕捉黄蜂和苍蝇，努力收集尽可能多的事实。

他看到了许多黄蜂和熊蜂，目睹了熊蜂在花唇上爬行的情景，目睹了它边舔舐香甜的花蜜边靠近花冠入口的情景，目睹了它将脑袋探入狭小的花冠的情景，目睹了黏糊糊的花粉团从小口袋中蹦出来粘在熊蜂脑袋上的情景。他看见过并捉到过带着一个、两个甚至三个"小角儿"的黄蜂和熊蜂。他还看见了"长角的"苍蝇飞近花朵并把"小角儿"留在雌蕊柱头上的情景——这可真是个幸运日！他看到了许许多多的事情，但还想看到更多，想一直看，一直看，一直看下去……

当最后几朵花也黯然凋零，树叶在严寒下纷纷枯萎，最初的雪花开始在空中飞舞的时候，施普伦格尔伤心地叹了口气。神奇的故事结束了，夏天已经离去，随之而去的还有花儿、黄蜂和苍蝇，冬天降临了。空中飞旋着许多白色的"苍蝇"，但这已经是另一种"苍蝇"了，而不是施普伦格尔观察过的那些。

3

整个冬天施普伦格尔都在伏案写作：他描述了自己对蜜蜂、黄蜂、熊蜂以及花的构造的观察结果。他记下了自己把草茎捅进花朵的实验，这根草茎起到了替代昆虫的头部、食物管或口器的作用。这一切都让他万分震惊、深为着迷，于是他给自己的书起了一个有点夸张的名字：《被揭开的自然之谜》。不管怎样，他还是设法出版了这部著作的第一卷，可是当1793年这卷书终于问世时，他不仅没法给别人赠送带有作者签名的书，反而连自己都拿不到一本样书。出版第二卷的钱已经没有了，而出版商又拒绝自掏腰包帮他印书。

施普伦格尔不是专业学者，没有"植物学教授"的响亮头衔，更不是科学院院士。因此，那些"专业人士"就以对待"业余爱好者"的作品的方式对待了他的著作。

"空洞无聊，胡说八道！"

这些植物学家嘲笑着施普伦格尔，可他们自己却在一堆堆晒干的植物标本中埋头鼓捣。对他们而言，相比起活生生的自然之书，反倒是博物馆里和植物标本上的灰尘要更好懂、更亲切些。干燥过的兰花已经无法向他们道出自己的秘密了，而那些蔫不拉几地

▶▶▶▶▶▶▶▶▶▶ 施普伦格尔《被揭开的自然之谜》中的系列插图，其中不仅展现了各种花朵的不同结构细节，也描述了昆虫与花朵的"互动"

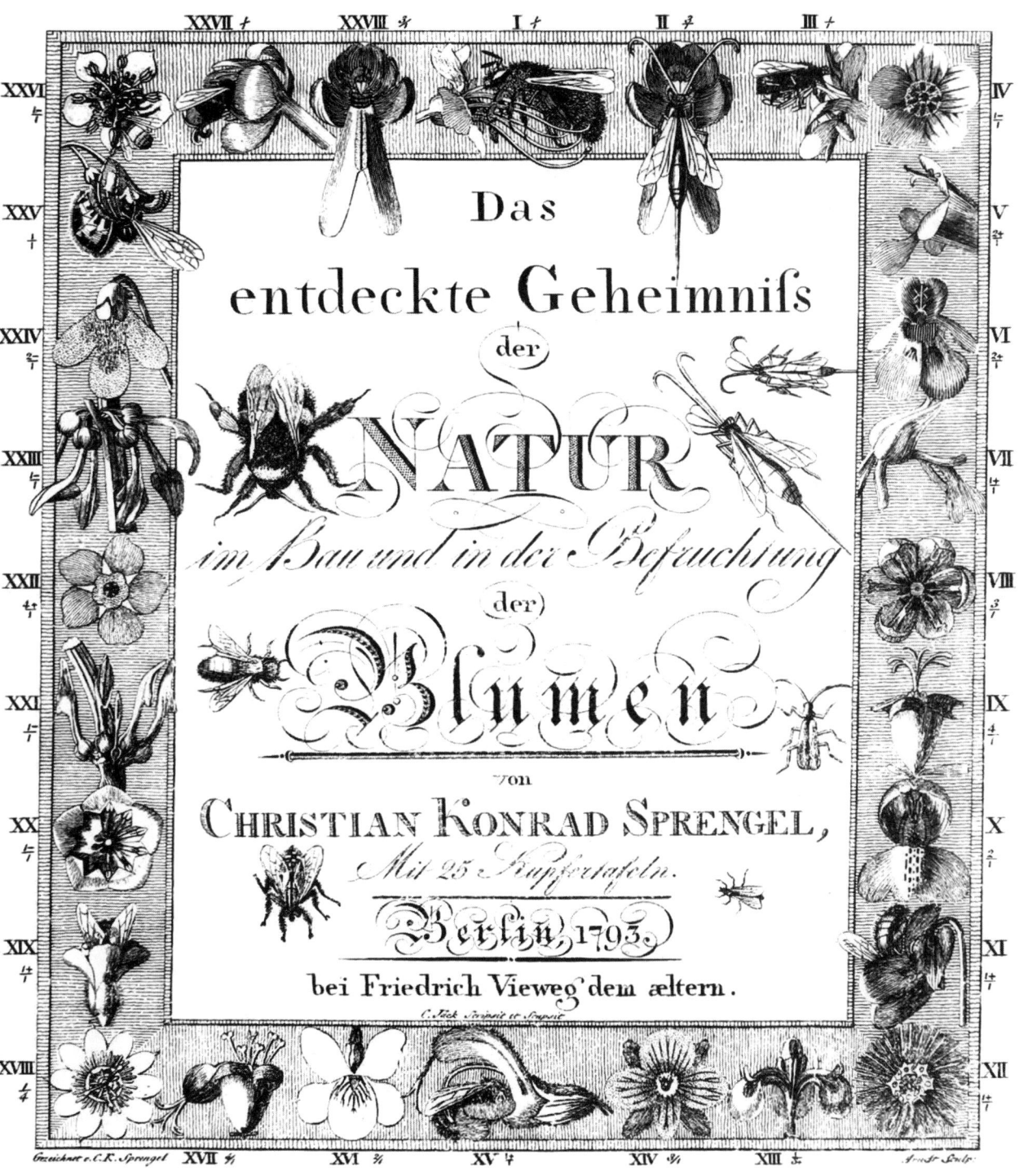

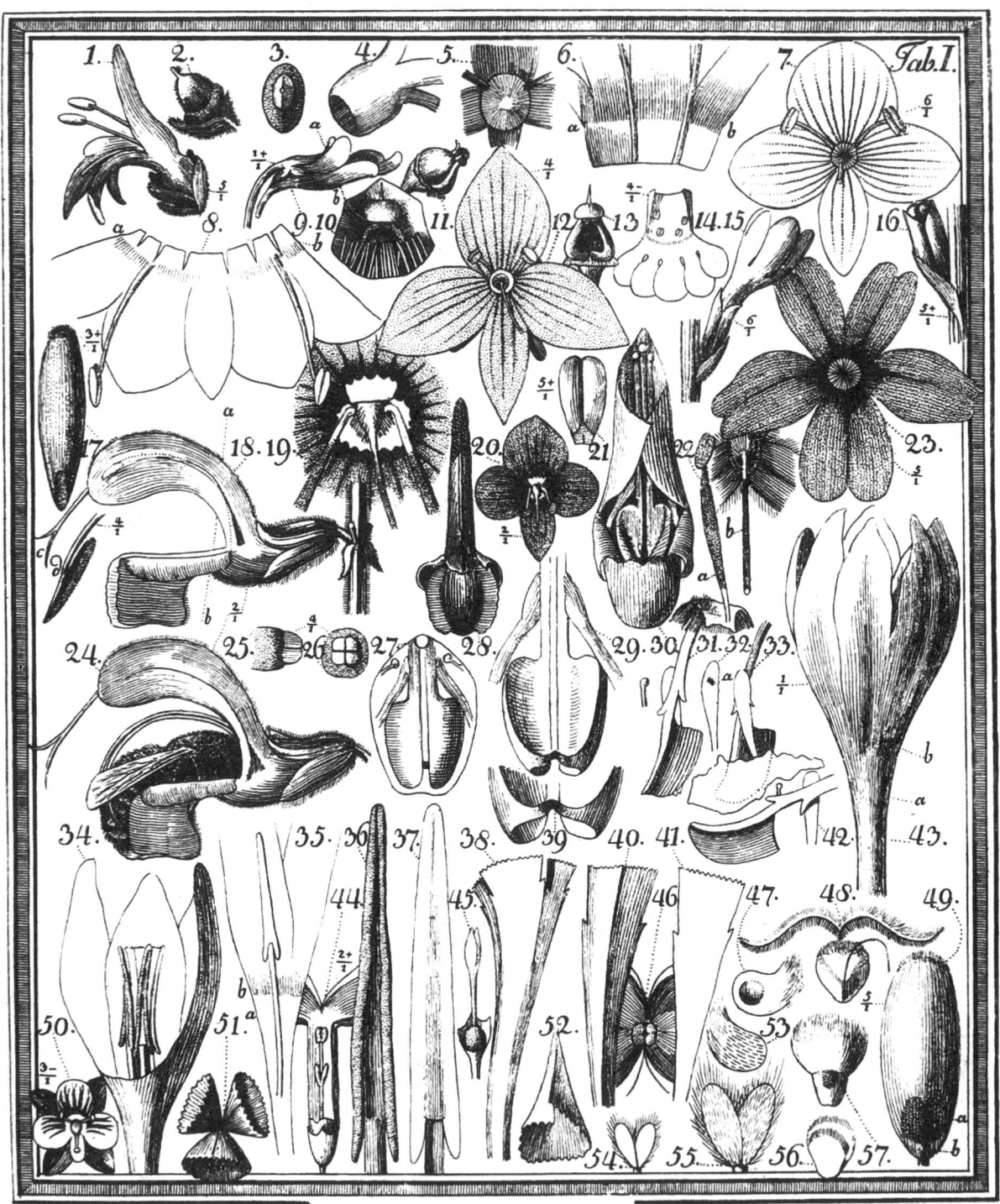

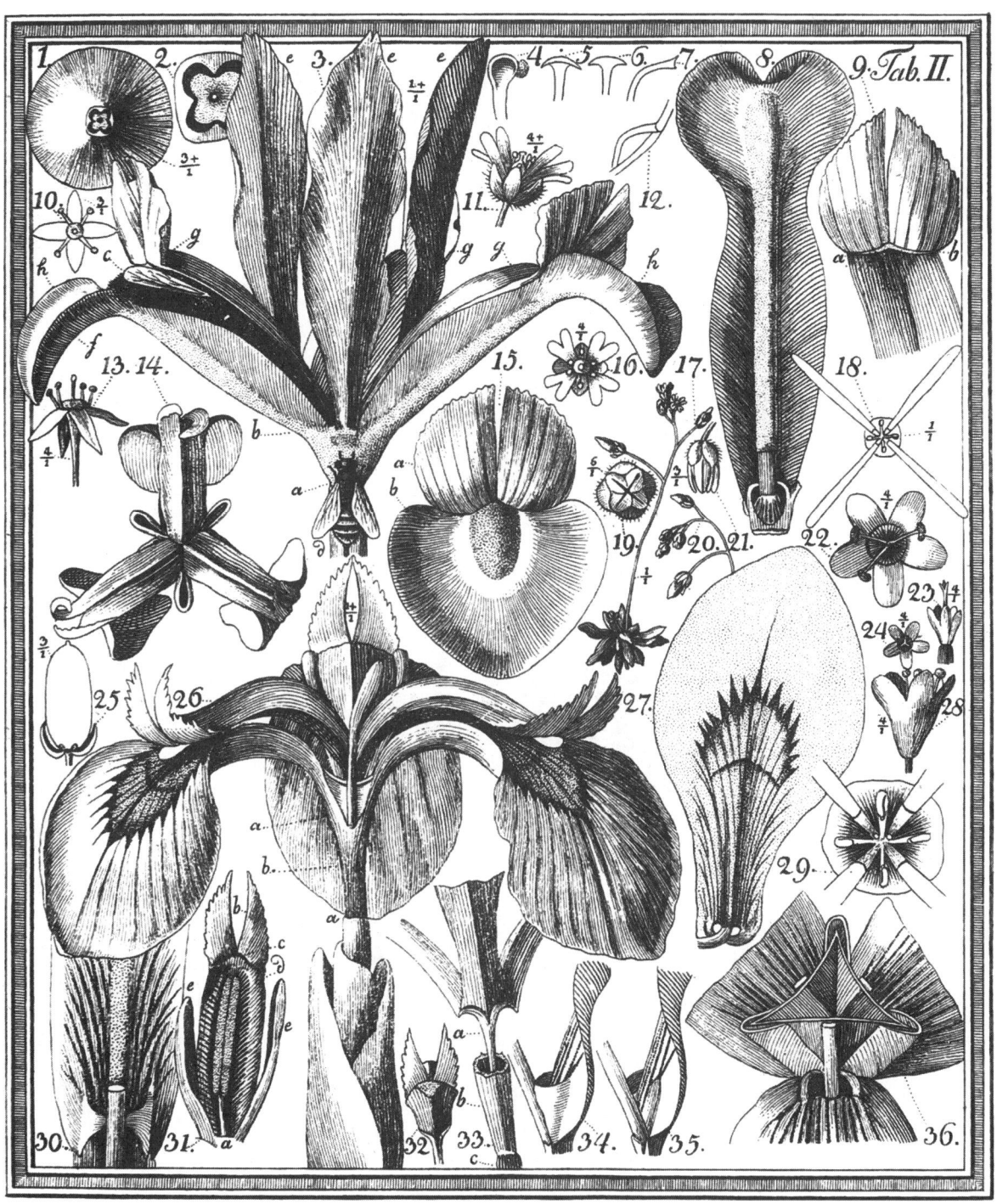

第八章 花的秘密

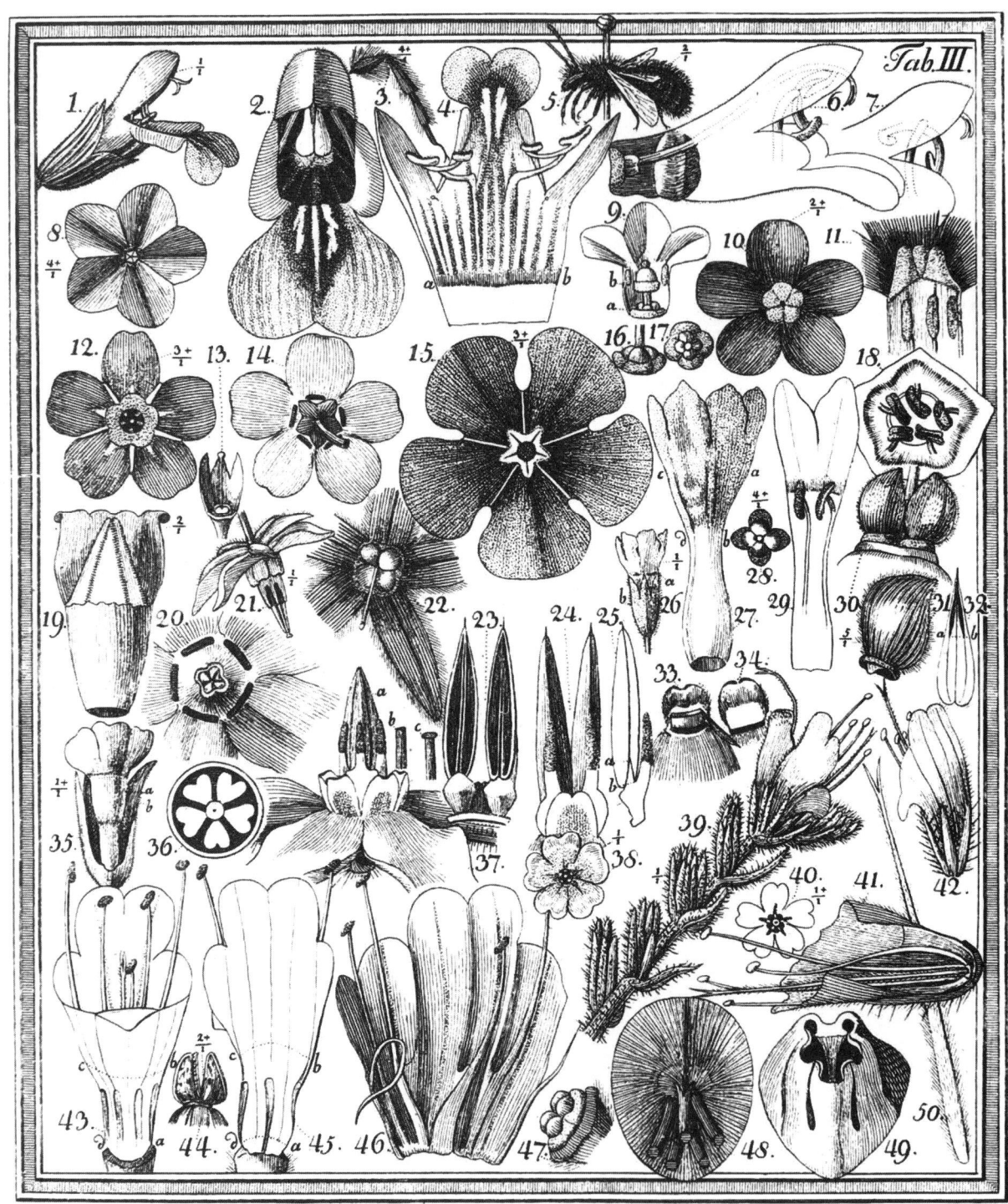

霍蒙库鲁斯——趣味生物学简史

第八章 花的秘密

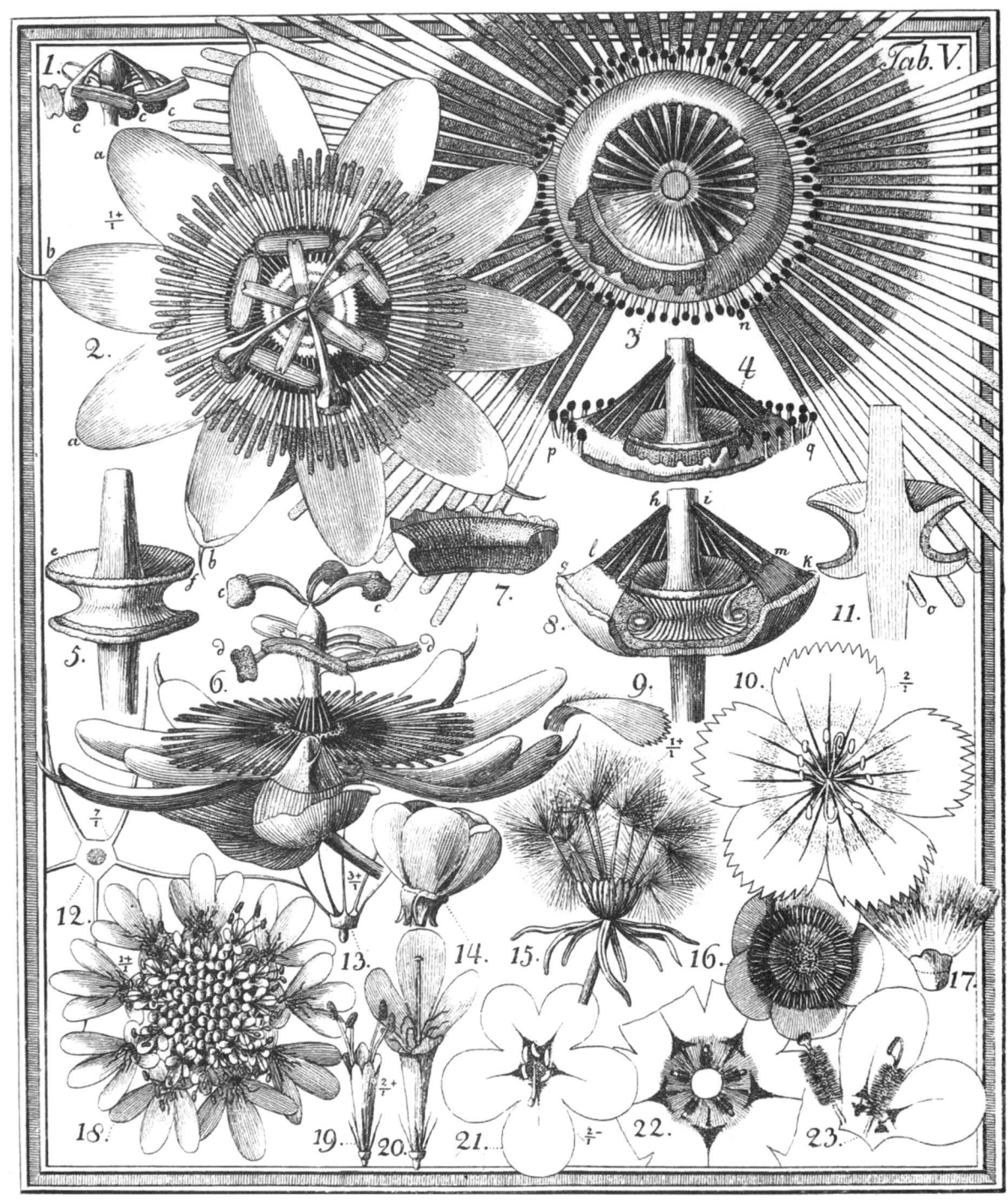

第八章 花的秘密 232 / 233

霍蒙库鲁斯——趣味生物学简史

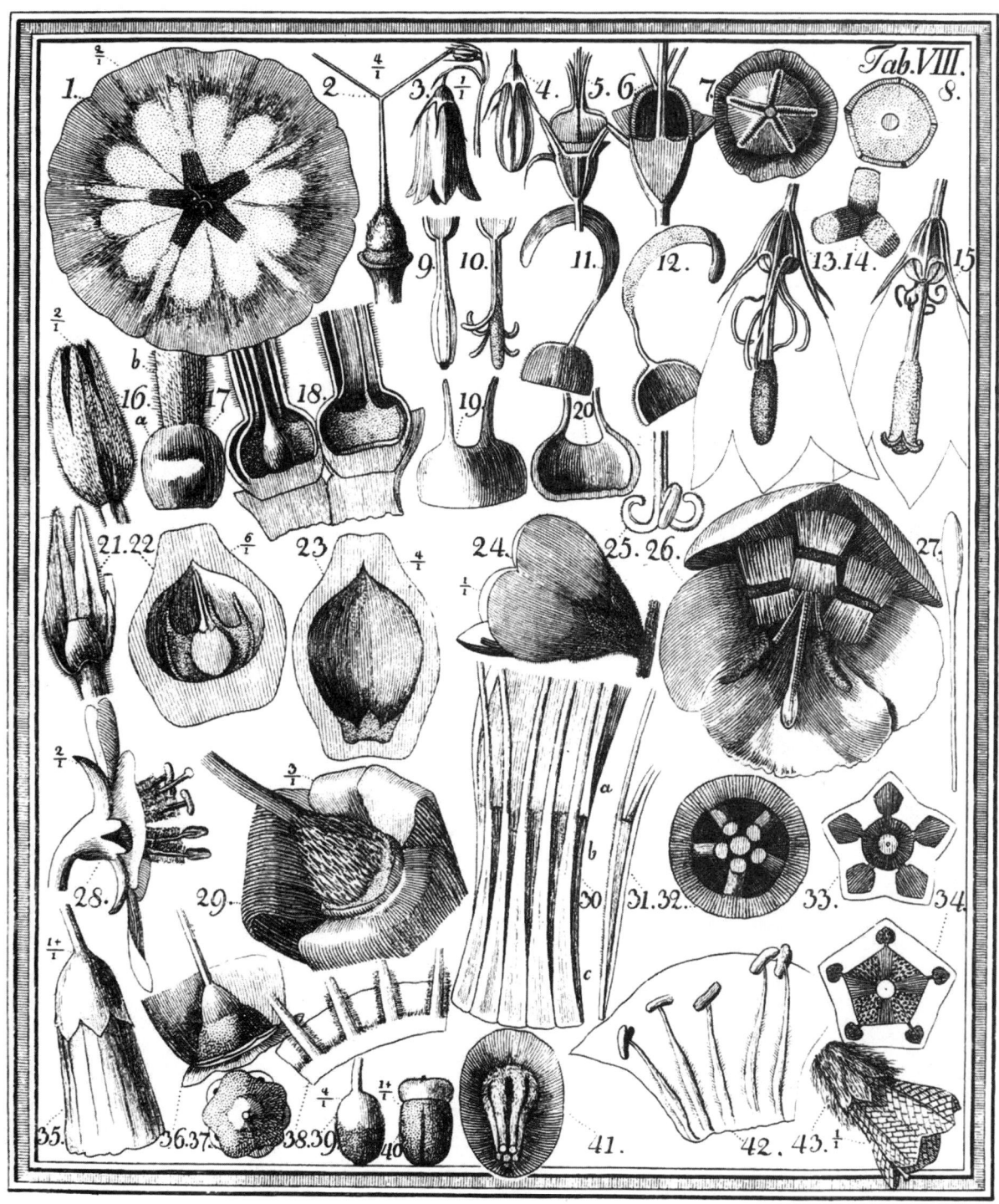

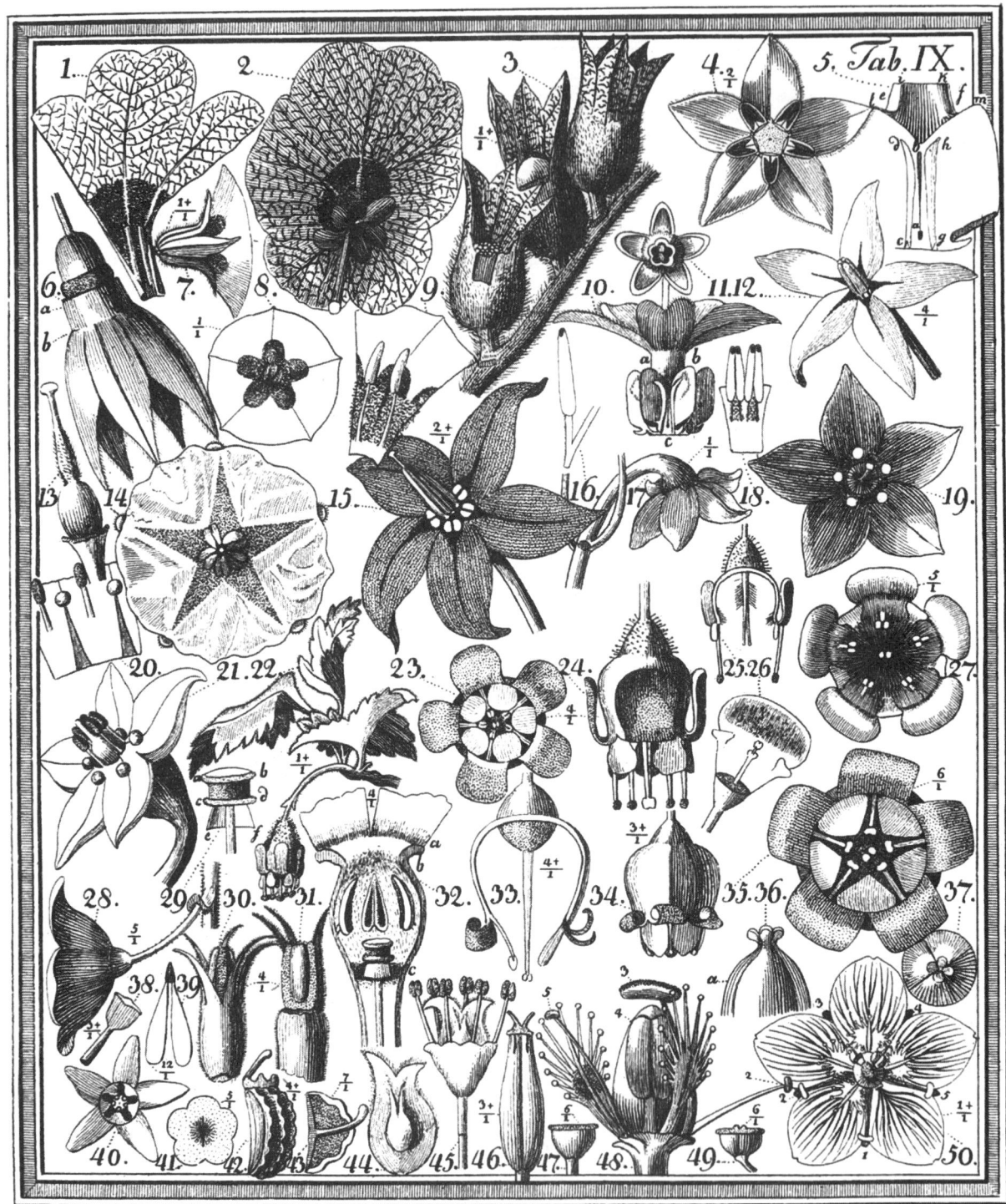

霍蒙库鲁斯——趣味生物学简史

插在大头针上的苍蝇和黄蜂呢，额头上也并没有可爱的小角儿，也就是黏在上面的花粉团。

"愚蠢的杜撰。"这就是那些学问最大、地位最高的植物学家们对施普伦格尔的著作做出的判决。

很快他又遭了另一场大祸。学校里怎么能容忍一个参加节日布道经常迟到的老师，又怎么能容忍一位把苍蝇和花朵看得比祷告还重的校长呢？

施普伦格尔被迫离开了学校。

他并未立刻缴械投降，也没有灰心丧气。他找到了一些私人授课的机会，可他的著作依然受人耻笑，衣服渐渐穿破了，体力也一天不如一天……

施普伦格尔忍饥挨饿，衣衫褴褛，学生也跑掉了一半，但他依然在森林里和草地上四处徘徊，继续着自己的研究。他边观察边思索："为什么会发生这种情况呢？"

他无法准确地回答这个问题。

"它们是互为对方创造出来的。智慧的自然母亲为昆虫创造了兰花和其他花朵，也为这些花朵创造了昆虫。它们互为补充。"

这个观点是错误的。没有人创造生物，也没有人为它们操心，可是……要知道其他人犯下的错误比这还要大得多，不论是什么院士教授，还是当时的世界级学者，乃至顶顶智慧的哲学家，概莫能外。既然如此，我们又怎么能严厉批判这位年迈的拉丁语教师呢？

* * *

罗伯特·布朗①是19世纪上半叶最伟大的植物学家之一，他曾下过不少工夫去研究兰花。读完施普伦格尔的著作并检验其观察结果之后，他评论说：

"只有傻子才会嘲笑施普伦格尔的发现。"

又过了许多年，施普伦格尔才得到了承认——确切地说，人们不再嘲笑他了，但也没有给他树碑立传。没有人记得他，也没有人阅读他的作品，因为他既非院士又非教授，不是伯爵也不是男爵，而只是一个中学拉丁语教师罢了。

尽管如此，正是他认识到了花朵与昆虫之间的关系，也正是他让我们注意到了动植物之间的相互适应究竟能发展到什么地步，其他人都没能做到这一点。康拉德·施普伦格尔并不清楚何为"自然选择"，但正是他向我们展示了生存斗争和自然选择创造的奇迹。

---

① 罗伯特·布朗（1773~1858），英国植物学家、系统分类学家，发现了微粒的"布朗运动"。——译注

自然状态下的大自然

1

他是一位诗人,却应邀到魏玛①公爵手下当大臣。诗人做大臣,岂非咄咄怪事!但歌德并没有拒绝,而是接受了这个职位。不过,这位公爵的领土相当狭小,要进行管理也费不了什么工夫。

年轻时的歌德研究过医学,还听过化学和外科医学课程。可在那些尘土飞扬的大城市里,又上哪儿去学习植物学呢?

公爵赠给大臣歌德一小块土地。一个月之后,歌德开始在上面建房子;一个半月之后的五月中旬,他已经坐在自家房子的阳台上欣赏夜莺的歌曲了。他从自己的花园苗圃中摘下第一个芦笋,把它送给御马总管(宫中重臣之一)的妻子夏绿蒂·冯-施泰因②,虽然这芦笋不怎么样,但给她做汤还是挺合适的。五月份菜园里还空空如也,于是他给她送去玫瑰,到六月就能炫耀自己的草莓了。只有在那些苗圃荒芜的月份里,歌德才会送她鲜花,在别的时候则是先送芦笋,后赠草莓,再往后是黄瓜,甚至还有白萝卜和胡萝卜——哎,真叫人受不了他!

他常常躺在阳台上睡觉,欣赏着繁星点点的夜空进入梦乡,没有星星的时候就欣赏云朵。他聆听乌鸫的鸣叫,或是远方传来的隆隆雷声。歌德是一位诗人,非常喜爱大自然。他像个沉浸于热恋中的人,长叹一声望向花园,立刻就开始浮想联翩:为什么这朵花如此好看,气味如此芬芳呢?这是因何而起,从何而来,又为何而生呢?

"林奈是自莎士比亚③和斯宾诺莎④之后最伟大的人物。"读完林奈的《植物学》之后,歌德感慨着说。"他非常非常聪明,简直就是个天才!"

歌德打定主意:他也要成为一位植物学家。

---

① 德国中部城市,当时是一个独立的小公国。——译注
② 夏绿蒂·冯-施泰因(1742~1827),宫廷贵妇,歌德的挚友(一说情人),对歌德的创作产生过重大影响。——译注
③ 威廉·莎士比亚(1564~1616),英国诗人、剧作家,其创作以十四行诗、浪漫喜剧和历史悲剧闻名于世,至今仍在全球以不同形式上演,他也被公认为西方文学史上最杰出的人物之一。——译注
④ 巴鲁赫·斯宾诺莎(1632~1677),荷兰哲学家,唯理主义者、泛神论者,西方理性主义传统中的关键人物之一。——译注

在读到林奈的著作之前，歌德对每门学科都略有涉猎。上文已经说过，他学习过医学和化学，其实他还研究过矿物学、解剖学和山地形成过程。他还对许多其他知识感兴趣，简直是爱好一切学问，唯一的例外就是数学。歌德受不了数学，乘法表对他而言就像是"埃及十灾"一般的存在。

"梅瑟①的脑子也太不开窍了！"他大叫着说。"换做是我的话，我才不会用瘟疫和蜇人的飞虫去惩罚法老，而是用一种完全不同的方法。我会强迫他学数学！我确信只要上过一节数学课，他就会立刻同意梅瑟的所有要求了。"

歌德读林奈的书读得入了迷。在他看来，枯燥的表格和用拉丁文写成的简洁描述简直能与莎士比亚的诗句媲美。他对许多莫名其妙的句子尤其感兴趣，但他读得越多，皱眉头的次数也越来越多。

"这人怎么如此无趣呵！他整个人都塞满了尘土和死板板的植物标本。看来，他似乎忘了植物也是活物，忘掉了植物的美好和花朵的芬芳。这林奈只不过是个干草棚罢了，对他来说一捆干草（歌德这样称呼植物标本）比一束鲜花还要宝贵。"

诗人身上发生了一件奇怪的事情。他感觉自己的意识被分成了两半儿：一方面对林奈赞赏不已，另一方面却越来越不喜欢此人了。

"他什么都想区分开来，把植物都分门别类放到小匣子里。他把本不可分的东西强行分开了。"歌德就是这样抱怨林奈的。

歌德还把自己的爱好传染给了公爵。公爵深深迷上了植物学，结果变成了个货真价实的园艺家。他建了不少暖房和温室，买了许多各种各样的植物。常常遇到这样的情况：大臣带着报告去找公爵，却发现他在翻掘松软的黑土。

"我有要事汇报。"大臣报告说。

"什么要事！"公爵回答道。"您还是看看我的幼苗吧，多好的幼苗！"于是大臣（他正是歌德）把公文包放到一边，卷起袖子就蹲下来移栽植物了。

夏绿蒂·冯-施泰因也不得不开始研究植物学了。这也是没办法的事：歌德满心希望把这门学科传授给她，弄得她最后只好屈服了。其实她并不是很喜欢掘土，相比起带着刺儿和蚜虫的玫瑰花丛，她更喜爱装在瓷花瓶里的玫瑰花。芦笋在餐桌上倒是极好的，

---

① 梅瑟（新教译为摩西）：《圣经》传说中的主要人物之一，据说将以色列人从埃及的奴役下解放出来，写成了《梅瑟五书》（《圣经》的一个部分），还有一些其他事迹。"埃及十灾"：由于法老拒绝放以色列人自由，梅瑟用祈祷唤来了一系列灾祸，令埃及遭到了天灾的袭击（最初是蜇人的苍蝇，最后是埃及孩子的死亡）。——原注。

以上情节参见《圣经·旧约·出谷纪》7~11。作者的说法并不完全准确，例如第一灾并不是苍蝇，而是把河水变成血水。——译注

▲ 沃尔夫冈·歌德（1749～1832）

可在施了粪肥的苗圃里就一点意思都没有了。但是……又有什么事是爱情办不到的呢？夏绿蒂尽管皱着眉头，但还是帮助歌德在果园和菜园里工作，以及进行植物学研究。到后来，歌德又让她坐到显微镜前观察，还叫她阅读布丰的著作，做种子催芽的实验。她比歌德年长七岁，是个聪明而有教养的女子，可对植物学术语却是一窍不通。夏绿蒂未能为歌德的植物学探索提供任何出色的思想，反倒影响了歌德的诗歌创作。歌德最优秀的戏剧《伊菲格涅亚》①和《塔索》②均明显带有这场爱情的痕迹。

有一年夏天，夏绿蒂去了卡尔斯巴德③。歌德也追随她而去，还带上了植物学家柯尼贝尔④以备不时之需。他们在途中碰到一位带着个白铁盒子的学生。这个年轻人叫迪特里希⑤，是收集药草的自由药剂师迪特里希家族的后裔

---

① 全称《在陶里斯的伊菲格涅亚》，歌德早年（1779～1786）创作的诗剧，取材于古希腊神话和古希腊剧作家欧里庇德斯的悲剧。——译注
② 全称《托尔夸托·塔索》，歌德早年（1780～1790）创作的诗剧，取材于中世纪意大利著名诗人的事迹。——译注
③ 德国西南部城市。——译注
④ 可能是指卡尔·路德维希·冯·柯尼贝尔（1744～1834），德国诗人、翻译家，歌德的密友。——译注
⑤ 可能是指弗雷德里希·戈特洛布·迪特里希（1765～1850），德国植物学家。——译注

之一。

"站住!"

两人对迪特里希进行了一整场考试:叫他把盒子里的植物拿出来,说出它们的名字,并谈谈它们分别有什么用处。迪特里希恭顺地作了回答,因为向他提问的可是大臣本人啊。然后两人又把他拉到附近的山上,并令他讲出在山上看见的所有植物的名称。

"他会对我们派上用场的。"歌德低声对柯尼贝尔说道。

"走吧!"

他们让受了一番折磨的学生坐到马车后的踏板上,根本不征求他的同意就把他载走了。在内施塔特[①],歌德生了一场病,但也并未因此而待在那里无所事事。他躺在病床上,努力地用显微镜观察纤毛虫,当眼睛感到疲劳的时候,他就作诗或者同迪特里希和柯尼贝尔谈论植物的问题。后来他们重新踏上了旅程:马鞭又开始呼啸,四轮马车又开始疾驰,迪特里希又坐在踏板上摇来晃去了。为了不叫他过于无聊,歌德每当发现某种植物,就吩咐迪特里希跳下车去把它采回来。

在卡尔斯巴德,歌德建立了一个由宫廷贵妇和男伴组成的植物学小组。当然,这些"新鲜出炉"的植物学家们是不会去山上林中搜寻植物的。为他们代劳的是迪特里希:他攀爬怪石嶙峋的岩屑和峡谷,钻过树林里的枯枝败叶,有时还陷在沼泽地里。小组成员只从事"研究"。他们的"研究"是这样进行的:迪特里希给他们带来收获的植物,了解植物学的医生为他们说出植物的名称,然后"植物学家"们就拿出林奈的书,试着自己从书中找到植物的名字。不过,这些人很少能做到这一点:他们的主要领导歌德在系统分类学方面相当不给力。

"我生来不擅长分类和计算。"他坦承说。

尽管如此,要是你日复一日地看到植物并听到它们的名字,你多少也能学会分辨出一些东西的。歌德也开始能够分辨出当地的常见植物了。

他对植物学的兴趣与日俱增,开始研究苔藓、地衣、蘑菇和水藻了。

歌德花了两个冬天的时间用显微镜观察植物,到夏天时才猛然回想起来:得把开了个头的剧本写完,得去罗马的图书馆里搜寻资料。

"我还没见过罗马呢,可日子就这样过去了!"

他的行李很少,只有一部关于植物种类的林奈著作、一包手稿和一台显微镜。很快他就把显微镜的镜片弄丢了,这下子行李就更轻了:得把显微镜送去修理。

歌德急急忙忙地前往南方,甚至都没在阿尔卑斯山驻留。他观察到了山上的枫树,

[①] 德国城市,位于萨克森自由州。——译注

在因斯布鲁克①郊外看了看山上的落叶松，又摸了摸布伦纳②山上的雪松，在它的树脂里弄脏了手。这就是他在阿尔卑斯做过的全部"植物学研究"了。

歌德在维罗纳③赞赏着刺山柑④的美丽，在帕多瓦的植物园惊讶于蒲葵⑤的神奇。他在蒲葵树跟前一站就是好几小时，目光从树干打量到树梢，又从树梢打量到树干。在蒲葵的树根处还长着几片又细又长的新生嫩叶，再往上一点儿，树叶就开始分裂，再到高处就可以看见粗壮的、裂开的扇状叶片了。

"这是什么？"他诧异地喃喃自语。等他看见绿色的管状佛焰苞⑥中冒出花芽时，他就愈发惊讶了。他脑海中首次萌生了一个念头：花芽、叶子和花朵是相互关联的。

歌德请求园丁从棕榈树上剪下几片嫩叶和几枝幼芽给他。他苦苦恳求，终于打动了园丁，这位爱好植物学的诗人就这样带着大大的标本夹离开了花园。

在罗马，歌德游览了梵蒂冈⑦，忙着参观罗马斗兽场⑧和画廊，沿着阿庇亚大道⑨漫步，连着几小时在档案馆和图书馆里翻阅一捆捆落满灰尘的手稿。在走访梵蒂冈和图书馆之余，他还把仙人掌种子种出了小芽：仙人掌幼芽的子叶展开后是两片小叶子的形状，非常匀称、柔嫩，同一个月后长成的仙人掌毫无相似之处。这让他感到非常惊奇。

歌德对植物如此沉迷，弄得朋友们都开始抱怨说他把朋友给忘了。不安分的诗人又从意大利去西西里寻找新的植物了。他还梦想能去印度游历一番——那可真是个植物王国啊！他非常伤心地抱怨说，自己已经上了年纪，做不成这次旅行了。

"我已经39岁了，几乎是个老头啦！"

2

歌德带回魏玛的不仅有几部完成的诗作，还有一本亲笔写成的《试释植物的形态变化》。

---

① 奥地利西部城市。——译注
② 阿尔卑斯山隘口，位于意大利和奥地利交界处。——译注
③ 意大利北部城市。——译注
④ 十字花目山柑科植物，藤本状半灌木。——译注
⑤ 棕榈科蒲葵属多年生常绿乔木。——译注
⑥ 天南星科植物特有的结构，系包裹花序的苞片，因形似寺庙烛台而得名。——译注
⑦ 位于罗马西北角的一座小城，如今是教宗国所在地。——译注
⑧ 罗马名胜，古罗马最大的圆形斗兽场。——译注
⑨ 或译亚壁古道，古罗马最古老、最重要的战略要道之一，连接罗马城与意大利东南部的港口布林迪西。——译注

他将林奈力图分开的东西组合在一起,并为之设计了一个最佳方案——"原生植物"。

"所有植物都是从同一种原生形态发展而来的,它们都是这个形态的不同变体。"歌德断言。"植物根本没有乍看下那么复杂,它的各个部分都是长在茎节处的叶子演变

▲ 帕多瓦植物园
▲ 仙人掌及其幼芽

来的不同形态。"

他攀爬维罗纳的围墙去采摘刺山柑，把从帕多瓦采到的棕榈叶放在大大的标本夹里带走，还给种子催芽。这些植物学方面的工作带来了累累硕果。

歌德明白了花的起源，认识了它的构造之谜。

"在发芽的时候，种皮会裂开，此时立刻出现植物上端和下端的区别：它的根留在黑暗潮湿的土壤里，茎则向上生长，长向有阳光和空气的地方。"

这段话里暂时还没有什么新思想，但已经蕴含着一篇独特的"序言"，为进一步的论述做了铺垫。

"茎上可以观察到一些节，每个节中都有叶子。每片叶子的基部会形成几个花芽，这是植物的基本形态，也是植物能产生的唯一形态。随后叶子变得更加复杂，逐渐分裂，产生缺口。这就是植物生长期内发生的情况。再往后就到了繁殖期，出现了花朵。花朵其实也是叶子，不过变了个样罢了。一束束花芽紧靠在一起，长在幼芽的末端。从这些花芽中伸展出一些叶子，其中有些保持着绿色，这就是花萼，有些变成了花冠上那娇嫩美丽的花瓣，有些变成了纤细的雄蕊，剩下的则变成了雌蕊。"

▲ 歌德的"原生植物"

歌德迷上了叶子的各种变化，甚至把种子都算成了花芽。

"种子是还没有展开的叶子。"他断言。"种皮不过是一些密密挨在一起的小叶子而已。"

看得出来，他最终还是没能为自己的显微镜找到一个新镜片，用来替换那个丢掉的。若非如此，试问该如何解释这样一个奇怪的假说：花芽和种子是一码事？只要弯下腰朝显微镜里看一眼，就会从晶亮的镜片中发现，二者根本就是截然不同的东西。

在诗人的眼中，白睡莲可真是绝美的花儿啊！

可当歌德把睡莲拿在手中的时候,他首先观察的却是它的雄蕊和花瓣。花瓣向他讲述了花儿的故事。

"快看!"诗人一声惊呼。"花瓣越接近花朵的中心,它同雄蕊就越相似……瞧,这儿已经有花药的雏形了,半是雄蕊,半是花瓣……"

重瓣花的秘密被揭开了,它多余的花瓣原来就是变了形的雄蕊。

叶子能变成花瓣,叶子能变成雄蕊,雄蕊又能变成花瓣。

假如歌德是个数学家的话,他大概可以这样说:

"两个量分别与第三个量相等,彼此之间也相等。"

可他非常讨厌数学,所以在讨论叶子、花瓣和雄蕊时就多费了不少篇幅。尽管如此,这些论述并未因此失去其说服力。

《形态变化》一书终于大功告成。

这本书与《浮士德》第一部①一起,在同一天里交付给了出版社。

《浮士德》想必会为诗人歌德增光,而《形态变化》则能给博物学家歌德添彩。看来这正是预期的结果,然而……生活常常会毁掉我们的推想,并且是以一种出乎意料的方式毁掉的。

出版商格申非常了解这位著名诗人,他收下了《浮士德》,却拒绝出版《形态变化》。

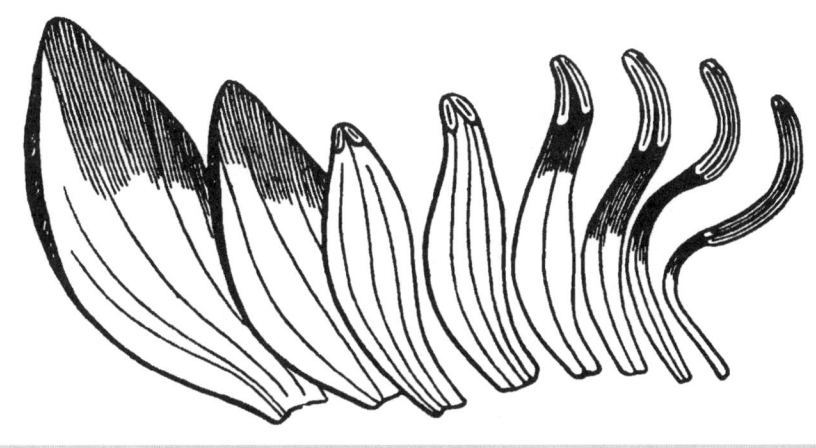

▲ 白睡莲:花瓣和雄蕊

---

① 中古西欧民间传说中的著名人物,相传是一名精通炼金术和魔法的学者,为了追求权力和知识,不惜以灵魂为代价同魔鬼签订契约。歌德以此为题材,耗时近60年写成诗体悲剧《浮士德》,共分为两部分,第一部发表于1808年。——译注

"它只有80页。"他很有技巧地答复了歌德。"这算不上书,不过是个小册子罢了。"

歌德惊讶万分,他大发雷霆,他软硬兼施,他多方恳求。

"我不出版小册子!"格申固执己见。

其中的缘故当然不是手稿的页数了。

格申是个经验丰富的出版商,不想让出版的书囤在仓库里无人问津。他不懂自然科学,也不了解歌德的植物学水平,于是找专家商议了一番。专家们对他说:

"他就一诗人,能为科学做出什么像样的贡献呢?"

歌德拿回手稿,去找另一家出版商。结果埃廷格尔冒险出版了这部作品。

"诗人歌德在欧洲可谓家喻户晓,"他推想道,"任何一部以他署名的书都理应取得成功,至少第一版能卖完是毫无疑问的。"

书就这样出版了。

"诗人……写植物学?"正牌学者们对此惊讶万分。"想想他究竟能写出什么玩意来!植物学可不是诗歌啊。"

读完《形态变化》之后,他们忍不住都哈哈大笑:

"瞧瞧他的发现!花和叶子是一码事!所有植物都源于同一个原生植物!……可林奈是怎么说的?而布丰又是怎么说的?而……"大学者的名字铺天盖地地朝歌德袭来。

"纯属业余爱好者的瞎扯淡,根本就不是科学。"歌德的书就收到了这么个凄惨的判决。

歌德的亲朋好友也不甘落在教授们的后面。

"你不好好写诗,反而去鼓捣什么温室,还有落满尘土的干巴巴的标本,这值得么?还是干正事吧!你的《浮士德》……"

歌德倒很是不屈不挠。他本已准备写植物学著作的第二部,但别的事情分散了他的注意力,他一时顾不上花朵了。

……歌德忧伤地漫步在威尼斯的墓地中,一边构思着自己的哀歌。这时他绊到了个东西,便漫不经心地朝脚下扫了一眼。地上是一个裂开的羊头骨。

"真奇怪!就像几条脊椎……"歌德顿时把哀歌抛到了脑后。"头骨……莫非头骨是由变形的脊椎组成的么?"

头盖骨同脊椎之间没什么相似之处,但雄蕊长得也不像叶子呀。头盖骨是一个盛放大脑的"盒子",在形成这个骨头的过程中,脊椎自然经历了剧烈的变化:它们伸展开来,变成了又宽又平的骨头。

歌德是个头盖骨专家。还在很久很久以前,他在研究头盖骨时曾被迫下过一番大工夫，为的是寻找所谓的"颌间骨"：这种骨头是脊椎动物都有的。

上颌由两个半部组成：右半部分的上颌骨和左半部分的上颌骨。再往前一点，就在两个半部之间，长着两块颌间骨。上门牙正是长在这两块骨头上的。

猴子的颌间骨同上颌骨长成了一整块，而人类的这两部分骨头已经长合得非常牢固，连将它们分开的骨缝都长平了。颌间骨仿佛消失了。

早在17世纪上半叶，勤奋的荷兰学者范-登-斯皮克尔就在人头骨中找到了颌间骨。可他的发现始终不为人知，而大多数解剖学家还以为人是没有这种骨头的。

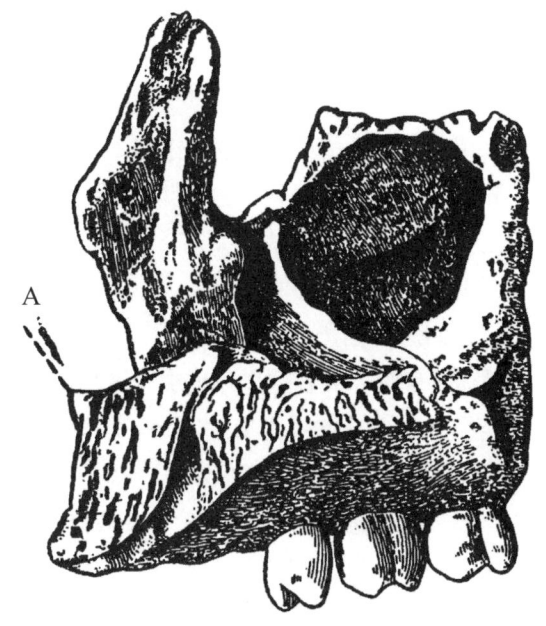

▲ 人类的上颌骨（根据歌德的图绘成）A：颌间骨

"人类同其他脊椎动物之间有着显著的差别，"人兽亲缘论的反对者宣称，"人类没有颌间骨，其他脊椎动物都有，甚至连长得很像人类的大猩猩也有。可人类就没有，就没有！这算哪门子亲缘关系……"

歌德不能接受这种观点。哺乳动物有颌间骨，这就意味着人类也应该有。这是理所当然的！

他开始寻找消失的骨头。这项工作当年曾花了他不少工夫，但他终究成功证明了人类是有颌间骨的，只不过它们同邻近的骨头长成了一整块，所以很难看出来。

"人兽亲缘论的反对者是错误的。人类也有颌间骨，人同动物之间有亲缘关系！"歌德兴高采烈。他对自己的发现感到非常骄傲，事实上他也有资格骄傲：这个发现确实很有意思。

如今歌德又开始寻找脊椎在头盖骨中残留的痕迹了。他想用这个巧妙的方法去证明脊椎动物结构的同一性，觉得这件事是非常重要的。

"颅骨脊椎起源论"（颅骨是由变形的脊椎组成的）就这样诞生了。英国著名解剖学家欧文[①]也持相同观点，并对这个理论作了详细研究。

好几代解剖学家都致力于钻研这个理论。时至今日，依然有学者在研究"颅骨的六

---

① 理查德·欧文（1804～1892），英国生物学家、解剖学家、古生物学家。——译注

条脊椎"。有些人说："没错，正是如此。"有些人则反驳道："胡说，根本就不是这么回事，这本来就毫无可能。"

与此同时，林奈的植物分类系统遭到了挑战。在巴黎植物园，植物学家朱西厄已经开始采用新方法种植草本植物和小灌木，他根据新系统把植物分别种到苗圃和花坛中。

歌德也不甘落后：得知这个消息后，他就开始对小花园中的植物进行重新种植。他按着新方法重新种了植物，带客人观赏苗圃，同他们谈论花朵的问题。凡此种种，都让歌德不由得注意起植物的生长来。

"它们总在生长么？"歌德自问道，但又答不出这个看似简单的问题。他沉思了一会儿就做了结论：光在这个过程中应该起到了很大的作用。

整个温室都被歌德用来做实验了。他在温室里播下种子，并用板子遮住玻璃。于是温室里就变得跟地下室一样黑了。

"你什么都种不出来的。"别人试图说服他。"光是植物必不可少的，这一点连小孩子都懂。何必为这种实验浪费时间呢？"

劝说无效。歌德无论如何都想检验一番：种子能否在黑暗的温室里生根发芽，能不能长出幼芽，年幼的植物又能长到多长。

种子还真发芽了。可是，这些幼芽长得又白又蔫，丝毫没有泛出幼嫩植物那种漂亮的新绿色。泛黄的茎秆细长瘦弱，很容易就能长到很长，然后就耷拉下来。

"拿走窗板！"歌德吩咐说。过了几天，幼芽重新泛出了欢乐的新绿，垂着脑袋的茎秆又挺直了腰板。

"光影响植物的颜色和苗的大小。"歌德断定。"在黑暗中植物的生长更为旺盛，但长得非常苍白。"

这听起来有点奇怪：植物在黑暗中生长得更为旺盛。不过如今我们已经知道，植物的生长仿佛是受到光线的抑制，它在黑暗中长得更长更快，向着光线生长。

3

歌德同公爵闹翻了。公爵开始疏于政事，对自己的小公国不闻不问，把植物园也抛下不管，整天只顾着寻欢作乐。歌德本人也不反对娱乐，但正事总归是正事呀。这位诗人善于将正事同休闲区分开来，因此他对公爵的行径感到非常不满。他劝公爵去瑞士游览一番，自己也跟着一块去了。他本以为能在旅途中对公爵施加一些正面的影响，可事与愿违：公爵并没有变得认真起来。于是歌德递交了辞呈：他可不想在这么个轻浮的公爵手下当大臣。

工作上的挫折搞得歌德郁郁寡欢，为了转移注意力，他读了牛顿的一部阐述光学理论的著作。牛顿在书中通过巧妙的实验证明了一个事实：白光是七种颜色的光线的混合。他还援引了自己的实验作为证明：暗室，窗板上的窄缝，一束太阳光，透镜……

"这个理论中满满的全是谬误。"歌德说。

"所有的大学者都认同牛顿的理论，还为此感到欣喜若狂。"别人反驳他说。

"岂有此理！他们让牛顿的大名蒙蔽了双眼。这是偏见……"

歌德决定揭露牛顿的错误，证明他的理论是不正确的。他订购了一个玻璃透镜。这是一个绝妙的透镜，磨制得非常精致、透明，放到桌上就几乎看不出来了。歌德把透镜凑到眼前，眯上眼睛，透过它看了看房间的四壁。墙壁依然是白色的，并没有发生什么光的分解，也没有出现光谱。

"我说的没错吧？牛顿的理论是错误的。"

歌德还真以为牛顿的理论出错了，于是提出了自己的光学理论。

"不应该在暗室中借助什么窄缝去研究大自然！"为了对那些埋首书斋的腐儒予以最后一击，歌德让笔下的浮士德嘲笑了企图"用杠杆用螺旋"[①]认识真理的所谓"智者"。

"自然状态下的大自然！"这就是歌德提出的新口号。

——牛顿在暗室中进行研究，我则要在露天环境中进行研究。

他走到户外看了看太阳：

"差不多是白色的！"他透过熏黑的玻璃片看着太阳说。"黄色的！"

他把玻璃片熏得更黑，于是看到的太阳成了红色甚至是深红色。

"多简单啊！"歌德兴高采烈。"太简单了！根本不需要什么窄缝和透镜，不需要暗室，也不需要成束的阳光……光本身并无颜色。如果我们透过浑浊的空气观察光线，它看上去是黄色的；如果空气非常浑浊，看上去就是红色的。要是透过浑浊的东西观察黑暗的地方，就会看到天蓝色、蓝色和紫色的光……"

至于牛顿的第二个结论（白光是光谱上七种颜色的光线的混合），歌德却不打算检验了。

"在调色板上用七彩调成白色，这种事没有哪个画家做得出来。如此调成的并不是白色，而是一团烂泥。"

歌德又进行了一些实验和观察，然后就设计出了自己的光学理论。可想而知，这个理论与牛顿的理论是截然不同的。

[①] 见《浮士德·第一部·夜》第108行。——译注

《色彩的学说》一书出版了。

在研究色彩现象时，牛顿是从博物学家和物理学家的角度出发，而歌德则是从诗人和画家的角度出发的。蔚蓝的天空和深红的霞光是自然界中最鲜明的色彩。当白光照到浑浊的环境中时，就会呈现出蓝色。对此有一个很好的例子，那就是白雪上的蓝色阴影。当白光穿过浑浊的环境时，就会呈现出红色，例如霞光。白色的阳光与各种不同的"浑浊物质"就是自然界中缤纷五彩的来源。至少歌德是这样认为的。

"牛顿的学说建立在实验和观察之上，结果却是错误的，这是一个极富教益的例子。"坚决敌视实验的自然哲学家谢林①声称。

"任谁都清楚真理站在哪一方：是站在天才歌德一方呢，还是站在那个搞数学的牛顿一方。"历史学家卡莱尔②也做出了回应。

"物理学家们都在嘲笑歌德的理论，而我却能正确评价这个理论，对此我感到自豪。"哲学家叔本华③如是写道。他根本没有想到，这样写等于是当众承认了自己的无知。

上述几人尽管都学富五车、智慧超群，但他们对物理学的了解简直比歌德还要糟糕。而物理学家呢？他们乐不可支地笑了很久很久。要不是《色彩的学说》一书的论调实在过于奇葩，他们本来还会笑得更开心、笑得更久的。

歌德并不仅限于同牛顿争论，反对他的学说，批驳他的结论和观点。他的反对往往升级为辱骂："白色"怎么会是霓虹七彩的混合物呢，平素谦恭克制的诗人对此感到大为光火。

4

光阴飞逝，歌德开始步入老年。科学的发展日新月异，他已经赶不上了，只能努力阅读最重要的著作。他对植物学的兴趣丝毫不减，因此首先浏览的也是植物学著作。而当人们打算把他本人的作品翻译成法语时，他开始感到紧张万分了。

---

① 弗雷德里希·谢林（1775~1854），德国哲学家，自然哲学的奠基人之一，唯心主义哲学的重要代表。对物理学知之甚少，并且不承认对各种现象的实验研究。——原注

② 托马斯·卡莱尔（1795~1881），英国历史学家、政论家、文学史家。在历史学方面，赋予个人重要意义，将整个历史和人类发展的进程归结于"英雄"的活动。对数学和物理学几乎一窍不通。——原注

③ 亚瑟·叔本华（1788~1860），德国唯心主义哲学家，悲观主义的鼓吹者之一，否定历史进步和科学认识。对精密科学了解有限。——原注

"可得好好翻啊，要不别人会怀疑我搞神秘主义的。"当翻译工作进行到《形态变化》和"原生植物"时，歌德非常不安地表示。

果然不出所料，法国人给歌德的《植物的形态变化》配了一幅绝妙的插图。中世纪的修士们描述过一些神奇的树木，它们的果实可以变成鸭子和鹅，但就连这些人都会对歌德感到真心嫉妒：他的"原生植物"是什么鸟儿都能长出来的。

歌德笔下的"原生植物"从未有人见过，何况本来就不可能见到。但为书作图的画家是个行事果断的人，他仔细地阅读了歌德的全部论断，然后组合出了一种植物；可以说，他提取出了歌德所有论述和解说的"精华"。画出来的植物简直妙不可言，它大概有35厘米高，是千姿百态的植物果实、叶子和花朵的大杂烩，是一个由各种根、茎、果实和叶子拼成的花卉集合，而且就连那最最异想天开的人也想不出来，该怎么用这些植物组成这么个玩意儿。这株植物有着马铃薯的块根，上面附着花生的果实；它长着醋栗的尖刺，葡萄藤和豌豆的卷须①，金合欢②、芜菁③和蕨类的绿叶，橙子树和烟草的花朵，还有许许多多千奇百怪的叶片的各个部分。它就像一张被剪成小块后乱拼而成的植物学地图；个人认为，这位点子多多的机智画家其实就是这样干的。

没错！这棵植物是彻头彻尾的现实之作，没有任何一个"虚构"的部分，同时它还是"包罗万象"的。

不过，歌德并未对画家的天才创造予以应有的肯定。当时他已经顾不上这个了：法国爆发的一场争论吸引了他的全部注意。居维叶向他隐瞒了拉马克著作的问世，所以他未能及时了解到这部书，然而他却立刻得知了居维叶同圣伊莱尔之间论战的情况④。

歌德是个热情洋溢、极易投入的人，他被这场争论完完全全地吸引住了。他什么事都不干了，只是不时在窗子间跑来跑去，看看街上有没有外来人经过。当过路人出现时，歌德就毫不难为情地喊他走到窗子跟前，然后向他仔细询问：他是从哪儿来的，是否听说过发生在巴黎的事情？

"喂，你对这个伟大的事件有何看法？"有个叫索勒的顺路经过，歌德便突然向他提了个问题。"火山开始爆发啦……"

"没错，太可怕了！"索勒回答说。"不过在这样的内阁下还能指望什么别的结果呢？"他耸耸肩又补了一句。

---

① 某些植物用来缠绕或依附支撑物的器官。葡萄的卷须由茎演变成，而豌豆的卷须由叶演变成。——译注
② 蔷薇目豆科含羞草亚科灌木或小乔木。——译注
③ 又名蔓菁、诸葛菜，十字花科芸薹属二年生草本植物。——译注
④ 见本书第九章。——译注

"内阁？"歌德追问了一句。"这关内阁什么事？亲爱的，我们彼此都误解啦。我谈的根本就不是什么革命和政变，而是居维叶和圣伊莱尔之间的争论。"

索勒咳了一下就不作声了。两个学者的争论……相比起1830年7月在巴黎、在法国、在欧洲发生的剧变[①]，这场争论算得上什么！

"这是非常重要的一步。"歌德激动万分。"这是科学史上的一个大事件，是科学的一次飞跃……是科学的一次重要总结……"

他当然站在进化论者圣伊莱尔一边，并热切希望圣伊莱尔能取胜。可惜圣伊莱尔有负他的期望，输掉了这场争论。

诗人非常沮丧，把居维叶及其支持者骂了一通，却丝毫帮不上圣伊莱尔的忙。他本人的进化论主张散布在所有作品之中，却没能提供一个完整的思想。

为了多少平复一下懊恼的心情，歌德让笔下的浮士德做了一段捍卫进化论的长篇独白。

---

① 指法国七月革命，爆发于1830年7月26日，巴黎革命者推翻了波旁王朝的查理十世。这场革命成为欧洲1830年革命的序曲，随后引发了波兰、比利时、德意志、意大利、希腊等地的革命浪潮。——译注

第九章 三位朋友

外表会骗人

1

巴黎自然史博物馆共有三位教授——居维叶、拉马克和圣伊莱尔。年纪最大的是拉马克，年纪最轻的是圣伊莱尔，而最负盛名的则非居维叶莫属。当三人还在进行纯粹的动物学研究时，他们之间的关系非常友好，居维叶和圣伊莱尔更是顶顶要好的朋友。

其中一人研究软体动物和鱼类，另一人研究林奈系统中的"蠕虫纲"，第三人则研究水螅虫[①]。这一切原本都很不错、很清楚，只需看看蜗牛，记录观察结果，再给它想一个名称……可随着三人年岁渐长，他们的知识也日益丰富，便有必要"总结"一下观察过和研究过的成果了。这下子三人间开始了争吵，他们的友谊也破裂了。

到临终之时，三人中的每一位都与其他两人互为仇敌，在这点上居维叶尤其出名：他成了拉马克和圣伊莱尔不共戴天的敌人。

---

① 水螅纲螅形目腔肠动物，为多细胞无脊椎动物。——译注

这亦敌亦友三人组的争吵和著作并没有无声无息地消逝。居维叶创立了让他声名大振的"类型说",还创立了"灾变论";拜后一说所赐,所有的进化学说概要乃至中学课本里都提到了居维叶的名字。

拉马克提出了进化理论,他的名字永远载入了史册。圣伊莱尔也提出了进化理论,他的名字同样永垂不朽。

拉马克主义和若弗洛瓦主义①是进化理论中的两门领军学说,它们的创立者本该戴上荣耀的桂冠,可是……唉!……他们得到桂冠已经是过世后的事了。唯有居维叶在生前就将桂冠戴上了高傲的头颅。

2

他的英名永远载入了自然科学的史册。是他,为古生物学和比较解剖学奠定了基础;是他,为动物王国创立了新的系统和"类型说";也是他,提出了名噪一时的"灾变论"。作为一位学者,他的名声已经大到不能再大了。此外,他还是一位著名的国务活动家:他在拿破仑统治下的许多城市建立了大学,曾是法国贵族,当过内务委员会主席,还做了法国非天主教教导部长。他在一生中曾目睹过不少君王的统治(拿破仑、路易十八②、查理十世③和路易·菲利普④),也听到过革命的隆隆惊雷。

他是一个机敏又圆滑的人,为此在朋友圈中享有"外交家"的别号。他那强大无比的脑子能镇定地处理各种事件并从中得出结论——当然,这些结论都是有利于他本人、能为他谋取好处的。他坚定不移地信仰上帝,并试图用科学方法来支撑这个信仰。他的理论和假说从来就不是为了颠覆神学,恰恰相反,他竭力想用著作去巩固神学大厦那摇摇欲坠的支柱。

他——就是居维叶。这已经足以说明一切。

他的教育是由母亲负责的。正是母亲培养了他的宗教信仰,此后这种情怀就像一条红线贯穿了他的一生⑤。她教他学习,教他画画,在不懂拉丁语的情况下竟也能教他拉丁

---

① 圣伊莱尔的全名是艾蒂安·若弗洛瓦·圣伊莱尔。——译注
② 路易十八(1755~1824),法国国王(1814~1824年在位,1815.3.20~1815.7.8除外),借助欧洲反法联军的扶持,两次从拿破仑的统治下复辟波旁王朝。——译注
③ 查理十世(1757~1836),法国国王(1824~1830年在位),路易十八之弟,波旁王朝最后一王,在1830年的七月革命中被推翻。——译注
④ 路易·菲利普(1773~1850),法国国王(1830~1848),七月王朝唯一一王,在1848年的二月革命中被推翻。——译注
⑤ 俄语成语,形容某种思想一以贯之。——译注

语。他的父亲是位退伍军人，在教育方面没有什么本事。

早在童年时期，他就已经表现出了绝佳的记忆力、敏锐的观察力和难以置信的聪明伶俐。他拥有过耳不忘和过目不忘的本事，还能观察到同龄的小孩乃至大人都视而不见的现象。

乔治[①]非常喜欢画画。在10岁那年，他偶然拿到了一本布丰的书，于是开始用各种色彩涂抹书里的动物。这一点决定了他的未来：布丰的著作成了他案头必备的书籍。

"你在看什么？"乔治的老师严厉地问道。他俯身到课桌前，在一片哄堂大笑中从男孩儿手里没收了一本……布丰的书。

唉，这些老师啊！他们怎么都不让乔治把事情坚持到底。乔治刚开始给图上色（他在家里经常画画），书就被没收了。他设法搞到了另一本，可同样的倒霉事儿又再次发生了。乔治最终也没能把书涂完：他最多只进行到第八张图，然后就没有继续下去了。

要是布丰能知道，居维叶曾在某种意义上做过他的学生，他该会感到多么幸福啊。可惜，当居维叶开始在欧洲学术界的天穹中熠熠生辉时，热情洋溢的布丰伯爵已经离开了人世。居维叶没能在布丰面前俯首致敬，但他并不为此而感到悲伤；不过，这并不是出于骄傲、狂妄或者忘恩负义。

"我要在那儿向他致敬！"居维叶满怀感情地表示，一边用手指着窗外那一小片灰蒙蒙的巴黎天空。

当他还是个小孩子的时候，乔治就以领袖自居。他不愿屈居人下，无论何时何地都想争当第一。

"我们来建一所学院吧！"他对伙伴们提议说。

于是他们开始玩一个新游戏——扮演学院。他们玩得非常认真，还做报告和进行争论。伙伴们扮演科学院院士，而乔治自然是院长了。

当居维叶还在玩游戏做着院长梦时，他的父母正在决定他的命运。他家的经济情况极不乐观，因此父母觉得，最适合小乔治的职业非神父莫属。他本来准能进修道院当上主教，只可惜他的毒舌把一切都毁了。乔治开了校长一个十分放肆的玩笑，结果拿到了三等毕业证。这回进神学院的大门算是关死了：那儿才不要这样的坏学生呢。

父母好歹设法把居维叶弄进了斯图加特[②]的卡洛林学院。在学院里，居维叶萌生了自我表现的念头，于是开始用功钻研学术，能连着几个晚上挑灯夜读。他消瘦了，变得思绪重重、没精打采，对身边发生的事情不闻不问。

同学们给他起了个绰号叫"梦游者"。的确，他非常像一个梦游者，只有书才能让

---

① 居维叶的全名是乔治·利奥波德·尼古拉·弗雷德里克·居维叶。——译注
② 德国西南部城市。——译注

他从梦中活转过来。

学院里也教自然科学，但那些教授实在太没水平了，于是居维叶决定自学。他当即组织了一个"协会"，学生们在协会里做学术报告。与独自埋头苦读相比，这种自学方式要有趣得多了。

18岁时，居维叶从学院毕业。当时他还年纪太轻，不能当公务员，只好先找份私人工作。不错，是有几位俄国教授邀请他去工作：当时俄国有引进外国学者的风气。可居维叶却一口回绝。

"那儿太冷了，狗熊满大街跑，连鼻子都不能探出大门。不，我不去！"他答复说，就这样推掉了教研室教授的职务，转而接受了一份家庭教师的工作。

居维叶在厄利西伯爵的城堡里度过了八年时光，而这段时间他并没有白白浪费。他常常沿着海边散步，一面研究涨潮时被冲到沙滩上的棘皮动物①和其他海洋生物。他连着几小时站在那儿，紧紧盯着同一个点。他纹丝不动地站着，连鸟儿都敢在他身边跑来跑去，有时甚至落到了他的肩膀上。

革命、攻占巴士底狱、8月4日夜、处死国王②……这些消息迅速散布到了遥远的地方。可诺曼底③毕竟是个穷乡僻壤，上述惊人的大事并没有立刻传到那里。尽管如此，居维叶并非对政治无动于衷：他对重大事件颇感兴趣，给朋友写信打听新消息并表达自己的观点。他起初是个自由分子，后来就迅速"向右转"了。这个创立了"灾变论"的人憎恨现实生活中的一切剧变。

"狂热是一剂糟糕的药！"他说。

在遥远的东边，革命的惊雷正隆隆作响，而在诺曼底的城堡里，日子却依然过得安宁平稳。居维叶在那里感到非常孤独，常常连一个能聊聊天的人都找不到。

"我不得不在一群无知的蠢人当中生活，甚至找不到避开他们的办法。我的职责不是研究动植物，而是用各种各样的蠢话去哄婆娘们开心。我之所以说这些是'蠢话'，是因为在这个团体中根本说不了什么别的话……之所以说她们是'婆娘'，是因为其中

---

① 无脊椎动物中进化程度较高的一类生物，形态上呈辐射对称，常见的有海星、海胆、海参等。——译注
② 法国大革命（1789~1799），近代欧洲历史上最重要的资产阶级革命之一，始于1789年7月14日巴黎人民攻占法国封建制度的象征——巴士底狱，终于1799年拿破仑·波拿巴的上台，对整个法国乃至欧洲的历史进程产生了深远影响。"8月4日"指1789年8月4日国民制宪会议通过取消封建制度的决定（《八月法令》），被处死的国王指路易十六（1754~1793；1774~1792年在位），1793年1月21日遭斩首示众。——译注
③ 法国西北部地区名。——译注

的大部分人只配得上这个称呼。"居维叶在给朋友的一封信中如是写道。

尽管如此,他还是找到了一个不是"婆娘"的人,她就是厄利西伯爵夫人。她不仅从居维叶那儿学会了德语,甚至还能帮他进行博物学研究。两人一起填塞鸟类标本,制作昆虫标本,对植物进行干燥。然而,不论伯爵夫人有多可亲可爱,不管她对科学和居维叶本人有多大的兴趣,她又怎么可能取代学术界在居维叶心中的地位呢?因此居维叶一封接一封地给同道写信,抱怨自己孤苦伶仃的处境。

他唯一能用来打发时间和消减生活烦恼的事情就是研究动物了。他的信件里做满了科学笔记。他考察昆虫和甲壳动物,研究鸟类解剖和兽类解剖,还收集了许多鱼类,把它们画在图册里,为鸿篇巨制《鱼类自然史》准备材料。

居维叶从海中捕捞了许多形形色色的鱼,搞得渔夫们都开他的玩笑:"他打算把大海捞个精光哩。"

居维叶写满了一个又一个笔记本,而他工作、写作和观察得越多,就会越频繁而长久地陷入沉思。

"不,林奈是错的。"他心想。"他的系统并不是系统,只是一把钥匙。这个系统非常适合给生物下定义,但对生物的自然特征却连半点暗示都没有。他的'蠕虫纲'不过是个糟糕的大杂烩,随便什么动物都堆到里面。不管怎么说,至少得把软体动物单独分出来吧。"

居维叶开始研究软体动物:得证明林奈是错的呀。他成筐成筐地往家里运软体动物,房间里堆满了发臭的烂贝壳,熏得人简直没法呼吸,苍蝇也成群结队地往窗玻璃上撞:它们被死亡动物的臭气吸引了。

"好'精妙'的特征呀!……贝壳……对收藏来说倒挺方便,对科学而言就一无是处了。"于是居维叶将一只只蜗牛开膛破肚。

他干这个活儿已经轻车熟路,一小时之内能解剖并观察十多只蜗牛。他解剖蜗牛所耗的时间往往比找蜗牛、捉蜗牛的时间还少。

渐渐地,一幅图景开始清晰地展现在居维叶眼前,这就是后来让他名扬四海的"种类说"。不过当时居维叶还很年轻,最主要的是不够自信,因此他重新开始埋头苦干,解剖了数以百计的动物,对自己的理论进行检验。

革命的惊雷终于传到了诺曼底寂静的城堡里。当地居民也开始组织各种团体,要与王党分子做斗争。居维叶焦躁了起来:

"怎么办呢?"

有那么几天,居维叶把蜗牛和海胆抛到了脑后,不再去海边散步,也没有动笔写作。他房间的每个角落都堆满了贝壳和海胆外壳,而他本人就皱着眉头、乱着头发在房

▲ 乔治·居维叶（1769～1832）

间里踱来踱去。他思考了三天两夜，终于想出了个主意。

"诸位自己组织一个这样的团体吧。"他对当地的乡绅说。

"我们自己？为啥呢？"他们顿时慌作一团。

"为了让一切都处于我们的掌控之中，懂了没？"居维叶冷冷地说，更加冷漠地扫了那些有点愚钝的诺曼底王公一眼。

"我的天呀，瞧这些大白痴！"他心想。

居维叶说服乡绅们成立了一个团体。这个团体的秘书自然由我们的青年动物学家担任了，毕竟他是家庭教师嘛，秘书工作理应也由他干。团体主要讨论研究农业问题。

"支持国王者杀无赦！"这就是团体的口号，而在会议上讨论的却是芜菁和白菜。这简直太可笑了；在刚开始的时候，乡绅们与其说是在讨论和听取意见，倒不如说是在不时发出爆笑。他们研究的并不是如何更好地"收割"王党分子的脑袋，而是如何更好地收割……白菜。这难道还不够滑稽么！

在一次会议上，居维叶突然竖起了耳朵：

"我认得这个声音，我曾在某处读到过这些话。"

于是他仔细打量着那个陌生人，此人是以"野战医院军医"的身份被介绍给与会者的。

居维叶绝佳的记忆力发挥了作用，他想了起来……

"您是特西耶吧！"会后他走到那"医生"跟前，向他打了个招呼。

"完啦！我被认出来了！""医生"大声惨叫。原来他是修道院院长特西耶①，从断头台下捡得性命后逃亡至此。

"怎么会呢？"居维叶十分诧异。"这儿没有您的敌人啊。"

才过了几天，特西耶就被新相识深深吸引住了。

"我在诺曼底的粪堆里发现了一颗珍珠。"他在给巴黎熟人的信里这样写道。

"居维叶是一株藏在草丛中的紫罗兰，世上再也找不到比他更好的比较解剖学教授了。"他又写信告诉植物学家朱西厄。

居维叶利用这个机会，把自己的几份手稿寄给了当时已是教授的圣伊莱尔。后者读了这些手稿，顿时感到欣喜若狂。

"您来巴黎吧，当我们的新林奈，为自然史制定新的法律。"他在回信中写道。

"太棒了！"圣伊莱尔激动得在巴黎博物馆的展厅里跑来跑去。"我找到了一位新的林奈！"

他非常担心林奈后继无人：动物学亟需一位优秀的分类专家。

"走吧！"居维叶下定决心。他辞别了伯爵和伯爵夫人，就动身前往巴黎了。

3

巴黎的学者们热情迎接了"林奈的候补人"，并在先贤祠②的中央学校为他准备了一个职务。不久之后，居维叶又在自然史博物馆找到了一份工作。

"和我一块儿住吧！"圣伊莱尔对他发出了邀请。

热火朝天的工作开始了。动物学的研究领域非常广泛，为他们提供了大量材料；结果，两位朋友连吃早饭的时候都只顾着交流自己的最近发现了。

"要是没有做出两三个发现，我们是不会坐下来用餐的。"后来居维叶笑着回忆说。"嗯，那可真是一段美妙时光啊。"

居维叶开始了自己的锦绣前程，随之而来的还有良好的健康状况。他变结实了，健康得到恢复，眼睛开始闪闪发光，咳嗽停止了，胸口也不再疼痛。与昔日那个被同学称作"梦游者"的忧郁少年相比，如今的居维叶已经完全换了个人。这下子还怎么信医生的话呀：他们把巴黎病人送到诺曼底疗养，可居维叶在诺曼底一直病恹恹的，刚一闻到巴黎的空气却立刻复了元。这空气原来对学者有疗效呢。

居维叶在博物馆的一个小储藏室里发现了几具损毁的骨架，这是当年杜班通的工作

---

① 亨利·亚历山大·特西耶（1741~1837），法国医学家、解剖学家。——译注
② 直译"万神殿"，法国文化名人安葬地，仿照罗马万神殿建成。——译注

遗留下来的东西，也是他从博物馆得到的全部研究材料了。

"给我派一位标本师！"博物馆的走廊里传来了居维叶那洪亮的喊声。"给我这些骨架！"

这位崭露头角的"林奈"的要求是不容拒绝的。工作进行得非常迅速，标本师制作了一具具骨架，居维叶则对它们进行研究。骨架标本的数量不断增长，而增加得更快的则是一堆堆写满字的笔记本和图示。

骨架工作并没有占去居维叶的全部时间。当年在诺曼底时，居维叶就已经收集了大量软体动物，如今也是时候继续研究它们啦。

"你瞧瞧，林奈对它们干出了什么好事。简直是一团糟！"居维叶对"系统分类之父"做出了如此不敬的评论。"他把毫不相关的生物混成一堆，然后就放手不管啦。章鱼、无齿蚌、椎实螺、蚯蚓——这些全都被他算作'蠕虫'！好一伙乌合之众呀！"

居维叶开怀大笑，圣伊莱尔则满意地点了点头：这位新的林奈并没有辜负他的期望。

居维叶有时抓章鱼，有时抓乌贼，把它们搬到桌子上，解剖后在一堆软软的肉里翻来翻去，寻找神经、血液循环器官和呼吸器官等。他将一个个器官制成标本，画图并做记录。随后他又开始研究淡水蜗牛——椎实螺和扁卷螺①，再之后是蛞蝓②。他解剖得愈多，那总体情形就显得愈清晰。

"林奈老头子犯了严重的错误。单是软体动物下面就包括了整整三个纲。"居维叶在某次早餐上对圣伊莱尔说。

"我已经跟你说过了，你就是新的林奈，"后者回答道，"一个林奈犯了错，另一个林奈纠正过来呗。"

继软体动物之后研究的是蠕虫和昆虫。居维叶的工作台上重又摆满了瓶瓶罐罐，柳叶刀和剪刀也毫不停歇地动了起来。

"多亏当年有酷爱昆虫的斯瓦默丹，如今我也不必把所有虫子都解剖个遍啦：他的工作是完全可靠的。"看见那些等着研究的罐子，居维叶高兴地说。

伟大的日子来临了：居维叶终于明白了研究的基本方法。

一切的基础都在于对个别的器官及其变化进行研究，而不是对个别的物种进行描写。器官是研究和比较的对象，也是解剖学的基本单位，正如物种是动物学的基本的单位一样。每个器官都各司其职，因此需要把它单独分出来，关注各种各样的动物的器官。

---

① 软体动物门腹足纲生物，体形很小，螺旋均在一个平面上。——译注
② 又名水蜒蚰、鼻涕虫，软体动物门腹足纲生物。——译注

一门新学科就这样产生了，其名为比较解剖学（或者按如今更常见的说法，叫比较形态学）。这门学科令居维叶产生了一些想法：一切器官和结构特征都存在平行对应的从属关系，它们彼此间是相互决定的。而这些思想又引出了许多其他内容。

"你好好听着，"在一次惯常的早餐上，居维叶对圣伊莱尔说，"好好听着……"

"嗯？"圣伊莱尔低头在盘子上边吃边问。他很喜欢吃东西，而这并不妨碍他一心二用：既要大快朵颐，又要仔细聆听。

"每个机体的各部分都是和谐共存的，否则它就无法生存了。主要以肉类为食的动物必须具备发现猎物、追击猎物、捕获猎物、战胜猎物和撕碎猎物的能力和手段。敏锐的视力、灵敏的嗅觉、快速的奔跑、灵活的动作、强有力的双颌和獠牙——这些对于它都是必不可少的。由此看来，适合用来撕碎肉类的尖锐牙齿不可能与脚上的蹄子并存。"

"哦？"圣伊莱尔又哼了一声。

"哦？"居维叶滑稽地模仿着他。"听着……有蹄动物以植物为食，因此连臼齿都有很宽大的表面，适合用来咀嚼和磨碎食物。它们的肠子很长，胃的容量很大，结构通常也相当复杂。总的来说，牙齿的形状以及肠子的长度和容量都得适应食物的硬度和易消化程度。"

"哈？"圣伊莱尔发出了第三次疑问。

"唉，要是你听懂了我说的话，哪怕只有一丁点儿，就应该明白这样一个事实：我只要拿到一个野兽的牙齿，就能说出它吃什么，甚至还能大致描绘出它的外貌。懂吗？我可以根据一部分骨架重构整只动物。"

"啊？！"圣伊莱尔惊异万分。"你可不只是林奈再世，你比他高明多了……喂，咱们今天去跳个舞怎样？"他突然说。"好久没开心开心啦。"

居维叶本想发作，但看到圣伊莱尔那副和颜悦色的样子，就只是冷笑了一声。

"何必生他的气呢？"他暗自心想。"吃吃睡睡跳跳舞，这样就过得很幸福了……"

"走吧！"

那天晚上，两人把骨架、软体动物和其他高端学术问题统统抛到脑后，在舞厅里欢快地翩翩起舞。顺带说一句，跳舞有一个非常好的作用：只要一跳起舞，你就会忘掉饥饿，而我们的学者是屡屡挨饿的：领工资的时间根本没个准儿。居维叶常常对大象感到嫉妒，因为大象比那些研究它们的教授吃得肥多了。

居维叶被选为了科学院秘书，他刚刚适应了自己的新职责，科学院就走马上任了一位新院长。这院长不是别人，正是波拿巴本尊（当时他还没有被称作拿破仑①）。老实说，并没有人选他为科学院成员，但这位不安分的大将突然产生了对科学的强烈兴趣，毕竟除了科学院之外，还有哪个地方能如此近距离地接触科学呢！瞧，他庄严地走进大厅，坐到了院长的席位上——既然这个位子空着，那就坐呗。学者们颇有教养，纷纷站起来向新院长鞠躬致意，一位高级成员发表了欢迎辞，随后秘书宣读了例行的会议记录。一切都一如既往。

"请居维叶先生为我们宣读致逝者杜班通的悼文。"会议主席宣布。

居维叶站起身来，读完了致杜班通的悼文，这杜班通正是曾同布丰一起工作过的解剖学家。波拿巴仔细地听取了悼文，不时赞许地点点头。等居维叶读完之后，波拿巴低声朝身边的人问道：

"这秘书叫什么名字？居维叶？好极了！"

他再次仔细地打量了居维叶一番。

两年过去了，有一天居维叶突然收到了波拿巴本人的任命。他被任命为监察官，负责在马赛和波尔多②建立贵族中学。波拿巴记住了这位科学院秘书和他的报告。在那个时代，写作和演说中流行一种矫揉造作的"崇高体"风气，科学院院士的发言更是以辞藻华丽、深奥费解而闻名。可居维叶却用简明易懂的语言演说和写作。波拿巴喜欢这一点，于是居维叶就开始平步青云了。

居维叶暂时撇下博物馆和教研室，出发前往南方。他连路上都在工作：绝佳的记忆力就是他的参考手册和词典，他在马车上能写作，在酒馆桌旁也能写作，无时无地不能写作。

居维叶为人民教育事业而奔波的生活就这样开始了。他简直是用了分身术，既要讲课又要管理博物馆，既要去外省出差又要就此做报告和总结。在两次出差之间的空闲时分，他同一位包税商的寡妇杜巴歇尔结了婚。这是一位非常严肃安静的女子，同冷漠理性的居维叶正是天造地设的一对：他在科学工作中偶尔也会表现出相当的热情，在生活中却总是非常节俭悭吝。妻子持家有方，除此之外他也别无所求了。

拿破仑打算建立一座皇家大学，但不想单靠行政命令把这事办下去，就在国务会议发起了一场关于该项目的讨论。这场辩论的命运早就内定了，但正如此类场合应有的情况一样，会议成员有的表示"赞成"，也有的表示"反对"。上头指派居维叶作项目的支持者，结果他圆满地完成了辩护任务，拿破仑龙颜大悦，当即任命他为最高教务会议

---

① 指拿破仑当时还没有称帝。——译注
② 均为法国南部城市。——译注

的学术成员。

居维叶出乎意料地当上了教育推广委员。他立刻利用职权引入了一条规定：向远洋航船的随船医生传授收集动物、植物、矿物等各种标本的方法。这样一来，博物馆开始从世界各地收到随船医生们收集的标本。居维叶可以为自己的机智而自豪了：他就这样得到了数百名免费的助手。的确，医生们给他运来了许多无用的东西，有时甚至就是废物，但又有什么关系呢？不需要的总能扔掉吧，有趣的总会起作用的。

拿破仑极为器重居维叶，派他去意大利组织成立大学。居维叶在帕多瓦、比萨、佛罗伦萨、锡耶纳和都灵①开办大学，随后抱着同样的目的前去荷兰，又从那儿返回意大利，这回直接在罗马成立了一所大学。要不是拿破仑被迫进行军事防御，天晓得他究竟会在欧洲建起多少大学。

4

有段时间，人们在巴黎近郊的深坑和沟渠中挖出了一些骨头和颅骨，时而在这发现几块，时而在那找到几块。这些骨头和头壳非常古怪，与当时科学所知的任何动物的骨头和颅骨都不相像。居维叶一得知此事，就下令将发现的骨头都运到他那里去。一个个储藏室和房间相继堆满了骨头，它们杂乱无章地堆放着，上面盖着泥块和黏土块；有些地方的骨头堆得都快够着天花板了，有些地方则散放在地板上。

在这堆乱七八糟的骨头和颅骨上方，可以看到居维叶那头发蓬松的脑袋——他一直待在储藏室和棚子里工作，一步都没有离开过。

"这些骨头应该各就其位。"居维叶嘟囔着，一边抓起一块块骨头并迅速扫上几眼。有些骨头他放成单独的几堆，有些则混在一起扔到一大堆里。

"牙齿吗……"居维叶在手里摆弄着一颗牙齿。"这是反刍动物②的牙齿啊，也就是说腿应该是……"他耐心地在一堆骨头中翻来翻去，寻找反刍动物的脚。

"这块……这块……不对，这块太小了……从牙齿可以看出，这是一只大动物。"于是他把一块小小的腿骨搁到了一旁。

"帮我把这块骨头从石头里敲出来。"居维叶跑到了弟弟的房间里（他有个弟弟也是动物学家）。

无人应答。他抬眼一瞧，才发现弟弟不在那儿，房间里只有他弟弟的熟人拉里利亚尔。

---

① 均为意大利中部或北部城市。——译注
② 即以反刍方式进行消化的动物。反刍即进食后将胃中半消化的食物返回嘴中再次咀嚼。——译注

▶ 大地懒的骨架

拉里利亚尔懂得使用小锤,能将骨头上的石灰清理干净。

"太棒了!我找到腿啦!"居维叶大喊一声。"这得归功于您。"他朝拉里利亚尔深鞠一躬。

居维叶所缺的正是这样一块腿骨。他早已经知道这腿骨应该长什么样,但总得检验自己的推测呀。而拉里利亚尔清理出来的腿骨完美地证明了居维叶的判断是正确的。

"这是一种灭绝的动物。"等骨架收集完毕之后,居维叶宣布说。"如今世上已经找不到这样的动物了。"

"胡说!"其他学者异口同声地反驳他。"我们决不相信这种谬论。"

于是居维叶搬来了所有的骨头。它们有点像大象的骨架,有点像犀牛的骨架,有点像猪的骨架,又有点像瞪羚的骨架,但又与现代动物的骨架有着明显的区别。

"这是什么动物的颌骨?"居维叶手里拿着一大块没长几颗牙齿的颌骨,略一思考。"像是……"他尽力回忆了起来。"没错,这是树懒①的颌骨!"

"这骨头对树懒来说太大了,"另一位动物学家表示怀疑,"哪有这么大的树懒啊。"

"可你看这些牙齿,这些牙齿……"居维叶坚持己见。"它的牙齿数量不全,说明是一种贫齿的哺乳动物。"

"牙齿又怎样?它可能是生前就掉了牙齿。"动物学家并不死心。

居维叶勃然大怒。

"那么牙槽在哪?同事啊,你肯定忘了哺乳动物的牙齿是长在牙槽里的吧?牙齿可以掉,牙槽可不会消失。"

动物学家丢了脸,可还不放弃。

"不管怎么说,这都不会是树懒,"他嘟嘟囔囔地说,"何况就一块颌骨,能说明什么问题呢?"

树懒在树上生活,而根据这块颌骨来看,它的主人生前一定非常庞大,完全可能把身下的树折弯,至少是不可能爬到树上去的。尽管如此,这块颌骨还是让居维叶能够多少设想出一种巨型古代树懒——大地懒②。

"它看上去应该是这样的。"居维叶断言,一边为神秘颌骨的假想主人画了一幅草图。

---

① 哺乳纲披毛目动物,外形似猴,但动作迟缓,常挂于树上几小时不移动。——译注
② 又名大懒兽,生存于更新世中美洲和南美洲。——译注

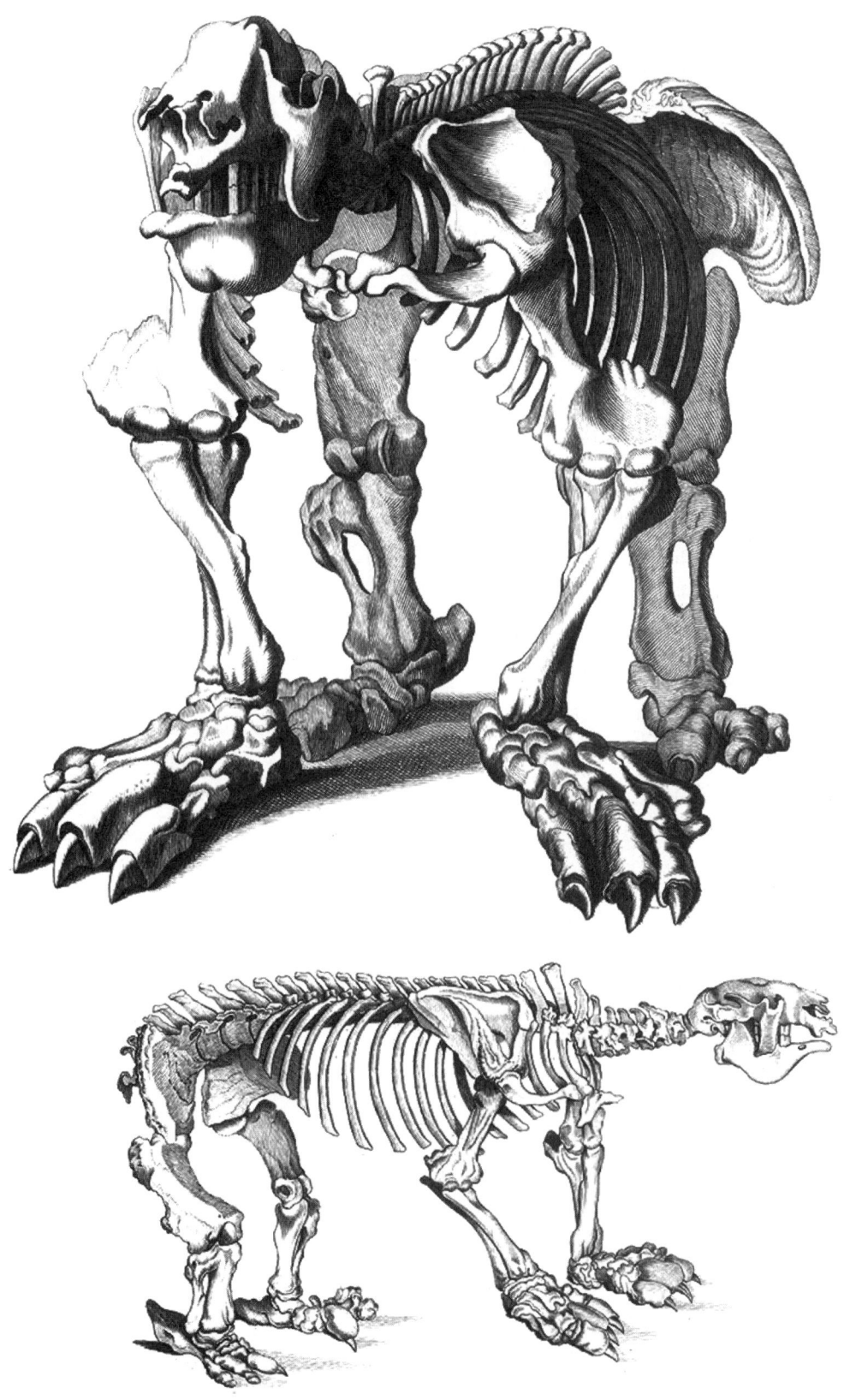

第九章 三位朋友

动物学家们都嘲笑他的看法。

过了几年，人们发现了一具完整的大地懒骨架。居维叶画的草图与之基本符合。

动物学家们面面相觑，一个个都惊骇万分。他们已经顾不上嘲笑了。

"莫非他是魔法师么？"有人小声说道。

"岂有此理？他只不过运气好蒙中罢了。"另一人回答。

可居维叶又"蒙中"了几具骨架，从未犯过一次错误。

"蒙中第一次是偶然，蒙中第二次是走运。"

"哦，那第三次呢？第四次呢？"

"是习惯！"有位动物学家本想这样说，结果被呛了一下。既然连猜中骨架这种事都能成为习惯，那就表明这其实不是习惯，而是知识啦。

"厉害了，居维叶！"

不过他有时还是会出错的。

有一回，在研究某种古代生物的牙齿和骨头时，居维叶认定牙齿是犀牛的门牙，而骨头则是河马的骨头。伟大的骨骼化石专家犯了个错，而且还错得相当离谱。这些牙齿和骨头都属于白垩纪的兽形目恐龙——禽龙①。

居维叶对动物化石着了迷，他收集了大量完整或不完整的骨骼标本，并对它们进行精心加工。最先上手的是大象的"亲戚"。

"在西伯利亚发现的这些遗骸并不属于大象，而属于另一种特殊的动物。"居维叶对猛犸象②做出了描述。

"唔，它与大象之间没有什么大不了的区别。"院士们扫兴地回应。"基本上就是头大象，只有獠牙不同。"

"啊哈，是这样吗？"居维叶发怒了。"好吧，我要让你们大吃一惊！"

很快，他就描述了两种厚皮动物③——古兽马④和无防兽⑤。在蒙马尔特⑥（也就是在巴黎）挖出了这两种奇怪动物的一些骨头。

"啊！"一看到这两幅图画，院士们就炸开了锅。想不到如今熙熙攘攘的巴黎，从前竟生活着这样的怪兽。

---

① 属蜥形纲鸟臀目，是大型鸟脚类恐龙，身长9～10米，高4～5米。——译注
② 哺乳纲长鼻目真象科，主要生活于一万一千年前。——译注
③ 即厚皮目哺乳动物。——译注
④ 哺乳纲奇蹄目动物，生活于始新世早期至中期。——译注
⑤ 哺乳纲偶蹄目动物，生存于始新世及渐新世的欧洲。——译注
⑥ 巴黎北部山丘，著名文化胜地。——译注

居维叶则开始一本接一本地写论文集。他重构并描写了约150具动物骨架，其中有乳齿象①，有猛犸象，还有古兽马；这些动物中最大的与犀牛不相上下，最小的只有兔子般大小。在爱尔兰挖出了长着分岔巨角的鹿化石……有熊、鬣狗和老虎，有同犀牛一样大的大地懒，还有鲸目动物。有斑龙——一种近20米长的巨型恐龙，有翼龙——长着两片带膜巨翼的飞行恐龙，还有更加令人震惊的水生恐龙，结合了鱼类、爬行类和哺乳类特征的鱼龙。至少它们看上去是这个样子的。

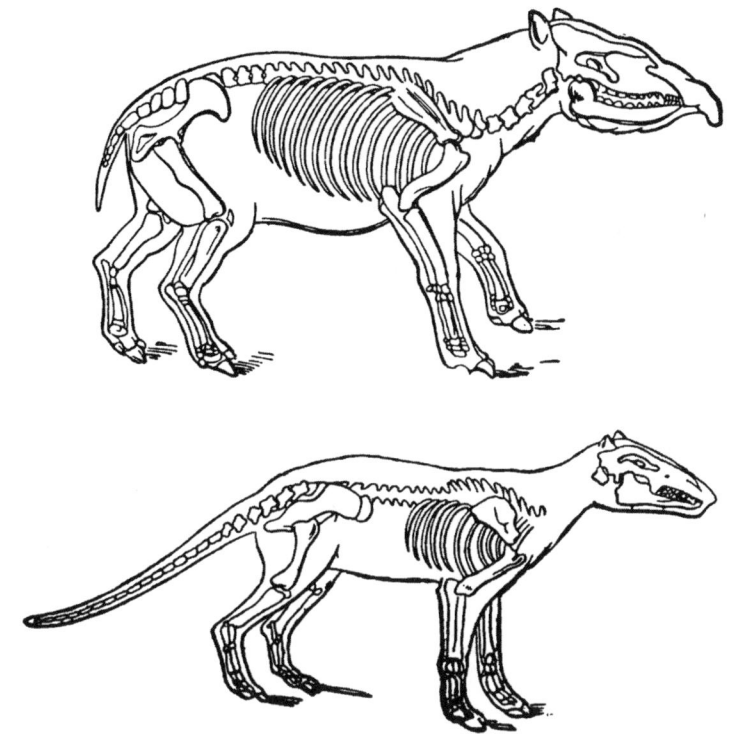

▲ 貘形有蹄动物——古兽马的骨架
▲ 无防兽的骨架。这种有蹄动物结合了猪和啮齿动物的特征（发现于巴黎蒙马特尔）

对这些动物的描写固然是科学描述，但读起来却宛如童话一般。瞧，它们展示了一个多么神奇的新世界，那里有多少奥秘与奇迹啊！曾几何时，这些动物全都生活在地球上，它们遍布在天空、森林、草地、沼泽、湖泊和海洋之中。毫无疑问，如今地球上已经没有这些动物了，因为它们大得惊人，根本就不可能看漏。它们显然早就灭绝了。

人们开始四处寻找动物化石。不仅是鸟类、兽类和各种恐龙的化石，连软体动物的甲壳、鱼类和甲壳类的残骸以及其他许多东西也落入了勤勉的化石收藏家手中。

化石收藏家们开始从世界各地给居维叶送去研究的材料。连拿破仑都亲自向欧洲各国政府发出号召，要求他们为居维叶提供帮助，给他送去化石标本。后来又发现了一种

---

① 哺乳纲长鼻目动物，生存于晚上新世至更新世。——译注

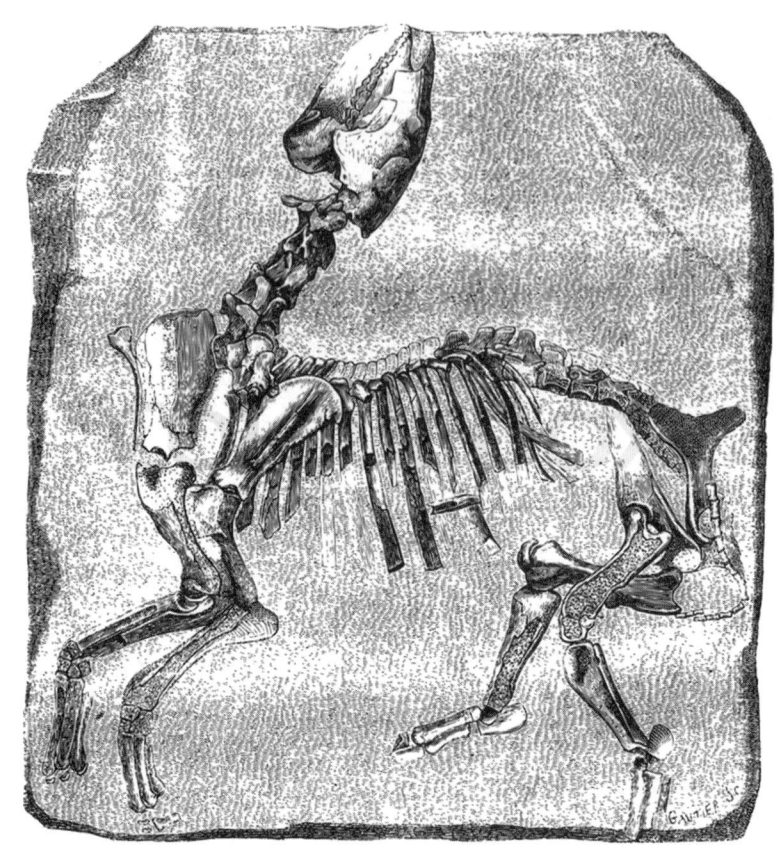

▲ 古兽马的骨架（在巴黎蒙马特尔的石灰岩地层中发现时的样子）

丰富标本的手段：拿破仑军队每占领一座欧洲城市，就把当地博物馆里有意思有价值的藏品统统运走。如今他们已经不止抢掠绘画、雕塑、古代兵器和瓷器，还将鸟兽标本、动物骨架化石以及各种"变为石头"的玩意儿都劫走送给居维叶了。

居维叶着手对巴黎近郊进行研究。他不放过任何一座大工地，也不忽略任何一条深沟。所有包工头都知道居维叶对建筑工地的兴趣，觉得自己有义务为他提供每一处新工地的消息。起初发生了一些误会：许多包工头以为居维叶感兴趣的是建筑本身，所以把一些半建成的建筑也告诉了他。

"这对我有什么用？"有一回，居维叶教授应邀去参观建筑工地，结果却看到一座几乎完工的建筑，于是生气地大叫。"我不需要你们的墙壁和屋顶！我需要打地基挖的坑。"

包工头们最终搞清楚了教授的需要。他们一制定好新的建筑计划，就把消息告诉居

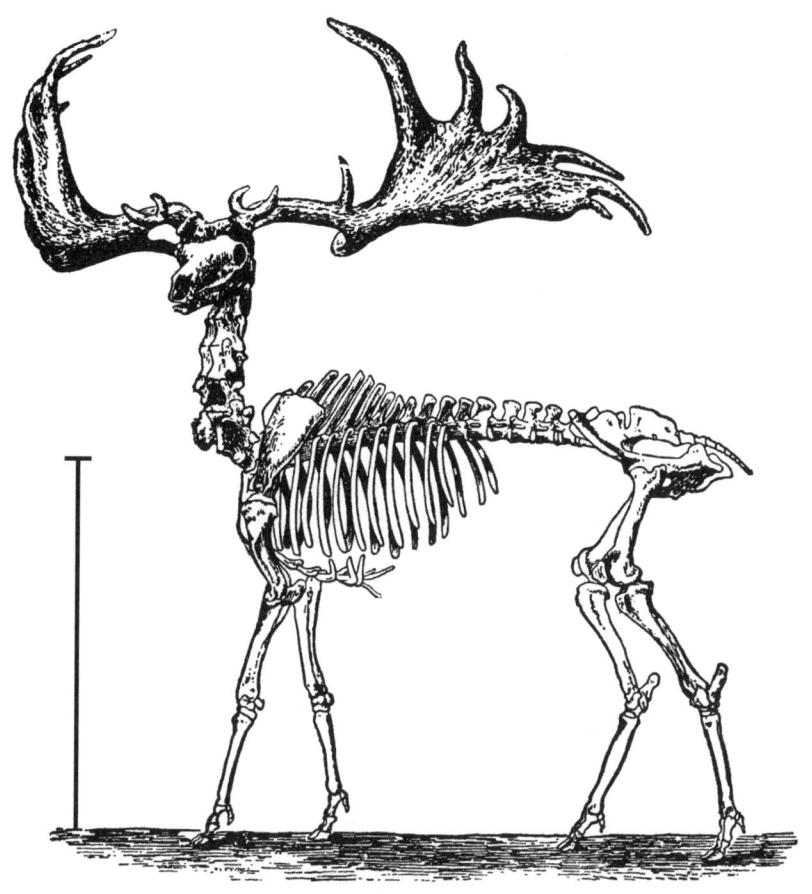

▲ 已灭绝的巨型"泥炭"鹿（鹿前的直线表示人的身高）

维叶。后者则前来发号施令，告诉工人们该怎么挖掘，把找到的骨头放在哪里。

包工头和工长已经烦透了在蒙马尔特白垩①坑和石灰岩坑干活的工人们：这些人每天都要抱怨居维叶。

"他总妨碍我们干活。他叫我们安静小心地工作……昨天我刚打算敲下一大块岩层，他就大叫起来：'你敢！'原来他看到了一块骨头……他又不付我们工钱，我们的工作量却被他的骨头害得变少了……"

于是居维叶做了许诺：

"每找到一块有意思的骨头，我都会付钱的。"

---

① 一种呈白色的石灰岩，主要成分是碳酸钙。——译注

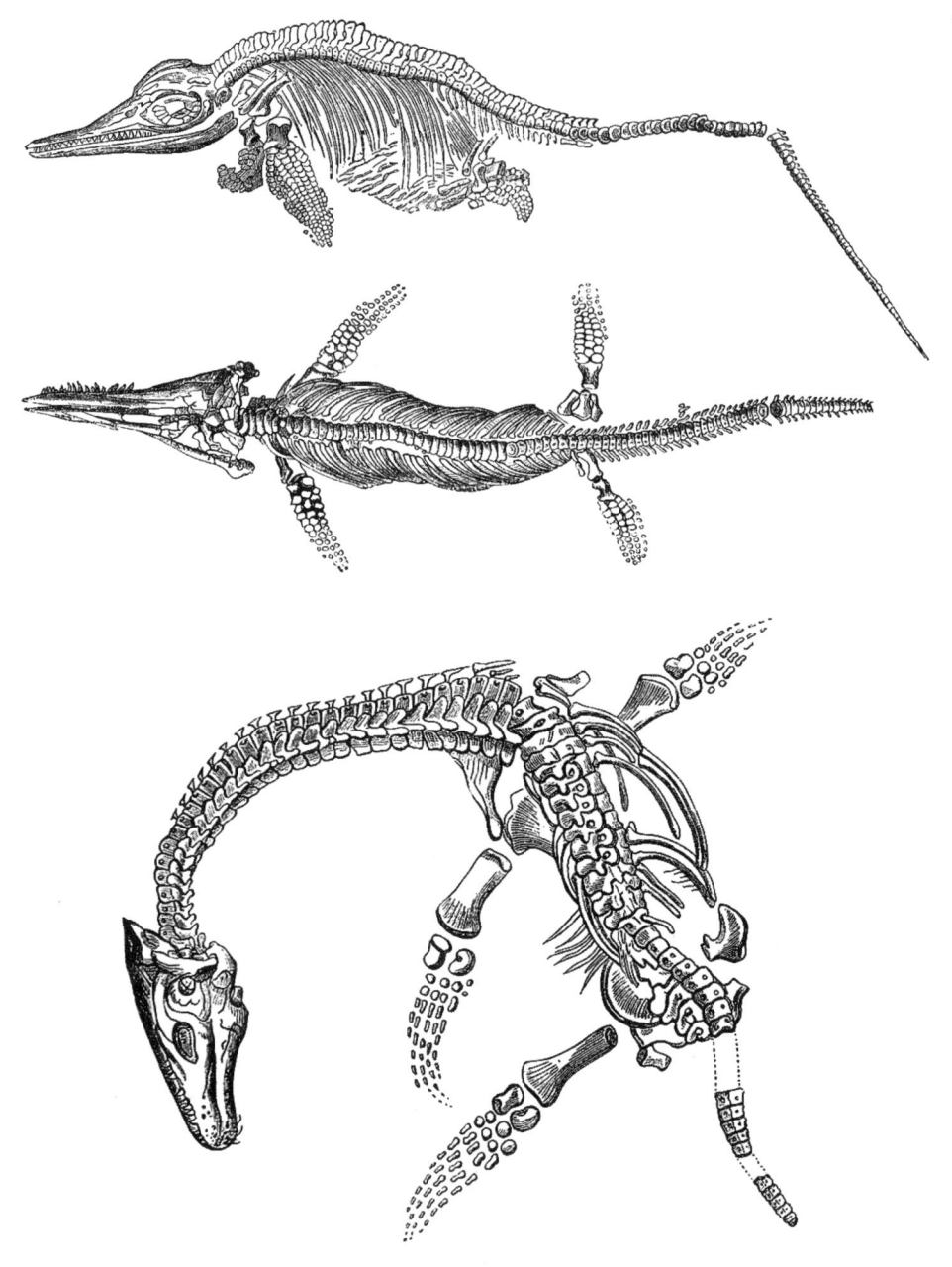

▲ 鱼龙化石、蛇颈龙化石
▶ 鱼龙与蛇颈龙复原想象图

工长也在一旁添油加醋：

"嚷什么嚷，傻瓜？他的地位跟部长差不多。等他把你们从这儿统统轰走，就有你们好看了。"

工人们屈服了：部长的命令是不能不听的，何况一想找着骨头后可能捞到的法郎，他们就心动不已。

可惜那些空头法郎得等上好久了：居维叶整个夏天都没有在石灰岩坑露过面。他来往于巴黎近郊各地，看上去似乎是在为制砖厂选址：他非常仔细地在指缝间摩擦着黏土和沙子。教授不满地皱着眉头，自顾自地嘟囔着什么，而那些天真的农民却力图要他相信，这些黏土可以做出上等的砖头。

"这些砖够用一千年的。"

"跟你们的砖头一起滚蛋！"居维叶挥手把他们轰开。"什么破砖头……"

他跑到了附近的峡谷里，沿着被水冲刷得坑坑洼洼的陡峭河岸爬上爬下，不时用小锤敲下几块石灰岩，在指缝间把黏土擦成粉末。

"布隆尼亚尔！布隆尼亚尔！"他呼唤着陪自己一同出行的助手。"快点！过来……"

布隆尼亚尔气喘吁吁地跑了过来。

"您还好吗？"他朝正蹲在一大堆石灰岩前面的居维叶问道。

"怎么啦？"居维叶奇怪地反问。

"您喊得那么大声……"

"啊……与这个无关啦。我明白了，我如今已经清楚，为什么有些岩层之间存在这样的差异。有的岩层是海水沉积层，有的则是河水沉积层。"

海水沉积层和淡水沉积层的区别——这是一个极为重要的发现。如今已经可以了解，哪些水生化石是淡水动物的化石，哪些是海生动物的化石。布隆尼亚尔立马理解了这个发现的重大意义。他想就近找人分享一下听到的东西，结果四下一望，周围连个人影都没有，只见黄鹂[①]在灌木丛间飞来飞去，还有一只石鹀[②]在石灰岩堆上唱着歌儿。

5

居维叶对地质学和古生物学痴迷万分，成天只想着骨头，连做梦梦见的都是巨大的化石，要么就是一堆堆沙子、白垩和黏土。许多东西看上去还如同云里雾里，但有一点

[①] 鹂科小型鸣禽。——译注
[②] 雀形目鹀科鸟类。——译注

是确定无疑的：这些动物都曾在地球上生存，但很久以前就不留痕迹地灭绝了。

为什么它们会灭绝呢？为什么在找到现代马的骨头的同时，却从未发现过大地懒的骨头呢？

这依然是个谜。

居维叶为这个问题绞尽了脑汁，思考了很久很久。他一次又一次地在早已熟悉的骨头堆里翻来找去，一次又一次地前往巴黎城郊的各个关卡，一次又一次地向世界各地寄出信件，请求人们给他送去骨头，一次又一次地在蒙马尔特的石灰岩坑里挖掘，弄得身上全是白灰。

无论是在会议与讲座之间的空闲时光，还是在马车上、床铺上或餐桌上，他都一刻不停地思考着、思考着、思考着……

终于……问题解决了，至少居维叶是这样想的。只能说他又找回了安稳，不再为谜题而苦恼：他相信自己是正确无误的。还能指望什么呢？

居维叶被母亲培养成了一个宗教信徒，他拜服在《圣经》的权威之前。关于地球上的生命起源，他只接受唯一的一种创造学说——《圣经》的说法。动物是创世第六天被创造出来的[1]。然而，《圣经》里并没有说过所有的动物都应活到今日。要知道，世上曾发生过一场席卷全球的大洪水。毫无疑问，诺厄不可能把所有的猛犸象、乳齿象、大地懒和班龙都弄到自己的方舟上：假如带上它们的话，方舟上就没有空间了，何况有谁会带上这些恐怖的怪兽一起航行呢？[2]结果它们全都淹死了，只有骨头保留了下来。这样的灾变或许曾发生过许多次……

"没错，"居维叶低声说，"可能就是这样的……事实正是如此……"

"世上曾经历过许多时代，每个时代都是由环境特征的变化所决定的。由此可知，地球上曾发生过多次灾变，令海洋中浮现出陆地，同时应当认为，陆地也曾不止一次被海水淹没……海水的反复退却与入侵并不都是缓慢的；恰恰相反，引发这些事件的灾变大多是突然发生的。这一点很容易证明，尤其是最近的一次灾变：它让海水发生了两次运动，先是令其淹没大陆，然后令其退去，留下了现今的大洲（至少是这些大洲的大部分地区）。这场灾变在北国留下了巨大的四足动物遗骸，它们被封冻在冰块里，皮肤、

---

[1] 见《圣经·旧约·创世纪》1:24~25。——译注
[2] 据《旧约圣经》：上主见世人作恶多端，决定将世间万物毁灭，唯有义人诺厄（新教译为诺亚或挪亚）在上主眼中蒙受恩爱，于是上主预先通知诺厄，教他制作一只巨大的方舟，将他的妻子、儿子和儿媳，以及"一切有血肉的生物中，各带一对，即一公一母"，带入方舟避难。结果众人与众生刚进入方舟，上主就降下四十天四十夜的大雨，引发泛滥一百五十天的大洪水，毁灭了世间万物。洪水退去后，方舟中幸存的人与动物在世间重新生育繁殖（《创世纪》6:5~8:22）。——译注

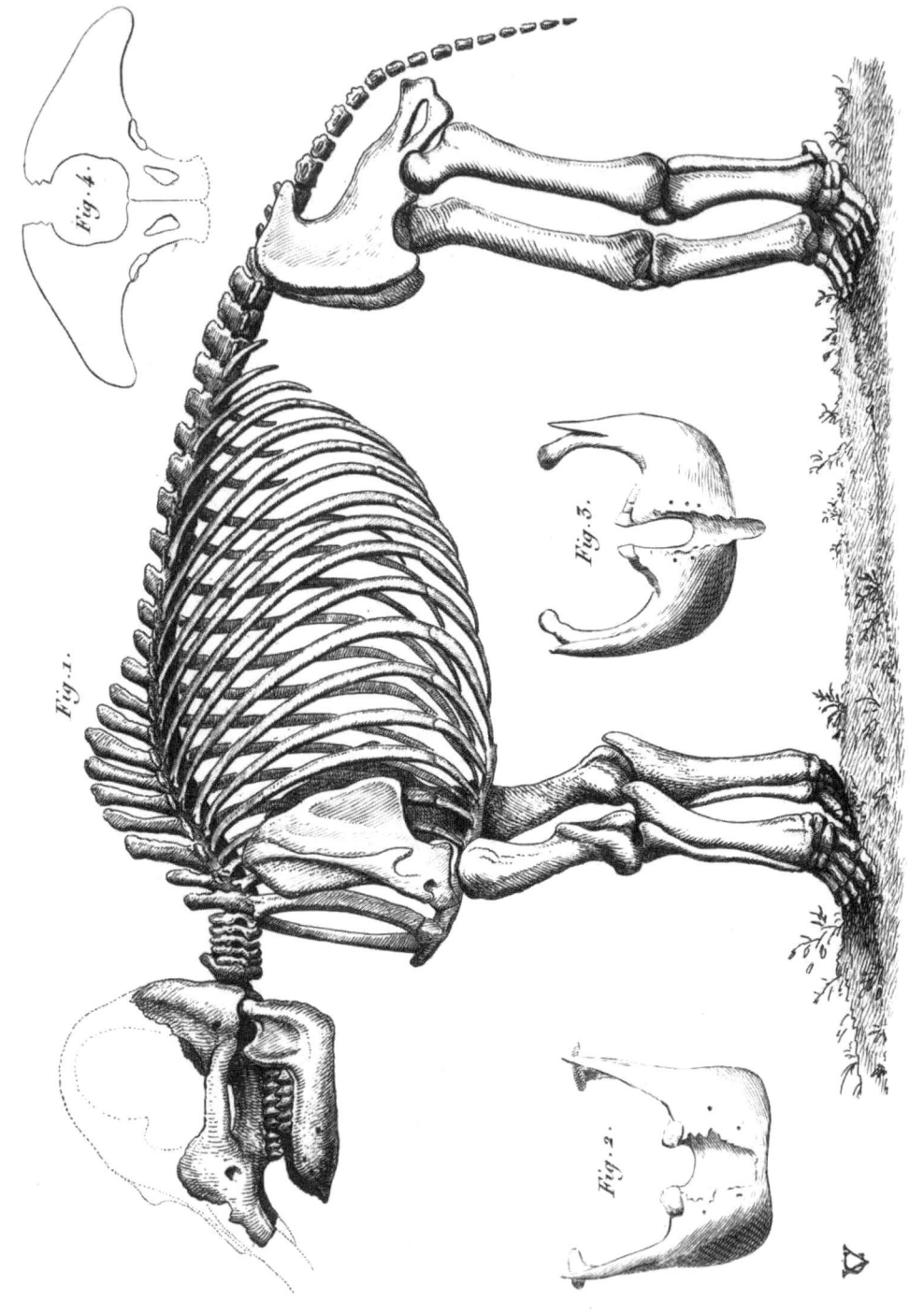

◀ 乳齿象的骨架
▲ 乳齿象复原图

毛发和肌肉均保存至今。假如它们不是死后就立刻被冰封的话，它们的尸体早该腐烂瓦解掉了。另一方面，以前的永久冻土尚未扩张到如今其占据的地区，因为那些动物不可能在如此严酷的低温下生存。由此可见，杀死了这些动物并将其居住地化为冻土的应该是同一个过程，这场灾变是在一瞬间突然发生的，并无任何渐进性可言。以上关于最近一次灾变的解释已得到清楚证明，而其对于之前灾变的解释也同样令人信服。"

名噪一时的"灾变说"就这样问世了。

地球经历过一系列恐怖的突变。一片片新大陆瞬间浮出水面，一座座旧大陆瞬间被海洋淹没。那里的动物全部死去，等到一切又恢复正常之后，生命又再次出现了。最近的一次灾变发生于五六千年之前，它摧毁了当时的几片大陆和一些岛屿，杀死了生活在那里的猛犸象、乳齿象等各种动物。后来那些地方又住满了新的动物。

地球上的生命是跳跃式发展的，不同的动物之间并无任何联系，亦无过渡状态可言。大地懒和乳齿象灭绝了，现代的牛和马取而代之。

"它们是从哪来的呢？"

"来自临近的地区。并不是整个地球都立刻受到灾变的作用嘛，但创造活动只有一次！"居维叶牢牢记着《圣经》中创世第六天的故事，于是这样答道。

居维叶心安理得地确认了这类不可思议的动物迁徙。而早在他之前50年，俄国学者米·瓦·罗蒙诺索夫[①]就在《论地层》（1763）一文中对灾变表示了深刻怀疑，他不相信灾变竟会成片成片地抹杀整个大陆的动物，也不相信远方的动物竟能千里迢迢的迁移过来。他写道："纵使那身躯庞大、善于远迁的大象能够抵达我们这里……那海洋甲壳动物（即蜗牛和贝壳——作者注）就太令人惊讶了，这完全是一群不适宜迁徙和在他处繁殖的爬虫，可它们的化石却能在旱路和北方的山峰上找到；邻近的海洋并不产这类动物，反倒是热带的水域产出了数量相当可观的这类生物。"

并没有什么一下子杀死数百万动植物的可怕灾变，也不该从迁徙中寻找所需的解释。"据此可知，远古的北方曾有过炎热的时期，当时大象可以在那里生长繁殖，因此在我国找到的大象残骸并不能表明有什么违背自然之处。"气候发生过变化，动植物也随之变化，无须挖空心思去设想什么灾变和迁徙，一切其实要简单得多。

罗蒙诺索夫的思想比他的时代超前了数十年：早在"灾变论"产生之前很久，他就指出了这种理论的谬误之处。

居维叶的学生道尔宾尼却不像老师那样笃信《圣经》。他断言：每次灾变后都会发生一次新的创造活动。这种观点并不完全符合《圣经》的说法，但毕竟比居维叶的论断更符合逻辑一些。显而易见，道尔宾尼多少受了点自由思想的影响。

6

那是一个美好的年代（1810～1812）：他创立了"灾变论"，写出了关于化石的著作，还提出了集大成的理论——"类型说"。正是这门学说令居维叶登上了连大学者都难以企及的高度。

"林奈没有提出一个符合自然的动物系统。看，我这就给诸位提供一个！"居维叶在震惊的学者们面前展开了自己的动物界系统。

"诸位切勿为外表所惑，隐藏在深处的实质更为重要！"

居维叶坚信不疑，神经系统在动物的生活中发挥着重要的作用：动物的身体构造与神经系统构造的复杂程度密切相关。他根据该系统的构造将所有动物分为四组，各组之间并无过渡类型（居维叶是这样认为的）：每一组都是一个特殊的"分支"，每一组都是一个完全孤立的存在。

于是产生了四组动物，或者说动物的四种类型：脊椎动物、软体动物、分节动物和放射动物。

[①] 米哈伊尔·瓦西里耶维奇·罗蒙诺索夫（1711～1765），俄国学者、诗人、哲学家，在自然科学、人文科学和文学艺术的多个领域均有造诣，被誉为"百科全书式的学者"。——译注

"脊椎动物"中包括了所有如今也称为"脊椎动物"的动物。不错，今天我们所说的"脊椎动物"并不是一个"类型"，而是脊索动物门①下的一个亚门。但这并不是什么大不了的更正，何况在居维叶那个时代，人们对脊索动物还一无所知呢。

话说到"软体动物"，除真正的软体动物之外，居维叶还把一些根本就不是软体类的动物也归入其中。他甚至把蔓足类也算作软体动物：蔓足类的甲壳搅乱了知名动物学家的判断，害得他没能认出茗荷儿其实是甲壳动物。这个错误原本情有可原，谁没在蔓足类的问题上犯过错呢！②可是……毕竟居维叶自己都预先提醒过：外表会骗人，"隐藏在深处"的本质更为重要。好吧，就算茗荷儿有甲壳，就算它那分节的肢端没有被研究者注意到，可神经系统呢？居维叶认为最重要的那些器官又如何呢？茗荷儿的神经系统同软体动物的神经系统截然不同，这本该让居维叶深思一番的。

结果……"外表"就这样骗了他一把。

"分节动物"就是现代的节肢动物③，此外还包括环节动物④，因为它们的身体也分节嘛。这样的组合方式倒没什么好惊讶的。时至今日，尽管许多动物学家都把环节动物当作一个单独门类，却也有学者将它们同节肢动物一起归于"分节动物"一类，也就是效仿了居维叶的分组。

末了，居维叶将其他无脊椎动物统统列为"放射动物"。其中有腔肠动物⑤、棘皮动物、纤毛虫，还有扁形动物⑥、线形动物⑦和其他一些无脊椎动物。这一组仅比林奈的"蠕虫类"好一点儿罢了。

居维叶又把四个"分支"划分为纲、目、科。他提出的系统比林奈的要接近现实多了，但他认为"分支"只是孤立的存在，每个"类型"都是封闭的，它们之间不可能有任何过渡类型。

"动物不可能既食肉又食草，而所谓过渡类型就是一种中间状态。这怎么可能？"当有人问起"各类型之间难道没有过渡类型么"时，居维叶就是这样回答的。

尽管如此……"分支"一词指的是从某处分出来的枝条，也就意味着存在某个"共

---

① 动物界最高等的一门动物，特征为个体发育全过程或某一时期具有脊索、背神经管和鳃裂。——译注
② 见本书第四章。——译注
③ 动物界最大的一门，每一体节上生有一对附肢。——译注
④ 高等无脊椎动物的开始阶段，体腔按节由隔膜分成小室。——译注
⑤ 仅具有两个胚层的辐射状动物，是最原始的后口动物。——译注
⑥ 一种两侧对称的三胚层无脊椎动物，有口无肛门。——译注
⑦ 身体细长呈线形的一类无脊椎动物。——译注

同的主干"。居维叶不承认这样的"主干",不允许任何共同之处的存在,于是最终也没能为自己的四个组找到准确的名称。他按顺序排列这些"分支",从中可见,动物构造的复杂性是按组递增的。生命并不想被强行安进臆造的框架,尽管居维叶也不想这样,但他却断言"类型"是完全孤立的,结果在不知不觉中走上了相反的路子。

"类型说"创造了动物学上的一个时代。该理论为现代分类学奠定了基础,尽管是严重变了样的分类学。

居维叶的国务活动也照常进行。他身兼数职:即是中小学校的督学,又是内务委员会主席,还是国务会议的成员。到了路易十八时期,他还是留在原先的位置上,甚至还搞到了几个新职位。在那个时期,拿破仑的支持者往往遭到残酷迫害,而居维叶则想方设法减轻这些波拿巴党人遭到的追究。他甚至成功阻止了关于成立所谓"第一法庭"(这种法庭专门用来审讯波拿巴党人)的法案的通过。要知道,居维叶作为国务委员,本应在国务会议中捍卫这个法案的。1818年,黎塞留[①]在个人阴谋中搞得声名狼藉,结果所有政府部长递交了辞呈。可黎塞留并没怎么感到不安,他开始组织新的"内阁",还向居维叶发出了加盟邀请。居维叶拒绝了这份荣耀,藉此证明他并不是看上去的那么不讲原则。其实他之所以拒绝,主要还是出于谨慎和精明:他可不想冒着名誉扫地的风险去参加黎塞留这种人领导的"内阁"。

就在同一年,居维叶荣获科学院"永久院士"的席位。

《动物界》出版于1817年。这几卷大厚书是居维叶最有价值的学术成果,就这部巨著而言,"永久院士"实在算不上什么了不得的奖励。

居维叶的声望如日中天。他把时间安排得满满当当,忙得只能勉强完成每天该做的事情。他清早八点起床,用餐前竟还能工作一小会儿,然后边吃早饭边浏览报纸,随后接待客人,接下来出门去国务会议或大学委员会。他一直忙到晚上快六点才能回家,要是离晚饭还有哪怕五分钟的话,他就急忙坐到桌前奋笔疾书。他拥有一种惊人的能力:假如早上留了半句话还没写完,他就晚上坐下来继续写,而且还写得如此连贯,仿佛一直就没离开过桌子似的。

每逢星期六,居维叶的家里就挤满了学者、政治家和作家。在拥挤的人群中,他镇定而冷淡地走来走去,扬着浓眉不时打量身边的人,并且对亲王和衣衫褴褛的穷学生都一视同仁。反正他对谁都是一般鄙视。

"您的'类型说'以及有关'性状从属原则'之意义的论断非常精妙,"在某个这

[①] 黎塞留公爵(阿尔芒·埃马努尔·索菲-谢普提马尼·德维涅罗·蒂普莱西,1766~1822),法国贵族、政治家。——译注

▶▶▶▶▶▶▶▶ 《动物界》于1817年首次出版，是居维叶最为著名也最为重要的作品。这部作品基于比较解剖学及其自然历史向读者阐述了整个动物界的自然结构。作品中对现有物种与已消失物种之间关系（如大象与猛犸象）的准确表述对大众影响甚广。尽管居维叶本人反对物种进化说，但正是他的这部作品为作为读者之一的查尔斯·达尔文推导进化论提供了确凿的证据。后页系列插图均摘自《动物界》

样的晚会上，有位顺道来访的动物学家对居维叶说，"可您为什么不按照这些理论给我们建立一个体系呢？"

"为何？"

"这样才好证明理论的正确性嘛。"

"好吧。"居维叶回答说，随后就开始研究鱼类。

他同助手瓦朗谢讷①一起收集了大量材料，为此动员了所有的随船医生。医生们从印度、从美洲、从南非、从巴西和远在澳洲的河流给他运来一桶桶的鱼。这些鱼有的来自热带，有的来自西北欧的湍流，有的来自乌拉尔②的冷河，还有的来自印度支那③，来自被太阳晒得暖洋洋的、长满青苔的湖泊。它们色彩艳丽，体型奇特；这里有比目鱼，有鲨鱼和鳐鱼，有鲟鱼，有小体鲟④和鳗鱼，有珊瑚礁的鱼，还有马六甲⑤的水稻田和水渠中迷人的小鱼儿……各种各样的鱼摆满了博物馆。墙上挂着一束束风干的鱼，地上铺着各种鲨鱼的鱼皮。在这个鱼类王国中，数量最多的非鲈鱼莫属：它们的数量压倒了其他所有鱼类。

"硬骨还是软骨？这就是分类的基础。"居维叶在鱼堆中翻捡，对瓦朗谢恩说。"记住：把硬骨鱼放到一边，把软骨鱼放到另一边。"

就像接受检阅的士兵一样，鱼儿被分成了两组：右边放着硬骨鱼，左边放着软骨鱼。鲈鱼、拟鲤⑥、珊瑚鱼、狗鱼⑦、鲫鱼、鲤鱼、鲍鱼⑧和红点鲑⑨与鲟鱼和小体鲟被分在不同的组中。然后这两组被分为八个"目"，随后再分出科、属等等。

---

① 阿希尔·瓦朗谢讷（1794~1865），法国动物学家。——译注
② 东欧山脉，欧洲和亚洲的地理分界线。——译注
③ 中南半岛的旧称，位于中国和南亚次大陆之间，包括越南、老挝、柬埔寨、泰国、缅甸和马来西亚的一部分。——译注
④ 鲟科鲟属鱼类，主要分布于淡水。——译注
⑤ 此处指马来岛，位于中南半岛最南端，现为马来西亚的一部分。——译注
⑥ 鲤形目鲤科鱼类，多分布于湖泊和水流缓慢的江河。——译注
⑦ 鲑形目狗鱼科狗鱼属淡水鱼类。——译注
⑧ 鲤形目鲤科淡水鱼类。——译注
⑨ 鲑形目鲑科淡水鱼类。——译注

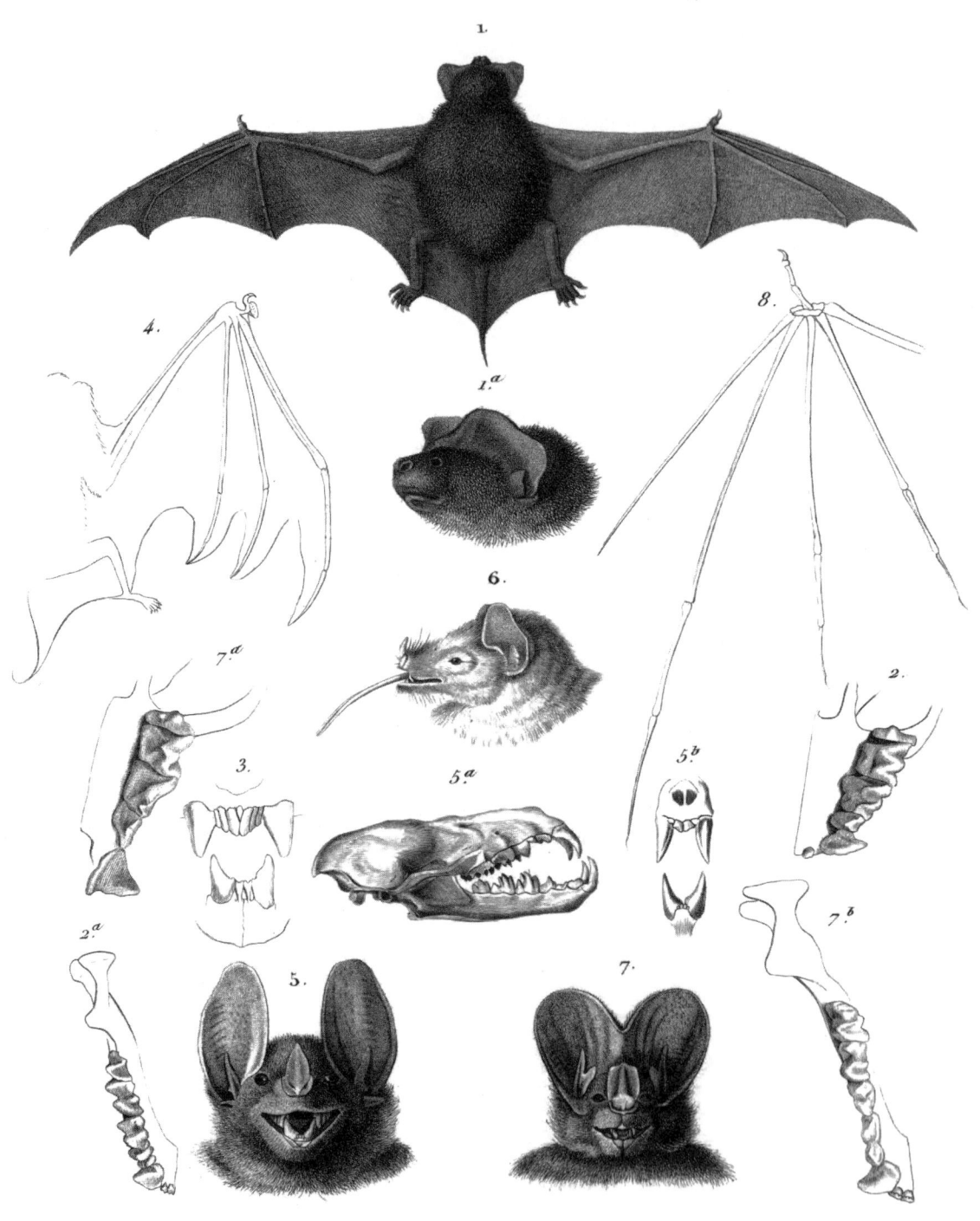

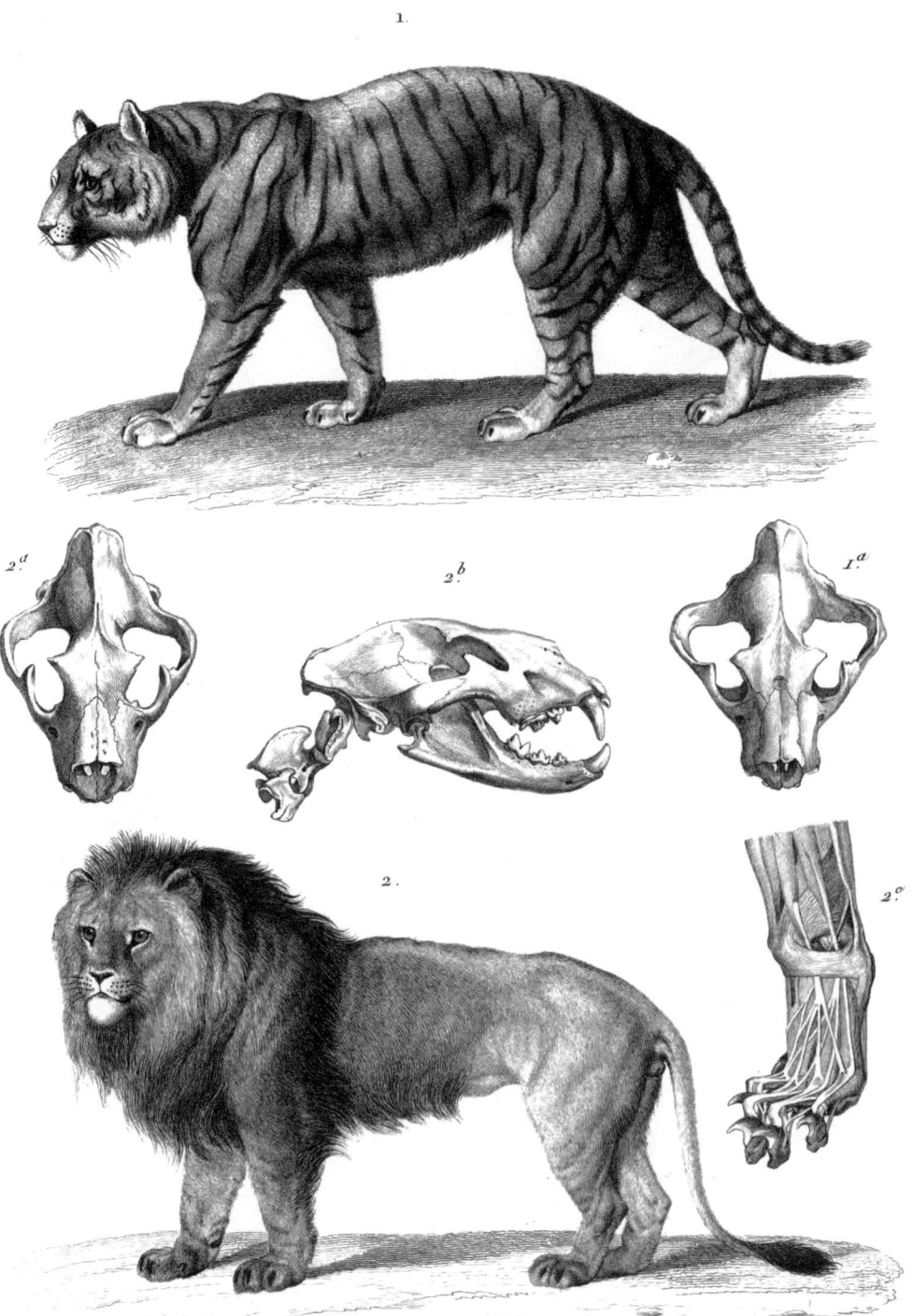

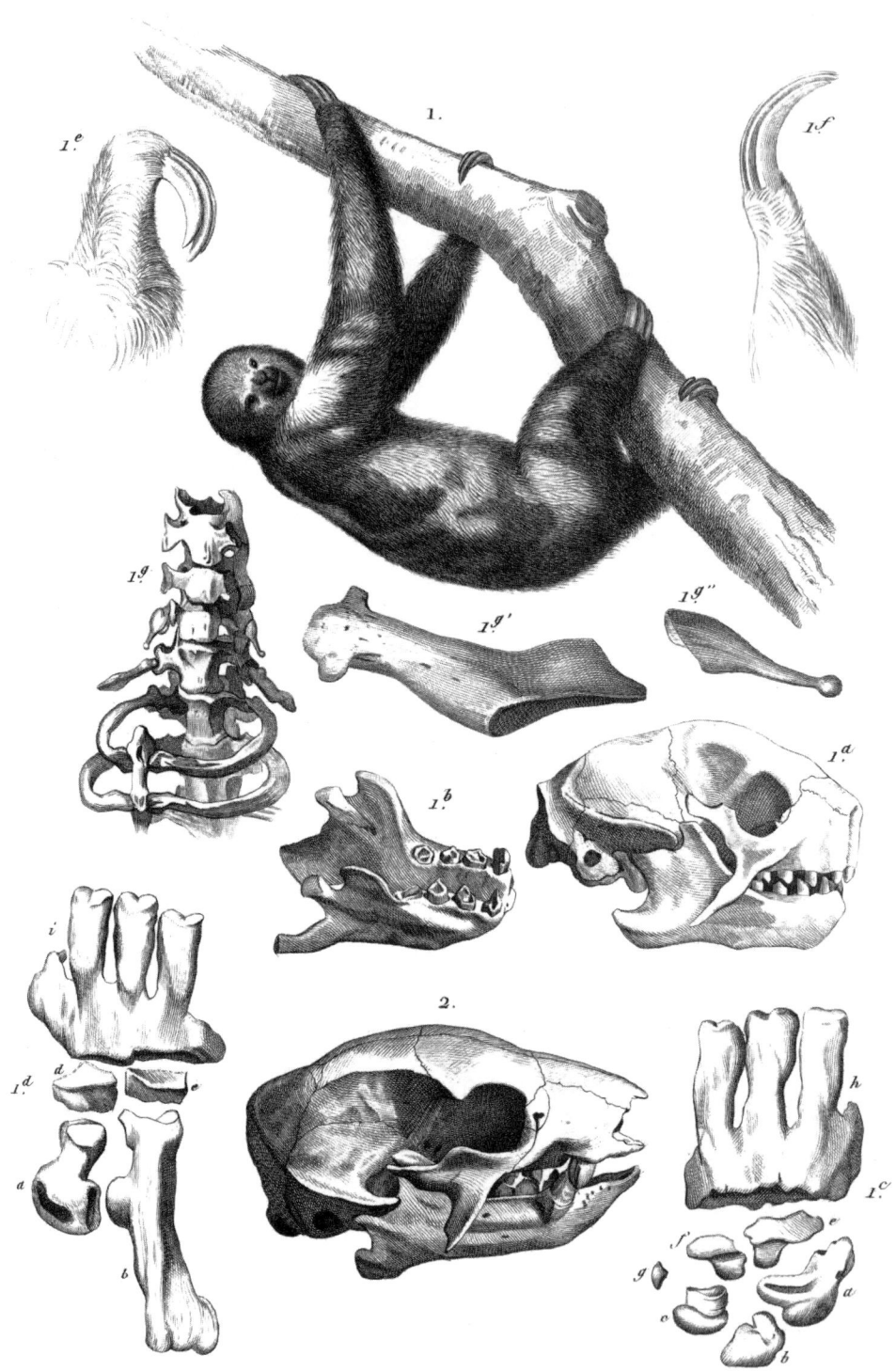

霍蒙库鲁斯——趣味生物学简史

第九章 三位朋友

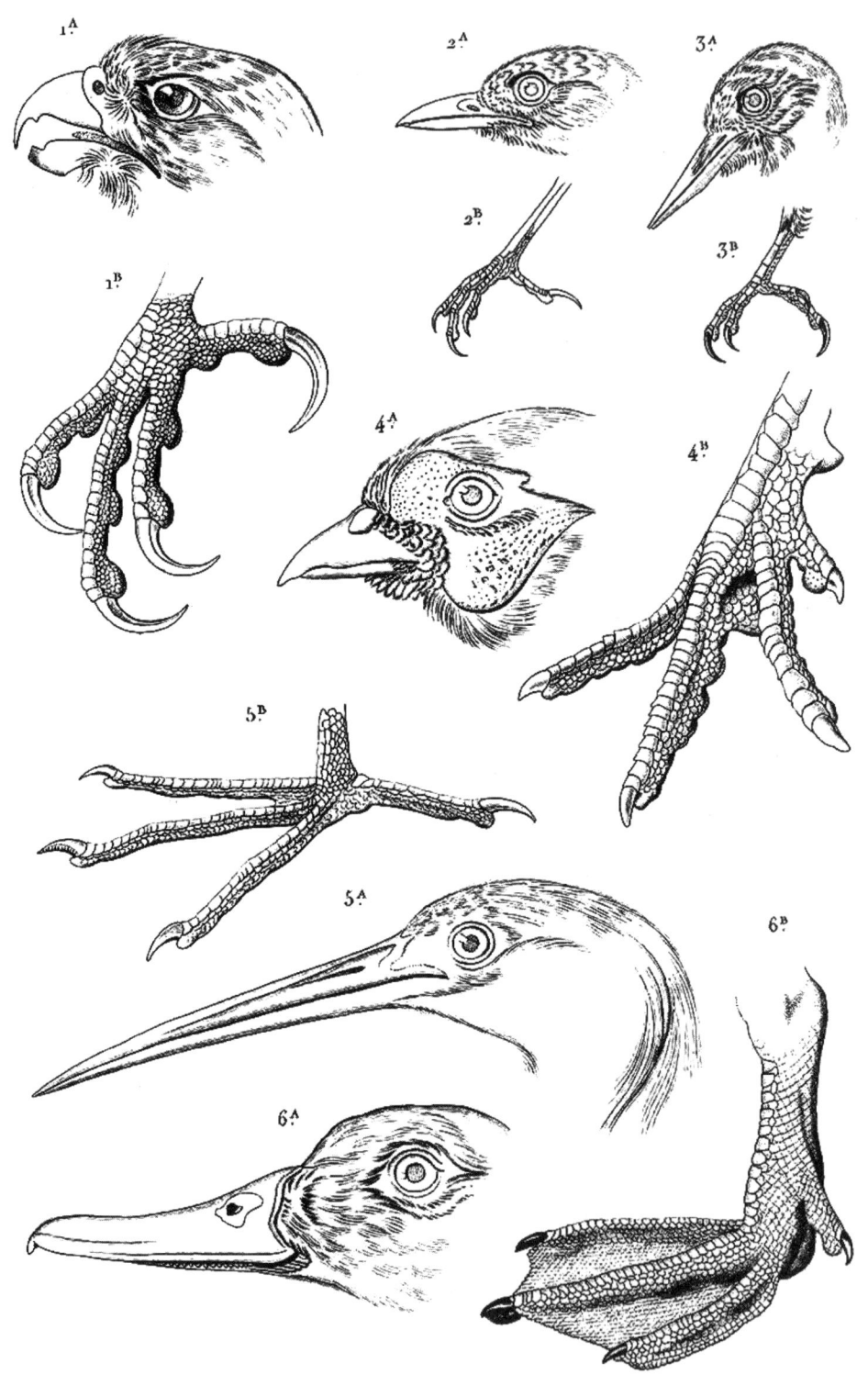

霍蒙库鲁斯——趣味生物学简史

第九章 三位朋友

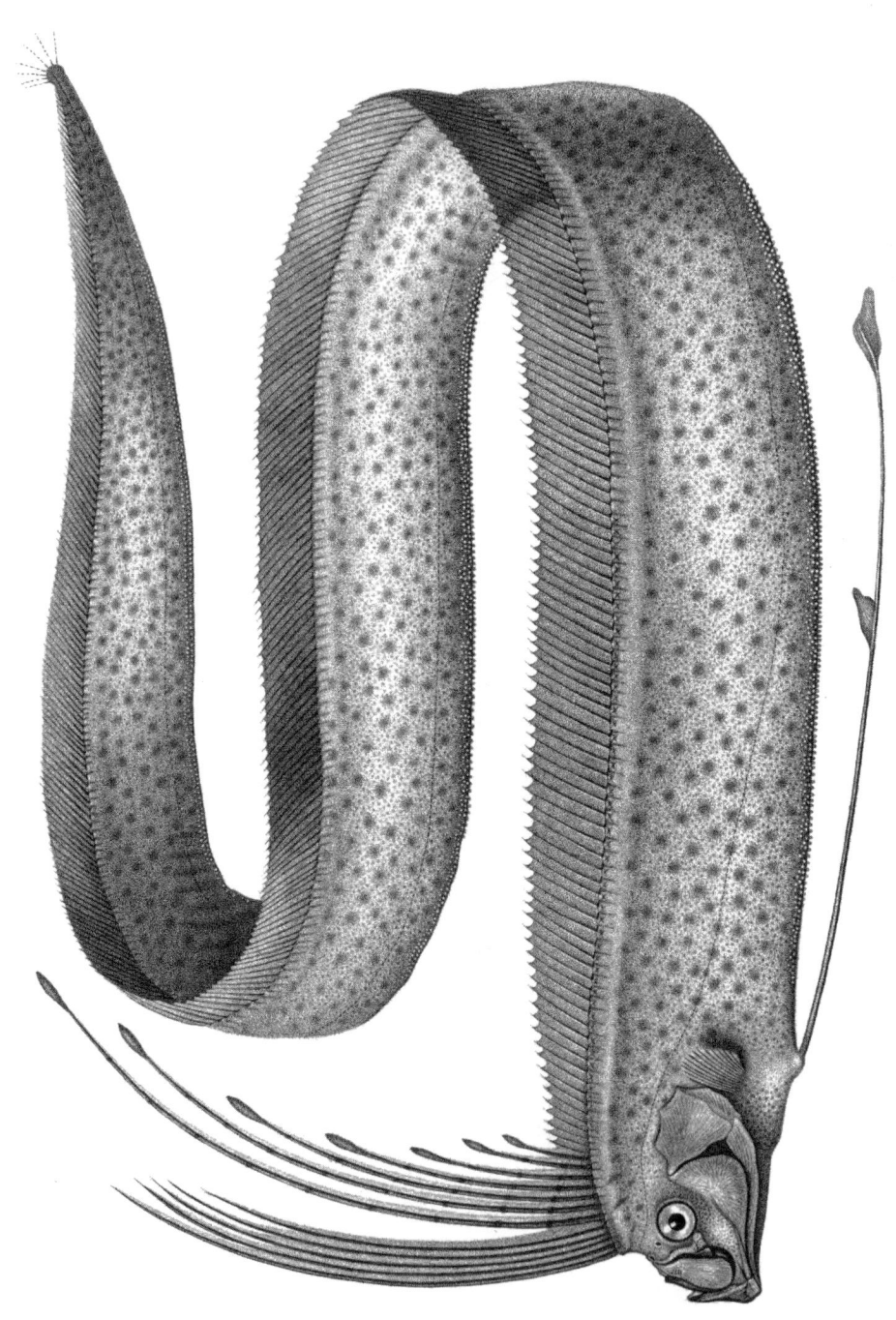

霍蒙库鲁斯——趣味生物学简史

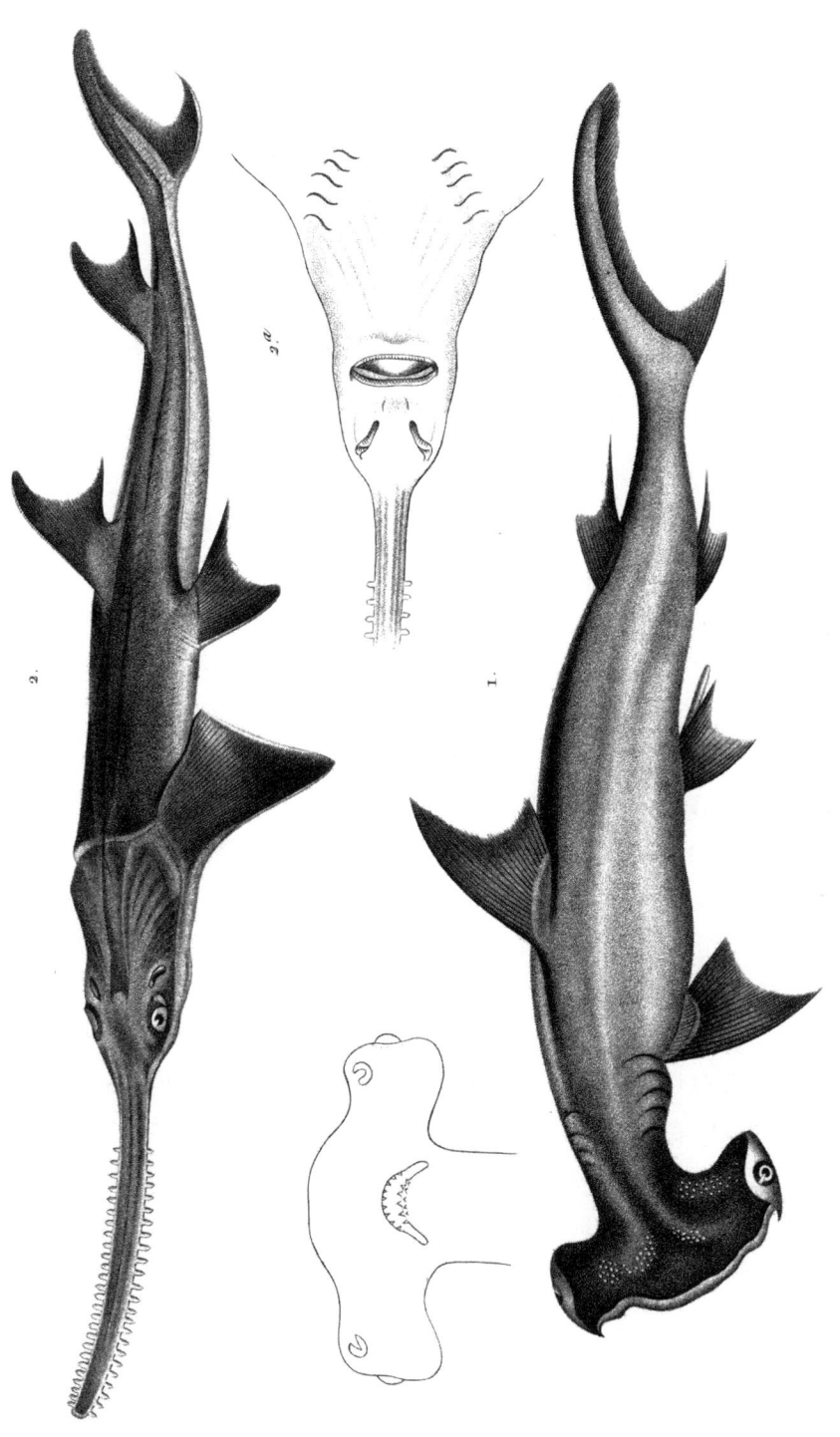

第九章 三位朋友

这里的鱼实在太多了，它们的特征也多种多样，搞得瓦朗谢讷晕头转向。有时候他粗心大意地把一条鲈鱼放到鲫鱼堆里，或者把鲌鱼和比目鱼摆在一起。

"你搞什么鬼？"居维叶冷冷地盯着他。"骨骼的特征呢？鳞片的特征呢？你忘了么？"

瓦朗谢讷满脸通红，赶忙拎起那条倒霉的鱼，把它重新放到另一个地方。

"哎唷！"当工作已经进行到种时，居维叶按捺不住了。

原来他分出了近5000种鱼。

当时的学术界只了解约1400种鱼。居维叶把这个数量一下扩大到了三倍。鲈鱼的种类特别多。他日复一日地对鱼类进行描写，但那一大堆新种鱼却几乎没怎么减少。等解决了鲈鱼之后，居维叶对瓦朗谢讷说：

"不错嘛！单是鲈鱼就有400种，而以前……以前人们了解的全部鱼类也不过是这个数的三倍罢了。瞧，这才叫作好好工作呢。"

不妨再补充一点：这也意味着让上百艘船的随船医生去收集大量鱼类。

瓦朗谢讷也很开心：他已经烦透这些鲈鱼了。

"瞧，这就是我为诸位制定的系统，这就是我给各位提供的证据，证明了性状从属原则的意义及其正确使用的方法。"居维叶将《鱼类自然史》第一卷交付印刷时这样说道。

可惜他没有来得及把这部著作全部出版。他生前仅仅（仅仅！）印刷了八卷。以前还从未有人进行过如此详细的描写和如此精妙的分类呢。

居维叶没有辜负圣伊莱尔的期望：他果真成了"林奈再世"，只不过是个"更具科学性"的林奈。

正当居维叶的工作进行得如火如荼，正当他精力充沛又乐观向上时（他喜欢苦役般的沉重劳作和发狂般的工作速度），他失去了唯一的女儿。

居维叶有过几个孩子，但他们都幼年夭折了，只有克莱门蒂娜活了下来。谁知人有旦夕祸福，她突然得急性肺结核死去了。这对居维叶来说是一次可怕的打击。他原本是冷淡、理智、"最机敏的外交官"，这一下可丢掉了所有的"品质"，把自己锁在家中，一连两个月闭门不出。可是公务不等人啊，他还是得去国务会议开会。居维叶出了门，平静地走进会场，坐到主席的位置上，却没能说出话来，他……失声痛哭。

他已经不再欢乐，变得暴躁又阴郁，而且还非常傲慢。

▶ 《鱼类自然史》中记录的鱼类

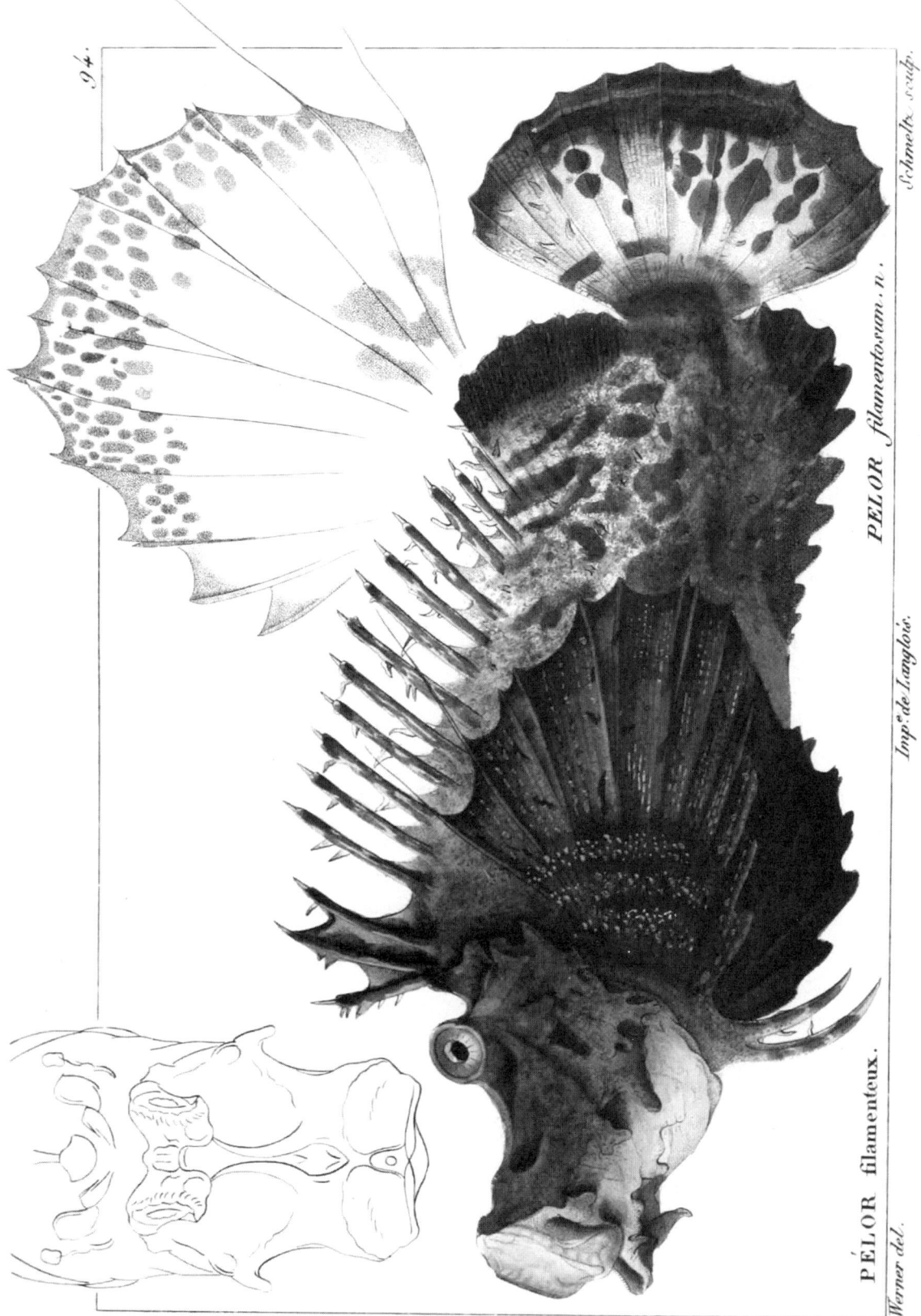

PÉLOR filamenteux. PELOR filamentosum. n.

"居维叶公民在家么？"居维叶的老相识、学者普法福①问他家的仆人。

"您找哪位居维叶？"他只听得这样的回答。"男爵先生还是他的弟弟费德里克②？"

以前的"好友居维叶"已经一去不复返了，取而代之的是"居维叶男爵先生"。普法福得到了接见，可是就连他这认识了居维叶30年的人，见到本尊后都不免吃了一惊：出现在面前的是一个有点发福、双目无神的人。学者的心思已经全放到了政治上，当普法福打算把一些极好的解剖标本拿给他看时，他不仅没有仔细询问和评论，反而吩咐道：

"好吧！瓦朗谢讷，把这些东西放好。"

莱尔③在同居维叶会面时也碰到了相同的情况。这位著名地质学家从居维叶那儿听到了许多有趣的事情，有关于天主教问题的，有关于选举的，有关于法国对外政策的……什么都有，就是没有关于自然史的内容。

居维叶仿佛打起了盹，只在半梦半醒之中继续谈论科学，继续进行学者的工作。直到人生的最后几年里，他身上才重新迸发出了明亮的火焰。他同圣伊莱尔的友谊也在这火焰中燃烧殆尽了。

"这是神经痛。"居维叶说。那一回，身为法国贵族的他正参加一个会议，这时他的手突然剧烈疼痛起来。第二天他的一只脚也开始疼，随后双手开始疼痛，咽喉也麻痹了。几天之后，他的肺部受到了损害。

名医们聚到了学者的病榻前。他已经奄奄一息了，可医生们还不想让他安宁。

"科学必须斗争到最后一刻。"医生们傲慢地表示，随即决定对病人的颈椎施用苛性药，但他们后来又思考了一下，觉得只用水蛭和罐子④就行了。

"这能挽救他的性命。"一位最年长又最自大的医生断言说。

"能挽救！"不那么傲慢的年轻医生们也随声附和。

水蛭和罐子安好了，医生们贪婪地盯着病人等待结果。等预定的时间过去后，他们把水蛭和罐子取走了。

"给点水！"居维叶低声细语。

"疗法起效啦！"医生们欢欣鼓舞。

---

① 克里斯蒂安·海因里希·普法福（1773~1852），德国物理学家、化学家、生理学家。——译注
② 费德里克·居维叶（1773~1838），法国动物学家，乔治·居维叶之弟。——译注
③ 见本书第十一章。——译注
④ 即用水蛭吸走淤血，辅以拔罐进行治疗。——译注

可居维叶还没来得及咽下一口水，颤抖一下就去世了。

不过，医生们并没有为此感到难堪。

"把我们叫来得太晚了，"他们说，"耽误了病情。"

成年人脑子的平均重量是1400克，而居维叶的脑子有1861克重。这个脑子异乎寻常，它的两个半球有着非常卓越的结构。这是天才的脑子嘛。

"父亲，后人会重视你！"

1

1760年，一支人数众多的法军队伍驻扎在汉诺威①的威星豪森。有个瘦弱的16岁男孩，骑着一匹浑身是伤的劣马进入了法军营地，开始打听在哪儿能找到团长。

"我不知道你能干什么。"读完推荐信后，团长对少年说，一边上上下下打量着他，从满是灰尘的鞋子直看到额头。"我们在打仗，这里没有留给孩子的地方。"

少年急得快流泪了，于是团长起了恻隐之心，允许他留下过夜，并答应考虑一下他的事情。

黎明时分，战斗开始了。当团长来到队伍中时，他看见昨天的少年就站在榴弹兵连的第一排中。

"你给我去车队里待着！"他朝少年喊道。

可是少年对此充耳不闻。

法军开始进攻。队伍中的军官一个个倒下，榴弹兵连埋伏到了密密的灌木后面，可德国人的子弹照样能打到那儿。

"你来指挥我们吧！"等军官全都阵亡之后，士兵们向少年发出了请求：他们都是老兵，习惯了服从贵族军官的命令。

此时法军大部队已经撤退了，慌乱中把榴弹兵连忘了个一干二净。

"快撤吧！"士兵们叫喊着。"我们被忘掉了！"

"不许乱动！"当上指挥官的少年制止了他们。"在命令到来之前，我们必须留在原地。"

连队留了下来。敌军渐渐向前推进，几乎把榴弹兵连同大部队分隔开了。最后才有

---

① 德国中部地区名，当时是一个独立王国。——译注

个武官设法到达了连队里,传达了撤退的命令。直到这时,少年才把连队带离了埋伏的地点。

由于指挥有功,少年当即被提升为军官。

这个少年就是让-巴蒂斯特·拉马克,全名为"让-巴蒂斯特·皮埃尔·安托万·德·莫奈,拉马克骑士[①]"。

1744年8月1日,拉马克出生于皮卡第[②]的一个小村庄,他是家里的第11个孩子。父亲打算将小拉马克培养成一位神父,但这并不是因为他笃信宗教。原因非常简单:享有"骑士"头衔的贵族之子只能从事两种职业——军人或神父。拉马克的长兄们都当了军官,可父亲已是个半破产的贵族,养活不起几乎整整一个排的军官儿子呀。出路一清二楚:既然当不了军官,那就当修道院院长吧。于是拉马克被送进了亚眠[③]耶稣会学校。他很羡慕他的兄长,酷爱漂亮的军服上的线绳和饰带,不过还是很顺从地在神学学校里学习。这个"小卡佩"(神学学生因戴的帽子而得到的绰号)[④]梦想着战役和厮杀。1760年,老拉马克去世了,小拉马克立刻逃出学校,略加思考后就出发去参战了。

战争结束了,因为就算是七年战争[⑤]也迟早有个头。拉马克所在的团被派驻到了普罗旺斯[⑥],他在那里忍受了五年南方烈日的炙烤。由于苦闷无聊,他开始收集植物,很快便迷上了这项活动,产生了对植物学的严肃爱好。

"他到底算是什么人啊,军官还是药剂师?"同团战友开始发牢骚了。"为什么他不愿同我们一起喝酒,反而闷坐在房里摆弄植物?"

同伴们对这个奇怪的军官深感疑虑,就因为他不爱酒瓶而爱书,不爱酒馆而爱森林原野。他们千方百计地想拉他下水,搞了许多针对他的阴谋,甚至连团长本人都牵扯进去了。他们斥责拉马克,不按次序安排他去值日,在最美妙的夏日把他关在营房里。事情甚至闹到想把他开除出团的地步了。

要不是一场大病,很难说事情究竟会怎么收场。拉马克的脖子上长了一个顽固的肿

---

① 音译"谢瓦利埃",法国贵族最低级的爵号。——译注
② 法国北部地区名。——译注
③ 法国北部城市。——译注
④ 作者解释有误,一般认为"卡佩"是僧袍的意思(法语capet<拉丁语cappa,参见法国历史上的卡佩王朝)。——译注
⑤ 欧洲列强之间的争霸战争(1756~1763),以普鲁士、英国、汉诺威、葡萄牙等为一方,奥地利、法国、俄罗斯、西班牙等为另一方,双方在欧陆、海上及海外殖民地展开激战。英国在这场战争中获得了巨大利益,而法国的欧洲霸权遭到沉重打击。——译注
⑥ 法国东南部地区名。——译注

瘤，怎么都不消退，害得他只好递交了退役申请，前去巴黎治病了。整整一年时间里，拉马克看了一个又一个医生，可他们全都束手无策。最后他遇到了外科医师坦农，此人朝肿瘤瞥了一眼，只说了一个词："切掉！"

拉马克恢复了健康，但脖子上留下了一条大大的伤疤，成了这场手术的"纪念"。这条伤疤实在太大了，后来拉马克终生都用高高的领带来遮盖坦农的手术留给他的"纪念"。

他在母亲的庄园里经营了两年，然后又陷入了无事可干的窘境：兄长们欠下了一屁股债，只好卖掉庄园来抵债了。于是他去了巴黎，在一家银行事务所谋了职务。拉马克用佩剑①换了办事员的钢笔，但可不能说他对这个变化非常满意。他压根儿就不喜欢这份工作，他讨厌自己的事务所，讨厌那高高的圆凳和墨水瓶。他嫌恶地看着厚厚的账簿，里面的内容日复一日、毫无变化，都是一栏又一栏长长的数字。

拉马克做核算时老是犯错，为此可没少挨过骂，这促使他下定了决心："得换工作了，反正干办事员这行我也成不了器的。"

的确如此，连两名经验丰富的会计都只能勉强看懂拉马克核算的账簿：里面的错误实在太多，有时连借方和贷方②都搞混了，有时数字还莫名其妙地串了行。

"我要当音乐家！"拉马克对大哥说。

"说什么昏话！"大哥驳斥他。"莫非你想忍饥挨饿，穿着没鞋掌的鞋子走路吗！最好还是去做医生吧。"

对此拉马克思考了很久。他太热爱音乐了，太想亲自演奏乐器啦！

他犹豫不决了很长时间，最终还是被哥哥给说服了。他开始学习医学。这门学科并没有赢得拉马克的心，这位医学生常常翘掉医学教授的课，反而跑去蹭植物学家朱西厄的课了。

2

他很穷，没有钱去参加晚会和舞会，或者在咖啡馆和餐厅里度过漫漫长夜。拉马克的房间在一座高高的房子里，顶上就是屋顶；凡是有空的时候，他都在这个房间里呆坐。透过房间的窗户，一幅美妙的风景一览无余……那是旁边房子的屋顶。他可以观察麻雀和鸽子，还可以注视沿着屋檐悄悄溜过的猫儿。当他厌烦了这一切时，只需稍稍抬

---

① 指贵族的身份。——译注
② 会计术语，"借方"记录资产方的增加和负债方的减少，写在簿记账户的左边一栏，"贷方"则反之，写在右边一栏。——译注

起头就能看到天空……

这天空好看极了，时而是碧空万里，时而掠过朵朵白云。哦，这些云彩啊！它们时而温柔又优雅，宛如轻巧的白色花纹，时而庞大又厚重，仿佛巨大的羽毛枕头。它们时而消融于高天之中，时而降落到屋顶之上。有时云朵还会变成黑色，低沉沉地压下来，于是云中洒下了欢乐的雨珠。有时乌云聚起，蔽日遮天，在巴黎的人行道和马路上，沿着贵公子的礼帽，沿着工人的便帽，沿着女士的雨伞，一道道雨水飞流直下。有时闪电划破雷雨天那黑色的帷幕，有时遥远的地平线上隐约闪出一抹彩虹。

拉马克习惯了观察云朵。不知不觉地，他逐渐开始研究云的运动和风向，很快又做起了笔记，他观察得越多，就越沉迷其中。每当攀上数百级歪歪扭扭、破破烂烂的楼梯回到房间时，他就急忙走到窗前观察。

"天空中有什么呢？"

这些观察和笔记的成果是一部叫作《论大气层中的基本现象》的论文集。拉马克怀着激动的心情把它拿给教授过目。运气不错！这部论文集获得了殊荣，它在科学院的一次会议上公开宣读，并得到了一些学者的好评。不错，要想把它出版已经来不及了，但拉马克其实并没有奢望过这一点。

拉马克不仅观察云彩，还继续进行植物学研究。朱西厄教授的课程产生了作用，让拉马克从一个单纯的爱好者逐渐变成了专业的植物学家。

在那个年代，研究植物学是一件非常时髦的事儿。可不是么！就连卢梭①本人都喜欢收集野花，然后把它们搬回家里，认真地把它们分装到标本夹里，干燥后再贴到硬纸板上。

"自然使人高尚，它是最好的教育者。"卢梭说。他觉得自己制作的干花就是那"自然母亲"，只要多同她打打交道，就能使自然的"孩子"变得高尚起来。

让·雅克·卢梭在当时是个很受欢迎的人物，于是就出现了惯常的情况：有一大波崇拜者，他们不仅模仿这位《爱弥儿》②作者的穿衣打扮，跟他穿戴一样的领带和西装背心，还想模仿著名的雅克、"我们的雅克"的行为，跟他干相同的事情，因此他们也研究起植物学来。

考虑到这一点，拉马克便着手编书。他在这个工作上费了几年时光，跑遍了巴黎城

---

① 让·雅克·卢梭（1712~1778），法国著名作家。呼吁进行教育改革，主张教育只应基于情感的培养。认为人类得救的唯一出路就是与自然融为一体。卢梭对18世纪末的生活以及后来几代人产生了非常重大的影响。——原注

② 全称《爱弥儿：论教育》（1762），卢梭的代表作，集中表达了他的教育思想。——译注

郊的所有地方，把法国能见到的野生植物都描写下来并编纂成册。他从林奈、朱西厄和杜尔纳弗的著作中各取了一些材料，然后按自己的方式重新加工，编出了一部不错的植物图鉴。

"只要知道植物各部分的名称，任何一个识字的人都能从我的册子中查到植物的学名，"拉马克宣称，"我可以打赌！"

许多学生和教授聚到了一所植物学学校的房间里，他们都是来检验拉马克的图鉴的。

一群学生把他们碰到的第一个路人强拉硬拽进大厅。那人是个售货员，一看清自己落到了什么地方，他简直吓得半死，只等着被按上桌子惨遭解剖了。不料人们只是把他领到桌子跟前，给了他一朵石竹花和一部手稿。

"你瞧，这个部分叫作……这个叫作……这个叫作……"拉马克把花朵、叶子和其他部分指给售货员看。"现在请你读一下手稿，根据它的内容找出这种花。"

售货员看看石竹花和手稿，又瞅了拉马克一眼：

"干吗要读呢？我就算不读也知道这是石竹花呀。"

人们设法说服了他，于是他开始读起来。拉马克和另外几位专家观察着他的举动。不过，专家们与其说是在看售货员，倒不如说是在打量拉马克：他们生怕拉马克会弄虚作假，好让自己赢得赌局的胜利。

五分钟之后，满头大汗的售货员终于找到了石竹花的图鉴：

"没错！"

这回人们给了售货员另一株植物。他从未见过这种植物，也不可能知道它的名称。即便如此，他还是根据拉马克的手稿确定了相应的植物。

当售货员说出植物的名称时，大厅里响起了热烈的欢呼声作为回应。

拉马克编成的检索图表非常不错。布丰不喜欢系统分类学，但他尤其讨厌的还是林奈这个放肆的瑞典佬。当得知拉马克的作品并非基于林奈的系统时，布丰简直大喜过望，随后就为拉马克张罗到了出书的费用：书靠公费出版了。

对卢梭的崇拜者来说，拉马克的《植物》一书无疑是一份真正的礼物。如今他们再也用不着翻阅林奈等学者写的又厚重又艰涩的文献了。用了拉马克的书，只需五分钟就能查到任何一种法国植物的名称。他的检索图表是建立在"比较对立性状"原则的基础上的，因此不是很复杂，只要了解植物外部构造的基本知识就能使用这个图表。

直到今日，拉马克编图鉴的方法都还没有丧失意义。它通常被用来编植物图鉴，全世界的学者都这样做；而在法国和其他一些国家，它还被用来编动物图鉴呢。

拉马克开始成为人们议论的话题，而这些无所事事的王公贵族恰好就是卢梭最大的

▲ 让-巴蒂斯特·拉马克（1744～1829）

粉丝，他们不遗余力地履行"我们的雅克"的伟人遗训（但不是所有遗训，而只是同植物学相关的），因此拉马克也借机得到了不少位高权重的庇护者。

就在那时，科学院正好出现了一个空缺，于是布丰推荐了拉马克。1779年，法王路易十六签署了对拉马克的任命。不过，要坐上科学院院士的扶手椅并不是立马可得的事情：起初拉马克只能坐长凳（他还只是见习研究员，没有坐扶手椅的资格），不过这也挺不错了。实话实说，见习研究员的荣耀席位还有另一位更当之无愧的候选人，可是……那人是位解剖学家，没法帮助卢梭的粉丝与大自然交流，他的作品也引不起"花束爱好者"们的兴趣。于是国王没有批准对他的任命，而选择了拉马克。好吧，这固然不太公正，但对此我们只能欢欣鼓舞，因为它让拉马克与科学结下了不解之缘。

"今后我只从事科学研究。"拉马克怀着这样的梦想踏上了环欧之游，然而他的身份却是……布丰儿子的家庭教师！？

不错，拉马克是有一个官方任务：他被派去考察各地的植物园和博物馆，并购置各种物件来丰富自然史藏品。但是，他的主要任务还是教布丰的儿子学习。拉马克没法拒绝布丰的要求，他毕竟需要一位庇护者呀，何况见习研究员恰好是归布丰管的。要知道布丰本人就是一个著名的博物学家，还是皇家植物园的管理员，凡是跟这园子有点关系的植物学家就都成了他的手下。

布丰非常想让儿子成为一位学者，他要把儿子培养成自己的继承人。他觉得拉马克可以帮儿子把科学搞懂。至于老布丰本人嘛，他的事情实在太多了，没法抽出哪怕一点时间来教育自己的儿子。

拉马克在德意志、荷兰、匈牙利和普鲁士①四处漫游，参观了当地的博物馆并结识了许多学者。他甚至还下过矿井，因为他对矿物和矿石的产地颇感兴趣。不过这次教育之旅很快就走到了尽头。小布丰是一个非常活泼又轻率的少年，他不爱博物馆和植物园而爱剧院和餐厅，不爱地下的矿井而爱地下的小酒馆。他想把教育之旅变成一次游乐之旅，而且丝毫不肯向老师让步。结果拉马克和小布丰两人无休无止地相互抱怨，搞得老布丰不胜其烦，最后下令两人一起回到巴黎去。

回到巴黎之后，拉马克又无事可做了。其实事情还是有的，就是没有钱，因为科学院院士只是一个不发工资的荣誉头衔。幸运的是，植物学家的名声帮了拉马克一把：有人邀请他去编写一部植物学词典。这份工作够他干好几年的了，并且最终巩固了他的名声，让他作为杰出的植物学家而享誉天下。

3

拉马克并不只是成为植物学家，他还对其他许多东西产生了兴趣。跟以前一样，他进行了许许多多的思考。拉马克有一个构造有点古怪的大脑，他什么事情都想搞清楚。他想了解更多东西，但更想对这些东西进行解释，为了满足这个欲望，他时而研究化学，时而研究物理，时而研究哲学。他几乎从不做实验，也不进行观察，只对总结概括情有独钟。

革命爆发了。起初皇家植物园的工作照常进行，甚至连处死国王这样的事都没对这座"皇家"植物园的日常造成什么影响。1793年夏，国民公会②下令把植物园改建成自然史博物馆。

博物馆里有六个生物学教研室，植物学的和动物学的各三个。这三个植物学教研室都归皇家植物园的植物学头儿管了，结果拉马克落得一无所有。他的崇拜者们也帮不上忙了：那些人都是上流社会的植物学爱好者，其中一些人逃离了法国，还有人在内战中或断头台上丢了脑袋。博物馆让拉马克负责"昆虫与蠕虫"教研室，"鸟类与哺乳类"教研室给了圣伊莱尔，而"鱼类与爬行类"教研室则由拉塞佩德③负责。

---

① 德意志东部邦国，在德意志统一之前与奥地利并为双雄。——译注
② 法国大革命前期的最高立法机构。——译注
③ 拉塞佩德伯爵（伯纳德·日耳曼·艾提恩·德·拉维利，1756~1825），法国鱼类学家、国务活动家。——译注

圣伊莱尔在他的教研室里干得倒不错,毕竟他才22岁嘛,刚踏上学术之路,想研究什么都没问题。可拉马克还怎么从头开始研究蠕虫和昆虫呢……他是个植物学家,当年又已经49岁了。虽说他是懂一点儿动物学,但也只是对软体动物(确切说是贝类)略有所知罢了。在那个时代,"蠕虫与昆虫"类包括了一切无脊椎动物。

想象一下吧:拉马克费了好大工夫才进了这个教研室,在那里一待就是……25年。他从一位植物学家兼气象学家变成了一位动物学家,而且还是一位伟大的动物学家。他在接管教研室时只提了一个要求,就是用一年时间来学习动物学知识。总不能几天之内就从植物学家变成动物学教授呀。

真是造化弄人!两年之后,拉马克又被选为了国民研究所(相当于科学院)的……植物学部成员。植物学家刚变成动物学教授,如今又给动物学教授提供了个植物学家的位子!这一回拉马克的应对很简单:他不打算再变回植物学家了,就这样继续当他的动物学家。不过,这并没有妨碍他出版下一部《法国全境植物志》,后来又出了另外几部植物学著作。

"昆虫与蠕虫"是个工作量很大的教研室。如果说昆虫好歹还算个比较确定的类别(尽管当时的"昆虫类"不仅纳入了真正的昆虫,还包括其他所有节肢动物),类别中也有一定的秩序,那"蠕虫类"简直就是一团乱麻,动物学家们都对它束手无策。如今这个烂摊子却要由我们的植物学家来收拾了……

拉马克毫不浪费时间,立刻就投入了工作:一年的期限可没有多长。

他不了解动物学,不会制作昆虫标本,甚至不晓得蚯蚓与水蛭之间的区别。他的手指已经习惯了摆弄更加坚硬的甲壳,结果常常把干燥的甲虫的腿和触角给弄断;他打破了几十个用来泡蠕虫标本的酒精罐子,时而弄得满身酒精,时而弄得满身油灰……起初他对那些把他分到这儿的人有些恼怒,但随着时间流逝,他的怨气也与日俱减,对新职业的兴趣则与日俱增。这些蜗牛和蠕虫啊,昆虫啊,水螅和海绵啊,水母和乌贼啊什么的真是太有趣了,比巴黎近郊的植物有意思得多啦。

这听起来很奇怪,但我们的植物学家出色地完成了任务,甚至做得比动物学家还要好得多:拉马克把"蠕虫类"的问题给解决了。首先他把所有动物分为脊椎动物和无脊椎动物。这个分类非常成功,因此一直保留到了今天,现在的大学里也有脊椎动物教研室和无脊椎动物教研室。拉马克准确地为自己的教研室划定了研究范围:如今它已经不再是"蠕虫与昆虫"教研室啦,而是"无脊椎动物"教研室。

他开始研究水螅,并且很快就弄清了一个事实。林奈断言,水螅虫群落的枝干起源于植物,但珊瑚虫其实根本就不是他所说的"植物型动物"。"这是一类特殊的动物,"拉马克坚持说,"跟植物毫无关系。"水螅类内部的秩序非常混乱,因此拉马克

> ▶▶ 拉马克鉴定并描述了大量软体动物

在写作七卷本《自然史》时,把许多篇幅都用在描写水螅虫上。

拉马克身为教授,必须承担起讲课的义务。他尽心尽职地上课,并且正是在课堂上体现出了他对推论的满满热爱。每一门课他都从满是理论和概述的导论课开始讲,接下来的课程大多也带有理论概述性的"导言"。学生们不明白教授的风格,还耐心地等着他讲述事实或者展示标本呢。

拉马克会给学生们发课程讲义,那上面就只有事实而没有推论了。他每年都要对课程内容进行加工,完善自己的讲义。不久之后,无脊椎动物就被他分成了10个纲;"蠕虫类"这个林奈式的大杂烩就此寿终正寝。话说回来,他的这个分类也受到了当时已在巴黎定居的居维叶的影响。

拉马克的理论中自然也不会毫无失误,而且有些错误实在太明显,放到今天就连中学生都看得出来。不过那毕竟是150年之前呀,何况拉马克的各纲与林奈的"蠕虫类"之间的区别要比现代分类系统与拉马克系统之间的区别大得多了。

讲课和编讲义并没有占用拉马克多少时间。他不再从事植物学研究,而动物学也越来越让他感到疲惫不堪。于是他转向了不久前刚迷上的化学。很难说他头脑中究竟有没有对酸碱的细微区别和性质的清晰概念,但这并没有对他造成妨碍:对他那个善于钻研、专精推理的头脑来说,实在不需要多少知识呀。何况还有书本呢!难道书本就不能取代实验室里的实验吗?

他一本接一本地读书,写满了一摞摞纸张,在书页上做了许多笔记。他的头脑中形成了一个不可思议的大杂烩:中世纪炼金术的观念与古希腊学者的理论混在一起,各种相互矛盾的假说在他的脑海中相互碰撞,跳起了一曲疯狂的舞蹈。

拉马克理解不了拉瓦锡[①]的氧化学说,反倒是早些的研究者的观点更让他着迷:他们的理论相当含糊不清,叫人读着读着脑袋就开始发晕。不过,努力搞懂这些复杂混乱的话语却是一件非常引人入胜的事儿。

"氧气……氧化物……一派胡言!燃素学说可比这好多了。"

拉马克猛烈抨击拉瓦锡的理论,试图把这位惨遭斩首的大学者的拥护者都卷入公开辩论。可惜的是,化学家们都回避同他辩论。

[①] 安托万·拉瓦锡(1743~1794),法国著名化学家。他查明了水是由氢与氧组成的,研究了燃烧过程,并指出其与呼吸过程之间的相似之处。确定了一系列化学定律。曾当过包税人,因此按革命法庭的判决,于1794年5月8日被斩首。——原注

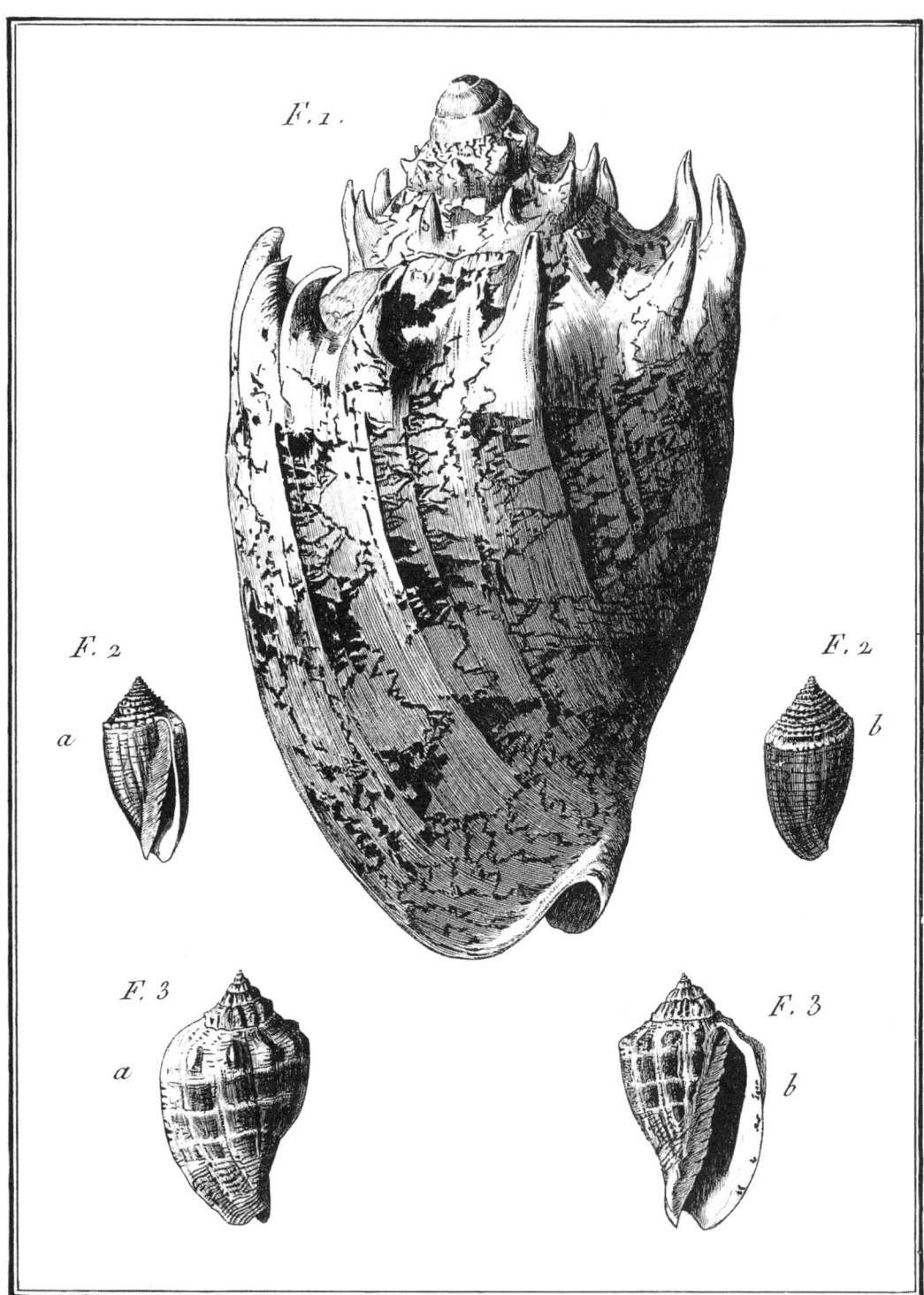

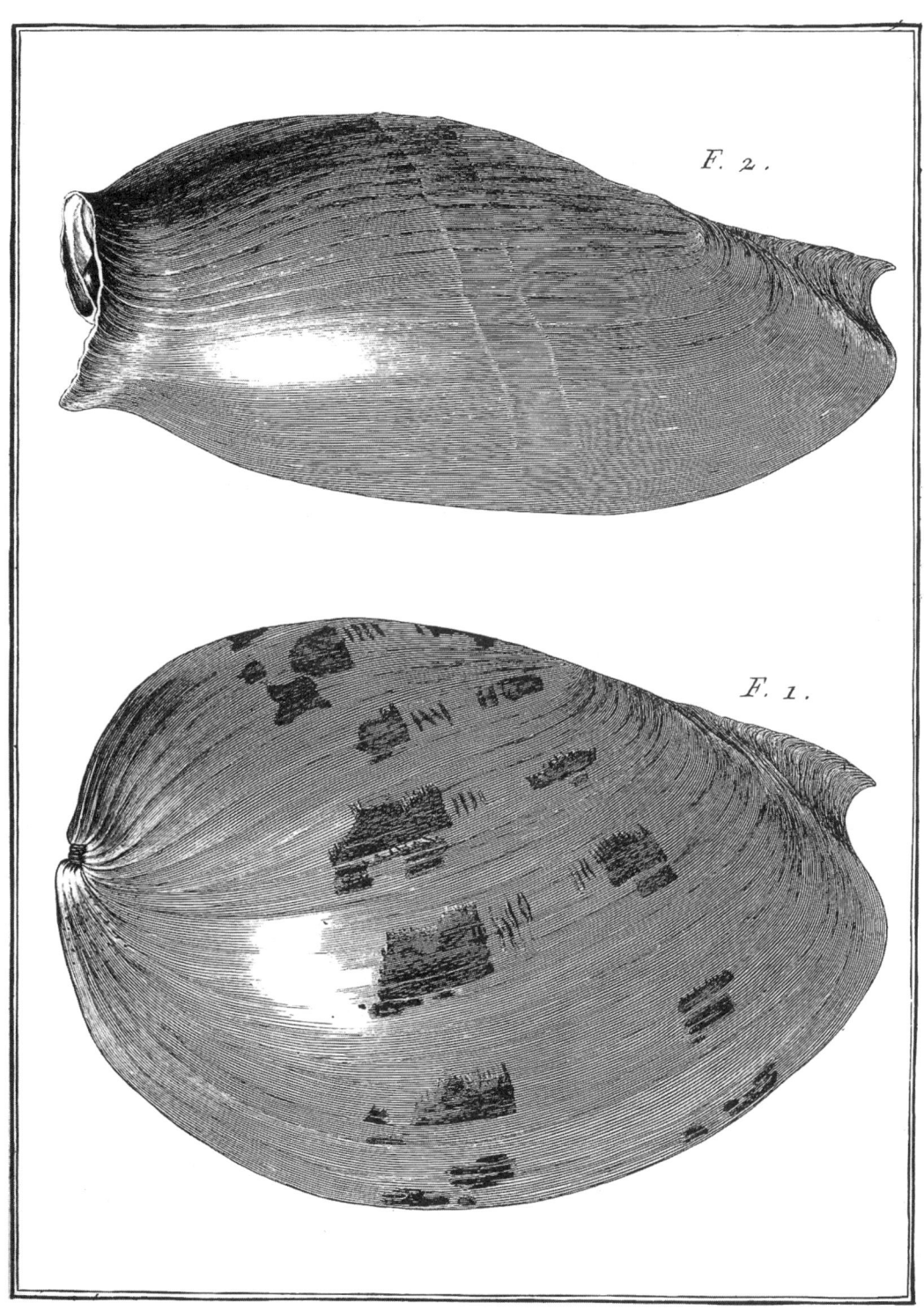

"这样吗？那我就强迫你们辩论！"拉马克下定决心，于是开始在国民研究所一个接一个地做报告。

"一切元素均由分子组成，分子则是通过四种元素的组合形成的，这四种元素对应古人所说的四类自然力——水、空气、火、土。纯粹状态的土至今尚不为人知，最接近这种土的物质是天然水晶。纯粹状态的火则是不可理解的，也就是所谓的'以太火'。它只能在化合物中见到……"

接下来就是一长串推论，并列举了包含有"以太火"的化合物。这些观点与"燃素学说"完全就是一码事，而拉瓦锡正是同该学说进行了坚定的斗争。

随后的讨论就更多了。

"纯粹状态下的元素不能组成任何化合物，恰恰相反，它们总是倾向于分离。我们在地表上所见的一切均为生物活动的结果，只有它们才能将元素组合在一起。在这方面发挥主要作用的则是植物。"

"植物被动物消化，二者的残骸形成了土壤。如此一来，地表上所见的一切物质均为动植物生命活动的结果。"

"那么最初的植物又是靠什么生存的呢？当时它们还没有死亡分解，自然也就没有土壤。"有位化学家按捺不住了。

"什么叫作靠什么生存？"拉马克白了他一眼。"真是个怪问题！随着植物的生长，土壤也在形成，这是两个平行的过程，这……"于是他开始长篇大论，令听者如坠云里雾里。

化学家们听着报告，不时嘲笑几声，打打哈欠，要么就交换几个眼色。后来他们终于厌烦了这一切，就在第四次报告会上非常平静地向拉马克宣布，这样的报告丝毫提不起他们的兴趣。他们甚至都懒得跟他争论或反驳，只是拒绝再听下去了。

"这群睁眼瞎！"拉马克回家时愤愤不平地叫道。"竟然说我的假说是无稽之谈！"

可怜的梦想家啊！要是他在物理学和化学上经验多一点就好了，要是他懂得怎么把问题讲得更清楚就好了！他的论断中是有一些真知灼见：所谓"以太火"其实就是"能量"的亲兄弟……但拉马克既不是迈尔[①]也不是亥姆霍兹[②]——直到50年后，"能量"一

[①] 罗伯特·迈尔（1814～1878），德国医生、博物学家。热力学理论的奠基人之一。论证了所谓的"热力学第一定律"，与亥姆霍兹一起提出了能量守恒定律。——原注

[②] 赫尔曼·亥姆霍兹（1821～1894），德国著名物理学家、生理学家。与迈尔一起创立了现代自然科学的基础——能量守恒定律。研究了视觉理论、听觉刺激理论、和声理论和非和声理论等。他是19世纪下半叶科学思想界的巨擘。——原注

说才被这两人提及。他对俄国学者罗蒙诺索夫的著作也一无所知；不过，包括拉瓦锡在内的其他欧洲大学问家①同样不了解这些著作。

在化学领域铩羽而归后，拉马克又回头去研究气象学了。他写了一篇论文，讨论了月球对地球大气层的影响：

"大气层是一种类似空气之海的构造，因此与真正的海洋中一样，月球也会在其中引起潮涨潮落。只要研究了月球的位置，就能对天气进行预测。"

拉马克对月球及其对天气的影响产生了极大兴趣，于是开始发布《气象公报》，尝试在其中作天气预报。他享有气象学专家的美誉，因此当政府决定要建设气象网的时候，就把制定天气预报的工作交给了他。拉马克从许多城市取得信息，制定综合报告，考虑月球活动，做出天气预报。

他的想法倒是挺不错，天气预报也作得小心翼翼，但月球总是要欺骗他。它仿佛总想着要怎么才能更厉害地捉弄这个轻信的老头儿。

"今天有暴风雨！"拉马克向巴黎市民发出警告。

于是巴黎人都宅在家里。窗外艳阳高照，可人们还是不敢出门，万一突然下起了雨呢？

"今天是晴天！"拉马克做了预报。

于是巴黎人盛装打扮出门活动。花园里，公园里，林荫道上，城郊外，到处都是熙熙攘攘的盛装游人。谁知就在游玩得最起劲的时候，天空中突然乌云密布，雷声阵阵，打扮得漂漂亮亮的居民们全被雨水淋成了落汤鸡。

每次看到这样的天气预报，拉普拉斯②都要嗤之以鼻。物理学家科特③撰文驳斥拉马克的"预报"，这样的辩驳无休无止，搞得科特筋疲力尽。

"充内行！"有些人开始攻击拉马克了。可拉马克依然坚信自己的理论正确无误：他绝不相信月球会是个阴险的骗子手，于是照旧出版自己的天气公报。

应当承认，拉马克的预测并非每次都出错，但没有人会去记住那些正确的预测，反倒是出错时人人都大肆鼓噪，无论何时何地，世态炎凉大抵如此。还应当承认，就算是不考虑月球的因素，气象学家也经常在天气预报上犯错误。该怪罪的并不是月亮，而是"星星"。显然，拉马克生来就命犯"扫帚星"，以致一生都运气极差。

---

① 原文作"外国大学问家"。——译注
② 皮埃尔-西蒙·拉普拉斯（1749~1827），数学家、天文学家。年纪轻轻（1773年）就被选为巴黎科学院院士。写了一些很有价值的天文学著作，对月球的运动做过许多研究。提出了太阳系形成假说，在科学界维持约百年之久。——原注
③ 路易·科特（1740~1815），法国气象学家、天文学家。——译注

1802年，拉马克的著作《水文地质学》问世。书中提出了一些非常卓越的思想，但它并没有给作者带来多大的声誉。

"水是改变地表的主要因素。海洋冲出新的海床，海水侵入陆地，淹没海岸和低地，海洋本身却可能变浅，露出海底的某些部分。雨水冲刷陆地，冲决凹地和峡谷，结果出现了山地丘陵。一切都是渐变的，并不存在什么灾变。"

"那还用说吗！"居维叶忍不住了。"一切都是渐变的。一切都随着时间推移……哈，这个时间因素啊！它在拉马克的物理学中的作用简直不亚于在巫术中的作用。"

恰恰是这一回居维叶弄错了。拉马克的这些"概括"中有很多真知灼见；大约20年后，英国学者莱尔[①]证明了山地、海洋、岛屿、大陆和沙漠都是非常缓慢地渐变形成的。相比拉马克，莱尔并没有提出多少新思想，但新学说的荣誉却归了他。为什么呢？原来，拉马克并不是地质学家，他对地质学所知甚少，书又写得艰涩难懂、含混不清，结果书里那些中肯的地方都被冗长的论述给淹没了。

4

居维叶——伟大的、光荣的居维叶，迷上了化石研究。世界各地的人们给自然史博物馆送去了骨头和颅骨、留有痕迹的石灰岩块、贝壳化石、珊瑚礁化石碎片、整箱整箱的"鬼指头"以及其他许多石化的玩意儿。它们以骇人听闻的速度填满了一间间储藏室和地下室。博物馆的院子堆满了从蒙马尔特弄来的石膏碎片，居维叶的办公室里则沿墙摆放着一张张巨大的纸板：大学者居维叶根据零散的骨头推断其主人生前的模样，然后在纸板上做出草图。

居维叶只对脊椎动物感兴趣，因为正是它们给他那敏锐的头脑提供了工作：零散的骨头落到他手上，然后他根据它们构建出完整的骨架，这是多么有趣的事情呀。这些工作就如同解答复杂的谜语一般，而居维叶则一个接一个地把它们解开了。而贝壳、菊石、箭石、珊瑚、海胆的针刺碎片和蠕虫小管留下的印迹……这些无脊椎动物的化石堆满了阁楼，谁都没工夫理睬它们。

拉马克是无脊椎动物学的教授，他很了解软体动物，只要朝贝壳扫上一眼，就能立刻叫出它那早已化为尘土的主人的学名。自然而然，他是不能对无脊椎动物化石视若无睹的。

[①] 查尔斯·莱尔（1797~1875），英国地质学家。在著作《地质学基础》中奠定了现代地质学的基础。推翻了居维叶和道尔宾尼的灾变论，证明了地表的变化都是缓慢进行的演化过程。莱尔对地质学的作用大约相当于达尔文对生物学的作用。——原注

他将所有贝壳都拉回自己的办公室，把它们整理好并清理掉多余的石灰，在地板上摆成几堆，然后就动手研究。他连续描写了不少新种类，寻找各种和各属之间的亲缘关系，构建系统，进行总结。他的总结并不都很成功，那玄乎的空谈也显得有点弱，但描写却非常准确。由于这些描写（拉马克总是描写得既出色又精准），人们将拉马克誉为"法国的林奈"。不过，当年又有谁没被人叫作过"新的林奈"呢？

"他为自己建了一座纪念碑，"居维叶说，"这座纪念碑正如他描写的贝壳一般坚如磐石。"

居维叶原本是受不了拉马克那不知所云的长篇大论的，只有对贝壳的精准描写才缓和了他的态度。每次听到拉马克的新假说或新理论，冷静而理智的居维叶都要抱怨一番：

"拉马克的生理学……这大概是他自创的生理学罢！纯粹就是臆想出来的……跟他编造化学理论时一个样……他既是这些学科的创始人，又是其唯一的追随者。"居维叶皱起眉头，摆出一张苦瓜脸，看起来比之前更像一只鹰了。

研究了贝壳化石以及数不胜数、各种各样的无脊椎动物之后，拉马克产生了一些新的想法。这些思想每时每刻都在增加发展，起初还只是些既不连贯又不成形的念头，后来就渐渐变得有条有理了。拉马克的头脑中发生了许多变化，就跟植物学家的办公室中的情况一样：千姿百态的花朵被分装在几个标本夹里，一堆乱七八糟的物种和变种被整理成了一套植物标本，其中每朵花和每根草都分到了自己的位置。

"万物皆变！"他宣称。"没有什么恒久不变的形态，也没有什么万古如一的物种。生命是一条流淌的河流。"

"可我们并没有看到什么变化。您倒是指给我们看看呀。"有人反对他说。

"不奇怪……我一点都不感到奇怪。难道时钟的秒针能观察到时针的运动吗？不能吧。我们也是如此！我们的生命过于短暂，就是一瞬间的事情，而变化却是缓慢的，可以持续好几个世纪。我们观察不到这些变化……"

林奈试图证明，地球上从创世起有多少物种，如今就还是那么多物种。不错，他是承认创世之后还可能出现新的物种，不同物种间的杂交可以产生新的物种和变种。但是林奈又说，这样的情况是很少见的。他的看法没有错：杂交不可能是物种形成的主要途径。要想进行杂交，首先得有原初的物种呀，而且还不是十来种、上百种，而是成千上万的物种。道理很简单，可有些人就是不愿理解，非要把物种形成的过程归结为杂交不可。林奈很清楚这个道理，因此才将杂交放到了非常次要的位置："偶尔会发生这样的情况……"

布丰对物种起源和物种变化等问题的兴趣远比林奈大得多，但他也倾向于认为物种是不变的。他承认物种会发生变化，但说得非常含糊。结果，情况看上去倒像是这样的：他尽管承认形成变种的可能性，却丝毫不能确信一个物种能变成另一个物种。

至于居维叶呢……关于他就没啥可说了。"一切皆恒常，无物能变化。"

拉马克并不同意这些主张。他研究了一个又一个贝壳，数遍了贝壳的齿儿和纹路，研究了它们的形状和大小，从而看到了一系列过渡状态。这些过渡非常细微，难以捉摸，因此并不总能清楚地用话语表达出来，描述起来也很困难，但它们毕竟是存在的，存在的，存在的！拉马克都已经半失明了，尚且能看到这些过渡特征。他非常坚信"过渡状态"的存在，也就是相信生物是可变的，以至于敢用自己的脑袋打赌。

"我们并没有看到过渡现象。"别人又开始反对他了。"这只是您的幻想。"

眼力好的人看不见……视力一天不如一天的拉马克反而看见了！的确如此：单单"看"是不够的，还得"看见"才行。拉马克的论敌们倒是挺能"看"的（这也用不着多少技巧），他们的目光也很锐利，但是要"看见"嘛……他们就完全做不到了。也许只是不想做到。

拉马克的讲课中越来越频繁地冒出关于生物可变的零散思想和话语，他的书中（前言或后记里）也开始写到同样的内容。

这位老人暂时抛下了贝壳化石的研究，转而着手进行一项艰巨的工作：他开始对所有动物进行研究，对它们实行特殊的"检查"。他观察的干鱼、鸟兽皮毛、骨骼和标本愈多，情况就变得愈发明显：一切皆变。

物种不会消亡，它们只不过发生了变化——这就是拉马克对收藏进行观察的结果。只有人类才能把整个物种彻底消灭，这种事在自然界中是不会发生的。

动物逐渐发生变化，旧的特征逐渐消失，新的特征逐渐产生。最后，关键的时刻终于到了：我们面前出现了新的物种。

这是一个极为广阔的可供概括的领域，拉马克毫不迟疑地利用了它。

5

1811年，研究所成员参加了拿破仑的接见活动：这位皇帝不时组织类似"检阅学者"的活动。他们穿上了笔挺的制服，看上去简直不像学者了，倒像是一群官员。队列中也站着年迈的、半失明的拉马克。他朝拿破仑深鞠一躬，然后把一本书递给他。

"这是什么玩意儿？"拿破仑看都不看那书一眼，而是朝拉马克叫嚷道。"是您那荒唐的气象学，还是打算同各路炼金术士比高下的作品？或者是那叫您的暮年蒙羞的年度公报？"

"这是关于……"

"去研究自然史吧,到时我会很乐意地接受您的作品。"

"这就是。"

"好吧,这本书我收下了,但只是考虑到您的岁数而已。拿着!"拿破仑随手把书丢给了侍从官。

"这就是关于自然史的书。"当拿破仑跑着避开拉马克的时候(皇帝正是跑开的,而不是走开),拉马克终于说出了这句话,然后……伤心地哭泣起来。

过了几天之后,他再次失声痛哭:拿破仑专门下了一道命令,禁止他再出版《气象学公报》。他只好停下了撰写气象学文章的工作,直到拿破仑倒台之后,他才得以在德特维尔的《自然史新词典》中刊登了几篇关于气象学的文章。

拉马克打算献给拿破仑、却遭受了如此挫败的那本书,就是《动物学哲学》。

这本书是半失明的学者在暮年时写成的,却让他的名字得以永垂不朽。

"万物皆变,无物恒常!"这就是拉马克的口号。

这句话的字面是如此简单,而意义却是何等深邃啊,但其中并没有什么新的思想。早在那之前两千三百年,希腊智者赫拉克利特[①](他说话的方式非常不好懂,为此得了个绰号叫"晦涩哲人")就说过:"万物皆流。人不能两次踏入同一条河流。盖因转瞬之后,河流已不是原先的河流,那人也已不是原来的人。"

高山和汪洋会变化,大海和岛屿会变化,气候会变化——一切都会变化。这种变化反映在动植物身上,就连它们也是变化着的。

"拜托!"居维叶表示反对。"那埃及金字塔又是怎么回事呢?我们都很清楚,它们已经有上千年的岁月啦……人们在金字塔里找到了猫的木乃伊,它们同现代猫毫无二致。您所说的变化在哪儿呢?"

"瞧您说的!"拉马克宽容地笑笑。"那只不过说明,法老时代的猫的生活条件同现代猫的生活条件一样。"

居维叶鄙夷地冷笑一声,然后就嘟嘟囔囔地走开了:"胡言乱语,纯属胡言乱语。"他无论如何都不能赞同拉马克的观点。起初他抨击这个理论,后来改为对之保持沉默。他甚至没有把《动物学哲学》出版的消息告诉诗人兼植物学家歌德,仿佛这本书不存在似的。圣伊莱尔的态度没有如此敌对,但他依然不赞成拉马克的许多观点。

拉马克很乐意进行学术辩论和交流,凡是有意愿的人,他都同他们讨论问题。

---

① 赫拉克利特(前540~前480),古希腊哲学家,以弗所学派的创始人。一般被认为是朴素唯物主义和辩证法思想的代表。——译注

"莫非我还得列举那些您早已熟知的事实？"他对一位可敬的植物学家说。"您知道的……不仅是您，每个庄稼汉都很清楚，植物的生长环境是如何对植物本身产生影响的。"

"那还用说……如果春季气候干燥，草就长得瘦弱，晒出来的干草质量不好。如果春季雨水充沛，草就会到处生长，晒出来的干草棒极了。可是……我看不出这同您的论述有什么关系。不管春天好还是不好，早熟禾依然是早熟禾啊。"

"当然还是早熟禾。我说的其实不是这种情况，而是需要长时间作用的情况。请您设想一下，假如有一株草长在草坪上，土壤肥沃，水分充足，没有打扰。后来一阵风把它的种子散布到了石山上。那儿土壤贫瘠，水分缺乏，环境干燥，风吹不停——总之，是个糟糕的地方。尽管如此，那里还是长出了一株草并活了下来。那么，它会长得同草坪上的草一样吗？当然不会。它的后代也会在那儿生长，一代代生长下去，最终自然会出现新的变种，同草坪上的草已经大不相同了。"

"我给您举个更好的例子。"植物学家回答说。"水毛茛①在水里生长，它的叶子是分权的，上面有小条裂。等到它的茎长出水面之后，就会长出另一番模样的叶子：它们又宽又圆，呈桨状，完全不是小条裂状。这个例子比您那长在山脚的草的例子要好一些。"

"您举这个例子是想说什么呢？"拉马克没听明白。"我的例子有什么问题，水毛茛的例子又有什么好？"

"我只想告诉您一点：水毛茛的水上叶片和水下叶片长得不一样，但水毛茛依然是水毛茛，并没有长成什么新种。至于您那长在草坪上和山上的草嘛……那又如何？物种并没有变化，新种没有产生，而变种呢……我们了解的变种难道还少吗？这还算不上新物种。"

"看来咱俩是谈不到一块啦。"拉马克说着就走开了。

而那位植物学家很为自己的"胜利"感到骄傲，他本来会很愿意继续辩论下去的。他想出了另一个例子：小麦。小麦的品种很多，但那只是变种呀……

"在尚未发展到极限状态的动物身上，如果某种器官得到长期频繁的锻炼，它就会变得更强健、更发达、体积更大。如果器官没有得到使用，它就会变弱，甚至可能完全消失。这样的变化会遗传给后代，然后……"

"请原谅，但是……"

"我举个例子。生活在非洲的长颈鹿以高大灌木和树木的枝叶为食。它也是不得已

---

① 毛茛科多年生沉水草本。——译注

▲ 水毛茛，左：水上部分的叶片；右：水下部分的叶片

而为之，因为它生活的地方过于干燥，几乎不长什么好草，只能去够着枝条。于是长颈鹿不断努力去够枝条，这种持续的锻炼使它的脖子开始变长，短脖子长颈鹿就这样变成了现代的长脖子长颈鹿。相同的变化也发生在它的前脚上：在够枝条的过程中，它必须靠前腿抬起身体，于是前腿渐渐增长，变得比后腿长了许多……您再看看鸭子，它们的脚趾之间有蹼。这是怎么形成的呢？这种鸟必须在水中获取食物，为此就得学会游泳。自然而然，它要把脚趾叉开，这样更有利于划水。与此同时，脚趾根部的皮肤当然也就拉长了。它日复一日地进行这种锻炼，从母鸭到小鸭再到小小鸭，一代代鸭子都在重复这个活动，这就导致脚趾间形成了蹼。有些鸟类生活在岸边，它们在浅水中行走时要略微踮起脚尖，防止身体被水沾湿。随着时间推移，它们的腿也就变长了。还是这类鸟，它们在捕捉水中猎物时也要避免被打湿，为此就不能把胸部和身体浸入水里，而是伸长脖子去水中取物。喏，于是脖子也变长了……看看鹬的样子吧。天鹅的脖子很长，腿却很短，为什么呢？因为它们在水中游泳，腿不需要进行伸长的锻炼，所以还是很短。但天鹅又不潜水，只是把头浸入水中去捕捉猎物，浸入得越深，猎获物自然就越多。脖子就这样越伸越长……"

"那牛角呢？它们也伸长了吗？"有论敌提了个狡猾的问题。

"牛角也是！血液流到了头部，这就导致……"

"我明白啦！"对方笑了笑，不愿再继续辩论下去了。

"简直是个神经病。"他从拉马克身边走开，一边自言自语。"血液流到头部，然后就长出了角……我的血液不也一直往头部流么……哪来的什么角？"

"总之,动物之所以会逐渐变化,其实是因为它们自己想要这样?"拉马克理论的一位新对手向他发起了进攻。

"不错!环境和生活条件的变化引发动物习性的变化,反映在它的心理上,导致特殊流体向某些器官的流动,这种流动又导致了器官的变化……在某些情况下,出于某些原因,动物无法完成简单的动作。比方说野牛吧,它们经常发狂,要同自己的对手搏斗。可武器呢?要咬吧,它的牙齿又不适合做这种事;要踢吧,它又不会。还能怎么办呢?只好用头部相互顶撞,也就是用脑门打架。这种内部感受在野牛体内引发了流体向额头的流动,在那里分泌出成骨物质或成角物质,形成了坚硬的凸起,最终产生了牛角。"

◀ 长颈鹿
▲ 这是长颈鹿的林栖近亲狓,拉马克当时并不知道有这种动物,它是在那之后一百年才被发现的。而这正是拉马克寻找的证据

"哦?那我体内也能产生流体么?"

"怎么不能?"

"嗯,那我想让我的耳朵变短一点儿。"原来那批评家长着一双很难看的大耳朵。

"去找外科医生吧。"拉马克碰了碰高高的领带,把脖子上的伤疤遮住了。

"动物可没有外科医生啊。"

"那您就先忍着吧,您身上指不定什么时候也会产生流体的……不过这还不够,得让这些流体继承到您的子辈、孙辈和曾孙辈身上……到了那时候,您的某个后代就可能长出不一样的耳朵。"

"那我呢?"

"您的耳朵还会是老样子。"

批评家非常恼火，不再继续争辩了。他的例子举得很不成功：变化进行得非常缓慢，根本不是几小时或几天之内就能发生的（补充一句，想通过什么神秘的"流体"来改变耳朵的形状恐怕是行不通的）。

嘲笑讥讽从四面八方朝拉马克涌来，搞得这可怜人完全不知所措了。每个人都从他的理论中揪出几句话加以歪曲，想要进行反驳、证明、争论……

"您怎么就搞不懂这么简单的东西！"快被逼疯的老头儿几乎是在大喊了。"环境是变化的，森林会变成草原。这会反映在动物的生活中么？它们在草原上还会按森林中的方式生活么？不，不，不！森林和草原完全就是两码事，其中的生活自然也不会一样。您同意这一说么？"

"同意。"

"在没有树木而环境截然不同的草原上，适应了森林生活的动物还能生活得像从前一样滋润么？"

"当然不能，它会生活得更差。"

"嗯，那么会发生什么呢？它会换一种方式生活，从而获得其他的习性，产生其他的需求。它的心理也会发生变化，用另一种方式锻炼自己的器官。既然有了这些原因，那它怎么可能不发生变化呢？"

"要是它在草原上生活得如此不爽，它又何必留在那儿？既然这动物那么适应森林生活，那它可以离开草原，去寻找森林，并定居在那里嘛。"

对手无法理解的东西，在拉马克看来都十分简单。鼹鼠生活在地下，在土里挖掘地道并在其中猎取食物，很少上到地面，就算上去也通常是在夜里。鼹鼠的视力非常不发达。不发达的视力同黑暗中的生活之间的联系是显而易见的，可是……"哪个才是最初的呢"？是因为鼹鼠视力衰弱，太阳光会把它照瞎，所以它才住在暗无天日的地道里呢，还是因为它生活在黑暗之中，所以视力才变弱了？

"鼹鼠的眼睛这么差，怎么能生活在阳光下呢？要知道，它的眼睛可不只是脆弱，而是半失明的。它就算在半昏暗的环境下也看不清什么东西，而猎物总不会自己跑进它嘴里呀。地道中的生活就是另一码事了：天敌进不去，猎物不灵敏，没法一下子逃走，在狭窄的地道中也很容易被逮住。于是鼹鼠就到地道中去生活了。"

"不对，"拉马克反驳说，"这推论有问题。鼹鼠并不是由于眼睛不好才到地道里生活的。恰恰相反，它的眼睛之所以不好，就是因为它生活在黑暗中。眼睛得不到锻炼，于是……鼹鼠还能提供另一个例子，那就是它的前爪。鼹鼠用前爪挖隧道，由于经常做挖掘锻炼，这两只前爪发生了变化：通常的步行爪变成了强有力的挖洞爪。"

"很可疑啊！"对手很固执。"这全都是空话嘛……"

跟这种人还有什么好说的呢？他们并不只是些好辩之徒，而是学者啊。学者们尤其恼火的是拉马克为动物制定的"系谱"。

林奈的系统同自然状态还有很大的距离。从本质上看，他只是提供了一个分类，尽管它在实践中非常方便，却未能反映动物的亲属关系。居维叶将动物界划分为几个高度孤立的"类型"。他是"创世论"的坚定拥护者，仅此一点就不可能对渐变以及动物构造和行为的复杂化产生兴趣。而拉马克感兴趣的正是这一点——动物界的发展。

环境和生活条件会对动物产生影响，使得它身上出现某些行为特征，这又会导致相应器官受到锻炼或者不受锻炼，最终引发身体构造的变化。这些变化都是沿着身体组织完善化和复杂化的道路进行的。

拉马克费了许多时间精力去制定动物分类方案。以前他曾编纂过植物图鉴，帮助植物学爱好者了解植物的名称，但如今他却不打算为动物学家提供这样的帮助了。不！他的分类系统得能反映出动物界中各类动物的起源，展现出动物从最简单的形态到最严密的形态的发展道路。

"什么？第一级是纤毛虫，最后一级是人类？我们同狗和猴子排在一起？简直是胡扯，谬论……"

拉马克实在太想在动物界中理清秩序啦！他大量工作，寻找新的特征，设计新的分类方法。他完成了以前从未有人做过的事情：将无脊椎动物同脊椎动物分开来，把林奈的"蠕虫类"分为数纲，为林奈不知如何处理的纤毛虫找到了应有的位置。他还将动物的内部构造列入其特征之中。动物的习性（也包括神经系统的构造）是最重要的特征。拉马克不仅列出了不同类型的动物神经系统的构造特点，还据此把这些动物分为数组：无感觉动物（纤毛虫和水螅）、感觉动物（其他无脊椎动物）和理性动物（脊椎动物）。

他为动物王国编纂了"系谱"，而新的分类法和进化理论互为源泉，也理应相互支撑。

瞧瞧人们是怎么报答他的！假如嘲笑拉马克的不过是一群街头看客，那就随他们便好了，拉马克是不会为此感到难过的。可现实中叫嚷着"胡说八道"的却都是学者啊。

"爸！你别难过。别听他们的……后人会认可你的……后人会理解你的。"女儿柯内莉亚安慰他说。"后人会为您复仇的，爸爸。"

但这些安慰并没有让老人变得更轻松。

他试图用自己的理论去解释动植物界的渐进发展，可这一学说却无人能够理解。他的"系谱"把纤毛虫放在最低一级，把人类放在最高一级，这样的观点谁都搞不懂。

"这一套我们早就熟悉了，"人们对他说，"瑞士的邦纳①早就鼓捣过这些阶梯，他甚至把矿物质都放了进去。真是无聊的幻想！"可他们连想都没有想过要把"邦纳的阶梯"同拉马克的"系谱"比较一番。

他们什么都不想要，他们不可能也没办法理解拉马克所写的内容。拉马克首次提出了科学的进化理论，却沦为了取笑的目标：那些耍小聪明的浅薄之徒使尽解数，相互攀比，看谁能更巧妙地嘲笑拉马克，谁能构想出更精彩的"拉马克式的"例子。

曾几何时，所谓"社会上层"欢迎过作为植物学家的拉马克。而如今，古老的贵族世家已被三十来岁的壮年将领和大资产阶级所取代。旧日的君主和封建贵族被消灭了，但"资本"的面前却崛起了一个更可怕的敌人。相比起那些风度翩翩、性格欢快、为了宴乐能卖掉祖传庄园的侯爵和子爵，相比起那些大主教、大僧侣、黑袍教士和红衣主教，这个敌人要危险得多。工人、手工业者和无地贫农正威胁着统治者，要把这些胜利者拉到失败者的位置上。资产阶级被吓坏了，正是出于这种恐惧，他们不仅同拿破仑妥协，甚至还接受了后来的波旁诸王②，也就是不久前刚被他们送上断头台的那一类人。

那些渴望"秩序"的资产者会对拉马克的理论感到高兴么？当然不会了。

"收集，分类，描写！"居维叶提出了这样的口号。事实才是科学的目标，至于推论嘛，何况还是关于各种"变化"的推论……不，资产者并不希望任何"革命"，也不想要什么变化。

拉马克落得了孑然一身。

快到75岁时，他不幸失去了视力，但这并没有让他放下手中的武器。老人向柯内莉亚口授，女儿则把他的话记录下来，失明的学者就这样坚持工作。诚然，他已经再也无法描写新的物种，再也无法进行分类工作了。总不能用别人的眼睛去看东西呀。

在失明的这些年里，拉马克完成了最后一部著作《人类积极知识的分析体系》。这本书是他学术活动的总结，其中阐述了他的世界观。在这部作品中，拉马克对哲学思辨和总结概括的喜好体现得尤其明显。正是在这本书中，他在讨论第一条"基本原理"时，竟然不知不觉地说出了自我批评的话来："一切并非通过观察直接得来或由观察做出结论再直接推出的知识，都是没有丝毫意义的虚妄之谈。"失明的老人竟然忘了，自己在过去的岁月中曾多次违背这条"原理"。

1829年，拉马克去世了。

他就在这种惨遭遗忘、无人过问、囊中羞涩的情况下离开了人世。没有人还能记起

---

① 夏尔·邦纳（1720~1793），瑞士博物学家、哲学家。——译注
② 法国封建王朝（1589~1792、1815~1830），统治后期爆发了法国大革命，后曾于拿破仑帝国崩溃后短暂复辟。——译注

他，只有居维叶为他写了一份悼文，或者按当时的说法，叫"赞辞"。但这"赞辞"写得实在不堪入目，连科学院都不许它在会议上当众宣读：里面不仅没有称赞，反而充斥着嘲笑和辱骂。同拉马克一起生活的两个女儿依旧一贫如洗，柯内莉亚为了一点小钱去给博物馆缝制植物标本的叶子，而这个博物馆，恰好就是从前她父亲当过多年教授的地方。

他度过了漫长的一生，却从来不知何为幸福。他生前没有获得桂冠，取而代之的只有嘲笑。他不像布丰，没有得到生前立碑的殊荣。如今，拉马克已经去世80年了，而直到他的名著《动物学哲学》出版一百周年之际（1809～1909），人们才为他建了一座纪念碑。纪念碑的经费靠世界各地赞助筹集而来，因为法国自己的钱都不够它用的。

纪念碑上刻着一座浮雕，那是失明的拉马克和站在一旁的柯内莉亚。浮雕下有一行文字："后人会为您惊叹，后人会为您复仇，父亲。"

好心的柯内莉亚啊！她太爱自己的父亲了，太想减轻他的重负了，太想平复他的苦痛了！她出于这份热爱才说出了这样的话，可这些话就连她自己都不怎么相信。

其实，柯内莉亚说的是对的，只是把时间给弄错了：要想理解和重视拉马克的学说，后人还需要数十年乃至上百年的时间呢。

没有事实

1

巴黎博物馆三位动物学教授中，年纪最轻的是艾蒂安·若弗洛瓦·圣伊莱尔。他的父母同样打算将他培养成神职人员，而他也同样为了科学而放弃了神学。这可真是件怪事，怎么会有那么多本要当牧师或修道院院长的人最后却成了著名的博物学家呢？像林奈啊，居维叶啊，拉马克啊，圣伊莱尔啊，达尔文啊，等等……也许可以这样想：神学学校的尘土里生长着某种神秘的微生物，专门要跟笃信宗教、讲求实际的父母们过不去。

圣伊莱尔的学术生涯进展神速：才21岁他就已经当上了博物馆的行政教授。这位年轻人能取得如此成就，其实离不开那些他不想与之为伍的修道院院长的帮助。在1792年的十月恐怖期间，若弗洛瓦救了几名修道院院长的性命，特别是自己之前的老师和院长、拒绝向共和国宣誓效忠的阿尤伊①。由于这次义举，圣伊莱尔赢得了解剖学家杜班通的友谊；此人曾是布丰的助手和合著者，布丰死后又当上了皇家植物园的管理员。圣伊

---

① 勒内·茹斯特·阿尤伊（1743～1822），法国晶体学家、矿物学家，现代矿物学的创始人。——译注

莱尔的老师阿尤伊对矿物学和晶体学极感兴趣，因此这位年轻的博物学家也掌握了一些相关知识，于是杜班通就在博物馆里为他找了个职位。当然了，他还得学点动物学，但他是个既勤奋又有才的人，在杜班通的帮助下迅速学会了讲授相关课程，一年后就被任命为教授了。

在当时，居维叶还只是诺曼底的一个家庭教师，他把自己的手稿寄给了圣伊莱尔，后者则邀请他去巴黎，并给他安排了工作。两人结为好友，一起生活，共同工作，每天早上都要相互分享自己的发现。

一切都很顺利：他们一个描写蜗牛，一个描写水螅，制标本，做报告，撰写回忆录；有空时就一起出去放松，在咖啡厅里闲坐，或者参加晚会。

拿破仑①邀请他们参加埃及远征军②，随军去埃及研究当地的动植物和自然界中的各种财富。

这并不只是一次单纯的科学考察：拿破仑本人也要亲率远征军前往埃及。

从欧洲到亚洲的最短海路是穿过苏伊士运河③和红海④的航线。150年前还没有开通这条运河，但地峡⑤当然还在，于是成了商人、军事家和外交家都梦寐以求的宝地。谁占领了运河，他就能控制通往亚洲、首先就是印度的道路。但究竟谁能控制，是英国还是法国呢？对英国而言，苏伊士是通往印度的道路。对法国来说，苏伊士是迫使英国"蜷成一团"的有效手段，就像某位法国外交官所说的一样。

苏伊士就在埃及。于是拿破仑将军率领百战百胜的士兵们，渡过地中海前往埃及。

居维叶一点都不想同拿破仑的部下一起去那么远的地方，便一口回绝了邀请。

圣伊莱尔则随军出发了。

他在埃及待了三年，既研究了当地的野生动物，又考察了被拿破仑洗劫一空的金字塔的内部。就连在金字塔里也能找到动物学家干的活儿：古埃及人有一个值得称赞的习惯，就是把防腐处理过的动物同法老们安葬在一起。圣伊莱尔目睹的不仅是骨架和木乃

---

① 原文作"波拿巴"，因拿破仑尚未称帝时以姓氏相称。但考虑到中文表达习惯和读者对此人的了解，以下均译为"拿破仑"。——译注
② 指1798～1801年法兰西第一共和国对奥斯曼帝国治下的埃及发动的战争。法国远征军在拿破仑指挥下曾一度占领埃及，但后来在国内危机和英国与奥斯曼的联合进攻下被迫弃守。拿破仑本人潜逃归国，远征军被消灭。——译注
③ 位于埃及西奈半岛的运河，连接地中海和红海，长约163公里。1859～1869年间由法国人建成。运河的建成极大缩短了从欧洲到亚洲的航程。——译注
④ 位于非洲东北部和阿拉伯半岛之间的陆间海。——译注
⑤ 指苏伊士地峡，位于埃及西奈半岛西侧，宽约135千米。——译注

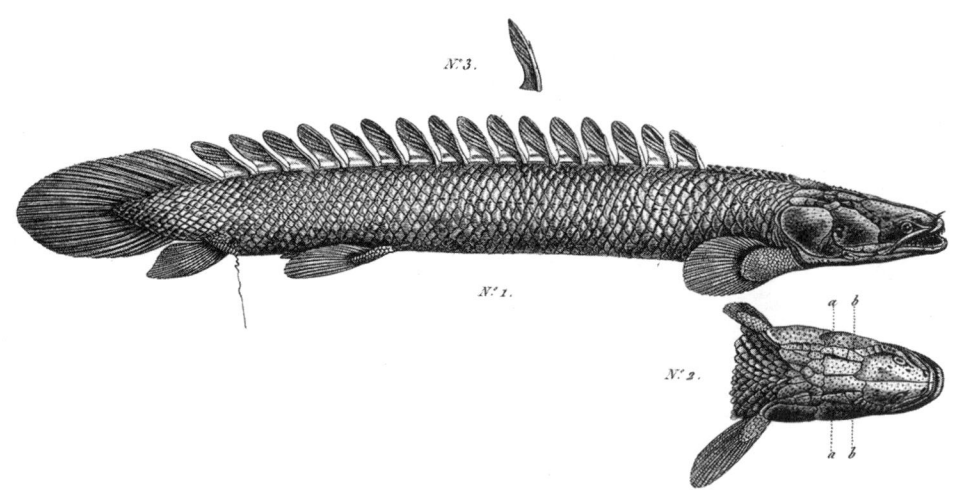

▲ 这是圣伊莱尔在尼罗河收集到的塞内加尔多鳍鱼

伊，还有阿庇斯神牛①、鳄鱼、埃及獴②、猴子、圣鹭和圣猫，都是在古埃及深受崇拜的动物。他不仅看到了它们，还收集了大量骨骼和木乃伊，并且对小动物情有独钟，如家兔、狐狸、刺猬、老鼠和蝙蝠等。

圣伊莱尔也收集到了不少野生动物标本。不过他干的可不只是收集，还进行了一系列重要的观察。

有渔夫给他送去了两条绝妙的鱼儿：一条电鲶③，一条电鳐④。

尽管四周从早到晚炮火不断（当时法军正在围攻亚历山大里亚⑤），我们的学者却并没有被吓倒。当他面前摆着一条电鳐的时候，大炮又算得上什么呢！

要把电鳐解剖开并观察其放电器官其实并非难事。这些器官形如一个个垂直排列、密集相连的小柱子，它们沿着头的两侧分布，体积相当庞大，因此占据了不少空间。每个小柱子都由许多叠在一起的薄板组成。

---

① 古埃及孟菲斯敬奉的神灵之一，外表为一公牛形象。——译注
② 食肉目獴科的一种，原产于非洲和亚洲西部。——译注
③ 辐鳍鱼纲鲶形目鱼类，特化的肌肉具有发电能力，受到刺激时可瞬间释放200～450伏的电力。——译注
④ 软骨鱼纲电鳐目鱼类，头胸部的腹面两侧各有一个肾脏形蜂窝状的发电器。——译注
⑤ 埃及北部港口城市，北非最重要的文化中心。——译注

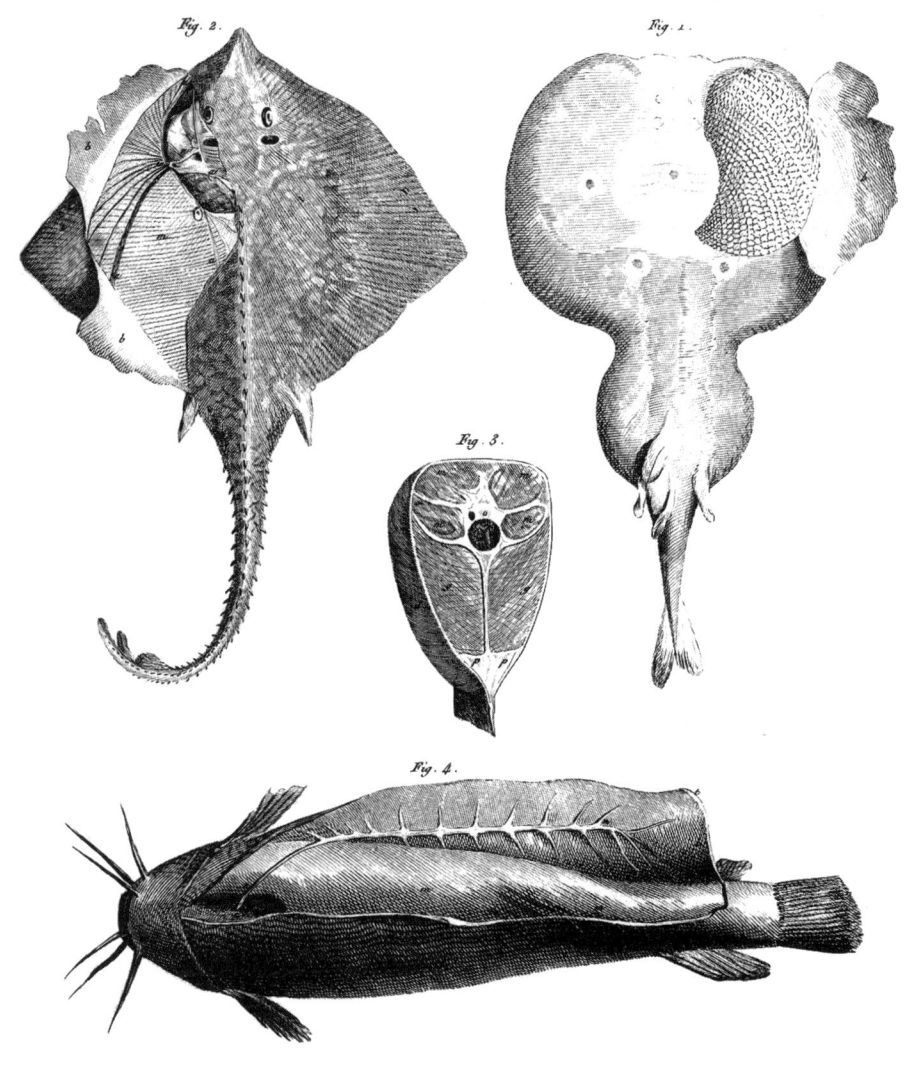

▲ 圣伊莱尔对电鲶和电鳐进行了仔细研究,并将其记录在册

电鲶的情况就完全不同了。不过,尽管它的放电器官与电鳐的有些区别,但这并不是什么要紧事,毕竟这两种鱼本身就大不相同嘛。电鳐的放电器官是由变形的横纹肌[①]组成的,而电鲶的则是由变形的皮肤腺体组成的。

圣伊莱尔对物理也颇有了解。他对放电器官的起源并不感兴趣,而是更关注它们的

---

① 动物肌肉的一种,包括骨骼肌、心肌、内脏横纹肌。——译注

工作原理。他思考这类动物体内的电流是怎么产生的，为此花了整整三个星期。他废寝忘食，身心憔悴。朋友们千方百计地想引开他的注意力，他却不为所动，只是不停地想啊想……据说，当时他想出了64种假说，试图揭开和解释这"鱼类莱顿瓶①"的奥秘，可后来又相继把这些假说全推翻了。

拿破仑刚到埃及，对苏伊士地峡的研究就开始了。雷普工程师孜孜不倦地工作，进行地质勘测，寻找以后要建运河的路线。他做了很多工作，而且本来还能做更多的，可是……英国怎么可能将苏伊士拱手让给法国呢？不可能！

拿破仑是位天才的陆战统帅，但法国和埃及之间还隔着一片海呀。英国向地中海派出了由赫赫有名、战无不胜的海军上将纳尔逊②率领的舰队。

法军打输了埃及战役。英国舰队摧毁了地中海的法国舰队，拿破仑则匆匆撤回欧洲，打算重整旗鼓再与英国决战。法军与法国本土之间的联系已被切断，如今它既得不到援兵，又得不到装备了。

最终法军还是投降了。英军司令提了个条件：让随军学者把收集到的科学资料都转交给他。

学者们纷纷抗议，竭力要证明这样干就会使资料失去科学价值，因为日记里那短短的记录并不能取代收集资料的学者脑海中的记忆。可英国人却丝毫不为所动。

圣伊莱尔并不是个好斗分子，但从气质上看却是多血质③，有时也会突然爆发。当时他表现得极其坚定，甚至很有几分英雄的风范。

"我们绝不屈服……就算把这些财富都付之一炬，我们也不会把它们交出去。你们想要荣誉吗？那就把这荣誉拿去吧。但这将是焚毁亚历山大里亚图书馆的欧麦尔式的荣誉④。"他对英军司令的代表宣称。

欧麦尔式荣誉可不是什么让人羡慕的好名声。英国人只好无奈地挥挥手：就让他们留着这些藏品好了，我们何必为了什么木乃伊猫在全世界面前丢人现眼！

---

① 一种储存静电的简易装置。——译注
② 霍雷肖·纳尔逊（1758~1805），英国海军将领，拿破仑战争期间曾多次在海战中击败法军。——译注
③ 古希腊名医希波克拉底提出的气质学说中的一种类型，特点是活泼、热情、好动、灵敏。——译注
④ 欧麦尔·本·阿塔卜（591~644）系阿拉伯帝国史上第二任哈里发，统治期间征服了原属拜占庭的埃及。相传他曾下令："把（亚历山大里亚图书馆的）所有书先翻阅一下。如果其内容与经书（指《古兰经》）相同，就无须保存；如果相悖，也无须保存，不妨销毁。"结果亚历山大里亚图书馆的藏书被阿拉伯军队尽数焚毁。这一说在西方非常流行，但真假未知。——译注

▲ 艾蒂安·若弗洛瓦·圣伊莱尔（1772～1844）

圣伊莱尔回到了巴黎。他重新开始在博物馆工作，重新忙活着进行研究，时而是水螅，时而是昆虫，时而是哺乳动物。他对各种各样的动物研究得愈多，就愈发清楚地感觉到：林奈、布丰和居维叶都错了。

"没有什么器官是专为动物的某种需求而预设的，"圣伊莱尔向居维叶发起了激烈的责难，"动物根本就不是机器，可以根据需要替换螺丝和轮子。没这回事……"

于是他开始制定自己的理论。他相继研究了多种动物，分析它们器官的工作方式，阐明在不同动物的相似器官中观察到的变化。

圣伊莱尔性情急躁，做事容易沉迷其中，他既不收集事实，也不考虑可能遭到的反对意见。在他眼中，"统一蓝图"的观念简直一清二楚、不容置辩，因此他把观察到的一切情况都当作证明自己观点正确的证据。

"大自然按同一幅蓝图创造了所有生物，从原则上看，这幅蓝图各处都完全相同，只是在具体情况下表现得千变万化。"从前，斯瓦默丹也断定上帝创造了"唯一一种生物，并将它变出无数具体种类"，如今圣伊莱尔的话不禁让人回想起这种说法来。

不管研究什么动物，不管考察什么器官，圣伊莱尔都能找到对"统一构造蓝图"理念的证明。

在研究袋鼠毛皮的时候，圣伊莱尔观察到了一些褶皱，这些褶皱长在它的袋子上。

他又看了一下这毛皮，然后把它丢到一旁，就跑去皇家植物园观察大象了。他喘着粗气进了象园，左右张望一番，然后一把抓住了大象的鼻子。可大象并不习惯这种亲近之举，它用鼻子弄掉了这位热情的研究者的帽子，然后将它捡起来，重新放到他的脑门上，并把它低低地拉了下去。这一切发生得如此迅速，搞得圣伊莱尔连惊讶或受惊都来不及了。

"当然啦！"他兴高采烈地说。"袋鼠的皮肤皱褶变成了袋子，而象鼻只不过是长鼻子罢了。所谓'类型'或截然的分界根本就不存在。一切都是按统一蓝图构建出来的。"

圣伊莱尔的口号是"器官同源"。这句话的意思是说，器官尽管外表有区别，起源却是相同的。举例来说，人的手、马的前腿、鸟的翅膀和鱼的前鳍都是同源器官。他甚至草率地认为飞蜥①的翅膀、蝙蝠的翅膀、鸟的翅膀以及甲虫和蝴蝶的翅膀都是一码事。

"形态不同又如何？"他争辩说。"形态是易变的，功能却都一样。这才是问题的关键！"

圣伊莱尔观察了数以百计的标本，努力寻找更多关于相似器官的新材料。这一回轮到了昆虫。他对那如同蓝缎子一般耀眼的大闪蝶（一种生活在南美的大型蝴蝶）并不感兴趣，对那长有尾翼、色彩斑斓的黄凤蝶也不感兴趣。他研究的是甲虫：尽管它们不如蝴蝶那么美丽优雅，但解剖起来更容易呀。

他什么甲虫都解剖：鳃金龟②、独角仙③、锹形虫④、龙虱⑤和水龟虫⑥，无一幸免。他甚至对巨大的"长戟大兜虫"也毫不怜惜，尽管这虫子已经被晒干钉在大头针上，内脏全都烂掉了，但是它同其他甲虫一样，骨架也是完整的嘛。

圣伊莱尔就这样发现了一个惊天大秘密。原来啊，甲虫跟那些脊椎动物比起来，简直是一点不多、一点不少，只不过……是在骨架内部发育罢了。

竟然有这样的事儿！你想想看这个绝妙的例子：甲虫与……人类？！诚然，这里也有一点美中不足：甲虫有六条腿，可人却只有两条腿。圣伊莱尔提出了牛马的例子，它们都有四条腿，因此他有理有据地把人的手也算了进去。尽管如此，还是缺了两条腿呀……

---

① 爬行纲有鳞目鬣蜥科生物，体侧有翼膜，可以滑行。——译注
② 节肢动物门昆虫纲鞘翅目生物。——译注
③ 节肢动物门昆虫纲鞘翅目金龟子科生物，体型大而威武。——译注
④ 节肢动物门昆虫纲鞘翅目锹甲科生物。——译注
⑤ 又名水甲虫，节肢动物门昆虫纲鞘翅目龙虱科的水生甲虫。——译注
⑥ 节肢动物门昆虫纲鞘翅目牙甲科昆虫，生活于淡水池塘中。——译注

> 这是世界上最大的昆虫——犀金龟科巨型甲虫：南美长戟大兜虫（雄虫和雌虫），由林奈命名和描述

"这些甲虫又长又重，"他下了结论，"四条腿支撑不住，所以才长成了六条腿。"

圣伊莱尔有没有用实验去验证这个猜想，如今我们已经不得而知了。其实这实验一点都不费事：只要抓来五只活甲虫，把其中一只的第一对脚切掉，把另一只的第二对脚切掉，再把另一只的第三对脚切掉，然后再看看这几只残废甲虫要怎么爬行，看它们能不能只用两对脚就应付过去。

圣伊莱尔刚一找到"甲虫——脊椎动物"这个绝妙的对比例子，就开始四处寻找脊椎动物和无脊椎动物之间的相似之处。

"甲虫！它同狗有什么区别呢？狗的肌肉附着在骨头上，从外面将骨骼覆盖住了，甲虫的肌肉则藏在'骨骼'里头。我们的肌肉在骨骼以外，它们的肌肉在骨骼以内。你只要把自己的肌肉藏到骨骼以内，就会变成一只甲虫；只要把甲虫从内向外翻转出来，就会变成一只脊椎动物。就连它的身体也分为几节，其实这就是脊椎嘛。虾也一样……"

他大声争辩，纠缠不休，向所有人灌输这个理论。拉马克好歹还听他说话，居维叶则千方百计地回避同他辩论。他还记得，正是圣伊莱尔把他邀请到了巴黎，所以不打算同自己的恩人吵架，尽管圣伊莱尔比居维叶要年轻，社会地位也要低得多。

由于没有遭到什么反对，圣伊莱尔就越干越起劲了。他甚至胆敢去研究软体动物，也就是在他人的领地上"狩猎"。软体动物本来是由居维叶研究的，他把这个领域视为不可剥夺的私人财产，可就连这一次他也没说什么。然而，当那"盗猎者"开始吹嘘自己的"狩猎成果"时，居维叶实在是按捺不住了。

这场"盗猎"倒真是相当成功。

圣伊莱尔有两位忠诚的门生。他们满心赞赏地倾听老师关于"脊椎甲虫"的理论，盲目崇信他的一切学说，竭尽全力向他表忠心。不过，这倒不是向教授溜须拍马，并非如此！他们非常真诚，满怀年轻人的一腔热血，深深敬爱着自己的老师。圣伊莱尔把他们收到了自己的实验室，并为他们安排了工作，把一项相当重大的研究交给了他们——对头足纲①的软体动物进行解剖研究。

罗兰塞和梅兰果然没给老师丢脸。这两位勤奋的学生一大清早就起来干活，解剖章鱼、墨鱼和鱿鱼，一直干到夜深人静。他们切掉这些动物的触手，统计触手上的吸盘数

---

① 软体动物的一个纲，均为海生，头部发达，足位于头部口，一部分变为腕。——译注

目，对大脑进行解剖，研究它们的眼睛……一句话，他们对这些软体动物做了能做出来的一切事情，切开了解剖刀能切得动的所有部位。后来他们终于完成了工作，把数十个标本、上百幅图示和几个写得满满的笔记本交给了老师。圣伊莱尔大喜过望。

"你们给老师争光啦！"他对学生们说。"写一份关于头足纲的论文集吧。"

勤奋的学生们又开始了新的工作——写论文集。他们没有辜负圣伊莱尔的期望，甚至还超出了预期，因为他们在论文集中把头足纲动物同……脊椎动物做了比较。

"它们的大脑被包裹在软骨里，这岂不正是头盖骨么？它们的眼睛同脊椎动物的眼睛极其相似。它们的神经系统非常复杂，丝毫不逊色于……比方说鱼的神经系统吧。"

当圣伊莱尔读到这份论文集时，他顿时把同居维叶的旧日情谊和其他一切事情统统抛到脑后了。他开始为学生的论文集撰写附录，在这里他表现得极为放肆，对居维叶进行了挖苦、攻击和嘲笑。

"居维叶断言，自然界中会发生突变，各类型之间泾渭分明。这种观点是错误的。例子是现成的：难道能将章鱼与脊椎动物截然分开么？难道头足纲动物同脊椎动物不是一回事么？只不过脊椎动物的身体构造是在背部形成的罢了。"

他写得非常投入：他终于得以巧妙地证明了居维叶观点的错误，那可是被公认为动物学立法者的居维叶呀！

圣伊莱尔的报告在科学研究所的大会上宣读了。居维叶起初还平静地坐着听讲，听到后面就忍不住站起身来，但还是控制住了自己，重新坐了回去。他竭尽全力才没有表现得特别激动，但内心里已经是怒不可遏了。

居维叶记得，自己的学术生涯正是从圣伊莱尔那儿开始的，所以才一直回避同他辩论和发生冲突，但凡事都有个度呀！如今他再也不能沉默和忍耐了：他的荣誉和声望已经受到了严重的威胁。

"我现在不打算发言反对这个草草写就的集子，"居维叶尽可能平静地说，"接下来我们还要就此事召开几次会议。就让圣伊莱尔捍卫自己的观点好了，但我也要捍卫自己的理论。"

2

一场大争论就这样开始了。这次争论持续了许多场会议，并吸引了整个欧洲学术界的目光。

"动物的一切器官都是与其在自然界中扮演的，或者应当扮演的角色相适应而生的。"居维叶说。

"哈，是这样吗！？"圣伊莱尔反唇相讥。"我曾在某处读到过一说（这个'某处'他说得别有用心，叫人一听就知道指的是居维叶）：鱼生活在水里，水的密度比空气的大，所以它们预先就被设定好了运动能力，使得它们能在这样的条件下移动。可不是么！要是真做出了上述推理，那么我们也可以达成以下的共识啦！拄着拐杖走路的人也是一开始就被设定好的，天生就该瘸一条腿或缺一条腿……"

为了把居维叶彻底击败，他又添油加醋地说，居维叶只是一个唯独观察事实的历史学家，而从不扯到什么上帝的意图。他这样说的目的是揭露居维叶，表明他千方百计用自己的理论证明上帝的观念或者叫人相信上帝，而他的"类型说"和"灾变论"也不过是为了再次证明《圣经》的创世说罢了。

居维叶则以牙还牙：他开始用事实反击圣伊莱尔，巧妙地避开了自己所不擅长的地方。

"软体动物同脊椎动物是一码事。"他讽刺地说。"那当然啦，前者跟后者实在太像了，很快圣伊莱尔就会分不清人类和章鱼了吧。诸位瞧瞧，二者的相似点是多么显著呵：蚌有鳃，人有肺。可章鱼有鳃，墨鱼有墨囊，有用来游泳的漏斗，它们都有长着吸盘的触手；脊椎动物根本就没有这些器官。头足纲动物没有骨架，只有薄薄的石灰片；它们的神经系统也与脊椎动物的截然不同。圣伊莱尔认为鳃和肺是相同的器官，因为二者都用来呼吸。他还认为手和触手也是一回事，因为二者都用来抓取。说不定，他觉得人的脚和墨鱼的漏斗也是同源器官吧？因为二者都用来移动嘛……"

"尽管如此，各种动物依然是按着统一蓝图构造出来的……"圣伊莱尔试图反驳。

"是吗？好吧！我就拿水螅、鲸鱼、游蛇和人类作例子好了。莫非它们的所有器官都一样？鲸鱼的所有器官都能在水螅身上找到么？"

"不……"

"既然如此，您那臭名昭著的'统一'又体现在哪儿呢？拿给我看看呗！"

居维叶一个接一个地举出事实，以古生物学和解剖学资料为基础，历数动物的各个器官。他把一堆堆骨头搬到辩论会场上，然后眼疾手快地从中挑出骨头，自信满满地叫出它们的名称，搞得众人简直像是在看高明的魔术师表演戏法。

圣伊莱尔却只能做出一些含糊笼统的回答。胜利显然已经弃他而去了。

1830年7月的剧变开始了。整个巴黎都燃烧着高涨的热情，可无论居维叶还是圣伊莱尔都顾不上这码事了，他们正忙着争论呢！他们的辩论主要围绕着"统一构造蓝图"、相似的器官以及动物是否可变的问题展开；这些问题可比什么解散议会啊，什么颁布剥夺多数公民选举权的新选举法啊要重要多了[1]。就连到了7月26日，都已经是工人武装起

---

[1] 1830年7月25日，查理十世颁布法令，宣布解散新选出的议会，并通过新选举法剥夺了九月选举中大多数合法选民的选举权。这一事件成为七月革命的导火索。——译注

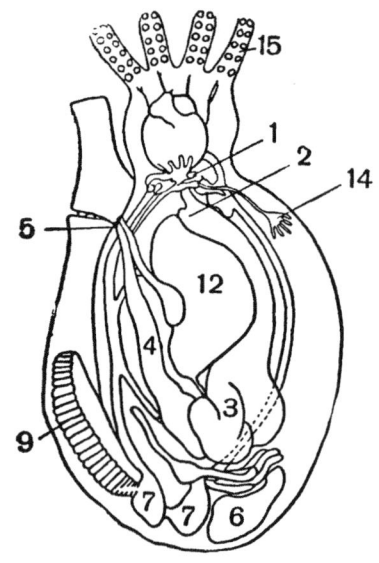 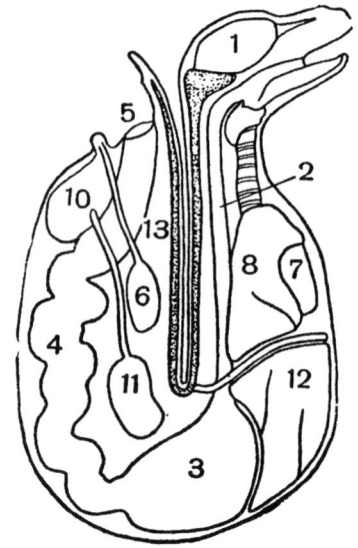

▲ "头足纲－脊椎动物"对比图
左图－头足纲软体动物，右图－半身蜷曲的脊椎动物：
1－位于头部的脑；2－消化道；3－胃；4－肠道；5－肛孔；6－性腺；7－心脏；8－肺；9－鳃；10－膀胱；11－肾；12－腹腔；13－脊脑；14－神经节；15－触手

义的前夕了，科学院还召开了例行的会议，尽管后来会议又被打断了，直到10月才重新进行：居维叶去了英国，据说是要为下一部著作收集材料。事实上，那是因为有些自由派学者对政府的无法无天感到愤慨，又在7月26号的会议上"闹事"；居维叶不赞同他们的抗议，所以才急着要同这事划清界限的。

到了那年秋天，争端又重新开启了。

"所有器官都是同源的！"圣伊莱尔坚持认为。"不错，它们的外表是有区别，但这是因为这些动物的生活条件都……"

"又是拉马克那一套！"居维叶鄙夷地冷笑一声。"我们受够这类胡言乱语了。"

"不许嘲笑死者！"圣伊莱尔大声喊道。"而且这根本就不是拉马克学说。我不承认内部动机或心理条件的作用。外部环境是直接作用于动物的，无须心理因素的介入。何况蟑螂或水螅又能有什么心理活动呢！"

"那么，一切生物都会发生变化么？世间万物？"

"是的！您既然研究过化石，就应当了解这一点。您肯定观察到过一段时期，当时地球上有许多沼地爬行动物和可怕的恐龙，还生长着苔藓、木贼和蕨类。那是一个沼泽王国。可这沼泽王国如今又在哪呢？我们只能看到少得可怜的一点残迹，其余的都消失了……"

"消失了……这话可是我说的，"居维叶打断了话头，"是我！这是我的理论……"

"啊哈，您那是什么鬼理论！"圣伊莱尔勃然大怒。"按着您的理论，所有两栖动物都该灭绝啦。它们一点都不完善，可您却断言说，每次灾变后都会出现更完善的物种。"

"那又如何？难道两栖类只能产生于这种巨大的沼泽之中么？好吧，我同意。但请您告诉我，为什么还有一部分两栖动物活到了今天，而没有完全灭绝呢？"

"因为它们发生了变化，周围的环境改变了它们。"

"是吗？环境……那为什么环境只改变了一部分两栖动物，而不是所有两栖动物呢？如果您能答上我这个问题，我就情愿认输！"

居维叶几乎是在朝全大厅的人叫喊了。

"为什么……为什么……"圣伊莱尔支吾搪塞。"不是所有的都能改变，环境。"

他的话是如此不知所云，叫众人一下子就明白了：居维叶取得了胜利。

是的！居维叶胜利了。他那冷静的头脑、缜密的思维、强大的记忆力和一堆堆的骨头助他赢得了辉煌的胜利。圣伊莱尔要怎么对抗他的逻辑和事实呢？什么手段都没有，只有含糊不清的话语、七零八落的证据，以及对自己理论的热诚信念罢了。

尽管如此，正确的依然是圣伊莱尔。

正确的是他，而不是居维叶，可他却输掉了辩论。荒谬的"灾变说"高奏凯歌，而物种可变论、环境影响论、器官同源论……这些学说却都一溃千里。

在推翻圣伊莱尔"统一蓝图"理论的同时，居维叶顺手又击破了拉马克的演化学说。有关生物可变性和生命历史发展的学说——就算这是个阐述得不太好的学说！——就这样被推翻了。

《圣经》万岁！

"我绝不投降！"圣伊莱尔下定决心。"我口才不如他吗？那就别管什么口才了！我还是写书好了。"

可是，他就连想出版手稿也不是件简单的事：居维叶的支持者们千方百计地妨碍他，弄得没有一家出版社愿意出他的书，就连作者自掏腰包都不干。甚至传出谣言，说居维叶本人也参与了这个阴谋。平心而论，这一说恐怕并不公正，所谓居维叶怂恿粉丝反对圣伊莱尔的传闻也不是真的。但有一点是千真万确的：居维叶并没有对这一切提出抗议，也没有保护圣伊莱尔免受攻击。何况他又有什么理由帮助圣伊莱尔呢？

第九章 三位朋友

"反动派！"有持自由思想的公民抨击居维叶说。"他只想要所谓《圣经》的真理。"

"我有什么错？"居维叶反驳道。"我不过是请求圣伊莱尔用明白的语言表达自己的思想，我觉得他书里的话毫无意义，没法把问题给别人解释清楚。他重新进行尝试，努力想写得更清楚些，结果却出了更多不知所云的东西。他的思路或许很好很清楚，他的理论或许很杰出，但总得用通俗易懂的话把这些思想传达给我呀。我实在搞不清楚他在想什么，我批评他的思想时用的就是他的原话，可这些话……"

居维叶耸了耸肩。

在著作《动物哲学基础》中，圣伊莱尔阐述并发展了自己的观点。他坚持己见，认为动物在环境的直接作用下发生变化，甚至模糊地提到了自然选择的思想。但这全都是推论，除了推论还是推论……

"给我事实，让我看看这些变化！"居维叶提出了要求。"在研究和比较特征的基础上，我将人类和猴子在动物界体系中并排而列。但要想说一个物种能变成另一个物种的话……除非有了事实证明，否则我绝不赞成这种看法。我的事实对这一观点说了'不'。"

又过了几年，居维叶去世了，拉马克早已在嘲笑、失明和贫困中离开了人间，歌德也与世长辞。

圣伊莱尔年纪最轻，因此也是所有人中活到最后的。但他已经不是巴黎动物园的园长了：居维叶设法撤掉了他的园长职务，把这个位子给了弟弟费德里克。

他遭受的一系列打击并没有就这样过去。圣伊莱尔病了，变得有点疯疯癫癫，经常坐在家门口悲痛地自言自语，顽皮的巴黎小孩儿还在一旁捉弄着他。

"是我亲自把他从外省叫来的。是我安排他在博物馆工作的，我为他做了一切……可他又是怎么报答我的呢？"

自然科学需要的不是推论，而是精确的事实。对此圣伊莱尔无论如何都不能赞同。他总是认为推理是最重要的，总是对自己的理论充满热忱的信念，却缺乏精确的知识和事实。拉马克的情况与他如出一辙。

事实、观察、实验——这才是胜利之所在。

第十章 "为什么？"还是"为了什么？"

1

1892年秋天，莫斯科外科医学院的学生名册上出现了一个新的名字：鲁利耶，卡尔·弗兰佐夫①，1814年4月28日生人。这位来自下诺夫哥罗德的学生肤色黝黑，长着一头黑发，看上去既像个少年，又有点像个小伙子。他打算当医生，仅从这一点就能看出他家里经济状况不太好，因为有钱人很少送自己的孩子"去做郎中"。他的妈妈是个接生婆，这再次证明了他家拮据的经济状况和低下的社会地位：接生婆是有用的人，但仅仅在人们需要的时候有用，而且只对低微贫贱的人有用②。儿子长大了，得他培养做个"有出息的人"，可是，该怎么培养呢？没有亲戚也没有朋友来托关系，不是贵族公子也不是富商子弟，在便宜的地方中学读的书。安排他去哪个办公处当写字员？可是没有接受过好的教育，更重要的是，没有靠山可以提拔他升职，这样在仕途上又能走多远呢？而要一生都在办公处做个小文官——不，这既不合卡尔的心意，也不如他父母的愿。

---

① 鲁利耶是姓，卡尔·弗兰佐夫是名字和父称。又：其他资料中多作"弗兰采维奇"，此处疑为作者笔误，亦不排除存在不同称呼的可能。——译注
② 普通家庭生小孩会去医院，只有穷人才会请接生婆。——译注

"不如上大学吧……"父亲开始考虑。

"这行吗,"母亲疑虑重重地说,"上大学……然后呢?能找到什么工作就干什么工作吧……"

最后他们决定让卡尔报考莫斯科外科医学院。这样等毕业后他的工作就有了保障,可以在军队里做一名医生。

* * *

"来了!"

二年级的学生们站了起来。

一位教授走进了教室。他走路的姿势跟别的教授都不一样:给这些未来医生上过晦涩难懂的拉丁文课的德国老头走路总是沙沙作响;生理学教授总是匆匆踩着碎步,似乎生怕再晚一秒钟他的教授椅就要飞走了;那位以前教"自然科学"和动物学,现在上植物学课的教授总是踏着正步走,如同在参加阅兵仪式一般。

而这位教授走得缓慢而庄严,敞开的皮衣前襟扫着地上的灰尘。他走到圈椅前,坐了下去,向学生们挥了挥手(意思是"坐下!"),然后看也不看就把长长的前襟搭到膝盖上。

"简直是个罗马元老。"一年级学生鲁利耶心里想着便溜到了另一个教室去,他要去听被学生们称作"学院之星"的尤斯廷·叶夫多基莫维奇·佳季科夫斯基[①]讲课了。

佳季科夫斯基教授开始上课了:他不带本子也不带纸页,裹着厚厚的皮衣坐在椅子里,目不斜视地讲授课程,只是偶尔扫上学生一眼。他讲得多好啊!没有一次偏题,没有一次打结,没有一次口误,没有一次更正,甚至连"额-额-额-额……"或是"嗯-嗯-嗯-嗯……"的支吾都没有出现过。

卡尔十分惊讶:正是这一点上佳季科夫斯基教授的讲课与别的教授都大为不同,这可不仅仅是口才好。

佳季科夫斯基教授讲的是"基础知识课"(当时的人们就这么称呼普通病理学),但他的课完全不谈人体的病理现象,也不讨论药物和治疗。他讲生命,讲什么是生物,向大家证明,根本不存在什么"生命力"。

"能推导并解释一切自然现象的最初源头不应被认为是某个特殊的因素。我们可以把这种毫无用处的臆想彻底推翻。事实上,唯一的源头只有物质。物质无疑是现象产生的原因……"

[①] 尤斯廷·叶夫多基莫维奇·佳季科夫斯基(1784~1841),俄罗斯著名内科医生。——译注

"……一切化学和物理的定律与现象都蕴含在物质之中。根本就不存在什么特别的'生命力';哪怕只是当作一种解释来看,'生命力'一说也是毫无用处的。"

"要想把事情搞清楚并做出解释,你们得去学学理化定律",教授向他的学生们,也就是这些未来的医生们发出了号召。

"人……他的一生自始至终就是一个连续不断的化学过程,连死亡本身也不例外,死亡也是化学过程的不断延续,只不过是反向进行的……人体的诞生、成长、衰退和之后的泯灭都可以看作只是同一个化学过程的不同阶段。"

"就连没有受过教育的人都能发现,不仅在动物界和植物界之间,在不同的门、纲、目、科、属、种之间,甚至在不同的生命个体,尤其是在动物个体之间,都存在着巨大的差异。这些差异从何而来?构成它们的物质有所不同而已。大象和纤毛虫,橡树和草茎,它们的身体外形不一样,生存方式也不一样。这是为什么呢?因为构成它们的物质有所不同。但'生命力'可不是什么生物形成的起源因素。绝不是!生物间彼此不同的原因在于物质本身的不同。"

"不过,到底为什么会有如此多种多样的动植物呢?"

卡尔刚一想到这儿,教授似乎就猜透了他的心思,说出了下面这段了不起的话:"无论是动物界还是植物界,都存在着几乎完全变了样的个体。气候、食物和生存方式会导致动物的变化,而气候和养分会导致植物的变化……"

气候和食物(养分)是动植物所赖以生存的外部环境。环境会导致根本性的变化,或者是一般的变形。气候是多种多样的,食物和养分也是多种多样的,环境一变化,动物和植物也就变化了。

这一切对于卡尔来说都是如此新颖,如此奇妙,比马上得赶去上的解剖学课有趣得多。

解剖学课完全不像刚才听过的那门课。

解剖学教授帕维尔·尼古拉耶维奇·基利久舍夫斯基[①]没有什么天赋,但对解剖学研究得挺透彻。最起码的一点,他对扎戈尔斯基[②]解剖学教材的内容了如指掌,还能倒背如流。基利久舍夫斯基非常严苛,大家都害怕他,尽力死记硬背解剖学,因此学生们都静静地坐着,笑也不敢笑,尽管这位教授很可笑:他总是闭着眼睛站着上课,以免注意力被带跑。

---

① 帕维尔·尼古拉耶维奇·基利久舍夫斯基(1799~1858),俄罗斯著名医生,宫廷外科医生。——译注

② 彼得·安德烈耶维奇·扎戈尔斯基(1764~1846),俄罗斯解剖学家。——译注

▶ 菊 石

卡尔对动物学的兴趣远远大于对解剖学的兴趣,但动物学课对他却也没多少吸引力,对别的学生也是如此。他们愿意连续几小时听佳季科夫斯基教授讲课,而去上动物学课程却只是出于学生听课的义务。

阿列克谢·列昂季耶维奇·洛韦茨基[①]教授身材瘦小,红鼻头,相貌很是难看,但为人善良谦逊,与佳季科夫斯基不同的是,他从不嘲笑谁,也从不怪谁犯错或是无知。他精心准备自己的课程,讲课也很顺当,尽管都是照着笔记讲的。但是……让他讲什么课他就讲什么:矿物学、生理学、动物学,甚至还在大学里讲授农业课程。他最喜欢动物学,甚至还研究过姆鱼,可是他的动物学课程还是没法给学生们带来多少兴奋感。他有时给学生们讲些有趣的事物,但即便如此也很少让教室里的氛围变得活跃:学生们都是来自俄罗斯各地的"助祭[②]之子",而且还在宗教寄宿学校读过书,他们自然能讲出许许多多的怪谈,甚至比"蛔虫会在新月时爬出来"或者"生前从没长虱子的死者身上却出现了上千只虱子"之类的趣事还要奇妙得多哩。

但如果说洛韦茨基教授的课大家还在听,那么植物学课上众人就都只是在打盹儿了:植物学教授亚历山大·菲舍尔-冯-瓦尔德海姆[③]教授尽管有个驰名全俄的父亲[④],他本人却没有一丁点才华,讲起课来总是千篇一律、万分无聊。

长话短说,鲁利耶对自然科学的兴趣越来越浓厚。在空余时间他就出城去,在莫斯科郊外的小树林里闲逛。他对一切东西都很感兴趣:藏在树冠中的小鸟,红色蝇子草的黏性草秆,卷在白桦叶里的甲虫……但他感兴趣的不是这些事物本身,他在试图理解这活生生的自然界中的普遍规律,他想要理解自然现象的本质。而鸟儿、植物和甲虫仅仅是理解的途径和认知的手段罢了。

有一天,他在幽深的峡谷里的沙质岩堆中找到了一个螺壳:这是个大而扁平的螺壳,闪烁着五颜六色的霓光。

"菊石[⑤]!"

---

① 阿列克谢·里昂季耶维奇·洛韦茨基(1787~1840),俄罗斯矿物学和动物学教授、院士,莫斯科大学数理系主任。——译注
② 又称"执事",东正教低级神职人员。——译注
③ 亚历山大·菲舍尔-冯-瓦尔德海姆(1803~1884),俄罗斯植物学家。——译注
④ 参见下文"格里高里·菲尔德海姆"的注释。——译注
⑤ 软体动物门头足纲的一个亚纲,因表面有类似菊花的线纹而得名,生存于泥盆纪至白垩纪间。——译注

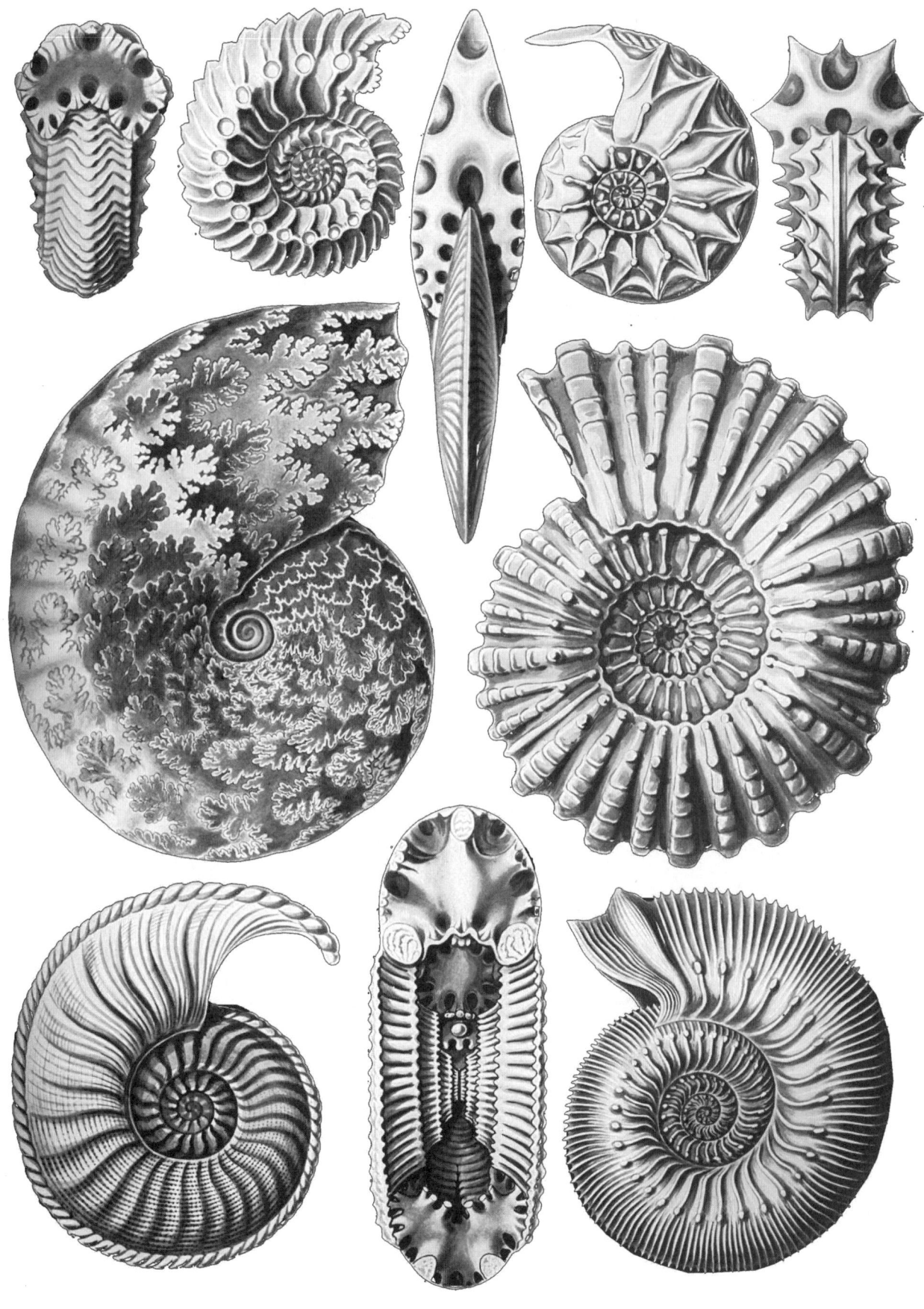

这真是幸运的一天，简直让他终生难忘，因为这是他第一次捡到动物化石。后来的许多日子里他也多次捡到过化石，但"第一次"永远是珍贵的。我们清晰地记得每一个"第一次"：第一次钓到的鱼、第一次射中的鸭子、第一次恋爱、第一次在学校得的……两分①。

四年过去后，鲁利耶毕业了。虽然因成绩优异获得了银质奖章，但他一点也不喜欢医学了。他觉得医学里根本没个准儿，几十种理论都互不相洽，病因解释也是云里雾里，因此医生们治病常常是瞎碰运气。

在那几年里，学院的副院长、著名的动物学家格里高里·伊万诺维奇·菲舍尔–冯–瓦尔德海姆②又开始讲授动物学课程了，而洛韦茨基教授则被派去讲生理学。菲舍尔教授认识这个叫鲁利耶的学生，因为鲁利耶多次给这位对莫斯科近郊的矿物了如指掌的学者送来菊石、"鬼指头"（箭石③）、珊瑚石、贝类的遗迹化石和许多别的东西。莫斯科郊外的峡谷和石灰岩中能找到各种各样的化石。

菲舍尔教授让鲁利耶做他的助手，负责在上课时展示动物标本。"你暂时先干这个吧……之后应该能找到职位空缺，让你在学校教书，而不是做助手。"

一年过去了，但鲁利耶并没能获得编制内的职务，他没有经济来源了：他做菲舍尔的助手是无偿的。他不得不去医务部门工作，尽管这非常不合他的心意。他当上了龙骑兵团的初级医生。在那里他在实践中再次确认了一点：医生这份工作非常不适合他，而做自己不喜欢的事是了无趣味的。

他在部队里没待多久。两年以后，菲舍尔教授把他安排到了学院工作。鲁利耶担任了动物学课的补习教师，并继续为菲舍尔教授做助手，不过现在他已经能拿到工资了。这样一来，他似乎就与医学彻底告别了。

当时格里高利·菲舍尔教授已经年满65岁了，又过了一年后（1837年）就退了休。自然史教研室出现了一个空缺。植物学家伊万·奥西波维奇·希霍夫斯基④接管了教研室，而鲁利耶则被任命为副教授，开始讲授动物学课和……矿物学课。在当今这样的组

---

① 俄罗斯学校里成绩考核为五分制，三分刚好及格，两分是不及格。——译注
② 格里高利·伊万诺维奇·菲舍尔–冯–瓦尔德海姆（1771～1853），出生于德国，后来被从德国"召集"到莫斯科，并在莫斯科大学任自然史教授。他是一位大学者、博物学家、动物学博物馆的创办者，还是俄罗斯最早的科学协会——莫斯科自然实验者协会的创始人，完成过近三百篇科学著作。——原注
③ 软体动物门头足纲的一种生物，因有一个箭头状的鞘而得名。生存于泥盆纪至白垩纪间。——译注
④ 伊万·奥西波维奇·希霍夫斯基（1805～1854），俄罗斯植物学家、外科医学博士、哲学博士。——译注

合看起来十分奇怪：一个动物学家，却讲矿物学的课程！但在一百多年前这样的兼任却没什么好惊讶的，毕竟当时专业很少区分得那么精细。

在当补习教师的这一年里，鲁利耶完成了以医学为题的学位论文，并获得了医学博士学位。作为一个博物学家，他终究绕不开与医学有关的称号。如果他想在学院里讲课，就必须取得医学学位，毕竟这是"医"学院嘛。

菲舍尔教授给鲁利耶在大学里安排了个工作：动物学博物馆的管理员。这位年轻的博物学家的未来渐渐明晰起来：他要成为一名动物学家。

2

1840年2月，动物学教授兼动物学博物馆馆长洛韦茨基去世了。动物学课程的授课任务暂时由鲁利耶承担。又过了两年，他获准就任教授兼博物馆馆长。而在此期间，于1841年他还出国访问过。

当然，他去了德国，更确切地说，是去了几个后来被普鲁士统一为德意志"帝国"[①]的几个德意志王国和公国。毕竟俄罗斯最初一批学者正是到这里来留学的，而且莫斯科、彼得堡、哈尔科夫[②]和喀山[③]的大部分自然科学院士和教授正是从这里来的侨民。鲁利耶不仅希望在这儿认识一些有名的博物学家，还希望能为那个折磨了他许久的问题找到答案。

他的时间很少，总共只有四个月，可还是成功地了解和见识了许多东西。即便他没有获知想要知道、梦寐以求的所有知识，那也怪不得他：有所追求、有所梦想的人又不只他一个。生活和生活阅历又一次告诉我们，所谓梦想，就是目前拼尽全力也不可得、不可见、不可闻，此时此刻无法实现的愿望。

柏林有一位擅长鉴别纤毛虫和其他几种原生动物的专家，名叫埃伦伯格[④]。他拥有十分敏锐的洞察力，还收集了许多微生物标本，这使得鲁利耶大为惊奇。他用肉眼就能在一滴取自沼泽的水样中观察到别人看不见的东西。

[①] 德语Reich，原意"国家"，但在科学文献中，常常用于指称德国历史上所谓的三个帝国——第一帝国（神圣罗马帝国），第二帝国（德意志帝国），第三帝国（纳粹德国），故此处译为"帝国"。——译注
[②] 现乌克兰东北部城市，当时为俄罗斯南部边境城市。——译注
[③] 俄罗斯中部城市，是俄罗斯联邦鞑靼自治共和国首府。——译注
[④] 克里斯汀·埃伦伯格（1795~1876），德国动物学家，研究原生动物的大学者，对多种原生动物进行了描述。——原注

第十章 "为什么？"还是"为了什么？"

▲ 卡尔·弗兰佐夫·鲁利耶（1814～1858）

"这就是所谓训练有素的眼睛啊！"鲁利耶赞赏道，"那么小的一个点，我用放大10倍的放大镜才能勉强看见，而他……他多么了解这些看不见的小东西呀……"

又过了一段时间，他在巴伐利亚再次碰到了一件令人惊叹的事。这次是在埃尔兰根①，他遇见了当时还很年轻的卡尔-特奥多尔·西博尔德②。

他们俩在花园里喝茶。当时茶杯旁边立着一架显微镜，还放着几个表面皿③和一些别的实验器材。桌子边上靠着一个捕虫的小网。西博尔德一边说话，一边东张西望。

突然间他跳了起来，抓起小网跑到一边快速一挥。

"抓住了！"他向鲁利耶递了一个眼神，把手伸进了薄纱袋子，从里面取出一只蜻蜓。

他扯下蜻蜓细长的腹部，只见剪刀一动，玻璃仪器一闪……

"请看！"西博尔德让鲁利耶看显微镜里。

鲁利耶弯下腰，凑到目镜旁。亮圈中一群极小的细胞时而一个接一个、时而成群结队地快速地移动着。

"这是蜻蜓的精子"，西博尔德解释道，"我把它们从雌蜻蜓的贮精器中挤出来了。"

"雌蜻蜓？"鲁利耶惊讶道，"我还以为您只是想给我看看蜻蜓的精子，就捉了一只雄蜻蜓。"

"那有什么意思？"西博尔德笑道，"这些是从雌性蜻蜓体内取得的精子，真是太

---

① 德国城市，位于巴伐利亚州北部。——译注
② 卡尔-特奥多尔·西博尔德（1804～1885），德国生理学家、动物学家。——译注
③ 一种玻璃制的实验器材，呈圆形，中部稍凹。——译注

棒了。当然，不是说这些精子本身很棒，您想想看……"

西博尔德便开始讲昆虫的授精。原来，雄虫的精液会注入雌虫体内一个与输卵管相连的特别的小囊中。当卵子顺着输卵管经过小囊的洞口时，精子从小囊中被挤出，卵子就会受精。这样，雌性昆虫都会在体内长期储存一些精液：黄蜂的蜂后能储存一整个冬天，蜜蜂的蜂后能储存好几年呢。储存精液的小囊又叫贮精器，它早在18世纪就为博物学家们所知了，斯瓦默丹在蜜蜂体内发现了这一结构，并把它画了下来。

西博尔德滔滔不绝地讲着，而鲁利耶则一边听一边暗自吃惊："从贮精器中挤出来……那贮精器仅仅比大头针的头大一点点而已，而他却一下子就找到了，还从里面挤出了比一个点还少的一滴精液到玻片上，而完成这一切只用了一两分钟……多么了不起的眼睛！多么了不起的双手！"

"我认为这个小囊很有意义，但……没人关注我的发现，"西博尔德抱怨道，"要知道，这个发现很有价值，这可不是什么微不足道的事儿：雌性只交配一次，却终生都在体内存储着精子，并能够将受精卵保存一辈子。至少那只蜻蜓暂时没打算把精液用光。"

鲁利耶虽然没听明白，但同情地点了点头。很久以后，他亲自对蜜蜂的生活做了足够详细的研究，并对西博尔德的发现进行点评。

然而，直到这趟国外之旅与这次的见面过后16年，鲁利耶才撰写了有关蜜蜂的著作。而16年前……当时他正处于绝望中，因为理想没有实现。

他发现，他如此渴望学习并且苦苦追求的学科——动物学，在国外也没有。

动物学是什么？自然是研究动物的科学。

但我们要以何种方式研究动物呢？

能真正地被称为研究动物的学科，不是研究博物馆标本和解剖标本的学科吗？动物学家曾经收集了大量的实例，且至今依旧在收集着，但他们却不尝试去作出解释，实例哪怕收集得再多，也称不上是真正的科学呀。

鲁利耶遍寻德国的大学和博物馆，想要找到真正的科学，但通常他看见的只是"学问"：关于实例的知识，而不是对实例的理解。学者的目标是积累知识，而非解释知识。动物学家们在工作中遵循居维叶的一句话："命名，描述，然后分门别类——这就是科学的原理和目标"。

博物馆竭力从遥远的国家弄来更多的动物标本。鲁利耶只在个别地方看到了用本地动物做成的藏品。学生们对黄鹂[①]、莺、苇莺和一些本地的寻常鱼类的了解还不如对极乐

[①] 小型鸣禽。体羽似麻雀，分布于欧洲东到西伯利亚中部、高加索和伊朗、哈萨克斯坦、蒙古北部、日本和中国。——译注

鸟[1]、蜂鸟和鹦鹉的了解多。

人们对动物的生活依然知之甚少，动物学家们将更多的精力投入了对鸟类、兽类和昆虫的外表的观察上。

物种究竟是什么？这个问题没有明确的答案。居维叶断言说，物种是固定不变的，而拉马克和圣伊莱尔却试图证明，物种是可以改变的。哈巴狗和猎狗被认为是同一个物种的不同"品种"，可它们之间的差异却比许多不同种、甚至是不同属的鸟类之间的差异还要大。

我们将动物分类，描述新物种，那又怎样？我们对这些新物种基本一无所知，摆在面前的只是它们风干的标本，只是被虫子叮咬得残破不堪的皮囊。

这一切，还有许多其他的方面，都令鲁利耶感到痛心，让他对"动物学"产生了怀疑。他在一家德国旅馆中写了篇文章，并寄回了莫斯科。

这篇文章叫作《对动物学作为一门科学的质疑》。

该做些什么呢？鲁利耶知道该做什么。他在自己的文章中提了出来。

没有得到解释的实例不能算作科学，但不建立在对事实的研究和经验之上的臆测也不能算科学。物种是可以改变的，而这种变化取决于环境，取决于动物的生存条件，因此不仅需要根据标本来研究动物，还必须研究动物的生活。动物学是研究大自然中活生生的动物的科学，而不是研究博物馆中所藏标本的科学。

对动物的全面研究不仅是收集实例，还应该解释和概括这些实例，这正是鲁利耶希望从动物学中获得的东西。只有研究动物的生活方式，才能搞明白并解释清楚动物的结构特点。

鲁利耶在国外没有找到这样的动物学，这让他痛心，但并没有让他为难。

这位佳季科夫斯基的学生、拉马克和圣伊莱尔的追随者，知道他该做些什么。

3

物种是变化的。鲁利耶坚信物种是变化的，并且坚信这种变化的原因首先应当从动物的生存条件中寻找。仅就这点而言，他的讲课已经同菲舍尔和洛韦茨基的讲课大不相同了，毕竟这两位教授都认为物种是不变的。

气候、地貌、植被——这一切都在变化，而这些变化也会作用于动物，让动物也发生变化。在大学讲台上讲授动物学课程的时候，鲁利耶向听众们阐述了这一观点，而

---

[1] 又名天堂鸟，雀形目极乐鸟科，分布于印度尼西亚东部、托列斯海峡群岛、巴布亚新几内亚及澳大利亚。——译注

后又将其写入了一些广受欢迎的文章中，纳入了自己在莫斯科大学1845年盛会上的演讲《关于莫斯科省的动物》之中，还加入到了自己的公开课中。

1851年初，鲁利耶上了三堂名为"动物生活与外界条件的关系"的公开课。如今我们大概会起个更简洁的名字："动物与环境"。教育部部长不知道这门课程讲的是什么，便批准了课程的大纲。而课程大纲的第一行便是"动物在必要的、持续的外界条件的作用下生存，也随着外界条件的变化而发生变化，同时经历连续不断的发展。"

公开课上完后，鲁利耶已经成为莫斯科知名的优秀公开课讲师，前来听课的人将学校的大厅挤得满满当当。

他向人们讲授地球的起源、拉普拉斯假说[①]、地质时期、动物的变化以及动物对于人类的意义。

"根据普遍的自然法则，没有任何事物是突然地、从一开始就有的。一切都是从最初相对简单的状态，通过缓慢而不间断的改变，在原有基础上获得一些新的特征，最终形成了如今的模样。同理，动物也不是突然形成的，而是慢慢地逐渐地形成的。"

植物最初是以简单的形式出现的，由一个分裂的原始细胞经过一次或者连续几次变异产生。据鲁利耶的观点，藻类植物就是这样的植物。随后出现了苔藓。在这两个门类之后（或是与此同时）出现了……应该算是我们现在的木贼属和蕨类的植物。

一开始，动物界和植物界中的物种都十分单一，从赤道到两极几乎都布满同样的物种。"为什么世界各地的动植物的形态都如此单一呢？显然，是因为外界物理条件的相似。"在后来的时期里，这些外界的物理条件发生了越来越剧烈的变化，变得多种多样，因此物种也越来越丰富，动植物世界变得越来越多样化，世界上不同地区的动植物之间的差别也越来越大。

鲁利耶的言论中有许多与《圣经》相矛盾的地方。为了稳住书刊审查员，他在第一堂课开始时引述了《圣经》中《创世纪》的故事。

"这个关于远古时代、关于地球和地球上的自然现象最初阶段历史的故事是多么的恢弘啊！至关重要的是，其中包含了人们能想到的关于原始地球的问题的所有答案。"鲁利耶以这句话结束了对《圣经》故事中地球、太阳、星星和其他所有东西在第六天被创造出来的故事的讲述。

这样，尽管接下来的话跟此前的故事完全矛盾，鲁利耶却一点也不难为情地继续说道："人是有灵性的生物，他被赋予了智慧……"

[①] 即康德–拉普拉斯星云说，康德于1755年，拉普拉斯于1796年各自分别提出的关于太阳系形成的假说，认为星云群在转动过程中瓦解，因万有引力而被压扁成为星体和行星，从而形成太阳系。——译注

智慧使得人们去探寻与地球历史相关的问题的答案，科学也尝试着解答这些问题。

"科学为这些提出的问题做出了什么解答呢？很少，非常少——仅仅是假说而已。"鲁利耶便开始讲康德和拉普拉斯星云假说……《圣经》中有个"恢弘的故事"，科学"仅仅提出了假说"，而后他却一直在讲述这个"假说"以及许多与《创世纪》的内容截然不同的东西。

莫斯科的书刊检察员没有在鲁利耶的课程发现什么危险言论，于是同意将课程内容编入莫斯科教授公开课合集之中。合集已经整理印出，再过几天即将上市销售，但……

还没等到合集出版，鲁利耶就在《莫斯科消息报》上发表了第二堂课的一部分内容："关于地球上植物和动物的初现"。审查员也放行了这篇文章，因为它原本就是从一本已获准出版并完成印刷的书中节选出来的。

要是这篇文章不叫这个名字的话，"上级"还会不会对它加以关注呢？这就只有天晓得了。而在这种情况下，单是标题就足以引起"上级"的警觉了："初现"是个什么玩意儿？在这篇长长的文章中，鲁利耶转述《圣经》故事的话还不到10行，何况这位教授本来就是以思想自由闻名的呢？

过了一周半，莫斯科教育区的督察就收到了一封教育部长从彼得堡寄来的长信。

教育部长对这篇文章相当不满。因为文章的内容跟《圣经》相矛盾，而违背《圣经》是不允许的。他下令扣下已经印好的合集（鲁利耶的文章中说，这本合集不日即将面世）并重新对鲁利耶的课程进行最为严格的审查；他还要求报纸编辑对此给出解释，并派人密切关注鲁利耶给学生讲的课程，检查其中有没有偏离大纲和机密规程的内容。教育部长非常生气，更确切地说，是惊慌失措，因为正是他允许了鲁利耶开设公开课，并且还批准了课程大纲。

报纸编辑和合集的审查员都给教育部长写了长长的"解释信"。他们两人都竭力试图证明，鲁利耶在报纸上刊登的文章中没有什么不好的，文章的作者是个正派的基督徒。他们两人并不是朋友，也不是鲁利耶的追随者，但他们非常努力地为鲁利耶辩白，因为他们也需要为自己辩白呵！而方法只有一个：证明这篇文章中没有任何无神论的内容，证明这位莫斯科教授"丝毫没有违逆宗教故事"。

被指派通读合集中鲁利耶课程内容的审查员没有找到任何违禁言论，也没有发现偏离"正统思想公共规章"的内容。上报了自己的审查窘况后，他请求教育部长"处置"。

与此同时，彼得堡的审查委员会拼命地研究着鲁利耶的课程，鲁利耶引用《圣经》等宗教正典来掩藏偏离大纲的内容的诡计就被揭穿了。彼得堡的审查机构对此写了长长的"鉴定",一言以蔽之,他们认为这是"伪装"。

鲁利耶的课程与莫斯科其他教授的课程一起编入了合集,而要因为个别文章就毁掉已经印好的书是不无风险的,要承担损失的出版商会进行投诉,会掀起骚乱,而这又是教育部长所不愿意见到的:毕竟这一切"麻烦事儿"归根结底还是他造成的,是他先批准的。但让这样的合集出版销售也绝不可行。此外,莫斯科都主教[①]菲拉列特已经向圣主教公会[②]告发说,鲁利耶正在蛊惑人心,教唆"小市民和普通农民在《创世纪》中寻找虚构的神话传说"。菲拉列特的意见自然不能不考虑。教育部长思考良久,与人商量,最后提议让鲁利耶撰文反驳自己的科学观点,并载在课程的最后。

鲁利耶不得不屈从,因为拒绝可能会让自己失去在学校的教职。

他写了两页"后记",其中指出,"我们在第一堂课中读的《创世纪》中那个了不起的故事里包含了人们能想到的关于原始地球的问题的所有答案,至于那个科学假说,它值得推崇的只有一点,即与对神谕不容置疑的证明相合的部分。"还有一些诸如此类的言论。

此前对《圣经》和造物主等等的引用看起来就像打上的补丁那样显眼,与整个课程的总体思想格格不入。"后记"更是与《动物的生活》背道而驰,看上去就是个不相称的"添头",令人惊讶的是,被课程里的"无神论"搅得心神不宁的教育部长竟然没有发现这一点。而事实上,教育部长认真地读完了"后记"的手稿,甚至还进行了几处改正。

合集的最后一页被重新印制了,加入了"后记",然后这本书就出版了。

拉普拉斯假说、对地球历史的各个时期和对依次出现的高等动植物的讲述、对生存条件影响动植物的讨论——这一切都与《圣经》的创世传说相矛盾。的确,作者在"后记"中申明了,值得推崇的只是那些不与上帝创世说矛盾的假说,但……拉普拉斯假说显然是与《圣经》矛盾的,据书中所说,《圣经》中六天发生的事实际上用了成千上万年,以及……不管看到哪儿,一切都是矛盾的,这就意味着……于是读者开始怀疑,如果再多考虑一下,"也许……",那么鲁利耶的目的已经达到了。

教育部长下令密切关注鲁利耶在学校的课程,于是他的课上开始出现前来听课的学校领导。但他们并没能揭发出鲁利耶偏离大纲、宣扬无神论或是别的反叛行为。每当看见有"客人"来听课,教授便开始给学生们讲双壳纲软体动物外壳的各个部分的名称。

[①] 都主教为天主教会、东正教会和英国圣公会中教省的首脑。——译注
[②] 俄罗斯正教会最高机构,1917年后成为牧首的咨询机构。——译注

这样的课程相当无聊，刚一开始监察员就困得想打瞌睡，几乎没有能坚持到最后的。

4

患病之后，鲁利耶开始深居简出。他在窗边的圈椅里读书，或是仅仅坐着抽烟，时不时看向窗外的街道。行人来去匆匆，各式的车辆和雪橇络绎不绝；有时候还有人牵着牛走过。马更是什么毛色的都有，其中还常常有白腿的马。

鲁利耶也不知怎么的，就开始观察起过路的马来。看，那边是一匹有白腿的马，而这匹乌黑色的马却没有一条腿是白色的。这能看出什么来呀？可是他很快发现，马的白腿常常是后腿。

这就很奇怪了。就在此时，仿佛是上天的有意安排，他看见了一个骑兵团。一下子来了几百匹马！的确，要看清所有的马是不可能的：骑兵团又不会站定不动，但兵团跑得也不急，鲁利耶数出了几十匹白腿马。

又过了一些时间，朋友们开始对他感到惊讶不已，因为他猜"马的部位"猜得太准了。

"你们告诉我一匹马有几条白色的腿，而我不看马就能说出哪些腿是白色的。"

然后他便开始猜了。

"如果我猜中了，你们给我一份赌注；如果我猜错了，我给你们三份。"

这个游戏真有意思。鲁利耶背靠窗户坐着，朋友们看向窗外，如果看见有白腿的马出现，就说：

"有两条白腿。"

"两条后腿。"鲁利耶回答说。

"一条白腿。"

"后腿，大概是右后腿吧。"

"三条白腿！"

"两条后腿一条前腿，应该是左边的前腿。"

鲁利耶几乎没有出过错，总是能赢。这也意味着他的正确率超过四分之三，因为猜错一次要给出三份赌注。

这个游戏不仅是个娱乐，还是对鲁利耶的猜想的检验。

原来，这里有个鲁利耶了解的规律：马腿的变白不是随机的。

最先变白的是两条后腿，其中通常是右腿先变白。两条前腿通常从左前腿开始变白。这样一来，如果马只有一条或两条腿是白色的，那么肯定是后腿。白色的前腿只出现在马有三条白腿时,也就是说当两条后腿都变白了的时候。这当然也有例外,但并不是很多。

白腿的马很常见;白腿的猫和狗也很多,还有花斑杂色的马牛猫狗,又有谁没见过呢?

鲁利耶望向窗外只是出于"无所事事",却由此对马、牛、狗、猫等家畜身上的白斑产生了兴趣。他开始关注杂色皮毛的动物,观察它们的哪些部位更常出现白色斑点,探究其中是否有什么"规则"。

住在一座城市里,尤其是一座像莫斯科这样的城市,是不可能看到上百头牛的,但要看马就容易多了,仅仅站在窗前每天就能看见百十匹马。于是鲁利耶开始(确切地说是继续)把马作为首要的观察对象。的确,他只能看到农民、马车夫和驿站车夫的马,而这些人都不喜欢杂色的马,因此在城市要道上很少能看见杂色的马。

鲁利耶不仅仅在莫斯科城里观察杂色动物,还在出城的路上观察。看过上百匹杂色马之后,他发现白色斑点的出现也不是随机的:有的地方出现得更频繁一些,而有的地方很少有白色斑点。马的额头上常常出现白色的小斑点("星斑"),但黑马前腿之间的胸脯却很少是白色的。

马头前部、马鬃中部和马尾很容易变白,而后肢之间的腹部却很少变白。通常马毛的杂色化始于额头,有时腿还没变白额头就已经带有"星斑"或者"条纹"了。而此

▲ 斑点色素的沉积始于马腿、马身和马尾上容易变色的地方

▲ 身体上的斑点开始相互融合，或是与腿上的斑点融合
▲ 原本的毛色只剩下了最不易变色之处的四个斑点

后，肩隆和鬃之间会出现斑点，再之后就轮到前肢之间的腹部了。

比较杂色马匹时，鲁利耶也对杂色的扩散进行了研究。原来，有的部位非常保守，最后才变白。于是他又当起了猜测家：

"告诉我马身上有多少个深色斑点，我就能回答出它们都位于哪儿。"

朋友们难以置信地笑了：这可要比上次猜白腿难多了。可鲁利耶也没有落下风。

"我解释给你们听。杂色马的大斑点会扩大，最后整匹马只剩下一点点原来的颜色：看上去只剩几个枣红色或者乌黑色的大斑点。我问的就是这样的斑点。"

"一个斑点。"朋友回答道，好让鲁利耶不再纠缠不休。

"只有一个？那么在脸颊上。当然，是两颊，连成一个斑点。"他补充道，"怎么样？"

"四个斑点！"朋友没有回答。

"数数看！脑袋的后部：脸颊、眼后、耳朵。这一大块我都算作一个斑点。身体上：前肢之间的胸脯，可能还有腿附近的两侧。然后是背上的斑点，最后是后腿之间的腹部的斑点。头、胸、背、腹一共四个。"

这个猜谜游戏可没有上一次猜白腿的那么欢乐，因为只有几个斑点的杂色马很少，可能在窗前坐好几个小时都看不见一匹。不过，也没必要非得在出题时看到马不可，只要提问者能够清楚记得一周之前看见的某匹马的毛色就行了。

如果一匹马只剩下两个深色斑点了，那么这两个斑点一定是在头和胸脯上。

牛身上的斑点最先出现在靠近角的额头上，或是在乳头上和乳头周围，这些是毛色最容易变化的部位。

猫和狗最容易变色的部位是腿和胸口。只有牛和狗会常常带有斑点，牛背上时常有白色的纵向条纹，而马、猫、狗却很少有这样的条纹。白脑袋的牛随处可见，但白脑袋的马又有多少人见过呢？这种颜色搭配实在罕见。而白色脑袋的猫或者狗鲁利耶也没怎么见过，就算真的有，那也应该是稀有品种。

"你们可以试着找找深色胸口的杂毛狗，或者白色胸脯的杂毛马"，鲁利耶向朋友们说，"我保证，与其找这样的狗和马，还不如去找两个脑袋的小狗和马驹来得容易些。"

显然，马、牛、狗、猫都有自己的杂色规律。

搞清楚哪里更容易出现白色的大斑点、哪里最先出现白斑点、杂色的毛如何扩散和哪些部位的深色毛最后褪色，这是任何一个观察了上百头动物、并记录下其毛色杂化特点的观察者都能做到的。

但仅仅了解这些对鲁利耶来说太少了。这没办法回答"为什么？"的问题。

马、牛、狗、猫、兔和山羊的皮毛是在家养条件下才变成杂色的,它们野生的先祖可没有杂色的毛皮。是什么导致了它们的杂色化,白斑的出现和扩散又为什么呈现出规律性呢?

鲁利耶认为,白色的皮毛通常出现在被摩擦到的部位。马额头上套的笼头(常常还安有搭扣)让额头产生了白色的"星斑"。项圈摩擦到狗的脖子,这个部位就常常有个白色的环,而猫就没有这样的白环,毕竟它们不用戴项圈。马和牛的蹄端,尤其是马的后蹄、猫和狗的爪尖常常踩在污泥里;当牛趴在地上时(牛常常会趴着),它的后腹和乳头会与地面摩擦。而马肩隆前面的白色斑点则是戴马鞯的结果。

这些推测和解释都十分巧妙,但……

牛的尾巴尖端常常变白,马的尾巴也很容易变白。牛和马都会摆动尾巴,而且会用尾巴拍打身体两侧,这样就会有很多的"摩擦"。狗尾巴末端很容易变白,甚至一些狐狸的尾巴末端也是白色的,可它们的尾巴末端不会受到任何特别的"摩擦"。猫和狗的胸口常常变白,可难道它们的胸口经常蹭到什么东西?马骶骨前的背部很容易出现白色斑点,但马的这一部位也不会受到什么特别的摩擦。你说是皮马套上的细皮条?但那样的话,别处也应该出现斑点,因为马套又不是只有一根皮条,可别的地方却没有斑点。杂色马背上的深色部位很难变色,这里的深色斑点几乎是最后才会消失的,可是马背这里应该会被护具磨到吧(更不必说用于乘骑的马还会被马鞍磨到了)。这许多的"但

▲ 牛最容易产生斑点的地方:乳头和额头

是"都能推翻他的猜想。

而且可以说，并非所有动物毛色中的白色部分都是大斑点。猫和狗常常有白色胸脯，而松鼠、貂、伶鼬、老虎和大部分狐狸的胸脯总是白色的（至少通常是白色的）。

斑点通常是不对称的。甚至猫的白色腿以及那些几乎对称的器官上的斑点都不对称，至于马和牛身上的斑点更没什么好说的了。为什么会这样呢？鲁利耶没有纠结于这一点，毕竟非对称性本来就是杂色最典型的特征之一。可是"摩擦"不能解释这一点。

鲁利耶系统地研究了不同家畜身体上斑点出现和扩大的顺序，却无法对其原因做出解答。不过，这个问题的确切答案至今尚未找到。

5

任何一种动植物都与其外界环境紧密相关。环境发生改变，动植物也会发生改变。对于这一点鲁利耶坚信无比，并常常在自己的课堂上宣扬。

而家畜呢？这里动物生存环境也有变化，而这些改变不仅仅体现于动物的身体构造上，更是首先体现于动物的习性和行为中。

"野生动物和驯化过的家养动物……它们的习性和性情之间的差别多么大啊！"鲁利耶感叹道。

野生动物渐渐被人们驯化，而它们的行为也发生改变，出现了一些新的习性，而丧失了许多原先的习性。

但"被驯化的"还不能算作"家养的"。人们可以驯化狼，但没人管狼叫作家畜。区别在哪里呢？家畜是在许多代的时间内被驯化的。人们的生活已经成为它们的生活，而人们也成了家畜生活和繁殖的新环境中必不可少的组成部分。

"繁殖！"鲁利耶一边意味深长地说，一边举起粗壮的食指，以表示这句话尤其重要。"繁殖……这是家畜最重要的特点之一：它们很容易繁殖。不过，被驯化的动物远非总在繁殖。驯化的鹦鹉不少吧，但它们的后代可是很难找到的。金丝雀倒真算是家禽，它们在笼子里也很容易繁殖。"

"驯化野生动物意味着什么呢？"鲁利耶自问自答着。

"这意味着强迫动物完全适应新的生存条件，适应与人类一同生活。"

鲁利耶认为增加家畜的种类是个非常重要的任务。他觉得，被驯化的动物种类越多，人类的物质生活质量就提升得越多。1856年11月17日的农业协会会议上就有一个相关的报告。

不过做报告的人不是鲁利耶，而是他的一个学生，名叫阿纳托利·彼得罗维奇·波

▲ 斑点沿着身体的腹部和背部蔓延,在头部汇合
▲ 白色的斑点环绕身体一圈;黑色的毛色只以小点的形式保留

格丹诺夫①，当时他才22岁，刚刚开始自己的科学生涯。两年后鲁利耶去世了，波格丹诺夫就接管了大学的动物学教研室。

波格丹诺夫按鲁利耶的委托做的这场报告，他本人既没有为报告定题目，也没有拟定报告的内容。这个报告名为"关于动植物的适应性"。

鲁利耶对"适应性"一词的阐释非常宽泛。报告不仅谈了野生动物迁移到新的地域，也讲到了家畜的迁移。动物在地理上的任何迁移都关系到其生存条件的改变；适应新的环境就是适应性。波格丹诺夫不仅讲了这一点，还讲了要保护野生动物不被人类灭绝。鲁利耶的其他学生也在这次会议上谈及了这些观点。

适应性委员会成立了，又过了两个半月（即1857年1月30日），这个委员会召开了第一次会议。鲁利耶被选为了委员会的主任。

要驯化驼鹿、高鼻羚羊、牦牛、海狸、黑琴鸡、灰山鹑、雪鸟……许许多多的任务摆在这个刚成立的委员会面前。

自那之后又过了一百年，适应性委员会（协会）早已经解散了，但驯化动物的工作却没有停下，甚至驯化范围还在不断拓宽。

而家养呢？不久前人们开始驯化和家养驼鹿，而养牦牛早在鲁利耶的时期就有了。沙皇俄国时代几乎灭绝的海狸在苏联时期又开始大量繁殖安家，如今在俄罗斯许多地区都有海狸生活筑巢。黑貂的数目增加了许多，它们还被驯养来为人服务。上千群高鼻羚羊在俄罗斯东南部的草原和半沙漠地带漫步。当然了，人们不打算家养高鼻羚羊：它们作为家畜能有什么好处呢？

黑琴鸡、灰山鹑和雪鸟是没有必要家养的：花费时间和力气去换取那些劣品野鸡是不值得的，直接养家鸡不是更简单更好吗？

在家养动物这方面，适应性委员会并没有达成过什么特别的成就，但这也不重要。重要的是，委员会确立了一个任务：对动物与其生存条件和生存环境之间的关系进行研究。

"为什么要到遥远的国家去寻找新的物种呢？仔细看看身边发生的事，你就会获得许多新知识。不要好奇那些热带国家的新奇事物，还是先弄清我们自己国家的动物的每个细节吧。"

---

① 阿纳托利·彼得罗维奇·波格丹诺夫（1834~1896）——动物学家、人类学家、莫斯科大学的教授，卡尔·弗兰佐夫·鲁利耶的学生。他是综合技术博物馆的创建人之一，是建立莫斯科动物园的倡议者，是自然科学爱好者协会的创始人，理论结合实践的宣传者，进化论者。俄罗斯19世纪后半叶至20世纪初大部分杰出的动物学家都出自波格丹诺夫学派（弗拉基米尔·瓦格纳、尼古拉·库拉金、米哈伊尔·缅兹比尔，尼古拉·纳索诺夫，弗拉基米尔·希姆科维奇等）。——原注

▲ 阿·彼·波格丹诺夫（1834～1896）

这就是鲁利耶对学生们的要求。

"我们认为，应将以下课题定为顶尖学者们的研究课题：研究考察者附近三俄尺内的沼泽中的动植物，研究它们的结构组织和生活方式在一定条件下的逐渐协同进化。这是值得我国社会的精英学者们的研究任务。"

这就是鲁利耶提出的动物学课题。当然，三俄尺有点少，但鲁利耶这么说时，心里想的还不到方圆三俄尺，甚至还不到一平方米。

听上去似乎很简单？如今一百年过去了，就算是在我们这个时代，这项工作还没有人完成。它看上去简单，实际上却难得出奇，想要完成它就得奉献终生，一刻不停。

6

"为什么？"或是"为了什么？"……

这些简单的词语中隐含了太多的东西。可以说，它们标志着生物学家的两个阵营。在19世纪前半期，它们分别代表着居维叶的阵营和拉马克与圣伊莱尔的阵营。

"为什么"（也可以说是"因为什么"）阐释了原因（为什么你是这样的？——这是为什么，是因为什么，是由于什么原因），"为了什么"阐释了目的（你为了什么要这样？这是为了什么，是出于什么目的），问题不是"为什么"，而是"为了什么"，那么回答中也就不是"因为"，而是"为了"。也就是说，这两个概念给出的是完全不同的解释。

鸟类的胸肌十分发达，它们的胸骨（胸部的骨头）上有高耸的龙骨突[①]。鸵鸟不会飞，它的胸脯就是平坦的，没有龙骨突，胸肌也不十分发达。企鹅不会飞，但它们短小的翅膀演变成了划水的器官——鳍状肢，因此企鹅的胸肌十分发达，胸脯上有龙骨突。很明显，胸肌发达与飞翔（概括地说是与翅膀的频繁使用）有关，胸肌的发达又与胸脯上是否有龙骨突有关。

似乎一切都非常简单！但还有一个问题：为什么或者为了什么鸟类的龙骨突会变得发达呢？

居维叶认为："有什么样的身体构造，就有什么样的身体机能"，而他的追随者们也坚信这一点。举个例子：鹰胸部的龙骨突和胸肌很发达，因此也十分擅长飞行；鸵鸟没有龙骨突，没有发达的胸肌，因此不能飞翔。

鲁利耶无论如何也不能同意这个观点。

飞翔需要能承受运动负载的翅膀，也就是说，需要胸肌的高强度工作：它们是翅膀的发动机。经常性的高强度工作会导致胸肌变得发达。胸肌的大量增加导致骨骼表面积的增加，因为肌肉需要有地方附着，这样胸部就产生了龙骨，并变得发达了。会飞的鸟翅膀的运动使得相应的组织变得发达和强劲。

鲁利耶是拉马克和圣伊莱尔的追随者，他坚信"有什么身体机能，就有什么样的身体构造"。

在居维叶和他的追随者们的旗帜下立着的是"为了什么"，而在拉马克、圣伊莱尔和他们的追随者旗帜之下则是"为什么"。鲁利耶应该站到哪一个阵营里呢？当然不是居维叶的阵营。

居维叶和他的追随者们主张神创论，他们断言："物种是不变的，鱼出现的时候是什么样子，现在就依然是什么样子：它是被预先规定生活在水中的。鸟类是预先被规定生活在空中，因此它的身体构成是这个样子。而鹰和鸵鸟是'从一开始'就是我们如今看到的样子。"

而鲁利耶等拉马克和圣伊莱尔的支持者们却大加反对："物种是改变的，而它们发生改变的原因在于其周围的环境在改变。鱼不是为了生活在水中而出现的，而是水生生活造就了它。可以说，水创造了鱼类，但不是立刻创造的，而是渐渐地、一步步地创造出的。"

鱼类生活在水中，适宜水生生活。它们也相应地以水中的方式呼吸、进食和运动，相应的器官发挥作用，这样一来，鱼类借助尾部和鳍游泳，这些器官不断被使用、得到

[①] 绝大多数鸟类的胸骨腹侧正中的纵突起，常见于善飞的鸟类，供动翼肌的附着用；丧失飞翔能力的鸟类，如鸵鸟、鸸鹋等，龙骨突不发达或退化。——译注

◀ 企 鹅

练习，变得十分完善。

居住在笼子里的鸟不能飞翔，它们的翅膀几乎派不上用场。

几年过后，那些鸟儿即使被从笼子里放出来，也很难飞起来了。这就是我们通常说的"退步"，甚至是"丧失了飞翔能力"。

鼹鼠是一种营地下生活的小动物。它的视力微弱，尾巴和四肢都十分短小：这一切都与它们生活在地下有关。鼹鼠是穴居的，一生中几乎一半的时间都用于挖掘洞道。它们的前肢发生了改变，变得有点像铲子：短而弯曲，骨头很宽，爪子强劲有力。

鱼类运动的时候用头分水。水是稠密的环境，在水中运动要比在空气中运动困难得多。鱼类没有脖子，这极大地减轻了它们在水中运动的负担：不动的头部很好地起到了冲锤[1]的作用。

鼹鼠在地下的坑道中运动时不一定得奔跑，也不一定得使用铲子般的前肢挖掘通道。在疏松的土壤里，它只需动动脑袋就能移动。在这种情况下它的头部充当冲锤，而它的脖子又短又粗，就像没有脖子一样。

猫、狗以及几乎任何小动物都可以"逆着毛"抚摸，但却无法"逆着毛"抚摸鼹鼠。

为什么呢？

鼹鼠浓密的毛不是耷拉着的，不朝着尾巴，不朝着头，也不朝着肚子。它们短而竖立，为鼹鼠披上一身"天鹅绒外套"。在地下行进时，鼹鼠不仅要向前运动，还常常要倒退行进，因为在窄窄的洞道里是转不了身的。鼹鼠们短短的"天鹅绒大衣"不会妨碍它们在狭窄的地下通道中运动。而如果它们的毛都朝着后面，就会像刹车一样，导致在洞穴里退行时举步维艰。

鼹鼠是适应地下生活的典范，鲁利耶理所当然地引用了这个例子。

可是……

"鼹鼠没有脖子，它们的身体直接与头部相连，这是为什么呢，或者说是为了什么呢？二者实际上是一回事。"

"这是一回事？""为什么"和"为了什么"之间能画等号？居维叶和圣伊莱尔的这两个针锋相对的阵营要和解？但"为什么"和"为了什么"分别代表着原因和目的，这毕竟是两个对立的事物。

---

[1] 工业中用于钻孔打坑的锤头，这里比喻鱼类运动时，头部在前面拨开水流。——译注

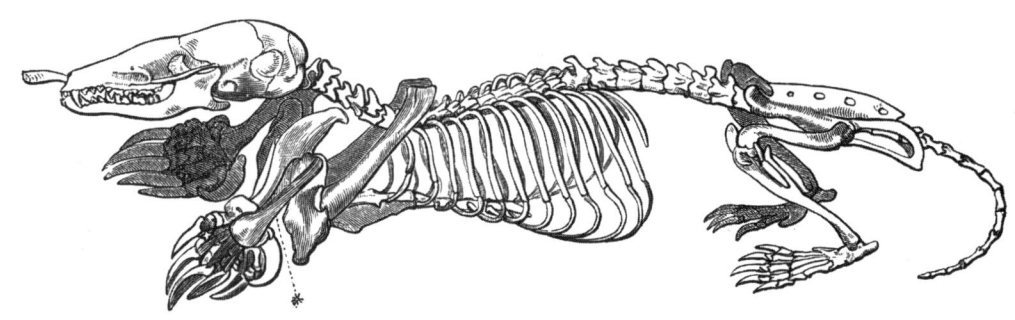

▲ 鼹鼠及其骨骼

尽管如此，鲁利耶还是使用了"或者说"一词。

我们不知道他对此是如何考虑的，但他未必是想要在"为什么"和"为了什么"之间、在原因和目的之间划上等号。他考虑的大概是另一回事，而"为了什么"对他有了一种另外的含义。如今的一些生物学家在写到鲁利耶时，认为他是打算用这个等号来骗过书刊检查员的眼睛，是通过这种让步来保住自己的教授职位；实际情况当然并非如此。

青蛙擅长弹跳，它们有长长的、适合弹跳的后腿。这两个事实，其中一个能由另一个推导出来，但哪个是因哪个是果呢？

可以说：为了让青蛙能够跳跃，它们才有了长长的后腿。这是居维叶的看法，是"目的"。

也可以换种方式说：青蛙能够跳跃，因此它们长出了长长的后腿。这是圣伊莱尔的看法，是"原因"。

根据居维叶的说法，世界上出现的第一只青蛙就已经有善于弹跳的后腿了，这个会跳的家伙是一下子就出现了的，它就是被创造成这个样子的。

圣伊莱尔和拉马克的看法则不同。青蛙的先祖并不擅长跳跃，也没有长长的后腿，但它们越来越经常用后腿推动身子稍微跳跳，后腿就得到了越来越多的锻炼，它们的腿就变得越来越发达了。后腿变得越发达，它们就越常跳跃、跳得越好，这意味着后腿又得到越来越多的锻炼。这不断带来了新的完善，后腿结构的变化遗传给了后代。最终，青蛙的腿变成了我们现在看见的样子。简单点说：青蛙先祖通过跳跃获得了长而善于跳跃的后腿。

即便把青蛙换成螽斯，这个推论依然是成立的。

是否能够为这两种解释划上等号呢？当然不能。

而要是换成鲁利耶的话，他大概是会为二者画上等号，会说"或者说"的。

为什么会是这样？这"一回事儿"的说法又从何而来呢？

鲁利耶自己给出了答案。

"我们既不追随居维叶，也不追随圣伊莱尔：这两派学者研究的都不是完整的问题，而仅仅是问题的一个部分，而且是两个极端。"

居维叶坚信，动物被创造出来时就已经是我们今天看到的样子了。圣伊莱尔证明了，物种是变化的，我们现代的动物跟它们的远祖是不一样的。改变是环境和生存条件作用的结果。器官的改变取决于其承担的功能。而这是如何发生的呢？是依照其功能的执行而完成的。

居维叶看见一只今天的青蛙，根据他的观点，这只青蛙的所有先祖都是这个样子。

青蛙为什么能跳？

看着这青蛙，任何人都能做出回答：

"因为它有长长的后腿。"

请告诉这个看见跳跃着的青蛙的人：

"是因为它能够跳跃，它才长出了这样的腿，这样的腿正是锻炼的结果。"

"说什么呀您！"他将这样回答，"哪儿来的锻炼！在青蛙还只是只蝌蚪，还生活在水里的时候，它们就已经有善于弹跳的后腿了。"

圣伊莱尔和拉马克说，锻炼和高强度的工作让器官得到发展：器官随着它执行的功能而发生变化，这些变化遗传给后代，再一代代继续传下去。

今天的青蛙当然有着善于弹跳的后腿。但这样的青蛙不是被设计好了，一下子就出现在地球上的，它们有个漫长的"青蛙史"，而其中最为重要的事件之一便是后腿逐渐变长，从普通的腿变成善于弹跳的腿。

我们面前有一只青蛙，它正在跳，它有长长的后腿。

"为什么"还是"为了什么"？

我们看到的这只青蛙有长长的后腿是为了能跳跃，这正是它们的"使命"。对此我们现在可以说："有什么样的器官，它就怎样发挥作用。"

但青蛙的后腿始终都是擅长弹跳的吗？不是。它们是锻炼的结果。短腿的青蛙用后腿推动身体稍作跳跃，腿得到锻炼，骨骼变长，肌肉变得更加有力，这样，在后腿的帮助下的跳跃使得后腿变成了善于弹跳的腿。对此可以说："器官有什么功能，就是什么样子。"

当然，这里也有自然选择的影响：长腿的青蛙更适应生活。但在鲁利耶的时代人们还不知道自然选择论。

居维叶只知道当前的青蛙，别的对他来说都不存在。

圣伊莱尔看见了青蛙的"历史"，却忘记了一点："今天的青蛙"是历史造就的结果。

一方只谈论"使命"和目的，询问"为了什么"，另一方只记住了历史，只谈论原因，询问"为什么"。

我们面前的是今天的青蛙（居维叶），但它也是漫长历史的产物（圣伊莱尔）。

为了什么（目的）青蛙要有长长的腿呢？为了跳跃。

为什么（原因）青蛙有长长的腿呢？因为它们经常跳跃，锻炼塑造并维持了这样的腿。如果青蛙不再跳跃，那么几代之后，我们将发现青蛙的后腿不再发达。

是功能创造了器官，器官是据功能而定的。但被特定功能创造出来的器官恰好完成了相应的功能，因此功能也是据器官而定的。

这就是为什么在谈到现在的鼹鼠时，鲁利耶把"为什么"和"为了什么"画上了等号。

第十一章　您的祖先是猴子

1

如果你看一看欧洲地图，英国中部附近一个大写的"伯明翰[①]"就会映入眼帘。这是一座工业大城，它的西边坐落着一个区，或者按照英国的说法，什罗普"郡"[②]。这是个偏僻的地方，其主要城市什鲁斯伯里[③]只是一座偏远的小城。塞文河[④]环绕着这座小城，且几乎从三面包围了它，仿佛是一条巨大而清澈的护城河。

塞文河高高的河岸上有座陡峭的悬崖，悬崖之上有一所带有大果园的房子。这座房子是达尔文医生[⑤]建的。他是什鲁斯伯里著名的医生，事业兴旺发达。

拉马克于1809年出版了自己的著作[⑥]。也是在这一年的2月12日，河边的这座房子里传出了一声婴儿的啼哭：达尔文医生家的第二个儿子出生了。这个孩子被取名为查尔

[①] 英国第二大城市，位于英国中部。——译注
[②] 英国英格兰西米德兰兹的郡，是英格兰人口最为稀疏的乡间地区之一。——译注
[③] 什罗普郡的郡治。——译注
[④] 英国境内最长河流，流经什鲁斯伯里。——译注
[⑤] 罗伯特·韦林·达尔文（1766~1848），英国医生、银行家，查尔斯·达尔文的父亲。——译注
[⑥] 即《动物学哲学》。——译注

▲ 查尔斯·达尔文出生的房子

斯。他是这个家里的第四个孩子①，所以没带来什么特别的麻烦：妈妈对照顾小孩这样的难事已经驾轻就熟了。

就像在别的家庭里一样，家里大一些的孩子对小弟弟都很感兴趣。哥哥姐姐们太想看看他了，都守着安躺着一大团白色襁褓的摇篮寸步不离。可是襁褓里刚露出个红彤彤的小脸蛋，就响起了一声洪亮的哭啼，吓得孩子们匆匆逃走，而他们的医生爸爸就把自己办公室的门关得更严了：屋里坐着些女病人，达尔文医生与其说是用药物为她们治病，不如说是在通过谈话治病。尽管当地的药店老板对此颇有微词，达尔文医生却因为这个治疗方法而格外出名。

查尔斯是在女孩儿堆里长大的。哥哥比他大近五岁，像别的哥哥一样，不愿意跟这个小毛孩一起玩耍。姐姐们，尤其是凯瑟琳，却不讨厌跟他玩，查尔斯便和她们待在一起。他是个非常温和又有同情心的人，甚至会怜悯穿在鱼钩上的蚯蚓。有人教他将蚯蚓放入盐水中杀死：这样它们会平静而无声无息地死去。得知让蚯蚓无痛死亡的秘诀之后，他就只用被盐水杀死的蚯蚓钓鱼了。

查尔斯是个狂热的垂钓爱好者，他能好几小时守在岸边，目不转睛地盯着浮标：它

---

① 此处疑为作者笔误，其实是第五个孩子。——译注

马上就要摆动着摇晃着被拖入水里了……但浮标只是偶尔微微动一下,更难得潜入水里。鱼儿不爱吃死了的蚯蚓,因此查尔斯好几个小时的等待都是徒劳,但他仍然坚守底线,不用活的蚯蚓钓鱼。

1817年春天,八岁的查尔斯被送进了学校。这是一所预备学校,他在这儿总共就待了一年。这所学校不太乐意接收查尔斯,因为他在家时是和姐妹们一起长大的,因此表现得"女孩子气",一点也没有一个真正的学生应有的锐气。他不会打架,不会伸出小腿给同学下绊,至于把一团纸嚼一嚼,抛出去,让它划一个弧线刚好砸到老师的头上黏住——这对他来说简直是不可企及的技能。

▲ 七岁的查尔斯·达尔文和姐姐凯瑟琳

可想而知,每次打架他都是被揍的那个,回家的时候要么额头上顶着包,要么鼻子又红又肿。

他真是出奇的单纯。

一天,查尔斯和他的同学加尼特一同顺路去面包店。加尼特拿了几个小馅饼,没有付钱就走了。

"为什么你没有付钱呢?"查尔斯问道。

"我从来不付钱,"调皮鬼加尼特回答道,"莫非你不知道,我的叔叔死后留下了一大笔钱给这些生意人,不过有一个要求:只要带着叔叔这顶旧帽子并且像这样摸一下帽子,就可以免费拿走商品。"说着便用指头碰了一下自己的帽子。

查尔斯相信了这个故事,他没发现,加尼特戴的根本就不是叔叔的帽子,而是一顶普普通通的儿童帽子。这时加尼特又走进了另一个售货亭,选了几个本子,又一次没付钱就走了。查尔斯瞪大眼睛紧紧看着他,看见他摸了一下自己的帽子。

"想要我这顶叔叔的旧帽子吗？"加尼特问查尔斯。

"那还用说！"

查尔斯根本没想过"叔叔"的帽子怎么会刚好适合小孩子的脑袋，就戴上了加尼特的帽子。他们走进了面包店，加尼特站在门边，达尔文走到柜台，拿起几个小馅饼，用手指头摸了一下帽子就朝门边走去。

"去哪儿呢？钱呢？"面包师傅朝他跑来。

查尔斯丢下馅饼就难堪地跑了，背后传来面包师傅的叫骂和加尼特的大笑。

一年后查尔斯被送去了另一所学校，那是一所"优等学校"。这所学校的教学风格完全印证了它的名字："文法学校"。学校老师反反复复地讲解语法和句法，拉丁语和希腊语最受重视，学生们不仅能像通常一样翻译文章，甚至还能倒着翻译哩。此外，学生们还得会随时随地按指定题目用拉丁语和希腊语写诗。

达尔文可不擅长学习拉丁语，总的来说，他就不擅长学习语言。语言学习对他来说非常费劲，甚至想不留级都不容易。在这所学校念书时，达尔文迷恋上了收集硬币、贝壳、信封上的印章（那个时候还没有邮票）和矿石。他本来还要收集甲虫的，但不是活的甲虫，因为在跟凯瑟琳姐姐商量之后他认识到，为了收集标本而杀死甲虫是不对的。

他决定："我只收集死了的甲虫。"

但死甲虫很难碰到，查尔斯整个夏天才收集了不到20只。

这时查尔斯的哥哥已经是高年级学生了，他忽然想要研究化学。兄弟俩在储藏室里搭起了"实验室"，沉迷于制取各种气体和捣鼓其他"实验"。查尔斯兴奋地擦洗着烧瓶和试管，闻着有异味的气体，还仔细地阅读了《化学问答录》。

搞化学占用了不少时间。查尔斯的课业成绩一直都不好，这下更是低得可怜。校长找他训话，开导他说学化学是没用的，应该把所有时间都花在拉丁语和希腊语上，而不是花在化学上。在长篇大论的最后，他将查尔斯称为"*poco curante*[①]"。

查尔斯不懂意大利语，这句话深深地伤害到了他，他以为这两个词很难听，其实它们的意思只是"不勤奋的人"，简单地说就是懒汉。

查尔斯的哥哥中学毕业后考上了爱丁堡大学[②]。家里剩下查尔斯一个人，他便过上了快活的日子。他迷恋上了打猎，而他的学业则完全荒废掉了。这时父亲决定把查尔斯也送到爱丁堡[③]去，他想，在那里有兄长的照看，查尔斯就会更勤于学业。但事实上他错了。

父亲要送查尔斯去学医，他觉得医生这个职业是最适合自己的小儿子。于是查尔斯

---

① 意大利文，"不用功的人"。——译注
② 英国著名大学，成立于1583年，与牛津大学、伦敦大学和剑桥大学齐名。——译注
③ 英国文化名城，位于苏格兰东海岸，是苏格兰首府。——译注

去了爱丁堡大学医学系。

早上八点钟，查尔斯在上医学课。这门课很无聊，查尔斯昏昏欲睡。而这门课之后还有一节人体解剖学，也是一门枯燥的课，查尔斯还是昏昏欲睡。

但无论如何，查尔斯还是耐心地在教室里坐了好几个小时，甚至还去了医院实习。一天，他不得不参加一次手术，但在病人发出第一声呻吟时（那个时候人们还没发现氯仿[①]）查尔斯就捂着耳朵跑出了手术室，还把应该及时递给医生（关于这一任务他已经被反复叮嘱了很久了）的医用钳给带了出来。

在爱丁堡大学，哥哥只跟查尔斯一起待了一年，毕业之后就离开了。查尔斯又孤身一人了。他结识了几个热爱自然科学的年轻人，很快跟他们成为朋友。这其中有植物学家，有个后来因在古亚述国的旅行而出名的安斯沃特，还有已经发表了几篇科学论文的动物学家格兰特[②]。

新朋友们迅速转移了查尔斯对医学的兴趣。他们常常组织谈话和辩论，一起观察各种自然现象，一同去郊外捕捉各种动物、收集各类植物——这一切都比解剖学课程要有意思得多。

格兰特和他的同事科尔德斯特姆[③]常常去海边收集退潮时留在岸边水坑里的海洋生物。查尔斯经常与他们一同去捕捉蠕虫、甲壳纲小动物，收集软体动物。他与渔夫们交了朋友，还跟他们一起出海捕过牡蛎。很快他就有了相当多的贝壳收藏。

查尔斯越来越迷恋动物学。一年不到，他就成了个不折不扣的动物学家。他甚至做出了一个不大的科学发现，后来还在普林尼学会[④]宣读了关于这个发现的报告。查尔斯还认识了一个擅长制作鸟类标本的黑人，开始向他学习并跟这位标本制作老师一起度过了很多时光：这个黑人是个有趣的人，他去过许多地方旅行。

就这样过去了两年，达尔文博士相信，查尔斯成不了医生了，便决定送他去学神学。

"他很有同情心，又多愁善感，能成为一个不错的牧师。"

查尔斯没有反对这个决议。"牧师的工作并不繁重，"他想，"在空余时间就可以去打猎和钻研自然科学。"

但他没有立刻做出答复，而是请求给他一点时间考虑。

[①] 即三氯甲烷，无色透明液体，医学上常用作麻醉剂。——译注
[②] 罗伯特·埃德蒙·格兰特（1793～1874），英国医学博士，生物学家。——译注
[③] 约翰·科尔德斯特姆（1806～1863），苏格兰物理学家。——译注
[④] 爱丁堡大学的一个学生兴趣协会，学生们聚在一起宣读自然科学方面的论文并进行探讨。成立于1823年，终止于1848年。——译注

"我不知道英国圣公会①的学说是否跟我的观点契合、有多契合。给我几个月时间吧，然后我再给您答复。我要去读读神学书籍，研究下这个问题，然后才答复您。"他对父亲说。

读了几本神学书籍之后，查尔斯没发现其中有什么可能会与自己观念相悖的东西，甚至关于创世，关于植物、动物和人类如何被创造出的，关于史前大洪水②和许多别的传说的《圣经》故事都没让他产生任何怀疑。毕竟那时候的他还只是个医学学生，而不是40年后那个但凡受过点儿教育的人都听说过的伟大学者查尔斯·达尔文，那个蓄着长胡子，眼神忧郁的老头。

"我同意当个神父。"达尔文回复父亲说。

现在事情就简单了：需要接受高等教育（英国的牧师都是很有学问的），于是就得完成大学的课程。爱丁堡已经不再合适。这时才看出来，查尔斯竟然如此"出色"地忘掉了文法学校教的知识，甚至连希腊字母都有几个记不得了。得找个家庭教师，然后死记硬背下希腊语的变格规则。战胜了深奥的希腊语语法和句法后，查尔斯于1828年成为剑桥大学基督学院的一名学生。

基督学院的学监萧先生是个狂热的赛马爱好者，他从不错过哪怕一次赛马，学生们也成群结队地跟在他后面去看比赛。经常去看赛马让达尔文有机会对许多名马的系谱进行研究。他学会了马场工人和骑手的用语和动作，了解了怎样改良马的品种，这一切在后来都成为他的助力。

对运动的兴趣让达尔文结识了一伙十分快乐的人，这帮人还建立了一个"饕餮小组"。从小组的名字就能看出来他们都做些什么，但得说明一下，这个名字也不完全准确：这些快活的年轻人可不是聚在一起大吃特吃，他们每周都有一次聚餐，但用餐的形式非常特别。他们吃的都是通常不用作食物的动物。聚餐大大丰富了达尔文的动物学知识：他知道了老鼠、青蛙、蜥蜴、乌鸦、猫头鹰等在任何肉店都买不到的动物吃起来是什么味道。

在一个朋友的怂恿下，达尔文开始兴致勃勃地收集起甲虫来，而此时的他已经不经任何烦琐的程序就将它们"处死"了。他没有成为一个埋头于书堆和昆虫图鉴中的真正的昆虫学家，只是止步于图画册：根据图片来确定收集到的甲虫的名称。他很擅长图像记忆：只要看过一次的甲虫，他一辈子都不会忘。只要在树林里看见一只甲虫，他马上就能说出，自己的收藏里有没有这种甲虫。

---

① 英国的国家教会及安立甘宗的母教会。——译注
② 《圣经》中记载的一次几乎摧毁了人类文明的全球性范围的大洪水。——译注

▲ 查尔斯·达尔文就读的剑桥大学基督学院

一天,查尔斯从一个老树桩上剥树皮时发现了一只罕见的甲虫,他的收藏里还没有这样的甲虫呢。查尔斯捉住了它,但还没来得及把它收好,就又看见一只没见过的甲虫。当他两只手各抓了一只甲虫时,他忽然又看见了一只更为稀有的甲虫。来不及多想,他就把一只甲虫塞到了嘴里,以便为第三只甲虫腾出手来。嘴里的甲虫不失时机地释放了一种刺激性的液体,让这个勤勤恳恳的捉虫能手吐了一整天。当然,他一只甲虫也没得到:一只被吐了出来,一只拿丢了,还有一只在混乱中逃之夭夭。

尽管如此,后来有一天查尔斯在一位货真价实的甲虫研究家史蒂芬的著作①中看到一行标注:"查尔斯·达尔文捕获",他真是高兴极了。这极大地满足了达尔文的自尊心,有段时间他甚至认真地考虑过是否要将捕捉甲虫作为自己的主业呢。

---

① 指《英国昆虫图解》——译注

甲虫捕捉和对自然的热爱让达尔文认识了一位植物学家兼矿物学家亨斯罗①。亨斯罗是个很好的人，还是个知识渊博的博物学家，乐于将自己的知识分享给别人。他不仅帮助达尔文学习和喜爱上自然科学，还教会了他很多东西。正是亨斯罗将达尔文塑造成了一位博物学家。

甲虫、狩猎、赛马、"饕餮小组"，还有许多别的闲事儿：这就是达尔文在剑桥的生活，对神学他反倒想都没怎么想。

1831年1月，达尔文通过了学士学位考试。夏天他与塞德威克②教授一同去参加了一次地理考察，在威尔士北部度过了几个星期。这样的游玩要比学校里的课程有意思得多：查尔斯不仅了解了地理学，还学会了绘制地图，完成地理勘测。不过这次考察的时间不长。

达尔文说："我如果把狩猎季的头几天花在地理上，那一定是疯了。"他留下塞德威克教授一人继续研究各种峡谷、山包和冲刷岸③，自己却匆匆赶回了什鲁斯伯里，以免得错过狩猎季的开端。

2

家里有个惊喜正等着查尔斯。亨斯罗教授给他寄来一封信，通知他说有个去环球航行的机会。军舰"小猎犬"号将于9月底出发，要找一个博物学家随船同行。

达尔文非常想去旅行，他早就梦想着去遥远的地方游历，这些梦想中也掺杂着些别的愿望：去猎捕闻所未闻的野兽、去捕捉巨型甲虫，诸如此类。然而他的父亲坚决反对，不让儿子出这么远的门。

在被儿子三天两头想去旅行的请求烦透了之后，达尔文医生松口说："只要有个头脑清醒的人建议我放你去环球旅行，哪怕就一个，我就让你去。"

查尔斯拜托舅舅威治伍德去做说客。威治伍德是个非常能干的人，拥有一座享誉世界的陶瓷器皿厂（在今天威治伍德的陶瓷制品依然是"贵重如金"）。达尔文博士认为他非常智慧明理，而他也没让外甥查尔斯失望：他支持查尔斯去旅行。

"小猎犬"号被派到美洲海岸和太平洋去进行地理考察，去测绘海岸地图并勘探洋

---

① 约翰·史蒂文斯·亨斯罗（1719~1861），英国植物学家、地质学家。——译注
② 亚当·塞德威克（1785~1873），英国学者，现代地质学的奠基人之一，达尔文进化论的反对者，但与达尔文是终生好友。——译注
③ 由于地球自转产生的地转偏向力，北半球河水冲刷右岸形成冲刷岸，而左岸形成沉积岸。——译注

流。此外它还有些其他的科考任务，为此要作环球航行。舰长菲茨罗伊①想要带上一名从事标本收集的博物学家。博物学家拿不到薪酬，并且还得支付自己的生活费，但收集到的标本都归自己所有。

想要争取这个名额的人只有零星几个，达尔文排在第三位，但很快他就成了唯一的一个候选者，因为前两个候选人都放弃了。达尔文热切地想要参加航行，但舰长菲茨罗伊本人却反对带他同行。这位船长是位大贵族（他是格拉夫顿公爵②的侄子），他非常迷信通过面相判定人的性格。他一看见达尔文就反对起来：

"这个年轻人的鼻子算是个什么啊？有这样鼻子的人决不会是个聪敏又有决断力的人，我可不需要一个优柔寡断的人。"

鼻子，这么常见的鼻子，差点就坏了事！达尔文没法把自己的鼻子整改成"又聪敏又有决断力"的

▲ 罗伯特·菲茨罗伊

鼻子，因此他只好走后门，也就是说找关系。他找了些熟人和朋友，靠他们说服了菲茨罗伊。船长同意带上达尔文，甚至还把自己的舱房分给他一半。

"小猎犬"号是一艘装备了10门大炮的老旧军舰，有个海员们熟知的绰号叫"棺材"。这个外号充分说明了它的"优点"，也就是说，当风暴来临时，这家伙很容易就

---

① 罗伯特·菲茨罗伊（1805年~1865年），出生于一个将军家庭，英国海军中将、水文地理学家、气象学家，多次参加地理考察，著有《"冒险号"和"猎犬号"探险船勘测航海记事》。——译注
② 英国的一个爵位。英国国王查理二世于1765年封自己的私生子亨利·菲茨罗伊为第一代格拉夫顿公爵。——译注

▶ "小猎犬"号

会"急急忙忙"地沉入海底，仿佛就是为了等这个小小的正当理由罢了。菲茨罗伊本来可以搞到一艘更大更可靠的船，但他不知怎的并没有这样做，而是着手对这艘老古董进行大量维修。修船花了很长时间，害得好几次错过了预定的出航期限。最后，修理工作总算像是完成了，出航时间也定了下来：11月4日。而达尔文早在10月24日就赶到了停船的地方普利茅斯①，怕"小猎犬"号撇下他直接开走了。事实上，达尔文完全是杞人忧天：船直到12月27日才离开港口。

"起锚！"期待已久的口令终于响起来了。

"小猎犬"号的每个部件都咯吱咯吱地响起来，像个老头似的吭哧吭哧地挪出港口。这时候起了风暴，它又急忙退了回去。菲茨罗伊可不想他的船还没离开普利茅斯就这样耻辱地立即沉没了，于是决定等到风暴结束再出航。

这位英勇的海员宣称说："要沉就得沉在广阔的海洋里！"

达尔文对他勇气的敬佩油然而生。的确，菲茨罗伊堪称真正的"海狼"。

经历了各种各样的耽搁后，"小猎犬"号终于驶向了大海。

航程开始了。

"小猎犬"号在大西洋的惊涛骇浪中颠簸了两个月，这两个月达尔文可过得够呛。他无论如何也适应不了海上的颠簸，海浪稍一汹涌他就十分难受。这两个月里他真是受够了大海。

"我就不明白，海上有什么好的？"他奇怪道，"就连风暴都那么无聊。"

停靠巴西的海岸后，"小猎犬"号展开了洋流勘测和地图测校任务以及其他工作。

船在海上工作，而达尔文去陆地上考察。他骑马深入巴西腹地，也骑马沿着海岸跟着船走。经过了一个又一个的庄园，住宿过一家又一家旅店，有时在森林中穿行，有时走过原野和种植园，达尔文就这样和自己的旅伴们踏过了漫长的路途。他在巴西的森林里见识了各种神奇的东西，收集到了许多的鸟、野兽、蜥蜴、蛇、青蛙、蟾蜍和许许多多各种各样的昆虫。他在这些地方还出了名——被传成了个魔法师。他随身带了些"普罗米修斯火柴②"，当剪掉火柴头时，它们就会燃起来。当地的居民目睹了这一法术之后大为震惊，甚至整村整村地聚起来围观这位魔法师，有几个精明人甚至开出每根一美元

---

① 英国英格兰西南区域德文郡的海港城市，拥有丰富的航海史。——译注

② 18世纪末出现的第一代火柴，由特殊的纸卷成，含有氯酸钾和密封的硫酸，剪掉火柴头时硫酸和氯酸钾接触就会燃起来。——译注

的价格来买火柴。

不过，就连向导都对达尔文抱有深深的怀疑。这个人成天在沼泽和密林里晃来晃去，收集甲虫和蝴蝶，往袋子里塞满石头，射猎那些小小鸟——那样小的鸟，煎炒煮汤都不值，对这样的人能有什么特别的信任呢？

达尔文在旅途中仔细地研读了莱尔①的书，这本书对他帮助很大。要是他没有读到这本《地质学原理》，有许多东西他就大概无法发现和理解了。

莱尔在书中讲述了许多非同寻常的东西。

那时候的学者认为，地表的变化是突然而剧烈地发生的。地震、火山爆发和其他地质灾害会使得山峰被夷为平地，峡谷、沟壑和无底的深渊突然出现，海岸在短短几小时内发生变化，而这一切总是迅速而突然地发生的。著名学者居维叶就是这么说的。

而这里莱尔所写的却完全不同：地表是缓慢变化的，根本就没有什么灾变！地震、火山爆发时常会有，但它们并不能如此剧烈地改变地貌。风、阳光、雨水、严寒、河流和溪流、浪花拍岸——正是这些改变了地表。这些改变很轻微，但它们会持续成千上万年，而这上千年的时间会展示出它的威力：高耸的山脊消失、磨平、倒塌，小溪冲刷出深深的沟壑和山谷……

达尔文寻找了这些缓慢变化的痕迹，发现它们无处不在：山坡上的岩屑②中，被冲塌的海岸上，在被河水侵蚀的河边岩石上，还有沟壑和山包中。达尔文不仅找到了这些缓慢的变化，还将它们与地质灾害引发的变化进行了比较。他运气很好："小猎犬"号停靠在南美洲西海岸的时候，当地刚好发生了地震。康塞普西翁城③被完全毁灭了，海浪冲走了近半个塔尔卡瓦诺④小城，将70个村庄夷为平地。

"这些都太微不足道了！"达尔文对菲茨罗伊说道，"难道这就能明显地改变地貌了吗？新出现了几个沟壑、十几处地裂和崩塌等，如此而已。看看另一种改变……"他便讲起那些持续千年的，产生了山脊、无底深渊、海洋、岛屿和大陆的变化来。

莱尔的论断并非完全正确，他过高地估计了大自然"细微力量"的作用，但这本提出了渐变和演化思想的书对于那个时代依然意义非常。

---

① 查尔斯·莱尔（1797～1875），英国地质学家。其著作《地质学原理》为现代地质学奠定了基础。他证明了地表的变化是缓慢演化而成的，驳斥了居维叶和阿尔西德·比尼的灾变论。莱尔在地质学界的地位就像达尔文在生物学界的地位一样高。——原注
② 一种火山碎屑物质。它们是火山通道围岩和基底岩石(变质岩、沉积岩、火成岩)被火山作用爆炸碎裂而成。岩屑形态不规则,主要取决于原岩结构构造。——译注
③ 智利城市，比奥比奥大区的首府。——译注
④ 智利中部太平洋岸重要港口。位于康塞普西翁湾西南岸的小半岛上。——译注

在研究地质学并收集矿石石样和山区动植物品种的标本，攀爬砂质的岩屑和陡峭的河岸时，达尔文找到了许多骨骸。他甚至挖出了几副巨大的骨架。

其中一个骨架尤为有趣。

这是一个巨型动物的骨架，体形几乎与今天的象一般大，骨骼极为巨大沉重，盆骨和后腿的骨骼尤其沉重。看起来，这样的动物连路也走不了，只能一直保持坐姿，因为它后半身的骨骼太沉了。

"它到底要怎么走动呢？"达尔文自言自语道。

他看着这个庞然大物的骨骸，思索着问题的答案。这个动物的牙齿很像今天的树懒①。这真是太奇怪了。

▲ 查尔斯·莱尔（1797～1875）

"树懒在树上生活，但什么树能够承受起这样的重量？要是树上挂着一头象，没有一根树枝能幸免于难吧……

但根据牙齿构造很容易看出，这个奇怪的动物是植食性的。

又过了很久，著名的英国学者欧文②在研究动物化石后阐明了这种大型动物进食的方式：这种动物以树枝为食，进食时坐在树的附近，用前肢将树枝压低送到嘴边。它沉重的下半身让它在进行这项工作时能坐得很稳。就算紧绷的树枝突然断裂，也无法将这个像"不倒翁"一样的动物打翻在地。

达尔文找到的东西里最棒的是一颗马的牙齿化石。美洲野马！

"当第一批欧洲人出现在美洲时，那里还没有马。印第安人从没见过马，看见西班牙人带来的马匹时他们都躲到了一边，感到很害怕，这是众所周知的，"达尔文喃喃地

---

① 树懒属于哺乳纲披毛目，常用爪倒挂在树枝上，有脚但是不能行走，靠前肢拖动身体前行。分布于南美洲。——译注

② 理查德·欧文（1804～1892），英国学者、博物学家，动物解剖学和古生物专家，颇为权威，只有极为渊博勇敢的人才能反驳他。——原注

▲ 巨型树懒化石——大树懒
▶ 大树懒复原图

说，"而这个牙齿……是马的"。

发现的骨骸让人不由自主地思考过去，思考南美洲遥远的过去。很久很久以前，这里生活着巨型树懒和马。如今它们都消失到哪儿去了呢？为什么它们都灭绝了呢？

这时候，仿佛是在回答达尔文的问题，他听说了不久前当地发生旱灾的故事。

旱灾开始于1827年，持续到1832年才结束。这是一场"大旱灾"，虽然旱灾在这里并不少见，但这么厉害的旱灾还史无前例。

降雨量太少了，所有的植物都枯死了。甚至那些耐旱的植物，比如飞廉①，也都消失了。小溪和河流干涸了，辽阔的潘帕斯平原②覆满尘埃，变成了童话故事中一条条尘封的

---

① 菊科植物，为二年生或多年生草本植物。——译注
② 南美洲一片大平原，包括阿根廷多个省、巴西南部的南里约格朗德州和乌拉圭全境，总面积约75万平方千米。——译注

大道。成千上万的鸟兽死于饥饿和干渴。鹿群跑到居民区来，到水井中饮水。它们不再惧怕人类，干渴已经战胜了恐惧。

南美洲的大河巴拉那河①幸免于难，它水量实在太大了，没有干涸，但也变浅了很多。河水远远地退离了河岸，露出的河床干涸得很慢，巴拉那河开始流淌在泥泞的沼泽之上。

河中依然还有水，因此从四面八方引来了备受干渴折磨的动物。成群的牛羊从陡峭的河岸冲了下去，直奔河水，却没能返回，它们太虚弱了：有的陷入了遍布沼泽的河床，有的没能从水中爬出。不计其数的牲口命丧河中，被河水冲向下游的尸体甚至多于秋天纷飞的落叶。

成群的马匹冲向每一个出现在干涸河床上的沼泽，它们相互拥挤着、践踏着，然后就是大批死亡。河床上尸横遍野。巴拉那河的水变得无用：腐肉让它臭气熏天。但动物们依然饮用着这些水。

"这些庞然大物也可能是这样大量死亡的，"达尔文听这个故事时想道，"也许它们也是死于旱灾。也许它们也将彼此踏进了沼泽。因此它们的骨头都躺在一起：还有死于河中牛的骨头，共同构成了一个个保存完好的坟墓。"

达尔文还找到了某种长得很像犰狳的大型动物的骨架和甲壳，后来他还幸运地找到了一种类似于羊驼，但又比羊驼大很多的动物的骨架。

日子一天天过去，达尔文在粘土质的平原上找到了越来越多的骨骸，并且这些动物总是与某些现代动物很相似，但通常又要大上许多。

"巨型羊驼为什么都死光了呢？"达尔文又自言自语起来。"它们不可能是被人类杀死的，那时候还没有人类呢。牧草也够它们吃的。"

他没能找到答案。总不能认为是取代了庞然大物的小型动物太能吃了，把整个草原都吃掉了吧。

"灾难！正是那场毁灭了所有生物的灾难，之后这里重新被完全不同的动物所占据。居维叶是这么说的……但是……为什么以前这里生活的是几乎跟现在一样的羊驼，只是体型要大上几倍呢？灾难之后羊驼又不会被磨碎成小型羊驼，它们是完全消失了。"

莱尔的书曾数次为达尔文答疑解惑，可当达尔文考察山区地层时，这本书就帮不上忙了。书里完全没有提及动物，因为达尔文只有这本书的第一部分。

在南美大陆以西950公里处有一些不大的岛屿——加拉帕戈斯群岛②。

这些岛屿上十分阴暗，环境严峻。这里有由岩浆凝成的棱角分明、布满裂痕的黑色

---

① 南美洲第二大河，全长5290千米，流域面积280万平方千米。——译注
② 即科隆群岛，隶属厄瓜多尔，面积7500多平方公里，由海底火山喷发的熔岩凝固而成的13个小岛和19个岩礁组成。——译注

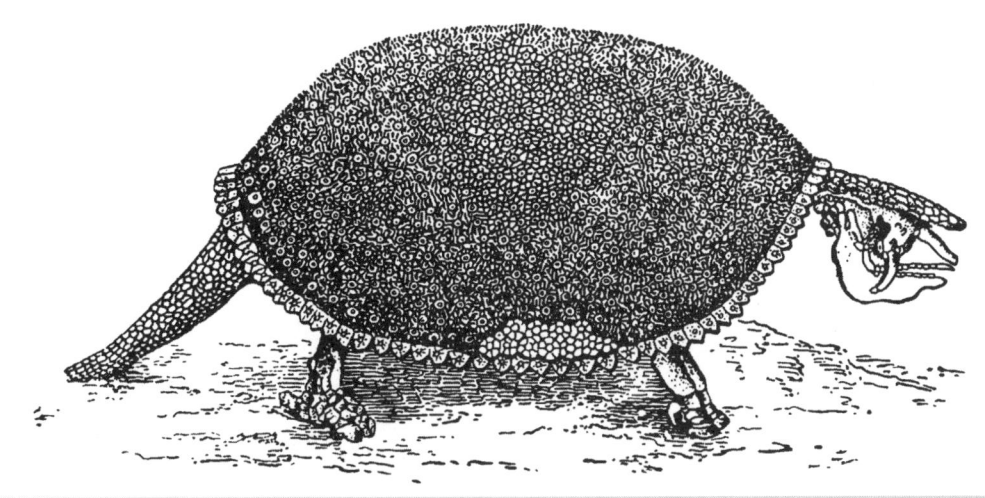

▲ 巨型犰狳化石——雕齿兽

原野，有被太阳烤干的矮小灌木丛和悬崖，有早已熄灭的巨大的火山口和山坡上几百个小火山口。只有山上清新而苍翠，只有那里时不时落雨，只有那里能让眼睛在这片光秃秃的黑色平原中稍加休息。

这些从海底隆起的岛屿从未与南美大陆连成过一片。在岛上安家的所有的动植物应该都是设法跨越海水迁移过来的。它们在岛上生活了远非一两年了：第一批动植物来到岛上后已经过了几十万年。

"小猎犬"号造访了这个群岛中的多个岛屿，几乎每个岛上都生活着"大象那么大"的乌龟。许多乌龟重达150公斤，甚至更重。它们慢吞吞地在岛上踱来踱去，碰见天敌时就把头和四肢缩回壳里去。

各个岛上的乌龟都各不相同。开发了其中几个岛屿的移民们甚至说，不同岛上乌龟的肉吃起来味道都不一样。他们的话是可信的，因为正是他们捕食了大部分这些慢吞吞的动物。

就像在其他地方一样，达尔文也在这里收集植物、鸟类、昆虫和矿物石样。在这儿捉鸟真是太容易了，它们很少碰见人类，还不懂得害怕。有一只鹞鹰被达尔文直接用枪托从树枝上打了下来。一天，他躺在灌木丛下休息，手中端着一杯水，一只鸫停到了杯沿上。它一点也不害怕，还淡定地从杯子中喝了些水。移民者们说，以前这些鸟对人更为信任，甚至会停到人们伸出的手上，显然，它们把人的手当成了树枝。

◀ 加拉帕戈斯象龟
▶ ▶ ▶ 科隆群岛上的模仿鸟－鸫：三环模仿鸟（查尔斯岛）；查塔姆模仿鸟（查塔姆岛和詹姆斯岛）；小模仿鸟（伊莎贝拉岛）

捉鸟非常容易，达尔文便在这里的各个岛上收集了许多各种各样的鸟。仔细观察这些鸟的时候，他发现不同的岛屿上生活的鸟互不相同。

科隆群岛上的鸟与南美大陆上的鸟极为相似，但彼此之间又不尽相同。查塔姆群岛①上的模仿鸟——鸫②与美洲大陆上的模仿鸟不一样，但令达尔文感到惊讶的不是这一点。

当他在查尔斯岛③、詹姆斯岛④和其他岛屿时，也在那里找到过模仿鸟，但那些鸟与查塔姆群岛上的明显不同。

"科隆群岛上所有的模仿鸟彼此都很相似"，达尔文思索着，"都与美洲的模仿鸟很像。"可以说，所有这些鸟都与美洲模仿鸟是一个类型的。但为什么两个相邻岛屿上的模仿鸟彼此之间差别这么大呢？要知道这些岛都是挨着的呀。

达尔文在科隆群岛上找到13种小型鸟类——地雀⑤。它们的羽毛都彼此相似，没有什么值得注意的地方，但不同鸟的喙却明显不同。大嘴地雀的喙非常庞大，像欧洲锡嘴雀⑥的嘴一样。小地雀的喙不大，甚至比燕雀的嘴还要小。其他几种鸟的喙形状上是从巨型"锡嘴雀式"的喙到小喙的过渡。最有意思的是，在不同的岛上生活的是不同类型的地雀。

许多鸟都是这样的。在每个岛屿上都生活着独特的种类，它们与邻近岛屿上的鸟相似，但却不能被算作同一种，它们只是亲缘物种而已。

蜥蜴和植物也是这样。岛屿之间的距离不算太远，也就几十公里，但不同的岛上生活的乌龟、蜥蜴、模仿鸟、地雀都各不相同。

"为什么会这样呢？"达尔文自问道，"所有这些鸟、乌龟和蜥蜴的生存方式都是一样的，但它们本身却各不相同，这是为什么呢？"

他无法回答这个问题。

"岛屿之间的海水很深、洋流湍急，动物游不过去。没有强风在岛屿间吹来吹去，

---

① 位于新西兰东南方800多千米处，由40千米范围内的约10个大小岛屿组成。——译注
② 产于西半球。喙向下弯曲，以善于模仿而闻名，分布于美国北部和巴西。——译注
③ 美国东北部一个面积约5.7公顷的小岛。——译注
④ 位于冈比亚冈比亚河中距离河流入海口约30公里的一个小岛。——译注
⑤ 这里指达尔文雀，是达尔文在科隆群岛和科科斯群岛上发现的共计14种近缘雀鸟物种，为地雀属、树雀属、莺雀属等下的14个种。——译注
⑥ 又名蜡嘴雀，喙大。——译注

霍蒙库鲁斯——趣味生物学简史

霍蒙库鲁斯——趣味生物学简史

▲ 地雀的头部：1- 大嘴地雀（查尔斯岛和查塔姆岛）；2- 勇地雀（查尔斯岛和詹姆斯岛）；3- 小树雀（查尔斯岛和詹姆斯岛）；4- 绿莺雀（查塔姆岛和詹姆斯岛）

种子不能通过风在岛屿间传播，鸟类不能顺风穿过海峡而迁徙。海岛是相对不久前由火山岩形成的，它们从未连成一片陆地，从出现起就是相互隔离的小岛，它们彼此之间没有，也从未有过生物交流。"达尔文就只能说出这些了。他对相似性如此高的岛屿上生物却多种多样的现象感到十分惊讶，但他却没法解释这种多样性的产生原因。这个解释直到很久之后才被给出。

关于达尔文在五年旅行中的所见所闻，我们已经讲了很多。他见识了博物学家们只能在热带见到的东西；收集到了大量的标本，带回了厚厚一捆密密麻麻地记满日记的笔记本。

出发时的达尔文还是个轻浮的年轻人，只会射猎，只知道些甲虫，而返回时的他就算还不是个真正的学者，也差不多了。他研究了南美洲和其他一些国家的地理，遍历了所有能去的岛屿，研究了这些岛屿上的动物群并收集了大量南美洲动植物群标本。

3

达尔文对分类学向来不感兴趣，但想根据画册中的一览表来辨认南美洲的甲虫又是不可能的。毕竟巴西可不是英国：英国各种各样的甲虫早已为人熟知，要在伦敦周边找到一只尚未为人所知的新品种甲虫，要比在巴西发现上千个新物种困难得多。因此达尔文打开自己的箱子，拿出收集有甲虫的盒子后，并没有将宝贵的时间用在为它们分类命名上，而是将它们束之高阁，自己则出门去拜访父亲了。

"看看！完全改头换面了呀。"查尔斯的老父亲迎接了他。达尔文博士这句话是想说，儿子在五年的旅途中变化太大了。

关于当神父的事，达尔文博士一个字也没跟儿子提起，查尔斯也没有说起。这并非惺惺作态，两人都已经忘掉了这个计划。如今父子俩对查尔斯的未来都已一清二楚：他要成为博物学家。

在父亲那儿做过客后，达尔文返回了伦敦。艰难的日子开始了：从早到晚他都往返于博物馆、实验室和图书馆之间。后来他去了剑桥①，又去了牛津②，再返回伦敦。他去找同意接手他所收集标本的科研工作的各科专家：动物学家、植物学家、昆虫学家、鸟类学家等。

最后事情都搞定了：达尔文把标本收藏分给了各位专家，自己则负责进行描述和地质学研究。

着手准备出版《"小猎犬"号科学考察记》的同时，达尔文也没有忘了自己的私事：他结识了一些有用的人脉，做了几次报告，很快就被选为"雅典娜"科学学会的会员，随后又被选为地质协会的学术秘书（这是一个光荣的职位！）。

在地质协会中，达尔文认识了在"小猎犬"号上研读的《地质学原理》的作者莱尔。尽管年龄相差很大，但他们很快成了朋友。

与莱尔的友谊让达尔文受益匪浅。如果说是亨斯罗将达尔文塑造成了一位博物学家，那么正是莱尔的影响将达尔文引领上了这条为他赢得千古英名的道路。

准备《"小猎犬"号科学考察记》时，达尔文仿佛重历了自己的旅行。那些在美洲和其他国家时让他绞尽脑汁的问题又一次浮现在他面前。那个时候他没空想这些问题，而现在他就有充足的时间用于思考了。

"当然，植物和动物是在变化的。它们不断变成别的样子，最终我们面前就出现了

---

① 位于伦敦北部的城市，与牛津同为著名的大学城、学术城。——译注
② 英格兰东南城市。——译注

新物种，"达尔文自言自语地推断说，"只是要怎么证明这一点呢？"

动物和植物都在变化，各种各样的动植物并非如同《圣经》中所说，是在创世的第五天和第六天被创造出来的。这个想法变得越发坚定起来。

1837年7月，达尔文开始在记事簿中做笔记。他在这个本子中记下了自己听说的故事：关于千里马的、关于无角牛的、关于新品种草莓的、关于荷兰花卉爱好者栽培的独特的郁金香的……材料不断增多，尽管他还不知道拿这些材料做什么用，但他努力地积攒着证明动植物可变的事实。

他做了许多工作，终于感到疲倦了，而对于博物学家来说，最好的休息莫过于考察。达尔文决定去一趟苏格兰，去看看格林罗伊①河谷著名的阶地②。他去了大名鼎鼎的阶地，攀登了陡峭的斜坡，捕捉了几只甲虫（他清楚地记得，这样的甲虫他还没有捉到过），然后返回伦敦，写了一篇关于这些阶地的形成的文章。在美洲见过许多隆起或沉降的河岸后，他便习惯性地以为每处阶地都是海洋活动的结果，格林罗伊河谷的阶地也不例外，但他搞错了：海洋和冰川可有着天壤之别，格林罗伊河谷的阶地正是冰川活动形成的。这差别可不小，达尔文万分懊悔如此匆忙就出版了自己的推测。这次不愉快的事件对达尔文此后的工作造成了深远的影响：他不再急于出版著作，而是冒着理论过时的风险也要将书稿留上好些年。

达尔文30岁时结了婚。他的堂姐艾玛·威治伍德是个非常可爱的姑娘，他们自童年便相识，而今她从威治伍德小姐变成了达尔文太太。妻子成了达尔文的忠实的朋友，虽然在科学工作上很少帮到他，但却像个尽职的护士一样，把常常生病的达尔文照顾得很好。

一年以后，新婚夫妇生下第一个孩子，达尔文便又有了许多事做。他十分喜爱自己的儿子，给他取名为伊拉兹马斯③以纪念自己著名的爷爷④，但达尔文更喜欢的是观察。当孩子因为哭啼而被呛到时，这个当父亲的非但没有哄他，还开始观察涨红的小脸上的肌肉变化。稍后达尔文在一个专门的记事簿里歪歪扭扭地记录下小孩子的哭、笑、做鬼脸等各种表情变化。

艾玛时常批评达尔文过分的好奇心，而他却反驳说，"这是相当重要的观察！弄清

---

① 苏格兰高地的一处国家自然保护区，以冰川活动形成的三条平行道路之谜而闻名。——译注
② 指由于地壳上升、河流下切形成的阶梯状地貌。——译注
③ 威廉·伊拉兹马斯（1839~1914） 达尔文长子，银行家。达尔文对其的观察后来被写入《儿童成长简介》。——译注
④ 伊拉兹马斯·达尔文（1731~1892），达尔文的祖父，是医生、博物学家、诗人。在论著中大部分以诗歌的形式表达了类似于演化的思想，但这些思想尚且十分粗浅。——原注

人类表情的起源，研究它并将它与动物的表情作比较，这是十分有教育意义的任务。"

不知不觉三年过去了。达尔文常常生病，艾玛认为问题在于伦敦的生活：气候不好，还有许多无谓的烦扰。说做就做，艾玛去了许多不同的地方，最终找到了一处不大的庄园。这是一座带有一小片土地的房子，位于达温村①，距离伦敦几十公里。

达尔文非常喜欢达温村周边地区。1844年9月14日，他搬到了达温，一直到去世都住在那里，只是偶尔去趟伦敦。

达尔文研究了所谓的蔓足纲生物，他研究这种生物并不是想要揭穿中世纪修士的骗局——"藤壶鹅"②，而是这些蔓足纲生物的外形和生活习性非常有趣，这一点吸引了达尔文的注意。他开始研究其解剖结构，同时也不得不进行分类学工作。这项工作对他来说可不容易：他有时把某些生物形态提升为一个物种，有时又把它们降级为一个物种的变种，而后突然又把这一类别归为一个特别的种类。好长时间蔓足纲生物让他伤透了脑筋，一想到那个突发奇想打算研究它们的日子，他就骂骂咧咧，但几年之后他出版了一部关于蔓足纲生物的两卷本著作。

从对蔓足纲生物研究中获得的经验让达尔文坚信，有时物种之间很难划定清晰的界限，一些变种实在太过奇怪，它们的存在也不稳定。从蔓足纲的例子可以看出，许多的生物类别时而被归为物种，时而被归为变种，这取决于研究者的喜好和观点。当然，如果不是将这些类别放入自然界中研究，而只是用于书面或口头的谈论里，那么划分成物种还是变种倒也无关紧要。

"难道物种和变种之间并非总能划定明确的界限吗？这是不是意味着，变种是形成之中的物种？"达尔文自问道。

这是个伟大的想法。

莱尔向我们展示了，大陆表面的变化是缓慢的，是通过演化而非巨灾而改变的，这一点达尔文非常赞同，因为对此他已经持有一些依据了。但动物和植物的情况就要比山峰沟谷复杂得多。不难发现，动物和植物非常适应它们当前的生活。

蝴蝶以花蜜为食，它们的口器便伸长成了长长的吻。没有吻它们就吸不到藏在花冠底部的花蜜。鼹鼠在地下掘洞，它们的前肢变成了铲状。植物都会散失水分，因此它们有适于调节水分散失的结构：叶片的表皮上有许多极其微小的孔洞——气孔，它们与植物体内的含水量紧密相关，能随之张大或是缩小甚至几近闭合，当水分不足时气孔就关闭，这样水分就几乎不会散失。

---

① 坐落在伦敦东南郊的布罗姆里市奥平顿镇的一个小村庄。——译注
② 参见第四章的相关描述。——译注

▲ 查尔斯·达尔文（28岁）与妻子
▲ 达尔文故居达温宅

不管是自然界里的哪一样东西，都让我们不由自主地发出感叹：这个构造多么精妙，多么合理呀，再也想不出更好的来了！

他之前常去看赛马并与养马人和马贩攀谈，这些经历这时候帮上了忙。

"选配优品的种马以生出优质的下一代……那么在自然界里呢？"

他思考良久，记下自己的想法，翻阅书籍，徘徊于花园中观察灌木丛和树木，时而研究甲虫，时而研究蔓足纲。

他脑中浮现出了一些模糊的想法，在这一片混沌中不时闪现出生存斗争和竞争①之类的念头，但都不明朗。

达尔文在马尔萨斯②的著作《人口论》（1792年）中找到了头绪。人口呈几何级数增长（1，2，8，16，32，64……），而生存资料按算术级数增长（1，2，3，4，5，6，7……），因此不可避免地会出现人口过剩而生存资料不足的状况。

该怎么办呢？要怎么避免这个灾难呢？那就是限制人口增长，而且是限制底层人口的增长，因为他们的生活最无保障。

在论及人口过剩和以无产阶级为主的不适应者的死亡时，马尔萨斯写道："大自然的盛宴中没有为他设下席位；大自然命令他滚开，而多数情况下大自然还会亲自执行这个命令。"

"过度繁殖……人口过剩……生存竞争……过度繁殖引起的生存斗争……"达尔文一边在家里踱来踱去，一边念叨着，"就是这样的，可是……"

存在着一种能在斗争的基础上让动植物变得非常适应环境的力量，可这是一种什么样的力量呢？

"自然选择！"达尔文想出来了，"这是个不错的名字。"自然选择和人工选择：一个由大自然执行，一个由人类自己执行。

名字想好了，剩下的就是收集事实和例证来证明这个选择机制并非他的臆想。

达尔文开始收集材料了。他需要找成百上千的例证。他阅读了大量书籍，这些书将他的书房塞得满满当当。书房里放不下这几千本书了，他便想出了个能让小小的书架容下一整个图书馆藏书的好办法。剪刀成了他的常用工具：不是解剖剪，而是普通的大剪刀。他成百上千地买书，然后毫不吝惜地从其中撕下自己所需的篇章，从杂志上剪下一篇篇文章。花费了他不少钱的藏书却变成了这么一副奇怪的样子，成了一堆残章断简，不过这样一来，几个书架就放下了他需要的所有资料。

大家都被他安排了活儿干，儿子们也得替他捉蜥蜴和蛇，拿来死了的小鸡、小狗和

---

① 生物学中通常用竞争指同种生物不同个体对生存和生殖资源的争夺，而用生存斗争指生物与其他物种或无机自然界之间的斗争。但达尔文自然选择理论中的生存斗争包含上述两种意义。——译注

② 托马斯·罗伯特·马尔萨斯（1766~1834），英国经济学家、神父。他在著作《人口论》认为人口呈几何级数增长，而生存资料仅呈算术级数增长，可行的办法在于限制人口的增长。——译注

兔子。达尔文一概收下：他什么都需要，什么都可能是有用的。

了解了家养动物的品种之后，达尔文选中了鸽子，成了个养鸽专家。在他院子里能看到各种各样的鸽子：凸胸鸽、扇尾鸽、罗马鸽、赛鸽等等。有两个养鸽爱好者俱乐部还将他选为会员，他对这份荣誉感到洋洋得意，因为俱乐部通常是不会选新人做会员的。

"所有能买到或通过其他途径搞到的各个品种的鸽子，我都有。"达尔文自豪地说。的确，他的鸽子特别好，尤其那些不是买来，而是通过"其他途径"搞到的鸽子——显然，这些鸽子都是别人送给他的。

达尔文想要通过鸽子来弄清楚一个问题：杂种生物的繁殖能力是否总是更强，这样一来，他的鸽房里就挤满了各种组合产生的杂交鸽子，这让那些真正的养鸽爱好者们感到万分惊骇。

"怎么能这样胡闹呢？"他们说，"杂交鸽子是些什么东西？孬货，杂种！"他们对此大摇其头，走出鸽房时还在对达尔文嗤之以鼻。一些忠实追求纯种的养鸽爱好者甚至说，俱乐部不需要这样的会员，更甚的是，像达尔文这种人还会叫俱乐部蒙羞。

通过鸽子、狗、牛、羊和马的例子，达尔文弄清了一个事实：所有的家养生物都有野生的祖先，并且它们的野生祖先种类为数不多，而这些各种各样的家养生物品种都是人类通过选择得到的。于是达尔文把这个规则也类推到大自然中。他没有亲眼见过自然

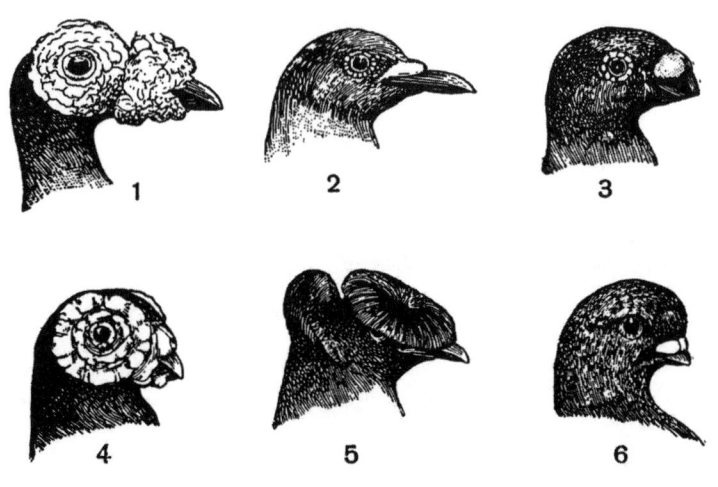

▲ 各种品种的鸽子头部图：1- 赛鸽；2- 野鸽；3- 安特卫普短喙鸽；4- 波兰鸽；5- 扇尾鸽；6- 筋斗鸽

选择，何况怎么可能看得见呢？但他坚信，这种选择机制是存在的，并将其作为已经得证的事实来讲述。

达尔文一连几小时待在花园里统计草茎的数目。他放任杂草在菜畦中大肆生长，怀着毫不掩饰的好奇心观察它们取胜的过程。当杂草取得胜利，当不断被杂草覆盖的菜畦上的农作物被一点儿不剩地排挤掉后，他感到自己仿佛见证了百万雄师之间恢宏的战斗。

艾玛生气了："我就不明白！你种黄瓜就是要送给杂草糟蹋的吗？"

"您为什么要糟蹋掉这些黄瓜呢？"园丁莫名其妙地问道。达尔文回答说："我想要探究黄瓜和杂草之间的生存斗争。"而园丁闷闷不乐地嘟囔道："这谁不知道，如果不除草，杂草总是能毁掉黄瓜的。这有什么好观察的？种菜的不是都懂得要除草吗……"

随着材料不断积累，达尔文不再向熟人们隐瞒自己的研究。他在信里或是当面向他们介绍自己的理论。一些人对他的观点表示赞同，甚至还有人催促他尽快将理论出版。这些人中最为上心的是植物学家胡克①。

"您知道，"达尔文对他说，"所有的植物和动物都是很易变的。您是植物学家，那么您应该清楚，有时候实在太难区分物种和变种了。"

"的确！"胡克说道，"有一些个体实在是……"他开始讲起澳大利亚的一种植物。

"那么，"达尔文一边搜寻着词语，一边继续说道，"不同的变种生活方式也各不相同。我想说的是，其中一些变种的特征能给它们带来更多的优势。比如说，一群普通的兔子中出现了一些腿更长更有力的兔子……因为这些兔子更容易躲避天敌嘛。"

"那得要它们其他所有的性状都与别的兔子一样，至少不弱于后者，"胡克反对道，"而如果它们的听力要差一点点，那么腿快也帮不了它们。"

"这倒是！但假设这些兔子们都全都一样，只有腿有差别，一些的腿更强壮，而别的弱一些。兔子的天敌很多，那么很明显，首先牺牲的就是那些跑得慢的兔子，活下来的是跑得快的兔子。我将这种现象称为'适者生存'。这些兔子活得更久，因此留下的后代也更多。跑得稍快的兔子逐渐取代跑得慢的兔子，因为那些跑得慢的兔子死得更多，留下的后代也就更少。这样就形成了一个特殊的选择机制：自然界里跑得更快的兔

---

① 约瑟夫·胡克（1817~1911），著名英国植物学家威廉·胡克的儿子，本人也是著名的植物学家。他为了收集植物标本几乎游历了全世界。他是达尔文的朋友，是他的第一批追随者之一，是达尔文进化论的积极拥护者。——原注

子从普通兔子中脱颖而出，产生新的变种，而如果长时间这样发展下去，就会形成新的物种。

达尔文说了很久，而胡克认真地听他讲。

"请允许我提个问题！"胡克说，"为什么您的兔子腿会更长呢？是因为它们跑得更多腿才变长，还是因为它们生下来腿就更长、肌肉就更有力？换句话说，它们是生下来就是这个样子吗，它们的速度是天生的还是后天获得的？

达尔文没有理解到这个问题中的陷阱：他当时还不了解拉马克学说，就连圣伊莱尔的理论他也不知道呢，而胡克显然是想用这一点来试探他。

"它们跑得快是因为它们有更强壮的腿。它们生来就是这样的，这是先天性变异。"达尔文回答道。

"很好，"胡克说，"不知道我是否完全理解了您的思想。在您看来，情况应该是这样的：动物和植物的部分后代可与自己的亲代有所不同，尽管只一些细微的差别，但假如这些细微差别对这种生物是有利的，那么就会让它们在生存斗争中获得优势，这些'胜利者'就能存活下来，至少能得更久一些。它们的后代最终将取代适应性较差的个体的后代。您将这种'适者生存'的状况称为'选择'。通过这种选择，新的特征将不断强化，两类个体之间的差异变得越来越大，新的物种就产生了。是这样吗？"

"是这样的！"达尔文吐出一口气，"您的表述要比我的好得多。"

"但我应当提醒您，您将受到许多人的反对。我自己都能举出几百个与您的理论不相合的例子来。但您的见解非常高明，"胡克向达尔文鞠了一躬，"祝贺您，建议您抓紧时间，赶紧完成您的理论吧。"

但达尔文没有着急，他只是起草了几十页的纲要。几年之后他才对这个纲要加以完善，写出了250页的著作，然后便停笔了。他不善于高效工作，一词一句都得斟酌良久，要通过写作清楚地表达出思想对他来说实在困难，因此写作的过程拖得很长。

他不敢把自己的理论印刷出版，担心它还不够完善，担心例证不足，担心会有很多人反驳它，于是他决定收集足够多的材料和例证，让反对者们无话可说。达尔文自己想出了许多反对意见并且做出了回答，预料了反对者们可能会列举的例证，并把这些都写入了自己的手稿中。他就这样夺下了潜在的反对者们手中的武器：反对意见在手稿中已经被列出来了，回答在这里也都给出来了。

时光流逝，达尔文的健康每况愈下，他担心自己还没出版自己的理论就会去世，因此特地在遗嘱中写下了对手稿的安排，甚至还分配了一笔钱用于它的出版。然而他那悲观的预感没有应验：的确，他常常生病，但立下这份遗嘱后他还活了约40年。

"抓紧时间，别把这件事搁置一旁！"植物学家胡克催促达尔文说，"别耽误了……"

他对太过拖沓的达尔文进行催促实在是太对了。应该预料到的事情发生了：物种可变的观念已经流传开了。

达尔文正处于沮丧之中，他的一个儿子患猩红热死了，而正在这个时候，他收到了一位当时居住在马来群岛①的英国人华莱士②寄来的一篇不长的文章。文章中简要地论述了物种起源理论。

"抓紧些吧，你会被别人赶上的！"达尔文的哥哥曾经催他说。

而现在，他已经被赶上了！达尔文进行了多年的研究，收集了大量资料，已经写出书来了，但书稿还躺在他的桌上，还没完全作好出版的准备，他却收到了这篇文章……

要不压下华莱士的文章，不对任何人说起，并尽快发表自己的研究成果？达尔文可做不出这样的事，他很诚实。

"那么到底应该怎么办呢？"

达尔文的朋友们想到了办法。莱尔和胡克了解达尔文的研究，知道他的书已经准备付印了，他们决定帮他一把。

"写一篇简短的概要出来，"他们对达尔文说，"快些写，别磨蹭……"

达尔文为书稿写了一篇简短的概要，好让人能明白这本书讲的是什么。

"尊敬的先生！"胡克和莱尔给伦敦林奈学会③的秘书写了一封信，"所附的材料是关于生物变种的形成问题的。这是查尔斯·达尔文先生和阿尔弗雷德·华莱士先生这两位勤勉的博物学家做出的研究成果。这两位先生都……"接下去是对他们的研究的叙述，之后进入了正题：列出了附文。附文包括华莱士所写的概要和"达尔文先生于1839年起草、于1844年待胡克先生阅览和莱尔先生知晓了内容之后重新誊写的研究成果摘要"。同时被附上的还有达尔文于1857年10月在波士顿④写给阿萨·格雷⑤教授的私人信

---

① 一组散布于印度洋和太平洋上，位于东南亚大陆和澳大利亚之间的群岛。——译注
② 见本章第二部分。——译注
③ 伦敦林奈学会，成立于1788年，主要从事生物分类学和分类学史的研究，出版动物学、植物学以及其他生物学期刊。——译注
④ 美国马萨诸塞州的首府和最大城市，位于美国东北部大西洋沿岸。——译注
⑤ 阿萨·格雷（1810~1888），美国哈佛大学植物学教授，美国最早接受和传达达尔文思想的人之一。——译注

件，信中达尔文再述了自己的观点并表明了自己的观点在1839年到1857年中并没有发生变化。信的结尾还说了达尔文先生在读到华莱士的文章之后请求尽快将它发表，达尔文这是在让自己蒙受损失，毕竟对华莱士先生所论述的这个理论，他的研究更加早，也要完善得多，等等。

胡克和莱尔极力试图证明，是达尔文首先提出这个理论的。他们寄给林奈学会的附件看上去仿佛不仅是要在学会的会议上宣读，还要送到伦敦民事法庭上去细细审理。伦敦民事法庭可是当时因审理臭名昭著的欺诈案而出名的机构。

1858年7月1日，达尔文与华莱士的这两篇文章和胡克与莱尔的来信一并在林奈学会的完全会员①们面前被宣读了。这两篇文章都引起了极大关注，激起在场学者们的争论，可是尊贵的会员们却都缄口不言。他们认真听完了报告，但却既没打算提问，也不愿争辩和反对。这两篇文章被印入了学会的刊物中，但却如石沉大海一般没有引起注意，只有一位来自都柏林②的戈东教授作了回应，但他的回应却不大让人高兴。

"这些文章中所有的新观点都是错误的，而文章中正确的观点全都是旧东西。"这就是他做出的回应。

胡克对此怒不可遏，莱尔也生起气来。他们不断催促达尔文，让他尽快出版自己的书，而达尔文尽管生着病，还是着手进行修改。他9月开始准备，翌年3月就将手稿出版了。他还从来没有这么高效率地工作过呢。

莱尔这时候还给了达尔文许多建议和帮助。他们进行了一次长谈，甚至谈及了书的封面。莱尔认为，即便是对于科学读物，封面也是非常重要的。

这本书终于出版了，在出版当天它就被抢售一空。的确，发行量不是很大，总共就1250本，可是在当时也没有发行量达好几千本的科学读物呀。人们争相购买这本书，他们从哪儿获知这本书的呢？这是个谜，但无疑，其中定有莱尔和胡克的功劳。这本书的再版工作立即就开始了。

对这样的书是不可能不作评价的。报纸上开始出现评论。一家大报社与一位评论家约了稿，但这位评论家偷了个懒没有读书。他对自然科学一无所知，但他有个名叫赫胥黎的朋友，是个生物学家。

"你就义气一回，帮我写吧！"

赫胥黎替他写了评论，评论家看了看，稍加修改而没有多想，就以自己的名义交了稿。这篇评论被登载在了发行最广的报纸《泰晤士报》上，虽然它没有署名，但却引起

---

① 林奈学会的会员分为学生会员、准会员以及完全会员。——译注
② 爱尔兰共和国的首都及最大的城市，靠近爱尔兰岛东岸的中心点。——译注

▲ 查尔斯·达尔文（1809～1882）

了轰动。

人们开始了争论。一些人表示赞同，另一些表示反对。出于谨慎，达尔文本不打算在这两版书中讨论人类起源的问题，但他终究还是没能忍住，就在书里暗示了一下，就连人类也毫无例外地遵循了这普遍规律。

读者们自己得出了结论：人类是猴子的后代。

曾经跟达尔文一起在威尔士散过步的地质学家塞奇威克在报纸上对达尔文进行了猛烈的抨击。他不仅是在提出批评，简直就是在叫嚣、谩骂和呼号，他指责达尔文试图将人类贬低成动物，宣称达尔文已经快疯掉了，还声称达尔文的理论会颠覆文明的根基。

达尔文没有反驳他。他其实也没法与塞德威克争辩，他可不善于写论辩性的文章，而科学文章可没法用来争论。他没有参与1860年牛津爆发的大论战，而是由赫胥黎代表他。换做是达尔文的话，他对自己理论的辩护怕是做得还远不如赫胥黎好呢。

5

几年过去了，达尔文的声名早已传遍了全世界。

"这个理论能解释一切！"达尔文的追随者们兴奋地嚷嚷着，"我们现在有放之四海而皆准的理论了。"

所有的生物都是可变的，"昨日"的它们与"明天"的并不相同。多种多样的动植物并非同一个模型的无数个变种，也不是几个自我封闭的"分支"，而是同一棵进化树的枝干。生物的合理性被一些人看作是"造物主"智慧的最好证明，被另一些人看作是谜一般的"世界精神"①的显现，而事实上它只是生存斗争这种看似庸俗的现象的产物。自然界中有长着尖刺的刺实植物，有鲜艳美丽的花朵，有绦虫②、极乐鸟、蛞蝓、狮子这些各具特色的动物……物种的多样、形态的各异、色彩的鲜艳，这一切都只是自然选择的结果。生物构造上的相似并非"同一结构"的体现，而仅仅是因为它们之间有亲缘关系。甚至"具有不朽灵魂和无上智慧"的人也是自然选择的产物……

达尔文的书中满是证据，而其中所列举的数不胜数的事实大部分都是众所周知的，只是人们没这么阐释过这些现象，或者压根就没有细想过。如同一线阳光透过缝隙照进了黑暗的房屋，此前看不见的尘埃忽然都开始在光带中闪烁飞舞起来。《通过自然选择，即通过生存斗争中适者生存而实现的物种起源》，这本名字又长又无趣的书让人们大为震惊。

此后的头几年表现出了达尔文这本书对当时来说有多么重要。进化论正是生命科学进一步发展所亟需的基石。

不言而喻，进化论并不是什么新生理论。达尔文之前就有许多先驱。布丰写过关于进化的东西，但他难以理解的措辞没有引起特别的关注，何况仅放空话而不讨论实例是远不能让人满足的。

卡维尔兹涅夫曾写过一本关于动物可变性的小书，但这本书一直鲜为人知。

拉马克曾宣扬过进化论，但他没能让读者们明白这个学说，而那时的大众也还没有接受这种"革新思想"的基础。时间也不合适，他还处在拿破仑掌权的时候，光芒万丈的居维叶击溃了圣伊莱尔的"同一结构"说，也摧毁了拉马克的进化理论。居维叶的物种不变论和灾变论与《圣经》十分相洽，因此很长时间统治着人们的头脑。

德国人将歌德称为进化论的奠基人，但他们"忽略"了一些细节：歌德只是在行将就木时才认识到，高等动物和人是从低等生物演变而来的，物种之间的相似性是基于它们的血缘关系的。而在那之前他一直都是"物种不变论"的支持者，也就是说，他压根儿不是进化论者。

莫斯科教授鲁利耶曾表达过一些杰出的想法，他的观点已经与达尔文的理论十分接近了，要是他再前进一步，那么也许他就是进化论的创始人了……但鲁利耶只活了44

---

① 又称为宇宙理性、世界理性等，是黑格尔的重要哲学概念。他认为世界精神是世界历史、人类社会一切形态与发展过程的主体和本质，人类历史的发展不过是它的表现，因而是一个合理的过程。——译注

② 一种巨大的肠道寄生虫。——译注

岁，他所写的专著也为数不多，况且那些所谓学识甚高的"欧洲人"也压根儿没读他的作品。

达尔文还有许许多多的前辈，但那又如何？他们大多只留下了一些零碎的想法、几个句子、些许暗示，而没有形成理论，没有建立起学说。在达尔文理论诞生之前，没人发现过这些暗示，就算发现了也没人明白它们的内涵。

自然选择理论解释了生物对其生存环境的适应性和它们的合理性。此外，生物的合理性是有条件的，它们只是十分适应特定的环境条件，一旦环境条件发生变化，那么适应就有可能变为不适应了，这让宣扬造物主智慧的《圣经》学说遭到了沉重的打击。

达尔文既解释了动植物的适应性和多样性，还证明了所有的生物都有共同的起源。居维叶所说的单独的四个动物类别根本就不存在，而动物界和植物界则是具有共同根源和大量分支的茁壮大树。生物有长达几亿年的发展历史，我们面前的只是它们的后代；为了认清这些后代，我们就得研究它们的祖先，研究远古时代的动物。

科学体系开始了重建，"向达尔文看齐"。地质学家、古生物学家、植物学家、胚胎学家、动物学家和生理学家开始在各处寻找亲缘关系的迹象。没有一位学者袖手旁观，他们要么寻找支持达尔文理论的依据，要么在试图推翻它。

一个接一个的学会将达尔文选为会员，很快达尔文的签名后就加上了许许多多的名号，以至于一行都写不下了。原来的"Ch·达尔文"现在成了长长的一串：Ch·达尔文，M·A，F·R·S，F·G·S，F·E·S，F……，F……①，这些都是他的学者称号。

《物种起源》取得了巨大的成就，但这不是结束，而更像一个开始。还有许多问题等待解决，达尔文便开始对这些问题进行研究。他研究了多年，而目的只有一个：为自然选择学说提供尽可能多的证据。

家养动物的品种和农作物的种类是研究物种可变性最为丰富的材料。人工选择让自然选择更加易于理解。达尔文写了一本名为《动植物在家养下的变异》的书。像往常一样，他收集了大量例证写入书中，在书中提出了许多想法，这么多年过去了还有成百上千的学者在研究这一材料。

---

① 英国学者常常为自己的学者称号感到自豪，因此总是将它们全部列出。功勋学者的姓氏后面会列出两三行大写字母，这些都是他们履历的缩写。即使是只接受了中等教育的年轻人都会在自己的姓后面加上"先生"，好让别人知道，他可不是泛泛之辈，而是学过几何和算术的。这些风气在一百年前的英国就有了，直至今日都没什么变化。上面列出的这些字母意思是：M·A——文学硕士，F·R·S——皇家学会院士，F·G·S——地质学会成员，F·E·S——昆虫学会成员。——原注

许多花都是虫媒传粉的,而花对这种传粉方式的适应恰是一个极佳的例子,充分展示了自然选择可能导致的结果。兰科植物尤为有趣,它们具有绝佳的适应性。康拉德·施普伦格尔曾写过一本《被揭开的自然之谜》,但这位可怜的教师写的书少有人知。现在达尔文继续了他的研究,写成了一本关于异花授粉以及花与昆虫之间协同进化的书。

沼泽泥炭地①中生长着茅膏菜②,这种植物的叶片上有长针状的突起,茅膏菜就借助这些突起来捕捉昆虫。这些突起非常独特,值得人们好好研究,让人不由发出感叹:多么了不得的适应性呀!这难道不是建造自然选择理论的宏伟大厦的上好基石吗?

达尔文研究了茅膏菜。

这种植物用叶片捕捉昆虫:叶片上布满了纤毛,就像脸颊上长满的胡髭一般,这些纤毛粗壮的一头能分泌液体,而当被这些晶莹剔透的"露珠"所吸引的昆虫停落到叶子上时,它们立刻就被这些黏性的水珠给粘住了。

这时纤毛开始慢慢弯曲,包裹住虫子,将它压入黏液的包裹之中……虫子就成了瓮中之鳖。

看到这一切之后,达尔文陷入了沉思:是什么引起了纤毛的运动呢?

他开始将手边所有的东西往茅膏菜的叶子上放:小块的碎玻璃、小石子、小纸片、肉、面包……叶子来者不拒。它们是那样的敏感,连只有几毫克重的头发丝儿都能引起纤毛的蜷曲。茅膏菜会抓住所有的东西,但它蜷曲的纤毛并不是将所有的猎物都一直抓着。这些纤毛显然能够以某种方式辨识出猎物来,它们将一些东西收下,却将另一些扔掉。它们本要弯曲抓住石子的,但很快又伸直了,仿佛是在拒绝这些不合适的猎物。

茅膏菜会久久地抓住肉、蛋白和昆虫,而油脂和小块的黄油它们是不愿接收的。达尔文给它喂了最好的黄油,在叶片上放上猪油和新鲜的蛋黄,但统统都没用!茅膏菜不要这些美味的东西。

"这太了不得了!"达尔文又开始了新的实验。

他配制出了各种各样的溶液:在叶子上滴上稀的酸溶液和盐溶液,用了奎宁③和其他药物。当家里的药品都被用光之后,他又从伦敦订购了整整一套试剂。日复一日,他每天花上好几个小时守在温室里,这让园丁很是困惑。

---

① 由于长期积水导致缺氧,植物残体分解不充分,因此形成泥炭土质。泥炭土中有机物含量高,而植物所必需的无机氮素含量很少。——译注
② 食虫植物中的一个大类,形态各异,叶片上密布着晶莹剔透的"露珠"以吸引并猎食昆虫。——译注
③ 俗称金鸡纳霜,植物中提取出的一种生物碱。——译注

▲ 茅膏菜

"好好的一位先生，"园丁埋怨道，"就是一点不好：不能给自己找点儿有用的事儿做，成天盯着一朵花看。难道有正事儿干的人会这样做吗？"

达尔文并没有因为老园丁的难过而止步不前，他依旧是好几小时地盯着茅膏菜，时而往它们的叶子上滴几滴酸液，时而把整片的叶子浸到这些酸液里。他急不可耐地等待着每个实验的结果，却因为每一种结果感到同样开心，无论这些纤毛只是蜷曲还是因吸够了有毒物质而变黑缩拢。

▲ 达尔文针对毛膏菜做了一系列试验
左：毛膏菜的叶面（放大图）完全展开的姿态；中：将一滴稀释的氨水滴在叶面上，毛膏菜纤毛立刻全部收拢；
右：将一小块肉放在叶面上，只有一侧的纤毛收拢

弄死了许多株茅膏菜，用光了数十瓶溶液，最后把家里的药品也全耗尽了，达尔文才弄清了一个事实：茅膏菜并非总是蜷曲纤毛来久久地包裹猎物。得在它们的叶子上放一些含有蛋白质的东西，或者至少得是含氮的化合物。

"茅膏菜需要氮素，是氮素！"他叫嚷起来。

但达尔文并不满足于这一点，他还想知道，茅膏菜能感觉到的最低含氮量是多少。他取来一滴硝酸盐的饱和溶液，并用了近一桶水来稀释它。他配制的溶液稀得连顺势疗法①的医生都会嫉妒他，然而……茅膏菜的纤毛竟然开始了蜷曲。这株茅膏菜叶子微微发红、很不好看，像莲座般直接生长在土里，想不到它竟然如此敏感。

继茅膏菜之后，达尔文又转而研究了其他一些食虫植物，最后他了解了这些植物的所有奥秘。它们用某种方式捕捉昆虫，然后叶子分泌出类似动物胃酸的特殊液体，在叶片上消化掉被捉住的虫子，再吸收其中的蛋白质。在根部从土壤溶液中吸收来的养分里缺少氮素时，食虫植物就是通过这种方法补充营养的。

茅膏菜是达尔文理论绝好的例子，它们的适应性多棒呀！长期选择的结果多么成功呀！

---

① 替代医学的一种，将能够使健康人产生与某种病症相同症状的药剂的稀释多倍后用于治疗。——译注

《物种起源》出版后又过了10年。如今整个文化界都认识了达尔文——那个银须飘飘、双眉低垂、眼神忧郁的老头儿。整个文化界都听说过他的理论：动植物是可变的，一个物种可以随着时间流逝变成另一个物种，所有动物都源于一个共同的祖先。

那么人呢？人是从什么变来的？

这个问题被越来越频繁地提出。达尔文在《物种起源》中写道，人不是普遍法则的例外，但也就仅仅点到为止。其实本应多讲一点，应该谈谈低等生物是如何进化成为人的，应该指出，人是最高等的动物，最重要的是，是拥有高等智慧的动物。当然，还有一个非常重要的方面应该讲到：人是如何成为现在的样子的，成为这样的原因是什么。但可想而知，达尔文是解释不了这一点的：他对卡尔·马克思的学说①一无所知。

莱尔断言："人是堕落的天使。"

"人……不，我决不会赞同人只不过源于动物的观点。人的心灵是具有神性的！"华莱士证明说，他认为即使人的身体不是神创造的，至少心灵也是神创造的。

对达尔文来说，莱尔等知名学者对人类起源理论的支持非常重要。一开始，他所掌握的资料中关于人类起源于动物的证据和实例屈指可数，因此他很长时间都没有论及这方面的内容。

好些年过去了。科学中有了一系列新的发现，达尔文理论中的许多内容得到了全世界学者的仔细研究和补充。英国人赫胥黎写了一本名为《人在自然界中的地位》的书，证明了人的身体构造与猴子猩猩几乎是一样的。德国人海克尔②出版了一本书，说人是起源于动物的。

科学距离人类起源的问题的解答越来越近了。自然选择理论的创始人不能再缄口不言了。达尔文开始动笔写关于人类起源的书。

人有许多特征都与猴子十分相似，因此达尔文就选了猴子来跟人做比较。

人类的哭和笑、他在生活中不同时刻的表情为达尔文提供了丰富的研究素材。达尔文对自己的孩子们进行了许多研究，他仔细地观察小孩是如何哭和笑的。

在猴子身上能观察到许多与人类相似的表情。任何一个看见过猴子的人都知道这一点，更不必说看见过黑猩猩、猩猩等类人猿的人了，他们自然都会承认，这些动物与人外表上的差异非常小。

---

① 卡尔·马克思在《1844年经济学哲学手稿》《神圣家族》中提出人类发展的本质。——译注
② 见本书第十四章。——译注

不过达尔文没有把这些关于表情的研究资料写进关于人类起源的书里，这些资料太多了，他将它们单独写成了一本书，作为《人类的起源》的补充。

▲ 上：黑冠猴平静的表情，黑冠猴被爱抚后快乐的表情；下：黑猩猩阴郁的表情

书出版了。书中说明了人类起源于动物，指出了人类与别的动物的相似之处，列举了人类从其先祖处继承的特征和身体结构特点。

虽然很多特点对于如今的人们来说已经全然无用，有时甚至是有害的，但它们依然保留了下来。细长的阑尾是人类祖先发达的盲肠的遗留物。我们如今已经不用来咀嚼的"智齿"、内眼角处的细小皱褶——"第三眼睑"、能让耳朵动起来的耳动筋……人类还保留着许多各种各样的痕迹器官。

人类的胚胎与其他哺乳动物的胚胎十分相似，在发展初期它甚至与鱼类的胚胎相似。

达尔文举出了长长的一列事实来说明人类的祖先是动物。

这本书出版后并未在众读者间获得很大的成功，它令读者们十分失望。

"一点新东西都没有！我早就听说了人是从猴子变来的。"

"哼，这些我早就听说过了，都是旧调重弹……"

这些就是人们读了这本书之后的评论。这本书与读者们的期望完全不符，书中对人类起源于动物的叙述不能让任何人满足，毕竟大家早就（这个"早"指的是10年前）就对人是从猴子变来的这个话题习以为常了。

达尔文的反对者们没必要特意对这本新书进行什么反驳，这本书只是《物种起源》的自然延续，而对《物种起源》的抨击已经让他们费尽脑筋了。

各教会和各宗教的神职人员发了牢骚，但他们早就宣称，达尔文是个无神论者，这时的牢骚也只是个习惯性行为而已。

几年过去了，达尔文的精力大不如从前，有时他只是在园子里对着一棵树看得久了点都感到精疲力竭。他常常好几天卧床不起，但仍然坚持着对植物的观察和实验。他的儿子弗朗西斯①帮助他完成这些工作，常常替他写作或是在温室中进行实验。

很久之前，达尔文曾写过一篇关于蚯蚓能够促进黑土形成的文章。蚯蚓能将植物的残体一点点拖入地下，积累成一层腐殖土。它们挖洞时又会翻动土层。如果没有蚯蚓，植物的残枝落叶就会一直躺在土壤表层，土壤中就形成不了腐殖层。蚯蚓制造了土壤的腐殖层，它们是黑土的制造者。

达尔文向来喜欢地质学，黑土和地质学关系不大，但总归都是关于土壤的科学。于是达尔文兴致勃勃地开始写关于蚯蚓和腐殖层的书②，这让他回忆起逝去已久的青年时期

---

① 弗朗西斯·达尔文（1848～1925），达尔文的三儿子，天文学家，擅长植物生理学，编著了达尔文的传记。——译注

② 即《腐殖土的产生与蚯蚓的作用》。——译注

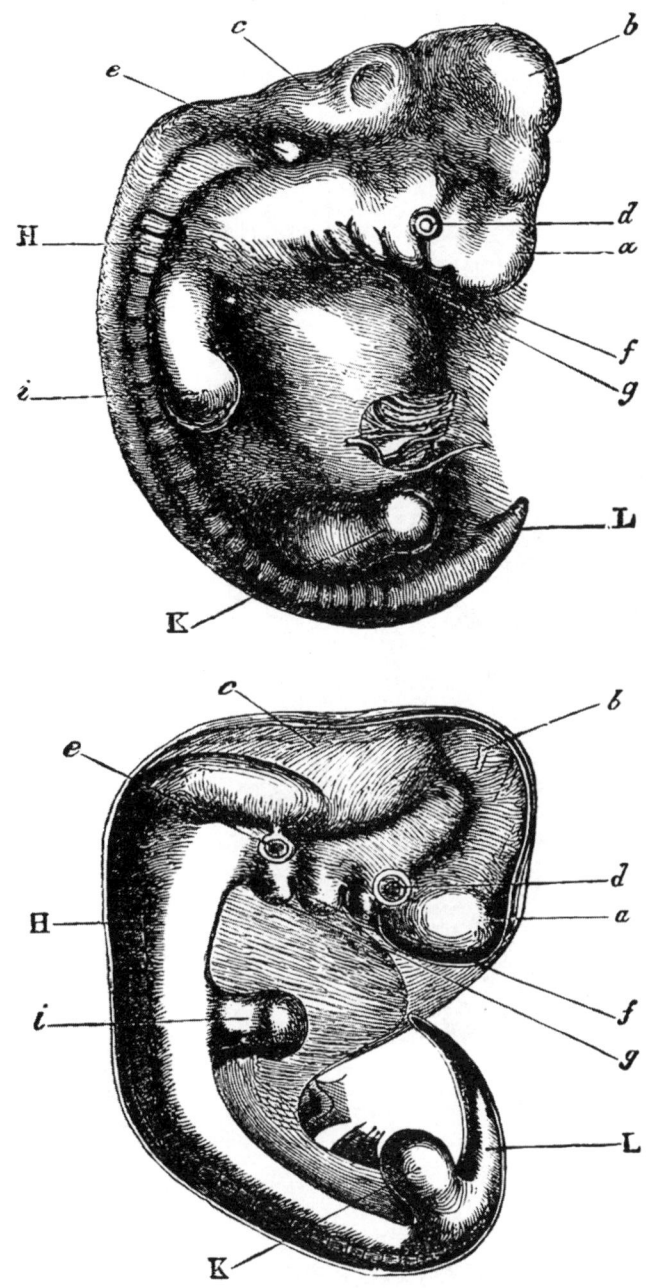

▲ 人类胚胎与犬类胚胎对比图(摘自《人类的起源》)
上图：人类胚胎 下图：犬类胚胎
a- 前脑、大脑半球等；b- 中脑、四叠体等；c- 后脑、小脑、延髓；d- 眼；e- 耳；f- 第一器官腔；g- 第二器官腔；H- 发育中的脊柱与肌肉；i- 前肢；K- 后肢；L- 尾巴或尾骨

▲ 查尔斯·达尔文，摄于1881年

和对地质学的研究。

这本关于黑土的书是他生前的最后一部著作。

1882年冬天，达尔文完全病倒了。他时常因为心脏疼痛而失去意识。他待在家里哪儿也不去，谁也不见。

4月17日他还能下得了床，儿子弗朗西斯暂时离开了达温，达尔文亲自进行了例行的植物实验。

4月19日他就去世了。死前不久他说：

"我一点也不害怕死亡。"

这是他的最后一句话。

英国国会决定将达尔文葬在伦敦。威斯敏斯特教堂①的宏伟建筑中安葬着英国的各位名人：学者、作家、政治家……达尔文也安葬在了这里，离牛顿的墓地不远。

达尔文留下了丰厚的遗产。他在遗嘱中将一部分钱用于出版世界开花植物名册，这是为了对达尔文理论孜孜不倦的推行者、才华横溢的植物学家胡克表达感激。

至于这份名册是什么样的，看看手稿就知道啦：全部手稿竟然重达一吨！

---

① 或译西敏寺，英国著名教堂，坐落在伦敦泰晤士河北岸，承办国王加冕、皇家婚礼、国葬等重大仪式。——译注

"我不愿我的祖先是猴子"

1

他的命运颇不寻常。他曾做过教师和土地测量员,后来却丢下教具和等高仪,拿起了猎枪和捕虫网,成了名旅行家。他差点从达尔文手中抢走进化论首创者的桂冠了,后来却成了达尔文的追随者和捍卫者。但他又并非自始至终如此,在一些方面他怎么也无法认同达尔文的观点。

没人培养他去做科研人员、医生或是教师。他的父亲生有许多孩子,却没什么钱,因此阿尔弗雷德·华莱士在14岁便被送到伦敦学手艺去了。学哪样手艺倒无所谓,只要能糊口就行了。

一开始阿尔弗雷德当了土地测量员,但他还没来得及掌握好使用等高仪和测量链的全部技巧,又去当了一名钟表匠学徒。

在钟表匠手下他也没能待到最后。还没参透钟表机械的奥妙呢,才刚刚学会拆卸钟表,还不会将拆开的钟表重新装上,老板就关掉了小作坊。

要不再选一个新职业,再从头开始学习?

"不,我受够了!"华莱士决定重操旧业。他拿起等高仪行走在山野之间,时不时对拿着木桩的小男孩呼喝几声。

来回奔走测量土地并非什么乐事,他便开始收集植物来作为娱乐。华莱士没有成为植物学家,没有为植物学做出什么新发现,没有建立起新的体系,也没有写出完善的图鉴,不过他也没打算与著名的植物学家们一争高下。他只是收集各类花朵,随随便便归一下类,分装到袋子里罢了。

后来他厌倦了测量土地,便当了教师,但这个活计他也不太喜欢:原来当老师更加无聊呀,坐在课堂上讲解乘法表,这还不如当土地测量员呢。华莱士又回去找到了自己的等高仪。他想要在四处奔走测量时带上点什么东西,但他既没有枪,也没有望远镜,况且当时他还不知道该怎么拿枪和举望远镜呢,他只有等高仪,便把它随身带上,从筒管中远远地就能清晰地看到交错的细线、木桩以及小男孩快乐的面庞。

但很快等高仪再次被扔到了角落里,而华莱士再次改变了职业。这一次他成了个包工头,与哥哥一起带领一个不大的工队修建铁路。这个新活计不能说让他很喜欢,但总归能够糊口。

▲ 24 岁时的阿·华莱士

如果没有认识贝兹[1]的话，华莱士大概就会当一辈子的包工头了。

亨利·贝兹只比华莱士大两岁。他父亲是一个卖袜子的商人，平日里他给父亲帮忙，空余时间就在田野和树林中捕捉甲虫。甲虫可以卖给标本商人，虽然这并没有修建铁路哨舍挣钱多，但却有着别样的吸引力。

在贝兹的怂恿下，华莱士也干起了抓甲虫的行当，他抓起甲虫来的积极性可要远远高于测量土地和在学校里教书。

很快这对朋友就厌倦了附近的甲虫，他们开始讨论说，可以去更远的地方捉虫啊。

"嘿，在巴西……那里的甲虫啊有拳头这么大！"贝兹将手握成拳给华莱士看，"那里才值得我们去收集甲虫，那里才是我们该去的地方！"

一个个寒冷的冬夜，当甲虫们躲在青苔中或树皮下沉沉睡去的时候，贝兹和华莱士就不厌其烦地翻看着地图，一遍遍梦想着，要是能去巴西就好啦……

"我们得存钱，"华莱士下了决心，"等存够了钱……"

他们开始积攒先令和英镑[2]。他们需要的钱不是很多，只要够他们到达那个充满诱惑的国度就行了，那里有成群的鹦鹉和巨大的甲虫，要能到达亚马孙河的水洼和沼泽，该有多好。哦！在那儿就该他们大显身手了，那儿有够他们捉一辈子的甲虫和蝴蝶呢！

---

[1] 亨利·沃尔特·贝兹（1825—1892），英国博物学家和探险家，曾与华莱士一起到亚马孙热带雨林进行探险。——译注
[2] 均为英国货币名，1英镑=20先令。——译注

期待已久的这一天终于来了，成功建好的几个铁路哨舍大大加速了这一天的到来。他们出发去了巴西，还带上了华莱士的哥哥。他们的行李让海关官员们都有些尴尬：衣物寥寥无几，而盒子、箱子、大小罐子、昆虫网兜、镊子和大头针却多得不得了。

"先生们，您们是博物学家吧？"一个官员笑着问道，"看，我一下就猜出来了。"

这哪能猜不出来！除了博物学家，还有谁会在箱子里只带上两套衣物，却装上许许多多的昆虫网兜，还要跑到那么远的地方去！

他们简直迫不及待了，每天早晨都跑到甲板上去，向远方眺望，看看巴西能不能望得见了。他们知道，还要坐很久很久的船才能到，但或许不知不觉就已经睡过了一个星期了呢……或许巴西就在不远处了呢。于是他们就跑去找船长，请他在地图上指给他们看，船已经到哪里了。

整条船上的人都听说了这三位博物学家，他们都拿这三个不远千里来捉甲虫和蝴蝶的英国佬开玩笑。

"在我的农场上这些破东西要多少有多少，"一位去阿根廷开荒的肥头大耳的农场主吹嘘着，"连长角的甲虫都有呢！"说罢他张开又短又粗的手指，想要比画一下他的农场上都有些什么样的甲虫。

"那里不一样，"贝兹和华莱士笑道，"那里的甲虫可跟英国的不一样。"

"你们怎么不说，那里的苍蝇还不一样呢。"农场主不满地回敬了一句。

他们终于到达了目的地。所有撞到他们手边的东西都被捉了起来。他们收集了上千只甲虫和蝴蝶，射猎了无数的鹦鹉，他们如此狂热地收集鸟和昆虫，就像是要抓走巴西的所有昆虫，要夺走树林里所有的鹦鹉一样。他们不畏风雨和毒蛇，不怕猛兽的咆哮，勇敢地在草丛和沼泽中跋涉。

尽管水里有电鳗在游弋，他们还是大胆地躲进齐耳深的水，埋伏起来捕捉在亚马孙王莲①巨大的叶子上飞来飞去的蜻蜓。碰到凯门鳄②时，如果是大鳄鱼他们就逃掉，如果是小鳄鱼他们就从容地捉住它，塞进自己的袋子里。他们住在森林里或是河岸上，成天在沼泽灌木丛中日晒雨淋。

这一切最终让华莱士的哥哥患上了疟疾。他在帐篷中发着抖乱窜，还说着胡话，这样华莱士和贝兹就只能轮流去森林里兴奋地挥舞小网捕捉五颜六色的蝴蝶了。

华莱士的哥哥去世了，但这绝不是因为华莱士和贝兹照顾不周，而是因为黄热病本

---

① 睡莲科大型浮叶草本植物，生长于南美洲。——译注
② 产于从墨西哥南方到巴西的热带地区的一种中小型鳄鱼。——译注

◀ 亚马孙雨林景色，摘自《亚马孙内格罗河游记》

来就很少放人离开自己的魔爪。

在巴西待了四年之后，华莱士决定是时候返回英国了，他的健康状况也让他不得不返程。将收集的标本箱搬上船后，他就动身上路了。贝兹留在了巴西，看来他还更坚定一些。

"起火了！"警报声响了起来。

船在大洋中烧了起来，华莱士的标本箱子也在这场火中被烧得一干二净。

这位勇敢的旅行者，这位不知疲倦的狩猎者差点就没能跳上逃生艇。他与几名水手一起在浪涛中颠簸了10天。在这10天中这些不幸的人就望着海浪，等待着救援。水波的反光和灼人的日光差点让他们失明，他们的脸上脱了皮，手也受伤出血了，但好歹是等到了一艘船。

返回伦敦之后，华莱士不想再度拾起测量链了。现在他知道带上什么去树林里比较好了：猎枪和捕虫网。

他写了两本关于巴西之行的书。这两本书没有取得特别的成功，但得到的稿费却暂时够他用了。华莱士开始结识博物学家，这些人已经听说了他是个有经验的标本收集者。他们为他谋求到了政府的支持，很快华莱士便再次将装满罐子、小网、大头针和猎枪的箱子和行囊搬上了船。这次他去了东边，去马来群岛考察。

可别以为这些博物学家是出于对他的尊敬和喜爱而替他东奔西走的，根本没这回事，他们只是需要马来群岛的动物标本才把这么一个有经验的猎人送了过去。

华莱士去了马来群岛，在那里待了八年，从马六甲开始，一直到新几内亚[①]，他走遍了大大小小的岛屿。如今他不仅仅收集蝴蝶和甲虫，射杀鸟类，用锌盒收集蛇和蜥蜴的毒液，他觉得自己已然是个博物学家了，于是便进行起各种各样的观察。而在马来群岛上，适合观察的材料真是数不胜数。

在苏门答腊岛[②]和加里曼丹岛[③]，他发现了一些在当时的欧洲还不为人所知的红毛猩猩。华莱士非常喜欢猎捕和观察这些猩猩，况且猎捕这些猩猩也相当简单轻松。

"当我发现了红毛猩猩，我就回家去取枪，"华莱士讲起与红毛猩猩的故事，"而猩猩仿佛在等着我一样，都不会走远……"

找到了轻信的红毛猩猩后，华莱士便向它射击，而在受伤的猩猩吃力地逃上树顶并

[①] 太平洋第一大岛，世界第二大岛，位于太平洋西部，马来群岛东部。——译注
[②] 世界第六大岛，印度尼西亚第二大岛屿，位于印度尼西亚西部。——译注
[③] 又叫婆罗洲，世界第三大岛。位于东南亚马来群岛中部，苏门答腊岛东部。——译注

> 红毛猩猩幼崽
> 两种雌性门农凤蝶

仓促地折断树枝为自己搭建一个暂时的巢穴时,华莱士便从口袋里掏出笔记本,愉快地记录下他的观察结果:红毛猩猩是如何搭建巢穴的。

一天,他射中了一只带着幼崽的母猩猩,小猩猩从树上掉进了泥淖里。华莱士捡走了小猩猩,试图把它喂养大。他日复一日地与这只小红毛猩猩玩耍,给它喂食物和水,照顾它,哄它睡觉。小猩猩还是死了,但华莱士对它进行了许多观察,笔记本里添上了好几页记录。

四处纷飞的大型蝴蝶非常漂亮。每当这些"鸟翼凤蝶①"在阳光下闪耀着黄金和祖母绿般的光芒出现在树林上空时,华莱士的心都因紧张和开心而狂跳起来。这些蝴蝶的名字就能体现出它们的美丽:鸟翼凤蝶在俄语中被称为"鸟之羽翼"。的确,这种蝴蝶几乎和鸫一般大小。

华莱士一连好几小时站在树林边缘,等待美丽的蝴蝶降落下来。他用弓射出钝头的箭,用猎枪射出沙子,而当被击中的蝴蝶落下时,他便飞快地跑过去。观察鸟翼凤蝶时,华莱士发现雄蝶要比雌蝶漂亮得多。这倒没让他很惊讶:他对英国的蝴蝶非常熟悉,普通黄粉蝶的雄蝶就要比雌蝶颜色鲜艳很多,还有小灰蝶②的雄虫是蓝色的,斑貉灰蝶③的雄虫是火红色的。令他感到惊讶的是另外一点:他发现,另一些颜色也很鲜艳的蝴蝶有多种不同的雌虫,有的蝴蝶有三种雌虫,且这三种雌蝶之间的差别非常大。

极乐鸟有一身奇异的羽毛,这让它们难逃被追捕的命运。华莱士打下了好几十只极乐鸟,每一只都能换来大把大把的先令。奇怪的是,这些鸟儿的腿都好好地长在身上,而不久前人们还一直坚信极乐鸟是没有腿的,就连林奈在描述一种极乐鸟时,还将它命名为"无足极乐鸟"。华莱士发现,没有腿的只是那些被当地土著杀死的鸟,而树林里的极乐鸟总是有腿的。土著们出于某种原因将猎杀到的极乐鸟的腿全都切下来,并且他们对此实在是在行,不会留下一丁点儿鸟腿存在的痕迹,害得欧洲人曾非常认真地认为,马来群岛的森林中飞翔着一些无足鸟。

---

① 鳞翅目凤蝶科,共14种,均为大型蝴蝶,其中包括世界上最大的蝴蝶——亚历山大鸟翼凤蝶。它们只分布在大洋洲及南亚。——译注
② 一种相对较小的蝴蝶,雄雌体色不同,雌蝶通常呈暗色,雄蝶常具有翠、蓝、青、橙、红、古铜等颜色的金属光彩。——译注
③ 灰蝶科一种日间活动的蝴蝶,翅上部呈火红色,下部为橙色,带有黑色斑点。——译注

疟疾当然也没有放过华莱士，他病倒了。发病时他就在帐篷里或是土著的茅舍里卧床养病，而只要发作一结束，他就抓起捕虫网，拿起手枪到森林里去。仿佛是为了弥补生病耽误的时间一样，他更加顽强地挥舞着小网，捕捉苍蝇和黄蜂、蝴蝶和野蜂、蜻蜓和甲虫……

丰饶的热带自然界给了他取之不尽的思想素材。的确，这也有些妨碍思考，因为有趣的东西太多了，根本没时间思考。时间只够用来观察、收集、做笔记和写日记。

华莱士不仅仅进行收集和观察工作，他所有的时间都在进行思考。动物世界的多样性、动物颜色如此鲜艳，形态如此奇异、一些物种之间十分相似，而同一个物种的雌性却差别巨大得让人难以相信它们是"姐妹"……丝毫不难发现，动物是可变的，例子随处可见。要给物种和变种划上界限并非总是容易，仅仅这一点就让人大费脑筋。

在一些情况下，变种与这个物种的基本形态之间的差别很小，不需要费多大劲就能确定这是物种的变种，而在另一些情况下，变种与基本形态之间差别很大，看到这两种形态也无法立刻辨别出这是同一物种的两个形态，要确定是否是变种还得进行一系列的研究。显然，变种可能与物种的基本形态相差甚远，以至于成为一个独立的物种。

基于自己的经验，而非道听途说，华莱士还认识到一点：有的物种易于分辨，而有的物种却难以区分。这又立即让他想到，这是否就是新物种的形成过程呢？亲缘的物种才让人难以区分，因为这些物种还没有完全分离出来，还没有完全形成。

物种是变化的，物种都是来源于某个别的物种的。那么，是什么力量导致了新物种的形成，是什么东西以何种方式在推动进化呢？

这个问题的答案能解答一切困惑，但这答案暂时还没有。

一天，华莱士的热病发作得十分厉害，他的眼前冒出了一串串奇怪的画面。他仿佛觉得自己正在从巴西返航的路上，在大船沉没后乘坐的那条小艇上，但在他身边的不是水手，而是红毛猩猩。巨大的鸟翼凤蝶在小艇的上空飞来飞去，而天堂鸟就在这群蝴蝶上盘旋，寻找着自己的猎物。

"但它们没有腿，它们要如何歇息呢？"华莱士想要喊出声来。

鸟儿还没来得及歇息，华莱士也没来得及叫喊出声，小艇的甲板下忽然冒出了一个长着鹰钩鼻和蜷曲络腮胡的脑袋。

"你们这是真正的人口过量，"这个陌生人说道，这时华莱士竭力试图回忆起他在哪里见过这张特别的脸孔，"你们这是真正的斗争、战争，是一场赌上性命的殊死战斗……"

"马尔萨斯！"华莱士叫了出来。

那个脑袋消失了，而红毛猩猩开始大声呼号，让华莱士感到害怕。他抓起了枪，弄翻了小艇，然后……醒了过来。

发病结束了，华莱士一身冷汗地躺在被窝里。他不想睡觉了，便开始思考已经琢磨了好几个月的问题：什么是变种，这些变种将何去何从，它们能否转变为一个物种。鸟翼凤蝶、红毛猩猩、天堂鸟，他刚刚在梦中看见的这些动物仿佛活了过来，在他眼前闪现，而它们的后面是成百上千他在巴西和在马来群岛见到过的蝴蝶和鸟。

是什么力量让动物和植物发生改变呢？为什么一些变种很常见，另一些变种却很少有？变种可以随着时间变成物种，但为什么会发生这样的事呢？是谁在各个变种中做出了选择呢？

华莱士苦苦追寻这些问题的答案，到头却是白费力气，没能找到答案。这时他回忆起一本在伦敦读过的书。

"马尔萨斯！就是他，就是他的书。"

书中说，人口以几何级数增长，而生存资料仅仅以算术级数增长。由此可以得出一个结论：劳动人民的贫穷是人口过量的结果，劳动人民的饥饿只是因为他们人数太多了。

马尔萨斯相信"这是自然法则"，他试图证明，要改变现有的事态是不可能的，谁都不能废除自然法则。

对人们的竞争，对劳动、工作和失业的讨论很少能引起华莱士的兴趣，但"生存斗争"这个词让他陷入了沉思。毕竟这样的斗争在动物之间也存在，不就是这种力量导致了"选择"吗？

清晨，华莱士像往常一样去了树林。他眼前的东西还是与往常一样，但在这一天，这些熟悉的东西在他看来却与往日迥异。

鸟儿捕捉苍蝇，自己却又被猛兽捕食：它们在生存斗争中既是胜利者，也是被战胜者。华莱士看到了一种植物是如何驱逐另一种植物的，看到了被藤本植物环绕的树木是如何窒息死亡的，在他面前的还是熟悉的树木、灌木、草丛、鸟儿、野兽、昆虫……但如今华莱士看到，它们不仅仅是生长、奔跑、盘绕、飞翔，它们在为生存而奋斗。这种斗争是隐秘而缓慢的，却一刻也没有停过。

日子一天天过去，华莱士越来越确信，是生存斗争导致了某种"选择"：在一刻不停的比赛中，获胜机会更大的就能存活下来。细微的变异可能是有益的。因为选择的存在，变种与原来的物种之间差别越来越大，最终，差别之大导致了独特的新物种的产生。

变种正是一个新生的物种，而每一个物种都能产生出许多变种——未来的物种。

这个发现需要尽快发表。华莱士毫不怀疑自己是对的：神秘的物种起源问题很容易解决，所有人都能明白这样的解释。华莱士就在德尔纳特岛上立即写了一篇不长的文章寄往伦敦。他身边没有图书馆，也没有博物馆或是实验室，但笔记本就是他的图书馆，森林就是他的博物馆和实验室。他将自己知道的都写了下来，写得简明扼要。

华莱士的信件乘着大船到达了伦敦，到了达尔文的手里。

"优先权该归达尔文！"达尔文的朋友们说，"他准备物种起源的书稿已经有20年了。"

"如果达尔文先生将这个问题研究得这么透彻了，那我就不坚持我的优先权了。"华莱士则对来自伦敦的询问做出了这样的回答。

他就是这么个谦逊而诚实的人。

2

华莱士在马来群岛一待就是八年，直到1862年才返回了伦敦。这一次他十分顺利地带回来大量的标本。学者和标本收藏家、爱好者和商人们，甚至是单单出于好奇的人们——所有人都想来看看那些美丽的蝴蝶和鸟儿，都想从他那儿买点儿什么。而但凡想买的人都能买到，同样的蝴蝶标本华莱士带回来5万件，同样的鸟有8000只，甲虫有8.3万只，而这趟旅行他总共带回了近12.5万件标本。他的买卖做得十分顺利，挣得的钱够他花很长一段时间了。

"我在热带丛林和沼泽里待得够久了，现在我要开始从事科学研究了。"华莱士下定了决心。

他可不是厌烦了热带的丛林，相反，他还挺喜欢站在林边射杀极乐鸟呢，唉，可是那里的热病可算让他认识到了，自己的身体已经拖垮了，40岁的人对新的旅程已经力不从心了。

于是这位曾经的土地测量员和钟表匠学徒成为了一名学者。他没有受过专门的教育，没有学位和文凭，但谁又能阻止他进行科学研究呢？他便开始了科研工作。

华莱士找到达尔文，向这位知名学者鞠了一躬说，"我是您忠实的追随者，我愿做您的第一名学生……如果您需要马来群岛动植物区系的资料，那么我和我的笔记随时愿意为您提供帮助。"

那时的他仅仅对自己见过的东西有所了解，但他的所见所闻实在太多，这些知识就已经能让许多"书呆子"学者心生羡意了。

"请问您知道为什么一些毛虫的颜色如此鲜艳吗？"达尔文随口问了问。

这是个有趣的问题，华莱士立即开始寻找答案。

翻阅自己的日记和笔记后，他找到了一些在热带见过的五颜六色的昆虫的记录。他捉了各种有彩色斑点的毛虫,并对它们仔细研究。华莱士在大英博物馆的图书馆中翻阅了几十本昆虫观察家和收藏者的著作。自然选择理论帮助了他弄懂和解释了这种鲜艳色彩出现的原因。

华莱士认为,这种鲜艳的颜色能帮毛虫吓退自己的天敌,毛虫鲜艳的颜色远远就能看见,仿佛在警告天敌说:"别碰我,我是有毒的。"

这样就产生了"警戒色"理论,或者换个说法,叫"预警色"。

于是华莱士开始从色彩的角度研究每一只毛虫,考察它们的色彩是否是警戒色。他不仅在毛虫身上寻找斑点和色带,也在别处寻找,还在甲虫和蝴蝶身上寻找类似的斑点。他甚至觉得,孔雀蛱蝶①的眼状斑点和天蚕蛾②毛虫身上的斑点也是警戒色。

"这些斑点看上去与眼睛很像,鸟儿会把它们当作不认识的动物的眼睛,就会害怕。"

华莱士对警戒色非常感兴趣,甚至想做一个伟大的实验,他想给上千只毛虫染上警戒色,然后将它们放生,看看之后会发生什么。可是他没有那么多时间去实现这个有趣的计划。

华莱士怂恿了两位爱好者,让他们给鸡喂各种各样的毛虫,然后对此进行观察。这

▲ 大叉状尾天社蛾毛虫的威胁姿势(左),水青冈天社蛾毛虫的威胁姿势(右)

---

① 一种色彩鲜艳的蝴蝶,翅膀底色是锈红色,翅端上有黑色、蓝色及黄色的眼状斑点。——译注
② 一类身体粗壮,体表被毛,翅膀较宽,色泽明丽,翅膀中央常常有眼状斑纹的蛾虫。——译注

▶ 竹节虫与叶䗛（xiū）

两位好奇的先生们便弄清楚了，有许多毛虫鸡都是不吃的。

这样华莱士就用相应的实验证实了自己的猜想。

这一次他将所有的昆虫分为两类，一类是具有警戒色保护的，另一类则具有保护色。保护色与环境背景的颜色相似，让昆虫很难被天敌发现。与具有警戒色的昆虫不同，具有保护色的昆虫几乎都是无毒的。

"这就是自然选择的绝好例证！"华莱士叫嚷着，"除了选择，还有什么能解释这些保护动物的体色呢？除了选择，还有什么能解释为何竹节虫[①]与干树枝这样相似呢？我自己都搞错过，把竹节虫当作过干树枝，也小心翼翼地把真正的树枝当成竹节虫捕捉过呢。"

华莱士完全独立地得出了类似于达尔文的结论，之后又成了达尔文理论热心的拥护者，他不仅保护达尔文理论不受反对者的攻击，对那些试图复辟拉马克学说的人进行反驳，还对达尔文的理论进行加工。在一些方面，他甚至比达尔文更像一个达尔文主义者，但在另一些方面他却没能与达尔文达成一致。

他们的第一处分歧在于达尔文的"性选择"理论。

当达尔文开始为关于人类起源的书作收集材料时，他遇到了一系列困难。人（动物学意义上的人）具有不少在生存斗争中用不着的特征。于是达尔文开始在动物之中寻找类似之处，结果令他十分震惊：苍蝇、蝴蝶、蜜蜂、黄蜂、蠕虫、甲虫、鸟、蟑螂……所有的动物都具有一些特别的，却又似乎不在生存斗争中发挥任何作用的身体构造（就是通常所说的"特征"），这些构造既不能帮助动物们觅食，也不能保护它们免受天敌的攻击。

为什么要有这样一些构造呢？为什么天堂鸟要有像宝石一样流光溢彩的长尾巴呢？为什么金凤蝶[②]要有艳丽的翅膀，小翅末端还有长尾巴似的翼突呢？为什么甲虫头上要有奇异的突起，胸口上有角突呢？鹿角虫[③]的角突是巨大的颚，它们用"角"进行自我保护，那么独角仙[④]的雄虫又拿自己的角突做什么用呢？

达尔文阅览了大量描述动物资料，翻阅了许多动物图鉴，他发现，雄性动物常常要比雌性漂亮得多：它们常常有角和其他突起，有特别长而美丽的羽毛，许多雄鸟还唱得

[①] 一种身体修长的昆虫，呈深褐色、绿色或暗绿色，类似竹节。——译注
[②] 体态华贵、花色艳丽的一种大型蝴蝶。——译注
[③] 学名锹甲，性情粗暴，雄虫头顶有一对伸向前面的长角突，前胸背板也长有角突。——译注
[④] 学名双叉犀金龟，雄虫头顶有朝向背部的分叉角突，前胸背板长有角突。——译注

第十一章 您的祖先是猴子

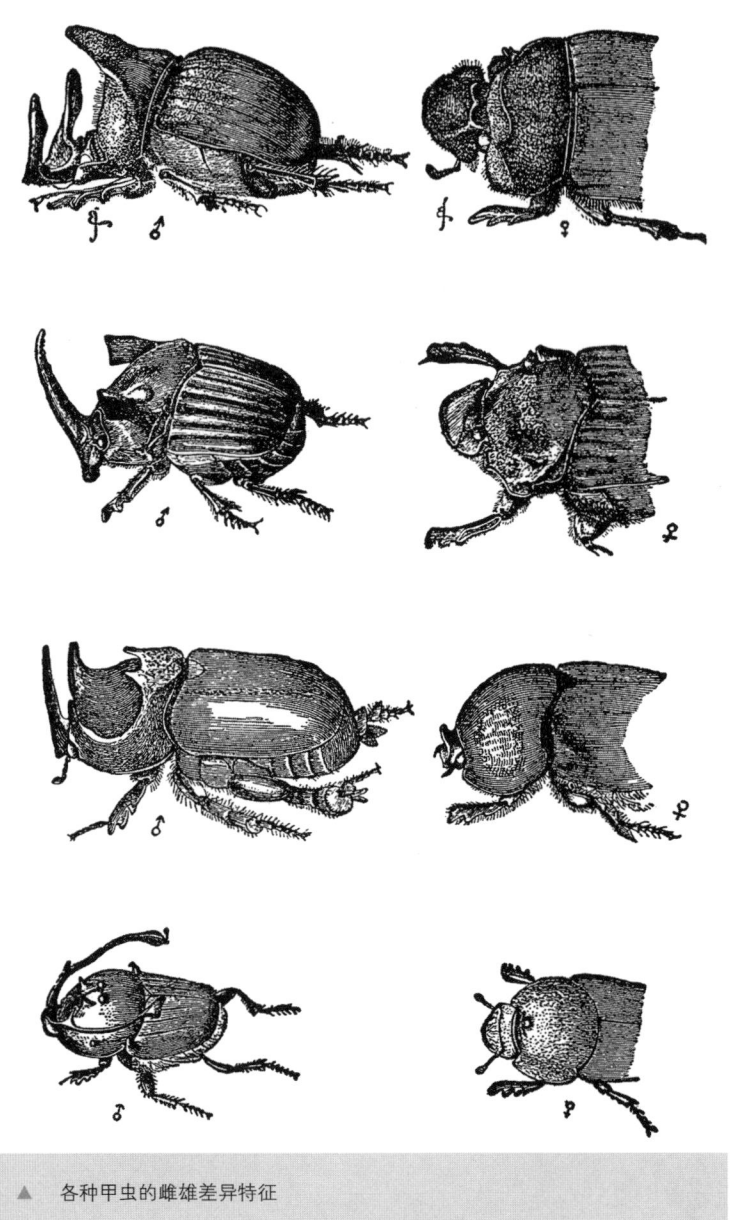

▲ 各种甲虫的雌雄差异特征

一嗓子好曲儿。

　　这些特点大概不能通过自然选择发展出来吧，但它们也不会是平白就形成的，它们是怎么来的呢？这时，达尔文记起了自己养的鸽子，记起雄鸽是怎样追求雌性的，记起了黑琴鸡的求偶和秋季野鹿的交配……

"性选择，"他低声说，"这些特征，这些身体结构能帮助雄性在求偶时获得芳心。"

"性选择"这个名称非常恰当，这是为了争夺雌性的斗争，这种斗争丝毫不弱于生存斗争。达尔文便开始收集例证了。他翻阅动物图鉴和专题著作，在其中寻找有巨大角突的雄性甲虫，寻找有鲜艳羽毛的雄鸟，寻找雌雄两性个体之间差别巨大的动物。他对这个工作十分感兴趣，甚至添上了一些不太典型的特征。即便如此，也并非所有情况都能用激烈的求偶斗争来解释，毕竟蝴蝶又不会为争夺配偶而相互搏斗，它们也没有什么可以用来搏斗的啊。于是达尔文有了这样一个猜想：雌性选择最漂亮、颜色最鲜艳的雄性来交配。雄性之间不必打斗，蛮力不一定能获胜，而胜利通常属于长得最美的一个。

"一派胡言！"华莱士生气了，"不能认为鸟儿能选出最美丽的雄性，鸟类对美根本就没有概念。就算鸟儿能选择，那么蝴蝶、甲虫和苍蝇呢，难道它们都能审美？不可能！这过去不可能，将来也不可能。一定有别的原因！"

于是华莱士对动物两性色彩差异的原因做出了与达尔文完全不同的解释。

雌性动物谁也不会选，它只与最强大的雄性交配，而这些强大的雄性色泽就连颜色都要比弱小者更鲜艳。雄性颜色鲜艳并非因为迎合雌性的喜好，而是另有原因。华莱士便将话题从雄性转向了雌性：

"哪些鸟雌性的外表不太引人注目呢？是那些在显眼的地方筑巢的鸟。而那些筑巢隐蔽的鸟，如啄木鸟、鹦鹉，它们在树洞中安家落户，其雌鸟与雄鸟的羽毛颜色都差不多。羽色鲜艳的鸟要是住在巢里，老远就能被天敌看见，而要是雌鸟藏在树洞里，鲜艳的羽色也就不会带来什么危害了。"

由此可见，华莱士思想中根本就没有什么性选择，而完全是另一回事：雄性中被自然选择淘汰的是颜色不太鲜艳的个体，相反，雌性中被淘汰的正是颜色鲜艳的个体。通过自然选择，雌性中具有保护色的个体被选择留下来。

一些学者挖苦华莱士说："他真比达尔文更像个达尔文主义者呢！真是青出于蓝呢。"

时间证明，这两种观点都是正确的，雄性鲜艳的颜色也很重要，而雌性不引人注目的颜色也是有益的，性选择是自然选择中的一种情况。当问题涉及人类时，华莱士这个"更地道的达尔文主义者"却屈服了。

华莱士信誓旦旦地公开宣称："人的形成不可能没有神力的参与，毕竟人与动物有着天壤之别：人类如此聪明，而动物却如此愚钝。"

他便着手证明，原始人类的脑相较于其智力而言太过高级，因此这样体积和重量的大脑的出现无论如何也不能通过自然选择来解释。

◀ 红极乐鸟，上为雄性，下为雌性

"野人与猴子的生存方式差别不大，因此他们的脑也不应当比猴子的脑重这么多。"

他在马来群岛上与土著"野人"一同生活了8年之久，认为自己是足够了解这些野人的——是啊，他也观察过类人猿，还住过"野人"的茅屋，与他们一起烤过火呢。

华莱士急躁地说："我可比你们要了解红毛猩猩，我在加里曼丹岛上可没少猎捕这些猩猩，"他还自信满满地补充说："我发现，是一些更高等的生物为人类确定了发展方向，正如同人们控制动物的进化方向一样，他们也让人类朝着特定的方向发展。"

人类为家养动物和植物设计了人工选择机制，而神力也对人类本身进行了选择，这样就产生了如今的人类。这一观点与达尔文主义者的身份格格不入，但华莱士依然坚持认为自己是达尔文主义者中最最忠实的一个，毕竟他只是将人类划作特例，且人类也没被完全划分出来，划分出的仅仅是人类的"心灵"，对于人类"生理"方面的进化，他是赞同达尔文的观点的，但在"心灵"这方面……

"不，不行，不行！我绝不能同意我的祖先是猴子，不！我的智慧是神力赋予的，我不是动物，我是个人。没有什么自然选择能够赋予我灵魂。"

达尔文写信给华莱士说："我对于我们在这个问题上有所分歧而感到十分难过。我不认为对于人类就应有什么补充的理论或者假说。"

如同往常一样，达尔文的表述十分严谨，将"神力"参与人类的进化称为"补充的假说"。而华莱士却依旧坚持认为他的灵魂乃是天赐。

达尔文说服不了他，也就只能耸耸肩了。

华莱士开始整理自己在旅行期间所做的笔记，这可是一项严肃又浩大的工程。他写出了一本相当不错的书，并以达尔文学说来命名——《达尔文主义》。他还写了一本更厚的书，这本书讲了动物是如何遍布地球的。马来群岛上学到的动物知识在这项工作中派上了大用场，正是这些知识让他找到了区分"印度-马来区"和"南马来区"[①]这两个毗邻的动物区系的细微特征。这条分界线就是巴厘岛[②]和龙目岛[③]之间的细长海峡，后来

---

① 今称"东洋界"和"澳洲界"，动物地理区划中的两个大区，前者包括东南亚和新几内亚一带，后者包括澳大利亚和新西兰一带。——译注
② 印度尼西亚33个一级岛屿之一，被认为是亚洲大陆棚的边缘。——译注
③ 印度尼西亚西努沙登加拉省岛屿，西隔龙目海峡，面对巴厘岛。——译注

被称为"华莱士线①"。

华莱士的科研和著书事业起步较晚，转眼间他就到了垂暮之年。他还没有丧失对写作的热爱，但老年的他开始研究一些与动物学毫不相关的东西了。

"接种天花疫苗？这倒是个新鲜的问题！嗯……"华莱士意味深长地感叹了一句便投入了工作，很快他的办公室里就塞满了书籍、工作报告和医院里的数据汇总报表。

他一连好几个月研究这些数字核算，当他看完了最后一页的最后一个统计结果后，严厉地骂了一句"罪人！"

于是他立刻开始揭发这"惨绝人寰的罪行"。他有义务拯救世界，他应当证明，接种天花疫苗是个可怕的错误。

华莱士写道："只要这接种牛痘的法案一日有效，家长们就将多一日承受惩罚，而孩子们则多一日面临死亡威胁。"他为政府的行为感到愤恨，他们怎么能颁发这样荒谬的法案呢。为了能更有效地引起社会的注意，让政府认识到错误，他还加上了一句："接种牛痘本是个谬误，而强制接种牛痘，这简直罪不可赦！"

接下来的一段时间，华莱士研究了土地国有化问题，这之后他又突然从事起颅相学来。颅相学就是通过人的头骨形状来判定其能力与性格的学说。这门"科学"不太受人待见，没人愿意把它当作真正的科学，但华莱士却兴致盎然地想要证明颅相学的知识能够改变全人类的命运。

对颅相学的宣传带来了意料之外的收获：华莱士获得了"名誉法学博士"的证书，这件事让华莱士惊诧万分，结果竟把他变成了个……通灵术的信徒。

"达尔文的理论向我们解释了，低等动物的机体是如何通过自然选择法则进化为人类的机体的，但它也让我们明白了，人类的智力和道德是从别处得来的。只有在看不见的精神世界中，我们才能为智力和道德的起源寻找到充分的理由。"

华莱士是个优秀的猎手，既然他相信这个看不见的世界的存在，就没有不去尝试探察其秘密的道理。他都找到了制约人与动物的生理特征出现和巩固的法则，此时又怎能能止步不前，不去尝试制定人类"精神"发展的法则呢？

"我曾到过巴西，也曾旅居马来群岛，还曾游猎于沼泽和莽丛之中，那么我为什么不去那不可见世界的密林中打打猎呢？"华莱士自言自语着。一番思考之后，他发现没

---

① 华莱士线是生物地理学中，区分东洋界和澳洲界的分界线。1854年到1862年，阿尔弗雷德·拉塞尔·华莱士在马来群岛研究岛屿上的动物时，注意到加里曼丹岛与苏拉威西岛、峇里岛和龙目岛之间，似乎有一条隐形的界线将两边的生物分开；界线以西接近东南亚的生物相，界线以东则接近新几内亚的生物相。——译注

有什么能够阻挡他去那个世界狩猎。

于是他便开始了在"看不见的世界"中的狩猎。他成了通灵术信徒，因为只有通灵术士才知道与精神世界联系的奥秘。他是单纯出于兴趣和个人意愿而开始进行实验的，但狡猾的通灵术师在他面前变了些戏法，让他最终对彼岸世界的存在确信不疑。

华莱士目不转睛地盯着桌上占卜用的小碟子，等待着来自那个世界的回应，他的心比很久以前在遥远的岛屿上悄悄靠近极乐鸟或是手拿捕虫网捕捉美丽的鸟翼凤蝶时跳得还要厉害。他转动着小桌子，召唤着魂灵，事无巨细都要询问他们：大到宇宙的命运，小到把礼服送到哪个裁缝那儿去补，连他那笔小钱投资的股票到底会不会上涨都要问问魂灵。

这个小碟子他用得得心应手，离开它便一天也过不下去。

他真心相信，拿破仑和斯宾诺莎都十分乐意为他答疑解惑，因此便时不时将他们的灵魂招来。当达尔文去世之后，他还开始于达尔文的灵魂对话。

一天，华莱士气喘吁吁地跑去找胡克。"您知道吗，您知道吗？他告诉我说，我是对的。"

"谁？"胡克从植物标本上抬起眼。

"达尔文！他现在同意我的观点了。人的灵魂是不受自然选择的规律约束的，这是神力，是神力……"

他越来越沉迷于通灵术，著名的通灵术师尤萨比亚·帕拉迪诺的骗术被揭穿了，但这丝毫没有动摇华莱士的信仰。

他辩解说："哪儿有什么骗术，这是误会。"

华莱士与魂灵们交谈了近20年，但有两件大事这些魂灵却没有提前告诉他：一件事是他就要去世了，另一件事则是他死后9个月欧洲爆发了第一次世界大战。

"我骄傲，我的祖先是猴子"

1

毕业了，也拿到了学士学位，托马斯·赫胥黎却不知道自己应当从事什么职业。有位同学建议他去谋个海军医生的职位。"这算是个什么差事儿呀！"托马斯嘴上反驳着，却还是递交了申请。

出乎意料的是，他不但没被拒收，还收到了考试邀请。而当他终于顺利地考完试，也办理完了烦琐的程序后，托马斯就被派到海军医院任了职，成为约翰·理查德森[①]手下的一名医生。理查德森是名优秀的博物学家，从事极地研究，但他却也是个阴沉的厌世者。众所周知，极地的海洋很难带给人愉悦的情绪，这一点在"老约翰"（这是年轻的医生们给约翰·理查德起的外号）身上展露无遗。

赫胥黎在海军中过得还不错，厌倦了包扎和开药的时候，他就去娱乐娱乐，拿厌世者"约翰"开玩笑。理查德森很想避开赫胥黎的毒舌，但要避开他就得把他派到别处去。最终，他这个愿望还真实现了。

"'响尾蛇'号要起航去澳大利亚，那可是一个非常有趣的国家，您去那儿能看见许多新鲜的东西。不如您随船同去吧！"

赫胥黎没有立即答应，但"老约翰"绘声绘色地描述了澳大利亚的自然风光，对珊瑚岛和热带海洋的美景赞不绝口，赫胥黎便被他说服了，去做了随船医生。他带上了显微镜和书籍，在箱子里塞满了瓶瓶罐罐和各种仪器，跟理查德森开了最后一个玩笑便开开心心地登上了船。他幻想着，自己就算不能成为哥伦布[②]或是库克船长[③]，至少也要像理查德森一样，去开拓新的海域，寻找暗礁和环礁。

这次出行历时约四年，而其中近三年时间里，"响尾蛇"号都在沿着澳大利亚和新几内亚岛[④]的东海岸航行，对大堡礁[⑤]进行考察。在船上的日子算不上快活，毕竟纪律很严明，船长也严厉苛责，生活十分单调，炎热的天气让船上的军官们透不过气，而无聊的生活更是让他们备感沉闷。军官们发现赫胥黎倒是找到了解闷的法子：他在舱房中塞满了各种各样的海螺和鱼儿，捕捉水母和透明的纽鳃樽[⑥]，还从珊瑚丛中敲下大块的珊瑚石。然而，一些军官将赫胥黎这种娱乐方式看作是收藏怪癖，还认为赫胥黎本人"精神不大正常"。

"您又拖上来一整船'布丰'！"他们一边看着赫胥黎从小船上卸下自己的宝藏，一边对他冷嘲热讽，"您的这些废物很快就要把舱底都塞满了呢。"

这帮人将海胆、海螺壳、海星、鱼和珊瑚这一系列东西统称为"布丰"。至于这个

[①] 约翰·理查德森（1787～1865），苏格兰医生、植物学家、鱼类学家。——译注
[②] 克里斯托弗·哥伦布（约1451～1506），意大利航海家，先后4次出海远航，发现了美洲大陆。——译注
[③] 詹姆斯·库克（1728—1779），英国航海家、探险家，曾三度出海前往太平洋，带领船员成为首批登陆澳洲东岸和夏威夷群岛的欧洲人。——译注
[④] 位于太平洋西部、马来群岛东部，是太平洋第一大岛屿、世界第二大岛屿。——译注
[⑤] 位于南太平洋的澳大利亚东北海岸，是世界最大最长的珊瑚礁群。——译注
[⑥] 海樽纲浮游动物，被囊透明，在海面漂浮生活。——译注

谑称的来源嘛，那是因为赫胥黎舱房中的书架上恭恭敬敬地放着一本布丰所著的《自然史》。

在那个年代，澳大利亚与周边地区的动物区系还没怎么被人研究过，因此赫胥黎的新发现真是纷至沓来。新的物种和变种终于等到了一位博物学家来给它们命名，让它们在动物谱系中找到自己正确的位置。透明的纽鳃樽、美丽的水母、小小的箭虫[1]等等，各种各样的海生动物成群结队地游到温暖的水域，仿佛特意钻到赫胥黎的网中来。它们像是要为科学献身一般地叫喊着："研究我们吧！是时候记起我们了！"

赫胥黎不知疲倦地守着显微镜，今天观察后蟹[2]，明天观察小虾子的断腿，后天观察珊瑚虫的触手或是水母切片。

装满酒精的小瓶很快就泡满了捕来的动物。赫胥黎的指头尖总是黑黑的，他写字写得太多，墨水都洗不掉了。

一天，赫胥黎从巨大的礁石上敲下了一大块珊瑚石，便研究起了形成珊瑚石的珊瑚虫。"两层细胞？"他吃了一惊，"两层……这简直像极了别的动物的双层的胚胎[3]！"

他便开始绘制珊瑚虫的图，并在图中的空白处记下了珊瑚虫与胚胎十分相似等等。

他可没有时间纠结于此，他还急着去收集更多的珊瑚虫和水母，在蓝色的海浪中捕捉纽鳃樽以及其他海生生物，去找寻奇妙的海底暗礁丛呢。不过尽管繁忙，他还是写出了几篇论文寄到伦敦林奈学会去。他急不可耐地等待着回复，毕竟他可是第一次写论文呢。然而他等待的回复却一直都没有来。后来他又写了更多的论文寄到了皇家学会去，他是个十分固执的人，不达目的不罢休。他刚寄出一篇文章，便开始写下一篇，还鼓励自己说："他们一定会出版我的文章的！"

他这份几近固有的执拗还在另一个与科学没什么关系的地方有所体现：那是到达澳大利亚的第一年，赫胥黎在悉尼参加舞会时认识了一个商户之女希斯霍特小姐。他对她一见钟情，当晚便决心要娶她做妻子。但要娶到这位小姐，就先得巩固自己的地位。

几天之后，赫胥黎便向希斯霍特小姐求婚了。

"我愿意！"他得到了肯定的回复。

"但我得先在英国建立起自己的事业来，"他马上补充说，"你愿意等我几年吗？"

"我愿意，"他再次得到了这样的答复。

---

[1] 海生蠕虫样无脊椎动物，身体呈箭状。——译注
[2] 一种海生蠕虫，雌虫体形如豆，有长口吻，雄虫生活在雌虫体内。——译注
[3] 动物受精卵由桑葚胚、囊胚发育至原肠胚时具有双层或三层细胞构成的胚胎结构。——译注

▲ 青年时代的托马斯·赫胥黎

很快,"响尾蛇"号就拔锚出海了。希斯霍特小姐挥舞着白色的小方巾送走了赫胥黎,擦干眼泪,目送着大船沉入地平线之下。

无论是在烈日炙烤下的水草丛中耐心撒网时,还是被珊瑚礁磨破了手时,赫胥黎无时无刻不在思念着与希斯霍特小姐有关的一切。

三年过去了。

"响尾蛇"号载着赫胥黎回到了英国,如今他已经算得上半个博物学家了,他带回了大量标本,外加许许多多完成或未完成的研究。

到了伦敦后,赫胥黎对自己的事业走向作了很长时间的思想斗争,最后认定,能为自己赢来声名地位的最简单、最快捷的方法便是跻身于博物学家之列,而且博物学家的工作比当医生更合他的心意。对于博物学家这一职业,他也已经有一些积淀了:在皇家学会发表过文章(就是那篇他从澳大利亚寄出的论文),有一捆厚厚的笔记和许许多多的想法与假设。同时,早在童年他便热衷于"传道",今后要昼夜不停地给人讲课也不成问题,这么看来,赫胥黎要做个好教授有的是资本。实际上,当他思考着职业选择时,脑海中浮现的却是希斯霍特小姐那张粉扑扑的俏脸。

赫胥黎开始成了海军部委员会的常客,他希望能够得到一笔钱来出版自己的研究成果。

"我是在航海期间做出这些发现的。除了海军部，还有谁该来发表这些成果呢？正是海军部鼓励我在船上进行自然科学研究的。"

海军部终究没有同意拨款。他们倒不反对海军医生收集标本进行观察。显然，海务大臣是这么想的：就让他带着瓶瓶罐罐和海螺到处疯跑吧，总比酗酒和打架闹事要好得多。至于花钱让他出版什么关于珊瑚虫、水母、海螺、后蟥的论文，他们可是一点儿也不情愿。

"他真是让我烦透了！"第一海务大臣向同事们抱怨说，"今天他带给我一本什么手稿，信誓旦旦地声称自己发现了……我也不知道那是个什么玩意儿……珊瑚虫之类的生物的什么层①……昨天他的一个同事跑来找我，还有一天有个博物学家也来当说客，说应当鼓励鼓励赫胥黎……我真是受不了了。快想个法子让我摆脱他吧！不过，"他又赶忙补充说，"别让我拨钱，我可是一点都不想在他身上花钱。"

同事们回答说："好的，您别担心。"

他们找来了即将出海的船只名册，从中选出了一艘目的地非常遥远的船，请赫胥黎来一趟。赫胥黎以为是要给他钱出版书作了，便赶忙跑到海军部来了。

海务大臣非常殷切地征询赫胥黎的意见："请问您是否愿意接受一个任务呢……就是随船去一个非常好的地方，还不曾有人去那儿收集过生物标本呢。您在那里能找到许许多多有意思的东西，您将会做出许多新的科学发现。到那时候，我们就会给您钱，然后您就可以出版您这本书，"海务大臣两手一摊，"这样您就能立刻超越史上所有的博物学家了。您尽管去吧，去那儿工作工作，放心吧，我们不会忘记您的。"

赫胥黎生气了。如果事情只是涉及出版研究成果，他大概是会同意去海外待个一两年的，但在悉尼，希斯霍特小姐还等着他呢！他应当定居下来，谋一个不错的职位，而不是去大洋大海中漂泊。

"呵，您还不让我结婚了么。"赫胥黎想到这儿便申请了退伍。

第一海务大臣欣喜不已，这下他永远地摆脱这个烦人的医生兼博物学家了。

了结了与海军部和海务大臣的瓜葛之后，赫胥黎陷入了沉思。到底选择什么职业呢？只剩一个选择了，那就是走上讲台做个教授，于是他开始寻找教书的工作。赫胥黎对生理学很感兴趣，想要教授这门学科。空缺的教书职位倒是不少，可是总是有别的候选人，赫胥黎按时递交了申请，可要么是他的竞争对手们更适合那些工作，要么是他们的推荐信更有分量。出于无奈他只好试着去美洲的多伦多②谋职，但连多伦多的职位也被

---

① 即水螅型珊瑚虫体腔由两层细胞构成。——译注
② 加拿大最大城市，坐落在安大略湖西北岸。——译注

◀ 各种珊瑚

另一个候选者捷足先登了。

到头来，他的运气还算相对不错。一位名叫福布斯的朋友获得了爱丁堡大学的教职，便提议让赫胥黎去接替他在皇家矿业学校①的位置。唉！美中不足的是这个教职不是生理学，而是自然史，还要讲授些地理知识。毕竟矿业工程师们又不需要生理学知识，而地质和古生物学对他们倒还挺有用的。就这样，赫胥黎这个生理学家只好讲起地质学和古生物学来。赫胥黎暂且容忍了这一点，毕竟他等待希斯霍特小姐太久了，而她也等待他太久了，他必须要尽快建立起自己的事业来。一年之后（这已经是他离开悉尼后的第八年了），他写信将自己的未婚妻叫到了伦敦来。

结婚以后，赫胥黎便开始疯狂地工作，想要以此向妻子证明她八年来的等待是值得的。他在矿务局的海岸勤务处做博物学研究员，去所有能去的地方讲课：从艺术学校到圣多默医院都有他的身影。白天里他在学校讲课，去沿海一带考察，完成海岸勤务处博物学家的本职工作，夜里还整晚整晚地挑灯读书，整理手稿。

赫胥黎是个执着的人，他决定要顺从自己的心愿，在学术界赢得声名。他工作得越多，就越发陶醉，到最后他辛勤地工作已不再是为了挣得名誉，而是单纯出于对工作的热爱。对科学的热爱让他放弃了一切：只要他有工作要做，就算是家里来了客人，他也会不管不顾地回自己书房中去；妻子等他同去舞会得等上好几个小时；他常常还没等到早饭做好就出门了，吃午饭时却还迟迟不归。

赫胥黎认为："如果有必要，那么一天就应该工作16个小时。如果能做到这一点，那么就一定能取得成功。"而他自己也像牛一般辛勤工作，身体力行地证明了这一点。

最终，他热烈地爱上了古生物学这门他曾经很不喜欢的学科。而他也马不停蹄地在矿物大学中建起了博物馆，将听课的学生带去参观，因为他十分注重教学的直观性。关心起博物馆事务之后，他还去了大英博物馆。大英博物馆的大厅和落满灰尘的办公室都十分宽敞，可惜的是赫胥黎在那里什么都没学到。

这座声名远扬的博物馆中实际上非常需要整顿。

"这算什么？"赫胥黎很生气，"群众在各个大厅中徘徊参观，却什么也看不明白。这样一团糟的博物馆对学者也毫无用处。学者应当推动科学的发展，但这样的博物馆却让他们有心无力，这里的标本杂乱无章，什么都找不到。"

他在报纸上发表文章，在学者大会上振臂高呼，他太过急躁，说了太多批判的言

---

① 英国著名高校，建于1851年，旨在培养矿业和相关应用学科人才。——译注

论，成了在整个伦敦出名的好事者。但大英博物馆管理处对赫胥黎的意见毫不在意，直到好几年之后才将博物馆收拾得稍有条理一些。

赫胥黎还决心拓展自己的教学活动，他开始给工人们上课。其实最初他尝试的是给市民和小商贩讲课，但很快便对这些听众们失望透顶了：

"给他们讲课真是太难受了。他们什么都不知道，也什么都不想知道，"他以自己教学实践中的一个插曲举了例子，"我给他们讲大脑，尽可能地讲得简单易懂，却突然发觉没有一个人明白我在说什么。我便生气了，但很快我又注意到，有一位女士目不转睛地盯着我，看上去听得十分陶醉，这让我稍感安慰和激励，便开始只对着她讲完了剩下的课程内容。你们猜结果怎样？课后她跑来找我，问我是否可以请教一个问题，我让她尽管提问，她却说：'教授，我想知道脑子到底在哪儿呢，是在头骨外面还是在头骨里面呀？'"

2

赫胥黎极为热爱科学。起初他对动物起源的问题还没有成熟的看法，从未考虑过这个问题，直到1859年达尔文出版了《物种起源》。赫胥黎读了这本书后，便一下子被书中的理论吸引，喜欢上了这本书，也喜欢上了书的作者达尔文。

"你简直无法想象他是怎样的一个人！"赫胥黎感叹着对妻子说，好让妻子也如他一般为达尔文感到惊叹。

赫胥黎曾经看见过一艘小小的牵引船拖动着一艘巨大的货船。

"这是执着和勤劳的象征，"赫胥黎说，"假如我不是个人，那我也要做一条这样的牵引船。"

如今他实现了这个愿望，为自己找到了一艘货船：达尔文理论就是一条庞大笨重的船，而赫胥黎正是拖动它前行的牵引船。赫胥黎不遗余力、不顾健康地拖着这条船，带领它驶过漩涡和浅滩，越过岩石和暗礁，到达港湾，然后才安心休息。著名的达尔文理论才刚刚出版，赫胥黎这条牵引船就已经开始恪守自己的职责了，他为达尔文的书写了书评。

达尔文的理论成为赫胥黎生活的新目标。正如曾经他为了希斯霍特小姐努力奋斗取得成功一般，如今他为了捍卫和宣传自然选择和生物进化学说而竭尽全力。

没过多久机会就来了：还没到一年他就出席了一次大型学术会议，并发言捍卫了达尔文学说。

那是1860年6月30日，英国自然史协会召开了一次会议，客居的美国医生德雷伯①要做一个题为"从达尔文先生的观点看欧洲的智力发展"的报告。

一大早，牛津博物馆的讲演厅中就已经人满为患，穿着膨大的克里诺林裙②的女士、神父、学生和教授们、记者和各行各业不同官阶的绅士们不仅挤满了讲演厅，还将周围的房间也都挤得水泄不通，连院子里都站满了想要听演讲的人。

"今天威尔伯福斯主教③将亲自在此讲话……"

"是的！而且他不是要讲数学，而是要反驳达尔文先生的无神论。简直无法想象！达尔文坚信，人是从……猴子……变来的！"

"真的吗？从猴子变来的？！"

"千真万确！所以威尔伯福斯主教才决定，是时候终结这种胡说八道了。哦！他会给达尔文一点教训的。"

"请容许我插一句嘴，达尔文本人又不会出现在这里。他住在郊区，足不出户，他实在是病得厉害。"

"当然！没病的人可不会写出这样的东西来……"

"您放心！"一个学生插了进来，"赫胥黎教授不会袖手旁观的，他会发言的。您听说过赫胥黎吗？他甚至发言反驳过欧文呢！"这些听众虽然从未听说过赫胥黎的名字，但这位学生的表情就让他们感到，这个教授的讲话听起来也一定十分有意思。

自然史协会的成员们随主席步入讲演厅时，人群们一下子拥闹起来。主席皱了皱眉头，低声与教授们商量了一下，提议所有人到隔壁的大厅中去。这座大厅至少能容纳700人，但当学者们走进大厅时，却发现连窗台上和门槛上都站满了人，害得他们差点没能挤到自己的位子上去。

主席傲慢地坐到了正中间，他让威尔伯福斯坐在自己右边，威尔伯福斯的右边则坐了访客德雷伯医生。学生们成群地堆挤在后面，这些家伙是来"砸场子"的，他们对威尔伯福斯主教可没什么好感。

"现在请德雷伯医生发言！"主席宣布。

德雷伯站了起来，开始读自己的讲稿。几乎没有人在听他讲话，人们可不是来听他的报告的，大家想听的是主教的发言，大家等待的是两派的争论。

---

① 亨利·德雷伯（1837~1882），美国内科医生和业余天文学家。——译注
② 旧时用衬架支撑的钟式女裙，流行于19世纪六七十年代的欧洲。——译注
③ 塞缪尔·威尔伯福斯（1805~1873），英国国教会主教，是当时最有名的公众演说家之一。
——译注

德雷伯的发言结束后，在场的许多听众请求发言，主席皱着眉头说："可以辩论，但一定要严格合乎科学！"

"达尔文先生真是白费力气，他做研究时也不跟我商量一下，"一位反对者说，"这个问题需要用数学方法研究。试想一下，A点是人，而B点是猴子……"

"猴子！猴子！"学生们大喊起来，有人吹了一声口哨。

最后威尔伯福斯主教发言了。他是个有能耐的演说家，虽然对自然科学一窍不通，但丝毫不为此感到难为情。他时不时就兴致盎然地冷嘲热讽，还装出义正词严的样子胡言乱语，试图证明达尔文的理论只是无谓的饶舌。

"达尔文先生坚信各个品种的鸽子都是从野生的山鸽演化而来。好，我可以认同这一点……那么既然野生的鸽子能够变成家养品种，那么，为什么现在依然还有野鸽子剩下呢？我们既有家鸽，也有野鸽，而他却要我们相信，家鸽是从野鸽变化来的。"

威尔伯福斯说了很久，他提及了石炭纪①的花和果，谈到了"血细胞（血液以这种形式流动）的形状"，还说了许多别的东西。

"可是又有谁什么时候见到过或是证明过物种的起源和物种之间的转变呢？多大程度的转变是可能发生的呢？难道我们能相信，菜园子里的芜菁②通过有利变异产生的变种最后能变成人类吗？"

发言快结束时，这位主教没忍住，便转向赫胥黎说：

"我想请问这位坐在我对面，恨不得等我说完就把我碎尸万段的赫胥黎教授一个问题：教授认为人是起源于猴子的，那么您认为，到底是您的爷爷还是奶奶是从猴子变来的呢？"

听众们哄笑起来。

"他这是送上门来了！"赫胥黎低声对抓着自己袖子的邻座说。邻座瞪了他一下，放开了他的袖子，没有作答。

主教的发言结束了，他的最后一句话中说达尔文的学说违背了《圣经》，进化论思想"排斥造物主的存在，与上帝的万丈荣光毫不相洽"。

女士们挥动着头巾，神父们大声地鼓掌，还有人喊叫道："说得好！接着讲！"

这时赫胥黎站了起来。他一边平静而从容地讲话，一边漫不经心地转着铅笔。他将主教的谬误之处一一列举出来，还指出主教对自然科学一窍不通。他说，主教大概在研究《圣经》方面是个大专家，但他连血液和水都分不清楚。况且石炭纪根本就没有花，

---

① 约处于地质年代2.86亿~3.6亿年前，陆地上遍布蕨类植物和最初的裸子植物，而绿色开花植物还未出现。——译注
② 二年生草本植物,块根肉质,扁球形或长形,可食用。——译注

也不可能会有，那个时候地球上连开花植物都没有，它们是后来才出现的。赫胥黎讲了很久，机智风趣地嘲笑了威尔伯福斯主教。最后他说：

"至于人类起源于猴子的问题嘛，我们当然不能这样草率地进行理解。我们说的是，人类是由与猴子共同的祖先经过成千上万代发展来的……不过，如果这个问题不是作为科学研究的题目提出，那么我倒宁可这样回答：人类不应该为自己的祖先是猴子而感到羞耻。有的人又麻烦又多嘴，在自己的研究领域里取得了一些来源不明的成就，还不满足于此，要插手自己一窍不通的科学问题，想用花言巧语的闲扯和善于煽动宗教偏见的本事来搅乱争论，让听众们的注意力偏离问题的关键点。如果我是由这样的人变来的，我大概会感到更羞耻一些。"

女士们"哎呀哎呀"地咋舌不止，神父们低下了头，而学生们高兴地一边笑一边拍手。

"他真是放肆！"女士们生气地骂道。

"他那样说一点也不过分！主教那是活该。他怎么能说赫胥黎的爷爷奶奶是猴子呢？这种言论太不绅士了。"一位德高望重的绅士回答说。

"赫胥黎！讲得好！"学生们大喊起来。

3

赫胥黎开始了辛勤地工作。他如今找到了自己的研究方向。多亏了达尔文学说，一开始他毫无兴趣的古生物学如今变成了一门非常有趣的科学。赫胥黎研究了一些名字很古怪的古生物化石，如雕齿兽①、迷齿龙②、恐龙、石炭蜥③等，他研究过箭石目生物，这类生物的化石有个粗俗却广为人知的外号叫"鬼指头"，他还研究了马的先祖，并发现了好些奥秘呢。赫胥黎对化石的研究声名远播，还荣获地质学会的最高奖项——沃拉斯顿奖章④。

然而他与达尔文论敌们之间的纷争也越来越多。一本名为《砰地一拳（Punch）》的幽默杂志几乎每期都会对达尔文和达尔文学说大加讽刺。

---

① 一种从化石中发现的食草哺乳动物，生活在上新世、更新世期间的南美洲。——译注
② 生活在石炭纪晚期的两栖独居动物。——译注
③ 生活于石炭纪至二叠纪初期的一种生物，属于两栖动物还是爬行动物类尚无定论。——译注
④ 威廉·海德·沃拉斯顿（1766~1828），英国化学家、物理学家，发明了铂的锻造方法。以他名字命名的沃拉斯顿奖是地质界的最高奖，由伦敦的地质协会颁发，每年评选一次，每次只选一人，奖牌由铂制成。——译注

"按照他们的说法,我们的家鸽、鸭子这些鸟类都是从鸟嘴变来的,而猴子和赫胥黎教授则是鸟儿产下的蛋长出的尾巴和后腿演变来的。"这本杂志就是这样向读者们解读进化论的。为了更加强烈地羞辱赫胥黎,这位编辑还在他的姓后面加上了"L·S·D"这三个字母,意思是"英镑,先令,便士"①,暗示赫胥黎是拿了钱为达尔文做宣传的。

在杂志中,达尔文将赫胥黎称为"我的代言人",但事实上这位代言人远非在所有时候、所有观点上都赞同达尔文。赫胥黎不止一次批评达尔文对大自然中激变的否定。

"激变是存在的,"他给达尔文写信说,"您不应当坚决否定激变,这平白给您带来许多麻烦。"

▲ 英国《Punch》杂志于1881年12月6日刊登的关于达尔文学说的讽刺幽默画"Man Is But a Worm"("人只不过是条虫子")

---

① 原文如此,但"英镑"、"便士"的首字母并非L和D,疑为作者笔误。——译注

时间证明了，赫胥黎是对的。

研究化石时，赫胥黎也研究了生物的颅骨，这让他接触到了"颅骨脊椎论"。这一理论是歌德提出的，后来欧文又对此做过细致的研究。欧文可不是诗人，他是大名鼎鼎的学者，他将歌德那些含蓄朦胧的理论进行了加工，用直白清晰的语言叙述出来，让这个理论获得了许多追随者。

赫胥黎对这个理论一开始就没有好感。

"一派胡言！哪儿是什么脊椎啊！"他以惯有的直白残酷地羞辱了欧文。

赫胥黎着手研究起这个理论的每个细节。他比欧文更擅长作猜想和论述事实，他发布了一些对胚胎头骨发育的新观察结果，发现了一些大型恐龙、雕齿兽和一些奇异的鱼类化石。那段日子他都快变成掘墓人了，为了推翻欧文的理论，他勤勤恳恳地挖掘各种动物的尸骨，将欧文的颅骨脊椎论套用上去。

▲ 英国《Punch》杂志于 1881 年 3 月 19 日刊登的关于赫胥黎的讽刺幽默画 "Inspector Of Fisheries"（"渔业检查员"）

"人类！为什么您要对人类缄口不言？"他总拿这个问题与达尔文纠缠不休。

"我的理论遭受到的攻击已经够多了。"达尔文回答说。

"那又如何？难道您就害怕说出这最后一句话？我就偏要说出来。"

这样一来，赫胥黎与欧文又争得不可开交了。

早在达尔文还没出版著作的时候，欧文就已经提出了对哺乳动物的新式分类方法，将人类与其他所有的哺乳动物对立起来，归入一个特殊的类别"高等智慧生物"之中。此前林奈曾经将人与猿猴共同划分为"灵长类"，居维叶也为人类创造了一个单独的类别名叫"双手动物"。欧文比他们两人更胜一筹，他的新分类理论是建立在人类的大脑构造和尤其发达的心理之上的。

赫胥黎可没法认同这样的分类方式。他翻阅了所有关于人和猴子的脑解剖的研究，发现欧文列举的那些人脑构造特征不仅类人猿具有，甚至在一些低等猿猴身上都能找到。

赫胥黎便开始撰文、讲课，还出版了几部比较解剖学方面的研究，他的讲义和著述中都贯穿着一个思想：人与类人猿之间并不存在任何本质的差别。

他坚持说："人脑和猴脑之间的构造并不能体现出人与猴之间有很大差别，人和动物的心理之间也没有很大的差别，这些都是逐渐进化而来的。"

赫胥黎这位聪明的辩手，这位博学的博物学家，却犯了个大错。人和动物的心理之间是有很大差别的，简直是天壤之别。但……在那个时候这个差别尚且不为人所知，人们对此连一点模糊的印象都没有。此外还有一个原因：赫胥黎实在太想揭穿"人具有神性"这一说法的虚伪了，他竭尽全力试图证明，人只是一种动物，与猴子一般无二，都是"自然的造物"。

两年之中，英国的报刊杂志上都充斥着对这个问题的争论。《砰地一拳》自然也没放过机会，它登出了一幅图，图上画的是一只大猩猩，下面有一行字"难道我不是人类的兄弟吗？"下面还题有一首歌咏两位学者间的争论的小诗。

▲ 难道我不是人类的兄弟吗？

赫胥黎讲授关于人类的课程，写书论证说在更为低等的生物身上能找到感情和理智的起源，这些并非人所独有。他很想证明给读者和听众们看，让他们相信人也有着动物的天性。

"人就是进化程度最高的动物，仅此而已！"

连达尔文也为他的勇气感到惊讶。关于华莱士倒没什么好提的，他只要一听到关于人类起源于动物的说法就眉头紧皱。

"不，亲爱的，关于人类的灵魂这样的东西您还是少说为妙，这不可能是从猴子那儿继承的。"华莱士说。

"我不会止步于此的！"赫胥黎激动起来，"人，这是非常高级的动物，仅此而已。他的智慧是猿猴那初级的智力活动发展到最高程度的结果。根本就没有什么具有神性的灵魂！根本就没有什么神力……您认为有灵魂？那请您展示给我看看呀。"

赫胥黎将自己所有关于人类起源的课程和论文整理成一本《人类在自然界中位置的证据》拿去出版了。这本小书获得了不小的成功，促进了关于人类起源的科学理论在大众之中的传播。

赫胥黎满腔热忱地传播着达尔文学说，被人们称为"达尔文的斗犬"。这个外号赫胥黎一点也不喜欢。在他看来，辩护人是指望着通过论辩术让人们相信他所不能证明的东西，而自己并非如此，自己就是在进行证明。此外，他已经时刻准备好抗击论敌的攻击了。"我已经厉兵秣马，随时备战啦，"他说，"我已经做好准备来捍卫达尔文的学说了。"于是他便拿出了自

▲ 托马斯·亨利·赫胥黎（Thomas Henry Huxley, 1825 – 1895），英国生物学家，因其为捍卫查尔斯·达尔文学说所做出的卓越贡献，人们称其为"达尔文的斗犬"（Darwin's Bulldog）

己的"兵马"，也就是他的知识、他清醒敏锐的头脑和他的三寸之舌，立刻变成了一只随时准备俯冲而下的雄鹰，成了一条拖着沉重的轮船前行的牵引船。

雄鹰和牵引船的任务非常的艰巨。赫胥黎甚至还去了趟美国宣传达尔文的理论，让不少美国学者也站到了达尔文的阵营里来。他不害怕论敌的攻击，但有时候这些攻击让他烦不胜烦。最后他宣布，批评达尔文理论的人对生物一窍不通，因此他们的批评都不值一读。

▶▶ 在《人类在自然界中位置的证据》一书中，赫胥黎有力地驳斥了各种不实的描述。比如后页图，这是由英国医生、解剖学家爱德华·泰森于1699年向英国皇家学院汇报并记录的"俾格米人"。赫胥黎在书中写道："即使泰森先生为我们提供的图片没有如此精细，我们仅从其结构特点，也能判断出这是一只年轻的黑猩猩。"

第十一章　您的祖先是猴子

霍蒙库鲁斯——趣味生物学简史

第十一章　您的祖先是猴子

1883年，赫胥黎被选为皇家学会的主席，对于一个英国学者来说，这真是最高的荣誉了。他总共当了三年的主席，在刚刚年满60岁时，他便辞去了学会中的所有要职，做了个"无官一身轻"的人。

1892年，英国选出了一位"第一学者"，赫胥黎荣获了这一封号。尽管他不做会议主席了，但国家也没有将他忘记。

第十二章　不偏不倚

1

对卵的研究早已有之：哈维就曾研究过鸡蛋的发育过程；雷迪尝试揭开苍蝇卵的奥秘；而斯瓦默丹更是提出了一整套理论来呢。尽管这些前赴后继的研究者名声都很响亮，工作也勤勤恳恳，但他们做出的贡献却是零零散散。他们没有将各自的研究结果进行比较，也没有试着总结概括一下，到头来是一批俄罗斯学者对这一团乱麻般的"卵子研究"进行了梳理，他们中的第一人便是卡尔·马克西莫维奇·贝尔。

卡尔是爱沙尼亚裔人。他自小生活在故乡，由爷爷带大。从孩提时代起他就热衷于收集海螺和化石，并且将它们当作宝贝一般藏起来，有些时候他藏得实在太好，后来自己也找不到了。

11岁那年，卡尔到了格朗斯特里姆老师的班上读书，这位老师是个医学家。

一天，卡尔看见老师一手捏着一朵小花，另一手则翻着一本古怪的书，便好奇地发问："您这是在干什么呀？"

"我想要查出这朵花叫什么名字。"老师回答说。原来这位老师还是个植物学爱好者呢。

▲ 青年时期的卡尔·贝尔

"难道看书就能把它认出来吗？"

老师向卡尔解释了如何在书中查找植物的名称，而卡尔就这样对植物学入了迷。辨识植物对他来说成了一个个谜题，他决心要从早到晚地努力，将这些困难的谜题一一解开。只有一点让他感到失望，那就是老师对植物学的了解也不算太多，他们常常不能确定对某个植物的辨认是否正确。格朗斯特里姆不仅将小卡尔引上了自然科学之路，也让他对医学产生了兴趣。卡尔开始幻想未来成为医生的幸福时光。

怀揣医生梦的卡尔去了杰尔普特①的一所高中。在这里，他的梦想很快又变了个样。医生治病救人的工作已经不再能吸引他了，他开始学习舞枪弄炮和军事设防，决定做一名士兵。

18岁那年，卡尔中学毕业了。有一个问题摆在了他的面前：今后应当何去何从呢？这时他的士兵梦也早已被抛之脑后了，他打算去大学念书。父亲想要将他送去国外留学，可是卡尔却想要留在俄罗斯。

他选定了杰尔普特，因为他的一个朋友也打算考去杰尔普特大学。

"好吧，那你就去吧，"卡尔与父亲争执良久，父亲终于松了口，"不过只是先去那儿试一年，我还要看看那里究竟如何……"

刚到杰尔普特之时，这位准大学生觉得自己能在这里为一切感兴趣的问题找到答案。"我觉得这里发出了万丈光芒，将整个周边地区都照得通亮。"贝尔后来如是写道。

---

① 爱沙尼亚城市塔尔图于1224~1893年间的正式名称。——译注

但很快贝尔便备感失望。自打成为医学生以来,他还没见过实验室呢,这所大学才刚刚成立,连解剖室都还没有配备。教授们讲课很是无趣,可这也怪不得他们,譬如说,非得让著名的植物学家莱代博①将动物学课程也一并讲了,甚至还要加上矿物学课程,那他怎能将这些内容讲得有声有色呢?莱代博当然就只能想到什么顺口讲什么。只有生理学教授布尔达赫②能让这个年轻的学生感到快活,然而他讲课归讲课,却从不展示点儿什么给学生们看,像这样连一个实验都不做的课哪能算得上是生理学呢?

1812年,拿破仑领着他从全欧洲集结的军队入侵俄罗斯,而麦克唐纳元帅③则率兵攻打里加④。

杰尔普特的学生圈中响起了保家卫国的号召,许多学生都去为保护祖国尽一份力,贝尔也是其中的一员。他们倒用不着上阵杀敌,因为基本算是医生了,便被派去了军医院工作。那时的里加伤寒病十分猖獗,前去当军医的学生们几乎都感染了伤寒。贝尔病愈后便想尝试着治疗这种疾病,但在军医院没什么可学习的东西,毕竟伤病号太多,而用于救治的资源却十分稀缺,秩序则更加混乱。不过,他学会了娴熟地在横陈满地的病人躯体之间穿行,学会了用手感觉病人的体温、靠"目测"直接倒出需要量的药物,学会了在只有水——而且还是生水的情况下照顾病人。或许这些能力在满是伤寒病人的军医院里十分有用,但对于一个和平时期的医生哪有什么用呢!

后来,贝尔对生命中这段英勇的岁月做了这样的评价:"当麦克唐纳撤离里加时我们都非常高兴,这样我们就能回杰尔普特去了。我真怀疑我们是否为国家做过什么切实的贡献。"

贝尔的父亲大抵是忘了说过只让儿子去杰尔普特待一年的,四年过去了,卡尔依然是杰尔普特的一名学生,而且他已经准备参加毕业考试了。他将博士论文主题选定为《爱沙尼亚的传染性疾病》。这篇论文写得相当不错,如果再算上他在其中顺便研究的民族学问题,那么这篇文章简直太棒了。

但获得了医学学位的贝尔却对自己说:"我一无所知,我要如何行医呢?"

贝尔决定出国深造。父亲给了他一小笔旅资,建议他省着点儿用,这笔钱不算多,应该只够他花上一年半。贝尔又向兄长借了同样多的钱,这样就够他在国外过上两三年了。

"我只学临床医学,一节理论课都不上,那些课我听得够多了。"

---

① 卡尔·莱代博(1785~1851),德国植物学家。——译注
② 卡尔·布尔达赫(1776~1847),德国解剖学家,生理学家。——译注
③ 麦克唐纳(1765~1840),法国元帅,塔兰托大公。——译注
④ 拉脱维亚的首都。——译注

于是贝尔去了维也纳,那座萦绕着希尔德布兰特、鲁斯特、比尔等医学家的赫赫威名的城市。

柏林一位著名的博物学家劝说他留下来:"瞧瞧我们这儿,这么好的实验室、博物馆和图书馆,教授们讲课也讲得很好……"

"不!"贝尔坚决地回绝了,"不行!我需要的是诊所和医院,而不是博物馆和植物园。"

但维也纳也残忍地欺骗了他。要看书在家里也能读啊,而诊所似乎对其他人都好得很,偏偏不适合这个年轻的实习生。贝尔渴望掌握外科医术,他倒没指望做一个知名外科医生,只想学会做一些普通的手术。唉!可著名的外科医生鲁斯特只做非常复杂重要的手术,其余的手术都扔给年轻医生们。这些技艺不精的医生切开皮肤都急得时而满脸通红,时而青白交加,观摩他们做手术实在让贝尔提不起兴趣。后来他去了内科医生希尔德布兰特的门下,但仍旧一事无成。当时,这位名医正沉迷于一个非常重要的实验:希尔德布兰特不给病人们开药,只是观察这样的"期待疗法"有什么效果,这儿也没什么可学的。当希尔德布兰特教授去查房,检查不吃药的病人身体状况如何时,他周围就会拥上一大堆医生和助理医生,挤成一团来观察病人,聆听教授的分析。

在希尔德布兰特身边挤来挤去,看够了刚入行的外科医生为病人缝合伤口,贝尔开始反思了:"我为什么要到这儿来呢?我在这儿学到的东西也不比在杰尔普特多呀。"

有位杰尔普特教授的儿子——帕洛特医生来访时对贝尔说:"喂!你为什么要在诊所间来回奔忙,听病人们的呻吟呢?跟我来吧!"

帕洛特带着贝尔去了城郊,让他爬遍了维也纳周边的所有山脉。

帕洛特气喘吁吁地爬上了一座不高的山,站在山顶上感慨着:"这世上有着多么美妙的山啊!要是能登上最高的峰顶……那儿的风景该有多美啊!"

贝尔觉得爬山要比诊所和病人有吸引力得多,但又试图让自己有些内疚感:"我得去做些正事,而不是在这儿闲逛。"

"我得去诊所了。"当帕洛特邀请他第二天再出城转转时,他便推辞了。

然而刚刚走进诊所,看到那一排排躺满病人的病床,闻到那股弥漫在整个医院中的刺鼻气味,他一下子把持不住,急忙出了城。去爬了好几次山之后,贝尔发现夏天研究医学简直就是一种罪孽。

"冬天到来之前我都要研究自然科学。反正在维也纳这儿也学不到什么临床医学。等到冬天我就到另一个城市去找家诊所实习。"

然而他发现,维也纳似乎也不是个适合研究自然科学的地方,当时那里连一个优秀的博物学家都没有。于是贝尔徒步西行,想沿路了解一下自己该去哪座城市,结果他在一个小城里碰见了两位博物学家。

"我该到哪儿去学习比较解剖学呢?"他询问两人。

他们却丝毫也不为这个过路人唐突的问题感到惊讶,而是回答说:"到维尔茨堡①去找德林格尔②吧。

其中一个人还补充说:"顺路到慕尼黑③来找我吧,我可以给你一些苔藓植物标本。德林格尔老先生过节的时候喜欢研究这些东西。"

博物学家们走远后贝尔也开始了跋涉。他途经慕尼黑、雷根斯堡④、纽伦堡⑤,终于在秋天时到达了维尔茨堡。

"谁让你到我这儿来的?"德林格尔问他说。

"瞧吧。"贝尔把装有苔藓的袋子递给他。

的确,苔藓成了最好的推荐信:德林格尔转眼便眉开眼笑,拍了拍贝尔的肩膀:

"好呀,好呀……只是我这学期不会开设比较解剖学的课程。"

"这可怎么办啊?"贝尔惊讶地问。

在杰尔普特大学,贝尔所有的科学知识都是在课堂里学到的,他简直无法想象不上课怎么去学东西。对他来说,只有教室才是揭示大自然奥秘的地方,只有教室才是能够认识万物的地方。

"你何必要上课呢?"德林格尔平静地看了他一眼,"随便捉只动物来吧,然后将它解剖掉。"

贝尔赶忙回自己暂住的客栈去,一路上他都在紧张地思考,自己第一次解剖要用哪种动物才好。他起初决定解剖狗,可是他一条狗也没搞到,猫儿将他的手抓得伤痕累累,麻雀太过警觉,而他也不会用捕鼠夹捉老鼠。

"出售最为优质的蚂蟥。"他在药店的门帘上读到了一则小广告。

"太棒了!"半个小时之后贝尔回到了教授那儿。

"这就对了。请坐下,然后……"教授开始讲解要如何解剖蚂蟥。

这样一来,两人各做各的事,德林格尔时不时去贝尔那儿瞅瞅,教他如何操作,有时贝尔也怯生生地请老师过去给他指点一下。贝尔的解剖对象也渐渐从蚂蟥过渡到了青蛙、虾和鸽子。

---

① 又名乌兹堡,德国巴伐利亚州美因河畔的城市。——译注
② 伊格纳兹·德林格尔(1799~1890),德国神学家、教会历史学家、博物学家。——译注
③ 德国巴伐利亚州的首府。——译注
④ 德国巴伐利亚州的直辖市。——译注
⑤ 德国巴伐利亚州第二大城市。——译注

"哇，如今我学习知识的速度真快！"贝尔惊叹道。他对这个有点古怪的老头的依赖感也与日俱增。

冬天来了，贝尔一边在德林格尔那里学习动物解剖学，一边去上课（他仍然没有放弃当医生的希望），一边读动物解剖学的书籍。这时他的钱就快花光了，很快就要无以为生了。不过，还没等他认真考虑一下将来要干什么，问题的答案就已经找着了。他在杰尔普特大学读书时的教授布尔达赫给他写了一封信："我调去柯尼斯堡①教生理学了，你到我这儿来当病理解剖员②吧"。

"我当真能成为一名教授吗？"贝尔吓了一跳，他都想象不出自己有朝一日走上讲台讲课的情景。贝尔无论如何也不肯立即前去，不过申请稍作延期之后他便同意了。他又一次徒步走去了柏林。一整个冬天他都在那儿听课，过着饥一顿饱一顿的日子。后来父亲又给了他小一笔钱，他便回了趟国，看望了父母，当年仲夏就已经身在柯尼斯堡了。

2

这样一来，贝尔就永远地告别医学，成为博物学家了。他开始讲授无脊椎动物比较解剖学。虽说是讲课，但他更多的时候是在展示图片和标本。他讲课讲得十分糟糕，细声细气地说几个字，忽而又大喊一声，许多活宝学生认为他是故意这样讲课的，好让大家在课堂上没法打盹儿。尽管如此，学生们听他讲课还是很认真，毕竟课程如此新颖有趣，就连布尔达赫也会来听听自己助教讲的课呢。

顺便说一句，贝尔在讲授人类学时被头骨的变化深深吸引，于是决定要对此稍作梳理。

"这可不行，"他嘟囔着，"每个人都随心所欲地进行测量，而我却得整理这乱成一锅粥的研究。"

但贝尔的空余时间并不多，况且他收集的头骨也不够用来进行正经的研究。整理人类头骨的梦想暂且只能是个梦想了。

好在小鸡和鸡蛋倒是想要多少就能有多少的。贝尔挺早以前就对这些蛋感兴趣了。

---

① 柯尼斯堡，如今俄罗斯加里宁格勒州首府加里宁格勒，位于桑比亚半岛南部，曾为德国文化中心。——译注
② 病理解剖员（该词在拉丁语中意为分流器），即解剖、外科医学、生理学系的助教。——原注

他有个名叫潘德尔①的朋友十分卖力地探寻鸡蛋发育的奥秘，也极力劝说贝尔一同研究。

"我什么都没看懂，"看过潘德尔对观察鸡蛋发育进行的描述之后，贝尔坦言："不，实在是不懂……"

可别以为是贝尔头脑不清楚，不是的，就连位居德国乃至整个欧洲自然哲学家之首的那位伟大的奥肯②看了潘德尔的书之后也什么都没有看懂。既然这位著名自然哲学家都无法理解，那又如何能对一个小小的助教严加苛责呢！不过这位自然哲学家和这位助教对待这难以理解的鸡蛋问题的态度截然不同。奥肯说了"我什么也没看懂"之后便将鸡蛋忘得一干二净，贝尔却并非如此。虽然他没能看懂，但是他很想弄明白，那就只有一个办法了：亲自研究鸡蛋的发育。

于是，贝尔也像曾经的哈维一样在实验室中堆满了鸡蛋。贝尔没有把孵蛋的母鸡养在实验室里，而是给它们找了一间小小的贮藏室作为栖身之所，但即便对他而言，没有这些招人喜爱的小小鸟儿那也是不成的。现如今母鸡已经被孵化器完全取代，从实验室和研究室中销声匿迹，因此那些仍旧要跟孵化的鸡蛋打交道的胚胎学家们无论如何也理解不了，为什么对于哈维、潘德尔、贝尔以及别的"老头子"们如此有吸引力的一件事儿，对他们自己来说却不过尔尔呢？答案很简单：他们没有母鸡。这些小小鸟儿能让实验室迸发盎然生机，能带来别致的欢乐呢，而如今没了母鸡，就没有了蓬勃生气，也没有了欢乐。

贝尔那时是有母鸡的，他也兴奋而不知疲倦地拿鸡蛋做起实验来。这并不是盲目操作，这时的他对胚胎发育的奥妙已经知悉不少，对鸡蛋里发生的一切差不多早已知晓了。

当看见胚层上发育出两个平行排列的小轴时，贝尔平静地说："对，这与我预料的如出一辙。"

后来这两个小轴边缘逐渐黏合在了一起，形成了闭合的小管。

"正是如此！"贝尔做出总结，之后便投入了对鱼和青蛙的研究。

他又在实验室里安放了水缸，摆放了各种各样的容器用来盛装发育中的受精卵。这些鱼卵和青蛙卵中发生的事情也同鸡蛋中的一样：先是出现轴状神经板，继而神经板闭

---

① 克里斯蒂安·伊万诺维奇·潘德尔（1794~1865），波罗的海沿岸人，曾为俄罗斯科学院院士。在科研生涯初始阶段研究过鸡的胚胎发育。中断胚胎学研究后，他将一生中大半时间致力于古生物学，为古生物学的发展做出了卓越的贡献，堪称俄罗斯古生物学奠基人之一。——原注

② 洛仑兹·奥肯（1779~1851），德国耶拿博物学家、教授。当时著名的《自然哲学教科书》（1809）的作者。在奥肯看来，自然哲学是"研究上帝在世界上永恒的变化的科学"，这句话足以体现奥肯哲学的非科学性。——原注

合，长成管状，后来小管中发育出神经系统，这神经系统一开始也是呈管状的。无论是什么动物，消化管总是以内胚层皱褶形式出现的，而"肚脐"总是出现在腹侧，朝向卵黄。

所有脊椎动物的胚胎发育初期都十分相似。"生物的类别决定了其胚胎发育的方式。"贝尔提出这样的假设，而为了验证这一假设的正确性，他紧接着又对虾和昆虫的发育进行了研究。

而事情在此处有了不同：躯体的分节出现得很早，如果有肚脐的话，那么它一定是在背侧，而腹侧比背侧的形成要早。

"生物类别不同，其发育方式也不同。"贝尔自言自语起来。

他将在各种不同的胚胎上见到的东西做了比较，藉此为一门新的学科——脊椎动物比较胚胎学奠定了基础。

不过这些都还算不上什么，贝尔还成功地发现了些从未有人发现的东西：哺乳动物的卵子。

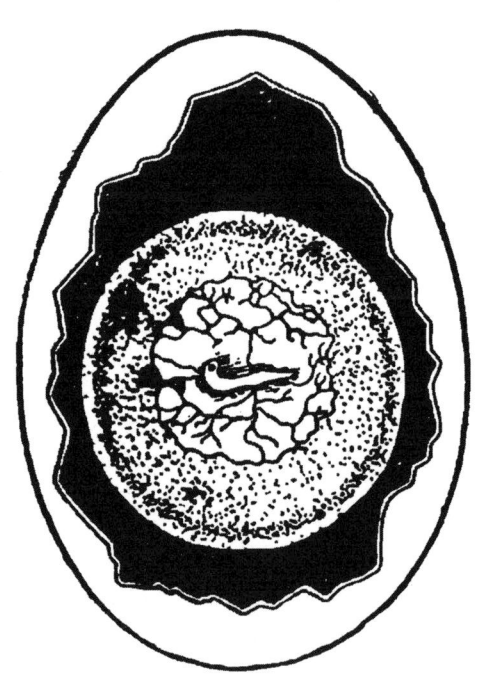 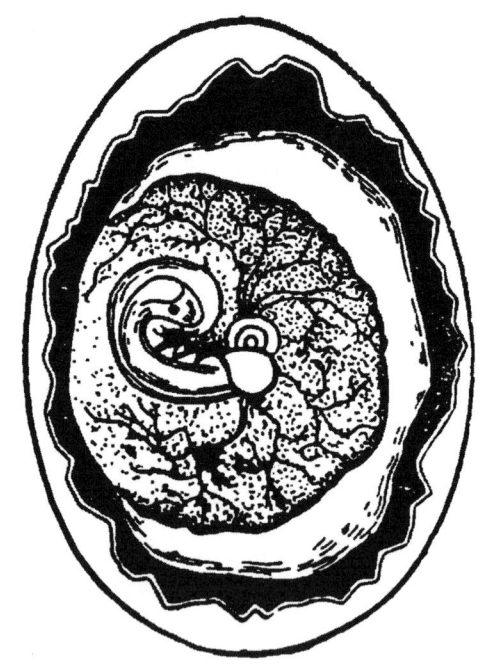

▲ 鸡的胚胎发育（右图中的胚胎更为成熟）

对哺乳动物的卵子的研究虽然历史悠久，却是纷杂不堪。一些学者研究格雷夫卵泡（这是以首位发现观察到这种泡状组织并认为这就是神秘的卵子的研究者格雷夫命名的），另一些学者则认为是开裂的卵泡中流出的液体浓缩形成了卵，不过这一说法却是没人相信的。其实这些学者们的言论都是含糊不清的，他们说的话也未必就是亲眼所见的事实。不过所有的这些言论中也有一部分是对的：格雷夫卵泡与卵子的确有着密切的联系，卵子正是在卵泡中发育成熟，然后卵泡裂开，将卵子释放出来。

贝尔是一名相当审慎的研究者，他总是提前做好研究计划，而不是瞎碰运气。这一次对哺乳动物卵子的探寻他也是制订了计划的。

"卵子形成于卵巢之中，在进入输卵管时已经完全成熟了。也就是说，要找到卵子要么得去卵巢里寻，要么就得在它到达输卵管的途中去找。"

于是一只狗被带到了实验室里来。

"开始吧！"贝尔一手抓起镊子，另一手拿起手术刀。显微镜和其他一些用具也都备在一旁。

贝尔两三下就在刚刚断气的狗身上找到了卵巢，又迅速切开了格雷夫卵泡。幸好这是条流浪狗，一生都饥肠辘辘，体内一点脂肪都没有，因此要找到器官组织才如此容易。对卵巢观察一番后，贝尔很快就找到了成熟的格雷夫卵泡，他用镊子小心翼翼地将它取出，装入玻片中，塞进显微镜的载物台，然后将眼睛凑到目镜边上。

卵泡中闪烁着一个略有些浑浊的斑点，但这个斑点实在太不清晰，所以无法进行研究。贝尔从载物台上取下装片，小心翼翼地切开卵泡，重新盖上神奇的盖玻片观察起来。

"啊！"贝尔惊得退了一步。

后来他对这一历史性的时刻作了如下描述："我如被雷劈了一般惊得跳了开去。"

他清楚地看到了一个结构分明的细胞，个头不大，呈淡黄色，与鸡蛋黄惊人相似。贝尔激动得都无法马上回到显微镜再看一眼狗的卵子。他坐到一旁好好歇了会儿，不时喘喘气，害怕这一切只是幻象，害怕显微镜和自己敏锐的眼睛在欺骗他。

终于他下定了决心，走到显微镜边看了一眼，看到的依然是那个黄黄的微型小团。

哺乳动物的卵子就这样被发现了。

贝尔没有止步于这一条狗。他又抓来了许多猫、狗、兔子、大小老鼠，甚至不惜用绵羊和山羊来做实验。他甚至还成功地在女人的卵巢中找到了卵子。所有的这些卵子都十分微小，都与鸡蛋黄非常相似，且都是藏匿于格雷夫卵泡之中的。

贝尔将这一发现以书信的形式寄到了彼得堡科学院发表。听取这封书信的内容后，院士们立即就将贝尔选作了通讯院士。

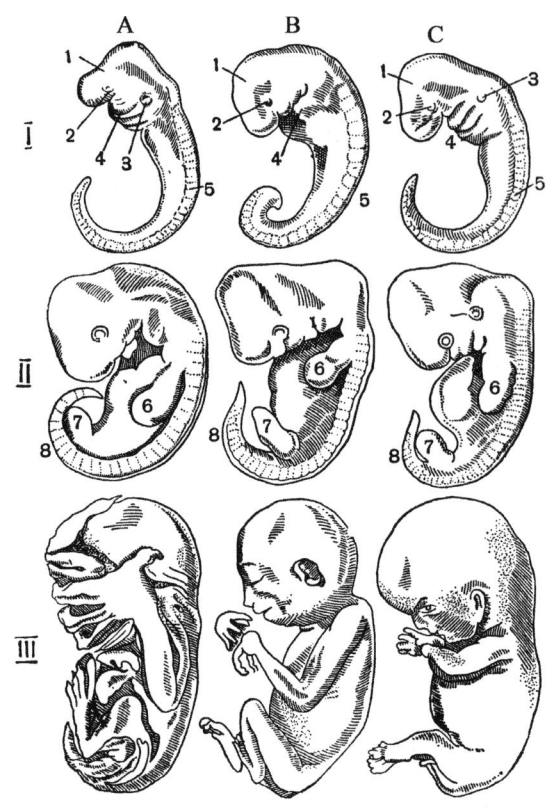

▲ 哺乳动物的胚胎发育：
A- 蝙蝠；B- 长臂猿；C- 人类；1- 脑；2- 眼泡；3- 耳泡；4- 鳃板；5- 脊柱；6- 前肢；7- 后肢；8- 尾；I-III- 不同发育时期的胚胎

"居维叶将动物分成了好几个类别，不过他只研究了动物的构造，却没有研究它们的发育。我们来看看他的分类是否正确吧！"这位俄罗斯科学院的新院士便着手检验起法国科学院院士居维叶的研究来。

贝尔研究了各种各样动物的发育，弄清楚了它们是否符合居维叶的动物分类理论。

事实上，居维叶大体来说是正确的。不同类别的动物发育方式也不同，不过在胚胎发育的最初阶段各类动物间共同点更多，而后差异才越发显现出来。贝尔对脊椎动物胚胎发育的研究尤为卖力。

"请您比较一下！"他叫住了布尔达赫，给他看了显微镜下的各个标本。

布尔达赫看了看，眯了眯眼睛，抬手擦了擦眼睛又擦了擦目镜，却什么也没明白。

"它们全都是一个样，您干吗给我看这些一模一样的东西呢？"

"一个样？"贝尔开心地笑着说。"问题在于，它们才不是一个样的呢。这是牛的胚胎，这是蜥蜴的胚胎，这是鸽子的胚胎，而这个是青蛙的胚胎。只是现在它们的发育时间还不长，因此很容易搞混。您看看发育时间更长一些的胚胎！"说着他便放上了一些新的标本。

"的确如此，"布尔达赫嘟囔着说，"完全不一样！现在我都能说得出哪个是牛，哪个是青蛙了。"

随着胚胎逐渐发育，它们之间的差别也逐渐变大。对胚胎的研究帮助解释了动物之间的亲缘性，胚胎的相似性又为动物分类学提供了一种新的方法。贝尔也研究这些，不过他不是个分类学家，因此也不打算深入到动物分类学去。但贝尔完成了最为重要的

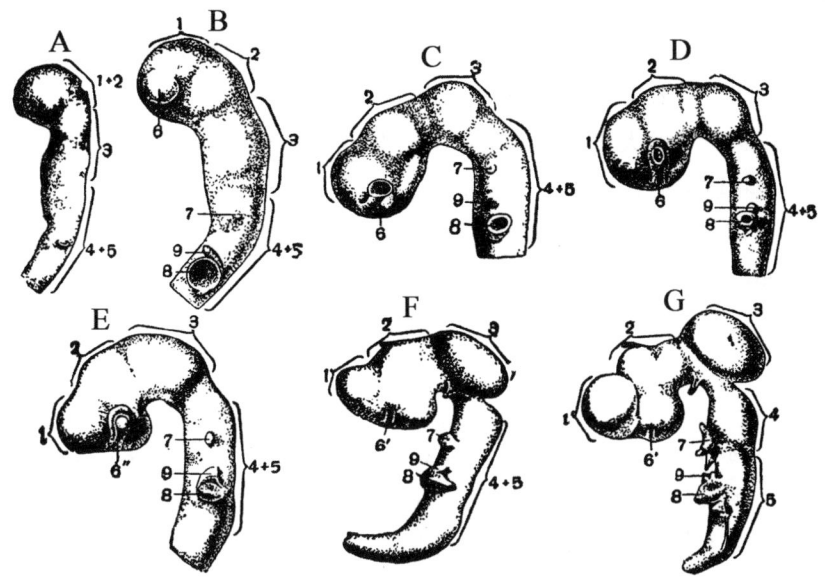

▲ 小鸡的脑部发育：
A—40小时的胚胎；B—44小时；C—46小时；D—48小时；E—68小时；F—74小时；G—94小时；
1—前脑；2—间脑；3—中脑；4—小脑；5—延髓；6—眼泡（6'—眼泡被切除后留下的根端，6''—带有晶状体的眼睛雏形）；7—三叉神经角；8—内耳泡；9—面部及听神经角

事：揭示出不同类的动物胚胎发育方式也各不相同。

贝尔不仅证实了居维叶的动物分类理论，还对它进行了大力补充。在居维叶的著作出版后十年，贝尔出版了自己关于"发育类别"的著作。理论的首创者自然是居维叶，但贝尔补充了这么多新鲜又重要的东西，使得类型学说不应再被称作"居维叶类型学说"，而应改为"居维叶-贝尔类型学说"了。

对胚胎发育进行研究时，贝尔做出了大量发现。他发现了脊椎动物骨架的中轴——脊索。他透彻地研究了学生们在考试中常常混淆的哺乳动物的胚膜、尿膜、羊膜等。他详细地记录下了脑是如何以几个囊泡的形式出现的，还追溯了每一个囊泡的发育史，指出了脑的每一部分是由哪一个囊泡发育而来的。他知道了，眼睛是由前脑的眼泡鼓起形成的。

贝尔确定了以下事实：胚胎中首先是出现皱褶，然后蜷曲成管状，继而由管状的胚胎形成各种各样的器官。他追踪了由各个胚层形成特定机体组织的过程：由"动物胚层"发育出动物生命组织，即运动器官和神经系统，而由"植物胚层"则发育出植物生命组织，即营养器官和生殖器官。要列举出贝尔在自己那老旧的显微镜下观察到的一

切，就得把他全部出版或未出版的手稿抬出一半来哩。

他的著作《动物发育史》于1828年出版。这是一本十分优秀的著作，其中确立了胚胎发育的几条规律，后来这些规律被称为"贝尔定律"。

这些定律中最重要的大概是这一条：不能将胚胎与成年形态进行比较，只能将胚胎与胚胎比较，或将成年形态与成年形态进行比较。1912年，阿·尼·谢维尔佐夫[①]院士指出，不能将本不可比的胚胎与成年动物进行比较；他的观点与贝尔的说法如出一辙，而贝尔却超前了80年。

3

贝尔融入了柯尼斯堡的生活：他与当地一位女人结了婚，跟教授们交上了朋友，又结识了许多当地名流。不过他也没有忘记自己的故土，常常幻想着回到俄罗斯的场景。他如此思念俄罗斯还有另一个原因：他对极北地区[②]的兴趣越来越浓厚。最让他心驰神往的是西伯利亚的泰梅尔半岛[③]。在贝尔看来，关于欧亚大陆极北地区的动植物分布特点最有趣的一些信息就是藏在那儿。

但是泰梅尔远在天边，从柯尼斯堡到那儿去可谓是道阻且长。贝尔明白，要去一趟泰梅尔未必可行，可至少他能去拉普兰和新地岛[④]，于是便释怀了。拉普兰和新地岛也是十分有意思的地方，还没有哪一个博物学家去过新地岛呢。然而就是去这两个地方也极为不易：先不论需要请一个长假，更重要的是得搞到一笔钱。公费考察是指望不上的，贝尔便打算借一些钱去考察，返程之后将从新地岛收集回的标本卖掉用以还债。唉！用尚不存在的标本作为担保，谁也不愿意借钱给他，而没有筹到钱，那也没必要忙着去请假了。能做的事儿就只剩下一样：在脑中幻想那充满诱惑力的北方之行，而就连这样的幻想贝尔也只是偶尔为之，毕竟没那么多时间呢。

就这样过去了约有10年。

[①] 阿列克谢·尼古拉耶维奇·谢维尔佐夫（1866～1936），俄罗斯主要的达尔文主义者之一，进化形态学新流派的创始人。他曾对生物发生定律作过正确的解释，确定了动物组织发育到任意阶段的新标志。他在莫斯科创立了比较解剖进化论主义者流派。其父尼古拉·阿列克谢耶维奇·谢维尔佐夫（1827～1885）是动物学家、动物地理学家、旅行家，鲁利耶的门生，是俄罗斯第一位生态动物学家。——原注
[②] 俄罗斯北部一片区域，主要位于北极圈内，气候极为严峻。——译注
[③] 亚洲最北半岛，位于俄罗斯北西伯利亚。——译注
[④] 俄罗斯北部岛屿。

对鸡的胚胎发育进行过研究的那位克里斯蒂安·潘德尔早就成为俄罗斯的院士。这时候他离职了，院士们认为胚胎学家潘德尔的位置也应当留给一位胚胎学家，而贝尔则是当得起这一职位的唯一人选。

特里尼乌斯院士①给贝尔写了信："科学院有幸能邀请您成为我们中的一员。"

祖国……彼得堡……科学院……贝尔很想去彼得堡，可是又动摇了，因为科学院的薪水更少，而在彼得堡的开销却要比柯尼斯堡大。

"凭着院士那点微薄的薪水是没法过活的，"他回信给特里尼乌斯说，"我听说，很快科学院的编制要被重新审核，院士们的薪水也会上涨，到时候……"

他还没来得及寄出这封信，就又收到了一封来自杰尔普特大学的病理学和生理学教研室的邀请函。

贝尔回信说："我是动物学家，而非病理学和生理学家，我早就不从事医学研究了。"

但杰尔普特大学还是非常想请到这位著名的解剖学家兼胚胎学家，便又聘请他去解剖教研室。贝尔举棋不定地考虑了很久，一会儿开始收拾行李，一会儿又将东西都放了回去，最后那个职位被另一位候选者拿到了，虽然那个人学术水平不那么高，也不是十分有名，但却比他机灵变通。而就在他跟大学谈条件的时候，彼得堡院士们的薪水增加了。

"您被选为了院士。"贝尔收到了通知。

这时候贝尔才刚刚将为去杰尔普特而收拾好的行囊拆开放回去，根本不想再收拾一遍，于是他又开始了对去留问题的纠结。好几周之后他才给出了答复，同意了科学院的聘请，但却不急着启程。

在这了不起的1828年（被选为院士是他生命中非常重要的里程碑）贝尔去柏林参加了学术大会。他迫不及待地想要去讲讲自己做出的发现，只有这一点能让他克服不愿出门、想要赖在办公室里的情绪。

到了柏林之后，贝尔默不作声地徘徊于学者云集的大厅中，期待着人们谈论到他。可是事与愿违！大家东拉西扯，却偏偏没人提及贝尔的发现。贝尔是个爱面子的人，而且气度也不大，他的眉头皱得越来越紧，已经开始幻想要如何报复这些粗鄙无知的人了。

---

① 卡尔·安东诺维奇·特里尼乌斯（1778~1844），德裔，俄国植物学家，彼得堡科学院院士。——译注

直到最后一天，才有一位名为勒兹①的瑞典学者想起了贝尔。

"您能否向我们展示一下哺乳动物的卵子呢？"

"非常乐意。"贝尔回答说。

有人牵来了一条狗。生理学家贝尔与当时尚且年轻的约翰·缪勒②、约翰·普尔基涅③等解剖学家一同开始动手寻找它的卵子。一如往常，他们费了好长时间都没把卵子搞到手。贝尔变得焦躁不安，他甚至低声用爱沙尼亚语骂了几句脏话。有的同行挖苦地笑着，而约翰·缪勒则是一脸绝望，时而瞅瞅贝尔的双手，时而看看切开的卵巢。贝尔则一边寻找卵子，一边咒骂着那些把狗喂得太饱，让它全身上下都满是脂肪的人。

贝尔与脂肪的斗争终于以他的胜利告终：他找到了卵子，并得意扬扬地将它放到了显微镜下。

"请过来观察。"他抚了抚下巴蓄起的胡子，邀请同行们去看。

同行们看了之后大为震惊，而贝尔更加得意扬扬了，人们终于对他的发现予以了应有的重视！但还没得意多久，便有几个争强好胜的人宣称说，这样的卵子他们老早以前就见过了，声称卵子不是贝尔发现的，而是他们发现的。随便哪个头脑正常的人都清楚，那几个人什么都没看见，因为他们试图阐述自己的"发现"时说得颠三倒四的，但他们还是破坏了贝尔的好心情，差点儿把贝尔气病了：竟有人想抢走他发现哺乳动物卵子的荣誉！

回去之后，他便开始准备搬到彼得堡去了，可他的妻子忽然生了病。贝尔给科学院写了信，说妻子生命垂危，自己暂且不能去彼得堡。又在柯尼斯堡滞留了一整年后，他请假独自去了彼得堡。贝尔本可以带上家人，递交辞呈，彻底离开柯尼斯堡，可他却下不了决心。

彼得堡的院士们盛情欢迎了这位新同事，还为他准备好了居所。这些院士或是来自波罗的海沿岸，或是来自德国，贝尔与他们一同参加了几次晚会之后便感到，在这儿跟在柯尼斯堡没有任何差别：说的也是德语，喝的也是大杯的啤酒，吸烟也是用瓷烟管。然而他刚一走进科学院，就开始碰到各种烦心事了。

---

① 安德尔斯·勒兹（1796～1860），瑞典解剖学家，卡罗琳学院教授，瑞典皇家科学院院士。——译注
② 约翰·缪勒（1801～1858），德国著名博物学家，桃李遍布整个欧洲。他在动物学、生理学解剖学领域的科学、技术和研究方法层面均做出过许多新发现。他的学生中出了许多名声赫赫的学者，因此他也被称为伟大的"导师"。——原注
③ 约翰·普尔基涅（1787～1869），杰出的捷克解剖学家、生理学家，微生物解剖学奠基人之一。他首先提出了"原生质"这一术语。——原注

这里没有动物博物馆，只有彼得一世建的珍奇馆，里面藏着一些珍禽异兽，却没什么可供科学研究的资源。动物实验室是压根儿没有的，需要建一个，可是建实验室就意味着需要搞到经费、写规划、制定计划和预算、提交申请和呈文。贝尔不喜欢这些官僚主义的烦琐程序，也很珍惜自己的时间，要是得日复一日奔走于各种各样的部门机构，哪儿还有时间用来进行科学研究呢？

没有博物馆，没有实验室，也就没有工作的地方，至于研究素材那就更是不容乐观了。贝尔打算在彼得堡继续此前对胚胎的研究。他得从屠宰场搞一些猪、牛、羊的胚胎来做研究材料，还要从渔夫那儿弄些鱼子，从鸟贩子那儿找些材料进行鸟类胚胎研究。在柯尼斯堡时，这些事情都已经被他安排得井井有条，要什么有什么，而如今到了彼得堡，一切都得从头开始。

向科学院的同事打听清楚了如何找到渔夫之后，贝尔便去了海边。渔夫倒是找到了，毕竟撒下的渔网老远就能看见，但他与渔夫们的交涉却很不成功。这些渔夫不明白这位"教授"想从他们那儿得到些什么，同样的，与鸟贩子的交涉也是一个结果。

气头上的贝尔忘记了，在柯尼斯堡时他与供应商们的交流也不是一蹴而就的，有好多次他们带给他的压根儿就不是他想要的东西。

"没有博物馆，没有实验室，没有研究材料……我要怎么在这儿工作呢？"贝尔沮丧得都快哭出来了。

况且他的家人还在柯尼斯堡呢……贝尔的妻子可不想搬离故土，便想尽办法地劝阻丈夫。

"搬到彼得堡去，跟到北极圈里去考察有什么差别呢。"

如今她在信中更是劝说丈夫回到柯尼斯堡，回到习惯了的井然有序的生活中来。

这倒也不难，毕竟贝尔也没有从柯尼斯堡辞职，他只是请了假，但……北方啊，他多年来梦寐以求的北方现在近在咫尺，触手可及！

贝尔请了假，好去柯尼斯堡把家人接来。

可行程却拖延了下来。这一次可不是因为贝尔的拖延毛病，而是彼得堡官员们的拖沓造成的。他们不慌不忙地将贝尔的申请一层一层递上去，一会儿要求提交证件，一会儿要求出具证明，而时间却一点一滴地溜走了。贝尔不习惯于无所事事，他开始料理一些科学院的工作。很快贝尔就发现了一件了不得的事：原来，著名俄罗斯旅行家帕拉斯的著作《俄罗斯——亚洲动物区系》虽然早在1811年就已经印刷好了，却只出版了寥寥几本。

"怎么会这样呢？"贝尔十分好奇。他听说是因为这本书定制的图画册一直没有完工。

这些图画被包给了莱比锡的一位著名版画家，而他却不知为何既没有送来订的版画，也没有对来信和询问做出任何答复。

贝尔受托去搞清楚版画的下落，反正他要出国，就遵循提议一并去一趟莱比锡。

贝尔在莱比锡找到版画匠后，便向他询问版画在哪儿。

"送当铺了，"版画家漫不经心地说，"我可算是接了个烂活计，事儿做完了，款却没有付清。"

版画已经在当铺里躺了好些年了，版画家都忘了它们的存在，而科学院也没怎么为此去打扰他。贝尔赎回了这些版画，将它们寄去彼得堡，而自己则赶往柯尼斯堡。

很快彼得堡科学院就收到了贝尔的信，信中他告知"尊敬的同事们"，说自己要卸下院士的名头了。妻子、朋友和熟人们成功地将这个意志不坚定的人劝留在了柯尼斯堡。

科学院选了洪堡①亲自举荐的德国教授费多尔·费多罗维奇·博兰特（又名约翰·弗里德里希）②来顶替贝尔。这位动物学家倒是一点也没犹豫，一点也没拖延。他不怕与官员们的周旋，激情蓬勃地着手建立起了实验室和动物博物馆。

当博兰特在彼得堡建立动物博物馆时，贝尔也在柯尼斯堡干着一样的事儿，他的准备甚至还要早上一些。鸵鸟蛋、某种鸟儿的巢穴、蛀坏了的标本……贝尔此前就已经向猎人、看林人以及各个自然爱好者们寻求帮助了，这些不错的藏品正是他们集体的功劳。如今政府发放了一笔钱来修建新的博物馆，馆藏也需要进行大量补充并搬到新馆里去。

博物馆旁还为贝尔附建了居所，这事儿说好也好，说坏也坏：如今博物馆就在贝尔身边，他更是一连好几个月足不出户，俯身于显微镜前，继续越发深入地探究胚胎的奥秘。

也不知怎么的，贝尔突然觉得出城逛逛也是个不错的主意了。博物馆建在城墙脚下，不远处就是农田，贝尔走出了办公室，机械地穿上衣服出去散步。出了城后他就看见了正在抽穗儿的黑麦。

贝尔惊呆了：他清楚地记得，上一次出城散步时四处还是白雪皑皑呢。

"你到底在干吗！"他绝望地扑倒在地，苦涩地责怪自己说，"就算没有你，也有人去发现自然的法则和奥秘，晚那么一年两年的又有什么差别呢？难道就要为此牺牲掉一切……"

---

① 亚历山大·冯·洪堡（1769~1859），德国博物学家、地理学家和旅行家。——译注
② 费多尔·费多尔维奇·博兰特（1802~1879），德裔俄国动物学家，彼得堡科学院院士。——译注

不过，第二年春天时上面的故事又重演了一回。

由于这样惯于久坐的生活，贝尔病倒了。他开始头部充血，甚至产生幻觉。他病得很重，医生要求他停止工作按时休息。可忽然间坏消息却纷至沓来：他的长兄去世了，留下了一座位于爱沙尼亚的祖传庄园，然而这座庄园却欠下了一大笔债，他不得不立刻赶回爱沙尼亚去拯救这块祖地，否则它就要被拍卖了；以前十分赏识贝尔的部长在贝尔隐居的这段时间已经跟他生疏了，转而对他百般刁难；一些政治浪潮也开始涌起，这也让贝尔很是烦闷。

"我得离开这里。"贝尔下定决心，往彼得堡写了一封信。

科学院再一次将贝尔选做了院士。

这回贝尔就没有再那样拖沓了，1834年底他来到了彼得堡。

一路上他的胃病甚至还稍有好转。

后来他在回忆录中写道："坐着俄式马车从梅梅尔①到了雷瓦尔，让我消化器官的状况变得不那么糟了。这旅程不仅直白地向我证明了多做运动的必要，而且还将这一信念颠进了我全身的器官之中。"他的幽默感依然还在：俄国的道路和俄式马车的确能够把一切想要的东西都"颠进"全身的器官里。

4

与第一次来彼得堡时一样，胚胎学研究依然没安排好，不过如今科学院已经有博物馆和实验室了。贝尔停止了对胚胎的研究，转而出版了未完成的书稿《动物发育史》的第二部分。

他开始研究海象。在柯尼斯堡的时候，他大概是没法弄到一头海象来解剖的吧。海象唤醒了他去新地岛考察的旧梦，毕竟从彼得堡到那儿要比从柯尼斯堡近得多。

贝尔对同事们说："我想去看一看海象们是如何生活、如何被捕捉的，再一并了解一下新地岛的自然状况。"他写了一份长长的报告书，请求组织一次考察，以便研究新地岛这个博物学家尚未踏足的地方。贝尔被一个问题深深吸引住了：极北地区资源那么稀缺，大自然能够创造些什么出来呢？"

1837年初，贝尔已经到了阿尔汉格尔斯克②，尽管路途上有种种波折，他还是在7月中旬抵达了新地岛，并在7月17日顺利登陆。那时的新地岛一年中仅有几个月可以登陆。

---

① 立陶宛城市克莱佩达的旧称。——译注
② 俄罗斯阿尔汉格尔斯克州首府，历史上是俄罗斯北部重要的港口。——译注

贝尔在这里度过了6个星期，一切见闻都让他兴奋不已。这儿没有丛生的树木，没有啼鸣的鸟儿，夜里北极狐（这些机灵鬼贼头贼脑地溜到考察者的帐篷附近，时时想要偷走点儿什么）会发出叫声……这些都让贝尔惊讶无比。他捕捉甲虫和蝴蝶，晒干植物，收集矿石。贝尔收集了大量标本（这也是人类从新地岛收集到的第一份标本），9月初他已经返回了彼得堡。

三年之后，贝尔与后来成为著名西伯利亚旅行家的米登多夫①一同出发去了拉普兰。旅行对他来说变得越发有吸引力，只是……唉……他却不得不暂时将搁下旅行计划，因为他被任命为了军医大学②的教授。

贝尔为学生授课已有10年之久，可生理学和比较解剖学这两门课安排得还是不够好：既没有好的教室，也没有实验装备。贝尔很少帮助学生们学习生理学基础知识，但他为学校本身做出了巨大贡献。多亏了他与皮罗戈夫③一同建起了解剖室，至少能把人体解剖学这样的课讲得十分清楚了。

这些年里，贝尔虽然没有空闲游历俄罗斯，可他并没有抛下对地理学的喜爱。他积极参与创立地理协会，与赫梅尔森④一同创办了涉及地理学、经济学、民族学以及部分动物学和植物学的杂志《认识俄罗斯》，还组织了多次国内考察，亚·费·米登多夫那次名声远扬的西伯利亚考察就在此之列。米登多夫还到了贝尔曾梦想踏足的泰梅尔半岛。

1845年夏，贝尔去了威尼斯和热那亚。他在那儿研究了低等海洋动物的发育和构造。他重拾了旧时的希望：研究胚胎发育史。第二年夏天，贝尔再一次出发去了地中海。他在这里收集了大量材料并打算对它们进行整理，然而……整理工作却没能完成。

不久后，贝尔被任命为科学院解剖博物馆馆长。这样一来他与胚胎学就已经缘尽了。

难道解剖博物馆馆长这个职位会妨碍胚胎学的研究吗？当然不是。建立实验室倒没那么困难，只不过……显然，贝尔之所以会成为旅行家和"描述动物学家"，这并不是

---

① 亚历山大·费多罗维奇·米登多夫（1815～1894），博物学家、俄国科学院院士。多次游历俄罗斯北部和西伯利亚地区，为俄罗斯动物（现代生物和化石生物）区系研究做出了诸多贡献，撰写了颇有价值的普通地理学和自然地理学著作。——原注
② 即基洛夫俄国军医大学，俄罗斯第一所服务于军事部门的医学类高等院校。——译注
③ 尼古拉·伊万诺维奇·皮罗戈夫（1810～1881），著名外科医生、教育家、社会活动家。他在彼得堡建立了解剖学院，在40年教授生涯中做出并详细描述了1.2万个发现，建立了俄罗斯外科医学学校。——原注
④ 格里戈里·彼得洛维奇·赫梅尔森（1803～1885）原名格里戈尔·冯·赫梅尔森，德裔，俄国地质学家，彼得堡科学院院士。——译注

毫无缘由的。

分类学和动物区系学，某种程度上还有解剖学——正是这些分科吸引了那个时代的动物学家。那时候名声最响亮的学者都是分类学家、动物区系学家和植物区系学家。既然在欧洲尚且如此，那就更不难理解，在俄罗斯也是这样了，毕竟俄罗斯有着广袤无垠的土地、丰富的动植物种、大量出乎预料的发现，也难怪吸引了众多研究者。况且那个时候从事研究和解决科学中的"一般问题"也有些困难。官方从《圣经》出发的解释，谁都不感兴趣（况且还能怎么干呢？一切都很清楚嘛，只要画画十字、光荣一下"造物主"就行了），每个"自由思想者"都将面临无穷的烦恼。尼古拉一世可不喜欢开玩笑，在这位沙皇以及他那些身着蓝色制服、"装备"着细纱手绢的帮凶们[1]"慈父般的"关怀下，所有人都不得不"安静而顺从"地生活，而不敢去解决什么"问题"。

这个时期，生物学问题的研究完全停滞，俄罗斯的自然历史研究却得到了很好的发展。正是在这些年里诞生了俄罗斯分类学家和动物区系学家学派。这一学派后来在世界上跃居首位，至今还无可匹敌。

19世纪50年代初，俄罗斯的捕鱼业研究蓬勃发展，贝尔也兴致勃勃地投入了这项工作。

他开始了在俄罗斯的游历。头两年里，贝尔去了六次楚德湖[2]和波罗的海沿岸。他被这些旅行深深吸引，而授课和走访山川湖海二者不可兼得，他便辞去了医学院的教授职务。

这些旅行仅仅是个开始。

人们对伏尔加河和里海水域捕鱼业的恶劣状况的投诉早已有之。由于无节制的滥捕，鱼类资源变得日渐稀少。贝尔组织的考察队从彼得堡出发，去研究捕鱼方法和鱼群的生活条件等诸多状况。

从下诺夫哥罗德出发，贝尔沿着伏尔加河一路向下，到达阿斯特拉罕[3]，又到了曼格什拉克[4]。冬天去彼得堡待了两个月，之后又返回了伏尔加河。此后他又去了库拉河[5]河口、舍马哈[6]、塞凡湖[7]，不仅走遍了伏尔加河和里海，还将周边地区都考察了一番。

---

[1] 指沙皇的宪兵。——译注
[2] 又名佩普西湖，是位于俄罗斯和爱沙尼亚边境的淡水湖。——译注
[3] 俄罗斯州名，位于伏尔加河三角洲地区，是伏尔加河流经的最后一个大城市。——译注
[4] 位于哈萨克斯坦的半岛，在里海东岸。——译注
[5] 北高加索最大河流，发源于土耳其，流经格鲁吉亚、阿塞拜疆，注入里海。——译注
[6] 希尔凡首都，近东最大城市之一。——译注
[7] 亚美尼亚境内湖泊，高加索最大的高山湖泊。——译注

在阿斯特拉罕他看见有人用一种叫"黑背鲱"的鱼榨油，便发问："这是种什么鱼？"

人们恭敬地回答说："是黑背鲱。"

"可以吃吗？"

"说什么呀，"周围的人笑了起来，"这鱼身体里只有油脂有用，而且品质也不太好。"

"给我煮一条来。"贝尔吩咐说。

他津津有味地吃掉了鱼，并发表了一通长篇大论。他的话热情洋溢，可是几乎没人听明白他的意思，简而言之，他说的是黑背鲱是种相当不错的鱼，它用作食物再好不过了，而不应用来榨油。

人们没有立即相信他的话，阿斯特拉罕的商贩和渔业工作者都是些固执的人，但一段时间之后人们就渐渐开始吃黑背鲱了。阿斯特拉罕鲱就这样问了世，我们每个人都吃过这种鱼，却没人知道（当然，渔业专家们不算数，毕竟他们有义务知道这一点，即便如此他们中或许也不是所有人都知道），它的食用功能是100多年前才由贝尔发掘出来的。

伏尔加河–里海考察持续了5年之久。晚秋和早春的寒风冻得贝尔浑身僵硬，热病让他的身体颤抖不已，6月的酷暑让他在阿斯特拉罕的鱼儿发出的难闻气味中大汗淋漓。当他从最后一次里海之行返回时，他已经年满60岁了。

"我老了，"贝尔忧伤地说，"以后的旅程我已经力不从心了。"

又去楚德湖和亚速海完成了几次短途考察后，贝尔便不再旅行了。这可不是老年人的任性和多疑，而是由于那时的远程考察十分艰难，作为基本交通工具的仍旧是贝尔许多许多年前熟识的那种俄罗斯大车。

在旅行期间，贝尔不仅对捕鱼业进行了研究，他还分出许多精力来从事地理学、民族学和生物学的研究。这期间他做出了一些发现，其中最为著名的就是后来被命名为贝尔法则的现象。

俄罗斯知名地理学家和博物学家帕拉斯院士早已发现，许多俄罗斯的河流都是右岸为高岸，而左岸为低岸。这一点贝尔在旅行时也注意到了。他思考良久，终于得出了解释：由于地球自转，北半球大致呈南北走向的河流朝右岸偏转，水流对右岸的冲击蚀腐强于左岸，因而右岸变得更加陡峭。右岸被水流冲毁，整个河流地流向慢慢向右偏移的现象也不少见。

贝尔不再进行胚胎学研究，也停止了他的旅行，但他并不习惯于无所事事，若不像个学者一样钻研学习，他简直都没法活下去。要像个普通人一样造一所乡间别墅，在小园子里种植点儿香豌豆①、玫瑰，甚至更为务实地种点儿苹果树和草莓——贝尔可不会做这些事儿。

"这些都不是工作，而是娱乐。"他大概会这样说吧。

挺早以前，当贝尔还在柯尼斯堡时，他就对"颅骨学"这个名字响当当却又有些费解的学科感兴趣了。如今到了老年，他再次被这门学科深深吸引。

颅骨学是关于头骨的学科。研究人类头骨时，

▲ 卡尔·贝尔（1792～1876）

贝尔无比痛心地发现，头骨的测量没有任何准则可言：每个研究者都按照自己的喜好来测量颅骨。早在柯尼斯堡时，贝尔就打算研究这一极为重要的问题：为测量颅骨制定准则，但当时他没能完成这项工作。如今贝尔又重拾起这项任务来。

贝尔不愿独自一人承担起建立头骨测量准则的重任，他出了国，与国外的学者们进行了交流。

他费了许多口舌，也聆听了更多他人的意见，可学者们却没能达成一致。每个人都认为自己的测量方式是最好的。

"行啦！"贝尔说，"我来给你们调解吧。我提议将英寸作为测量头骨的单位。"

同时他还提出了用于测量的详尽方案。

---

① 别名花豌豆、麝香豌豆，花型独特，既可作冬春切花材料制作花篮、花圈，也可盆栽供室内陈设欣赏。——译注

一位学者感叹道："他简直可以称作'颅骨学的林奈'了"。

在那个时代，每一门学科都还在寻找自己的"林奈"。

贝尔却没听明白这个赞赏，他郑重其事地回答说："我是贝尔，不是林奈！"

5

达尔文的《物种起源》出版时，贝尔已经十分年迈了。他读了这本书，放回书架，却什么也没有说。

一年又一年过去了，到处都有人在喊"达尔文！达尔文！"贝尔却依然沉默。

"贝尔会怎么说？"一些好奇的人对贝尔的立场十分感兴趣，却又猜不透。

有人言之凿凿："他一定会反对的！因为他是居维叶'类型说'的支持者嘛。"

另一位学者则激动地宣称贝尔一定会支持达尔文，根据他对胚胎发育的研究，显然可以推导出"一切皆变"的结论。

贝尔本人却依然沉默。

最后争论不休的学者们实在是忍不住了，他们也顾不上是否得体，都开始对贝尔纠缠不休。贝尔不太喜欢达尔文的追随者，对他的反对者也是不冷不热，他始终不偏不倚，站在两个阵营的中间。

"当然，改变是有可能的，"贝尔拖着声音说，"但只在有限的范围内是可能的。况且，这些变化也不像达尔文认为的那样是随机的，而是有着严格的规律。整个发育步骤是早就确定了的。"

"我就是这么告诉你们的吧？"达尔文的反对者高兴地说。

"但改变总是存在的，"贝尔继续说，"是的，是存在的……不过不仅仅是外界环境起了作用，还有一些内部原因……发育是在这些因素的影响下进行的，它主导了方向……"

"啊哈！"达尔文的支持者没忍住叫了起来。

"这个理论到底还是什么都解释不了。"贝尔冷冷地浇灭了他的激动情绪。"什么都解释不了……其中的主要部分是什么？生存斗争和自然选择。物种可变性、演化论……这些我们早就听过了。只有选择是新鲜的东西，只是……不，我不承认这个选择。"

贝尔见过许多的胚胎。他看到了不同动物的胚胎在发育初期都非常相似，因此他不反对演化论，但仅仅是同门内部的演化。属于一个门的生物会发展成为一类独特的生物，而门内的演化在他看来则各有特点。贝尔不是演化学说的反对者，他本人也曾指出过动物是可变的，物种之间没有不可打破的壁垒。但他也没有接受自然选择理论，他既没有成为达尔文的敌人，也没有成为达尔文的支持者。

"我是正确的！"一个争论者大声喊道。

"不，我才是正确的！"另一个人反驳说。

"我们将居维叶奖金颁给贝尔，他用自己40年来的探索精彩地验证了伟大的动物学家居维叶的物种理论。"1866年，争论者们读到了巴黎科学院的意见。

"连巴黎科学院都认为他是居维叶的支持者！"达尔文学说的反对者们欢呼起来。

"只不过没别人可以颁奖了而已，"达尔文理论的捍卫者们也不肯消停，"巴黎科学院……好个权威……"

可是，像物种"按照章程"演变、生物在"门"的范围内进行适度演化这样的观点，贝尔早在很久之前就已经接受，想让他在老年时改变这个根深蒂固的看法，未免有点强人所难。

1876年贝尔去世了，享年84岁。在最后的岁月里，他一直住在杰尔普特，眼睛都快看不见了。他已经不能使用显微镜，不能测量头骨了，但他依旧没有停止工作。贝尔开始了著书。他进行口授，抄写员用笔记录下来。《彼得大帝在地理研究中的意义》一书就是这样写成的，后来他还对著名史诗《奥德赛》①中记述的历史进行了研究。

在克里米亚时贝尔便已注意到了巴拉克拉瓦湾②与《奥德赛》中的拉斯忒吕戈涅斯湾非常相似。现在他想起了这回事，再次读了《奥德赛》，并开始研究克里米亚与黑海的地图。他得出了一个结论：奥德修斯正是沿着黑海旅行的，斯库拉和卡律布狄斯③原来就是博斯普鲁斯④，拉斯忒吕格涅斯海湾就是巴拉克拉瓦湾。显然，智多星奥德修斯并没有在意大利等地周游，而是在俄罗斯。

此后贝尔又对《圣经》故事中的奥菲尔国进行了寻找，发现它其实在马六甲。

这些研究充实了贝尔的晚年生活，他埋身于亚洲地图中来消磨漫长的冬日。贝尔直到去世都没有丢下工作，研究不了胚胎，他就研究地理学，做个旅行家；年老了不能再四处奔波了，他就开始研究头骨；不得不放下头骨研究了，他就从事写作。

1864年，彼得堡举行了纪念贝尔从事科研50周年的活动，贝尔在发言时说了下面这一段话：

---

① 古希腊诗人荷马所做的史诗，叙述奥德修斯在特洛伊战争结束后的历险情况。——译注
② 克里米亚南部海湾，克里米亚最温暖的地方。——译注
③ 《奥德赛》中的两个海怪，前者为吞吃水手的女妖，后者为吞噬航船的大漩涡。一般认其栖息地位于如今意大利的墨西拿海峡。——译注
④ 即伊斯坦布尔海峡。——译注

第十二章　不偏不倚

"众所周知,经验告诉我们人是会死的,可经验并没有证明死亡是不可避免的。因此我给自己定下了一个任务:不要产生死亡的意愿。如果我的器官组织不愿继续履行职责,我就将自己的意志凌驾于它们的意志之上,而它们都不得不屈从于我的意志。我建议在场的各位都像我一样做,我邀请你们所有人50年后再到这里来参加我的第二个50周年庆典。希望我能有幸再次作为主人接待你们。"

简单地说,他的意思就是不要气馁,要努力活得更久。

贝尔也用亲身经历证明了,人真的可以久久地不向死亡屈服。

第十三章 "我会证明的!"

1

"我会证明的!"这是海克尔一生的座右铭。他也确实做出了"证明",只是有些"不择手段",甚至放胆去虚构一些本不存在的生物,或是隐瞒显微镜下的事实,改成自己想看到的东西。在漫长的一生中他"证明"了所有的东西,然后就这样怀着对胜利的信心去世了。他相信自己说的一切,可这一切的来源只是他丰富的想象力。

海克尔还是八岁小孩儿的时候就读了《鲁宾孙漂流记》。这本书给他留下了深刻的印象,让他对沉船、荒岛、野人、"星期五"等想入非非。与妈妈一同散步时,小男孩用余光瞟向每一丛茂密的灌木,期待着从哪儿蹦出个脸上涂满油彩、手持鱼骨长矛的野人。路边静静吃着灌木叶子的山羊成了他想象中成群的野山羊,于是他放慢脚步,轻叫一声:"妈妈!嘘……"

不过他对冒险故事的沉迷并没有持续多久。当发现了亚历山大·洪堡[①]所著的《大自然之声》和《宇宙》后,海克尔便立刻幻想起了科学之旅。而达尔文的《"小猎犬"号科学考察记》更是让他萌生了成为一名博物学家的想法。妈妈也多次向他灌输大自然的

[①] 亚历山大·洪堡(1769-1859),德国博物学家、地理学家和旅行家。——译注

▲ 年轻时代的恩斯特·海克尔（1834～1919）

美丽，这使他更热切地想去实现梦想。

他坚定地说："我要成为一名博物学家。"后来他读了施莱登①的《植物发生论》，理想便又明确了些："成为一名植物学家。"

本来他梦想着去耶拿，投在刚读完的这本好书的作者门下学习植物学。

可是梦想没有实现，海克尔没有去耶拿，而是先到了柏林，而后从柏林去了维尔茨堡。他也没有成为植物学家，而是遵从父亲的意愿做了个医学生。

"收集花草不是你该做的事，"父亲对海克尔说，"花花草草又不能当饭吃。"

"如此也罢，做个医生也能研究大自然嘛。"年轻人带着这样的想法去医学系报了到。

那个年代医学才刚刚起步，最为重点的课题就是对不久前才被发现的细胞进行研究。无论是头发花白的教授还是胡子都没长齐的学生，都怀揣着一样的热情投入了这项研究。要是有哪个动物学家不从早到晚守在显微镜边上，别人就会说三道四：

"真不愧是个'好学者'呀，居然对细胞不感兴趣！"

解剖学家科力克②就是在那时建立起了关于生物组织的学说，从而形成了组织学这门

---

① 马蒂亚斯·雅各布·施莱登（1804~1881），德国植物学家，细胞学说创立人之一。——译注
② 阿尔伯特·科力克（1817~1905），德国著名学者。他对显微解剖学和胚胎学多有研究，在组织学方面有许多新发现（从本质上讲，这个学科几乎是他凭一己之力建立起来的），对显微技术也进行一系列完善。——原注

学科。大名赫赫的魏尔肖[1]为细胞吸引，正是他提出了人体是"细胞的王国"，各个组织和器官就像是"为了整体利益而工作的不同车间"这一说法。当时还只是副教授的莱迪希[2]也丝毫不落后于这些老先生们，也在研究细胞。

加入了科力克和莱迪希等人的队伍之后，海克尔也像大家一样开始了学习，如大家一般为新事物啧啧称奇。可就在刚刚爱上细胞研究、才稍稍熟练了显微镜操作之时，他却从维尔茨堡回到柏林了。因此他一直都没学会给细胞染色，终其一生都没有使用过这种对动物学家来说极为重要乃至必要的技能。但是，海克尔用他的生活和工作向我们证明了，有时候也不是非得用苯胺染料和洋红不可，用铅笔、水彩、墨水和绘图纸张也能达到同样效果。

在柏林，海克尔去了著名生理学家约翰·缪勒（姓缪勒的科学家有好几个，因此通常加上名字以免引起混淆）的实验室。至于约翰·缪勒有多出名，看看他门下的学生就知道了：魏尔肖、施旺、科力克、杜布瓦-雷蒙[3]，甚至连亥姆霍兹也是他的学生呢。

缪勒非常喜欢做概括，但他的概括适可而止。

"对博物学家而言，"他若有所思地看着自己的显微镜说，"分析和概括是同等重要的，但概括不应越过分析，否则我们便无法做出重大发现，只能得出一堆空想。"

海克尔虽然对教授们十分景仰，却不总是听从他们的话。他不愿遵从这个关于概括和分析的教诲，他做出的概括远多于分析。

从小妈妈就一再告诉海克尔要珍惜时间、珍惜劳动的幸福，于是这个金发碧眼的学生总是将所有的时间都用来学习。他不出去喝酒，也不参加什么学生组织。德国学生们常在课间进行决斗，以决斗后脸上留下的大小伤疤为荣。海克尔却不参与，他的脸一道疤都没有。

教授们夸他说："这是个有天分的学生。"

而那些嘻嘻哈哈的学生们却鄙夷地将海克尔称为"闷罐子，马屁精！"

---

[1] 鲁道夫·魏尔肖（1821~1902），德国著名学者、政治活动家。他曾提出一种理论，认为所有的组织疾病都可归结为细胞结构和正常功能的破坏。他认为细胞是生命物质的原始形式，也是唯一形式，细胞之外不存在生命。这一理论很长时间都阻碍了医学的发展。但他也为科学做出了许多珍贵的贡献，奠定了病理学（研究组织和器官病变的科学）的基础。——原注

[2] 弗朗茨·莱迪希（1821~1908），德国学者，对比较组织学和德国动物区系学有较多研究，是第一批水生生物学家之一，开创了对淡水浮游生物——水生微生物的研究。——原注

[3] 埃米利·杜布瓦·雷蒙（1818~1896），德国著名生理学家，因电生理学和神经思维活动方面的研究而出名。他尖锐地抨击了"生命力"学说，认为科学不是全能的，并非所有事物都能被人认知，由此提出了"七个宇宙之谜"。——原注

▶ 引自海克尔《放射虫》一书

　　1858年，海克尔通过了医学考试，获得了行医执照，离开了大学。如今他可不仅仅是恩斯特·海克尔了，还是"医生先生"。海克尔对治病救人毫无兴趣，本打算去缪勒实验室从事科学研究，遗憾的是那时缪勒已经去世了，他只好不情愿地开始实习行医了。海克尔决定开始昧着良心欺骗父亲，当然也是自欺欺人。

　　"如果没有了行医机会，我就能向父亲证明，学医绝非什么好事儿。"这位年轻的医生极不情愿地自个儿嘟囔着。他挂上了门帘儿，门帘儿上写着：

恩斯特·海克尔医生
接诊时间：早晨5点至6点

　　路人们都对这个奇怪的医生感到惊讶不已：居然只在一大早接待病人。当然，也没什么人去找他看病，一年里他总共只有三位病人，而且还都不是常客。

　　一年里只有三位病人，确实太少了，海克尔便告诉父亲靠医学是不能够过活的，然后就摘掉那滑稽的门帘儿，怀着愉悦的心情去从事科研工作了。

　　魏尔肖老先生关于"细胞王国"的言论并没有被忘却，海克尔决定对这些"王国"进行研究。他总是力求有条有理，因此他觉得不能马上就去研究复杂的"王国"。

　　"得按着顺序一步步地来，从单个儿的细胞开始。"

　　他调整好显微镜，带回各种纤毛虫或是别的单细胞生物。变形虫太过笨拙，让他觉得大为扫兴；历来动物学家们最喜欢的草履虫海克尔也不喜欢，他觉得它们太过活泼；别的纤毛虫也是一样，要么太好动，要么太简单，要么太丑陋。选什么研究呢？最后显微镜被留在了桌子上落灰，而海克尔去了图书馆。

　　他在这儿搜罗了一大堆书籍和厚厚的图册，开始从中寻找一种有趣的单细胞生物用作研究。还没翻十页，他就看见了一张放射虫[①]的图片。

　　"真是太漂亮了！"他低声赞叹，立刻就拿定主意，认为已经找到了最好的研究对象。这些小小的放射虫们有着精巧的硅质外壳，有的像是纤细的花边，有的像是雅致的栅格；这些精致的小球装饰满细长的小针，或是短短的刺，或是树状的芽。

　　海克尔向父亲要了一些钱，去了意大利。在那儿他没有去各大博物馆和画廊游览，而是把所有的时间都用来捕捉漂亮的放射虫：他带着瓶瓶罐罐和各种网兜去了海边，在

---

① 原生动物门肉足纲中的辐足亚纲放射虫目原生动物的通称，因伪足和骨骼大都呈辐射状而得名。——译注

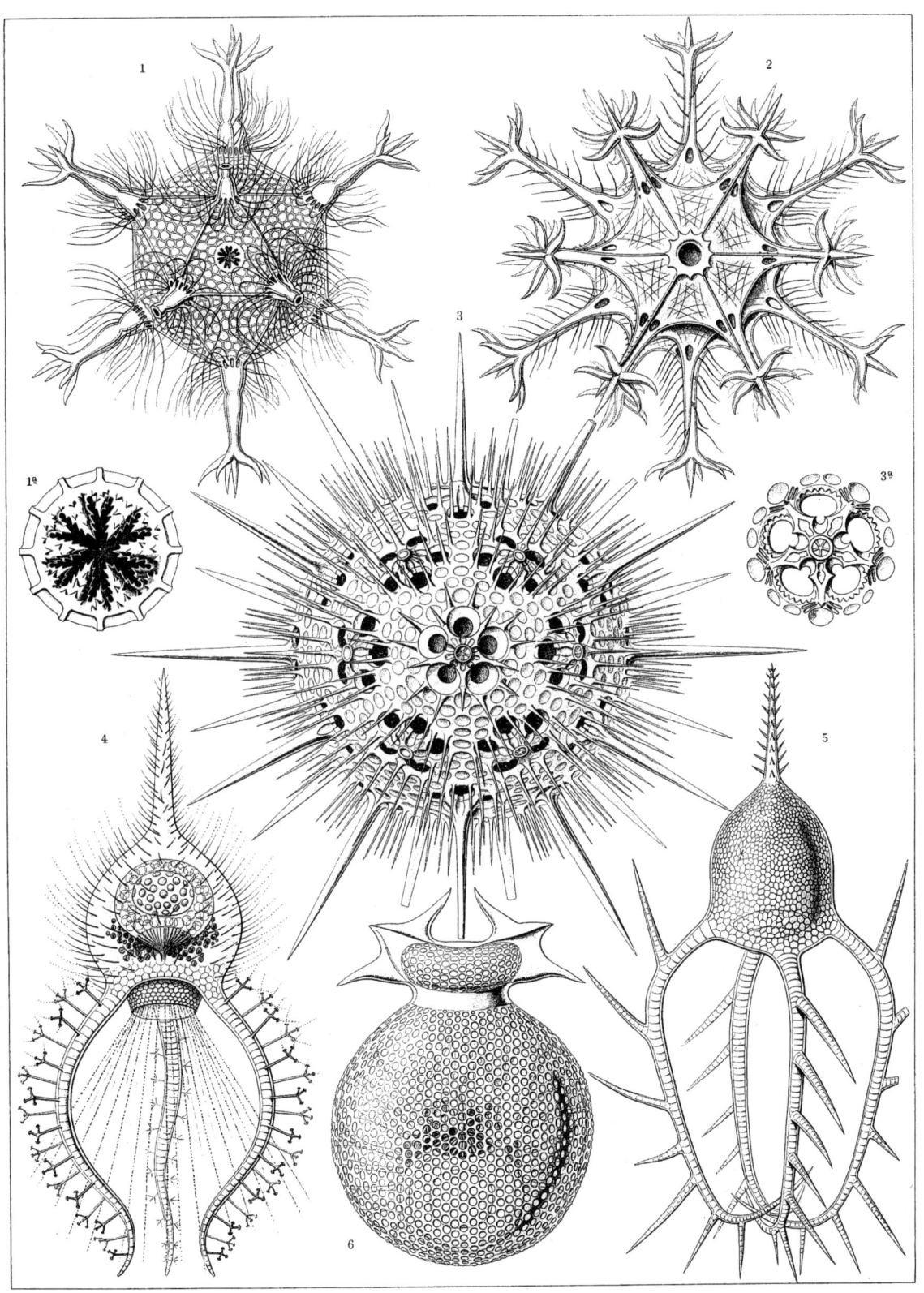

第十三章 "我会证明的！"

蓝色的海水中用捕虫网、渔网和捕捞器搜索猎物。回到家以后就用显微镜进行观察，制作标本，对放射虫精美的硅质外壳赞叹不已。

海克尔十分擅长画画，既不怕费眼睛，也不惜花费时间、颜料和纸张，足足画下了上百只放射虫。他画出了每一个花边的弯折处，没有放过哪怕一个小孔，在纸上记录下了每一个最细微的针刺。从墨西拿①回国时，他不仅带回了几百个小罐子和几千个标本，还在箱子里装上了一本巨大的图画册。柏林的学者看见这一幕时都纷纷惊叹不已。

海克尔去了柯尼斯堡，在当地的博物学家协会摊开自己的画册，满怀期待地静待无数的惊叹和赞美。

"棒极了！"学者们赞叹不已，"这么年轻就已经如此干练了……画得多好呀！这些标本制作得多精巧呀！"只是谁也没有想到要替他谋个职位，哪怕只是助教呢。

一年之后，海克尔向耶拿大学提交了开课申请，被编入了副教授之列，又过了一年他成为教授。教学期间的海克尔也没有忘记放射虫，他为此写了好几百页的记录，一张接一张地画图。最后又厚又重的放射虫"专著"终于要面世了，海克尔的大名也开始在世界动物学界传播开来。

就在这时，海克尔读到了达尔文的著作。

"这是本荒谬的书！"这便是耶拿的教授们对它的评价，"一派胡言！"

这些评语已经足以勾起海克尔拜读的兴致了。海克尔一读完这本书（尽管读得不是很用心），就立刻像赫胥黎一样喜欢上了这个理论和它的作者。虽然此时他的放射虫专著已经准备出版了，但他还是决定向其中加入达尔文理论，尽管这样会延迟出版的时间，但他可以在书中申明自己是这个伟大学说的支持者。

没等完全吃透达尔文的理论，海克尔就把它当作了信仰，他决定成为这个新学说的推广者，要誓死捍卫它。他为自己确立了好些任务：对这一理论进行补充。

"达尔文没有指出第一批有机体从何而来，"他自言自语地说，"对于许多过渡形态也没有讲，有时甚至完全没有提及。"

于是海克尔开始构思下一本书的框架了，新书不仅应当完全巩固达尔文理论的主体，还应该对许多别的东西进行概括。

2

德国学者们不太倾向于接受达尔文理论，但海克尔丝毫不感到难为情。在波兰的斯

---

① 意大利西西里岛上第三大城市。——译注

德丁召开的博物学家会议上,他声称达尔文理论是一种具有重大意义的新世界观,还将达尔文与牛顿相提并论。

"没有什么攻击能够阻止进步。进步是大自然的规律,任何人类的力量、专制的武器或是教会的诅咒都不能阻止进步的发生!"海克尔这样结束了自己的报告,并挑衅地注视着在场的听众们。

所有人都等着魏尔肖说点儿什么,但当他也打算与海克尔一同捍卫达尔文理论时,所有人都惊呆了。其实,与其说魏尔肖在维护达尔文和海克尔,不如说是在维护自己,因为他提出的"人类就像细胞的王国"这一说法使其被批判为唯物主义者。他开始证明,自己的唯物主义与哲学里的唯物主义完全不同,只是对事实的确认,就如同达尔文学说一般。

"教会和国家,应当习惯于此。"老先生开始发表高见,"博物学的成就会让我们的观点和想法发生一些变化。他们应当让这些新的科学流派变得对自己有利。"

尽管有魏尔肖的支持,大部分博物学家依然对海克尔的发言抱有反感。海克尔的"幻想"被认为是伪科学,人们都对他大肆嘲弄,还给他取了一些颇具侮辱性的外号。

"我会证明的!"海克尔生气了。

他正在准备的下一本书应当对所有的东西进行解释和概括。

海克尔从早到晚都在废寝忘食地写书。急匆匆地上完课,急匆匆地赶回家写作。

桌上已经堆不下他的手稿了,书架里也放不下,它们紧紧地挤在箱子里,被海克尔随随便便堆在办公室的墙角里。

"生理学家将组织看作机器;动物学家和形态学家对其却备感惊奇,有一种野人看轮船式的惊讶感。这都是不对的。"

海克尔便着手证明,应该以独特的方式看待组织,对其形态也应以"机械"的方式看待。这些虽然是他要说出口的,可他对此也知之不多。他只是觉得这种统一的观点很有吸引力罢了:想想吧,生理学家和形态学家用相同的方法看待机体,都采用机械的观点。

他的书中应该展示出这样一点:所有业已存在或正在发生的现象都受到统一法则的约束。海克尔试图寻找一个能解释一切的法则,可是没有找到,便杜撰出一个拗口的名字,认为一长串单词就能替代掉事实。

海克尔是秩序的狂热爱好者。他在这本书里没有研究动物分类学,而是研究了自己杜撰出来的一些科学分支的分类。这些分支太多了,连《外来词汇词典》都占不到它的十分之一厚。

希腊语词典从来没有离过他的桌子,因为里面能够找到各种各样的好词!海克尔将

"对组织空间分布的研究"命名为"分布学",将"对组织功能进行的研究"命名"残存器官学",将"对组织与外部世界之间关系的研究"命名为生态学。他在书中还写到了形态学、动物原形学、个体发育学、种系发育学、古生物学和系谱学,甚至还有一些奇奇怪怪的名字,听起来不像科学术语,而像是印第安人出征打仗时的叫喊声,如"*Epakme*""*Akme*""*Parakme*"[①]。这一整个章节以"大自然中的神灵"做结尾,只不过这是一位特别的"神灵"。

这位"神灵"的名字叫作"物质"。

书出版了。

它由厚厚的两卷构成,每一卷为好几个章节,有上千页密密麻麻的铅字。作者将自己所有能够想到,能够概括出的东西都写入了这本书里。或许这本书也不差,但它的厚度和过分华丽的辞藻让读者望而却步。的确,《普通形态学》与其他自然哲学家所著的朦胧难懂却有独特价值的书籍十分相似。

"我们的书本来就不是面向大众的!"这些自然哲学家骄傲地说,"我们的书只写给精英看。"

海克尔的《普通形态学》中有许多新鲜的东西,但这些新东西可不全是真相。

许多人认为,海克尔正是第一个提出动物系统树的人,其实早在1865年,莫斯科大学教授阿·彼·波格丹诺夫在他的《动物学和动物学文选》中就有过这样的系统描述。波格丹诺夫的书不同于那个时代普遍采用的习惯,他没有从猴子开始、以原生动物结束,恰恰相反,他从原生动物开始写。在这本书中还能够找到动物界的系统树。第一的桂冠不是海克尔的,而是莫斯科教授波格丹诺夫的。

其实,波格丹诺夫还有一位前辈,那就是俄罗斯著名旅行家兼博物学家彼·西·帕拉斯[②]。他早在波格丹诺夫和海克尔之前一百年就写到过,动物之间真实的亲缘关系应当以树枝的形式进行描述。在帕拉斯的时代,要做出这样的一棵"树"来实在不是件容易事,因为当时还没理清多少不同动物类群之间的亲缘关系。但非得要将系统树绘制出来才行吗?帕拉斯指出了描述动物之间亲缘关系的方法,为表示这些关系指出了正确的方向,这就足够了。

在那本《普通形态学》中,海克尔将生物界分为三个界:动物界、植物界和"原生生物界"。他将原生生物分为原生动物(变形虫、纤毛虫和其他单细胞动物)和原生植

---

① 这三个词语分别意为"繁盛期""成熟期""衰亡期"。——译注

② 彼得·西蒙·帕拉斯(1741~1811),德国博物学家、旅行家,后长期居住于俄国。——译注

物（细菌、单细胞真菌、单细胞藻类等）[1]。

海克尔之所以分出"原生生物界"，是想要表现出动植物之间没有分明的界限，最简单的动植物形态上常常极为相似。的确，当时植物学家和动物学家无法区分某些原生生物，譬如今天中小学生都耳熟能详的绿藻。

然而，这也不是海克尔做出的独特发现。微生物科学的创始人之一、俄罗斯学者列·西·岑科夫斯基[2]在海克尔的书出版之前很久，就已经在对"原生生物"进行研究了。的确，对名称不感兴趣的列·西·岑科夫斯基没有将原生生物归为一个单独的界，但他指出：对原生动植物的研究显示，其在动植物之间没有明显的界线，原生动植物中能找到一些具有动植物双重性质的形态。列·岑科夫斯基在证明自己学说正确性时遇到了不少挫折，他的学生和同事中很少有人能认同如此大胆的论断。

如果有人曾读过《普通形态学》的话，那么这一定是位勤勉的生物学家。这本书实在是太难读了。同所有作者一样，海克尔也希望自己的书被成千上万的人阅读。听了一些熟人的建议之后，他决定将这本书篇幅缩短，改写为一本畅销书。

《自然创造史》出版了，这本书获得了巨大的成功。它被翻译为12种语言，在德国再版十余次。这惊人的成功，让海克尔享誉全球。无论是教授还是学生，无论工人、农民或是牧师，所有人都谈论着海克尔，同时也提到了达尔文，因为海克尔在书中不厌其烦地重复着这个名字。

不久后耶拿发生了一件大事。

克尼格雷茨[3]来了位大人物，那便是德国领袖、"铁血宰相"俾斯麦。当然，耶拿大学的教授们派出了大队的代表团，请求首相赐幸访问耶拿。

"当然，我一定去。"俾斯麦试图在脸上挂出近乎客气的笑容。

他是个精明的政治家，对该怎么跟教授打交道了如指掌。

全城的人都参与了欢迎俾斯麦的大会，城里举行了阅兵、招待会和演讲，乐队奏起乐曲。平日里安安静静的耶拿人民受到了"领袖"的鼓舞，高声唱起了国歌。傍晚，耶拿最大的饭店"熊"餐厅中举行了晚宴，海克尔在宴会上还做了发言。

"他是位机敏的心理学家、人类学家，是个有远见的历史学家、民族学家，"海克尔对俾斯麦赞不绝口，"我们应当感谢他为德国做的一切。"

---

[1] 事实上并不存在这一分类，原生生物包括藻类、原生动物和原生菌类，而细菌、真菌都不属于原生生物。——译注

[2] 列夫·西蒙诺维奇·岑科夫斯基（1822～1887），俄罗斯植物学家、原生动物学家、细菌学家，彼得堡科学院通讯院士。——译注

[3] 今赫拉德茨·克拉洛维，捷克东北部城市，当时属于普鲁士。——译注

"1866年发生了两件大事：克尼格雷茨战役①开始了德国历史的新纪元，而耶拿诞生了一个新的学科——系统发育学。"海克尔激动地说，几乎把杯中啤酒都给洒光了。

的确，这一年海克尔的《普通形态学》出版了。

他和俾斯麦成了这一年的两大年度人物。

3

"过渡物种太少了！"海克尔稍微认真地重读了达尔文的著作之后摇了摇头。"这哪儿是什么进化，物种之间的差别太大了。这儿也接不上，那儿也对不上，到处都是些零碎的东西，需要把它们结合起来。"

他知道，在现存的动物中寻找过渡形态实在没必要，要是它们存在，早就被别人找到了。化石也不能提供类似的材料。于是他只能借助大学时听说过的一门学科了，那就是胚胎学。

1865年，俄罗斯学者亚历山大·柯瓦列夫斯基②出版了一本著作，其中描述了文昌鱼的胚胎发育过程。文昌鱼是一种小型鱼形动物，生活在多个海域的沙质海底。柯瓦列夫斯基指出，在文昌鱼的生活史中有一个阶段，其胚胎只由外部的外胚层和内部的内胚层这两层细胞构成，这一点文昌鱼与多种脊椎动物是完全一样的。他还注意到，文昌鱼、青蛙、鳗鱼、"箭虫"后蝎等生物都是按照大抵相同的构造发育的。后来，亚·柯瓦列夫斯基将这一概括发展成为所谓的"胚层理论"。

"真是绝好的想法……"海克尔一边念叨，一边匆匆将柯瓦列夫斯基的文章通读了一遍。"这位俄罗斯学者在这方面真是个行家，只是他的概括我不喜欢，现象都描述了，却没得出什么结论来。"

既然柯瓦列夫斯基没有进行概括，那么谁还能阻止海克尔代为概括呢？他恰恰就需要为所有由细胞构成的动物找到一个"共同的祖先"。既然所有动物都是通过双胚层的胚胎阶段发育而来，那这难道不是它们很久以前具有共同祖先的证据吗？

这个猜想被海克尔归入了《普通形态学》中提出的"生物发生律"中。这个规律③的内容为：动物的个体发育是对本物种进化史的再现。也就是说，发育中的胚胎在不同发育阶段依次展现了自己远祖的形态。这样，只要对胚胎发育进行研究就能够知道这个动物的先祖是什么样的，此后再对得到的资料进行概括，就能够知道远古时代的共同祖先

---

① 即萨多瓦战役，普奥战争（1866）中的决定性会战，以奥军失败告终。——译注
② 见本书第十五章。——原注
③ 即胚胎重演律。——译注

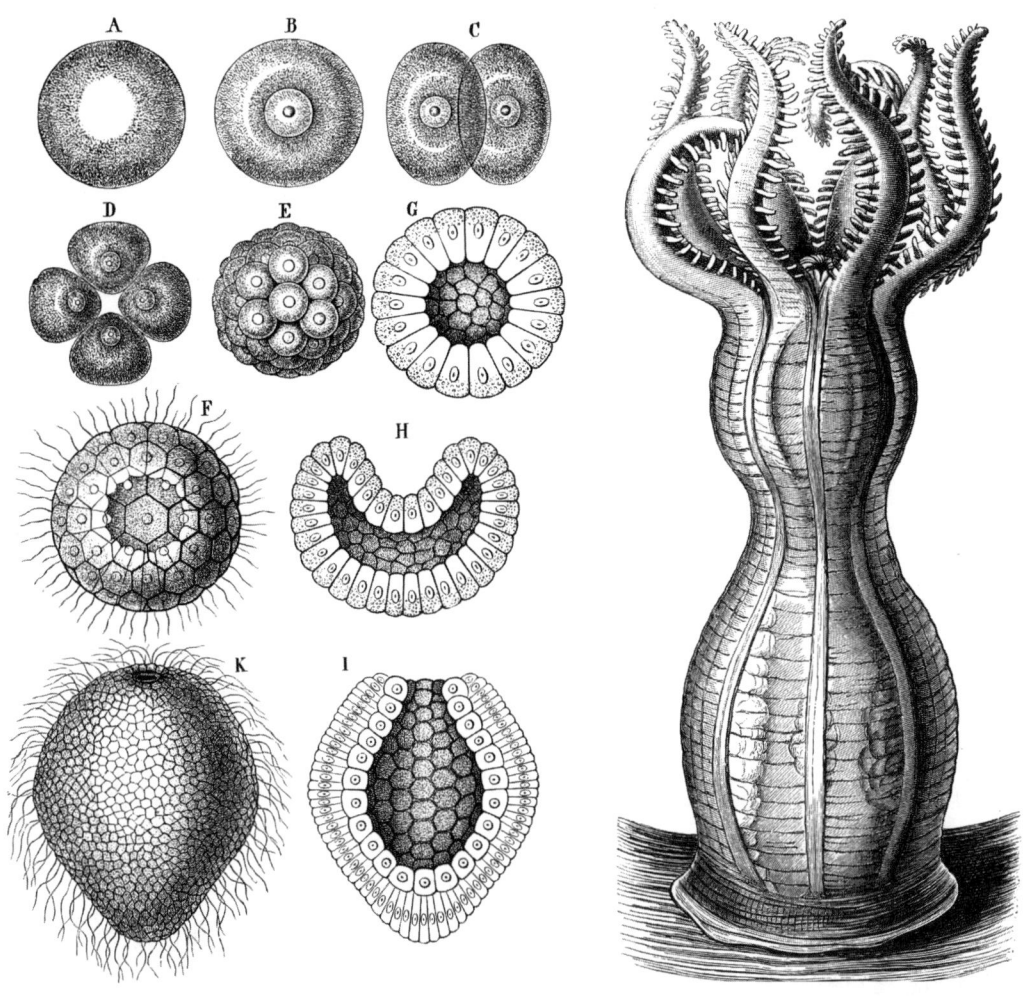

▲ 海克尔提供的胚胎发育图示：
A、B－单细胞卵子；C、D－受精卵开始分裂；E－桑葚胚；G、F－囊胚（内有空腔的单层胚胎）；
H、K、I－双层胚胎（原肠胚）其构造类似于珊瑚虫

是什么样的了。至少海克尔是这么认为的。

多细胞动物中最简单的就是海绵和水母、水螅等腔肠动物。海绵海克尔早已研究过了，他还出版过两本关于钙质海绵的厚重专著呢，书里附的精美图画都是他本人画的。水母他也研究过，而水螅则被赫胥黎研究过，因此不必再进行研究，腔肠动物的材料就这样收集好了。关于腔肠动物有一点十分有趣，那就是它们终其一生都是由内外两层细胞构成的。的确，它们的构造要比两个胚层的胚胎复杂得多，可是海克尔才不是那样吹

毛求疵的人呢。

研究了几十个水螅标本，观察过了水母之后，海克尔就拿到了他需要的一切资料。

"太了不起了！"被眼前的事物惊得兴奋不已的海克尔赞叹了一声，"原肠祖，这就是最初的生命形态！"

他开始着手证明，所有的多细胞动物都是由一个共同祖先发育来的。这个共同祖先的名字叫作"原肠祖"（双层胚胎被海克尔称为"原肠胚"，原肠祖的名称正是由此得来的）。海克尔从未见过原肠祖，也没有哪个学者曾经见过，但这不妨碍海克尔将它画出来。他可是个优秀的画家，对各种画笔的使用都十分精通。

为多细胞动物找到了原始形态之后，他又开始为单细胞生物寻找原始形态。

"它应当是这个模样的，"他想，"它至今依然存在。"

海克尔为它想出了一个名称——"原核生物"，然后宣称，这种生物没有细胞核，它的构造极为简单。当然，在自然界中找到这样的原核生物是十分重要的，海克尔便开始了搜寻。原核生物是极其微小的小液团。海克尔看到了一团物质，没发现里面有什么细胞核的踪迹。

"原核生物！"

海克尔的反对者们没有相信他，他们把这些原核生物进行染色，就这样找到了它们的核。

海克尔费劲艰辛才找到的"最原始的原生生物"就这样名声扫地了，原来它是有细胞核的。

海克尔还没从伤心中缓过气儿来，就看到了著名英国学者赫胥黎的文章。

他坐在餐厅里，一只手翻阅着刚刚收到的科学杂志，另一只手迅速往嘴里灌了一勺汤。时间总是不够用，他只好边看书边吃饭。

"啊！"他叫嚷起来，将勺子扔回盘子里，也不顾汤没喝完就去了书房。他锁上门，走到桌旁，还没来得及坐下就开始匆匆地翻阅起来。

"真是太幸运了！"他低声嘟囔着，"真是太荣幸了！"

赫胥黎在文章中描述了一种新的有机体，并以海克尔为其命名："海克尔原肠虫"。

在研究从大西洋深海海底取回并在试管中放了好几年的淤泥时，赫胥黎找到了一些由微小的颗粒构成的胶状物质，它们没有明显的细胞核和外壳。

▶ 水母，引自海克尔的《自然界的艺术形态》

> 动物系统树框架图，引自海克尔的《人类的进化》

"我认为，"他写道，"这些小颗粒和它们所在的透明胶状物质是原生质。我认为这是一种新的原生生物形态。"

这正是海克尔在寻找的东西。原肠虫就是所有原生动物的起源形态，正是它演变出了笨拙的变形虫，机敏的草履虫和漂亮的放射虫。

他给赫胥黎写了信，从他那儿得到了几试管淤泥，把它们放到显微镜下研究，便确信了这就是最简单的生物。

于是海克尔绘制出了一幅精美的系统树，树的根基处骄傲而张扬地写着原肠虫，而且是"海克尔原肠虫"。

"所有单细胞动物的共同祖先是以我的名字命名的。这是地球上最简单的生命体！"海克尔心花怒放，努力地将系统树画得枝繁叶茂，在枝干上添上他的变形虫、草履虫和放射虫。

他下定了决心，要将进化论的任务进行到底。这可不是他的错，是达尔文没有将所有的疏漏之处都填补上，所以得想出办法来，将疏漏和缺憾之处弥补好。

海克尔沉浸在想要"展示"和"证明"的愿望之中，他忘记了老师的谆谆教诲。如果他的"动物始祖"只是一些热切幻想的产物的话，那么他杜撰出来的猴子与人之间的"桥梁"简直是最不堪的东西了。

"必须建立起人类系统树来！"海克尔拿定了主意，"人是猴子的后代。就是这么回事儿，不过证明还是得要证明的！"

他开始了人类系统树的绘制。海克尔在书房的地板上放了一大张画纸，跪伏在纸旁边，竭力画出树的主干和大小的分支，再画出树叶来。如果说叶子和树枝都不太费力气，那么在主干上他可是遇到了大麻烦。得有一种人和猴子之间的过渡形态呀。要想出这种东西可不容易，所有人都太了解人和猴子了。

这样，一副十分奇怪的胚胎图就诞生了：奇妙的祖先胚胎。海克尔从哪儿搞到这种胚胎的人们不得而知，反正这是一个长着人头的猴子胚胎。

人类系统树画好了。这真是一个了不起的树状图，人类有22个重要的祖先，其中有原生生物、变形虫、团藻、囊胚动物、原肠动物①，有有袋目动物和狐猴，有长尾猴，类

---

① 这个树状图中的生物名称按照其现在对应的生物译出，可能与海克尔"杜撰"出的生物不同，且类似"囊胚动物"、"原肠动物"这样的生物实际上并不存在，是海克尔根据囊胚、原肠胚等名字编造的。——译注

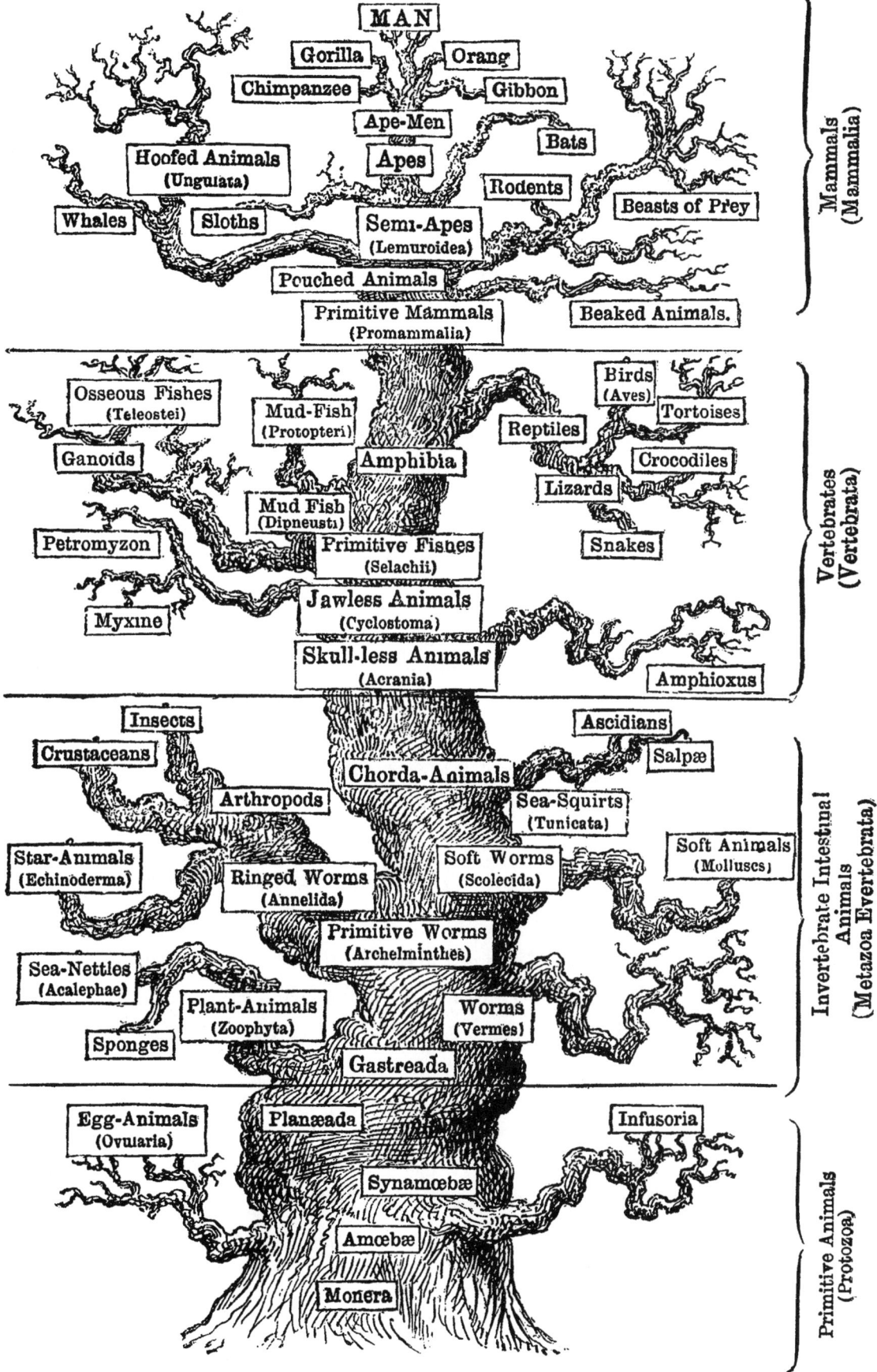

人猿和直立猿人,最后才是人类。从来没有人看见过没有细胞核的原核生物以及更早出现的这些囊胚动物和原肠动物,但它们就那样傲慢地占据着那些位置。海克尔在文章中详细地描述了它们,仿佛它们是他小时候最爱的玩具。

"这张系统树还不如荷马①的人物系谱图有价值呢。"著名生理学家杜布瓦-雷蒙尖锐地挖苦他说。

"这勉强建起系统树的朽木早已坏掉了,在树林里堆得到处都是,反而妨碍了人们伐木。"茹蒂梅耶②附和道,他虽然希腊历史读得不多,却了解一些森林知识。

这时他们听到海克尔的书房里传来了一声:"我会证明的!"

4

海克尔的书房墙上贴满了大幅的动物谱系图,但它们还有一些缺憾,那就是概括上有漏洞。

"灵魂!我要如何对此进行概括呢?"

海克尔思索了许多天,在书房里生气地踱来踱去,不满地看着那些系统树,仿佛在向它们索要答案。

"为什么蜥蜴尾巴断掉之后能长出新的来,为什么蚯蚓被切成两段后能重新长完整?为什么水螅被切成十块不但不会死,切出的每一块还能长成一个新的水螅?……这里一定有什么尚未发现的奥秘……"

找到答案之后,他将此纳入了他的"集体灵魂"理论中:

"所有的动物细胞都是由极其微小的原生质体粒子构成的。这些原生质体就是分子,它们与非生命物质中的分子的不同之处在于前者具有高度的复杂性。主要的区别便是,原生质体具有感觉和意愿。"

"每个原生质体都具有基本的灵魂,这些灵魂构成了细胞的灵魂,而细胞的灵魂又构成了器官、组织和整个机体的灵魂。"

他对灵魂进行了概括,把它说成是每个活细胞必不可少的部分。虽然他从来没有见过这些原生质体,可以前写过的许多别的东西他不也没见过吗。

"要如何从简单的铁、氧、氢、碳、氮原子得到原生质体呢?原生质体的灵魂虽然十分简陋,可好歹是灵魂啊。"有人向他提出了问题。

"这个问题显示了您的无知。"灵魂的创造者回答道,然后又匆匆补充:"原子

---

① 荷马(约前9世纪~前8世纪),古希腊盲诗人,著有《荷马史诗》。——译注
② 路德维希·茹蒂梅耶(1825~1895),德国动物学家、古生物学家。

在运动，由原子构成的分子也在运动。在原生质体中，这些原子是按照特殊的方式运动的，正是这些运动产生了记忆、意志和感觉。可您的意思却是，细胞的记忆是无意识的。"

"万有灵魂"被找到了。它原来是一切生命、所有细胞不可分割的一部分。即使是杜撰出来的原核生物也有某种特殊的"原核灵魂"。人类的灵魂其实是他所有细胞灵魂的总和。

正当此时，慕尼黑大会召开了，海克尔决定在会上将自己的理论发展得更详细一些。他每逢方便的场合就要发言，竭力宣传自己的观点并捍卫达尔文学说，如今还要讲讲"细胞灵魂论"。他渴望用细胞灵魂取代教会人士坚信的人的神性。

学者们不太乐意听海克尔的遗传理论。

"他与帕拉塞尔苏斯一样，在试管里造小人儿呢，"一些粗俗无礼的人挑衅地说，"他的猴子胚胎就是他自己造出来的吧。"

必须维护一下已经开始蒙尘的名声了，必须教训一下这些批评家了。

海克尔去参加了慕尼黑大会，他带着满腔的激情与傲慢，带着要打压反对者的热切希望，最主要的是，他要去一遍又一遍地证明。他不知不觉地由一个有思想的生物学家逐渐变成了类似空想家、传教士以及魔术师这样的人。他不想听到任何对他理论的反驳，认为自己的理论是无可指摘的，甚至无法容忍有人与他唱反调，与他海克尔争论！他从自己的理论中发展出了某种类似于特殊信仰的东西，认为他的学说就像是新的《福音书》。他对反对者满怀憎恨，就像虔诚的基督教徒见到异端分子。

"精密科学的研究者要求对进化论进行实验证明！"他高喊，"这不是数学，这里需要的是一种独特的方法——历史哲学方法。系统发育学和地质学都不可能成为精密科学，它们是历史科学。"

生物学家们困惑地你看看我，我看看你，地质学家们觉得受到了深深的侮辱。他们坚信，虽然自己的学科没有数学那么精确，但好歹是……结果忽的一下他们竟成了哲学家和历史学家！

"原生质的灵魂，"海克尔激动起来，"这是一种新的万能世界观。它将博物学和人文科学联系成为一门包罗万象的统一的科学。"

他还在大会上要求在中小学里开设一门必修课——海克尔解读的生物学。他认为关于演化的学说——系统发育学，应当成为一切教育的基础。

"到了那时，道德品行教育就会拥有坚实的基础。到了那时，人类社会就会进入一个全新的纪元。"

"胡说八道！"奥斯卡·海特维西①凑到弟弟理查德②耳边说。

"我可从来没想过，细菌居然具有灵魂！"这位研究细菌的副教授真是惊讶不已。

植物学家内格里③兴致怏怏地眯缝着眼睛，思索着自己的遗传学理论。魏斯曼在角落里谦逊地抚摸着胡子，他后来凭借自己的《胚质④》一书远远超过了海克尔和内格里。

鲁道夫·魏尔肖心不在焉地摸着银白色的胡子，晃了晃眼镜，不时看看海克尔，然后又在笔记本上写了点儿什么。

几天之后魏尔肖对海克尔做出了回应。

他的话语太过平静从容，就像是一个昏昏欲睡的教授在讲一节普普通通的课，而不是在对海克尔进行激烈的抨击。

魏尔肖说："对于我们自己都知之不多的东西，就不应该拿出来说教。只有当您不久前才听说的理论变得完全可信了，才能拿来教给学生们。"

"心理学，细胞的灵魂……这就是没有意义的文字游戏！"这是对海克尔的重大打击，他的细胞灵魂理论还没经大家讨论过就成了"文字游戏"。

魏尔肖又从科学问题完全过渡到了另一个领域：

"海克尔企图废除教会，想要用自己的进化论取代教义。当然，这样的尝试必将以失败告终，但他的失败也会为科学界带来不可忽视的危险。"

魏尔肖知道海克尔的理论和布道的软肋在哪儿，于是便公开宣称海克尔是教会的敌人。

"说得好！好啊！"

大部分学者都在为魏尔肖欢呼喝彩。

之后海克尔便不在大会上发言了，但他通过发表文章的方式回应了魏尔肖。这回应里包含了一切：提及了细胞灵魂，说到了系统发育学，也谈论了进化论，还将耶拿和柏林做了比较，将柏林称为警察城市。

---

① 奥斯卡·海特维西（1849-1922），德国学者，解剖学家、胚胎学家，曾批判自然选择理论，认为生物发生律缺乏说服力，承认获得性遗传。他认为将达尔文理论引入社会学会对学术研究产生危害。——原注
② 理查德·海特维西（1850-1930），奥斯卡的弟弟，动物学家、分类学家，曾研究过细胞、受精过程、死亡问题和原生生物。——原注
③ 卡尔·内格里（1817-1891），德国学者，19世纪最伟大植物学家之一，达尔文学说的批判者。他提出了一个理论，认为遗传物质的承载物是"胚质"，进化过程即为胚质发生变化造成的，而胚质发生变化的原因在于其内部"向完美趋近"。内格里这一理论没有获得成功。——原注
④ 魏斯曼提出的概念，指细胞中的遗传物质的承载物。——译注

"魏尔肖没有研究过水螅和水母,否则他会对细胞灵魂有不同的看法。"海克尔逮住了这一点,最后还拿魏尔肖的保守顽固和自己的开创革新做文章,"杜布瓦-雷蒙将'不可知'奉为圭臬,魏尔肖更甚,以'应当保守'作为箴言。而耶拿学者(海克尔竟然大胆地用了整个城市的名义)的口号将是'始终前进'!"

魏尔肖和海克尔争论起来。就在这时候,轮船"挑战者号"出海了。"缪勒浮游生物丝网"从甲板上优美地垂到了深海里,沉而笨重的挖掘机像童话里的大海龟一样在海底爬来爬去,拖着庞大的袋子,将行经之处的所有东西都吞进了肚子。船舱里坐着学者们,地板上整齐地摆放着一列列瓶瓶罐罐,锌皮盒子和箱子泛着黯淡的光泽,桌子上摆放着显微镜,上面的铜片闪闪发光。一天又一天,一周又一周,学者和化验人员们从丝网和"挑战者号"挖掘机中找到了海绵、海胆、海星、海螺、蟹和虾。他们不仅捕捉到了放射虫、海绵和水母,还收集到了那臭名昭著的原肠虫或许生活过的淤泥。他们把淤泥装到罐子里,送到英国伦敦去,送到了赫胥黎的实验桌上。后来……

"是我搞错了,"赫胥黎在科学协会的大会上承认,"是我出了错……"

他是个诚实的研究者,急忙承认了犯下的错误。

"呵!"消息又一次送到了海克尔的餐厅里,"呵……"

"我搞错了,"赫胥黎写道,"原肠虫根本就不是生物,它只是酒精与淤泥和海水发生作用产生的凝胶状的沉淀。"

这么简短的几行字毁灭了一切:根本没有什么原肠虫,没有什么变形虫和纤毛虫的祖先,以海克尔的名字命名的是一种不存在的动物。

海克尔开始着手证明原肠虫是存在的,赫胥黎在这一层面上是正确的,只是在对原肠虫的寻找上犯了错。可是这些证明没有任何成效,后来他不得不否认这个先祖的存在,抛弃掉这压根儿没存在过的生物。

抛弃掉原肠虫之后,海克尔又以更大的热情投入了对其他"先祖"的探寻,他又建立起一些新的"桥梁",这些"桥梁"的存在也像原肠虫一样只是昙花一现。他实在太想将动物系统树补充完整了,因为在他看来,达尔文学说的成败在此一举。

"噢!"当得知"挑战者号"带回来许多放射虫时,他低叹了一声,"这就有研究材料了。"

于是他开始了工作。他画出放射虫,在词典和手册中翻来找去,给新的品种起一些朗朗上口的名字。他没法把全部精力花在这项工作上,毕竟还得给学生们上课,还得写文章,还得在邻近的城市间奔走以捍卫达尔文的理论……整整10年里,海克尔利用起一切空闲时间工作,研究"挑战者号"带回来的放射虫。他从中划分出了85个科,204个属和两个亚纲,对4318个物种进行了描述,其中3508个都是新物种,他还画了140张图表。

▲ "挑战者"号

当这部近两千页的大部头出版时,很多人甚至都没法一下把它从书架上拿下来,它实在是太沉了。

可就算是放射虫也不能安抚海克尔。能做的只有一件事了,那就是出去兜兜风。他十分喜欢旅行,为了寻找"大自然的美"已经去过埃及、小亚细亚和巴尔干半岛了。

这回该到哪儿去呢?

"锡兰!那里才是大自然美景盛放的地方。"

他带上了显微镜和好几百个瓶瓶罐罐,带上了颜料和巨大的图画册,出发去了锡兰。这个岛上到处都是绿油油的一片,不仅植物是绿色的,连甲虫、蝴蝶、蜻蜓、苍蝇和鸟儿都是绿色的。

5

贝灵汉海岸上的一座"客栈"十分与众不同：它由三间屋组成——一个客厅和两间卧室，其中一个房间被改装成了实验室。海克尔在墙上挂满了温度计和大小网兜，在架子上摆满了一排排的瓶瓶罐罐，桌上放着书籍和仪器。所有的桌脚、床脚和书架脚都放在盛水的碟子里：这都是为了防止蚂蚁的入侵。蚂蚁早就闻到了这个异乡人的到来，都从缝隙里出来满地爬来爬去呢。

海克尔还没来得及将行李安放好，他的房间里就已经挤满了前来拜访的人。所有当地的"知识分子"都跑来看看这个外国人。"医生"对显微镜兴趣深厚，"法官"被解剖器材深深吸引，"中学教师"则喜欢他的书，而"邮政局长"则不停摆弄着箱子。别的普通"土著"则对所有的东西都要拿一拿，摸一摸：显微镜、温度计、缪勒网，连普通的福尔马林罐子也让他们同样感兴趣。他们闻了闻各种酸液，闻了闻苯酚，打个喷嚏，又猛嗅一下福尔马林，惊讶地看着各种奇形怪状的网兜，当然，这是打算用来在海里捕鱼的。

僧伽罗人[①]与意大利人可是大不相同，在墨西拿时海克尔就被意大利人的好奇心烦透了。而僧伽罗人什么都不相信，什么都想要去摸一摸，对刚刚听来的东西又忘得很快，听完解释之后五分钟便又抓起显微镜，认真地向这位德国大胡子询问这是什么东西。

海克尔才刚刚摆脱这些拜访者，另一些拜访者又出现了：一阵大风从没装玻璃的窗口涌进来，将纸页和罐子吹得满地都是；苍蝇和蚊子从缝隙里飞进来，地板下爬出了蚂蚁。他才处理好这些麻烦，太阳又落山了，显微镜下漆黑一片，如同在深海中一般。

再后来就是关于船的麻烦事儿。土著们的轻便小船不适合科学考察。当海克尔想带上全套瓶罐箱子和网兜出海时，船家便警告他：

"把衣服脱掉！"

"为什么呀？"他感到十分惊讶。他刚远远地看到一只水母，已经用网兜瞄准它了。

"穿着大衣太难游泳了。我们的船马上就要翻了。"

海克尔忘了保持教授的庄重，大叫起来："划回岸边！"

"唉，我在欧洲海洋站的那些小船呀！"海克尔一面爬出窄窄的独木舟，一面惋惜起来，"它们多好呀，多舒适呀！"

于是他在这又细又长的小船上搭上了一个木床板。他郑重地坐到床板上，左边放了

[①] 斯里兰卡土著。——译注

霍蒙库鲁斯——趣味生物学简史

个装着罐子的箱子，右边放上网兜，手里还捏着一个小网，就像握着旗帜一般。这时候，土著们便向他投来前所未有的尊敬眼神。

"真是个了不起的渔夫！"他们站在岸边，目送着远去的小船赞叹不已，"瞧瞧他那端坐的姿态。"

"划船！"海克尔不时吆喝几声，心想海上就不会这么热了。

可到头来海上却是更加炎热，在这地狱般的炙热中待了半小时后，海克尔就感到，要是再待上哪怕一分钟，他就要从木板床上跌落到水里去了。

"浇水！"他向船家发号施令。

船家用水从他头上浇下去，海克尔却还觉得不够。他将毛巾放到水里浸湿，缠在头上，然后再在顶上盖上帽子。他透过墨镜一本正经地看看船夫们，然后命令他们一切都照自己说的做。

海克尔灵巧地坐回木板床上，挥舞着不同的网兜，将它们抛撒出去，拖曳回来，从里面取出小而透明的虾和后蝛，装到罐子里去，然后又忙东忙西……

"再有一小时我就要中暑而死了！"他自言自语着。

"他莫不是在念咒施法么！"船夫们低声交头接耳。

当猎物装满了所有的瓶瓶罐罐之后，海克尔下令返回岸边。现在他总算得了空，可以欣赏欣赏自己的猎物了。唉！可惜的是这些动物已经开始腐烂了。原本是美丽的水母，小巧的小虾，优雅透明的纽鳃樽，现在罐子里却只有一些浑浊的沉降物漂在罐底。

"尽快回到岸边！"海克尔大叫起来，船夫们只好拼命地划。岸上已经有一群人在迎接教授了。所有的人都想看看，这位戴着眼镜的大胡子用神秘的网兜捉回了些什么。船一靠岸，众人便蜂而上。

可这个德国人总共就捉到了两小罐子东西，每个罐子只在底部有一些白白的黏液，除此以外再没有别的了！他们简直惊呆了。

一个人说："他一定是要制作神奇的药水！"

另一个较为务实的则说："不对！他想做一种新的酱汁。"

太阳可把海克尔给害惨了：要把这些娇嫩的海生动物带回家可是件十分费劲儿的事儿。懊恼的他又打算收集一些陆生动物：蝴蝶和甲虫，蜥蜴和鸟儿。这些事儿僧伽罗人就驾轻就熟了，他们热情地为他捉来了甲虫和蜥蜴。然而锡兰的气候又给海克尔开起了

◀ 锡兰发现的各种鸟类，引自《自然界的艺术形态》

玩笑：空气太过潮湿，鸟羽标本怎么都晒不干。海克尔每天都像晒衬衫一样将鸟羽晒在细绳上，十分仔细地关注着天空，只要有一丁点儿乌云飘来他就赶紧到院子里将它们收下来。

要是早知道他的忙碌到头来只是便宜了蚂蚁和白蚁，海克尔或许就不会把那么多时间和精力花费在这些鸟羽上了。可他怎么会知道这些小坏蛋压根儿就不怕樟脑呢。他将鸟羽装进箱子，放到储藏室，周围撒上樟脑就离开了。他前脚刚走，蚂蚁们后脚就来了……很快这些鸟羽、甲虫、蝴蝶、晒干的植物和绿色的螽斯就成了一撮撮白色的粉末。

这些小小黑黑的蚂蚁和白蚁一同"漂亮"地完成了工作。

海克尔装了几十罐子蚂蚁和白蚁，可他的鸟羽和甲虫却没有了。

"每一天都价值五英镑，"在海岸上住了大约一周后，海克尔每个早晨都要对自己说上这样一句话。显然，这些话像是独特的咒语，像是一种督促。"让这五英镑花得有价值吧！"这就是这句话的意义。

早晨五点起床之后，海克尔匆匆洗个澡，喝点儿茶，吃一些香蕉和玉米饼。到了七点他就认真地迈着小步子去海边，郑重地坐到小船上的床板上。快十点的时候他已经满载而归了，便匆匆将猎物分装到罐子中，并立刻画下一些东西，然后又开始准备些带酱汁的米饭作为第二天的早饭。

海克尔有个仆人叫巴布阿，他在为主人准备酱汁时可谓是将大自然赐予他的才智全都用了个遍。一会儿加点儿糖，一会儿撒上辣椒，搞得酱汁像火一样红。酱汁的原料有时是肉，有时是椰子，有时是蔬菜。巴布阿往酱汁中添加锡兰岛上的各种动物，从鱼和小虾到炸蜗牛、蛞蝓和海胆卵。有时他还加一些不同的甲虫、蝴蝶、毛毛虫，还有蝙蝠、油腻腻的蜥蜴，甚至蛇。巴布阿向来没什么偏见，他认为所有能塞进嘴里嚼烂或是咬成两段儿的东西都是可以吃的。海克尔坐在桌旁，从米饭中捞出不知是什么动物的碎块，试图确定这动物在生态系统和在著名的系统树上的位置。这真是个有趣的事儿。请试试通过炸过的肉块判断这是什么，是蜥蜴还是鱼，是蛇还是乌贼。对巴布阿制成的酱汁稍稍习惯以后，海克尔便开始了激励仆人的创造性，要他做出更多新的酱汁来。为了满足这位科学家，巴布阿在做酱汁时还用上了狐蝠，而端给海克尔的午饭则是醋渍猴子、蛇肉汤和烤巨蜥肉，还美其名曰"锡兰式午餐"。

当海克尔的所有箱子和罐子都装得满满当当之后，最重要的时刻就到了：得把这些锌皮箱子都焊起来。海克尔整天手拿烙铁，浑身汗涔涔的，对着箱子、烙铁、炎热的天气和锡兰岛骂骂咧咧。终于这些装满了海参、水母、海星、海胆、蛇和许多别的动物的箱子都被焊好了。

工作过度的海克尔决定去锡兰最高的山亚当峰休息休息。这是一座圣山，山顶上坐落着一座庙宇，成百上千的人登上去朝圣。不过吸引海克尔的可不是这一点。他与当地植物园园长特里曼博士商量好了，选出了一个不大的队伍，便动身出发了。传说《圣经》里的亚当、佛祖、使徒多默和马其顿国王亚历山大[①]都曾到过亚当峰。不过虽说已经有这么多尊贵的人到过这个山峰了，可他们中没一个在峰顶做过海克尔做的事情。

海克尔不管到了哪儿都是海克尔：他在峰顶上发表了讲话——献给达尔文的讲话……除去他的队友外，约有五十个不同民族、不同地位的朝圣者成了他的听众。他讲话的声音太过洪亮，手势太过丰富，让朝圣者们交头接耳地打听，想知道这个异国祭司到底是谁，他为什么这么愤慨。

关于这意义重大的一天海克尔后来写道："我们在亚当峰上完成了虔诚的祭祀仪式。"这个"祭祀仪式"本质上不是别的，正是一种为达尔文举行的独特的"健康祷告"。这场祷告是海克尔这个"使徒"兼首位"信徒"按他所宣传的"系统发育学"的规则完成的，而祷告的理由也十分充分，因为这一天是2月12日，达尔文的生日。

"我给您带来了一个礼物！"伯特博士在海克尔离开锡兰前带给他一只"尼甘布幽灵"，海克尔高兴坏了。这是一只大型穿山甲，是锡兰唯一的贫齿目哺乳动物。

海克尔立刻试着将这"幽灵"装到盛有酒精的锌皮箱子里，可是压根儿塞不进去！

海克尔只好把它吊了起来，可它却没有被勒死。

他将它的肚子切开。穿山甲却若无其事，反而在箱子里拼命挣扎，将半箱子酒精都给溅了出去。

海克尔取了一针管苯酚，注射到了穿山甲体内。穿山甲扬起满是鳞甲的尾巴，拍动着长了巨大指甲的四肢，久久不肯死去。

海克尔再次注射了一针管苯酚，这下它可死定了。

显然，穿山甲具有不死的秘诀；至少通常的办法奈何不了它：肚子也剖开了，脖子上勒着绳子，被注射了苯酚，可它依然还活着。

"唉，老天呀！"海克尔抱怨起来，"我倒要让你看看我的厉害！"他给穿山甲注射了足够杀死一群马剂量的氰化钾。

这下连"尼甘布幽灵"也撑不住了，它死掉了。

几天之后，轮船载着海克尔和他的箱子、罐子以及"尼甘布幽灵"回到了德国。

---

① 亚历山大大帝（公元前356~前323），亚历山大三世，马其顿国王、亚历山大帝国皇帝。——译注

▲ 穿山甲（"尼甘布幽灵"）

6

美丽的热带世界深深吸引了海克尔，他很想再去个什么地方，如果……唉，可他没有时间旅行了："挑战者号"带回了许多瓶瓶罐罐和锌皮箱，带回了大量泡在酒精里的水母和海绵，海克尔得对它们进行研究。在几年时间里，他写成了三部关于海绵和水母的厚书，为动物学带来了大量新的发现。直到今天，研究海绵和水母的动物学家都得仔细研读这些绿色封皮的厚书呢。

此后，他从对水母和管水母的研究转向了……哲学。这种转折也没什么好奇怪的，按照海克尔的观点，达尔文的学说不仅需要传播，还需要拓展，最主要的是对其基础部分的漏洞进行填补，而只有极为重要的"概括"才能担此重任。

"杜布瓦-雷蒙秉承'不可知'论，因而提出了七大不可解的宇宙谜题。他错了，其中的六个已经被解决了。"

当然，海克尔认为正是自己解决了这些不可解的谜题。而关于"自由意志"的第七个谜题则被他称为"教条"，他宣称这本质上就是自欺欺人。

《宇宙之谜》出版了。这本书的名字很有趣，也很抓人眼球，作者更是多年前就已闻名全球。这本书印制了几十万册，对于海克尔的追随者和崇拜者来说，它就如同《福音书》一般。

海克尔成立了一种新的宗教"一元论"。他以神秘的"实体本原"取代了教会的上帝，并宣称只有这样才能解释作为万物基础的"最高力量"。

"对于我们的现代科学而言，'上帝'的概念只在一种情况下有意义，那就是能在其中看到一切事物最终的、不可知的原因和无意识的、假定的实体本原。"

这段话说得十分费解，一会儿又是不可知，一会儿又是无意识，一会儿又是本原。海克尔的"实体"实际上就是被赋予了诸多特征后的教会的上帝。换言之，还是那个上帝，只是换了个名字，成了"遵从最新科学发展"的上帝。

海克尔对他的实体和一元论的宣传始于教研室的休息室，继而讲授公开课，在报纸和杂志上撰写文章，出版小书册。

"我们将为这个新宗教建立神殿，"他对听众们说。这些听众都是些律师、医生、教师。"我们要基于科学原理建立起一个伟大而理性的新宗教，到那时所有的人类都能获得重生。"

他建立起"一元论者联盟"，为这个组织制订了教义，还建立起了个什么一元论者论坛。他不仅在论坛上宣传理论，还指出了一元论者们在日常生活中应当如何作为。

海克尔十分讨厌天主教会，对教会进行了激烈的抨击。但他不反感宗教，他甚至还创造了自己的宗教呢。作为一个孩童般天真的哲学家，他否认唯物主义，与唯物主义的反对者并肩作战。他的著作《宇宙之谜》掀起了一场风暴，牧师和神学教授们，乃至唯物主义的反对者也都纷纷对他进行了抨击。

这是为什么呢？书的内容就说明了一切：这本书里充斥着自然历史唯物主义，不过仅仅是自然的历史唯物主义，卡尔·马克思的唯物主义学说对海克尔来说压根儿不成立。

《宇宙之谜》有上百万读者，对于劳动人民来说，战胜了教会的科学就是他们斗争的武器。可是海克尔没有注意到这群工人读者，他只注意到了那些被他吸纳为"一元论者联盟"的老师、医生、小律师和小官员、店铺伙计和手工业者。

> ▶▶ 脊椎动物胚胎发育：1.鱼；2.蝾螈；3.乌龟；4.鸡；5.猪；6.狗；7.兔；8.人；I——III- 用于对比的发育阶段（I- 无体肢，有腮裂；II- 有体肢，有腮裂；III- 有发育成熟的体肢，最后两组的腮裂已经消失）；m- 大脑；a- 眼；o- 听觉器官；k- 腮裂；r- 脊椎；f- 前肢；b- 后肢；s- 尾；（引自海克尔《人类起源》）这张插图影响甚广，在那个依赖插图教学的年代，它直接成为大众接受演化学说的重要证据。但是需要说明的是，海克尔的图像并不真实，为了追求展现模式，他牺牲了"忠实性"

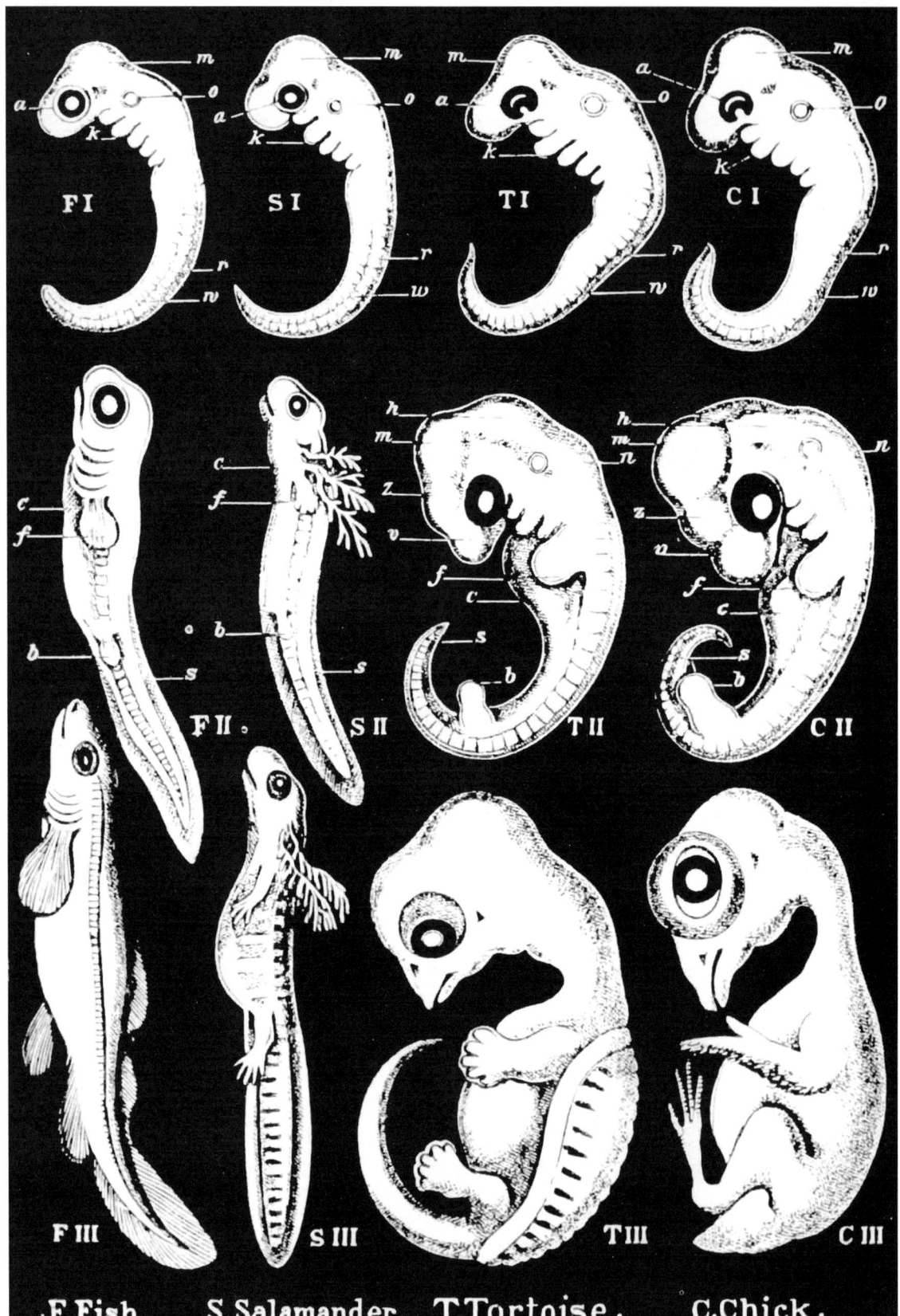

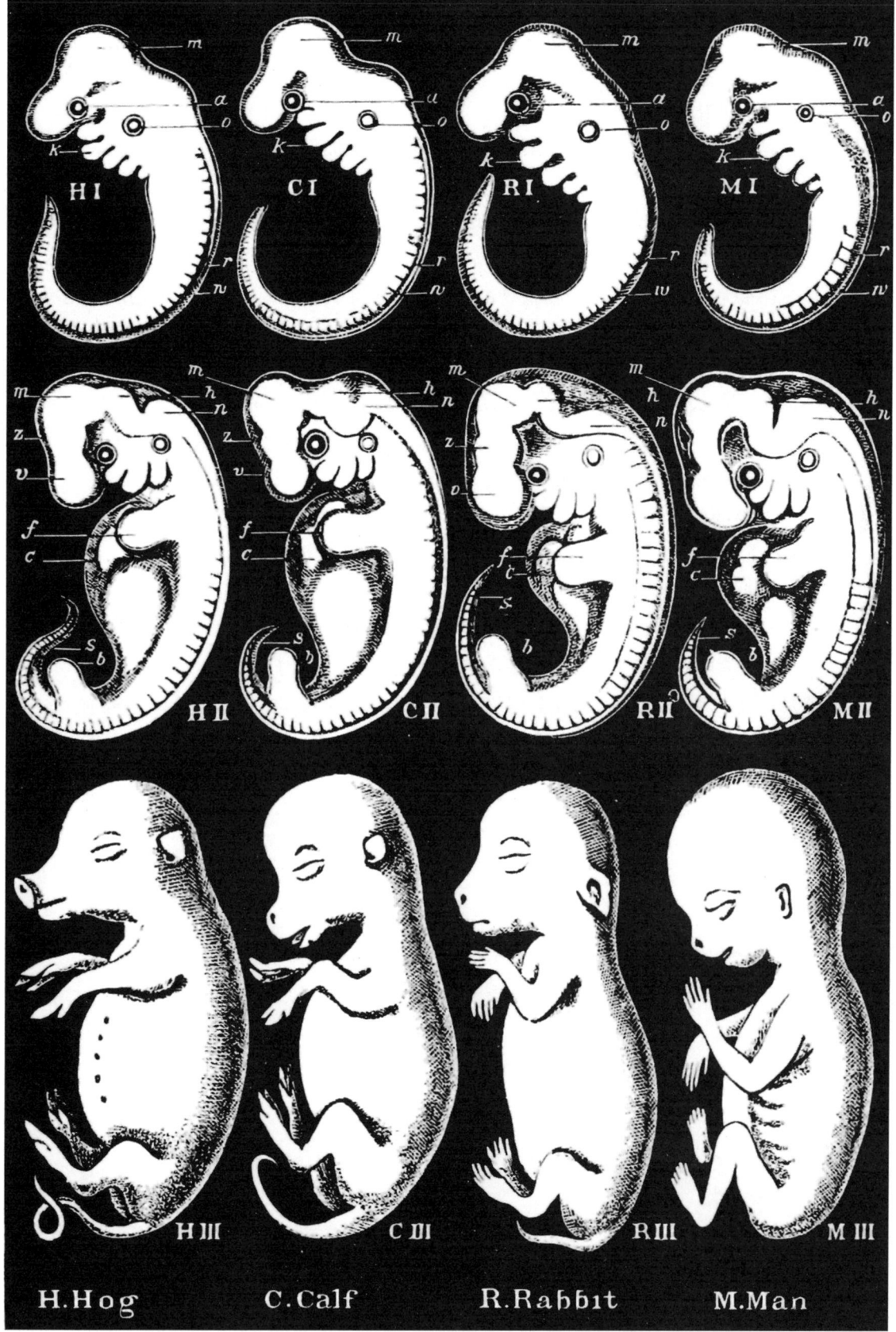

海克尔不喜欢民主，物种起源理论被他进行了"亚里士多德式"的解读。

"……社会平均主义既轻率又荒谬，为了对此进行矫正，每个理智而又公正的人都有义务宣传物种起源理论和进化学说。"海克尔对批评他"鼓励德国社会主义民主"的魏尔肖做了如是回击。

"最优异的物种"位于进化树的最顶端，而这些"最优异的物种"，当然，就是最优人种，所谓"顶层人"就是从这个人种中出身的。

种族主义的理论萌芽、"日耳曼人种最优"等说法便是萌芽于这一理论。

海克尔的书《生命的奇迹》中有一个章节《生命的价值》，其中有这样一段话：

"……在很大程度上，理智，仅仅是最高级的人种才具有的，而低等人种的理智是不健全的，或者压根儿就没有。那些原始部落，譬如维达人[①]和澳大利亚的黑人，他们在心理层面上更接近于猴子和狗这样的哺乳动物，而非具有高等文明的欧洲人；因此其个体生命的存在价值应当以完全不同的方式衡量。

已经不必再说什么了：欧洲人的生命与澳大利亚黑人的生命竟然是不同的东西。心智水平只与狗相当的人，其生命的价值能有多高？

作为俾斯麦的崇拜者和"普鲁士人"，海克尔将自然选择理论解读为阶级选择理论，将进化学说献给了普鲁士的"贵族阶级"。

海克尔在八十多岁时去世了。

终其一生，他都在为达尔文主义奋斗，他的所有科研活动都是为了巩固达尔文理论。为此他将所有能做的事情都做了，甚至连不应当做的事也做了。

"要是他对我没那么厚爱就好了！"这就是达尔文对他的评价。

有时候人就是这么不懂得感恩呀！……

---

① 斯里兰卡的土著居民。——译注

第十四章　复活的骨头

1

这是一些绝妙的骨架。它们的各部分骨头在大锅里熬过，清理掉了上面多余的东西，然后涂成了白色。铜丝绕成一个个好看的线圈，将这些干净的白骨头固定在一起。抛光的木架子里钉着铁杆，骨架就被固定在这些铁杆上面。巨大的白标签上用黑墨汁写着动物的名称。

这些漂亮的骨架整齐地摆在巴黎的比较解剖学展览馆里。这个博物馆的奠基者正是著名学者居维叶，他不仅是展览馆的创始人，也是比较解剖学这学科本身的开山鼻祖。

在漂亮的骨架当中，有时也会见到几个"邋遢鬼"，那都是些没有在锅里熬过的骨架，骨头上还能看见干掉的肌腱残片，好看的铜线圈也没了，取而代之的是干皱的薄膜。

有谁会觉得看骨头有意思呢？展览馆空荡荡的，只有一个人在大厅里漫步。

那是一个蓝眼睛、红胡子的外国人，他对这些骨架很感兴趣。那人尤其认真地观察它们的脚，还从口袋里掏出卷尺来测量脚的长度。

"隔壁厅里有一些非常珍稀的动物，"展馆管理员对这位客人说，"您最好还是去看看它们吧。这里只有些普通的马，您不过是在浪费时间罢了。"

"谢谢！"客人回答说。"我要找的正是这些马。"

"看来是个兽医。"管理员心想，就走开了。

客人朝一具肮脏的骨架扫了一眼，突然蹲了下来。他目不转睛地盯着马脚上唯一一个趾头，先看看前脚，又看看后脚……

"怎么回事？"

他急忙量了前脚和后脚的趾头长度，然后又量了一次。

"这不可能！"

在那些用铜丝固定好的漂亮马骨上，前脚趾比后脚趾短。相反，那些肮脏的马骨的前脚趾都比后脚趾长。

客人就这样蹲着，时而看看马脚，时而看看尺子。趾骨完全正常，尺子上黑黑的数字和刻度也毫无异样。

他一跃而起，跑到了另一具肮脏的骨架前。这次单靠目测都能看出来，骨架的前脚趾比后脚趾长。

该相信哪具骨架呢？

客人走出了展览馆，急匆匆地去找兽医学校的教授、一位家畜解剖学方面的知名专家。

"教授！马哪双脚的脚趾更长呢？前脚还是后脚？"

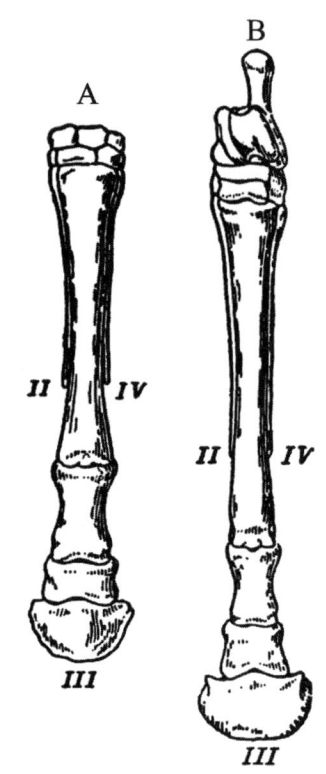

▲ 马前脚（A）和后脚（B）的骨头
III- 第三个脚趾；II 和 IV- 第二个脚趾和第四个脚趾的残余（悬蹄）

"当然是前脚了。"教授回答说。

"可书上不是这么写的呀，而在展览馆里……"

"那是错的！在以前的所有书中，对马脚趾的描述都是错误的，而且还反复出错，可谁都不愿费力去检验一下这么简单的问题。我已经检验过了。"

于是教授谈了谈自己检验哪个马脚趾更长的方法。他将马的前脚和后脚分别放在不同的口袋里煮，而不是弄成一大锅。这样骨头就不可能搞混，因为每只脚都是单独熬制的。结果发现，马的前脚趾比后脚趾长。

"太简单啦！"讲完故事后，教授哈哈大笑起来。"只要问问马本身就可以了。大自然是不会骗人的。"

原来啊，肮脏的骨架才是正确的。它们没有在大锅里煮过，而大锅里的骨架会散成一块块单独的骨头，而书上都说马的前脚趾比后脚趾短。

标本师从锅里选出骨头，再把它们拼成骨架，可他们全都是按书上写的干的。漂亮的骨架原来是自然界中根本就不存在的马骨头。

这位拜访了展览馆和兽医学校教授的蓝眼睛客人名叫弗拉基米尔·柯瓦列夫斯基。那时，还没几个人听说过他。

但仅仅过了几年之后，弗拉基米尔·柯瓦列夫斯基的名字就响彻了整个古生物学界。

▲ 弗·奥·柯瓦列夫斯基（1842～1883）

2

弗拉基米尔·奥努菲里耶维奇·柯瓦列夫斯基1842年10月出生于维捷布斯克省①的一座庄园。也正是在这座庄园里，两年前诞生了他的哥哥亚历山大。

9岁时，弗拉基米尔在英国人梅金在彼得堡开的寄宿学校学习。等他满12岁后，父亲把他送进了法学学校。这是一所特权学校，能保障学生未来的仕途，但父亲错了，正如在另一个儿子亚历山大身上犯的错一样。

即使弗拉基米尔读完了学校，他也不会当上大官的。

当弗拉基米尔还在学校高年级念书时，亚历山大已经成为大学的旁听生。他在哥哥那儿接触到的根本就不是法学人士。

弗拉基米尔开始了解自然科学，很快就对这些学问产生了兴趣。

法学学校的毕业生应在司法部任职数年。弗拉基米尔·柯瓦列夫斯基被录到了参议院的宣令局，也就是负责管理封号、系谱和家徽的部门；这里既包括那些数百年来一直

---

① 旧俄行政区，包括今天白俄罗斯、拉脱维亚、俄罗斯三国的各一部分。——译注

装饰着贵族之家的山墙的纹章，也包括那些为宣令局高层的"新贵族"创造的新纹章。弗拉基米尔压根儿就不想在局里工作，他才刚到那儿，就借病出国休假去了。自然而然，他拖过了休假期限，并且再也没有回到局里了；他只在任上待了一年，就以九等文官[①]的身份（这是"受过教育"的官员最低的官阶）"因病"解职了。

柯瓦列夫斯基在国外待了两年。他先是去了德国和法国，然后在伦敦住了一年多。在那里，他成了亚·伊·赫尔岑[②]的密友，并给赫尔岑的小女儿上过课。他尽管同俄国移民结交，却不参加革命活动：他在伦敦研究法学，成天泡在图书馆里，还去法庭旁听，努力理解英国诉讼程序的各种细节。

1863年，涅瓦大街[③]上重新出现了弗拉基米尔·柯瓦列夫斯基的身影。他回到了彼得堡，同时也意味着重拾了在国外时几乎忘掉的自然科学研究。诚然，这一回柯瓦列夫斯基与自然科学间建立了一种有点特别的关系：他着手出版自然史方面的书籍。

在俄罗斯，19世纪60年代是个对自然科学兴趣非凡的时代，书摊上充斥着形形色色的生理学、人类学和动物学书籍。柯瓦列夫斯基几乎没什么钱，只有父亲庄园中分到的一小点收入。尽管如此，他还是冒了次险，不顾自己已经债务满身，通过贷款开始创业。当出版商的理由有很多，他曾亲近过国外的革命小说——自然史书籍的出版也就是对"唯物主义"的宣传——也就是19世纪60年代的人们热捧的庸俗唯物主义。有许多书籍，像当时的青年偶像沃格特[④]的《动物学纲要》和莱尔的《人类的古代》之类，柯瓦列夫斯基把它们翻译成俄语出版。他在翻译工作中获得了自然科学多个领域的丰富知识：他既想翻译得尽可能准确，又想尽可能阐述得通俗易懂，所以阅读了大量专业研究，努力做到完全掌握所译书籍的基础材料。

可是这些书卖得并不快，花掉的钱赚回来的速度也非常缓慢。印刷厂要求支付账单，需要钱去买纸，需要钱去维持生活，需要……

债务不断增加，而库存的书呢（租仓库也得花钱啊！），尽管其价值远远超过了债务的总额，却还算不上是钱：这只是一些货物，而且还是那种不严重亏损就没法很快卖出去的货物。

尽管人们认为柯瓦列夫斯基是个讲求实际、精明强干的人，但他其实没有一点商业头脑。那些觉得他能干的人都犯了严重的错误。他能够一天24小时工作，干事非常投

[①] 旧俄的文官系统共分为十四等，九等属于中下级官员。——译注
[②] 亚历山大·伊万诺维奇·赫尔岑（1812~1870），俄国哲学家、作家、革命家，唯物主义者。——译注
[③] 圣彼得堡的主要街道。——译注
[④] 卡尔·沃格特（1817~1895），德国博物学家、动物学家、古生物学家、医学家。——译注

入，也能让别人投入，但并不精明。他是个"大计划家"，同时也是个十足的"理想主义者"，正如许多计划家一样。而正如一切理想主义的计划家一样，他的账单和借款条总是处于相当不乐观的状况之中。

柯瓦列夫斯基的出版事业终于陷入了困境，可他并未尝试过把它们安排停当。恰恰相反，他抛下了一切，作为《圣彼得堡消息报》（1867）的记者前往普奥战争①的战区。这次"喘息"并没有使情况得到好转，而在1868年，弗拉基米尔·柯瓦列夫斯基遇到了索菲亚·瓦西里耶夫娜·科尔文–克鲁科夫斯卡娅②，这位姑娘在他的生活中发挥了极其重要的作用。

安娜·科尔文–克鲁科夫斯卡娅和索菲亚·科尔文–克鲁科夫斯卡娅两姐妹是维捷布斯克省一位有钱的贵族将军的女儿，但她们都努力追求自由。妹妹索菲亚迷上了数学并梦想着读大学，可这事她连提都不能跟父亲提一下：身为将军和首席贵族的女儿，怎么能突然就"跑去上课"！姐姐安娜在乡村里倍感无聊：挑剔的父亲自认为同匈牙利国王马提亚斯·科尔文③有亲戚关系，村里的未婚夫候选人他没有一个看得上眼的：

"这也算得上未婚夫么？"

怎么办？如何才能离开那叫人生厌的农村呢？

索菲亚找到了摆脱父亲控制的途径，那就是一场假婚姻。

在那个年代，知识分子间的假婚姻并不是什么特别稀罕的事情：正是通过这种方式，女儿们有时也能摆脱"父母的枷锁"而获得渴望的自由。

在姐妹俩看来，弗拉基米尔·柯瓦列夫斯基是假结婚对象的合适人选，而她们的将军父亲看他也挺顺眼：他既是贵族，又是地主，还是法学专家，拥有一切飞黄腾达的良好条件。可是……柯瓦列夫斯基坚决拒绝同安娜结婚。他只要妹妹，只要索菲亚！姐妹俩原本并未考虑到这样的组合，而是打算把安娜嫁出去，但最后只好妥协了：出嫁后的索菲亚可以同丈夫一起出国，而同夫妻俩一起出去的还有未婚的安娜。一切礼节规矩都能得到遵守。

1868年秋，他们举办了婚礼；1869年，柯瓦列夫斯基夫妻就出国去海德堡④了：那里

---

① 原文作"普鲁士–意大利战争"，奥地利帝国与普鲁士和意大利之间的战争（1866.6.17～7.26），结果普鲁士取胜，成为德意志诸国的霸主。——译注
② 索菲亚·瓦西里耶夫娜·科尔文–克鲁科夫斯卡娅（以夫姓"柯瓦列夫斯卡娅"闻名于世，1850～1891），俄国女数学家，世界上第一位女性数学教授。——译注
③ 马提亚斯一世（又称马提亚斯·科尔文或马提亚斯·匈雅提，1443～1490），匈牙利国王（1458～1490在位）。——译注
④ 德国西南部城市，科学教育重镇。——译注

的大学允许妇女去听课。

索菲亚在海德堡和柏林研究数学。弗拉基米尔则重新搞起自然科学来，并且在索菲亚潜心学术以身作则的影响下，开始认真着手研究地质学和古生物学。他在海德堡、维也纳、慕尼黑、伦敦、巴黎、维尔茨堡①和耶拿②工作过，还参观过另外20个城市的博物馆。仅仅过了两年，他就从爱好者变成一位严肃的学者了。

这些年弗拉基米尔过得很不轻松。问题倒不在于他从早到晚地工作，而在于彼得堡的出版事业每况愈下，缺钱的问题造成了很大的压力，假婚姻也带来了不少摩擦。尽管如此，柯瓦列夫斯基还是坚持工作：他在学术中找到了生活中所得不到的幸福。

1872年春，他通过了论文答辩，成为耶拿大学的哲学博士（这并不是说他成了哲学家：在德国大学里，"哲学博士"是最高的学位，不论是哲学家还是生物学家，抑或是数学家，甚至是工学家，都一个样地拿哲学博士学位）。

3

他连一部学术著作都还没出版，但欧洲已经知道了他的名声：他学位论文的消息在古生物学家当中不胫而走——那是一部关于马类化石的专著。

这部专著叫作《论安琪马与马类的古生物史》，早在它问世之前，古生物学家们就已经在讨论这本书了。

弗拉基米尔·柯瓦列夫斯基在巴黎研究了一具近乎完整的安琪马骨架，因此他的关于安琪马的作品同当时其他学者的古生物学著作截然不同。

在那些年里，研究哺乳动物的古生物学家最多只关注到动物的牙齿系统。牙齿成了确定新种和新属的基础，几乎整个哺乳动物化石学都纯粹归结到牙齿的研究上。那时距居维叶搞科研的时代已经过了约50年，可相关的研究除了牙齿还是牙齿。"命名、分类和描写"的方法论大为盛行，却没有人试着去解释观察到和描写下来的东西。

弗拉基米尔·柯瓦列夫斯基采用了另一种工作方法。对他来说，每一块骨头都不仅仅是简单的"骨头"，而是活机体的一部分，它的每一个特征都与它的功能及对环境的适应紧密联系在一起。他身为达尔文主义者，自然要寻找达尔文式的解释方法。

安琪马是一种奇蹄类哺乳动物。如今，地球上的奇蹄类动物已经相当稀少了，只有三个物种贫乏的分支——马、貘③和犀牛。在第三纪（开始于约6000万年前，直到约150

---

① 德国南部城市。——译注
② 德国中部城市。——译注
③ 现存最原始的奇蹄类动物，体形似猪。——译注

万年前才结束），奇蹄类动物的分支要多一些，而且每个分支都由整整"一簇"不同形态的动物组成。对研究蹄子的学者而言，能提供丰富材料的正是那些遥远的时代。

马，再普通不过的马——它对古生物学家来说却是一种非常有趣的动物，因为它只有一个脚趾。这是怎么产生的呢？马是如何从五个脚趾变成今天的一个脚趾的呢？要知道，奇蹄动物并不是突然在世界上冒出来的呀。那种事只有靠奇迹才能发生，也就是类似《圣经》中上帝第六天创造动物（它们是"准备完毕"后直接出现在世上的）的那种奇迹，而这只有在《圣经》中才能读到，自然界中根本就没这回事。显而易见，马曾有过具有不止一个脚趾的祖先。

"我以最不偏不倚的方式就事实提出问题，并给出材料为我提供的答案。"柯瓦列夫斯基在安琪马研究的最初几页里这样写道。安琪马之所以吸引他，并不只是因为他可以就其"提出问题"。柯瓦列夫斯基在寻找过渡形态，也就是所谓"联系环节"。而正是在安琪马身上，当年的演化说学者们找到了证明达尔文学说正确性的最佳证据：论敌们反对达尔文学说的主要理由之一，恰好就是自然界中缺乏过渡形态的存在。

马脚的唯一一个趾头有着漫长的历史。如果能了解这段历史，就能回答"马是如何产生的"这个问题。

每种哺乳动物的腿都能分成三大部分：1、前腿的肱部（由一条长长的肱骨组成）和后腿的大腿（由一条长长的股骨组成）；2、前腿的下臂（有两块骨头：肘骨和桡骨）和后腿的小腿（大胫骨和小胫骨）；3、前腿的爪部和后腿的脚掌，均由许多块骨头组成。

马身上最主要的变化正是在这第三部分——爪部和脚掌上发生的：那里的骨头显著地减少了。

马的脚掌最前端是两块骨头（距骨和踵骨，也就是所谓跗骨），最末端相当于我们的趾骨的三块骨头。在这三块骨头中的第一块与距骨之间，有一块长长的骨头叫跖基骨。前脚的爪骨则是这样的：下面有三块趾骨，然后是一条长长的踵骨（相当于后脚的跖基骨），再然后是几块腕骨（相当于后脚的跗骨）。

长长的跖基骨（踵骨）两侧可以看见两片不太大的薄骨头，叫作"板骨"。它们就是马位于两侧的两个趾头残留下来的全部痕迹。

马靠脚趾的最后一节趾骨支撑着走路。它的脚后跟不是同我们一样踩在地上，而是高高在上，远离地面。有许多缺乏经验的人把这个脚后跟当成了……马的膝盖。

如果两侧的两个趾头只留下了残迹，那么可以做出一个完全合理的推测：难道不曾有过哪怕只有三个趾头的马么？

安琪马正好就有三个趾头。一些古生物学家断言，安琪马长着一个不大的长鼻子，但柯瓦列夫斯基对这个构造特点并不怎么感兴趣。安琪马生活在约1800万年前的美洲，

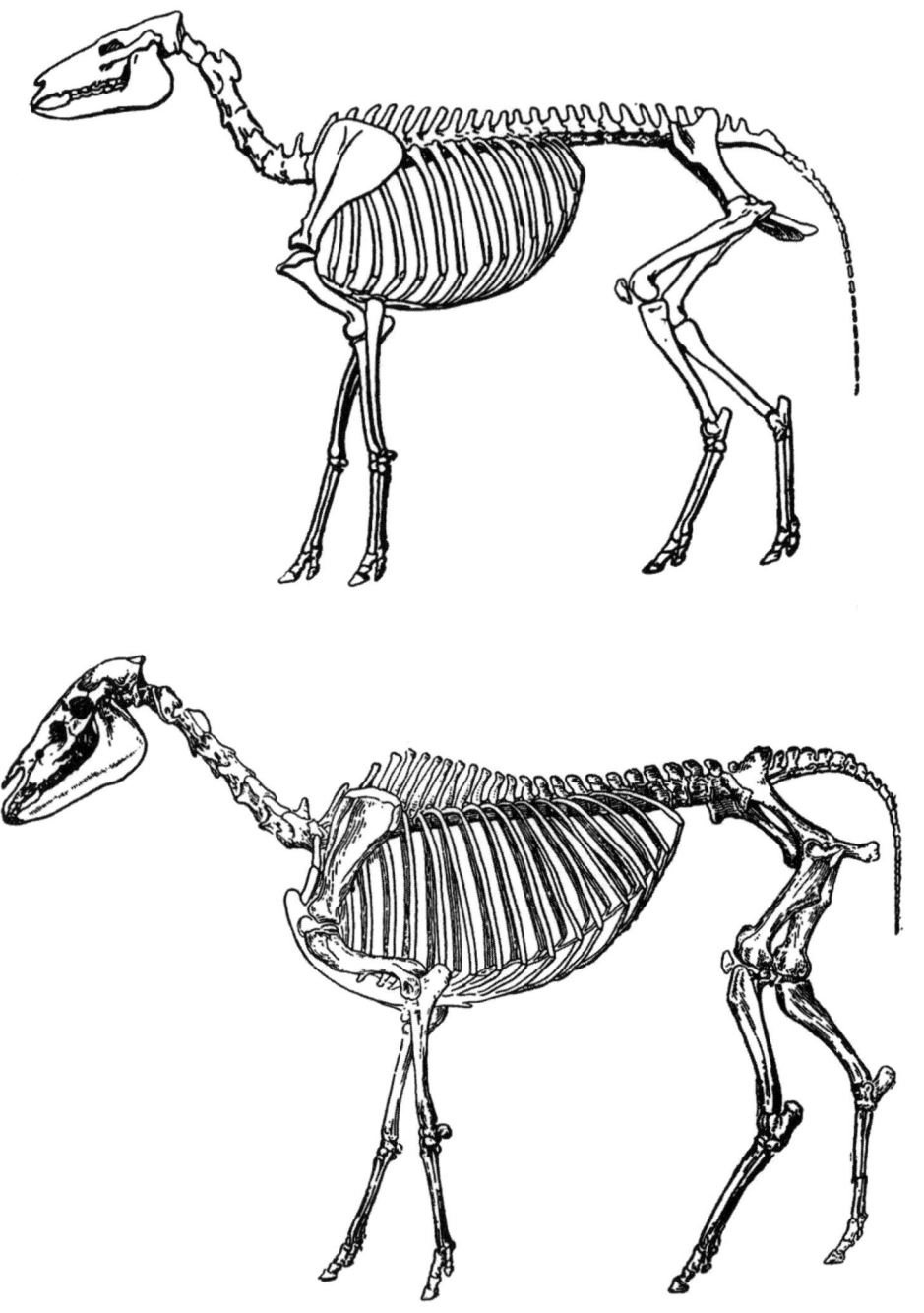

▲ 安琪马的骨架
▲ 三趾马的骨架

然后从那里来到欧洲，并变成了寻常的动物。

人们知道，欧洲有一些更古老的马的远祖。居维叶就已经描述过在巴黎近郊发掘出的古兽马化石，那是一种生活在约1600万~2000万年前的动物。

古兽马是一种长着三个趾头的巨型动物，但它的四肢又粗又短。

最后，在约600万年前的欧洲，还广泛分布着一种叫三趾马的生物。这种体型不大、相当匀称的小马是从北美途径亚洲来到欧洲的。它们的前后脚都有三个趾头，但仅靠中间的脚趾走路：两侧的趾头够不着地面，三趾马走路时并不靠它们支撑。三趾马的牙齿构造比古兽马复杂得多，但比现代的马要简单。

通过"安琪马——三趾马"这个例子，柯瓦列夫斯基想表明马脚趾数量变化的过程与原因。

事实上，马的系谱比柯瓦列夫斯基提到的这一系列形态还要复杂。但问题并不在于这个序列正不正确，而在于研究的方法是否合理。只要用了正确的方法，总有一天能找到正确的序列的；万一用了错误的方法，就永远别想构建出正确的序列啦。

柯瓦列夫斯基不仅对骨架上的各块骨头进行了描述，还尝试解释骨头和关节面的力学功能。

"骨头的形状并不是偶然产生的，而是源自这种动物的生活条件。"

他可不只是说说就完了，还对动物化石进行了详尽的描述，仿佛是看到了活生生的动物一样。

马的大胫骨末端同貘和犀牛的并不完全相同：在马身上，大胫骨末端的关节面比较狭小。为什么会有这种区别呢，它是由什么导致的？不管怎么摆弄骨头，它都不能解开这个谜团：博物馆是答不上这个问题的。

"得去看看活动物。"柯瓦列夫斯基心想。

在伦敦动物园和巴黎动物园里，他在关着马、斑马、驴子、貘和犀牛的笼子边上站了好几小时。他观察它们是如何站立、行走、躺卧和起身的，然后谜题就被解开了。

原来啊，马（以及反刍动物）同犀牛（以及貘）的躺卧方式并不相同，因此它们的大胫骨末端也不一样。

马只用一个趾头支撑身体。自然而然，它的趾骨必须更加坚固，因为这个唯一的趾头上承担着安琪马用三个趾头分担的全部重量呀。

于是又产生了一个新问题——趾骨的坚固程度。这个问题的答案理应由动物化石的骨头给出：趾骨总不能一下子形成呀，它是逐渐发展起来的。

柯瓦列夫斯基研究了安琪马以及其他古代三趾奇蹄动物的踵骨和跗骨。他发现，这些骨头下端的前部是平滑的，而侧面的凸起仅限于下端的后部。在长着三个趾头的情况下，这样的接合相当不错，但在只有一个趾头的情况下，它就显得不够用了：需要更牢固的接合，需要围绕着整个末端的侧面凸起。

为什么需要这么牢固的接合呢？其实原因很简单：若非如此，动物的腿就会经常脱臼。接合越牢固，脱臼就越少发生，腿脚就越结实。腿脚总是脱臼的动物很容易被猎杀。自然而然，凡是具有更坚固的接合和更少脱臼的腿脚的动物，就更容易逃离天敌而保全性命。自然选择将这种优势巩固下来，更牢固的接合遗传给了后代，在长时间代代相传的过程中不断增大。于是单趾马就有了牢固的接合——高度发达的侧面凸起。

柯瓦列夫斯基的推理就是这样的。但只有言语还不够，还需要事实，需要证明推理的正确性，否则它就只能是空话。

柯瓦列夫斯基不喜欢空话。他要寻找证据。

在安琪马的跗骨上，侧面凸起仅限于末端后部，但在依然光滑的末端前部也能观察到一些东西。

"已经可以看到非常微弱的凸起……这凸起在一些个体身上还很微弱，在另外一些

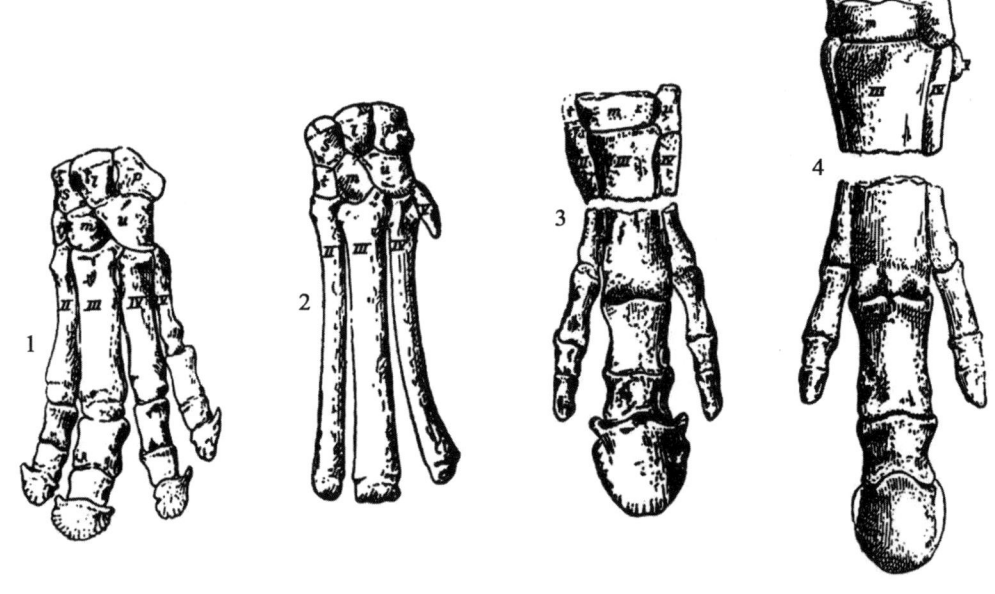

▲ 奇蹄动物（前脚）侧面趾头的逐步退化
1-貘；2-古兽马；3-安琪马；4-三趾马；II～V-第二至第五脚趾的踵骨；s～u-腕骨
（取自弗·柯瓦列夫斯基关于石炭兽的著作）

个体身上则发育得相当明显。"柯瓦列夫斯基在关于安琪马的著作中指出。

微小的凸起……它能有什么意义呢？重要的并不在于这凸起本身，而在于它已经开始形成了。接合末端的表面开始发生变化，这样一来，侧面的趾头已经具备了变小的可能性，它的主人也可以变成单趾动物了：牢固的趾骨的雏形不就近在眼前吗。

这部关于安琪马的专著中满是新颖的内容，难怪它问世前人们就已经开始讨论它了呢。作者不仅对骨头进行了描述，还解释了骨头的各种变化具备的意义，并在一系列动物身上追溯了这种变化。达尔文学说首次在古生物学中得到了如此强烈的回响。

关于安琪马的论文并不是他唯一的著作：柯瓦列夫斯基还准备好要出版另外一些研究。收集了大量材料之后，他已经可以一部接着一部地写专著了：他有着几乎是不可思议的工作能力。1871年夏，他开始写关于安琪马的专著，而到1874年夏之前，他已经完成了剩下的几乎全部古生物学著作。

4

与奇蹄动物相比，弗拉基米尔·柯瓦列夫斯基对偶蹄动物的兴趣可要大得多了。他研究的目的就是阐明它们的演化历程。研究的方法是这样的：柯瓦列夫斯基把古生物学从一门研究博物馆中的骨头与化石的学问变成了研究早已灭亡的生物机体的科学，这就为生物化石学奠定了基础。

有一种巨大的远古猪类动物叫完齿兽，它生活于约1600万年前（渐新世）的地球上。它有一个庞大的颅骨，长度几乎可以达到一米。但不要以为这头巨兽的脑子也很大：不是这么回事啦，其实是它的吻部非常发达，才把颅骨拉长的了。完齿兽的颚骨非常长，上面有尖锐的门牙和厚重而尖锐的獠牙，它就用这个来挖掘树根作为食物。

完齿兽与现代的猪之间并没有近亲关系，但它有许多构造特点同猪很像，而且其生活方式和现代的野猪也差不多。

古生物学家早已了解了完齿兽，确切地说是了解它的牙齿，因为其外表完全是靠牙齿重构出来的。

牙齿是猪的，也就是说脚上有四个趾头。

完齿兽的骨头在法国各博物馆里保存了多年，几乎所有法国古生物学家都见到过它们，可是谁都没对它们产生兴趣，更没有好好地观察过一番：既然这种动物已经命了名，牙齿也被描述过了，那又何必在腿脚的骨头上折腾呢……

在寻找某些类猪动物化石的研究材料时，柯瓦列夫斯基在一份私人藏品中碰到了完齿兽的骨头。他对它们做了研究，结果发现……这怎么可能！结论真是不可思议：发生了逆向演化！完齿兽的脚原来只有两个趾头。

四趾猪有一个二趾的祖先！

总不能不相信自己的眼睛呀。骨头就在眼前，牙齿就在眼前。牙齿是猪的，骨头却是二趾的脚。就像在寓言中一样，二趾猪掘松了演化学说这棵"橡树"的树根①。

需要解决一个重大的任务：如果演化理论是正确的，如果达尔文学说合乎真实，就一定能找到对这个矛盾的解释。

柯瓦列夫斯基着手研究灭绝的和现存的有蹄动物的四肢。他之前也研究过这些问题，但如今特别努力地寻找不符合规律的现象，寻找对二趾猪——完齿兽这一奇怪实例的解释。

解释找到了。

原来，动物的发展并不是沿着一条直线进行的，每个古代物种都会产生出几个分支。其中一些灭绝了，另一些则继续发展。完齿兽就是其中的一个旁支；古代的二趾猪彻底灭绝了，它只不过是猪类这个"主干"上的一个小旁支而已。

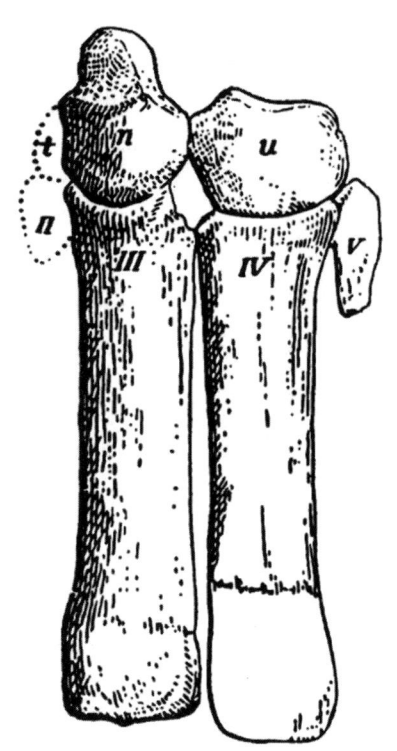

▲ 完齿兽的脚骨化石。只有两个发育完全的脚趾（Ⅲ和Ⅳ）

通过对有蹄动物腿脚的研究，柯瓦列夫斯基得到了一些精彩的结论。就算是放在今天，这些结论也够出色的了，何况它们是在一百多年前做出的呢。

柯瓦列夫斯基概括出的主要结论可以称为"弗拉基米尔·柯瓦列夫斯基定律"，这样说毫不夸张。事实上，他揭示的现象并不是个别情况（他自己是这样以为的），而确实是某种类似"定律"的东西。

动物会发生变化。四个趾头的脚变成两个趾头的脚，但这种变化可以通过不同方式发生。脚可能会失去侧面的趾头，但它的适应性并不会因此而增强，只不过是保留下来的趾头变得更粗罢了。四肢没有获得什么新构造，仅仅是失去了两个趾头，然后就没有然后了。这是一种情况。

还有另一种情况。侧面的趾头消失了，保留下来的趾头则变宽变粗，而且比第一种

---

① 出自克雷洛夫寓言《橡树下的猪》。——译注

情况中变得还要厉害。但事情还没完。腕骨和跗骨也发生了一系列变化：与趾头数完整的情形相比，第一节趾骨以另一种方式同这两块骨头接合在一起。这里并不仅是消失了两个侧面趾头，就连整个爪部或脚掌的构造都发生了许多变化。

在两种情况下，四肢都长成了两个趾头，但这只是表面上的相似：在第一种情况下，只有骨头的数量发生了变化；在第二种情况下，骨头的性质也改变了。

第二种情况有可能导向胜利。因为正是在这种情况下，四肢具备了应有的稳定性，产生了新的性质。第一种情况仅仅是"模仿"，这里没有产生新性质，也不具备稳定性。以第一种方式产生二趾肢端要更容易也更迅速些，但具备这种肢端的动物很少能取胜：这样的脚无法在生存竞争中带来胜利。

这两种演化方式就是"弗拉基米尔·柯瓦列夫斯基定律"的内容。他将那些顽固维持典型构造的动物形态称作"不适应的"。它们的变化仅流于表面，因此还是按旧的道路发展。"适应的"形态则沿新的道路前进，这种变化并不只是表面上的。

庞大的二趾猪完齿兽是第一种情况的例子：它的二趾纯粹是表面上的。经过短暂的繁盛之后，完齿兽很快就灭绝了。

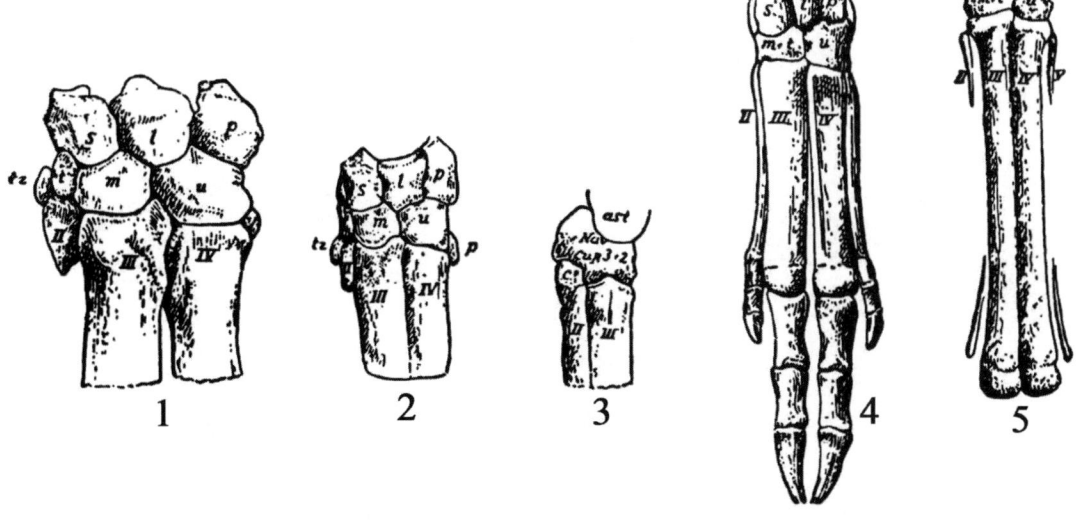

▲ 偶蹄动物足部化石
1- 无防兽；2- 剑齿象；3- 水䶃鹿的后脚；4- 水䶃鹿的前脚；5- 沼猪的前脚。可以看见腕骨和跗骨大小及位置的变化（s、m、u、t 等）（取自弗·柯瓦列夫斯基关于石炭兽的专著）

单趾马则是第二种情况的例子：它不仅是失去了侧面的趾头。这种动物的整个爪部（脚掌）都发生了重构，于是走上了新的发展道路。

5

在达尔文之前，研究哺乳动物的古生物学家都特别钟爱牙齿。他们描述牙齿，而且只描述牙齿。结果牙齿依然是"死的"，就算知道了成百上千种牙齿，也不了解那种动物本身。弗·柯瓦列夫斯基也不能把这些牙齿抛到一边，但他通过牙齿，以极具说服力的方式表明了研究方法的重要意义。

他能够让牙齿复活。这些"复活的"牙齿帮助他讲述了远古有蹄动物的生活。

距今900万~1200万年前，有蹄动物的牙齿经历了重要的变化：它们的牙冠变得非常高。按我们的说法，就是牙齿得到了不断抬升：随着牙冠咬合面磨损，牙齿也逐渐从牙龈中露了出来。这样的牙齿可以发挥很长时间的作用，而这种特点是一个非常重要的事实。

为什么会产生这种特点呢？

有人给了一个最简单的解释：有蹄动物的寿命延长了，于是牙冠也变得更高。换句话说，动物活得更久，牙齿也变得更长久耐用。

柯瓦列夫斯基并不喜欢这样的解释。有一些现代的有蹄动物，比方说鹿吧，直到今

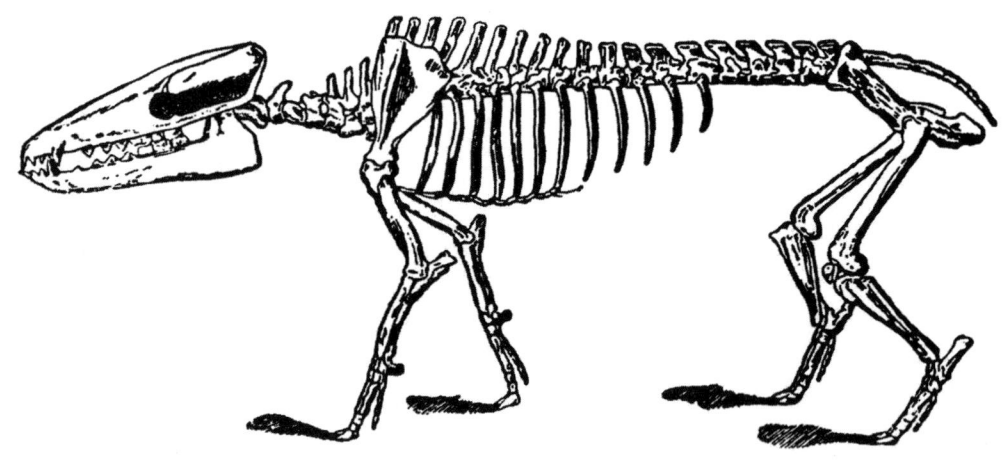

▲ 石炭兽的骨架

天还具有较低的牙冠。鹿是一类保留了更古老的面貌的有蹄动物，但它们的寿命并不是很短。显而易见，高牙冠的原因并不在于寿命，而在于其他方面。

在追溯有蹄动物化石颅骨的变化时，柯瓦列夫斯基注意到，发生变化的并不只是牙冠。如果牙冠变得更高，那么两块颚骨的构造也会发生变化：它们变得更高更宽。这会导致颅骨形状的变化：眼眶和头盖骨向前移动。于是颅骨就变了一副模样。

这些变化都发生在中新世中期，也就是距今1200万~1500万年前，那是有蹄动物的繁盛期。

有蹄动物吃植物，这些食物靠臼齿磨碎。现代有蹄动物主要以草为食，它们经常把沙土同草一起吃进去；咀嚼着这样的草，它们的牙齿很快就会磨损，牙冠也就被磨低了。

古代有蹄动物牙冠发生变化的原因不就是这个么？在古时候，它们的食物是不是发生了什么变化呢？

那么，食物中会发生什么变化呢？其原因又是什么？

古代有蹄动物生活在森林和沼泽之中。只有当迁徙到其他地方时，它们的食物才会发生改变。到什么地方去呢？显然是去广阔的平原上嘛。

"毫无疑问，事情就是这样。"柯瓦列夫斯基心想。"可为什么有蹄动物食物的变化恰好就发生在中新世中期，而不是别的什么时代呢？很显然，地球上的植被发生了某些重大变化。"

这位动物学家从植物学家口中得知，距今2500万~3000万年前，地球上的草类植被还非常稀少。只有从中新世初（2500万年前）开始，地球上才出现了大量草本植物，出现了长满青草的广阔平原。

生活在平原上既有好处也有坏处。在平原上，敌人远远就能看得见，无法从灌木丛后发起伏击，这对有蹄动物来说是件好事。食物丰富，开阔的空间也不错，可是……沙土也随着连根拔起的草一块落到了嘴里。牙冠磨掉了，牙齿也损坏了，动物变得"没有牙齿"了。它的岁数可能还不大，原本还有许多年可活，可牙齿已经没法再工作啦，于是它吃得就越来越差，由于饥饿而消瘦了。

长满青草的广阔平原需要其他类型的牙齿，而自然选择将微小的变化巩固下来。在生存竞争中，不断抬升的牙齿成了一个巨大的优势，牙冠也随之开始变化：自然选择完成了自己的任务。

许多有蹄动物身上都能观察到这些变化。安琪马的牙齿还是杂食型的噬咬牙，而三趾马和现代马的牙齿已经发生了变化，变得更高，而且还不断增高。

答案被找到了：变化的原因就在于生活方式的变化。牙齿的变化是由草本植被的出现引起的：食物变了样，牙齿也就随之改变了。

有蹄动物化石的牙齿"复活了"。它们讲述了中新世有蹄动物生活方式的变化，为我们绘制了一幅远古地球的图景。

生活方式的改变也影响到了有蹄动物脚的构造。在沼泽和森林里，动物在松软的土壤上行走，经常会陷入泥地里去。在这种地方，宽大的脚是很重要的——需要更宽大的蹄子，需要大大岔开的脚趾。

在草原和沙漠之类的广阔空间里，动物需要另一种脚。它在这儿可以快速奔驰，土壤也不是很软，因此窄小的蹄子在草原上更为有利。

奇蹄动物生活在广阔的空间里，这就导致它们的脚趾数减少到了一个。出现了一个趾头的脚，出现了善于奔跑的动物——马和它的近亲。

6

弗拉基米尔·柯瓦列夫斯基的专著写得非常好。换做是那功勋卓著、整天在舒适的办公室里安静地伏案工作的年长学者，想必也会为这些作品而感到骄傲。而弗拉基米尔既工作又学习，在不同城市间来回奔波，要关心照顾索菲亚，还经常落得一文不名。

总是要为钱操心，总是要同债主纠缠不清——这就是最难熬的事情了。博物馆里有趣的骨架正等着他，可他却不得不做翻译去赚几十个卢布。北美发现了许多有蹄动物的遗骸，可是……他连欧洲的房费都付不起了，还谈什么北美呢！要是能在伦敦出版专著就好了，可印刷版也得花钱呀（如今，某些英国科学杂志还保留了这个"贴心"的惯例：印图版的制作费用由作者支付）。钱一点没有，插图却要花数百卢布。

柯瓦列夫斯基越来越频繁地产生返回俄罗斯的念头。那里可以得到教研室的工作，到时就能用教授的薪水来打发债主了，不用再为每个戈比斤斤计较。可是……"耶拿大学哲学教授"的头衔并不能打开通向俄国教研室的道路。必须先通过硕士考试和硕士论文答辩，然后再通过博士的。可不是么，他的名声传遍了整个欧洲学术界，他已经不是新人了，还写了不少大部头的专著。这些作品的确还没有问世，可大家都已经知道了呀，对之还不仅仅是众口交赞，更是欣喜若狂。用法语写成的安琪马专著送到了彼得堡，要在科学院的著作中出版。它可以用俄语单独出版，这不就是现成的硕士论文了吗？

"去考试吧。"弗拉基米尔下定决心。

"也许可以再等等，等出了两三本专著再说？"第二天他又疑惑不决了。

他的哥哥亚历山大·柯瓦列夫斯基建议他在彼得堡考试。可弗拉基米尔不想去那里。最好还是去敖德萨①吧。敖德萨大学有他的老相识戈洛夫金斯基②教授,还有他的朋友梅奇尼科夫③和谢切诺夫④。他们一定能帮他避开这个讨厌的义务,好让他这个大专家不用跟小男孩一样去考试。

"敖德萨……那儿有熟人和朋友,但也有辛佐夫啊……"

不久之前,辛佐夫进行了博士论文答辩。"这篇论文一无是处。"弗·柯瓦列夫斯基对他的文章做了这样的评语。结果这个评语传到了辛佐夫的耳中。

"没事,辛佐夫也没那么可怕啦,"他又自我安慰道,"要知道那里还有梅奇尼科夫、谢切诺夫和戈洛夫金斯基嘛。"

1873年1月末,柯瓦列夫斯基来到了敖德萨。

戈洛夫金斯基出差了,梅奇尼科夫妻子病危,谢切诺夫则"保持中立"。朋友们渐渐四散而去,而主考官却正是那辛佐夫。

这场考试一点都不像考试:柯瓦列夫斯基不是回答问题,而是发起攻击,辛佐夫也不是提出问题,而是自我辩护。考官气恼万分,考生则一直反对和驳斥,不停地争论啊、争论啊……

在辛佐夫手下考试就已经够冒险了,可柯瓦列夫斯基还干得更出格。两人的争论给系里留下了深刻印象,于是系里通过了考试合格的决定。这时,辛佐夫又提出了再次考察的要求,理所当然地被系里拒绝了。一切都很好是吧?才不是呢!柯瓦列夫斯基亲自向系里递交了重考的申请。这个请求实在太奇怪了,连那一点都不友好的系主任都大为惊奇:柯瓦列夫斯基这明显是自求挂科啊?系主任很清楚地知道硕士考试究竟是怎么回事:在这样的考试中,专家恰恰很容易在自己专业的问题上栽跟头。

"您要清楚,他肯定要让您挂的!"系主任警告柯瓦列夫斯基。"您何必再考一次呢?您已经通过考试了嘛。"

柯瓦列夫斯基还是固执己见。

---

① 乌克兰西南部港城,当时属于俄罗斯帝国。——译注
② 尼古拉·阿列克谢耶维奇·戈洛夫金斯基(1834~1897),俄国水文地质学家。——译注
③ 见本书第十六章。——译注
④ 伊万·米哈伊洛维奇·谢切诺夫(1829~1905),伟大的俄国自然实验家、唯物主义思想家,俄国生理学派的创始人。其学说认为一切有意识或无意识的生命活动均系反射行为,并得出结论,认为一切现象(甚至是最复杂的心理现象)的基础都是生理过程,因此心理活动和理性可以通过客观的生理学方法进行研究。谢切诺夫的反射理论表明,所谓"灵魂"是根本不存在的,仅此一点就足以让他遭受沙皇政府的迫害。——原注

辛佐夫自然挂掉了他。柯瓦列夫斯基没能答出一连串的问题，考试在五分钟内就结束了。

挂科的原因很简单：辛佐夫精心准备了考试的内容。他向柯瓦列夫斯基提的问题都是关于敖德萨不久前刚出的一本新书的内容。这本书只有辛佐夫才有，柯瓦列夫斯基当然就答不上他的问题了：这本书他连碰都没碰过嘛。

这就是柯瓦列夫斯基同俄国官科第一次接触的遭遇。他想回到祖国工作，结果别人却用"挂科"来迎接这位享誉全欧的大学者。

柯瓦列夫斯基又出了国。他去了维也纳，请求著名地质学家修斯[①]对他进行考试。后来他又从修斯那儿到了慕尼黑，去找一位同样著名的学者齐特尔[②]。两位知名学者都给了他极好的评语：他出色地通过了考试。可这些评语对俄国官员来说又算得上什么呢？何况就连柯瓦列夫斯基本人也没为此感到多么慰藉：他在敖德萨遭受的失败实在太惨痛了。真是奇耻大辱！就这样挂了科，而且是在谁手里？是在一个庸碌无能、蝇营狗苟的官僚手里啊。

"您留下来吧，"修斯劝说柯瓦列夫斯基，"至少十年之内，再不会有一个像您这样的古生物学家和脊椎动物专家了。您在这些年里会一举成名。人们会从各个城市慕名前来，就像他们去找化学家本生的情形一样。您会收许多学生，创立自己的学派……而在俄国，您又有谁可教呢？"

这诱惑可真大。在欧洲大展宏图的可能性就展现在他面前。那可不是官僚横行的彼得堡，不是闭塞的俄国外省城市（尽管是大学城），也不是疯狂扩张、唯利是图的莫斯科。柯瓦列夫斯基在瑞士、法国、英国、奥地利和德国都有朋友，全欧洲的地质学和古生物学大师都尊敬爱戴他。就是这个欧洲正呼唤着他，而且还不仅于此：修斯代表的不仅是欧洲学术界，更是世界级的学术水平啊……

尽管如此……理智提示的是一回事，心里想的却是另一回事。敖德萨考试之后不久，柯瓦列夫斯基的生活就发生了一场剧变：他的婚姻弄假成真了。弗拉基米尔一直爱着索菲亚，而如今她对他来说已是无比宝贵。弗拉基米尔曾多次写信给哥哥亚历山大，抱怨那"愚蠢的锁链"，而如今这锁链已变得坚固得多了……但他的生活并未因此幸福起来。

1874年秋，柯瓦列夫斯基夫妻来到了彼得堡。长年的贫困妨碍了索菲亚搞数学研

[①] 爱德华·修斯（1831~1914），奥地利地质学家、社会活动家。——译注
[②] 卡尔·阿尔弗雷德·冯·齐特尔（1839~1904），德国地质学家、古生物学家。——译注

究，她对此已经厌烦透顶；她可是举世闻名的数学家魏尔斯特拉斯①的得意门生啊。弗拉基米尔则一直设法赚钱谋生并支付出版欠下的债，为此备受折磨。

夫妻俩下定决心，打算先用几年时间来尽可能多地赚钱攒钱，到时候就可以不考虑经济问题，也不用看官员的脸色，而是安安心心地搞学术了。不仅如此，他们还可以建立一座女子高中，可以不考虑"盈利"就出版书籍。弗拉基米尔做起事来总是很容易入迷，如今他的梦想由他深爱的妻子来支持和鼓励。

梦想最终没有实现。索菲亚靠自己的数学才能列出公式，计算夫妻俩发家致富的时间，可生活是不能纳入人为编造的数学公式的呀。尽管编得很好，数学公式还是欺骗了他们……

柯瓦列夫斯基在彼得堡通过了硕士考试和硕士论文答辩。通往学术生涯和科学工作的道路为他敞开了，可是……彼得堡已经没有空闲的教研室了，而索菲亚又不想去外省生活。

钱好歹能满足生活需要了，可一点余钱都没能攒下来。柯瓦列夫斯基试图把出版事业引上正轨，也试过用其他方式来挣钱。他暂时忘掉了学术，开始从事"实业经营"。唉！他不仅没赚到钱，反而把情况弄糟了：债务越来越沉重。柯瓦列夫斯基实在是很不擅长经营。

最终，债主们查封了柯瓦列夫斯基的财产；这就是彻底破产了。

柯瓦列夫斯基夫妻又搬到了莫斯科。弗拉基米尔找到了一份工作，在一座大企业当经理。不久后他又获得了莫斯科大学的副教授职位。这并没能让他高兴起来：他急切地想从事科学研究，可同时又想给家庭带来更多物质财富——尽可能多的物质财富！

他就这样与自己做斗争，而多年的斗争令一切都恶化了。如今他已经不只是神经质，还在妻子面前表现得自闭又不真诚，有时看上去实在非常古怪。索菲亚注意到了丈夫行为的变化，并按自己的方式对此做出解释：他已经不再爱她了。她对失败的家庭生活感到绝望，于是离家出走前往柏林，去之前的老师、著名的魏尔斯特拉斯手下工作了。

弗拉基米尔·柯瓦列夫斯基落得孑然一身。他在大学讲课，参与博士论文讨论，有时还想着新的工作和新的研究，但这已经是回光返照了。敖德萨的失败，彼得堡的挫折，以及永远不会再回来的索菲亚……生活于他已经毫无意义，就连对科学的爱也不能挽救他了。

---

① 卡尔·特奥多尔·威廉·魏尔斯特拉斯（1815～1897），德国数学家，为现代数学分析做出了卓越贡献。——译注

1883年4月16/28日①，莫斯科大学的校长收到了莫斯科市特维尔区第三警区警察局长发来的一份报告。报告上写着："副教授、九等文官弗·奥·柯瓦列夫斯基，居住于萨尔蒂科夫胡同雅科夫列夫宅普拉东诺娃家具出租公寓，其人于前述日期夜间服毒自尽了。"

---

① 前者为公历日期，后者为俄历日期。——译注

第十五章　胚叶

1

1840年11月，在维捷布斯克省的一座小庄园里，奥努菲里·柯瓦列夫斯基的儿子亚历山大来到了人间。

"让他当个工程师吧，这可是个肥差。"等小男孩长大了点，他的父亲做了决定。于是他把16岁的萨沙①送进了彼得堡的交通工程学院。可是萨沙并不想修铁路，不想从包工头手里收取贿赂，也不想利用国库中饱私囊。没等从学校毕业，他就去彼得堡大学当了旁听生（没有中学毕业证书就不能被录为"真正的"学生），结果也没能上完彼得堡大学的课，之后就到国外继续完成学业了。

在海德堡，亚历山大先是迷上了化学，甚至发表了两部篇幅不大的化学论文。可不久后他对化学的兴趣就被生物学取代了，于是他从著名化学家本生（他因发明了用煤气作燃料的"本生灯"而名垂青史）的实验室转到了著名动物学家布隆②的实验室。

布隆是首位将达尔文的《物种起源》译为德文的人。不过，他并不是自然选择学说

---

① 亚历山大的小名。——译注
② 亨利希·格奥尔格·布隆（1800~1862），德国动物学家、古生物学家。——译注

的拥护者，恰恰相反，他是演化学说的反对者之一。尽管如此，由于认识了布隆，柯瓦列夫斯基才得以很早了解到达尔文的学说。布隆对达尔文大加诋毁，却把柯瓦列夫斯基变成了一个达尔文主义者。

1863年，亚历山大·柯瓦列夫斯基回到了彼得堡，通过大学课程考试后又出了国。这一回他去的是那不勒斯[①]。

在那不勒斯，他遇到了年轻的梅奇尼科夫。后者是去那里研究耳乌贼（一种头足纲软体动物）的发育的。

"您研究的是什么呢？"梅奇尼科夫问柯瓦列夫斯基。

"文昌鱼。"

"哈，研究文昌鱼的发育！真有趣啊。"梅奇尼科夫一声惊叹，便从文昌鱼开始大谈特谈。

柯瓦列夫斯基听了很久，后来终于忍不住了：

"您是什么时候观察到这些东西的呢？"

"观察到？我没有观察到啊……不过是推测……"

"但这是幻想啊！"柯瓦列夫斯基责备他说。"是幻想，而不是事实。"

"学者同时也应是诗人，"梅奇尼科夫固执己见，"如果只有事实的话……那自由的畅想呢？还有美丽的梦想呢？"

尽管如此，他们还是成为好朋友。富于幻想的梅奇尼科夫为柯瓦列夫斯基那贫乏的想象力增添了几分热度，而冷静理性的柯瓦列夫斯基又时不时对梅奇尼科夫进行批评，给后者的狂热浇些冷水。

柯瓦列夫斯基倾注时间去研究的文昌鱼是一种非常有趣的生物。它的外表十分简单，小小的身体呈半透明、两端尖的长条形，总共只有5~8厘米长。它看上去像鱼，而

▲ 青年时代的亚·奥·柯瓦列夫斯基

---

① 意大利南部港城。——译注

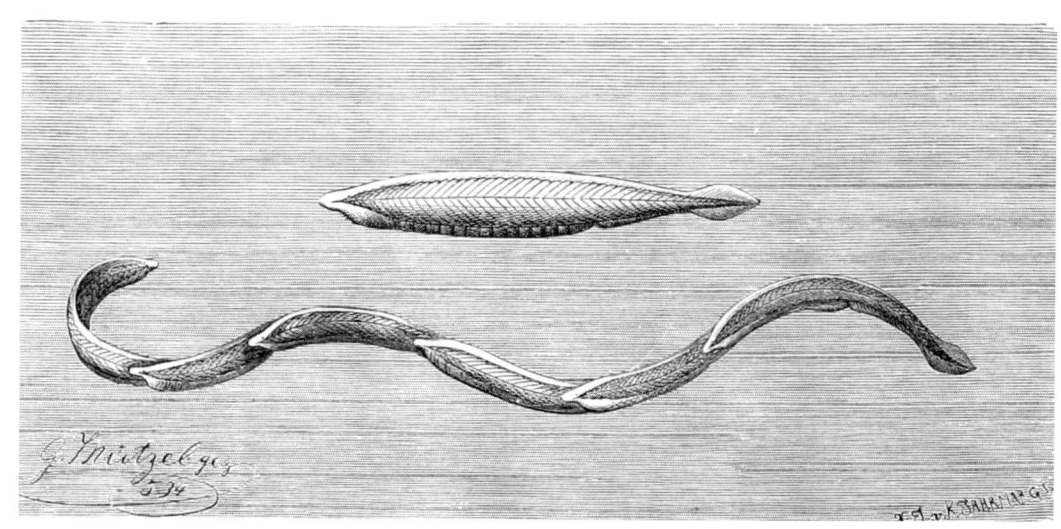

▲ 文昌鱼

且生活在海里，可是……这算是什么鱼呀？它没有成对的鳍，倒是有一个像矛刺一样的尖尾鳍，跟鱼尾鳍的形状截然不同。小小的嘴巴被纤毛包围着，看上去就像长了小胡子一样。

俄国院士帕拉斯是首位发现这种奇怪动物的人，并给它起了个名字叫"柳叶形蛞蝓"。过了几十年后，动物学家们才发觉这根本就不是蛞蝓。除此之外，他们还提出了一个观点，认为文昌鱼（如今人们这样称呼它）是鱼类的近亲。

这种看法是对的。文昌鱼有一条纵贯身体的脊弦（或者叫脊索），像是一条有弹性的细绳。不错，这脊索远没鲟鱼的鱼筋那么长，可是文昌鱼本身体型就不大呀。脊索下方分布着肠道，上方则是脊脑。总而言之，这岂不就是脊椎动物么！不过，有些器官则是文昌鱼所没有的，如位于头部的脑子、心脏、成对的眼睛之类……要想成为"真正"的脊椎动物，文昌鱼还缺了许多东西。

尽管如此，动物学家们略加思索，还是把它归为了鱼类。为防万一，他们还补充了个条件，说它是一种非常低等的鱼类，或者说是"带有一点儿鱼类迹象"的动物。

从简单的构造上看，文昌鱼处于脊椎动物和无脊椎动物之间的边界地带。正是这样一种动物被柯瓦列夫斯基给选上了：他倾心于达尔文的学说，决定把胚胎当作动物的"过渡形态"进行研究。

文昌鱼生活在地中海和大西洋的欧洲沿海地区。在俄国，这种动物栖息于黑海中。

柯瓦列夫斯基设法弄到了一些文昌鱼，把它们放到装着海水、底部铺着一层厚沙的水族箱里。

文昌鱼钻进了沙子里，只把嘴部留在外面。它们快速晃动嘴巴附近的纤毛，把水流推进嘴里，再送进身体深处。水流携带着呼吸所需的氧气以及充当食物的小动物和淤泥颗粒。文昌鱼的鳃藏在体内一个特殊的口袋里，要想呼吸就得把水"吞下去"。

这些文昌鱼在水族箱里生活得很好，它们进食、呼吸，从沙子里钻出来游动，然后重新钻回沙子里。

一切似乎都很顺利，柯瓦列夫斯基却并不满意：有一件他最需要的事情，文昌鱼恰恰没有做——那就是产卵。

过了一个月又一个月，卵还是不见踪影。柯瓦列夫斯基搞到了新的文昌鱼，可这些家伙也同样顽固，就是不肯产卵。没有卵就没有胚胎呀。

这位学者不肯放弃，还是继续在水族箱里养文昌鱼。"我比你们顽强！"他对自己饲养的那些顽固家伙说。

这种坚持不懈最终带来了胜利，但并不是因为柯瓦列夫斯基比文昌鱼更顽强，也不是因为他找到了强迫文昌鱼产卵的法子。问题其实简单得多，个中缘由乍一看甚至有些气人。原来那时是冬天，而文昌鱼只有夏天才产卵。柯瓦列夫斯基并不知道这一点，还想在完全不合适的时间搞到鱼卵呢。

5月下旬，文昌鱼终于产了卵。

柯瓦列夫斯基一整夜都坐在显微镜前进行观察，还费了早上的一点时间。文昌鱼的胚胎发育非常迅速，搞得他想从显微镜前走开一刻钟都不行。

仿佛是童话电影的胶片一般，一幅幅神奇的画面闪现在了学者那熬得通红的眼睛前。柯瓦列夫斯基看到了胚胎在卵中发育的过程。

瞧，卵分裂成了两半……

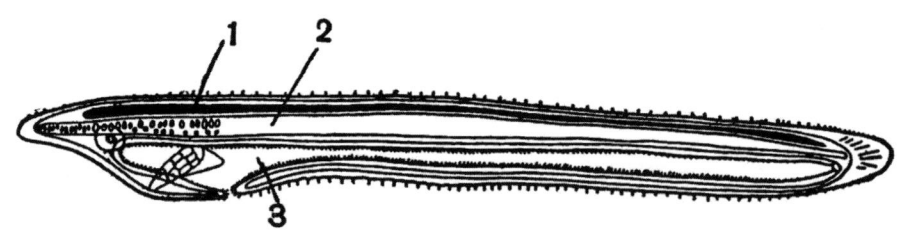

▲ 文昌鱼的构造：1-脊脑；2-脊索；3-肠道

已经分成四块儿了……形成了一堆细胞……这堆细胞分散开来。出现了一个"小囊",囊壁是由一层细胞组成的。胚胎开始变得像一个中空的球。

时钟滴答作响,每一秒钟都敲打一下。它的时针慢吞吞地挪动着,计算着流逝的钟头。已经过去七个小时了。

突然,小囊的半边开始凹陷,仿佛是被一个看不见的手指按着一般。它就像一个被刺穿的橡皮球,空气跑到了里面,于是外壁就向里面凹了进去。

"朝里面凹陷!"柯瓦列夫斯基按捺不住地大叫一声。"它在凹陷啊!"

好像是想让观察者大吃一惊似的,囊壁一直向内凹陷。原来的球渐渐消失了,变成了一个双层的中空半球。球腔变得越来越小,最后只剩下薄薄的一条,勉强能看到两面壁和两层细胞之间的间隙。

胚胎的上层覆盖着纤毛。它开始在卵壳内部旋转,仿佛是在为即将获得的自由而欢欣鼓舞。又过了几分钟,胚胎冲破了卵壳,一条小小的椭圆形幼鱼开始在水中游动起来。

现在可以稍事休息啦,他在房间里走了几步,伸伸懒腰,揉了揉疲倦的眼睛。

柯瓦列夫斯基最感兴趣的要属半球壁的两层细胞之间那窄窄的间隙了。这个间隙会变成肠道吗?

不,它没有变成肠道。后来出现的肠道原本是半球凹陷的地方,也就是那个"坑"。间隙后来变成了所谓的"体腔"。

这是一个伟大的发现,尽管只有通晓动物学和胚胎学各种精微之处的人,才能对它做出真正的评价。

与此同时,柯瓦列夫斯基做出了另一个发现。尽管这个发现同研究胚胎发育的学科——胚胎学并无直接关系,但它的重要性丝毫不亚于第一个发现。

"空了!"他往钱包里看了看,感到十分惊讶。"空了啊……"

其实钱包还没有全空,里边还有几枚小铜钱,但也差不多要空了。

柯瓦列夫斯基略微犹豫了一下,就从箱子里翻出两件衬衫,把它们塞到上衣底下,然后害臊地张

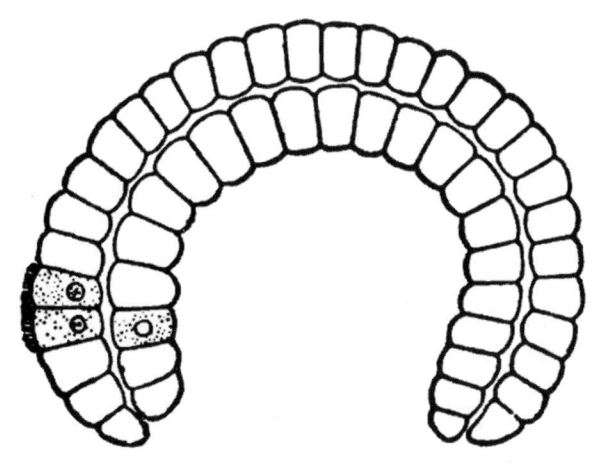

▲ 文昌鱼的双层胚胎(原肠胚)

望一番，只见四下无人，就出发去市场了。在市场上，他红着脸把衬衫卖了出去。第一次卖衣服后还有第二次，随后是第三次……箱子变空了，但装标本和图册的箱子却渐渐充实起来。

学者的衬衫和内衣并没有白卖，而是获得了文昌鱼的回报。柯瓦列夫斯基弄清了一些极为惊人的事情。其中有的发现异常精妙，只有专家才能对之进行评价，而有的发现就比较好懂了。事实证明，从整体特征上看，文昌鱼胚胎的发育过程同箭虫①胚胎完全一样，而且同七鳃鳗②和青蛙之类的脊椎动物胚胎也没什么区别。

"共同的发育过程！"柯瓦列夫斯基欣喜地喊道。"共同的过程……"

居维叶的"类型说"轰然倒塌了：这个理论坚持认为各种"类型"没有任何共同之处，而且也不可能有。达尔文学说则获得了又一个关于动物亲属关系的宝贵证据。

"我要把这作为硕士学位论文。"柯瓦列夫斯基下了决心，于是把关于文昌鱼的论文提交到了彼得堡大学。

这篇论文篇幅不大，看上去也很不起眼，总共只有50页，但它的内容非常精彩。

早在1865年的论文答辩会上，人们就已经掀起了争论和探讨。让学者们尤为困扰的要属文昌鱼肠道的形成过程了，还有胚胎两层细胞之间的薄层的命运。囊壁"凹陷"的现象以前也有人在其他胚胎中观察到过，但从未有人充分理解这个现象的全部意义。

"这怎么回事？"作为官方指定答辩委员的梅奇尼科夫表示。"柯瓦列夫斯基说文昌鱼的肠道是凹陷形成的？他断言箭虫的发育也经历了同样的情况？这可没有得到证实！除此之外，基于某些事实的存在，我还可以认定柯瓦列夫斯基的观察是不正确的。从来就没有哪种动物的原始肠道是以如此奇怪的方式形成的。"

不过，略加争论之后，系里的学术委员还是把动物学硕士学位授予了柯瓦列夫斯基。

很快，柯瓦列夫斯基就开始了一项新的工作——研究海生尾索动物（海鞘）的发育。显然，这位青年学者感兴趣的是最具特色的动物。他仿佛故意选择这样一些奇怪的生物，不仅人们了解得很少，而且没法在动物界的系统中找到合适的位置。

尾索动物也逃不掉"谜之生物"的凄惨命运：它们怎么都没法在系统中得到一个稳定的位置。有的学者把它们归为蠕虫类，还有的则把它们算作软体动物，另一些人甚至给它们设了一个特殊类别。

柯瓦列夫斯基看了看海鞘的胚胎，发现它很像文昌鱼的胚胎。对此他并不怎么惊

---

① 毛颚动物门箭虫纲箭虫属生物，状似蠕虫，营海生生活。——译注
② 又名八目鳗、七星子等，是脊椎动物们圆口纲七鳃鳗目生物，实际不属于鱼类。——译注

讶，因为他已经基本料到这一点了。

海鞘卵会孵出一种长尾巴的幼体。它敏捷地在水中游动，它有脊脑和脊索的残余，甚至还有位于头部的囊状脑。可是到后来……瞧，它沉到了水底，用身体前端把自己固着在那儿。于是它身上开始发生各种奇妙的事情。它脱去了尾巴，身体被一层壳包裹住，很快就变成了一个几乎不成形状的小团儿，跟不久前的幼体形态截然不同，甚至都不像是只动物。它的脊索和脑子也消失了。

"嗯，嗯……"柯瓦列夫斯基说。"这个事实简直妙极了。文昌鱼和海鞘的幼体非常相似，成体的形态却完全不同。可既然幼体相似，那么……"

"什么？海鞘有脊脑和脊索的残余？它是文昌鱼的亲属？这不可能！"有学者表示异议。

"说不定，是柯瓦列夫斯基出错了？"

不！他的图示和标本都是无可挑剔的。

梅奇尼科夫又提出了反对。这一回争论持续了好几年。

柯瓦列夫斯基不单争论，还着手检验自己的观察成果。梅奇尼科夫挑逗他说："您必须放弃您的'海鞘脊椎动物论'啦。"柯瓦列夫斯基则用新的研究来回应他的挑战。最终，争论以梅奇尼科夫承认错误而收了场。与文昌鱼事件中一样，柯瓦列夫斯基和他的事实才是正确的。

在多年颠沛流离之后，海鞘终于得到了一个稳定的位置（但愿是个长久的位置！）。它们同文昌鱼和"真正的"脊椎动物一起，构成一个共同的类别叫"脊索动物"。这类动物又分为三个子类：尾索动物、无颅动物（文昌鱼）和有颅动物（脊椎动物，都具有颅骨）。

1867年，俄国首次颁发贝尔奖。这个奖是由俄国科学院设立的，用来纪念俄国学者卡尔·贝尔。评奖条件中有这样一条：奖只能颁授予奖前三年之内完成的著作。

科学院任命了一个特设委员会，并预先要求他们不能把自己的作品交去参选。委员会开了一场会，然后就去寻找颁奖人选了。

委员会的决定是在科学院会议上由贝尔本人亲自宣读的——就是那位著名的学者、地理学家、人类学家、动物学家和胚胎学家。这一次的奖由亚历山大·柯瓦列夫斯基和伊里亚·梅奇尼科夫共同获得，可委员会的意见听上去却非常奇怪：没有一个委员能理解柯瓦列夫斯基著作的意义！他和梅奇尼科夫之所以能得奖，主要是由于他们的成果是唯一符合贝尔奖评奖要求的。

"某种程度上说，柯瓦列夫斯基得出的新结论是极具启发性的。"——这就是他们对柯瓦列夫斯基所做工作的意义做出的"总结"。

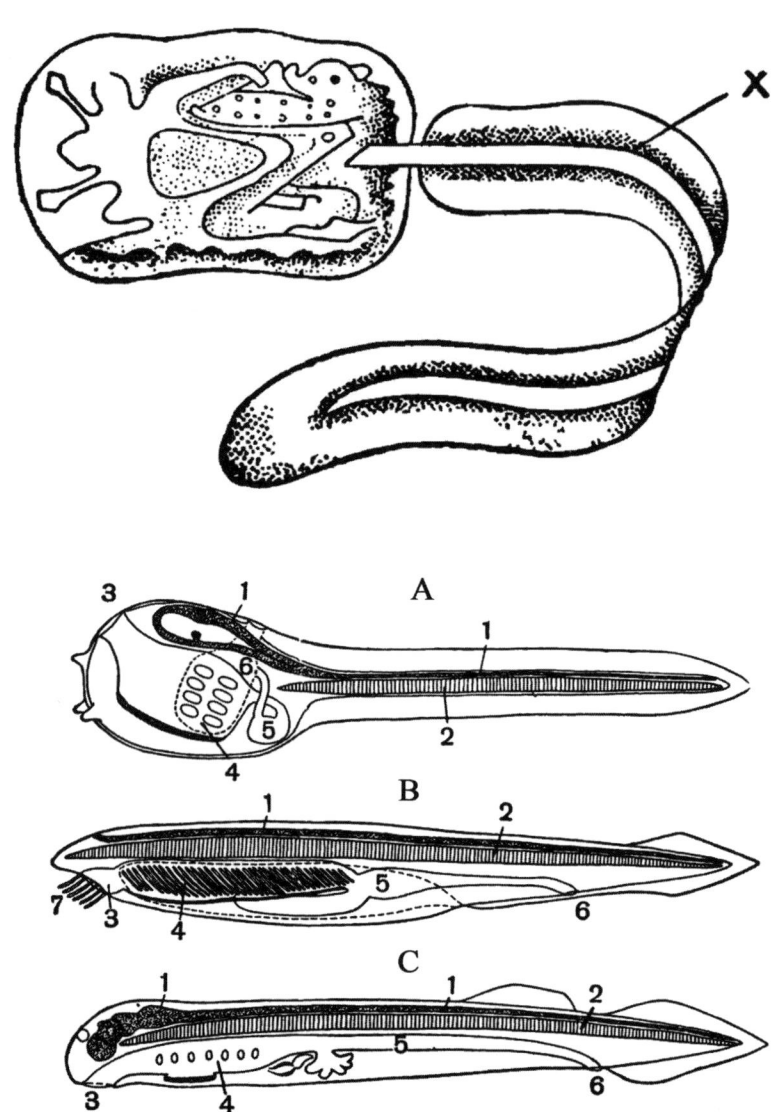

▲ 海鞘幼体（x-脊索）
▲ 海鞘幼体（A）、文昌鱼幼体（B）、箭虫幼体（C）构造图示
1-脊脑；2-脊索；3-口部；4-鳃裂；5-肠道；6-肛孔；7-触手

"假如要给先前对科学做出贡献的著作颁奖，那么毫无疑问，委员会将会承认，奖金应当授予我们的同胞、出生于彼得堡的科隆①先生。"

但科隆的研究并不能归到最近三年的成果之列，也就不符合评奖要求了。出于同样的原因，喀山大学教授、《昆虫幼体的自发繁殖》（1862）这部杰作的作者尼·彼·瓦格纳②也无法得到奖项。结果只剩下两位作者了……"总之，只剩下梅奇尼科夫先生和柯瓦列夫斯基先生的研究了。"

与此同时，柯瓦列夫斯基先是在彼得堡当了副教授，然后去了喀山当教授，一年后又去了基辅。但即便是获得教授职位之后，他依然继续出海搞研究。这一回他打算去红海了。

2

海浪慵懒地冲刷着岸边的沙滩，石珊瑚的碎片沙沙作响，菊珊瑚在石头和圆形的石灰岩间滚动，发出很响亮的回声。

"这是个好地方，"柯瓦列夫斯基对妻子说，"可以工作一段时间。重要的是，材料就在手头啊。"

他们下了——更准确地说是被人扶下了骆驼。他们就这样乘着骆驼从苏伊士一直来到艾尔托③，完成了穿越西奈沙漠的艰苦旅行。向导取下了他们的行李，骆驼就走了。

"孩子呢？"柯瓦列夫斯基记起了自己的小女儿。"她怎么样了？"

"还在睡觉……"

他们把帐篷当作住所，又在旁边用珊瑚礁碎片搭了个类似小茅屋的东西。其实这只是一堆碎块和大石头，有一个大洞权充房门，墙上数不清的裂缝则是窗户和通气口。在小屋边上，又用同样的碎片搭起一个类似炉子的东西。在一面墙的阴影里，我们的学者造了张像是桌子的玩意儿。

"实验室。"他指指桌子。"厨房。"他转向炉子。"实验室领导。"他向妻子指了指自己。

趁妻子还在做家务的工夫，柯瓦列夫斯基建起了一座实验室。他打开装显微镜的包裹，从箱子里拿出几十个形状大小各异的玻璃瓶和罐子，往墙上挂了几张网和其他一些用来捕捉海洋生物的装备。

---

① 奥古斯特·大卫·科隆（1803～1891），俄国动物学家、医学家。——译注
② 尼古拉·彼得罗维奇·瓦格纳（1829～1907），俄国动物学家、作家。——译注
③ 埃及南部城市。——译注

◀ 海洋里的各种珊瑚

几天之后，柯瓦列夫斯基已经给孩子弄出了一个"澡盆"，并把它展示给妻子看。那是一扇巨大的砗磲①贝壳。孩子由阿拉伯人负责照顾。

……柯瓦列夫斯基从一块岩石跳到另一块岩石，从一块珊瑚礁跳到另一块珊瑚礁，就这样离岸边越来越远。他想再往海的方向深入一点。

妻子站在岸边，看着大胡子丈夫在岩石间跳来跳去，一边挥舞着渔网用来保持平衡。有一回，渔网高高地飞了起来，"实验室领导"本人则滑稽地双腿一扑腾，就扑通一声掉进了温暖的海水里。见到此情此景，妻子高声大笑起来。

"下次我只穿着泳衣过去。"回到家里（也就是那堆珊瑚礁碎片和帐篷）时，学者这样说道。

他装了几罐海水，把猎物放到里面，然后把眼睛凑到放大镜前观察。在有点浑浊的水里，游动着一群群小虾、水母和透明的蠕虫。柯瓦列夫斯基把放大镜移到罐子上方寻找。

"什么都没有。"他沮丧地叹了口气，然后胳膊使劲一挥，把罐子里的水倒掉了。

"我再看看第二个……"

可是第二个和第三个罐子也没法让学者高兴起来。

这个美妙的实验室的领导（同时也是它的实验员和勤杂工）带上了一批新的渔网和罐子，又重新出发狩猎去了。

过了一个多星期，放大镜还是那么顽固，就是不肯找到什么有意思的东西。罐子并没有闲置，里面群集着各种各样数不清的海洋动物。

其实，单就搞工作和做发现而言，这些猎物中有许多都是非常有用的，但柯瓦列夫斯基来这里可不是要找这些水母、蠕虫、水螅和各种幼虫的呀！他想找到一种非同寻常的新生物。

日子一天天过去，北风吹得越来越强劲了。大海翻腾起了怒涛，表层水中已经几乎见不到动物了。柯瓦列夫斯基每天都往水中撒网，可是……他捕获了许多庞大美丽的生物，要是把它们用在课上的话，该给人留下多深的印象呀！但这并不是学者寻找的目标。

"我还要去最后一次。"他对妻子说。"总不能白白浪费时间呀！我现在抓到的东西，随便哪个实验员都能捞到一堆。"

---

① 软体动物门双壳纲海洋生物，因个体型大被称为"贝王"。——译注

"去吧。"妻子闷闷不乐地回答说。她非常不想搬到新的地方去。

这个地方不好,非常不好,但天晓得……接下来要去的地方说不定更糟呢。

她举起望远镜,紧张地注视着丈夫那拿着渔网的身影忽隐忽现。他从一块石头跳到另一块石头,时不时停下脚步,弯下腰靠到水面上。然后他俯下身子,把渔网投入水中,再低头看看渔网,大胡子就悬在网的上方。然后……他的身影又开始蹦来跳去了。

"快抓到吧!"她紧张地想着。"快抓到!……"她已经筋疲力尽了,又为健康状况日益恶化的孩子操透了心。她太想离开这片荒无人烟的沙岸了,离开这个散发着腐烂珊瑚气味的海洋。

身影再次弯腰靠近了渔网,然后快速地把渔网翻过来,将里面的东西抖进了白铁罐。他的脑袋近近地凑到了罐子跟前。

"他在看放大镜!"妻子猜到了。

"怎么样?"当亚历山大回到岸边时,她焦急地向他问道。

"你等等!"柯瓦列夫斯基挥挥手把她赶开,立刻扑到了显微镜跟前。

他急不可耐地放好玻璃片,看了一眼,惊讶地摇了摇头。

"我不认得这种动物。"他说。"是个新发现!"

在显微镜圆圆的光斑下,他看见了一只奇怪的小动物。它只有约六毫米长,其构造很像扁形动物和腔肠动物中的栉水母[①],靠下方的口慢吞吞地爬行,身上覆盖着柔软的纤毛。

"这是一个值得注意的生物形态。"柯瓦列夫斯基说。"它属于一个新的属和种,甚至可能是一个新的科。我要把它命名为'梅奇尼科夫',用来纪念这位学者。"

对此,梅奇尼科夫自然是倍感荣幸喜悦,而柯瓦列夫斯基的妻子还要更加高兴:找到了新动物,那就意味着他们很快就要走了。这片荒滩上灰沙漫天,烈日炎炎,能把皮肤烤焦、眼睛照瞎,他们忍受的这种种苦难终于没有白费。

"梅氏腔栉虫"——这就是柯瓦列夫斯基给抓到的动物起的名字。当时,动物学家们到处寻找"过渡形态",这种新动物在他们当中引起了巨大的轰动。腔栉虫(爬行的栉水母)看上去确实很像扁形动物和栉水母之间的"过渡形态",尽管柯瓦列夫斯基本人认为它只是一种栉水母而已。

他的看法是正确的。后来人们发现了腔栉虫的幼体,并在它身上找到了栉水母特有的梳状结构。腔栉虫就是一种栉水母,只不过它不游动,只爬行;不难理解,这种生活方式在它的构造上得到了显著的体现。当柯瓦列夫斯基还不了解它的幼体时,他就已经

[①] 辐射对称动物,原被划分为腔肠动物门,现被划分为栉水母动物门。——译注

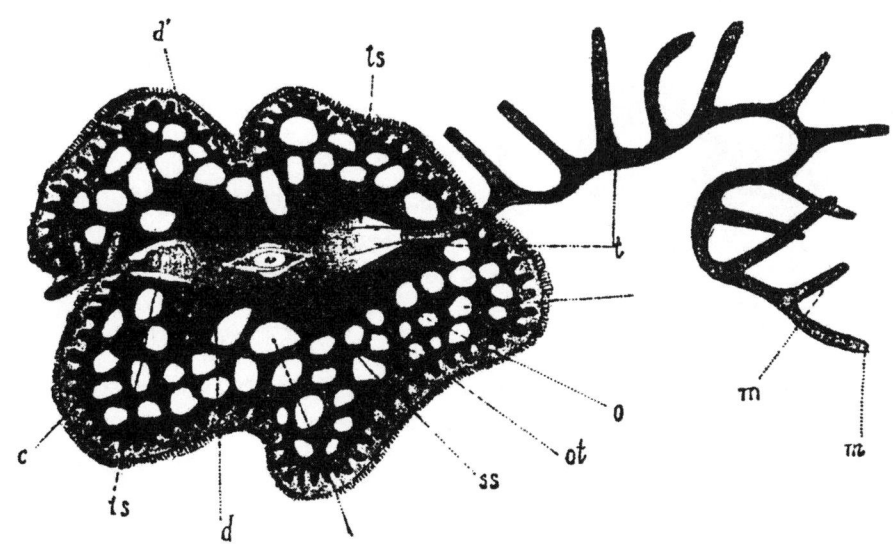

▲ 梅氏腔栉虫（放大许多倍后）

"感受"到了这一点。然而，这却是"过渡状态"的爱好者们所不愿看到的，因为这表明他们在寻找早已消失的生物的过程中又遭到了一次失败。

过了三年，柯瓦列夫斯基在非洲北海岸工作，收集一类神秘的海洋生物——腕足动物（又叫"布拉希奥波德"[1]）的发育资料。

腕足动物是一类奇怪的生物。它们的外形同某些软体动物有点儿像，都有两片贝壳。曾几何时，人们把它们也当成了软体动物，却没有注意到它们的贝壳结构完全不同，而这又是软体动物分类所依据的一个重要特征。而贝壳里面的部分压根儿就不是软体动物。它的身体柔软而不成形，长着长长的表皮突起——"腕"，上面又排着两列细小的触手；许多腕足动物的突起还长到了贝壳外，并借助它附着于海底的物体上。

从远古到今天，这些古怪的动物只发生了极其微小的变化。早在所谓的"寒武纪"——那是一个地球上还没有鸟类和哺乳动物、海洋里游动着巨大的海蝎[2]和身披骨板的鱼类的时代，海中的腕足动物就几乎同今天所见的一个样了。腕足动物已经在各大海洋生存了五亿多年。单从古老这点上看，它们就足以吸引研究者的注意了，何况人们对

---

[1] 来自希腊语βραχίων "手臂" +πούς "脚"。——译注
[2] 节肢动物门肢口纲生物，曾为地球上节肢动物中的巨型生物，生存于3.9亿年前，现已灭绝。——译注

这些"活化石"的发育还几乎一无所知呢。

一连几个星期,柯瓦列夫斯基都同渔民和捕捞红珊瑚的人一起,在地中海上乘船漫游。珊瑚捕捞者都嘲笑这个奇怪的外来人,因为他在海里捞的都是些莫名其妙的"废物"。他付钱给他们,但他们既不在意他的报酬,也不考虑他的愿望。

"再待一个小时吧。"他捉到了几只有趣的幼体,还想再多捞一些,于是恳请渔民们停留一下。

"干嘛要停?对我们来说,这里已经什么都没有啦。"那些人回答道,然后就心安理得地继续前行了。

这些腕足"金蛛"①的幼体实在是太有趣啦。它们的身体上部有一个伞状物,看上去就像童话故事中的长柄蘑菇,身体下部则长着四簇长长的刚毛。这几簇刚毛一直摆动着,一旦碰上什么东西,立刻就会向四面竖起来。就这样,刚毛时而竖起,时而收缩,幼体用这个办法在水中游

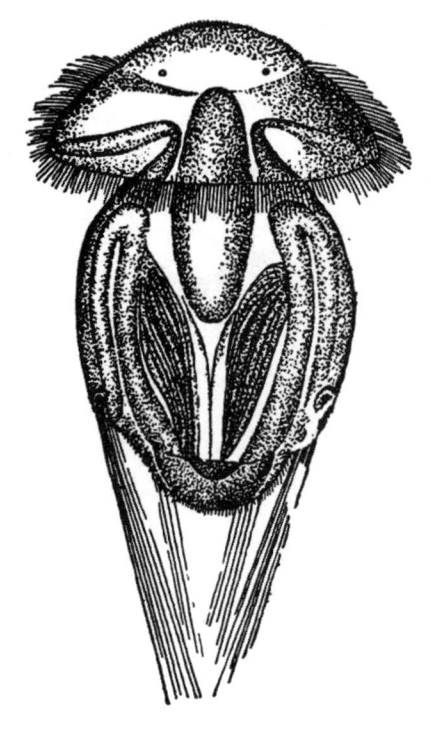

▲ 腕足"金蛛"的幼体(放大许多倍后)

动。当罐子里挤满了许多幼体的时候,柯瓦列夫斯基觉得它们仿佛是在相互打手势解释情况:它们一刻不停地摆动着自己的刚毛。这些幼体非常有意思,但它们生活在深海,想捞到它们可不总是件轻松的事情。

最主要的是,它们存在的时间并不长久。才过了短短一段时间,幼体就停止了游动,落到水底并固着下来,开始转变为成体。它从一个"小蘑菇"变成了"两瓣儿的贝壳";它外表的变化是如此剧烈,叫人根本就料想不到,"金蛛"的幼体和成体竟会是同一种动物的两个不同生命阶段。

柯瓦列夫斯基捕捉了许多幼体和胚胎,收集了许多腕足动物的卵,养了满满几十罐的腕足动物成体。从非洲回去之后,他便坐到显微镜前进行观察,而且一看就是好多天:他制备了数百个标本,研究了腕足动物的幼体和胚胎,搞清楚了这些谜之生物究竟

---

① 原文作Аргиопе(金蛛属),是蛛形纲蜘蛛目圆蛛科的一个属。此处或因为外形相似而将腕足类生物比作蜘蛛。——译注

是何方神圣。

"腕足动物根本就不是软体动物的近亲,而是蠕虫的近亲……我认为自己并没有错:我的观察和标本似乎是正确的。"这位学者又谦虚地补充了一句。

柯瓦列夫斯基出版了一部关于腔肠动物发育的巨著。书里写到的有水螅、珊瑚、海葵、水母、钵水母,还有许多其他生物。这一回,共同的发育过程再次表明了一点:腔肠动物的发育过程几乎同文昌鱼的和海鞘的一模一样。

居维叶的"类型说"认为,不同类型的动物之间是泾渭分明的,它们之间不仅没有、而且也从未有过任何共同之处;这个理论再次遭到了失败。贝尔认为每种类型的动物都有自己的发育规律,如今这个假设也被推翻了。

既然发育过程相似,那难道还能说不同类型的动物之间有着分明的界限,说各种动物的起源毫不相干,或者说各种动物之间没有亲缘关系么?

"不能!"柯瓦列夫斯基回答了这个问题。而且他不只是做出回答,还用许多令人信服的事实证明了自己的答案。

3

胚胎的发育始于受精卵的分裂:精卵结合形成的细胞发生分裂,产生了一小团细胞,这就是受精卵分裂的第一阶段。学者们把这团细胞称为桑葚胚("莫鲁拉")。在拉丁语中,"莫鲁拉"[①]的意思是"桑葚";从外表上看,这团细胞的确与桑葚、也就是桑树的果实相仿。也可以说桑葚胚像黑莓的果实。

下一个阶段是囊胚:细胞团(桑葚胚)发生分裂,形成一个囊状物。这个囊状物的壁由一层细胞组成,内部是空的。

第三个阶段叫原肠胚,是一个双层的口袋。单层小囊可以通过不同的方法变成双层口袋。在文昌鱼胚胎的发育中,囊胚是通过凹陷转变为原肠胚的。这种形成原肠胚的方法正是由亚历山大·柯瓦列夫斯基发现的。

组成原肠胚壁的细胞层并不只是"层"。原肠胚的外层和内层并不一样,它们的未来命运也截然不同。外层细胞(叫作"外胚层")逐渐发育成皮肤和神经系统,内层细胞("内胚层")发育成肠道。

几乎所有多细胞动物的胚胎中还会形成第三个层:它位于外胚层和内胚层之间。这个中间层叫作"中胚层"。它后来会发育成骨架。

[①] 原文有误,应为"莫鲁斯"(morus)。——译注

三个细胞层就是三片胚叶：外胚叶、内胚叶和中胚叶。

胚叶学说是动物界统一性的绝佳证明。这个学说是由两位俄国学者——亚历山大·柯瓦列夫斯基和伊利亚·梅奇尼科夫提出的。

1873年，柯瓦列夫斯基成为敖德萨大学（新俄罗斯大学）的教授，就从基辅搬到了敖德萨。在那里，柯瓦列夫斯基遇到了当时正沉迷于胚胎学的梅奇尼科夫。两位学者完美互补，几乎研究出了所有类型的无脊椎动物的发育学说。

不同类型动物的胚胎发育史的材料每年都在增加，他们考察了腔肠动物、棘皮动物和某些蠕虫，然后又研究了海鞘、文昌鱼和脊椎动物。

唯一留有疑问的只有动物界中种类最多的一类——节肢动物了。学者们没有将节肢动物的发育同脊椎动物的发育进行比较。这个问题必须得到解决：整个"发育统一性"理论和胚叶理论的命运都取决于它了。

当然了，节肢动物也不能免于普遍规律的作用，换做是海克尔这样大胆的"总结者"，大概就不会花若干年去制备上千个切片和观察标本了。他应该会说："任谁都清楚，节肢动物也有这样的胚叶。"于是一个理论就在短短的时间内建立起来了。柯瓦列夫斯基却不是这样的人。就算"一切都不证自明"，但只要没找到无可置疑的、显而易见的事实，只要研究者没有亲眼观察到脑海中早已形成的东西，这个理论就不能称之为理论，而只是一个假说。

柯瓦列夫斯基和梅奇尼科夫开始揭示节肢动物的胚胎发育过程。柯瓦列夫斯基对蜜蜂、蝴蝶和水龟虫等昆虫进行研究，梅奇尼科夫则关注蝎子的发育。他们在这些动物身上找到了胚叶，柯瓦列夫斯基还找到了第三片胚叶，也就是那脊椎动物特有的"中胚叶"。这个发现意义非凡，它完美地证明了，一切类型的动物（至少从腔肠动物开始）的器官构造都有着一套统一的模式。事实证明，绝大多数动物都有三片胚叶，例外的只有原生动物（这是单细胞生物呀，根本就谈不上什么胚叶）、海绵动物（只有两片胚叶）和腔肠动物（有两片胚叶，但内胚叶中已经隐藏着"未来的中胚叶"了），而这三者并不能推翻整个理论。第三片胚叶是动物在演化道路上获得的新属性，因此低等动物身上没有这胚叶，这也就完全可以理解了。

胚叶理论建立了起来。如今已经再没有人会怀疑，所有动物是按照共同的规律发育起来的了。

居维叶的"类型说"被埋葬了。

"不错，这些工作都极具价值。"达尔文说。"尽管如此，这位柯瓦列夫斯基的弟弟、古生物学家弗拉基米尔·柯瓦列夫斯基的工作要有价值得多了。"

达尔文并不很喜欢胚胎学和用显微镜进行的工作，此外他也对地质记录的不完善倍感不安。因此，他更偏爱关于动物化石和现代动物发育的工作。他是对的：对动物化石的研究能为演化学说提供更具说服力的例子和证据，这些实例人人都懂。达尔文的主要任务之一，就是尽可能多地为演化学说收集这样的例子和证据。然而，达尔文只对了一方面：就普及演化学说而言，古生物材料要更重要一些，但这只是因为它占尽表面优势罢了。要想阐明不同类型动物之间的亲缘关系，要想追溯历史上某类动物发育的可能途径，胚胎发育史和胚叶理论就有了不可估量的价值。"弗拉基米尔还是亚历山大"——这只不过是达尔文的个人喜好而已。

"您看，海克尔直到如今才开始理解柯瓦列夫斯基，可他一定会毫不耽搁，用柯瓦列夫斯基的理论来建立伟大'功勋'。"19世纪70年代初，克莱能堡①对梅奇尼科夫说；他身为海克尔的助手，却不太喜欢自己的教授。

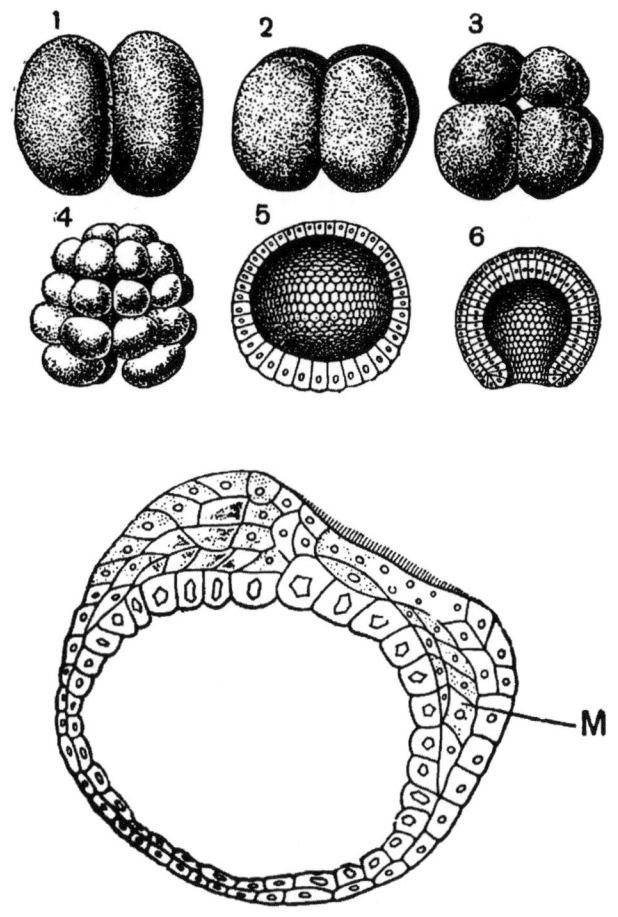

▲ 文昌鱼发育的最初阶段
1～3－分裂之初（2个、4个和8个细胞的阶段）；4－桑葚胚；5－囊胚；6－原肠胚
▲ 蚯蚓胚胎横截面。可以看见三片胚叶（M－中胚层）

助手猜对了。海克尔利用柯瓦列夫斯基关于海鞘和文昌鱼的工作，建立起了"脊索动物门"。"脊椎动物——无脊椎动物"的对立被打破了。

柯瓦列夫斯基发现并描述了通过凹陷形成的原肠胚。他并没有把它称作"原肠

---

① 尼古拉斯·克莱能堡（1842～1897），德国动物学家。——译注

胚"，而只是谈到了"双层幼虫"。海克尔想出了"原肠胚"这个词儿，也正是他总结了柯瓦列夫斯基观察到的事实，出版了著名的《原肠祖学说》（1874）。这个理论说的是，一切多细胞动物都有一个类似原肠胚的祖先。《原肠祖学说》取得了辉煌的成功，尽管其中并非一切都正确无误（第一眼看上去便能看出来）。

海克尔想象出了一切多细胞动物的"祖先"并将其称作"原肠祖"，又创造了一株多细胞动物的系统树。在此之前，系统树还没有什么"基础"，如今海克尔的"橡树"终于拔地而起，它的枝叶向四方伸展，树梢几乎要直抵云霄……

亚历山大·柯瓦列夫斯基是一位研究型人才，他更喜欢实验桌而不是书桌，更喜欢观察而不是肤浅的理论。海克尔则爱好理论和总结，即便是与事实明显矛盾也在所不惜。就算如此，竟然还有人以为柯瓦列夫斯基是"海克尔的追随者"，差不多可以算是他的"学生"了。显然，海克尔的这些崇拜者不过是对柯瓦列夫斯基的研究活动知之甚少，说不定还有这样一种惯性思维，觉得领头的并不是那个走在前面的人，反倒是那个名声更响亮的人呢。事实并不是柯瓦列夫斯基对海克尔亦步亦趋，而是海克尔承袭了柯瓦列夫斯基的发现。要不是有了柯瓦列夫斯基的工作，海克尔的脊索动物就不可能存在，"原肠祖学说"也建立不起来了。

亚历山大·柯瓦列夫斯基和恩斯特·海克尔采用了截然不同的工作方法，而他们的工作也经历了不一样的命运。

柯瓦列夫斯基获取的事实、做出的发现和研究结果永远进入了科学之中。它们在如今的科学中占有显著位置，也会在未来的科学中保有一席之地。它们的确会永远保持生机活力。

至于海克尔的理论和总结嘛……它们也保留了下来，却是以另一番情形：它们保留在科学档案馆里和生物学史上，同自然哲学家们那些被遗忘的理论和总结以及幼稚的中世纪神话传说归为一类[①]。

这就是"各得其所"吧！

4

着手构建系统树之后，海克尔又创立了一门新的学科——种系发育学，也就是关于动物（或植物）之间的亲缘关系的学科。

要弄清这种亲缘关系，最简单的方法大概就是从研究动物的发育入手了。因为在发育过程中，动物胚胎仿佛是上了一堂有关本物种、也就是自身起源的"简短复习课"。

[①] 应当指出，作者的这个观点显然是有失偏颇的。事实上直到今天，海克尔的科学与哲学思想依然得到学者们的积极研究。——译注

正是胚胎的命运能提供许多有益的东西，因此学者们迷上了对胚胎命运的研究。

如今，要是一个动物学家不了解胚胎学的各种细节，他就不可能指望在学术上做出什么成就。所有人都成了胚胎学家。出现了大量关于胚胎学和种系发生学的论文。然而，学者们对这个新的科学领域越感兴趣，它就越发迅速地蜕变成了僵化的教条。出现了一种特别的"动物学家行为守则"，凡是对种系发育学态度不敬或者否认胚胎学是各学科之母的人，都面临着倒霉的命运。通向教研室的道路只能穿过"系统树"的森林才能找到。

柯瓦列夫斯基反对教条。他是个谦逊的人，谦逊到了在学生面前都能不好意思的程度。他看出了这些喧闹不可能有什么好结果。

▲ 亚·奥·柯瓦列夫斯基（1840~1901）

"比较胚胎学已经研究得差不多了，如今该轮到实验胚胎学了。"他说。

"什么？那种系发育学呢？"别人反驳他说。

柯瓦列夫斯基不再说话了。他不想把时间和精力浪费在争论上。他继续工作，积累事实，等实在烦透了种系发育的各种言论后，他就最后做了一个关于苍蝇发育的精彩工作，然后就放弃了胚胎学研究。

1890年，亚历山大·柯瓦列夫斯基被选为科学院院士。如今他可以不再上课了，而把全部时间都用在实验室里工作。在这些年里，他不仅完成了一些杰出的研究，还在塞瓦斯托波尔①建立了一个生物学站，这是俄国第一个海洋生物站。

与以前一样，他每个夏天通常都去海边、去南方，但更常去的还是国外。1860~1891年间，他在国外共度过了141个月的时光，多数时候都是在海边。他在那里进行研究，为

---

① 俄罗斯南部港城。——译注

冬季的工作收集材料。他之所以向往南方的海洋，不仅是因为动物种类繁多，还因为那里的气候很暖和。

1901年，亚历山大·柯瓦列夫斯基去世了。

从科学活动的第一天起，他就致力于巩固演化学说的地位。他以惊人的顽强精神，为这门学科的地基添上一块块砖头，最终建立了一座百年长存的稳固地基。

"他很少提出什么理论，却做出了许多发现。"这是他去世后一位酷爱理论的学者做出的评论。

第十六章　吞噬细胞

1

在我们这儿，河蚌要算是最普通的贝类之一了，无人不知，无人不晓。它有两片外壳，外表并不好看，呈棕褐色，遍布丝状花纹；但是它的内部又滑又白，覆满了珍珠母。要打开活蚌的外壳并不是件容易事，非得把指甲都掰折了不可。河蚌的肌肉就是这样有力，能够紧密地闭合两片外壳。

有时候，人们会在贝壳内部发现一些鱼子。它们是怎么跑进去的呢？当然不是被河蚌吞进去的，而是以另一种方式进去的。

曾几何时，人们认为这是杜父鱼的鱼子，那是一种体型很小、脑袋奇大的小鱼儿。诚然，没人亲眼见过杜父鱼把卵产在河蚌里的情景，但大家依然这样觉得。

杜父鱼是一种很有趣的小鱼。与其说它是在游动，倒不如说是在河底爬行。它藏身于石头之下，有时会用嘴在沙子中挖洞，在里面做出一个小小的洞窟，因此南方人也把杜父鱼叫作"洞窟鱼"。

杜父鱼在沙里挖坑筑巢，其实都是为了自己的鱼子。鱼子由雄鱼保护，它是一位非常尽职的警卫，向所有鱼类发起猛烈攻击，保护自己的巢免受侵犯。如果你试着用小棍

▶ 杜父鱼
▼ 鳑鲏和河蚌

儿把它赶出巢穴,它反而会勇敢地冲上前去,一口咬住棍子的末端。在这段时间里,杜父鱼很像一条拴着链子、遭人逗弄的狗。

也许,鱼子是意外落到贝壳里去的?河蚌沿着河底爬行,爬过了盛着杜父鱼鱼子的沙坑,就这样意外弄走了几颗鱼子。要么,鱼子是通过另一种方式进入贝壳的也说不定吧?

这种事根本就没人想过。最可笑的是,竟没有人试过用这些鱼子孵化小鱼,那样不就立刻知道是什么鱼了嘛。1849年,德国学者沃格特提出观点,认为贝壳中的鱼子是杜父鱼的。所有人都对这位著名的德国学者深信不疑。

1863年,哈尔科夫的比较解剖学教授马斯洛夫斯基偶然发现了一些带鱼卵的贝壳。他成功用这些鱼子孵出了小鱼,可它们压根儿就不是杜父鱼呀。孵出来的原来是鳑鲏①。

俄国学者就这样揭开了贝壳的奥秘。直到那时,众人才恍然大悟:

---
① 又名四方皮、镜鱼等,鲤科鲤形目鳑鲏亚科鱼类。——译注

Cottus Quadricornis.
Der Seebull.
La Quatrecorne.
The Horned Bull-Head.

"天啊！我们还从未见过鳚鲅的鱼子哪！"

在贝壳这件事上，马斯洛夫斯基表现得像位机智的研究者，可是……遗憾呀！几年前他却犯了个错误。当然，那一次他面对的并不是带神秘鱼子的贝壳，而是一个大活人。

"教授！我太喜欢自然科学啦……我多么希望现在就能开始研究……请您帮帮我……当我的老师吧……"

这位年纪轻轻、简直还是个小男孩儿的少年，脸色通红、满怀激动地请求着教授，教授则回答说：

"你一定还是中学生吧？唔，你先读完中学再考大学吧。做学问对你来说还早了点。"

少年的伪装没有成功：教授猜出了这个身着便衣的小子其实还是个中学生。

但教授未曾预料到另一件事：站在他面前的并不是个普通的中学生，而是一位未来的世界级大学者。

中学生非常难过，但并没有灰心丧气。他好不容易找到一台显微镜，便马上研究起纤毛虫来。他注视着在腐水里敏捷游动的草履虫，赞赏着如同一个个小铃铛的钟虫[①]，只要稍稍一碰，这些小动物就会迅速将长柄蜷缩起来，他还仔细观察绿眼虫[②]……

不错，他懂得很少，所以会觉得自己观察到了科学尚未了解的新事物，这其实也毫不奇怪。这位中学生努力记录自己的观察结果，并把自己眼中的"新发现"标注出来。

1862年秋，伊里亚·伊里奇·梅奇尼科夫考上了哈尔科夫大学。他不太喜欢这所学校，于是努力争取到国外去读书：他去了一趟维尔茨堡，打算在那儿进行"原生质[③]研究"。但这次旅行并没有取得什么成果，只好认命继续留在哈尔科夫了。

1862年末，当他还在读大学一年级的时候，梅奇尼科夫就完成了自己的处女作——一篇关于原生生物的小文章。他在文中提到了中学时对绿眼虫、钟虫和纤毛虫的一些观察结果。

唉……梅奇尼科夫不久后就发现了，这些观察并不精确，也并未做出什么新的发现。

"请不要发表我的文章。"他写信给莫斯科的杂志编辑说。

文章没有出现在《莫斯科自然实验者协会公报》上，梅奇尼科夫还以为它从此就不见天日了。

[①] 原生动物门纤毛纲缘毛目钟虫科生物，体形如倒置的钟。——译注
[②] 原生动物门鞭毛纲眼虫目生物，是梭形绿色单细胞动物。——译注
[③] 细胞内生命物质的总称，包括细胞膜、细胞核和细胞质。——译注

然而他错了。文章登在了另一本叫作《自然科学学报》的杂志上。尽管它拖了很久才问世（登着文章的那期杂志是1865年才出的），但好歹是发表了出来。

对此梅奇尼科夫最终也毫不知情，所以一直以为自己的学术处女作是1863年刊登在《科学院札记》上的一篇文章（文中描述了钟虫长柄蜷缩的过程）。

如此年纪轻轻就能写出学术文章，这种事可真是不常有！彼得堡和莫斯科的人们开始谈论哈尔科夫的"神童"：他中学毕业还没多久，就已经写了学术文章，而且用起显微镜来得心应手，仿佛当年是手里抓着显微镜出生的一般。

17岁读完中学并不是什么惊人的事，但毕业时得到金质奖章就不太常有了，能做到这一点的中学生显然很少。可是，要是能两年就修完大学课程，那就真是件天大的稀奇事啦。

▲ 伊·伊·梅奇尼科夫（1845～1916）

伊里亚·伊里奇·梅奇尼科夫就是这个最稀奇的例子。此外，他不仅19岁就拿到了大学文凭，还在两年之后通过硕士论文答辩，成为敖德萨大学的副教授。这老师比许多学生的年纪都小呢。

2

拿到大学文凭之后，梅奇尼科夫就出发去国外了。他既没有助学金，又没有出差费，完全是靠"自费"。而这些钱其实少得可怜。

在吉森[①]，当他在名噪一时的动物学家莱卡特[②]教授的实验室工作时，梅奇尼科夫已

[①] 德国西部城市。——译注

[②] 鲁道夫·莱卡特（1822～1898），德国动物学家。——译注

经陷入了捉襟见肘的局面。将他救出困境的是尼·伊·皮罗戈夫。当时，这位著名的俄国外科医生负责照看那些出国深造、准备获取教授职称的俄国青年。皮罗戈夫设法从部里为梅奇尼科夫张罗到了助学金，保障了他两年的开销。

在那时，亚·奥·柯瓦列夫斯基正在那不勒斯工作，研究文昌鱼等海洋生物。他给梅奇尼科夫写了封信，向他讲述了那不勒斯湾里各种各样、数不胜数的海生动物，想藉此"引诱"他过去。于是梅奇尼科夫从德国来到了那不勒斯。正是在那里，两位青年学者头一回见了面；在那之前他们还互不相识。

当时的那不勒斯还没有后来那极负盛名的科研站①，也没有任何一座科学实验室。到那儿去的博物学家得自己建一个实验室，或是在旅馆的房间里，或是在自己的房间里，随便哪儿都行。工作所需的材料也得自己设法搞到。这些都要花费许多时间精力。尽管实验室是自己开的，尽管研究者既要当实验员又要当制备员，还常常得划着船出去打渔，这个实验室取得的成就还是非常惊人的。其实这也可以理解：要知道，在那城郊小屋里的家庭实验室中，工作着的可是亚历山大·柯瓦列夫斯基和伊里亚·梅奇尼科夫啊。

经验丰富的渔民乔万尼给他们送去了"海洋之实"②：这是意大利人对各种海洋动物（除了鱼类！）的称呼，在意大利每座沿海城镇的集市上，都能看到这些动物，满满当当地塞满了篮子和盆子。这乔万尼后来成了那不勒斯科研站著名的制备员，也许除他之外，再没别人有机会能同如此知名的学者共舟而行了。

在那不勒斯，梅奇尼科夫完成了关于耳乌贼（一种头足纲软体动物，是墨鱼的近亲）发育的学位论文。这是研究头足纲软体动物发育过程的第一次尝试。

后来，梅奇尼科夫从那不勒斯搬到了哥廷根③：当时那不勒斯爆发了霍乱，死了不少人，把他给吓得不轻。

在哥廷根，梅奇尼科夫想到科菲施坦④教授手下工作，但他的努力没有成功。这位德国学者一开始就让梅奇尼科夫去制备一只稀有蜥蜴的标本，可梅奇尼科夫对制作标本很不在行，把这只珍稀动物彻底弄坏了。科菲施坦不只是伤心，还觉得自己被残酷羞辱了一番，两人只好就此别过。

后来他又在日内瓦稍作逗留，还在那不勒斯工作了一段时间（霍乱已经停止了），

---

① 全称"安东·道恩动物学科研站"，成立于1872年。——译注
② 原文是用俄文拼写的意大利语"frutti di mare"。——译注
③ 德国中部城市，著名大学城。——译注
④ 威廉·莫里茨·科菲施坦（1833~1870），德国动物学家。——译注

最终回到了俄罗斯的彼得堡。他在彼得堡通过了论文答辩，不久后就在敖德萨的新俄罗斯大学获得了副教授的位置。

过了两年，他作为彼得堡大学的副教授通过了博士论文答辩。当年面对那个身着便服的少年，马斯洛夫斯基教授可曾料想，这孩子六年之后将会成为动物学博士呢！此外，梅奇尼科夫还不只是成了"博士"，而且同柯瓦列夫斯基一起获得了以俄国著名学者贝尔命名的奖金（1867年；他第二次得这个奖也是同柯瓦列夫斯基一起，是在1870年）。

在彼得堡，梅奇尼科夫同植物学教授别凯托夫①的侄女结婚了。但年轻的新婚夫妇不久就大祸临头：妻子染上了严重的结核病。

梅奇尼科夫的苦日子开始了。他深深地爱着妻子，极其希望拯救她的性命。他抛下了手头的研究，开始干各种各样的活儿：讲课、翻译、私人授课……只为了能挣到更多的钱，只为了能帮助妻子同病魔抗争！

彼得堡的条件对于治疗结核病非常不利。等筹到一点钱后，梅奇尼科夫带着妻子去了南方的意大利。病人相信意大利能挽救她的性命，事实上，她的病情在那边也有所缓和。

在沿海小城拉斯佩齐亚②，病人渐渐好转了过来。梅奇尼科夫心情好了一点，便开始研究海生动物：大海就在旁边闪着波光嘛。

他对许多海生动物的发育进行了研究。他的工作台上有水母，有水螅，有管水母，还有涡虫。海星幼体和海胆幼体，海参和蛇尾，头足纲软体动物的胚胎……在地中海地区工作的这几年里，还有什么动物是他不曾用显微镜观察过的呢！

他成功揭开了棘皮动物发育的许多秘密。他知道了，海胆是在其长角幼体——长腕虫的体内形成的。当小小的海胆刚从幼体的外壳残骸中跑出来时，它的背上还残留着长腕虫那长长的"手"的一部分，并且会保持很长时间。

这一次，"海洋之实"的大杂烩中又加入了小小的柱头虫幼体。

柱头虫是一种体型不大、形似蠕虫的海生动物。它的前端有一个象鼻状的凸起，从

---

① 安德烈·尼古拉耶维奇·别凯托夫（1825~1902），植物学家，彼得堡大学教授。创立了俄国的地理植物学学派。达尔文主义者，早在《物种起源》一书出版之前，就提出了达尔文学说的一系列基本观点。也是达尔文主义在俄国的积极宣传者（克·阿·季米利亚泽夫是别凯托夫的学生）。——原注

● 克利缅特·阿尔卡季耶维奇·季米利亚泽夫（1843~1920），俄国植物学家，达尔文主义者。对植物生理学尤其是光合作用有深入研究。——译注

② 意大利西北部城市。——译注

后面被一层像领子一样的器官给包住了，与长长的圆柱形身体隔了开来。借助这个象鼻，柱头虫能在海底的淤泥或沙子里挖洞。它的身体覆盖着纤毛和粘着淤泥与沙子的黏液。柱头虫的身体仿佛是包裹在一个管状的沙子外壳中一般。这个管子非常不牢固，只要柱头虫在沙里颤抖几下，身上的沙子就会土崩瓦解。如果它在沙里一动不动地躺一段时间，身上就会重新黏起许多沙子，形成一个脆弱的外壳。

柱头虫有鳃裂。腮裂向外开口于体表，向内开口于肠道内。因此柱头虫又被称为肠鳃动物。肠道的前端有一个中空的凸起，其组成细胞非常独特。通常认为这个凸起是脊索的残余。脊索则是脊索动物（也包括脊椎动物）骨架的中轴线。

柯瓦列夫斯基对柱头虫的身体构造进行了研究。与肠道相连的鳃裂、脊索的残余以及其他一些构造特征——这都使得柱头虫成了动物学家眼中一种极有趣的动物。

人们老早就知道柱头虫的幼虫了，把它叫作"回转虫"[1]，并在很长时间里都以为这是一种棘皮动物的幼虫：它长得非常像某些类型的海星幼虫。

梅奇尼科夫对回转虫进行了研究。他确定了这种动物就是柱头虫的幼虫，而不是什么别的生物。它与棘皮动物幼虫的相似可不仅限于外表，还表明了棘皮动物与肠鳃动物[2]之间的某种亲缘关系。不久之后，这个发现的重要意义就会充分显现出来。

柯瓦列夫斯基深入研究了海洋动物帚虫的发育过程，并证明了动物学家们称作"辐轮虫"的神秘动物不是别的，正是帚虫的幼体。梅奇尼科夫也研究了辐轮虫的发育，观察其变为成年帚虫的过程。

两人的研究成果互为补充，因此"亚·柯瓦列夫斯基"和"伊·梅奇尼科夫"这两个名字就像回声一样相互应和：只要说了"柯瓦列夫斯基"，立刻就会有回应"梅奇尼科夫"，反之亦然。这种情况持续了许多年，尽管两位朋友并非始终完全合拍。必须承认，在各种产生"误解"的情况下，有错在先的通常都是梅奇尼科夫。他是个容易着迷、喜爱幻想的人，因此在研究中并不总能像柯瓦列夫斯基那样，把工作做得异常精确。有时还没做足观察，或者还没搞清看到的东西，他就开始争论和提反对意见了。过了一段时间，他才意识到自己的错误。其实也不可能有另外的结果：柯瓦列夫斯基做的标本向来极为精细，要反驳他已确证的东西，其实就相当于反对事实。

在那些年里，柯瓦列夫斯基和梅奇尼科夫迷上了动物发育的研究。

"胚胎学是俄国学者最为钟爱的学科。"19世纪六七十年代的西方学者们如是说。

---

[1] 多译为"柱头幼虫"，但考虑到该译名违背了命名者的初衷，此处按拉丁文改译为"回转虫"。——译注

[2] 半索动物门柱头虫类生物，状似蠕虫。——译注

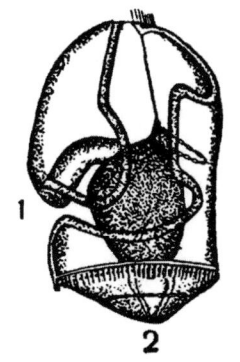
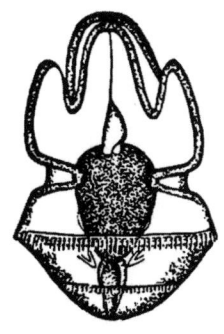
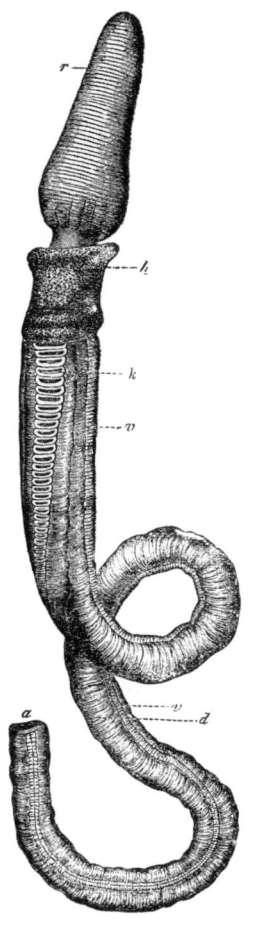

▲ 柱头虫
▶ 柱头虫的幼体回转虫,从侧面看(左视图)和从平坦的一侧看(右视图)
1- 口部;2- 肛孔

这是为什么呢?

达尔文学说在俄国学者当中引发了热烈的反响。不错,是有一些博物学家站在了达尔文的对立面上,但这样的人为数不多。

那些年,俄国以外的达尔文主义者们研究了动物的"系谱树"。就算材料很少,就算这些"树"约有一半都是想象的产物,那也无所谓!重要的只有一点:画出了"树"。

俄国的动物学家并不打算把时间和精力浪费在编纂系谱表和绘制令人怀疑的"系谱树"上。胚胎发育研究可以提供丰富的材料,藉以阐明动物的亲属关系,揭开动物界的某些历史之谜,哪怕只有一部分。相比起凭空想绘制"系谱树"的工作,胚胎发育研究要有用得多了。俄国学者从事的正是这项事业:他们会获得材料,做出系谱表格,而且还不是想象的产物,而是基于事实的成果。

柯瓦列夫斯基和梅奇尼科夫都是坚定的达尔文信徒,他们试图寻找事实,证明达尔文学说的正确性。他们漂亮地为比较胚胎学奠定了基础;在达尔文主义借以获取有力证据的学科中,比较胚胎学要算是最重要的一门了。

回转虫与柱头虫、辐轮虫与帚虫、棘皮动物、文昌鱼……这些动物成为演化学说的一块块基石,令其逐渐发展成一座坚实的大厦。

夏天快要结束了。回到彼得堡就意味着把妻子带向死亡。梅奇尼科夫不知所措了:回彼得堡是不行的,可不回去又该在哪儿生活呢?最主要的是——靠什么生活呢?把妻子一个人留在意大利吧，他又害怕出事，还会重新出现那个问题——去哪儿弄钱呢？

就在这时……敖德萨空出了一个教授职位，让25岁的梅奇尼科夫得到了。

敖德萨并不是意大利，但毕竟也不是那雾气缭绕的彼得堡。于是梅奇尼科夫夫妇搬到了敖德萨。

唉！可怜的妻子没法在敖德萨生活，她咯血越来越频繁，身体也越来越衰弱。

人们常说马德拉岛①能带来奇迹。梅奇尼科夫孤注一掷，把垂危的妻子带到了马德拉。

可惜马德拉也辜负了他的期望，病人的状况依旧每况愈下。

1875年春她病死了。

梅奇尼科夫悲痛得发狂，只身返回了敖德萨。在敖德萨，他投身于忙碌的教学和政论工作，藉此从丧妻之痛中寻求解脱。

3

19世纪70年代，海克尔出版了著作《原肠祖学说》②。他认为原肠胚发育阶段中包含着对所有多细胞动物的共同远祖的"回忆"。难怪胚胎发育要经过原肠胚阶段呢！柯瓦列夫斯基就在关于文昌鱼的著作中，将原肠胚这个双层的口袋称为"双层的幼虫"。

"胡说八道！"梅奇尼科夫一边翻阅着海克尔厚厚的著作，一边对这理论大发牢骚。"好棒的祖先呀！可惜的是，对许多动物而言它并不存在，也不可能存在！"

梅奇尼科夫有权发牢骚：他对水母和水螅之类的低等动物的了解可比海克尔强多了。他自己就研究过这些动物，柯瓦列夫斯基也一样。这些研究大多尚未发表，而那爱空谈理论的德国学者所知道的东西，还不及俄国学者们所了解的十分之一哩。

可是，如果不是原肠胚的话，那该是什么呢？

这个问题没有答案。准确点说，答案是有的，但非常不清楚。只有一点是确凿无疑的：多细胞动物的祖先是一种双层的机体，也就是说，这祖先是由两层细胞——外层和内层所组成的。而且只有这两层。

然而，这两层细胞又是怎么分布的呢？要知道，就连原肠胚都有两层细胞呀。

主要的困难就在这儿了：除了双层的原肠胚外，还得找到另一种机体，它必须得是双层的，但构造比原肠胚还要简单。

准确的答案恐怕只有胚胎本身才能给出了。不论是严密连贯的推理，还是天马行空

---

① 葡萄牙岛屿，位于非洲西北部的大西洋海域。——译注
② 参见《我会证明的！》和《胚叶》两章。——原注

的想象，都解决不了这个困难；这里需要只有事实、事实、事实。

梅奇尼科夫开始收集事实。他研究起了海绵、腔肠动物和涡虫①。他对胚胎发展颇感兴趣，寻找着那可能成为多细胞动物神秘的共同祖先的形态。但正是那些标本和动物让他看到了一些别的东西。"别的东西"被他暂时搁到了一边，但始终在不断积累着。不知不觉地，梅奇尼科夫成为了那个不久后就要举世闻名的梅奇尼科夫——巴斯德研究所的梅奇尼科夫。

双层的祖先可能是什么样的呢？要想回答这个问题，就得先弄清一个事实：从整体上看，双层的胚胎又是如何构成的呢？

原肠胚是由囊胚壁凹陷形成的。单层的泡状囊胚就这样变成了双层的袋状原肠胚。柯瓦列夫斯基指出了这一点，梅奇尼科夫也看见了这一点，可是……他抛弃了"原肠祖学说"。他并不赞同这样的观点，说"原肠祖"是一切多细胞动物的原始形态。

然而，如果不是原肠胚或"原肠祖"的话，那又该是什么呢？

这个难题让水螅给解决了。这是一类低等的腔肠动物。在研究水螅发育的过程中，梅奇尼科夫观察到了，双层的胚胎可能通过原肠胚化以外的途径形成。水螅的囊胚壁并没有发生凹陷，也就没有形成口袋。

水螅的囊胚与文昌鱼的囊胚表现得截然不同。构成单层囊胚壁的细胞沿横向一分为二，就这样从一层变成了两层——外层与内层。梅奇尼科夫还发现了第二种构成双层的方式：依然是囊胚细胞分裂，但不是横截为二。一部分新细胞挤到了囊胚里面，于是形成了第二层细胞，也就是内层。

这样产生的胚胎是双层的，但并不呈袋状，也不是原肠胚。它没有消化道，由密集分布的两类细胞组成（外层细胞与内层细胞）。而这样的双层胚胎正是在最低等的动物身上见到的。

"就把你叫作'中实幼体'吧！"梅奇尼科夫做了决定。"至于按着你的模式构成的假想祖先，就叫作'中实胚虫'好了。"

这名字起得不错，传达出了这种胚胎的特点：它是由一层密集排布的细胞组成的。只需记住一点：中实胚虫并不是按中实幼体的模式构成的，而是恰好相反，因为那"祖先"就是中实胚虫。

难题已经解决了一半，还剩一半有待回答。

原肠胚（"原肠祖"）是有消化道的，也有"原始的口"。但是，中实胚虫既没有口，又没有消化道，它要怎么获取营养呢？

---

① 扁形动物门涡虫纲生物。——译注

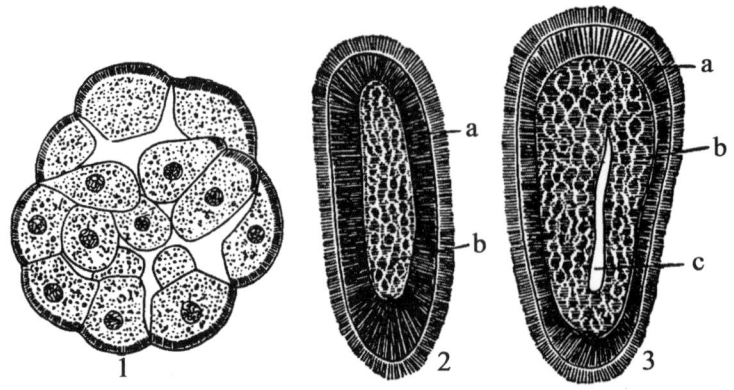

▲ 双层胚胎与中实幼体
1- 外层胚胎细胞向内移动，形成内胚层；2-（水螅）幼小的中实幼体；3- 更成熟的中实幼体，形成内部腔道；a- 外胚层，b- 内胚层，c- 腔道

中实胚虫不可能只满足于溶解在水中的物质就算了，它肯定是以生活在水中的某些微生物为食的。

由此只能得出一个结论：中实胚虫的细胞具备攫取和消化固体物质的能力。

可是……这里又出现了"可是"。这一回情况有所不同：只靠话语是不够的，还得有事实呀。需要证明这种多细胞生物具有能攫取和消化固体物质的细胞。不然的话，整个"中实胚虫理论"就要轰然倒塌了：没有营养怎么能活下去呢。

还在那之前很久，梅奇尼科夫就研究过涡虫。他发现，有些涡虫是没有肠道的。它们的体内有一些密集排布的细胞，形成了涡虫身体所谓的"柔软组织"。

这种涡虫有口和喉咙，能吞咽食物。但吞下去的食物并没有到达肠道，因为肠道本来就不存在嘛。食物被构成柔软组织的细胞吞掉了，并在这些细胞内部进行消化。

梅奇尼科夫还在海绵体内观察到了类似现象。

海绵的体内遍布管腔，它所吸入的水携带着食物和氧气，缓慢地沿这些管腔流动。管腔内部有一些带鞭毛的特殊细胞，鞭毛的运动推动了水在管腔中的流动。

鞭毛细胞从水中攫取食物颗粒，并在细胞内进行消化。如果它们吸收了太多食物，就会把多余的部分排出去，但并不是排进管腔。它们从细胞基部[①]把多余的食物排进构成海绵主体的物质之中。在那儿，食物颗粒又会被特殊的细胞吸收掉。

---

① 鞭毛细胞/领细胞可分为游离端和基部两部分，游离端具有鞭毛，基部相互连接成海绵的胃层。——译注

梅奇尼科夫成功观察到了还很小的淡水针海绵大量吞噬绿眼虫的情形。

眼虫是一种靠鞭毛运动的单细胞生物。它体内有许多绿色的小颗粒，因此看上去是绿色的。这种生物在课上会讲到，因此连中学生都知道。

针海绵吞掉眼虫之后，很快就会把它给消化掉，但绿色颗粒还是完整保留着。

在好长一段时间里，针海绵的细胞看上去就像加了菜馅儿似的。按着这些绿色颗粒，梅奇尼科夫可以追踪被吞掉的眼虫在细胞中移动的过程与方向，以及海绵细胞中营养物质的分配过程。

就这样，梅奇尼科夫年复一年地补充完善自己的"中实胚虫理论"。

可是，只找到中实幼体并证明中实胚虫的消化方式还是不够的。还需要找到一种动物，用它来展示中实胚虫是怎么形成的。换句话说，需要寻找一种机体，其构造介于囊胚和中实幼体之间。

梅奇尼科夫成功找到了一个合适的例子。

这种由原生动物形成的独特群落叫作"原绵虫"。它由凝胶状的薄膜组成，薄膜边缘是相互独立的细胞个体，也就是群落的成员。每个个体都有自己的鞭毛和"领子"。薄膜内部也有细胞，但它们既没有鞭毛又没有"领子"，形状就像变形虫，而且它们可以运动——像变形虫一样爬行。

梅奇尼科夫原本对这群落并不感兴趣，但变形细胞的起源却吸引了他的注意。原来啊，外部的鞭毛细胞在吸收食物之后，可以移动到胶质薄膜的里头去：它会失去鞭毛和"领子"，然后爬进薄膜里。过了一段时间，它又可能回到外面去。这时它又会重新长出鞭毛和"领子"。

原绵虫表明了中实胚虫可能的形成过程。

从前有一个机体，它很像囊胚：这是一团凝胶状的物质，表面上排着一列细胞。起初的情况就跟原绵虫一样，只有个别细胞进入凝胶团里面，而后又会重新爬回表面。在那时，内部的细胞还不是固定的存在，也没有什么特殊的第二层细胞。任何一个外

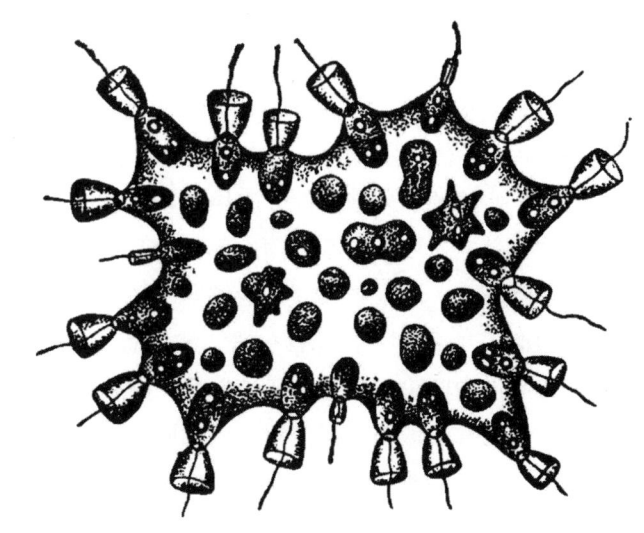

▲ 原绵虫

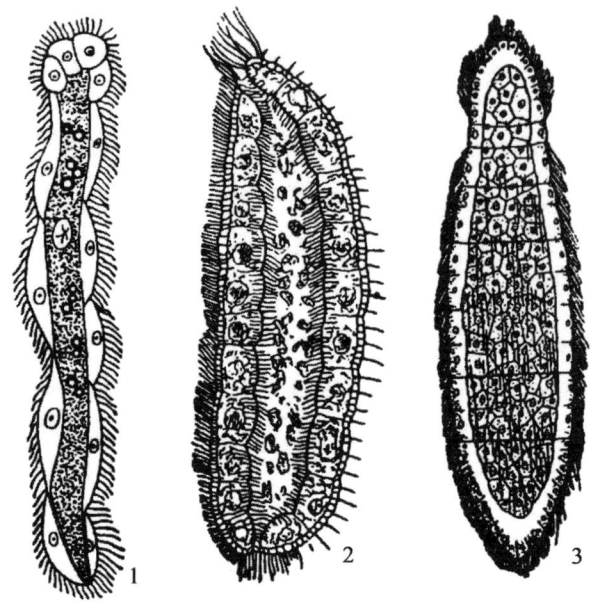

▲ 中生动物，一种只由两层细胞（外胚层和内胚层）组成的微生物
1- 二胚虫，具有狭长的轴细胞；2- 单胚动物；3- 直泳虫，具有大量紧密排布的内胚层细胞

层细胞都可能进到里面。

到了后来，这个内细胞层变成了稳定的结构，上面的细胞已经不能回到外面，不能重新变成原先的外层细胞了。

这些细胞发生了"分工"：外层的成为保护细胞，内层的则成为消化细胞。

原绵虫的个体细胞尚未分化为两组，外层细胞还可以暂时变成内层细胞。

这就是中实胚虫的祖先可能的形态。

中实幼体只能在最低等的多细胞动物身上见到。在更高等的动物体内，它就被原肠胚给取代了。

显而易见，中实胚虫应当是在很久前就变成了一种类似原肠胚的东西，算是所谓"原肠祖"吧。但这又是怎么发生的呢？

答案是由水螅给出的。柯瓦列夫斯基观察了它们的发育，而水螅幼体的发展变化恰好证明了中实幼体（中实胚虫）逐渐变为原肠胚（"原肠祖"）的可能过程。

起初，水螅的幼体是由外细胞层和密集排布的内部细胞团组成的。这个阶段对应的是"中实幼体"。然后，细胞团内部仿佛是裂了一条小缝，形成了一道狭窄的空隙。这个空隙越来越大，越来越长，最后够到了幼体一端的外细胞层。于是，外细胞层就裂了开来，形成了"原口"[①]。这样一来，我们面对的就已经是原肠胚或"原肠祖"了。

相比起向内凹陷构成原肠胚的方式，这种形成原肠胚的途径更加复杂，过程更长。因此，结构更复杂的动物都使用向内凹陷法形成原肠胚，而不采用中实幼体转变法，这其实毫不奇怪：对机体来说，更节约、更迅速的方式也就更加有利。中实胚虫的内层细

---

① 囊胚发展成原肠胚时形成的凹陷，较为低等的生物（原口动物）以此发育出进食和排泄口；相对高等的生物（后口动物）的原口形成肛门而在另一端开后口进食。——译注

胞负责吞噬食物,这就是所谓的吞噬细胞。

还在最终敲定中实胚虫理论之前,梅奇尼科夫就已经深深迷上了这些游离的细胞——"法戈齐特"[①]。

他的这份爱好同样反映在了"中实胚虫理论"之中。

在最后一部关于水母的著作(1886)中,梅奇尼科夫已不再使用"中实胚虫"的说法,而改用了"法戈齐特拉",这个词翻译过来就是"吞噬细胞"。

4

梅奇尼科夫不能忍受鳏夫的生活:他需要一位朋友,一位固定的聊天伙伴,一位耐心的听众。很快他就结了第二次婚。他的第二任妻子奥·尼·梅奇尼科娃[②]擅长绘画和造型艺术,但还不止于此。为了丈夫的事业,她还学会了组织学和细菌学的技术与方法,对梅奇尼科夫的研究起到了很大的帮助。看起来,生活总算是步入正轨了……但这也只是"看起来"而已。

岳父去世了。梅奇尼科夫只得担负起养活一个大家庭的义务:妻子有三个妹妹和五个弟弟。他还没来得及习惯监护人的责任,大学里又闹出了不愉快的事件。梅奇尼科夫、柯瓦列夫斯基、生理学家谢切诺夫和物理学家乌莫夫[③]等一群学者被认定为"不可靠分子",学校领导对这些"革命分子、达尔文分子和无神论者"充满了怀疑。本来很小的不愉快变成了同学校官员的严重冲突,最终掀起了一场大风波。

学生们对系主任极不满意,于是决定用罢课的形式表达不满。学监请求梅奇尼科夫等几位颇受学生欢迎的教授去说服学生们复课。教授们答应去做说客,但附带了个条件:必须撤掉那不受学生待见的系主任的职务。学监答应了。

梅奇尼科夫说服了学生,他们重新开始去上课。可系主任并没有被撤职;不仅如此,有些学生还受到了处罚。

梅奇尼科夫对这种欺骗行径深感愤怒,争执了一阵后就递交了辞呈。

跟敖德萨大学的关系就到此为止了。梅奇尼科夫在那儿当了12年的教授。在这些年

---

① 术语фагоцит源自希腊语φαγεῖν"吞咽"+κύτος"细胞"。考虑到下文出现了一次释义,此处采用音译;以下的"法戈齐特拉"(фагоцителла)同理。——译注

② 奥尔加·尼古拉耶夫娜·梅奇尼科娃(原姓别洛科佩托娃,1858~1944),俄国女雕塑家、画家。——译注

③ 尼古拉·阿列克谢耶维奇·乌莫夫(1846~1915),杰出的俄国物理学家,敖德萨大学教授,后来成为莫斯科大学教授。——原注

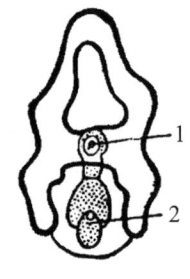

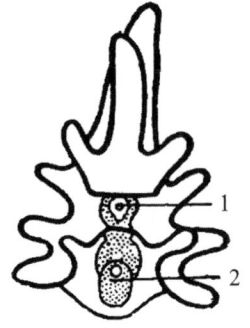

▲ 海星幼体羽腕虫
1— 肠道的前半部分，带有口；
2— 肠道的后半部分，带有肛孔

里，他同柯瓦列夫斯基一起提出了胚层学说，为比较胚胎学奠定了基础。他还搞了一系列研究，为动物学做出了许多新的贡献。他还是达尔文思想的热忱宣传者，写了不少关于达尔文学说的文章。他成了个没有教职的教授，没有实验室的学者，拖着一大帮家属的人，没什么钱可以用来糊口。不过，这并没有给梅奇尼科夫造成什么困扰：他能在极简单的家庭实验室里工作。而对于工作他也毫不担忧，工作总能找到的嘛。

就在那时，梅奇尼科夫的妻子继承了一笔不大的遗产。1882年秋，梅奇尼科夫与妻子和她的兄弟姐妹一起去了西西里岛的墨西拿①近郊。

他们在海边租了一座不大的房子。梅奇尼科夫在一个房间里建了自己的实验室。

海星的幼体有个特别的名字叫"羽腕虫"②。这个名称是对一位学者犯的错误的永久见证。挪威有位著名动物学家米凯尔·萨尔斯③，在第一次看见海星幼体时，他还以为这是学界尚未发现的一种新动物。他相信这是一种动物的成体，于是根据分类法规则，给它起了个名字叫"羽腕虫"。萨尔斯搞错了，可海星的成体是星形的，幼体却是两侧对称的，跟成体一点都不像，简直比毛虫和蝴蝶之间的差距还大。不过，被棘皮动物幼体蒙骗的并不只有挪威人萨尔斯一个：海胆幼体、蛇尾④幼体、海参幼体……它们全都被当作了某种特殊的动物，并给安上了特殊的名字。

羽腕虫通体透明，透明得可以看见体内发生的一切变化，放到显微镜下甚至能看清单独的细胞。

梅奇尼科夫研究起透明的动物特别热心。在阐明中实胚虫的问题时，他曾在吞噬细胞上费了不少工夫，如今他对这些细胞尤感兴趣。吞噬细胞可以在各种各样的动物体内找到。它们像变形虫一样，利用伸出的伪足进行移动。它们内部常常能看到千奇百怪的

---

① 意大利南部港城。——译注
② 多译为"羽腕幼体"，但考虑到该译名违背了命名者的初衷，故采用此译。——译注
③ 米凯尔·萨尔斯（1808~1869），挪威动物学家，主要研究海生无脊椎动物。阐明了钵水母的发育史，并揭示了与该发育相关的幼体的惊人变化过程。——原注
④ 俗称阳遂足，是棘皮动物门的蛇尾纲生物，生存环境多样，多于深海之中。——译注

小颗粒，而且多是显然不可食用的：细胞消化不了它们。

它们干嘛要攫取这些颗粒呢？以前的学者认为，细胞只是偶然抓住了这些颗粒，于是觉得这与食物消化毫无关联。

通过对海绵、真涡虫、直泳动物以及其他一些动物的观察，梅奇尼科夫对吞噬细胞产生了相当怀疑的态度。

"它们恐怕并不是碰着什么就抓什么。它们就不消化这些微粒么？最主要的是，细胞是偶然攫取的微粒，还是……"

他的思路发生了跳跃，脑海中又浮现了一个新的推测：

"说不定，它们攫取的是对机体有害的物质？"

家里一个人都没有：大家都去了墨西拿，去马戏团观看经过驯化的神奇野兽。梅奇尼科夫找不到人可以分享他的新念头，只好开始在房间里来回踱步，但他脑海中思绪万千，以至于房间也显得狭小了：他不由得想走得更快些，更主要的是——想少转几个身。

梅奇尼科夫走到了海岸边。这里地势非常开阔，轻柔的海风吹拂着发热的额头，叫人觉得十分舒服。

"如果真是这样的话，那么……没错，扎进幼体体内的刺儿就会被移动的细胞所包围。它们都会向这根刺儿爬过去。"

他已经等不及明早了，就直接在花园里折了几根玫瑰刺，把它们刺进了透明的羽腕虫的表皮内部。

"唔，到了明早，你会告诉我什么呢？"

急不可耐的学者整晚都兴奋不已，不仅自己睡不着，也搞得妻子无法入眠。没法跑去观察刺的情况呀：那是晚上，四周一片漆黑。

一大清早，梅奇尼科夫就急忙跑到了幼体跟前，他双手颤抖着安好了显微镜的镜筒，将放着幼体的玻璃片移到了物镜下方。

他俯身靠近目镜，用手指熟练地转了转微调旋钮[1]。他的心脏猛地紧缩了一下……

刺儿被许许多多变形虫般的游离细胞给包围住了！它们从四面八方围到刺儿上面，密密麻麻地靠在它的周围，仿佛是想要挤得离它更近一点。

从那以后，梅奇尼科夫几乎每天都要做这个实验。他把棘刺或细玻璃丝刺入羽腕虫的身体，时而扎在这儿，时而扎在那儿。有时他还用洋红色或靛蓝色的染料给棘刺和玻璃丝上色，于是就会高兴地观察到，染料小颗粒也被细胞给攫取了。

---

[1] 用来对显微镜焦距进行细微调节的部件。——译注

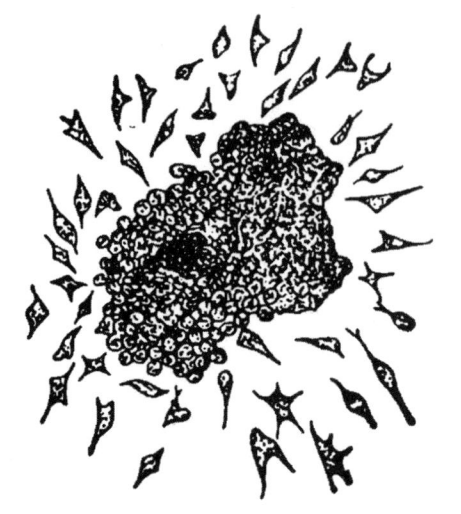

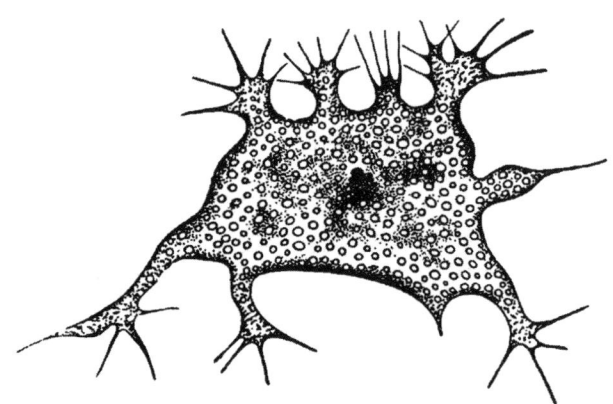

▲ 羽腕虫体内的吞噬细胞聚集在刺的周围
▲ 羽腕虫的吞噬细胞在血滴周围聚成一个小团

他将一滴血注射到羽腕虫的表皮以下。游离细胞群集到了血滴周围，但还不只如此：它们仿佛融在了一起，形成了一个有点像小团儿的东西。它们将血滴吞噬了，并在细胞内把它消化掉。

"这些细胞会吞噬呵，它们还会进行消化！我要把它们称作吞噬细胞——'法戈齐特'。"

墨西拿住着一位动物学教授叫克莱能堡。梅奇尼科夫向他讲述了自己的实验：

"这些细胞会攫取一切异物，也会捕捉微生物。我推测，它们发挥着保护机体免受微生物侵袭的重要作用。"

"赶紧写篇文章谈谈您的发现吧！"克莱能堡回答说。"您的发现太伟大了。如果真是这样的话，那么……哦！您想想看，这个发现将给科学做出多大的贡献呀！"

1883年春，著名学者魏尔肖到墨西拿疗养。梅奇尼科夫同他见了面，并把自己的实验告诉了他。

"我要去您那儿看看那些幼体和美妙的细胞。"魏尔肖说。不久之后，两个大胡子就俯身在显微镜跟前了。

魏尔肖不仅善于使用显微镜，还对细胞有着深入了解。他只不过瞄了一眼幼体和刺儿以及"法戈齐特"，又看了十来个标本，就马上明白了观察到的一切。

"这一切都非常有趣。"他从显微镜上抬起身来，说，"但是……您在解释这些实验和观察时可得当心点儿。您知道的，现在的医学界对这个问题通常有另外一番解释，与您的解答完全不同。一般认为，白细胞并没有消灭微生物，反而是把它们带到整个机体的各个角落。白细胞内部的细胞活得非常惬意，再找不到比这更好的住处了。按照您的见解，落进吞噬细胞内部的微生物就只有死路一条。可如今的医学却表示：不，它们在那儿生活得很好……您要记住这一点啊。"

"可是您要知道，我……"梅奇尼科夫焦躁了起来。

"我给您提个建议，"魏尔肖平静地继续说，"要谨慎点。反复检查您的观察结果。您需要证明，白细胞的确能帮助机体与有害的微生物做斗争。直到那时才能讨论您的学说。这是个精彩的理论，但……目前还没有任何证据。"

魏尔肖说得很对。梅奇尼科夫对胞内消化（也就是吞噬细胞的活动）的不同实例进行了许多观察。但是，他并不能证明这些细胞吞噬了微生物就可以帮助机体对抗疾病：他还没有做过这方面的观察。

5

回敖德萨之后，梅奇尼科夫在自己的房间里建了一个小小的实验室。他在这里继续进行细胞内消化的实验，也就是继续研究吞噬细胞。也正是在这里，他完成了一些动物学研究，但只是完成了原有的，而没有开始新的。他的研究方向日益远离了动物学。

1883年秋，敖德萨举办了一次博物学家和医生大会。梅奇尼科夫在会上就自己的新理论做了报告：关于白细胞在机体生命中的作用。他还没有取得魏尔肖要求的证据，可是……他怎么可能忍耐得住，不将自己的发现与他人分享呢？梅奇尼科夫并不喜欢秘而不宣。

尽管如此，证据还是需要的。

在那几年里，柯瓦列夫斯基是新俄罗斯大学的教授，住在敖德萨城郊的摩尔达万卡区。他在那儿有一座别墅，别墅带有一个花园，花园里有几个装着玻璃观察孔的蜂箱：透过这些小孔可以观察蜜蜂的生活。柯瓦列夫斯基还有一个养着各种水生动物的水族缸。

梅奇尼科夫经常上柯瓦列夫斯基的别墅去。他在那里透过玻璃孔观察蜜蜂，透过水族缸的玻璃墙观察水甲虫、蜗牛和小虾。

就在这个水族馆里，他发现了一只生病的水蚤。

水蚤是一种小小的淡水甲壳动物。它只有一颗粟实那么大，但这个小不点却有着非常复杂的构造：有肠道，有神经系统，有心脏，还有其他许多器官。构造复杂的小动物有很多，甚至还有比水蚤更小的，小到不用放大镜都几乎看不清。但是，水蚤有一个巨大的优势：它的身体非常透明。

正是水蚤那透明的身体吸引了梅奇尼科夫的注意力。这种甲壳动物的许多秘密都可以在显微镜下观察到：心脏的收缩、血细胞的运动、肠道的收缩……

水蚤们群集在水族缸有亮光的角落里，舞动着一对对像手臂一样的、长长的分枝触手。其中有些水蚤似乎不那么活跃，特别是看上去有点苍白。

"得把这些水蚤捞出来。"梅奇尼科夫对柯瓦列夫斯基说。"就是那些有点苍白的。"

水蚤们被捞到了一个钟表的玻璃罩里，在那上面挣扎着。

梅奇尼科夫凑到放大镜前观察它们。这些水蚤的体色明显有点奇怪，是一种有点发白的、牛奶般的颜色。

他把放着水蚤的玻璃罩拿到实验室去了：柯瓦列夫斯基的别墅里有一个很不错的实验室。经显微镜观察发现，这些水蚤的体内布满了一种小小的针状物。将显微镜的倍数放大之后，这些神秘的小针儿的原形终于水落石出：它们是一种包着外壳的真菌孢子。

"是生病的水蚤啊！"

梅奇尼科夫欣喜若狂。水蚤，这种在显微镜下能看得一清二楚的透明甲壳动物，遭到了真菌的感染。如今可以进行观察啦，看水蚤的吞噬细胞是否能保护它免受真菌侵袭。

梅奇尼科夫开始观察起这些生病的水蚤来。

原来啊，它们是被一种寄生性的单孢真菌给感染的。细细的针状物就是这种真菌的孢子。

体内布满针状孢子的水蚤就会死去，它沉到水底，身体腐化分解，体内的孢子露出到外面。水蚤以各种各样的残余物为食，在吞食淤泥的时候也会把孢子吞下去，于是就被感染了。

在水蚤的肠道里，孢子会脱离自己的外壳；随着肠道的收缩，这种尖锐的针状孢子很容易就能刺穿肠道壁，最终来到水蚤的体腔里。

水蚤的体腔里充满了血液，而血液里就有吞噬细胞。

吞噬细胞向孢子发起进攻。它们仿佛是黏在了孢子表面，然后用自己的胶质细胞体把它层层裹住。被细胞裹住的孢子会发生变化，从针状物变成了一堆褐色的颗粒。

目睹这一切之后，梅奇尼科夫明白了：魏尔肖要他去找的证据不就近在眼前吗。如

▶ 水　蚤

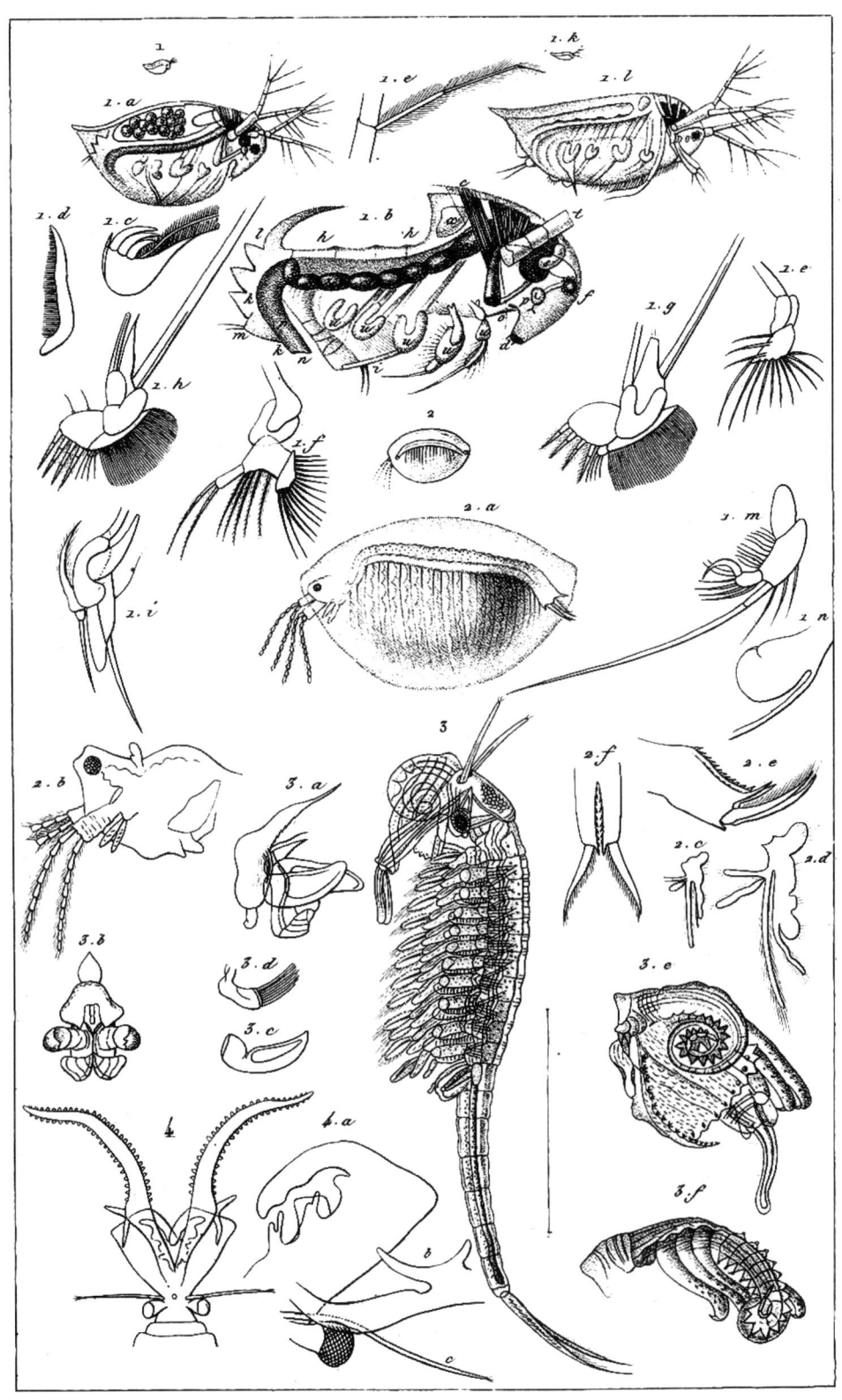

第十六章 吞噬细胞

今只需再尽可能仔细地追踪吞噬细胞与孢子作战的全过程就行了。

吞噬细胞以惊人的速度向孢子扑来，仿佛是很远就觉察到了它们的存在。孢子刚刚从肠道壁往体腔里透进一半，"法戈齐特"就已经满满地黏在它上面了。甚至会有这样的情况：孢子一半留在肠道里，另一半插在外面。外面的一半已经被吞噬细胞摧毁了，里面的一半还完整保留着，因为肠道里没有"法戈齐特"。

要是水蚤只吞进了少许单孢真菌孢子，吞噬细胞就能把它们彻底消灭。可要是孢子太多的话……

侵入水蚤体腔的孢子会开始出芽，形成一个个单独的菌株，也就是所谓的"分生孢子"；这是一些有点儿长的小体，仅由一个细胞组成。这些分生孢子又会通过出芽进行增殖：先是长出一个小小的凸起，然后迅速长成一个新的小体，随后又是新的凸起……这非常像普通的啤酒酵母的出芽。

吞噬细胞也会攻击分生孢子，但通常没法把它们消灭殆尽。分生孢子出芽的速度太快了，它们的数量每分钟都在增长，搞得吞噬细胞简直应付不过来。吞噬细胞之所以无能为力还有另一个原因：分生孢子会分泌出一种有毒物质，能够杀死吞噬细胞，像是把它们给溶解了。结果，水蚤体内只剩下了分生孢子，吞噬

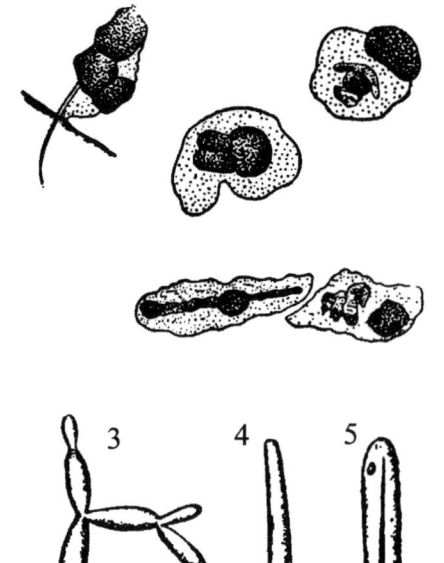

▲ 被吞噬细胞包围的单孢真菌孢子
▲ 单孢真菌的各个生命阶段
1- 年幼的分生孢子；2、3- 正在出芽的分生孢子；4- 变长的分生孢子；5- 孢子

细胞却全死光了。

这样的水蚤就会死掉。随后，分生孢子重新变回了孢子。

梅奇尼科夫追踪了"法戈齐特"与单孢真菌的整场"战争"。只要"法戈齐特"成功消灭了真菌孢子，水蚤就会存活下来。尽管被感染的水蚤不少，大部分却都还活着：是吞噬细胞帮它们摆脱了寄生真菌的威胁。少数水蚤死掉了：这些水蚤要么是被感染得太严重了，要么是出于某种原因，其吞噬细胞无法有效地对抗"敌人"。

如今梅奇尼科夫已经可以证明："法戈齐特"（也就是吞噬细胞）的确能通过吞噬的方式保护机体免受微生物之害。

▲ 变长了的分生孢子，被两个吞噬细胞所包围

水蚤还只是个开始。梅奇尼科夫又继续作了一些新的观察，并且每一次都会发现，吞噬细胞发挥着保卫机体的独特作用。

免疫的胞噬理论（机体自行抵抗微生物的理论）就这样开始建立起来。没过几年，这个理论就给梅奇尼科夫带来了世界性的声誉[①]。

动物学研究越来越靠边站了。梅奇尼科夫迷上了微生物学，他在敖德萨建立了一个微生物科研站，并担任它的站长。

科研站的工作给梅奇尼科夫带来了不少痛苦和烦恼。他并不是微生物学家，而身为动物学家，要领导微生物站实在是过于困难了；除此之外，他还没有行医执照。总有人干扰科研站的工作，不仅有官员，甚至还有医生。科研站的工作人员相互争吵。最终，梅奇尼科夫拒绝在科研站继续工作下去了。

恰好就在此时，巴黎的巴斯德研究所建了一座新楼。梅奇尼科夫去了巴黎，请求研究所给他分一个工作室。

"我要以私人身份进行工作，"他说，"我只需要一个工作的地方。"

巴斯德不仅欣然答应了他的请求，还邀请他成为研究所的员工。

1888年秋，梅奇尼科夫搬到了巴黎。

伊里亚·梅奇尼科夫的下半生就这样开始了：这是巴斯德研究所的梅奇尼科夫的人生，这位梅奇尼科夫的名声很快就会传遍整个世界。

---

① 1908年，梅奇尼科夫因这个成就获得了诺贝尔生理学或医学奖。——译注

第十七章　一块豌豆田

1

植物学家雨果·德弗里斯①在一堆外省旧杂志里找到了一篇湮没无闻的短文，读完后不禁拍案叫绝：

"妙啊！这文章以前怎么就没人注意到呢？"

德弗里斯后来写了一篇名为《杂合子的分离定律》的文章，其中多次提到一位修士的名字。他就是格雷戈尔·孟德尔。

1900年3月24日，这篇文章出现在了德国植物学杂志编辑部的案头。编辑稍加浏览，在上面做了个"送交排版"的批示，然后就把它抛到脑后了。

过了整整一个月。4月24日，杂志编辑又在桌旁翻阅了一篇文章。这一回的文章作者署名为科伦斯②，其中再次提到了杂合子和修士孟德尔的名字。

---

① 雨果·德弗里斯（1848～1935），荷兰植物学家、遗传学家，对基因和突变理论有重要贡献。——译注
② 卡尔·恩里希·科伦斯（1864～1933），德国植物学家、真菌学家、遗传学家，主要成就是独立发现了遗传定律。——译注

编辑大笔一挥，依然在文章空白处写了句"送交排版"。

又过了一个半月。编辑面前放着恩里希·切尔马克①教授的手稿，里面谈论的还是杂交、杂合子和……修士孟德尔的名字。

"他们是从哪儿翻出格雷戈尔·孟德尔的名字的？"编辑查了查几本词典，又翻了翻学者名鉴，不禁纳闷起来——"根本就查不到这个人嘛。"

与此同时，科伦斯、德弗里斯和切尔马克等三人正忙着争论，究竟该由谁享有"发现"孟德尔的荣誉。事实上，孟德尔早在1884年就去世了，且一直不为人所知。

2

孟德尔出生在奥地利西里西亚②海森多夫村的一个农民家庭。他的爷爷和太爷爷也都是当地的农民，他们以耕地种菜为生，向地主缴纳贡赋，碰上荒年也只是逆来顺受。孟德尔的父亲安东对园艺很感兴趣。这不仅是他的消遣，更是一种放松的方式，此外还为自己赚了点小钱。正是出于对园艺学的爱好，他把培育植物的技能教给了独生子约翰③。

"爸，让我去嫁接幼苗好吗？"约翰急不可耐地问父亲。

要是父亲同意他干这项责任重大的工作，那他可真乐坏啦。

等熟悉小约翰的情况后，村里的教师对他的父亲说："他太聪明了，不适合在我们这儿读书，应该去继续深造。"

于是家里把约翰送到邻村一所比较大的学校读书。

"他留在这儿不合适，还是去上寄宿中学吧。"很快学校老师又对他的父亲提出了建议。

1834年12月，年仅12岁的约翰·孟德尔来到特罗帕瓦④上中学。他在学校里缺衣少食，经常没钱买练习本和铅笔，那些教科书对他来说简直是奢望。尽管如此，他的学习成绩却非常出色。后来他又转了一次学，因为特罗帕瓦中学没有供高年级学生上的"哲学班"（这是当时的说法）。约翰转到了奥洛穆茨⑤的学校，却依然在那里忍饥挨饿。

---

① 恩里希·切尔马克·冯·塞森内克（1871~1962），奥地利农学家、遗传学家，在谷物育种方面成就突出。——译注
② 中欧历史地区名，包括如今的波兰西南部、捷克东北部和德国东南部的各一部分。——译注
③ 孟德尔的全名是格雷戈尔·约翰·孟德尔。——译注
④ 捷克语中称奥帕瓦，捷克东北部城市。——译注
⑤ 捷克东部城市。——译注

"我拿嫁妆给你当学费吧……"约翰的二姐给了弟弟一点钱,那可是以后要作嫁妆的重要积蓄啊。

"姐,你放心,我一定会报答你的!"约翰高兴得差点没哭出来。

姐姐的嫁妆也没能让约翰吃上饱饭,但好歹支撑他读完了中学。可随着毕业的重大日子日益临近,约翰也越来越心事重重了。

"以后要怎么办呢?……"

"来当修道士吧,"身为数学博士的弗朗茨老师是奥斯定会①的修士,于是便给他提了这个建议,"你可以加入我们的行列……"

弗朗茨日复一日地给约翰灌输这个建议,且说得天花乱坠,极其诱人,令约翰渐渐产生了一种想法,觉得去当修士也不是什么坏事儿。

"太好了!"约翰的母亲欣喜若狂。"我儿子要去为教会服务啦!真是太棒了。"

中学读完了。约翰本不介意再多学点东西,他可是梦想着上大学搞学问呢,然而……他的腰包里已经连几文小钱都没有了。

"快来吧,"数学博士兼修士的老师越来越执着了,"瞧瞧我吧,"他拍拍胸膛,"我是谁?当然是修士!可我也是个数学家嘛。如果你成了修士,你照样可以研究科学。谁也不会禁止你搞学问,恰恰相反……布尔诺②修道院不久前有个叫奥勒留·塔勒③植物学家去世了。难道有人阻挠他研究植物学么?没有的事嘛!他甚至在修道院里建了个植物园……"

约翰做出了决定。

1843年,20岁的孟德尔进了布尔诺奥斯定派的圣多默④修道院,成为一名见习修士。修道院沉重的大门"轰"的一声合上了,少年孟德尔也随之改了名字——如今他已不再是原来那个约翰,而是修士格雷戈尔,表示从此同红尘俗世一刀两断⑤。

这座修道院坐落在布尔诺旧城的城中心,四壁又高又厚的高墙将它同城市隔离开来,令城市的喧嚣和俗世的烦扰无法侵入那石头的修道小屋。菜园、畜棚、温室和小

---

① 天主教修会之一,主张集体清贫隐修,因奉行早期教父圣奥古斯丁所提倡的修道守则而得名。——译注

② 捷克西南部城市。——译注

③ 此人事迹不详。——译注

④ (新教译为多玛或多马)耶稣基督的十二宗徒之一。相传在听到基督复活的消息时,他曾表示:"我除非看见他手上的钉孔,用我的指头,探入钉孔;用我的手,探入他的肋膀,我决不信。"后来基督亲自显现给他,他才彻底信服(《若望福音》20: 24—29)。——译注

⑤ 西方人当修士要取圣名,类似东方人出家为僧后起的法号。——译注

▲ 格雷戈尔·孟德尔修士（1822～1884）

树林密密环绕着修道院。这两层围墙——绿色的树林和长满青苔的院墙使修道院成了一座不可侵犯的神秘孤岛。孟德尔在修道院与世无争的日子里，过着与市井截然不同的生活。他开始研读神学书籍；几年后的一天，修道院里钟鼓齐鸣，向整个城市宣告25岁的孟德尔成为了"格雷戈尔神父"。

孟德尔是个不错的见习修士，却不是个称职的神父。相比起拯救罪人的心灵，他还是对科学要更感兴趣一些。

"修士格雷戈尔（俗名约翰·孟德尔），不适合从事关怀罪人心灵的工作；每当亲临病人或临终之人床前，其人即恐惧万分，难以自制，萎靡不振。"修道院长纳普就是这样向布尔诺主教报告孟德尔的情况的。

"请您批准我去教书吧。"孟德尔请求院长说。

"行。"严厉的院长回答，"你就去教吧。不过要始终牢记自己的身份，要记得除了科学外还有更崇高的事业……"

于是格雷戈尔神父在兹纳伊姆①小城的中学当起了物理和数学教员。可是要当中学教员得有个专门的文凭，为取得证书又得通过几场考试。孟德尔自然没有什么文凭，不过学校还是让他以"候补教员"（其实就是临时工）的身份去教书了。

事实证明，孟德尔是个不错的老师，但中学校长并不希望手下有"临时工"。

"格雷戈尔神父，您得去把文凭考来。"他恭恭敬敬地对孟德尔说。

"好吧，"孟德尔回答说，"那我去维也纳考试吧。"

于是孟德尔出发去维也纳大学，参加了物理和自然科学的考试，结果……自然是挂了，而且挂得很惨。

---

① 今名兹诺莫伊，捷克南部城市。——译注

▲ 孟德尔与其他修士的合影（后排右二为孟德尔）。

"您下回再来考一次吧……但至少要一年之后。"考官对心灰意冷的孟德尔说。

"可我现在哪还有脸回去见校长呢？"孟德尔只好打道回府，心里还暗自沮丧着。

然而就在这时，幸运女神突然向他展露了微笑。布尔诺修道院不仅是座修道院，还是当地中学教师的培训基地。院里挑选了几名修士，送他们去大学读书，而这批入选者中就包括孟德尔神父。

他在维也纳大学学习了三年，在这期间尽管并没表现出特别耀眼的才能，但好歹发表了两篇科学短文。其中一篇是关于蝴蝶的，另一篇讨论的是小甲虫，而这种小甲虫恰好就生活在豌豆荚里。

孟德尔神父自然没有得到教授的位置，但这反正也不是他此行的目的。他回到了布尔诺，被修道院派去实科中学①教物理。可他还是没有取得教书所需的文凭啊。孟德尔只好再去考取文凭，结果又是铩羽而归。经历了第二次惨败，他再也不敢去冒险去考第三次了，终其教师生涯也只能安于当个"临时工"。尽管如此，人们还是非常尊敬他。

---

① 18世纪初产生于德国的一类中学，注重传授自然科学和各种实用知识。——译注

第十七章 一块豌豆田

孟德尔教了14年物理。那是他一生中最幸福、最安宁的日子。他有很多空闲时间都用去做学问了。他对气象学产生了兴趣，为当地的自然科学研究协会写了几篇关于天气的小短文。他观察太阳黑子，有一次甚至搞了个大研究——打算去研究布尔诺近郊的土壤水文。

可这一切都无法让孟德尔神父满意。

"哎，这可不是我想要的……"他沉思着摇摇头。

3

圣多默修道院里有一个小小的植物园。孟德尔从小就喜欢植物，所以平时有空就很乐意去园里劳动。他在那里种了成百上千观赏植物，努力想培养出一些新品种，结果成功种出了很好看的倒挂金钟①，成了修道院花园的一大骄傲，令附近的园艺家都眼红不已。就这样，他渐渐喜欢上了对植物进行杂交。

等读过几本书又研究了一些杂交植物后，他不禁陷入了沉思。

"科莱特尔②种出了不少杂交植物，其中有些很不错的烟草。可是他只描述了事实，没有讲出更深层的东西来……"

孟德尔打算把这件事弄清楚，便开始寻找可用于研究杂交后代的植物。

这场搜寻费了很长时间。你可别以为什么植物都能用来搞这项研究。满足要求的实验植物不仅得有若干变种，变种之间还得有清晰而稳定的差异；此外，它还得能通过自花授粉③方式进行繁殖，且杂交出的后代必须具有完全的生育能力。

孟德尔观察并尝试了好多种植物，最终选定了豌豆来做实验。豌豆的种类和变种很多，且彼此间都各不相同。豌豆属于自花授粉植物，其花朵具有特殊的构造，昆虫要钻进去并不容易。这最后一点对于确保实验结果准确是很重要的。

孟德尔写信向几位有名的种子商求种，最后竟收集到多达34种豌豆！这些豌豆都经过了他的培植、观察和试验。经过两年的测试，孟德尔选出了一个最佳品种。当然，这所谓"最佳"只是从孟德尔自己的角度来看的——并不是想找最多产或最美味的豌豆，他对此可没什么兴趣！需要的只是适合进行杂交的品种。

又过了两年，第一代豌豆的后代结出了种子。孟德尔将它们种到地里，等这代豌豆

---

① 属桃金娘目柳叶菜科倒挂金钟属，常见观赏植物，花朵倒悬。——译注
② 约瑟夫·戈特洛布·科莱特尔（1733—1806），德国植物学家，植物生育和杂交研究的先驱。——译注
③ 某些植物花朵的雄蕊的花粉能对同一朵花的雌蕊进行授粉的现象。——译注

▲ 这就是孟德尔在布尔诺城圣多默修道院的后花园，他的办公室就在拱门的正上方，因此可以时刻密切关注自己的花园。

长大之后，他又从中精选了22棵植株。

这可是具有历史意义的"孟德尔豌豆"啊。

"开工！"选定"22位"[①]之后，孟德尔说道。

"22位"在苗圃里分到了各自的位置。不过这22棵豌豆彼此并不相同。其中有些的种子是圆的，有些的种子是皱的；有些的种子是绿色的，有些的种子是黄色的；有些的花朵是白色的，有些的花朵是紫红色的；有些……真是千姿百态啊，不过这其实是肯定的。孟德尔的目标是培育杂种，要是父母双方长得毫无二致，就好像两滴水一般，那还能繁殖出杂种么？

种到地里的豌豆长出了幼芽，沿着插在田里的竿子攀援而上。豌豆结出了蓓蕾，蓓蕾长出了花朵，不久后绿色的叶片上就点缀着小小的花芽，有白色的，也有紫红色的。

---

① 此处化用《新约圣经》典故："随后，耶稣上了山，把自己所想要的人召来，他们便来到他面前。他就选定了十二人，为同他常在一起，并为派遣他们去宣讲，且具有驱魔的权柄。"（《马尔谷福音》3:13–15）——译注

第十七章　一块豌豆田　　560 / 561

霍蒙库鲁斯——趣味生物学简史

一手拿着小镊子，一手拿着小刀，孟德尔神父走到了豌豆田跟前。他蹲下身来，小心翼翼地抓住一个花芽。这个花芽才刚刚开始发育，只能勉强看出花瓣，雄蕊还跟叶片一样发绿（它们正是从叶子发育来的呢）。他仔细地从花芽上切下一片花瓣，又用镊子扯下一根尚未成熟的雄蕊。为防止旁边植株上的花粉落到这朵花上，孟德尔拿一个羊皮纸罩子盖住了花芽。如今花朵的命运已经掌握在他手里了——没有了他的帮助，它就不可能完成授粉。

孟德尔在苗圃和豌豆之间穿行着。他不时在各处蹲下身子，但总是蹲在不同种类的豌豆前。几小时之后，豌豆田里可以零零星星看见一些特殊的花朵——绿色的嫩芽上包着白色的小纸袋，远远看去显得十分古怪，但它们将来都能长成又大又美的花朵。

过了几天，那些丑丑的花芽都长大了，发育出了成熟的子房和黏糊糊的柱头，已经做好授粉的准备啦。可花粉全被小纸袋给挡住了……

孟德尔再次俯身来到苗圃跟前。

他拿着一个小刷子，一手抓住未授粉的花朵，仔细地把它的花瓣展平，然后用小刷子碰碰满是黄色花粉的雄蕊，就这样把上面的花粉弄了下来。接下来，他小心翼翼地把花粉转移到被禁锢在"羊皮纸监狱"里的丑小花上。他取下小纸袋，刷了刷雌蕊的柱头。花芽重获自由的时间着实很短——花粉刚转移完毕，它就又被袋子给罩住了。

太阳当空照，蜜蜂嗡嗡叫，白蝴蝶在田间四处飞舞。孟德尔弯下腰看看豌豆，不禁皱起了眉头。

"你来这干吗？"他忍不住气愤地质问道。

花芽里钻出了一个灰色的小脑袋，鬼鬼祟祟地张望着。原来是一只小小的豆象。它咬穿了花芽钻到里面，忙着给儿孙后代找个栖身的好地方。

豆象躲进了花芽里。

孟德尔一下拔起花芽，用手指使劲一捻，就透过柔嫩的花瓣感到小虫啪的一声被压扁了。

豆象妈妈就这样被捏死了。

"你把我的工作全搞砸了，"孟德尔还不忘责骂一句，"把花粉带到不该去的地方去了！"

豆象死了，但它未必就是田里唯一的一只。阳光照耀的豌豆田里可能还有许许多多的豆象。孟德尔急了起来：这种小甲虫沿着豌豆植株爬来爬去，在不同的花芽上钻进钻

◀ 豌　豆

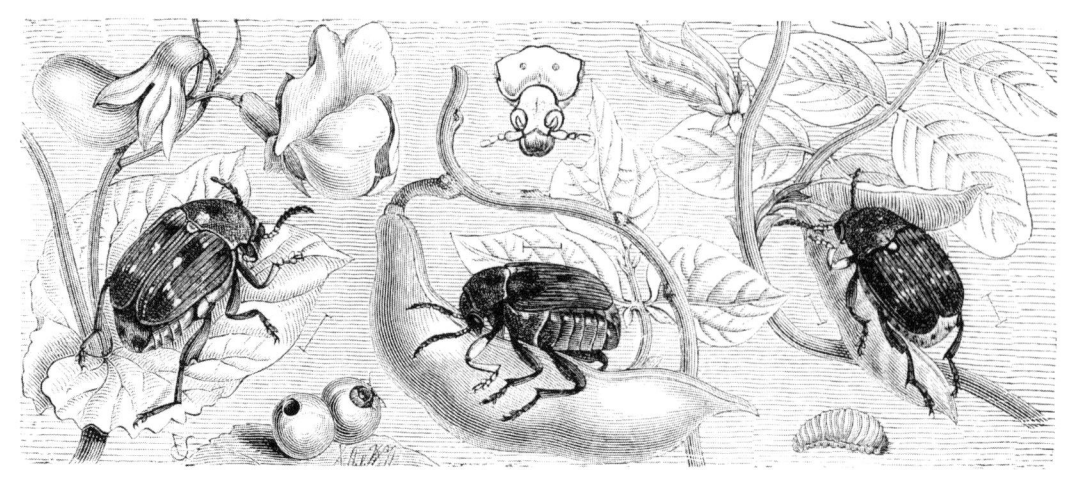

▲ 豆象，鞘翅目豆象科农业害虫，以豆科植物的种子为食。

出，很容易把一朵花的花粉带给另一朵花。这样下去，它们会让整个实验泡汤的——孟德尔之所以要对传粉加以控制，可是有特定考虑的呀。

他同豆象们展开了一场大战。

过了几天，孟德尔从一朵授过粉的花上取掉了纸袋，不禁惊得屏住了呼吸。这朵花是白色的，花粉则是从红花上传来的。他小心地弄平花瓣，往子房里看了一眼，发现它稍稍有点膨胀变粗。

"授粉成功啦！"孟德尔会心一笑，重新给花朵套上了袋子。"只要豆象别再来捣乱就成……"

他扯下一个个羊皮纸袋，看看里面的花朵有没有授粉：有些成功了，有些还没。总的来说，授粉成功的花朵要比失败的多得多。

现在只需对豌豆稍加关注，保护它们免受豆象侵袭，然后就可以坐等成熟去收获了。

豌豆的花朵凋谢了，结出了豆荚；豆荚变长变黄，结出了圆圆胖胖的豌豆。

孟德尔把豌豆都收集了起来。他从每棵植株上各摘一个豆荚，每个豆荚都放在单独的袋子里。在他的笔记本里，每个豆荚都有自己的编号和位置。

第11号："母本白花，父本红花"。

第33号："母本圆粒，父本皱粒"。

第44号："母本绿实，父本黄实"。

他给许多袋子做了编号，在本子里记下了许多笔记。

这堆袋子里的豌豆正是那"22位"的后代，也就是所谓的第一代杂合子。

袋子里有各种各样的豌豆，但它们的外表并不重要。重要的是：它们是产自不同父母本的后代，母本和父本互不相同。没有一个豆荚的父母是一样的，至少在一个方面有不同。因此，这些豌豆并不是"纯粹"的纯合子，而是杂合子。

4

冬天来了。格雷戈尔神父继续上给孩子们数学课和物理课，只是顺带着才教导他们两句，说只有真正的天主教徒才能获得"心灵"的拯救。他尝试着向孩子们说明，几何定理和算术法则不过是最高理性也就是"上帝"的理性的表现。一句话，他勤勤恳恳地完成了教师的应尽职责，同时也不忘履行修道士的义务。

冬去春来，冰消雪融，孟德尔开始打理菜园。他给豌豆田重新松了遍土，采购了许多木盒和花盆。他还对玻璃小屋（也就是所谓的"人工温室"）作了检查，这座小屋有点像个"植物监狱"，里面有充足的光照，昆虫想钻进去却是没门。孟德尔准备进行豌豆春播了。

豆象们也感受到了春天的气息，于是从豌豆里钻了出来。在一个阳光明媚的日子里，孟德尔发现书架上有一大群豆象在慢吞吞地爬行。

"怎么又是你们！"说着他就把虫子碾死了。

这段时间里他忙得热火朝天。学校里要主持学年考试，田里要播种豌豆，把他搞得四处奔忙，筋疲力尽，可不敢浪费了宝贵的时间。豌豆种好了，田里插上了一列列整整齐齐的竿子，上面挂着写有编号和字母的标签。

豌豆发芽了，沿着竿子攀援而上，长出了卷曲的叶片。

"红花……红花……红花……红花……"孟德尔在豌豆之间穿行着，将苗圃里的标签同笔记本上的记录进行核对。他发现，只要父母双方中有一方开红花，另一方哪怕是开白花，它们的后代也依然开红花，无一例外。

他将这个发现记在本子上，然后仔细清点了开红花的植株数量。

不过他这次不再夹掉雄蕊，也不再给花儿套上难看的袋子了。就让它们自个儿授粉吧！

"接下来只要保护它们远离不速之客就好，"孟德尔在田里漫步，一面低声自言自语，"主要是提防那些豆象……"

他给一些花朵带上罩子，给整个花盆再套上一个大罩子，并把温室的门关得严严实实。这间温室有着特别重大的意义——要在那儿对豌豆田里的实验结果进行检验呢。

豌豆花里的雄蕊逐渐成熟，花药鼓了起来，里面充满了柔软的花粉。成熟后的花药裂开，里面的花粉洒到雌蕊黏糊糊的柱头上。柱头上的每颗花粉都由两个细胞组成，其中一个细胞长出长长的管子。这条细长的管子在柱状的雌蕊里越长越长，越钻越深，最后伸进柱头内部。等管子钻进内部的子房之后，它就会蜿蜒前行到卵子跟前。这时，花粉的另一个细胞就沿着管子钻下去，进入子房并与卵子（也就是雌性生殖细胞）紧密接触，最后同它结合在一起。至此，受精大功告成，花朵也完成了"授粉"的任务。子房里的卵子开始发育，这就是未来的种子。

田里的豌豆又成熟了，豌豆荚里先是出现了小小的豆粒，随后越长越大。整个田里长出了足足数百株豌豆，真是一场大丰收啊！

这一回收获的豌豆是不同豌豆杂交的第一代后代。

孟德尔摘下一个豆荚，打开来仔细观察里面的豆粒。这些豆粒长得一模一样，全都是圆形的豌豆，尽管它们的父母并不相同：其中一方是圆的，而另一方是皱的。他有点怀疑自己的眼睛，于是擦擦眼镜，然后用放大镜仔细观察。可无论他怎么费劲寻找，都找不到一颗皱豌豆。

花色方面也上演了相同的故事。黄花豌豆和绿花豌豆的后代全是黄花豌豆。

"这些豌豆全都开红花，结黄色圆豆粒，豆荚也有特定的形状。每种特征都只继承了父母中的一方。这显然是条规律，但具体是什么规律呢？为什么另一方的特征消失得无影无踪呢？为什么双方的特征没有混合起来呢？……哎，还是看看下次播种的结果如何吧！"

孟德尔重新给袋子作了记号，把它们放到书架上，开始做起各种各样的统计，也不管笔记本早就被用得破破烂烂了。

春天又来临了，菜园再次布满了豌豆的标签和竿子，豌豆也再次沿竿子攀援而上，长出了胀鼓鼓的花芽。

孟德尔在田里边走边看边点数。

如今的情况同上一年完全不同了。红色的花芽中间或能看见一些白色的蓓蕾。

"红花……红花……白花……红花……"孟德尔数着数，一边在一张对折纸上划道道记录豌豆的花色。一列列长长的道道快速地占满了纸面。

结果他发现，红花豌豆有705棵，白花豌豆只有224棵，合计929棵。也就是说，种在田里的豌豆只有四分之一开的是白花。

"红花大约是白花的三倍多。"孟德尔摘下眼镜，口中低声念叨着。

他翻到新的一页，在笔记本上写下这样一句话：

"红花705株，白花224株。"

他按捺不住了，又在下面留了个做记录的地方：

"饱满的豆荚……株，

不饱满的豆荚……株"

其实，这个统计至少要一个月后才能得出结果呢。

过了一段时间，豌豆结出了豆荚。同花朵的情况相仿，不同植株的豆荚也有所不同。孟德尔猜到了这点，预先为豆荚的统计立了两个名目：饱满的豆荚和不饱满的豆荚。饱满的豆荚同去年的豌豆，也就是它们的父母相似。不饱满的豆荚则与父母不同，而是继承了祖代三日豌豆的特征。孟德尔最初种下的豌豆包括两种类型的豆荚，而如今又出现了不饱满的豆荚，仿佛是跳过了中间一代似的。

孟德尔统计了豆荚的数量，在笔记本上记录了新的一栏内容：

"饱满的豆荚882株，

不饱满的豆荚299株，

合计1181株。"

他总共要观察1181株豌豆，才能得到关于豆荚的准确信息！

"这儿仿佛有种特定的比例关系，"孟德尔敏锐地注意到这一点，于是立刻用大数

▼ 饱满豆荚的豌豆与不饱满豆荚的豌豆的杂交。浅色圆点表示饱满豆荚（显性性状）的豌豆。

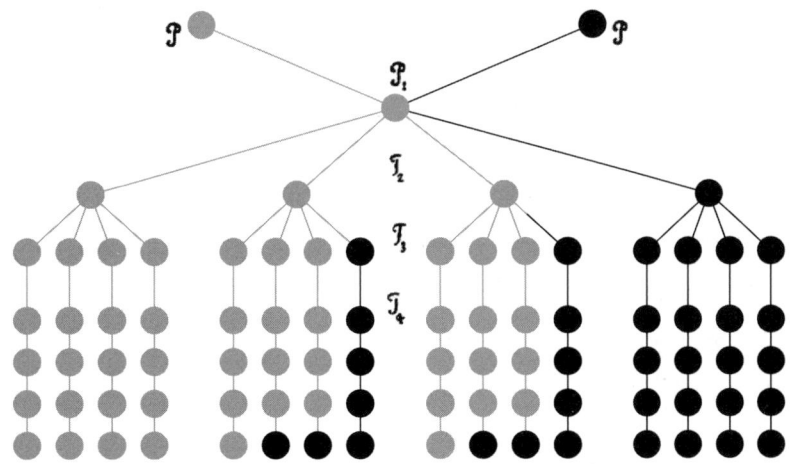

除了一下小数,"没错!就是这个比例。具备其中一种特征的植株是另一种的三倍。"

他在笔记本里写下了"比例为3∶1",又在边上打了个大大的问号。这意味着得去检验这个比例是否正确,还要看它是否能维持恒定。

日子一天天地过去,孟德尔细心观察豌豆田的情况,在本子上做着记录和加减乘除,结果得出的都是那个命中注定的比例——3∶1。

金秋时节,豌豆获得了大丰收。这一回连豌豆粒都出现了不同的颜色和形状:圆粒豌豆是皱粒豌豆的三倍,绿豌豆则是黄豌豆的三倍。

"3∶1!"孟德尔一声惊呼。"这可是条规律!"

他思考了一天,一天,又一天……

"如今我已经发现了两条规律。"他最后下了结论,"有些性状早在第二代就表现了出来,有些性状却直到第三代才能显现。有些性状是强势的、显性的,有些性状则是弱势的、隐性的。显性性状可以立刻表现出来,隐性性状则可能显现也可能不显现;这后一类性状仿佛是藏起来等待时机,直到第三代才突然冒出来。这就是第一条规律。除此之外,两类性状的表现程度并不相同:在第二代中,带显性性状的个体数量是带隐性性状的个体数量的三倍。这就是第二条规律。"

于是他在本子里记下了两条规律:

"1. 性状分为显性性状和隐性性状。第一代杂合子只能表现出亲代的显性性状,与之相对的隐性性状则不能显现。

2. 分离定律:在第二代杂合子中,带显性性状的个体与带隐性性状的个体的数量之比为3∶1。"

记录完毕后,孟德尔并没有把豌豆粒统统扔掉,而是找了些袋子将它们分别装好,重新作了记号,直到春天才重新拿出来,把豌豆种到耕好的田地里。

这一回他还是放任豌豆自花授粉而不搞杂交,唯独对不请自来的昆虫严防死守。

种子田里插着一块"红花"的牌子,可开出来的花既有红的也有白的。不错,红花豌豆是比白花豌豆多得多,可是依然有……

"这是怎么回事?"孟德尔非常诧异。"莫非这块豌豆全被豆象给毁了吗?"

可是同样的情形又在温室里上演了,而那里是绝不可能有什么豆象的。

等孟德尔数完两种豌豆的数目后,他才发现自己是错怪豆象了。

"这不是豆象在捣鬼,而是……"

统计表明,红花豌豆的数量大约是白花豌豆的三倍。

"唔……"孟德尔翻开了笔记本。

他的豌豆并不是乱种的,而是从每棵植株上单独收获种子,并于次年春天将种子分别种下，种下去后的豌豆全部重新做过编号，笔记本上还详细记载着每棵豌豆乃至每粒豌豆的族谱。如今他翻翻笔记，将记录内容同田里的编号作了核对，终于明白了豌豆的秘密。

这些豌豆种子全都来自红花豌豆。实验的过程无懈可击，但依然长出了白花豌豆。这就和去年的情形非常相似，当时也是用的红花豌豆的种子，种出的豌豆中也有白花。

"这些豌豆的情况都得好好关注一下。"孟德尔拿定主意，于是向下一排田垄走去。

他惊异地发现，这排田垄种的全是白花豌豆的种子，种出的豌豆中连一朵红花都找不到。

"嗯，这其实也是意料之中。亲代是白花豌豆，白花是隐性性状，但既然父母双方都持有隐性性状，那就会完整地遗传给子代。"

第二年春天，孟德尔特别小心地播种了那些可疑的豌豆，并仔细地做了重新编号。到了夏天，他最终的疑问也得到了解答。

原来啊，那些红花豌豆只是外表上相似而已，骨子里却还能分为两类。有些红花豌豆是"纯粹"的红花豌豆，还有些隐含有白花的性状。这种情况导致了后代的分离现象：既有红花豌豆，也有白花豌豆。

对"纯粹"的红花豌豆来说，不管播下多少种子，都只能长出红花豌豆。但"不纯粹"的红花豌豆就不是这样了，它们偶尔也会生出白花的后代。孟德尔数了数这些"捣蛋鬼"的数量，发现它们大约有纯种红花豌豆的两倍之多。

"哎，这可再清楚不过了！红花豌豆中重演了第一代杂合子的故事——它们以同样的比例发生了分离。"

如今杂合子的命运已经昭然若揭了。在杂合子的后代当中，有四分之一具有纯粹的显性性状，四分之一具有纯粹的隐性性状，还有四分之二具有"混合"的性状，也就是同时具有显性性状和隐藏的隐性性状。也正是这些"混合"的后代会进一步发生分离。

"如果'红花'和'白花'碰到一起，结果一定只能产生红花，但这只是表面上的红花，骨子里却是'红白花'。当'红白花'和'红白花'相遇时，既可能产生纯粹的红花后代或白花后代，也可能产生'红白花'后代。这取决于父母亲配合的一半各是什么颜色，红红得红，白白得白，红白得红白。"这就是孟德尔对分离现象的解释。他还专门设计出了一条公式，这条公式后来又由他的后继者做了深入研究，变得特别复杂，在此我们就不赘述了。

可除开花色之外，豌豆还有其他的性状呀。孟德尔连这些性状也没有放过。他开始研究豌豆粒的形状和颜色以及豆荚的形状，结果都观察到了相同的情况。同花色一样，这里也出现了分离现象，且具有显性性状的个体数量是具有隐性性状的个体数量的三倍。

孟德尔种植的豌豆中有高茎豌豆也有矮茎豌豆，这对性状同样发生了分离：远远望去，可以看见田间参差不齐地生长着不同高度的豌豆。

孟德尔同豌豆打了整整十年交道。在此期间，他种植并研究了一万多株豌豆。这位格雷戈尔神父已经完全习惯了这种工作，整天都在豌豆田里忙活，如果有人想跟他见个面，到豌豆田里去找准不会落空。

孟德尔从豌豆身上得出的第三条也是最后一条规律是这样的：

"3. 每对性状的分离是独立进行的。"

这意味着子代可能从父母双方各继承一部分性状。举个例子，红花不饱满豆荚黄圆粒豌豆与白花饱满豆荚绿皱粒豌豆的杂交后代开的是红花，结的是饱满豆荚和黄圆豆粒。为什么呢？因为上述三种性状都是显性性状，所以子代中只能呈现这些性状。可到了第三代……各种性状的组合简直乱成了一锅粥，孟德尔整整用了16栏才记录下所有的性状组合：

1. 红花，饱满豆荚，黄圆豆粒；
2. 红花，饱满豆荚，黄皱豆粒；
3. 红花，饱满豆荚，绿圆豆粒；
4. 红花，饱满豆荚，绿皱豆粒；
5. 红花，不饱满豆荚，黄圆豆粒；
6. 红花，不饱满豆荚，黄皱豆粒；
7. 红花，不饱满豆荚，绿圆豆粒；
8. 红花，不饱满豆荚，绿皱豆粒；
9. 白花，饱满豆荚，黄圆豆粒；
10. 白花，饱满豆荚，黄皱豆粒；
11. 白花，饱满豆荚，绿圆豆粒；
12. 白花，饱满豆荚，绿皱豆粒；
13. 白花，不饱满豆荚，黄圆豆粒；
14. 白花，不饱满豆荚，黄皱豆粒；
15. 白花，不饱满豆荚，绿圆豆粒；
16. 白花，不饱满豆荚，绿皱豆粒。

但就连这儿也保持着3∶1的基本比例，只不过比例式变长了不少——81∶27∶27∶27∶27∶9∶9∶9∶9∶9∶9∶3∶3∶3∶3∶1。数量最多的是四显性个体（1号），最少的是四隐形个体（16号），其他的个体顺次排列："27"对应三显性个体（2、3、5、9号），"9"对应双显性个体（4、6、7、10、11、13号），"3"对应单显性个体（8、12、14、15号）。

这是一项非常艰巨的工作，孟德尔耗费了大量纸张才最终算出这个复杂的比例，但作为回报，他弄清了具有普遍性的杂合子分离定律。如今不管是碰到什么杂合子，他都能轻而易举地算出其后代中各种类型所占的比例。

"本人用普通的豌豆做了一些杂交实验，现在想把实验结果介绍给各位。"孟德尔在布尔诺自然实验者协会的大会上做了个报告。他向台下众人宣读了报告，展示了统计出的数字和种出的豌豆，在黑板上写满了各种算式，介绍了杂合子性状分离的规律。

会员们仔细听取了报告，却没有发表任何结论：他们什么都没听懂，还被那长长的比例式给吓坏了。这个计算实在是过于复杂难解，搞得他们都以为孟德尔是在卖弄数学知识。

1886年，孟德尔的报告刊登了出来。这是一篇只有45页的小文章。

当时，慕尼黑[①]的内格里[②]教授正好在对杂合子进行研究。孟德尔听说了他的事，便把自己的文章寄给了他。他还天真地以为，学识渊博的教授一定能为他未来的研究提供一些帮助，比如说提些宝贵的建议或指示。

"这个研究很有创意，"内格里读了文章，却几乎没看明白，于是给了个含糊其辞的评价。

"您的工作非常有趣，"他在给孟德尔的回信中写道，"不过必须进一步弄清各种细节，而您显然只做了一些初步的说明。"

其实，内格里根本不理解孟德尔总结的规律，更无法对其意义作出应有的评价。儿女长得不像父母或祖父母，反而像叔伯姑姨？这一点怎么解释？内格里对此完全不能赞同。但他也没有同孟德尔争论，因为他已完全沉浸在自己的理论中，其他事情全都搞不明白了。

孟德尔给内格里回了信："可我已经研究过一万棵豌豆了。"

"太少了，还得再多点。"内格里说。其实他自己研究过的植物还不到一千棵呢。

孟德尔只是个普通的修士，他搞不懂科学中的各种精妙之处，对教授的学问则是深

---

① 德国南部最大的城市。——译注
② 卡尔·威廉·冯·内格里（1817-1891），德国植物学家。——译注

信不疑的，简直就像信仰自己的上帝一样。他还指望靠教授桌上掉下的碎屑充饥呢[①]！可惜这些希望全都落空了。不管孟德尔给内格里写了多少信，内格里都完全理解不了他的工作，何况教授对这些研究恐怕根本就没什么兴趣：教授们可是日理万机的大学问家呀，业余爱好者们却成天写信去打扰他们工作，这样不知趣的门外汉难道还少么？

5

"只关注豌豆还是太少了。再研究点什么呢？"

孟德尔花了不少时间去寻找合适的植物，最后终于找到了。这一回他把目光转向了山柳菊[②]。这是一种非常容易变异的植物，共有百十来个变种。直到今天，学者们还在为这微妙的问题争论不休哩：有些人嚷嚷着说不同的山柳菊是不同的"物种"，有些人却冷静地断言这只是同一种下的不同变种，另外的人却觉得第二类人贬低了山柳菊的地位，该为它们恢复物种的名分。他们会一直争吵下去，直到山柳菊全都从地球上消失——全都被做成了植物标本才肯罢休。不过话说回来，就算到了那一步，争论估计也不会平息，因为标本也可以让争论继续下去呀：学者们总得找点什么事来表现自己的学术活动吧。

正是这山柳菊吸引了孟德尔的注意。不过必须承认，这一回他的选择可是大大失误了。山柳菊是一种非常厉害的"捣蛋鬼"，它的习性是那样奇怪，完全不适合作孟德尔的实验对象，但我们的神父并不知道这一点呀，他毕竟不是什么学富五车的植物学家。其实，山柳菊的秘密就连当年的植物学专家也是一无所知，直到后来才被人们揭晓。

孟德尔收集了大量不同品种的山柳菊，开始对它们进行杂交，结果一开始就碰到了个大问题。山柳菊属于头状花序的植物，它的"花朵"事实上是由许许多多小花组成的花序。真正的花朵非常微小，其花冠呈细长管状，里面藏着被一圈雄蕊环绕的雌蕊。当花朵绽放之时，雌蕊的柱头同雄蕊的花药恰好处在一个水平面上，而花药已经沾满了成熟的花粉了。

孟德尔首先试着分离花药，可等他拿到半开的花朵才发现，要剪下花药而又不撒出花粉几乎毫无可能。花粉每次都至少会撒出几颗，而且直接落到了黏糊糊的柱头上。

"怎么办呢？"

[①] 典出《新约圣经》："有一个富家人，身穿紫红袍及细麻衣，天天奢华地宴乐。另有一个乞丐，名叫拉匝禄，满身疮痍，躺卧在他的大门前。他指望藉富家人桌上掉下的碎屑充饥，但只有狗来舐他的疮痍。"（《路加福音》16:19-21）此处指拾人牙慧。——译注

[②] 属桔梗目菊科山柳菊属，常见野生植物，开黄色小花。——译注

于是他转而鼓捣起了花芽，可那里的情况也好不到哪里去。花芽的柱头紧紧地附在雌蕊上，想把它们剪下来又不碰到雌蕊实在太难。可雌蕊又太经不起碰，只要稍稍压到或划到一下，它就开始枯萎了。枯萎的雌蕊可派不上什么用场。

孟德尔整天都为这些山柳菊忙得不可开交。同院的修士注意到他一副忧心忡忡的样子，就问他在操心什么，他回答说："我得解决这些麻烦。山柳菊真的好难对付啊，不过我会搞定的。"

尽管如此，孟德尔还是感觉成功杂交了一些山柳菊。看来终于取得点进展啦！于是他得意洋洋地装了几袋"杂交"出来的种子。

他哪里能想到，接下来几年里等着他的只有苦涩的失败。

山柳菊的杂合子根本不服从孟德尔定律。它们有时表现得"循规蹈矩"，有时却跟父母一模一样，看不出半点性状分离的迹象。这些小花仿佛是在嘲笑孟德尔想出的规律，时而服从第二定律，时而服从第一定律，时而完全不把定律放在眼里。而且这些情形同代际关系毫无关联，子代表现得像理论上的孙代，孙代却又表现得像理论上的子代……

孟德尔只好耸耸肩，又以加倍的精力投入了对山柳菊新品种的追寻中。可新的山柳菊表现得也不比老的好到哪里去。

尽管如此，孟德尔还是鼓足勇气刊登了自己对山柳菊的观察，结果这篇文章也遭到了第一篇的命运：压根儿没人注意到这个只有6页的小短文。

孟德尔并不知道，山柳菊具有一种特殊的生殖方式。它们常常能不授粉就结出种子，也就是所谓的无性生殖。显而易见，无性生殖结出的种子不会发生分离，自然不能把孟德尔定律往上套。毕竟孟德尔定律要求有父母双方，也就是雄性和雌性的生殖细胞的参与嘛。而这山柳菊竟能只靠雌性细胞进行繁殖：卵子无需同花粉结合也能发育成种子。这一点孟德尔并不清楚，也就难怪他白费功夫去观察这种狡猾的小花啦。

研究山柳菊不成，孟德尔又转向了蜜蜂。可他才刚刚搭好蜂房，弄来了各种品种的蜜蜂，准备开始进行第一轮杂交，就碰上了一件倒霉事：他被选为布尔诺修道院的院长了。一开始他还挺高兴，以为可以有更多空闲时间来搞科研了，直到过了一两年才发现事与愿违。

奥地利发生了一件关系着国民教育的麻烦事。事实上，这件事只同修道院有关：奥地利议会通过了一条特殊法律，要向修道院征税来满足国民教育的需求。布尔诺修道院摊上了一大笔钱，足足有5000古尔登之多。

"抢劫啊？凭什么只向修道院收税！"孟德尔拒绝纳税。

这位谦和的修士在宣传鼓动方面倒是很有一套。他联合了其他一些修道院，共同抵制缴纳教育税。于是政府与修士们之间就爆发了一场争执。

这场争端持续了很久,可随着时间的推移,孟德尔的盟友变得越来越少了。其他修道院一个个缴械投降,乖乖地缴纳了教育税,很快这位不屈的神父就落得孤身一人。他决不屈服,四处奔走,求告法庭,递交申诉;他可不只是花了几天,而是连年累月地同纳税抗争。闹到最后,政府查封了修道院的部分财产,用来充当应缴的教育税。

"一分钱都别想收到!"孟德尔毫不让步。"让他们把修道院拿去拍卖好了。"

在这场同政府的斗争中,孟德尔已经顾不上什么山柳菊、蜜蜂和比例式了。他的菜园里长满了野草,蜜蜂惬意地嗡嗡飞舞,谁也不会来掺和它们的家务事了。孟德尔连内格里的来信都没工夫回了,搞得教授大为光火,停止了与他的通信。

这些打官司的麻烦事让孟德尔的脾气大大变坏了。他变成了一个暴躁易怒、喜欢吵架的小老头。雪上加霜的是,他又患上了布赖特氏病[1],不久后连心脏也出了问题。在为纳税问题而斗争的第八个年头,孟德尔离开了人世。

孟德尔刚一去世,新任院长就立刻向政府缴纳了赋税。

"他是一位杰出的教育家、伟大的院长和优秀的组织者。"当地报纸上登满了对逝者的溢美之词。他们详细介绍了孟德尔作为当地议员的活动,甚至连他担任某银行行长时的工作都不忘写上几笔,可对于他的学术贡献却是一个字都没有提到。

---

[1] 即肾小球肾炎,一种较常见的慢性肾脏疾病。——译注

译后记

本书根据尼古拉·尼古拉耶维奇·普拉维利希科夫（Н. Н. Правильщиков）《Гомункулус》（М.: Детиз, 1958）译出。尽管普拉维利希科夫是位杰出的科普作家，但由于受时代和阶级局限性的影响，其原著中部分内容不够客观，或说有失公允。因此，我们在翻译和编辑的过程中以不影响行文流畅为原则，对相关文字进行了适当处理，望读者周知。本译本绝大部分章节的文字保持了原著的风貌。

这部著作由我和张兴艺翻译，第十至十三章由张兴艺译出，本人负责其余章节的翻译和全书的统一校对工作。特别感谢张兴艺为本书的翻译提供了生物学专业知识的指导和注释，避免了不少可能发生的非专业误解；感谢中国青年出版社编辑为本书出版付出的巨大努力。

普拉维利希科夫作为俄罗斯优秀的科普工作者，学识广博，文笔生动活泼，作品可读性颇高，我们作为译者感觉才疏学浅，更兼经验有限，故译文实难达到原文水准；如有错漏，恳请读者批评指正。

*　　　　*　　　　*

《霍蒙库鲁斯——趣味生物学简史》出版之后，得到了读者的广泛好评，还获得了"2017年全国优秀科普作品"等奖项。这次，我们对本书做了全面的修订，一是对全书进行了再次校订，对某些章节的文字作了较多修改，力求语言更加通顺准确；二是根据原书的初版增补了关于孟德尔的一章《一块豌豆田》。望读者周知。

王　梓

2018年8月于广州

图书在版编目（CIP）数据

霍蒙库鲁斯：趣味生物学简史 /（俄罗斯）尼·尼·普拉维利希科夫著；王梓，张兴艺译 . — 2 版 . — 北京：中国青年出版社，2017.6（2024.1 重印）

ISBN 978-7-5153-5268-8

Ⅰ. ①霍… Ⅱ. ①尼… ②王… ③张… Ⅲ. ①生物学史—世界—普及读物 Ⅳ. ① Q-091

中国版本图书馆 CIP 数据核字（2017）第 197731 号

责任编辑：彭岩
出版发行：中国青年出版社
社　　址：北京市东城区东四十二条 21 号
网　　址：www.cyp.com.cn
编辑中心：010 - 57350407
营销中心：010 - 57350370
经　　销：新华书店
印　　刷：北京中科印刷有限公司
规　　格：787mm×1092mm　1/16
印　　张：36.25
字　　数：380 千字
版　　次：2018 年 8 月北京第 2 版
印　　次：2024 年 1 月北京第 2 次印刷
定　　价：80.00 元

如有印装质量问题，请凭购书发票与质检部联系调换
联系电话：010 - 57350337